高等学校"十三五"规划教材

基础化学实验

高世萍　于春玲　杨大伟　主编

JICHU
HUAXUE
SHIYAN

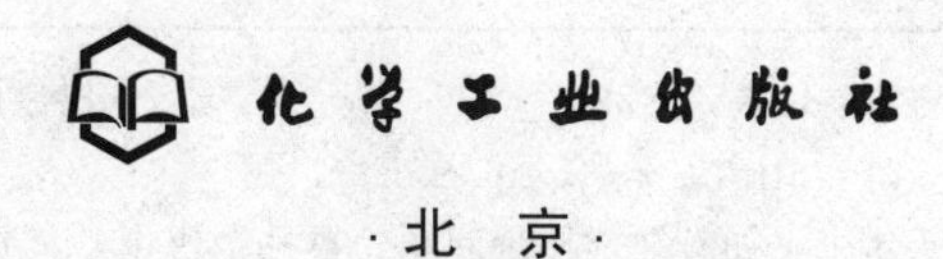

·北京·

内 容 提 要

《基础化学实验》将四大化学实验融合在一起，注重学生动手能力的训练和培养。书中首先介绍了基础化学实验的基本知识、基本操作及常用仪器的使用方法，然后按无机及分析化学实验、有机化学实验、物理化学实验、综合化学实验安排了89个实验项目。实验项目选取时既考虑经典的操作能力训练，又兼顾能力提高的设计性实验。

《基础化学实验》适用于化学工程、应用化学、环境工程、轻化工程、生物工程与技术、食品科学与工程、材料科学、包装工程、海洋工程与技术等相关专业使用，也可作为化学实验技术人员的参考书。

图书在版编目（CIP）数据

基础化学实验/高世萍，于春玲，杨大伟主编. —北京：化学工业出版社，2020.9（2024.8重印）
高等学校“十三五”规划教材
ISBN 978-7-122-37198-0

Ⅰ.①基… Ⅱ.①高…②于…③杨… Ⅲ.①化学实验-高等学校-教材 Ⅳ.①O6-3

中国版本图书馆CIP数据核字（2020）第097726号

责任编辑：宋林青　　文字编辑：刘志茹
责任校对：宋　玮　　装帧设计：史利平

出版发行：化学工业出版社（北京市东城区青年湖南街13号　邮政编码100011）
印　　装：三河市双峰印刷装订有限公司
787mm×1092mm　1/16　印张23¼　彩插1　字数606千字　2024年8月北京第1版第5次印刷

购书咨询：010-64518888　　售后服务：010-64518899
网　　址：http://www.cip.com.cn
凡购买本书，如有缺损质量问题，本社销售中心负责调换。

定　　价：58.00元

前　言

化学是一门实用性很强的基础学科。化学实验教学是化学教学的一个极为重要的组成部分，在化学人才培养中有着十分重要的作用。

20世纪90年代以来，我国教育教学思想发生了重大变革，全面推行素质教育，树立人才质量意识。高等教育要加快课程改革和教学改革，调整专业结构和设置，使学生能够尽早地参与科学研究和创新活动，因此，我们必须加强课程的综合性和实践性，重视实验课教学，培养学生的实际操作能力。

目前国内的本科化学实验教材版本很多，但由于各学校的教学重点、学科发展方向、实验设备及条件差异较大，所以很难找到普遍适用的实验教材；多数情况是不同学校根据教育部的基本要求，结合学校的自身特点，编写适合本学校使用的实验教材。如果四大化学实验课程均有自己独立的教材，而实验课程的学时又有限，教材的使用率不是很高，且有相当的内容互相重复，给学生造成很大的负担，也造成较大的浪费。针对以上问题，我们经过调研，编写出版《基础化学实验》教材，该教材包含无机及分析化学实验、有机化学实验、物理化学实验的实验基本要求、实验内容、常用化学数据、常用实验试剂的配制方法等内容，同时，根据我校多年的科研成果，适当增加了综合性、设计性、研究性实验内容，增加学生的实际动手能力的训练，该书将贯穿于学生的整个基础化学实验教学。同时，对学生毕业后从事的工作亦有较大的参考价值。

本书将工科轻化工类的传统四大化学实验有机地融合起来，配合理论课程的教学，注重学生动手能力的训练和培养，采用注重基础知识、注重基本操作技能训练的方式，循序渐进，加强能力的培养。所选用的实验内容，涵盖了教育部教学基本要求的所有内容，综合化学实验部分结合了我校和当前国内的一些研究热点、前沿，使学生能够接触到研究领域的最新知识，扩大学生的知识面，充分调动学生主动学习的热情，使他们能够更快地适应毕业后的工作岗位，以科研促进教学，将科研成果尽快转化为最新的实验内容，让学生在第一时间充分享受到科研对教学带来的创新思维，有利于学生科研精神的培养、创新能力的培育。其中的综合性、设计性、研究性实验的开设，是我们总结多年教学、科研成果而编写的，经过近十年教学实践的检验，效果非常明显，学生学习兴趣浓厚，综合能力大幅度提高，起到了事半功倍的效果。

该教材适用于化学工程、应用化学、环境工程、轻化工程、生物工程与技术、食品科学与工程、材料科学、包装工程、海洋工程与技术等轻化工类工学相关专业使用。

本书由大连工业大学高世萍、于春玲、杨大伟任主编，于智慧、尹宇新、许绚丽任副主编。参加编写工作的有：高世萍（第1章，第2章2.1、2.2），于春玲（实验六十四、六十五、六十七、六十九、七十四～七十八），杨大伟（实验五十五、五十九、八十六、八十七、八十八，附录二十四)，于智慧（实验一～实验二十六)，尹宇新（第2章2.4，实验六十二、六十三，附录九、附录二十六～附录三十五)，许绚丽（实验二十七～实验三十四，附录一～附录八、附录十～附录二十)，于长顺（实验八十～实验八十五、实验八十九)，李明慧（第2章2.3，实验三十九～实验四十二)，郭宏（实验四十三～实验四十六、实验五十，附录二十一～附录二十二)，付颖寰（实验五十一、五十六～五十八，附录二十三)，侯传金（实验四十七、四十八、四十九、五十二～五十四，附录二十五)，戴洪义（实验六十八、七十九)，邵国林（实验六十一)，赵君（实验六十、六十六、七十～七十三)。翟滨、王岩、闵庆旺、张锋、王国香、宋宇等参加了部分内容的编写与修改工作。

本书在编写过程中，得到了大连工业大学各级领导的大力支持，特别是省级教学名师翟滨教授为本书的编写提出了许多宝贵的意见和建议，并给予了热心指导与无私帮助。同时，基础化学教学中心的广大教师也给予了很大的帮助，在此编写小组一并表示深深的谢意！

限于编者水平，书中不当之处难免，敬请读者批评指正。

编者

2020年4月

目　录

第1章 基础化学实验基本知识

1.1 基础化学实验的目的、学习方法

化学是一门实践性很强的学科，在轻化工类专业学生的培养过程中，化学类课程占据十分重要的地位；基础化学实验课程的开设，不仅可以更好地帮助学生理解所学习的理论知识，更是提高学生动手能力、创新思维、严谨的科学态度的有效途径。化学发展的历史充分证明：化学科学的任何重大发现，无一例外地是经过化学实验所取得的。化学学科发展到今天，化学实验仍然是化学学科发展的基石。学生们可以在实验过程中体会到化学家科学研究的过程，获得科学研究的乐趣和成功的喜悦。

1.1.1 基础化学实验的目的

基础化学实验是高等院校化学及相关专业学生必须开设的实验课程，是学好化学课程的前提和基础。通过实验学生能够养成严谨求实的科学态度，树立勇于开拓的创新意识，为学习后续相关课程、参加实际工作和开展科学研究打下坚实的基础。

在基础化学实验中，要达到以下目的。

① 培养实事求是的科学态度和一丝不苟的工作精神。

② 通过实验学生可以直接获得大量的化学感性认识，加深对课堂上所学基本知识和基本理论的理解和掌握；通过实验学生可以全面学习化学实验的完整过程，掌握基本的实验方法和操作技能，培养解决化学问题的能力；使学生掌握基本的化学实验技术，培养独立操作实验的能力、细致观察和记录现象的能力、正确记录和处理数据的能力，培养分析实验结果、科学研究和创新的能力。

③ 掌握物质化学变化的感性知识，熟悉化合物的重要化学性质和反应，掌握重要化合物的制备、分离、鉴定和重要化学参数的测定方法。

④ 熟悉实验室管理的一般知识、实验室的各项规则、实验工作的基本程序，熟悉实验室可能发生的一般事故及其处理方法，熟悉实验室的基本的“三废”处理。

1.1.2 基础化学实验的学习方法

要做好基础化学实验，必须要有正确的学习态度和学习方法，可归纳成以下三个方面。

(1) 课前充分预习

预习是做好化学实验的前提和保证，是实验训练能否有收获、实验能否成功的关键。预习包括阅读实验教材及有关参考资料，明确实验目的，熟悉实验原理和实验基本内容等，了解实验中涉及的有关仪器的使用方法及注意事项，完成简明扼要的预习报告。预习实验报告应包括实验题目、实验目的、实验基本原理、主要药品、仪器（装置图）、实验条件、步骤、实验记录等项目。

实验前未进行预习者不准进行实验，必须在完成预习后经指导教师同意择日进行实验。

(2) 认真完成实验过程

在实验教师的指导下，学生根据实验教材所要求的方法、步骤和试剂用量独立进行实验。基础化学实验阶段学生原则上应按教材上所提示的步骤、方法和试剂用量进行实验，若提出新的实验方案，需经教师批准后方可进行实验。

实验过程要求做到以下几点：

① 实验过程中应勤于思考，仔细分析，努力自己解决问题。实验中遇到疑难问题和异常现象时，可请教指导老师，若实验失败或结果误差较大时，应努力查找原因，并经指导教师同意后，方可重做实验。

② 实验过程中规范操作，仔细观察实验现象，并在实验报告中如实详细地记录现象和数据，原始数据应直接记录在实验报告上，不允许写在纸上或其他地方。绝不能弄虚作假，随意修改数据。实验报告不得涂抹，实验数据应交给指导教师审阅并签字。

③ 实验过程中要严格遵守实验室规则，保持实验室的整洁和安静，爱护仪器，注意安全，避免各类事故发生。

④ 实验结束后，应及时清洗所用仪器，整理实验台和试剂架，关闭水、电、气等开关。经指导老师检查后方可离开实验室。

(3) 正确书写实验报告

实验结束后，应按要求书写实验报告。实验报告的书写应按格式要求，实验报告应包含以下内容：实验名称、实验日期、同组实验人（单人一组实验除外）、实验目的、实验原理、实验步骤（尽量用简图或流程图表示）、实验现象或数据记录、数据处理、实验结论、结果讨论等。书写要求做到文字工整、叙述简明扼要，实验记录和数据处理应使用表格形式，作图准确清楚，报告整齐清洁。

实验报告完成后应及时交指导老师批阅（一般情况下应当在实验结束后，同时上交报告）。实验报告的基本格式请参阅 1.1.3。

1.1.3　化学实验报告的正确书写方法

实验报告是实验工作的总结和升华，也是将来科研工作中对基本实验结果凝练的初级训练，同学们应给予充分的重视。

1.1.3.1　实验报告封面格式

普通实验报告封面格式基本如下：

课程名称____

实验题目____

姓　　名__________________班级学号____________________

同组学号____

实验时间____月____日____时____分至____月____日____时____分

如实填写以上各项内容，其中“同组学号”只在分组实验时填写，独立实验不填写。实验报告内部书写见以下具体形式。

1.1.3.2　无机及分析化学实验报告的书写格式

无机及分析化学实验的实验报告分三种基本形式：制备实验、定量分析实验、元素性质系列实验。

(1) 制备实验报告（如粗硫酸铜的提纯）

实验目的：(见实验教材)

实验原理：(简单明了，不要原书抄写)

实验仪器与试剂：(写出主要的)

实验步骤：简略叙述实验步骤或用流程图表示，如：

粗硫酸铜 7.5g →(100mL 烧杯＋30mL 去离子水)→ 搅拌、加热溶解 → 滴加 2mL 3% H_2O_2 →(△)→

滴加 0.5mol·L^{-1} NaOH 至 pH≈4 →(静置)→ 常压过滤 → 滤液转至蒸发皿中，用 1mol·L^{-1} H_2SO_4 调 pH＝1～2 →

小火蒸发浓缩至表面局部出现结晶膜 → 停止加热，冷却至室温，析出结晶 → 减压过滤，吸干水分，计算产率实验现象及结论：

产品外观、色泽____________。产率________________。

思考题：(简略回答)

(2) 定量分析实验报告

① 滴定分析实验（如氢氧化钠标准溶液的标定）

实验目的：(见实验教材)

实验原理：(简单明了，如以下示例)

本实验以邻苯二甲酸氢钾（$KHC_8H_4O_4$，摩尔质量 $204.2g \cdot mol^{-1}$）作为基准物质来标定 NaOH 溶液的准确浓度。滴定反应式如下：

$$NaOH + C_6H_4(COOH)(COOK) = C_6H_4(COONa)(COOK) + H_2O$$

化学计量点时溶液显弱碱性，pH≈9.2，可用酚酞作指示剂。

NaOH 溶液浓度的计算公式为 $c_{NaOH}=\dfrac{m_{邻苯二甲酸氢钾}}{M_{邻苯二甲酸氢钾}V_{NaOH}}$

实验仪器与试剂：(略)

实验步骤：(略)

数据记录与处理：(根据实验目的及实验步骤设计图表，如以下示例)

(指示剂：　　)

实验次数		1	2	3
$m_{邻苯二甲酸氢钾}/g$				
V_{NaOH}/mL	终读数			
	始读数			
	ΔV			
$c_{NaOH}/mol \cdot L^{-1}$				
$\bar{c}_{NaOH}/mol \cdot L^{-1}$				
个别测定的绝对偏差				
测定结果的相对平均偏差(用百分数表示)				

思考题：(略)

② 仪器分析实验（如分光光度法测定工业盐酸中的微量铁）

实验目的：(见实验教材)

实验原理：(简单明了，如以下示例)

在 pH=2～9 的溶液中，邻二氮菲与 Fe^{2+} 生成稳定的橙红色配离子 $[Fe(phen)_3]^{2+}$。测定铁的总量时，应预先用还原剂如盐酸羟胺将 Fe^{3+} 还原成 Fe^{2+} 后再进行显色测定。

先配制一系列不同浓度的被测物质的标准溶液，在选定的条件下显色，在最大吸收波长下测定相应的吸光度，以浓度 c 为横坐标、吸光度 A 为纵坐标绘制标准曲线。根据朗伯-比耳定律：$A=\varepsilon bc$，标准曲线应为一条斜率为 εb 的过原点的直线。另取试液经适当处理后，在与上述相同的条件下显色、测定，由测得的吸光度从标准曲线上求出被测物质的含量。

实验仪器与试剂：(略)

实验步骤：

1. 空白、系列 Fe^{2+} 标准溶液及铁试液的配制

取 7 只 50mL 的容量瓶并编号。按如下顺序和用量先后加入 Fe^{2+} 标准溶液（或未知铁

试液）、盐酸羟胺溶液、HAc-NaAc 缓冲溶液、邻二氮菲溶液，最后用去离子水稀释至刻度线，摇匀，放置 10min 后待测定。

项目＼编号	1	2	3	4	5	6	7(未知试液)
Fe^{2+}标准溶液/mL	0.00	1.00	2.00	3.00	4.00	5.00	3.50
盐酸羟胺/mL	2.0	2.0	2.0	2.0	2.0	2.0	2.0
HAc-NaAc/mL	5.0	5.0	5.0	5.0	5.0	5.0	5.0
邻二氮菲/mL	3.0	3.0	3.0	3.0	3.0	3.0	3.0

2. 吸收曲线的绘制

以 1 号溶液为参比液，用分光光度计在 470～540nm 间（每隔 10nm）分别测定 4 号（或 5 号）溶液的吸光度，并记录之。以波长 λ 为横坐标，吸光度 A 为纵坐标，绘制 $[Fe(phen)_3]^{2+}$ 吸收曲线，求出最大吸收波长 λ_{max}。

标准溶液：______号

λ/nm	470	480	490	500	510	520	530	540
A								

3. 标准曲线的绘制及铁试液含量的测定

在最大吸收波长下，以 1 号空白溶液为参比液，分别测定 2～7 号溶液的吸光度，并记录之。

最大吸收波长：________ nm

V/mL	1.00	2.00	3.00	4.00	5.00	未知铁试液
$Fe^{2+}/\mu g\cdot(50mL)^{-1}$						
A						

以含铁量 $\mu g\cdot(50mL)^{-1}$ 为横坐标，相应的吸光度为纵坐标，绘制 $[Fe(phen)_3]^{2+}$ 标准曲线。在标准曲线上查出未知铁试液的铁含量，并计算原铁试液中铁含量（以 $mg\cdot L^{-1}$ 表示）。

思考题：（简）

（3）元素性质系列实验报告（如铁、钴、镍微型系列实验）

实验目的：××××××××（见实验教材）

实验原理：××××××××（简单明了，可以将主要反应的方程式写上。）

实验仪器与试剂：××××××××（写出主要的）

实验步骤：钴的系列实验

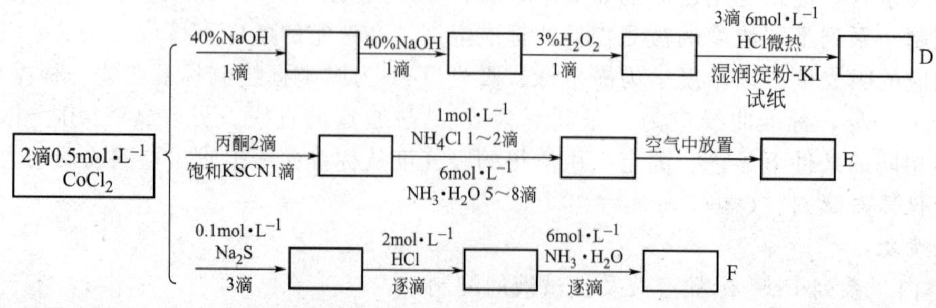

在空格内填写上实验现象和物质的化学式。

思考题（略）

1.1.3.3 有机化学实验报告的书写格式（如正溴丁烷的制备实验）

实验目的：（学生通过预习自己总结）

实验原理：

主反应（略）

副反应（略）

药品用量、规格及主要仪器：

药品：（略）

仪器：（略）

反应原料及主副产物的物理常数：（略）

反应装置图：（略）

反应流程图：

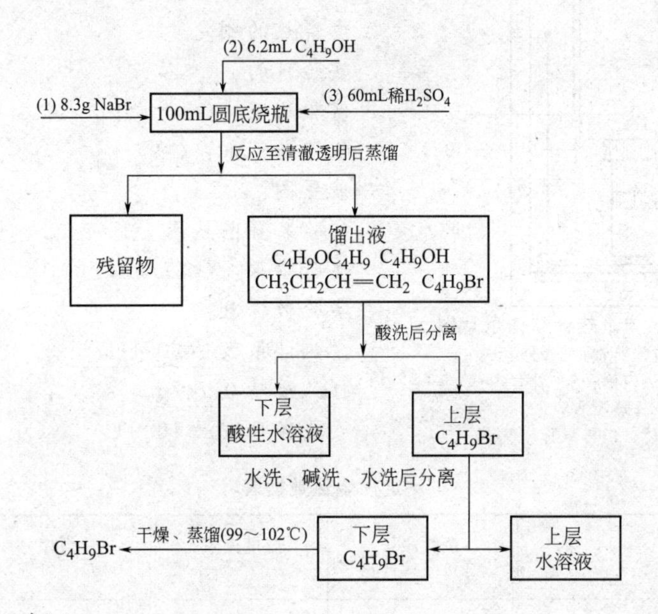

结果与讨论：（略）

1.1.3.4 物理化学实验报告的书写格式

物理化学实验报告的书写分两部分来完成：一、实验预习报告；二、实验数据处理报告。这两部分一起才构成一份完整的物理化学实验报告。

(1) 预习报告的内容

实验目的：

本实验要测定的物理化学数据是什么？应掌握的实验技能（通过预习总结）。

实验原理：

包括实验测定物理化学数据的原理，要求简明扼要。

仪器与药品：

实验过程中使用的仪器名称、型号，实验所需要的药品、试剂，以及试剂的浓度。

实验装置图：

用铅笔绘制出实验中所使用的关键仪器。如：液体黏度测定中的黏度计，液体饱和蒸气压测定中的等压计等。

实验步骤：

简述实验过程中的具体步骤。

实验数据记录表：

为了方便实验过程中记录数据，建议学生将实验书中的实验数据表绘制在实验报告上，这样便于实验结束后指导教师审核、签字。

（2）实验数据处理报告的内容

实验数据处理：（包括处理后的数据表，作图，计算结果等）

实验误差分析：

$$计算相对误差=\left|\frac{x_{理}-x}{x_{理}}\right|\times 100\%$$

式中　x——实验值。

思考题（略）

（3）实验报告实例

燃烧热的测定

实验目的：（略）

实验原理：（略）

仪器与试剂：（略）

装置图：

实验装置图见图 1-1。

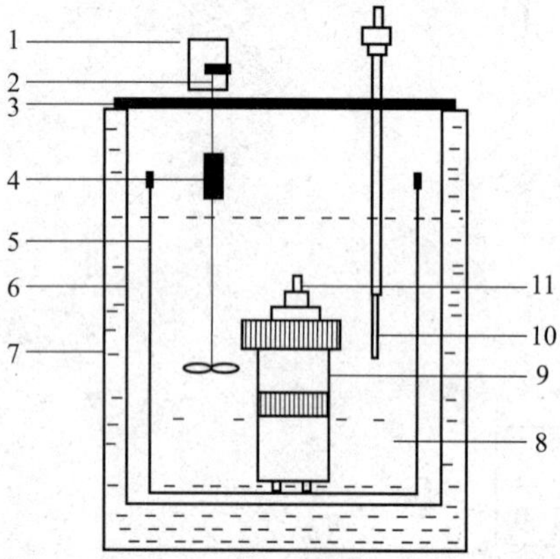

图 1-1　HR-15 型氧弹量热计结构示意图
1—电动机；2—搅拌器轴；3—外套盖；4—绝热轴；5—量热内桶；6—外套内壁；7—量热计外套；8—蒸馏水；9—氧弹；10—数字式温度计；11—氧弹放气阀

实验步骤：（略）

实验数据表：

量热计系数 14807J·K^{-1}

样品质量 0.747g

实验当日室温 16.9℃

测定燃烧热数据表

读数序号（每半分钟）	温度读数/℃	读数序号（每半分钟）	温度读数/℃	读数序号（每半分钟）	温度读数/℃
1		11		21	
2		12		22	
3		13		23	
4		14		24	
5		15		25	
6		16		26	
7		17		⋮	
8		18		32	
9		19		⋮	
10		20		41	

实验数据处理：（略）

$$相对误差=\left|\frac{x_{理}-x}{x_{理}}\right|\times 100\%$$

误差分析：（略）

思考题（略）

1.1.4 误差、有效数字及实验数据的处理

在化学实验及生产过程中，常常需要进行许多计量或测定。在这些过程中，需要正确记录及处理所得到的各种数据，并对结果进行正确的表示，这样才能从中找出规律，说明分析实验的结果，从而较为客观地反映情况以指导生产。因此，在进行化学实验前，有必要学习实验数据的采集以及处理过程中误差与有效数字的概念，以及实验数据的处理和表示结果的基本方法。

1.1.4.1 计量或测定中的误差

在计量或测定过程中，误差总是客观存在的。根据误差产生的原因及性质，误差可以分为以下两类。

（1）系统误差

系统误差又称为可测误差，是由测定过程中某些经常性的可确定原因造成的，具有单向性、重复性和可测性，主要由以下原因造成：

① 计量或测定方法不够完善；

② 仪器有缺陷或者没有调整到最佳状态；

③ 实验所用的试剂或纯水不符合要求；

④ 操作者自身的主观因素。

系统误差具有明显的规律。例如，若用已经吸潮的某种基准物质去标定某种溶液的准确浓度，即使测定几十次甚至更多次，标定的结果总是偏高，原因在于每次所称取的基准物质中实际能被滴定的有效组分的量偏小，相应滴定所消耗的体积也偏少，计算所得浓度值偏高，而且每次偏高的数值基本相同。但是，如果没有更换基准物质，是不会发现结果偏高的，只有更换没有吸潮的基准物质，或者将吸潮的基准物质按照要求烘干至恒重后，再称取这种基准物质进行标定，才会发现前面的结果偏高，有系统误差存在。再如定量分析中常用的容量瓶与移液管，若250mL容量瓶的体积是准确的，而所用的25mL移液管刻度不准，所吸取的溶液体积偏小，那么用这套容量瓶和移液管进行某种物质含量的测定时，多次测定的结果就会系统偏低，同样只有更换了移液管之后才会发现这一问题。

系统误差通常是影响测定结果准确度的重要因素之一，若能找出产生系统误差的原因，是可以设法减免或消除的。例如，在物质组成的测定中，对于计量或测定方法，可以选用公认的标准方法或经典方法与之进行比较测定，再用数理统计的方法检验两种测定结果的差异，确认是否有系统误差存在。若有系统误差存在，可以找出校正数据消除；或者可以采用对照试验，即选用已知含量的标准试样（或配制的试样），按照同样的方法、步骤进行测定，然后根据误差的大小判断是否存在系统误差。

误差是指测定的平均值 $\bar{x}$ 与真值 x_T 之差，可以用绝对误差或相对误差表示：

绝对误差
$$E=\bar{x}-x_T \tag{1-1}$$

相对误差
$$E_r=\frac{E}{x_T} \tag{1-2}$$

若测定结果大于真值，所得误差为正值，说明测定结果偏高，反之则偏低。

若计量或测定精度要求较高，应事先对使用的仪器进行校正。由于试剂、纯水或所用的器皿引入被测组分或杂质产生的系统误差，可以通过做空白试验来校正，即用纯水代替被测试样，按照同样的测定方法和步骤进行测定，所得到的结果称为空白值，然后将试样的测定结果扣除空白值即可。当然空白值不能太大，若太大，应进一步找出原因，必要时应提纯试剂，或对纯水进一步处理，或更换器皿。操作人员在进行平行测定时“先入为主”等主观因

素所造成的系统误差应努力克服。

（2）随机误差

随机误差又称偶然误差，不定误差。造成随机误差的原因有计量或测定过程中温度、湿度、气压、灰尘等外界因素微小的随机波动、计量读数时的不确定性以及操作上微小的差异等。

随机误差与系统误差不同，即使条件不改变，它的大小及正负在同一实验中都不是恒定的，很难找出产生的确切原因，也不能完全避免。但是，随机误差的出现还是具有一定的统计规律，而且随着测定次数的增加，随机误差的平均值将会趋于零。因此，在消除系统误差的前提下，可以通过适当增加测定次数取其平均值的办法来减小随机误差。

随机误差通常决定了测定结果的精密度。精密度是指在相同条件下，重复测定时各测定值相互接近的程度。通常用偏差来衡量分析结果的精密度。个别测定的绝对偏差 d_i 是指单次测定值 x_i 与测定的平均值 $\bar{x}$ 之差。在一般化学分析中，对同一试样通常要求平行测定3～4 次。

偏差有多种表示方法，如果测定次数较少，例如在一般的化学实验中，一般可以用平均偏差或相对平均偏差表示：

$$\text{平均偏差}\ \bar{d}=\frac{\sum_{i=1}^{n}|x_i-\bar{x}|}{n}=\frac{\sum_{i=1}^{n}|d_i|}{n} \tag{1-3}$$

$$\text{相对平均偏差}=\frac{\bar{d}}{\bar{x}} \tag{1-4}$$

式(1-3)、式(1-4) 中，x_i 为单次测定值；$\bar{x}$ 为测定的平均值；n 为测定次数。

若测定次数较多，或要进行其他的统计处理，可以用标准差或相对标准差（变异系数）表示：

$$\text{标准差}\ S=\sqrt{\frac{\sum_{i=1}^{n}(x_i-\bar{x})^2}{n-1}} \tag{1-5}$$

$$\text{变异系数}\ S_r=\frac{S}{\bar{x}} \tag{1-6}$$

初学者操作不熟练或不够规范，操作者粗心大意或不按照操作规程而造成的测定过程中溶液溅失，加错试剂，看错刻度，记录错误以及仪器测量参数设置错误等所引起的差错都属于过失。

过失没有任何规律可循，也是造成准确度不高的重要因素之一。例如，在测定某试样中组分含量时，称取一定量的样品溶解后转移到容量瓶中定容，若在溶液转移过程中，由于操作不熟练或不规范，使得试液从烧杯嘴流到烧杯外壁损失了而又没有注意到，即使其余操作很准确、规范，最终得到的测定结果也将偏低。

对于过失，通过加强责任心，严格按操作规程认真操作可以避免。初学者应规范操作训练，多做多练，才能做到熟能生巧，避免过失。

（3）误差的传递、抵消以及允许误差

无论是系统误差还是随机误差，均会发生传递。许多测定结果往往是经过许多计量过程或操作过程最终得到的。例如，采用直接法配制一定体积、一定浓度的 $K_2Cr_2O_7$ 标准溶液，就得先通过准确称量基准物 $K_2Cr_2O_7$ 的质量，再经溶解、定量转移到一定体积的容量瓶中，用去离子水稀释至刻度线，摇匀而获得。这种标准溶液的准确浓度是通过质量的称量以及体积的计量得到。这些计量或操作过程中所产生的误差都有可能传递到最后的结果之中。对于系统误差来说，若测定结果是由几个测量值相乘除所得，那么测定结果的相对误差就是各个测量值相对误差之和。

误差在传递过程中也可能会部分抵消。例如，在滴定分析中，若标准溶液浓度的标定（测定标准溶液准确浓度的操作称标定）与样品的测定都要使用容量瓶和移液管，采用同一套容量瓶、移液管进行标定和测定就可以使容量瓶与移液管不配套所产生的系统误差部分抵消掉。又如，用 HCl 标准溶液测定工业纯碱含量，若标定时所用的基准物质在溶解、转移的过程中损失了，则标定的结果就会偏高。若样品在溶解、转移的过程中也损失了一点，使得滴定所消耗的 HCl 标准溶液偏少。滴定体积偏小与标定浓度偏高相抵消，总的结果偏差就可能较小。但切记不能依赖这种过失抵消误差，还是应该严格认真操作。因为无论是计量还是测定，所得到的实验数据往往都要用来说明问题。如果得到不正确或不可靠的结果，会给许多工作带来影响，甚至可能引起严重的后果。

各种计量或测定都有各自的允许误差范围。例如，在物质组成的测定中，化学分析方法用于测定高纯物质含量时，允许相对误差一般≤0.1%，甚至更低，而用仪器分析方法测定微量组分含量时，往往允许误差较大。要根据具体要求确定适当的允许误差范围，例如，工厂的中间控制分析中，对分析速度的要求较高，而对准确度的要求相对较低些，允许误差一般也较大。即使是在允许误差较小的测定中，也不是每一步操作都必须小心谨慎不可。例如，在用间接法配制标准溶液时，首先所用的计量工具就不必非常精确，可以用台天平或量筒，称取溶质的质量或量取纯水、试剂体积，不必非常仔细，因为这种间接法配制的标准溶液的准确浓度最终要用基准物或已知准确浓度的其他标准溶液来确定（标定）。

应明确准确度与精密度的关系。对初学者来说，教学实验中所用实验方法一般都较为经典可靠，所用仪器一般也视为是准确的，对系统误差一般可以不用多考虑，应特别注重随机误差与过失。精密度是保证准确度的前提，但精密度高，不等于准确度就高。因而，要学会根据方法或计量、测定的允许误差，以及具体要求选择适当测量精度的计量工具；学会分清在一个实验中，什么操作该准确、认真，什么操作可以相对粗略些；要注意培养自己实事求是的科学态度和耐心细致的工作作风，不能为了好的精密度而人为编凑数据或涂改数据。

总之，为了获得准确的分析结果，首先要根据具体要求选择合适的方法，其次要采用对照试验、空白试验、校正分析方法、校正分析仪器等来检验和消除系统误差。在消除系统误差的前提下，对一试样增加平行测定次数，取其平均值，减小偶然误差。此时平均值较个别测定值可靠，更接近真值。在一般化学分析中，通常要求平行测定 3～4 次。任何分析都离不开测量，只有减小了测量误差，才能保证分析结果的准确度。

在滴定分析中，需要称量和滴定，应该设法减小这两个步骤中的测量误差。

在一般分析天平上用差减法称量时，可能引起的最大绝对误差为±0.0002g，为了使称量的相对误差小于 0.1%，称取的试样质量必须大于 0.2g：

$$\text{试样质量} \geqslant \frac{\text{绝对误差}}{\text{相对误差}} = \frac{0.0002\text{g}}{0.1\%} = 0.2\text{g}$$

在滴定分析中，滴定管的读数有±0.01mL 的绝对误差。完成一次滴定分析操作，需读数两次，造成的最大绝对误差为±0.02mL，为了使体积测量的相对误差小于 0.1%，则消耗滴定剂的体积应控制在 20mL 以上：

$$\text{滴定剂体积} \geqslant \frac{\text{绝对误差}}{\text{相对误差}} = \frac{0.02\text{mL}}{0.1\%} = 20\text{mL}$$

实际工作中消耗滴定剂的体积一般控制在20～30mL。

1.1.4.2　有效数字及其有关规则

有效数字即实际能测量得到的数字。也就是说，在一个数据中，除最后一位是不确定的或可疑的以外，其余各位都是确定的。

为了得到准确的分析结果，不仅要准确地进行测量，还要正确地记录和计算。要根据分析方法和测量仪器的准确度来决定数字保留的位数。因为数字的位数反映测量的准确程度。

例如：量筒可以准确到0.1mL；台天平可以准确称量到0.1g；pHs-3C型酸度计可以准确到0.01，721型分光光度计可以准确到0.001等。用一支50mL滴定管进行滴定操作，滴定管最小刻度0.1mL，某次滴定所得滴定体积20.18mL。这个数据中，前三位数都是准确可靠的，只有最后一位数是估读出来的，属于可疑数字，因而这个数据为四位有效数字。它不仅表示了具体的滴定体积，而且还表示了计量的精度为±0.01mL。若滴定体积正好是22.70mL，这时应注意，最后一位“0”应写上，不能省略，否则22.7mL表示计量的精度只有±0.1mL，显然这样记录数据无形中就降低了测量精度。

又如，在万分之一的分析天平上称量样品，称量的绝对误差为±0.0001g。假如称取试样质量为0.5162g，则应记录0.5162g，四位有效数字，最后一位数字是可疑的，表示真实质量在0.5161g～0.5163g之间。如若记录为0.516g，三位有效数字，最后一位数字是可疑的，绝对误差为±0.001g，这样的记录与测量时所用分析天平的精度是不符合的。

当采集实验数据时，也不能任意增加位数。例如，滴定管在滴定前调整溶液的液面处于0.01mL，在记录时，若写成0.010mL也是错误的，因为计量所用的滴定管没有达到这样高的精度。

除此之外，还应注意“0”的作用，有时它不是有效数字。例如，称取某物质的质量为0.0536g，这个数据中小数点后的一个“0”只起定位作用，与所取的单位有关，若以mg为单位，则为53.6mg。又如：

试样的质量 1.5180g，五位有效数字(分析天平称量)

“0”作为普通数字使用，为有效数字

0.5182g，四位有效数字(分析天平称量)

“0”起定位用，不是有效数字

溶液的体积 25.04mL，四位有效数字(滴定管量取)

“0”作为普通数字使用，是有效数字

用量筒量取的溶液体积　20.6mL，三位有效数字

标准溶液的浓度　0.1000mol·L^{-1}，四位有效数字

0.0987mol·L^{-1}，相当于四位有效数字（第一位有效数字大于或等于8时，有效数字的位数可以多算一位）。

对实验数据进行计算时，每个测量数据的误差都会传递到分析结果中去，因此保留的计算结果中只能有一位不确定的数字。无原则地保留或舍弃过多的位数，会使计算复杂化和使准确度受到影响。运算中应按有效数字修约的规则进行修约，即舍去多余数字后再计算结果。

现在采用“四舍六入五成双”的修约规则，即尾数≤4时舍弃；尾数≥6时进入；尾数=5时，若5后面的数字为“0”，则按5的前一位是奇数者进入，是偶数者舍去。若5后面的数字是不为零的任何数，则不论5前一位的数是偶数或奇数均进入。例如，将下列数据

修约成两位有效数字：

4.3468→4.3　　　0.3050→0.30

7.36→7.4　　　0.0952→0.10

2.550→2.6　　　2.451→2.5

加减法的运算：各数据及最后计算结果所保留的有效数字的位数取决于各数据中小数点后位数最少即绝对误差最大的那个数据。

例　20.32＋8.4054－0.0550＝？

20.32 小数点后第二位为可疑数字，绝对误差±0.01，最大；

8.4054 小数点后第四位为可疑数字，绝对误差±0.0001；

0.0550 小数点后第四位为可疑数字，绝对误差±0.0001。

因此，为使计算结果只保留一位可疑数字，各数据及计算结果都取到小数点后第二位，可先修约后再运算：

20.32＋8.41－0.06＝28.67

乘除法的运算：各数据及最后计算结果的位数取决于有效数字位数最少即相对误差最大的那一个数据：

例　0.0325×5.103×60.06÷239.32＝？

0.0325，三位有效数字，绝对误差±0.0001，相对误差$=\frac{\pm 0.0001}{0.0325}=\pm 0.003$；

5.103，四位有效数字，相对误差$=\frac{\pm 0.001}{5.103}=\pm 0.0002$；

60.06，四位有效数字，相对误差$=\frac{\pm 0.01}{60.06}=\pm 0.0002$；

239.32，五位有效数字，相对误差$=\frac{\pm 0.01}{239.32}=\pm 0.00004$。

可见 0.0325 有效数字位数最少，相对误差最大，故各数据及最后计算结果都应取三位有效数字。

在计算过程中，可以暂时多保留一位有效数字，到最后结果再按规定修约，保留一定的位数。

凡涉及化学平衡的有关计算，一般保留两位有效数字。但应注意，像 pH、pM、$\lg K^{\ominus}$ 等对数值，它们的有效数字位数仅取决于小数部分的位数，整数部分只说明该数的方次。例如 pH＝8.66，只有两位有效数字。对于误差或偏差的表示，一般取一位有效数字就够了，最多只取两位。

1.1.4.3　实验数据的记录

学生应有专门编有页码的实验记录本（或实验报告纸），文字记录应整齐清洁，数据记录尽量采用表格形式。对于实验过程中的各种测量数据及有关现象，应及时、准确而清楚地如实记录在实验报告上，切忌带有主观因素，更不能随意拼凑和伪造数据。对有些实验，还应记录温度、大气压力、湿度、仪器及其校正情况和所用试剂等。对于实验过程中出现的异常现象，更应如实记录。

在数据采集过程中，不要使用铅笔和橡皮擦或涂改液。万一看错刻度或记错读数，允许改正数据，但不能涂改数据。例如，用酸度计测量某溶液酸度时，记录数据是 pH＝4.38，后来发现记错了，应该是 pH＝4.32，这时不能把原来记录的数据抹去后直接涂改，而是应在原数据上画一杠，在上方写上正确的数据，如：

$$4.32$$
$$\mathrm{pH}=4.38$$

1.1.4.4 实验数据作图处理法

化学实验数据常用作图法来处理。作图可直接显示出数据的特点、数据变化的规律，还可以求得斜率、截距等，因此作图正确与否直接会影响实验的结果。

(1) 图解法在基础化学实验中的作用

① 表达变量间的定量依赖关系。将主变量作横轴，应变量作纵轴，得一曲线，表示二变量间的定量依赖关系。在曲线所示的范围内，欲求对应于任意主变量值的应变量值，均可方便地从曲线上读出。

② 求外推值。有时测定的直接对象不能或不易由实验直接测定，在适当的条件下，常可用作图外推的方法获得。所谓外推法，就是将测量数据间的函数关系外推至测量范围以外，求测量范围外的函数值。显然，只有有充分理由确信外推所得结果可靠时，外推法才有实际价值。因此，外推法常常只在下列情况下应用。

a. 在外推的那段范围及其邻近，测量数据间的函数关系是线性关系或可认为是线性关系。

b. 外推的那段范围离实际测量的那段范围不能太远。

c. 外推所得结果与已有正确经验不能有抵触。

求外推值的具体实例有：强电解质无限稀释溶液的摩尔电导的值不能由实验直接测定，因为无限稀的溶液本身就是一个极限的溶液，但可直接测定不同浓度的摩尔电导，直至最低浓度而仍可得准确摩尔电导值为止，然后作图外推至浓度为零，即得无限稀释溶液的摩尔电导。

③ 求函数的微商（图解微分法）。作图法不仅能表示出测量数据间的定量函数关系，而且可从图上求出各点函数的微商，而不必先求出函数关系的解析表示式，称图解微分法。具体做法是在所得曲线上选定若干点，作出切线，计算出切线的斜率，即得该点函数的微商值。求函数的微商在物化实验数据处理中是经常遇到的，例如，测定不同浓度溶液的表面张力后，计算溶液的表面吸附量时，则须求表面张力与溶液浓度间函数的微商值。

④ 求函数的极值或转折点。函数的极大、极小或转折点，在图形上表现直观且准确，因此，物化实验数据处理中求函数的极值或转折点时，几乎无例外地均用作图法。例如，二元恒沸混合物的最低或最高恒沸点及其组成的测定，二元金属混合物的相变点的确定等。

⑤ 求导数函数的积分值（图解积分法）。设图形中的应变量是主变量的导数函数，则在不知道该导数函数解析表示式的情况下，亦能利用图形求出定积分值，称图解积分，通常求曲线下所包含的面积常用此法。

⑥ 求测量数据间函数关系的解析表示式。如果找出测量数据间函数关系的解析表示式，则无论对客观事物的认识深度或是对应用的方便而言，都将远远跨前一步。通常找寻这种解析表示式的途径也是从作图入手，即作出测量结果的函数关系的图形表述，从图形形式，变换变数，使图形线性化，即得新函数 y 和新主变量 x 间的线性关系：

$$y=mx+b$$

算出此直线的斜率 m 和截距 b 后，再换回原来的函数和主变量，即得原函数的解析表示式。例如反应速率常数与活化能 E 的关系式为指数函数关系：

$$k=A\mathrm{e}^{-E_a/RT}$$

可使两边均取对数令其直线化，即作 $\ln k$ 和 $1/T$ 的图，由直线斜率和截距分别可求出活化能 E_a 和指前因子 A 的数值。

(2) 化学实验中的正确作图方法

作图所需工具主要有铅笔、直尺、曲线板、曲线尺、圆规等。最常用的作图纸是直角毫米坐标纸，半对数坐标纸和对数-对数坐标纸也常用到，前者二轴中有一轴是对数标尺，后者二轴均系对数标尺，在表达三组分体系相图时，则常用三角坐标纸。作图时应注意按以下要求。

① 坐标轴的选取。直角坐标纸作图时，在坐标纸上划两条互相垂直带有箭头的直线，分别为横坐标、纵坐标，代表实验数据的两个变量。习惯上以横坐标表示自变量，纵坐标表示因变量。横、纵坐标的读数不一定从“0”开始。坐标轴旁边应注明所代表变量的名称及单位。坐标轴比例尺的选择应遵循以下原则：

a. 从图上读出的有效数字与实验测量的有效数字要一致。

b. 所选择的坐标标度应便于读数和计算，通常应使单位坐标格子所代表的变量为1、2、5的倍数，而不应为3、7的倍数。

c. 尽量使数据点分散开，占满纸面，使整个图布局匀称，不要使图形大小只偏于一角。

② 描点和连线。作图描点时，代表各组读数的点应该分别用⊙、○、●、◇、▲等不同符号表示，这些符号的中心位置即为读数值，其面积应近似地表明测量的误差范围。

各点之间线的连接，描出的线必须是平滑的曲线或直线。连线时尽可能接近或贯穿大多数点，但无须全部通过各点，只要使处于曲线或直线两边的点的数目大致相同。这样描出的曲线或直线就能近似地表示出被测的物理量的平均变化情况。

曲线做好后，最后还应在图上注上图名，说明坐标轴代表的物理量及比例尺，以及主要的测量条件（如温度、压力）。

(3) 化学实验中作图法的数据处理

对已得图形或曲线进一步计算与处理，以获得所需实验结果。由于化学实验中许多情况下的实验结果，都不能简单地由所得图形直接读出，因此，图解方法的重要性并不亚于作图。目前常用的图解方法有：内插、外推、计算直线的斜率与截距、图解微分、图解积分、曲线的直线化等。内插、外推都比较简单，其意义与注意点已在前边提到，这里不再赘述，以下介绍后四种的内容，分述如下。

① 计算直线的斜率与截距。设直线方程式为

$$y=mx+b$$

其中 m 为斜率，b 为截距，按解析几何所述，此时欲求 m、b，仅须在直线上选两个点 (x_1, y_1)，(x_2, y_2)，将它们代入方程式，得

$$\begin{cases} y_1=mx_1+b \\ y_2=mx_2+b \end{cases}$$

由上式，可得

$$m=\frac{y_2-y_1}{x_2-x_1}$$

$$b=y_1-mx_1=y_2-mx_2$$

为了减小误差，所取两点不宜相隔太近，所以通常在直线的两个端点邻近选此两点。m、b 也可利用使直线延长与 y、x 轴相交而求出，若 y 轴即为 $x=0$ 的轴，则直线与 y 轴相交点的 y 值，即为 b。直线与 x 轴交角 θ 的正切值 $\tan\theta$ 即为 m。但通常很少用后一方法。

在个别物理化学实验中，斜率值对实验最终结果的影响极大，例如用溶液法测定极性分子偶极矩的实验中，介电常数-浓度图的直线斜率值对最终欲求的偶极矩值的影响很大，直线稍加倾斜，偶极矩值即能由坏变好，或由好变坏，在这种情况下，不是“巧妙”地凑出一根“好”直线，而是应该“严格”地按前面作图方法中所谈的原则，作出一根“正确”的直线来；或者设法改善介电常数测量的精密度，以求准斜率。另外，这里求出的斜率也有一定的误差范围，或者说，有一定的精密度，这个精密度的大小是与介电常数、浓度的测量精密度有关的。

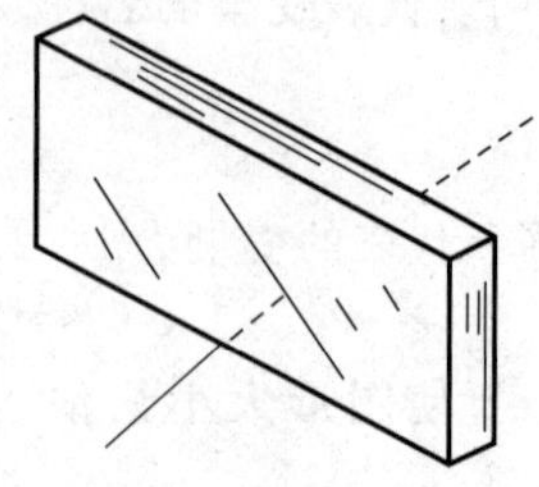

图 1-2　镜像法示意图

② 图解微分。图解微分的中心问题是如何准确地在曲线上作切线。作切线的方法很多，但以镜像法最简便可靠，这里只介绍此法。用一块平面镜垂直地放在图纸上，如图 1-2 所示并使镜和图纸的交线通过曲线上某点，以该点为轴旋转平面镜，使曲线在镜中的像和图上的曲线连续，不形成折线。然后沿镜面作一直线，此直线可被认为是曲线在该点上的法线。再将此镜面与另半段曲线同上法找出该点的法线，如与前者不重叠可取此二法线的中线作为该点的法线。再作这根法线的垂线，即得在该点上曲线的切线，或其平行线。求此切线或其平行线的斜率，即得所需微商值。

③ 图解积分。如图 1-3，设 $y=f(x)$ 为 x 的导数函数，则定积分值 $\int_{x_1}^{x_2} y\mathrm{d}x$ 即为图 1-3 中曲线下阴影的面积，故图解积分仍归结为求此面积的问题，求面积可用求积仪量或直接数阴影部分小格子数目。

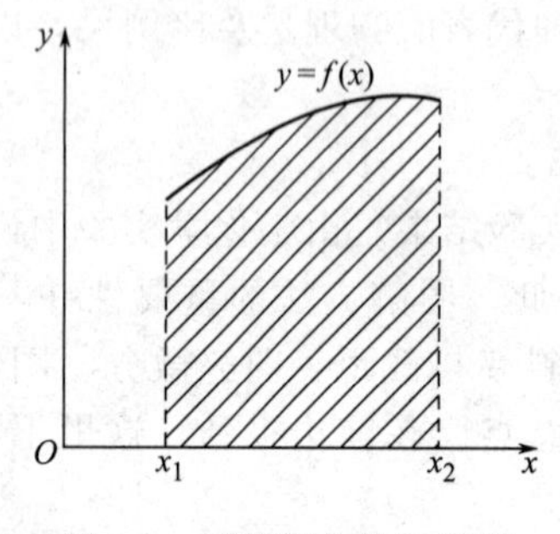

图 1-3　图解积分法示意图

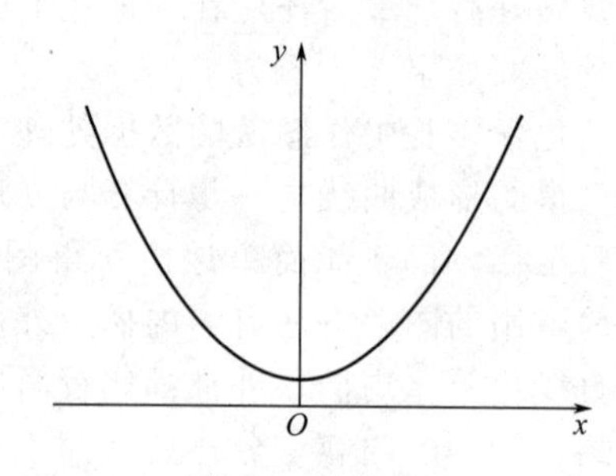

图 1-4　抛物线图

④ 曲线的直线化。从已得图形上曲线的形状，根据解析几何知识，判断曲线类型。然后改用原来二变量的函数重新作图，得直线。例如所得曲线形状近似为一抛物线，如图 1-4 所示，按解析几何可知，这种抛物线的解析表示式为：

$$y=a+bx^2$$

所以，如果以 y 对 x^2 作图，就可得一直线。

若所得曲线形状近似为一指数曲线，如图 1-5 所示。这种指数曲线的图解表示式为

$$y=A\mathrm{e}^{-x^n}$$

图 1-5　指数曲线图

式中，A，n 为常数，e 为自然对数。将上式两边取对数，得

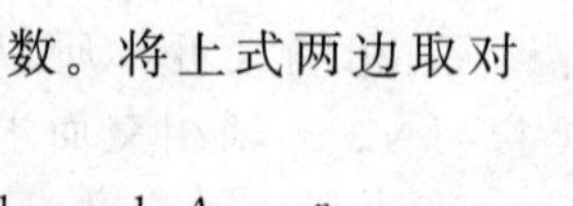

$$\ln y=\ln A-x^n$$

故以 $\ln y$ 对 x^n 作图，得一直线，其截距即 $\ln A$。

由于 n 事先并不知道，可将上式再取对数，得

$$\ln(\ln y)=-n\ln x$$

故以 $\ln(\ln y)$ 对 $\ln x$ 作图，亦得一直线，其斜率即 $-n$。

以上只是两个简例，实际情况还有比这更复杂的，但基本目的均相同，都是使图形直线化后更准确地求取经验常数。

1.2 化学实验室规则及安全常识

1.2.1 化学实验室的工作规则

遵守实验室规则是做好化学实验的前提和保障，必须自觉严格执行。

① 遵守纪律，不迟到，不早退，不准大声喧哗，不得到处乱走。

② 爱护公共财物，小心使用仪器和实验设备（如有故障，必须及时报告），节约使用水、电和气。

③ 实验仪器应摆放整齐，保持实验台面清洁。实验中产生的废纸、火柴梗和碎玻璃等要倒入垃圾箱内，废液必须倒入指定废液桶中。

④ 加强环境保护意识，采取有效措施，减少有毒气体和废液对大气、水和环境的污染。

⑤ 实验结束后，应及时清洗所用仪器，整理实验台和试剂架（摆好仪器和药品），关闭水、电、气等开关。

1.2.2 化学实验室的安全常识

化学试剂中有很多是易燃、易爆、有腐蚀性或有毒的物质，所以做化学实验必须十分重视安全问题。在实验时应集中精力，严格遵守实验安全守则，避免意外事故的发生。

① 实验室内严禁吸烟及饮食，不能把食具带进实验室，化学试剂禁止入口。

② 注意用电安全，不要用湿的手、物接触电源。

③ 能产生有毒、有刺激性或恶臭味气体的实验，应在通风橱中进行。通过嗅觉判别少量气体时，应用手将少量气体轻轻扇向鼻孔，切不可将鼻孔直接对着瓶口或管口。

④ 加热试管时，管口不要对着自己或他人，也不要俯视正在加热的液体，以防被溅出的液体烫伤。

⑤ 稀释浓酸、浓碱（特别是浓硫酸）时，应将酸、碱慢慢加入水中，并不断搅拌，切勿溅到皮肤和衣服上，并注意保护眼睛。

⑥ 一切有易挥发和易燃物质的实验都要远离明火，以免发生爆炸事故。

⑦ 使用有毒试剂（如汞盐、铅盐、钡盐、氰化物、重铬酸盐、砷的化合物等）时，应严防进入口内或接触伤口。有毒废液不许倒入水槽中，应回收后统一处理。

⑧ 使用高压气体钢瓶时，应严格按照操作规程进行，特别是氢气钢瓶要严禁接触明火。

⑨ 洗涤的仪器应放在烘箱里或气流干燥器上干燥，不得用手甩干。

⑩ 实验进行时不得擅离岗位，要随时注意有无异常现象发生，如有应及时报告，以便及时处理。

⑪ 禁止任意混合各种化学试剂，以免发生意外事故，特别是严禁将化学试剂带出实验室。

⑫ 每次实验后，检查水、电、气、门窗，将手洗干净再离开实验室。

1.2.3 化学试剂的使用规则

为了得到准确的实验结果，取用试剂时应遵守以下规则，以保证试剂不受污染和不会变质。

① 试剂不能用手直接接触。

② 使用试剂应按照实验内容中规定的量取用。没有指明用量时，应注意节约，尽量少用，一般固体用豌豆大小，液体用3～5滴。

③ 固体试剂要用洁净、干燥的药匙取用，切勿撒落在实验台上。

④ 液体试剂要用干净的滴管或移液管取用，切不应把滴管或移液管伸入到其他液体中。

⑤ 取用试剂时注意不要过量，已取出的试剂不要再倒回原试剂瓶里，以免带入杂质而污染。

⑥ 取完试剂后，一定要立即把瓶塞盖好，放回原处。注意不要把瓶塞和滴管乱放，以免盖错而沾污试剂。

⑦ 倒取溶液时，标签应朝上，以免标签被试剂所侵蚀。

⑧ 公用试剂必须在指定地点使用，不可挪为己用。

⑨ 使用有毒或强腐蚀性等试剂时，必须严格按有关规定操作。

⑩ 实验结束后，要回收的试剂都应倒入回收瓶内。

1.2.4　化学实验室的常见事故的处理

1.2.4.1　意外事故的预防

(1) 割伤的预防

割伤一般是由玻璃仪器的操作不当造成的，预防割伤应注意：

① 截断玻璃管（棒）后，其断面要在火上熔光。

② 将玻璃管、温度计等插入木塞或橡皮塞时，勿用力过猛，可将塞、管用水润湿后，用抹布护手，然后轻轻旋转塞入，不可直插。

(2) 火灾的预防

很多化学试剂是易燃物质，因此着火是实验室常见事故，为了防止其发生要做到：

① 正确使用酒精灯、酒精喷灯和煤气灯。

② 使用易燃易挥发的试剂要远离火源，切不要在广口容器内直火加热，若加热，一般在水浴或油浴上进行。

③ 实验中易燃易挥发废弃物，不得倒入废液桶内。少量的可倒入水槽用水冲走，大量的要回收处理。

④ 实验室不应大量存放乙醇、乙醚、丙酮等易燃物。

(3) 爆炸的预防

为防止爆炸事故的发生，通常应注意以下几方面：

① 常压操作时，切勿在封闭体系内进行加热或反应。在反应过程中，经常检查仪器装置的各部分是否堵塞，要保证与大气相通。

② 减压操作时，尽量使用机械强度高的器皿，必要时可戴防护面罩。

③ 对于剧烈反应，应采取降温或控制加料速度等措施来缓和，必要时可设置保护屏。

④ 某些化合物（如过氧化物）易爆炸，一般不要受热或敲击，应严格按照操作规程使用。

⑤ 保持实验室内空气畅通，最好在通风橱内取用易燃试剂，且远离火源。

⑥ 注意试剂的存放，氧化剂类试剂（如浓硝酸）要与有机试剂分开。

(4) 中毒的预防

① 有毒试剂应妥善保管，不能乱放。使用有毒或有刺激性气体时，应在通风橱内进行。

② 取用有毒试剂时必须佩戴橡皮手套，操作后应立即洗手。

③ 用移液管和吸量管取浓酸、浓碱、洗液、挥发性物质及有毒物质时，应用洗耳球吸

取，严禁用嘴吸。

④ 严禁在实验室内饮水、进食、吸烟。

1.2.4.2 常见事故的处理

① 割伤。如果伤口较小，可先将玻璃碎片取出，再用去离子水冲洗，涂上红药水或碘酒，撒上消炎粉并用绷带包扎即可。如果伤口较大较深，应用力按住伤口上部，防止大出血，及时到医院治疗。

② 烫伤。轻伤可用高锰酸钾或苦味酸溶液擦洗，再涂上凡士林或烫伤膏，重者及时送医院治疗。

③ 酸碱灼伤皮肤。应立即用水冲洗，若为酸液，再用饱和碳酸氢钠溶液或稀氨水、肥皂水处理；若为碱液，再用硼酸或醋酸溶液冲洗。最后用水把剩余的酸或碱洗净，再擦上凡士林。

④ 酸碱溅入眼睛。应立即用大量水冲洗，然后用相应的饱和碳酸氢钠溶液或硼酸溶液冲洗，最后再用去离子水冲洗。重伤者初步处理后送医院。

⑤ 溴灼伤。应立即用乙醇洗涤伤口，然后用水冲净，再涂上甘油，用力按摩后将伤处包好。若受到溴蒸气刺激，可对着酒精瓶内注视片刻。若溅入眼睛，按酸液溅入眼中作急救处理后送医院。

⑥ 苯酚灼伤。先用大量水冲洗，然后用4∶1的70%乙醇-1mol·L^{-1}氯化铁的混合溶液进行洗涤。

⑦ 磷灼伤。可用1%硝酸银、2%硫酸铜或高锰酸钾溶液洗涤伤口，再用绷带包扎。

⑧ 汞洒落。实验时如不慎打坏气压计或水银温度计，则必须尽可能地把汞收集起来，并用硫黄粉盖在洒落的地方，以便使未能收集起来的汞转变为硫化汞。最后清扫干净，并做固体废物处理。

⑨ 毒物误入口。立即将5～10mL稀硫酸铜溶液加入一杯温水中，搅匀后内服，再用手伸入咽喉促使呕吐毒物，然后送医院。

⑩ 吸入刺激性或有毒气体。吸入煤气或硫化氢等气体时，应立即到室外呼吸新鲜空气；吸入溴蒸气、氯气或氯化氢等气体时，立即吸入少量酒精和乙醚的混合蒸气，以便解毒，然后到室外呼吸新鲜空气。

⑪ 触电。应立即拉下电闸断电，并尽快地用绝缘物（干燥的木棒、竹竿）将触电者与电源隔离，必要时进行人工呼吸。当情形较严重时，做了上述急救后速送医院治疗。

⑫ 起火。万一发生着火，要沉着快速处理。首先要立即熄灭火源，切断电源，移开未着火的易燃物，再针对燃烧物的性质采取适当的灭火措施（切不可将燃烧物包着往外跑，因为跑动时空气更流通，火会烧得更猛）。一般小火，可用湿抹布、石棉布或细砂子覆盖着火处，使火熄灭；容器内有机物着火，可用石棉板盖住容器口（有机物着火不能用水来扑灭），火即熄灭；若火势较大，则用泡沫灭火器扑灭；电器设备起火，必须用四氯化碳或二氧化碳灭火器扑灭；身上衣服着火，千万不要乱跑，应赶快脱下衣服或躺在地上滚动。当着火范围较大时，应根据火情决定是否报警。

1.3 实验室用水的规格及制备方法

纯水是化学实验中最常用的纯净溶剂和洗涤剂。纯水并不是绝对不含杂质，只是杂质含量极少而已。随制备方法和所用仪器的材料不同，其杂质的种类和含量也有所不同。

1.3.1 规格及检验

纯水的质量可以通过检测水中杂质离子含量的多少来确定，纯水质量的主要指标是电导率（或换算成电阻率）。通常采用物理方法确定，即用电导率仪测定水的电导率。水的纯度越高，杂质离子的含量越少，水的电导率也就越低。

我国已建立了实验室用水规格的国家标准（GB 6682—2008），标准规定了实验室用水的技术指标、制备方法及检验方法（见表1-1）。

表1-1　实验室用水的级别及主要指标

指标名称	一级	二级	三级
pH范围(25℃)	—	—	5.0～7.5
电导率(25℃)/$\mu S \cdot cm^{-1}$	≤0.1	≤1.0	≤5.0
可氧化物质(以O计)/$mg \cdot L^{-1}$	—	<0.08	<0.4
蒸发残渣(105℃±2℃)	—	≤1.0	≤2.0
吸光度(254nm,1cm光程)	≤0.001	≤0.01	—
可溶性硅(以SiO_2计)/$mg \cdot L^{-1}$	≤0.01	≤0.02	—

测定电导率应选用适于测定高纯水的（最小量程为0.02$\mu S \cdot cm^{-1}$）电导率仪。一级和二级水的电导率必须“在线”（即将电极装入制水设备的出水管道中）进行测定，电导池常数为0.01～0.1。测定三级水时，电导池常数为0.1～1，用烧杯接取约300mL水样，立即测定。

纯水在贮存过程中或与空气接触时，容器材料的可溶性成分会被溶解引入纯水中，空气中的CO_2等气体也会被吸收，从而引起纯水电导率的改变。水的纯度越高，这些影响越显著，高纯水更要在临用前制备，不宜存放。

在化学分析实验中对水的质量要求较高，应根据所做实验对水质量的要求合理地选用不同规格的纯水。特殊情况下，如生物化学、医药化学等实验的用水往往还需要对其他有关指标进行检验。

1.3.2　制备方法

实验室中所用的纯水常用以下三种方法制备。

（1）离子交换法

离子交换法是将自来水通过装有阳离子交换树脂和阴离子交换树脂的离子交换柱，利用交换树脂中的活性基团与水中杂质离子的交换作用，除去水中的杂质离子，实现水的净化。用此法制得的纯水通常称为“去离子水”，其纯度较高。

此法不能除去水中的非离子型杂质。

去离子水中也常含有微量的有机物。25℃时其电阻率一般在5MΩ·cm以上。

（2）蒸馏法

将自来水在蒸馏装置中加热汽化，将水蒸气冷凝即可得到蒸馏水。

此法能除去水中的不挥发性杂质及微生物等，但不能除去易溶于水的气体。

通常使用的蒸馏装置由玻璃、铜和石英等材料制成。由于蒸馏装置的腐蚀，故蒸馏水仍含有微量杂质。尽管如此，蒸馏水仍是化学实验中最常用的较纯净的廉价溶剂和洗涤剂。在25℃时其电阻率为$1\times10^5\,\Omega \cdot cm$。

蒸馏法制取纯水的成本低，操作简单，但能源消耗大。

（3）电渗析法

电渗析法是在离子交换法基础上发展起来的一种方法。将自来水通过由阴、阳离子交换膜组成的电渗析器，在外电场的作用下，利用阴、阳离子交换膜对水中阴、阳离子的选择透过性，使杂质离子自水中分离出来，从而达到净化水的目的。

此法不能除去非离子型杂质。

电渗析水的电阻率一般为 $10^4 \sim 10^5 \Omega \cdot cm$，比蒸馏水的纯度略低。

1.3.3 合理使用

不同的化学实验，对水的质量要求也不同，应根据实验要求，选用适当级别的纯水。在使用时，还应注意节约，因为纯水来之不易。

在定量化学分析实验中，主要使用三级水，有时也需要将三级水加热煮沸后使用，特殊情况也使用二级水。仪器分析实验中主要使用二级水。一级水主要用于严格要求的分析实验，包括对微粒有要求的实验，如高效液相色谱分析、电化学分析和原子光谱分析等。二级水主要用于无机痕量分析实验；三级水则用于一般化学分析实验。

本书中的各个实验，除了另有说明外，所用纯水均为去离子水。为了使实验室使用的去离子水保持纯净，去离子水瓶要随时加塞，专用虹吸管内外都应保持干净。

目前实验室所用的洗瓶多是塑料制品，其中装入去离子水，便于实验中加水、涮洗仪器和沉淀，用水量少，使用效果好。为了防止污染，在去离子水瓶附近不要存放浓盐酸、氨水等易挥发的试剂。

第 2 章　基础化学实验的基本操作及常用仪器的使用方法

2.1　基础化学实验的基本操作

2.1.1　实验室常用玻璃仪器的洗涤和干燥

2.1.1.1　洗涤

化学实验中经常要使用玻璃仪器和瓷器，其是否洁净，将直接影响到实验的成败与结果的准确性，所以实验前必须先把仪器洗涤干净。玻璃仪器的洗涤方法很多，一般应根据实验的要求、污物的性质和沾污程度来选择，常用的洗涤方法如下。

（1）摇荡水洗

主要可以洗涤一些易溶性的少量污物，在玻璃仪器内装入约 1/3 的水，用力摇荡片刻，倒掉，再装水摇荡，倒掉，如此反复操作数次即可。

（2）用水刷洗

用水和毛刷刷洗，再用水冲洗几次，可除去黏附在仪器上的尘土、部分不溶性杂质和可溶性杂质。注意洗刷时不能用秃顶的毛刷，也不能用力过猛，否则会戳破仪器。对于带有内标的容量玻璃仪器不能采用刷洗，否则将会影响仪器的精度。

（3）用去污粉、肥皂洗

可以洗涤带有少量油污的玻璃仪器。先用少量水将要洗涤的玻璃仪器润湿，用毛刷蘸取少量去污粉或肥皂刷洗，再用水冲洗。若油污和有机物仍洗不干净，可用热的碱液洗涤。

（4）用洗衣粉或洗涤剂洗

一些具有精确刻度、形状特殊的仪器，不宜刷洗时，可选择洗涤液淌洗。即先把洗衣粉或洗涤剂配成溶液，倒少量洗涤液于容器内摇荡几分钟或浸泡一会儿后，把洗涤液倒回原瓶，再用水冲洗干净。

（5）用铬酸洗液洗涤

若洗涤剂等仍不能将污物去除，可用铬酸洗液洗涤。用铬酸洗液洗涤时，可向玻璃仪器内加入少量铬酸洗液，使仪器倾斜并慢慢转动，让仪器内壁全部被洗液润湿，转动仪器几圈后将洗液倒回原瓶，再用水清洗。若污物较重，可用铬酸洗液浸泡一段时间，会使洗涤效果明显提高。

使用铬酸洗液时要注意以下几点：

① 被洗涤的仪器内不宜有水，否则铬酸洗液会被稀释而影响洗涤效果。

② 铬酸洗液可以反复使用，用后应倒回原瓶内。当铬酸洗液的颜色由暗红色变为绿色（被还原为硫酸铬）时，铬酸洗液即失效而不能使用。

③ 铬酸洗液吸水性很强，浸泡时，铬酸洗液瓶的瓶塞要塞紧，以防铬酸洗液吸水而失效。

④ 铬酸洗液具有强腐蚀性，会灼伤皮肤和破坏衣服、桌面、橡胶等，使用时要特别小心。若不慎洒落，要立即用水冲洗。

⑤ 由于 Cr(Ⅵ)毒性很强，所以尽量少用铬酸洗液，不得不用时要注意回收与处理。

（6）超声波洗涤

将所要洗涤仪器置于超声波仪器内，开启仪器，超声波洗涤具有简便、易操作，清洗效果好的特点。

除上述洗涤方法外，还可以根据污物的性质选用适当的试剂来处理。比如，AgCl 沉淀可选用氨水洗涤，硫化物沉淀可选用硝酸加盐酸洗涤，粘在器壁上的氧化剂如二氧化锰可用浓盐酸处理。

用上述各种方法洗涤后的仪器，经自来水反复冲洗干净后，往往还会留有 Ca^{2+}、Mg^{2+}、Cl^{-} 等。如果实验中不允许这些离子存在，应该再用去离子水把它们洗去，洗涤时要遵循少量（每次用量少）、多次（一般洗 3 次）的原则。

洗涤干净的玻璃仪器应该清洁透明，把其倒转过来，会看到器壁上只留下一层既薄又均匀的水膜，而不挂水珠。已洗净的仪器不能再用布或纸抹，因为布和纸的纤维会留在器壁上弄脏仪器。

2.1.1.2　干燥

实验时所用的仪器，除必须洗净外，有时还要干燥。一般可采用下面的方法干燥。

① 自然晾干。不急用的仪器，在洗净后可倒置在干净的实验柜内或仪器架上，任其自然干燥。这种方法较为常用。

② 烘箱烘干。将洗净的仪器尽量倒干水分后放进烘箱内烘干（温度控制在约 105℃）。放置时应使仪器口朝下，并在烘箱的最下层放置一搪瓷盘，承接从仪器上滴下的水，以免电热丝上滴到水而损坏，见图 2-1(a)。

③ 热（或冷）风吹干。如急需干燥，可用电吹风机或气流烘干机直接吹干。对于一些不能受热的容量器皿，可用冷吹风干燥。

④ 烤干。一些常用能加热的器皿如烧杯、蒸发皿等可放在石棉网上，用小火烤干。试管可以用试管夹夹住后，在火焰上来回移动，直至烤干。但必须使管口低于管底，以免水珠倒流至灼热部位，使试管炸裂，待烤到不见水珠后，将管口朝上赶尽水汽，见图 2-1(b)。

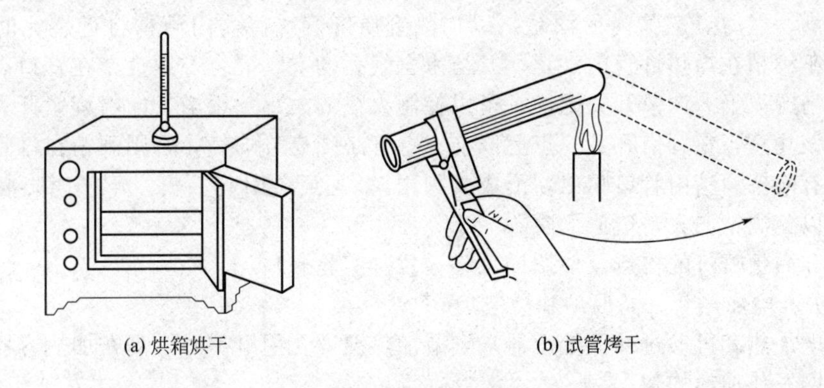

(a) 烘箱烘干　　(b) 试管烤干

图 2-1　干燥方法

⑤ 用有机溶剂干燥。带有刻度的仪器不能用加热的方法干燥，否则会影响这些仪器的准确度。可加一些易挥发的水溶性有机溶剂（常用乙醇、乙醚和丙酮）到洗净的仪器中，把仪器倾斜并转动，使器壁上的水和有机溶剂互相溶解，然后倒出有机溶剂，少量残留在仪器中的混合液很快挥发而干燥。

2.1.2　实验室常用的加热方法

化学实验经常需要加热，正确地选择加热方法，不仅可以确保安全，而且可以提高实验的效果。

2.1.2.1 加热装置

(1) 天然气灯、煤气灯、酒精灯和酒精喷灯

天然气灯是实验室中用于加热的主要工具之一，使用时应先将其下面的针阀旋开（此阀最好不要关闭），点燃天然气灯后调节灯管下部的空气进口使火焰分层，再根据加热对象所需温度的不同调节天然气管道的旋钮（阀门），控制天然气量，以此控制温度的高低。天然气灯的灯管可以升高4cm，如果点火加热后发现加热物放置过高，则可适当升高灯管，火焰状态不会改变。

使用明火加热时，一定要远离药品架、各种仪器及一切易燃易爆物品。使用过程中不得擅自离开，一旦火焰被吹灭，应立即关闭气源管道阀门。还应检查灯与管道阀门相连接的胶管是否因老化或连接不紧密而漏气，发现漏气必须及时处理。实验完毕，离开实验室前，要仔细检查阀门是否关好。

实验室中如果备有煤气，在加热操作中，可用煤气灯。煤气由导管输送到实验台上，用橡皮管将煤气龙头和煤气灯相连。煤气灯由灯座、螺丝栓、下部有小孔的金属管等组成。旋转螺丝栓可调节进入灯座内的煤气量；旋转金属管可调节进入灯座的空气量，以起到控制火焰温度的作用。煤气中含有毒物质（但是它的燃烧产物却是无害的），所以绝不可把煤气逸到室内。不用时，一定要注意把煤气开关关紧。煤气有着特殊的气味，漏出时极易嗅出。

在没有天然气和煤气的实验室，常使用酒精灯或酒精喷灯进行加热。

酒精灯的温度，通常可达400～500℃。酒精灯一般是玻璃制的，其灯罩带有磨口。不用时，必须将灯罩罩上，以免酒精挥发。酒精易燃，使用时必须注意安全。点燃时，应该用火柴点燃，切不可用点燃着的酒精灯直接去点燃。否则灯内的酒精会洒出，引起燃烧而发生火灾。酒精灯内需要添加酒精时，应把火焰熄灭；然后利用漏斗把酒精加入灯内，但应注意灯内酒精不能装得太满，一般不超过其总容量的2/3为宜。熄灭酒精灯的火焰时，只要将灯罩盖上即可使火焰熄灭，切勿用嘴去吹。

酒精喷灯的温度通常可达700～1000℃，酒精喷灯是金属制的。使用前，先在预热盆上注入酒精至满，然后点燃盆内的酒精，以加热铜质灯管。待盆内酒精将近燃完时，开启开关，这时由于酒精在灼热灯管内气化，并与来自气孔的空气混合，用火柴在管口点燃，即可得到温度很高的火焰。调节开关螺丝，可以控制火焰的大小。用毕，向右旋紧开关，可使灯焰熄灭。应该注意，在开启开关、点燃以前，灯管必须充分灼烧，否则酒精在灯管内不会全部气化，会有液态酒精由管口喷出，形成“火雨”，甚至会引起火灾。不用时，必须关好储罐的开关，以免酒精漏失，造成危险。

煤气灯和酒精喷灯的构造及使用详见第3章（实验一）。

(2) 电炉、电加热套、高温炉和微波炉

电炉和电加热套可通过外接变压器来调节加热温度。用电炉时，需在加热容器和电炉间垫一块石棉网，使加热均匀。

高温炉包括箱式电阻炉（又称马弗炉）、管式电阻炉（又称管式燃烧炉）和高频感应加热炉。根据热源产生的形式不同又分为电阻丝式、硅碳棒式及高频感应式等。

管式电阻炉：有一管状炉膛，最高温度可达1223K，加热温度可调节，炉膛中插入一根瓷管或石英管，管内放入盛有反应物的反应舟，反应物可在空气或其他气氛中受热反应。常用于矿物、金属或合金中气体成分的分析。

马弗炉：电热式结构的马弗炉的炉膛是由耐高温的氧化硅结合体制成，炉膛四周都有电热丝，通电后整个炉膛周围受热均匀。炉膛的外围通常包以耐火砖、耐火土、石棉板等，以减少热量损失。马弗炉通常配的是镍铬-镍硅热电偶，测温范围为0～1300℃。管式炉和马

弗炉需用高温计测温，它由一副热电偶和一只毫伏表组成。如再连接一只温度控制器，则可自动控制炉温。使用马弗炉时需要注意以下几点：①周围不要存放化学试剂及易燃易爆物品。②需用专用电闸控制电源，不能用直接插入式插头控制。③在马弗炉内进行熔融或灼烧时，必须严格控制操作条件、升温速度和最高温度，防止样品飞溅、腐蚀和粘接炉膛。若灼烧有机物、滤纸等，必须预先灰化。④灼烧完毕，应先切断电源，不要立即打开炉门，以免炉膛突然受冷碎裂。通常先开一条小缝，待温度降至200℃时再开炉门，并用长坩埚钳取出被灼烧物体。马弗炉常用于物质高温反应，质量分析中沉淀的灼烧、灰分测定及有机物质的碳化等。

高频感应加热炉：利用电子管自激振荡产生的高频磁场和金属在高频磁场作用下产生的漩涡流而发热，致使金属试样熔化，待通入氧气后，通过产生的二氧化碳、二氧化硫等气体进行化学分析。

微波炉：作为加热分解试样和烘干器皿及样品的新型工具，以其独特的加热方式已被引入基础化学实验室。微波炉所发射的电磁波频率为2450MHz，它本身并不发热，而遇到水、蛋白质等极性分子则被吸收，极性分子吸收了微波的能量后，即以2450MHz的频率进行振荡和摩擦，从而自身发热，这就是微波炉加热的基本原理。微波炉的最大输出功率通常为700～1000W不等，加热时间一般都能在1s～60min或1～30min范围内连续可调。炉膛容积为10～30L不等，内有自动旋转的玻璃圆盘，供放置被加热物体。

用微波炉加热样品和干燥器皿比用电热恒温干燥箱有很多优越之处，主要是快速、节能，用微波炉加热优点如下：由于不需要传热过程，被加热物体受热快而均匀，炉体的散热损失很小，开机加热的时间很短，能量利用率高。由于微波遇到金属表面而反射，故用金属材料做内衬，不仅避免了微波泄漏而伤害人体，而且使暂时未被吸收的微波可被内壁多次反射，直至被吸收，这也提高了能量的利用率。由于微波对塑料、玻璃、陶瓷等材料有穿透性，使用这类材料作加热容器，可加快加热速度，且便于实验操作。但微波炉也有其局限性，例如，不能将金属容器放入微波炉中使用，不能空烧，没有被加热物体时不可开机，加热物体很少时要避免开机时间过长等。总之，使用微波炉时一定要熟悉如何设定所用加热功率和时间，实验室中需要用微波炉时，应遵循实验教师的指导和实验室制定的操作规程。

2.1.2.2　加热方法

(1) 直接加热

实验室中常用的加热器皿有烧杯、烧瓶、锥形瓶、瓷蒸发皿、试管、坩埚等，这些器皿能承受一定的温度，可以直接加热，但不能骤热或骤冷。因此在加热前，必须将器皿外面的水擦干，加热后不能立即与潮湿的物体接触，以免由于骤热骤冷而破裂。

① 直接加热固体。加热试管中的固体试剂时，其方法不同于液体，通常试管固定在铁架台上，试管口向下倾斜，略低于管底，使冷凝在管口的水珠不倒流到试管的灼烧处而导致试管炸裂，见图2-2(a)。

较多固体的加热，应在蒸发皿中进行。先用小火预热，再慢慢加大火焰，但火也不能太大过急，以免固体溅出造成损失。要充分搅拌，以保证固体受热均匀。

当需要高温灼烧或熔融固体时，可把固体放在坩埚中置于泥三角上，用煤气灯的氧化焰先小火预热，后强火灼烧直至坩埚红热，再维持一段时间后停止加热。若需灼烧到更高温度，则可将坩埚置于马弗炉中进行强热。移动坩埚时必须用干净的坩埚钳夹取，用后应钳头朝上，平放在石棉网上，见图2-2(b)。

② 直接加热液体。适用于在较高温度下不分解的溶液或纯液体。

在烧杯、烧瓶、锥形瓶等玻璃仪器中加热液体时，仪器必须放在石棉网上，否则容易因

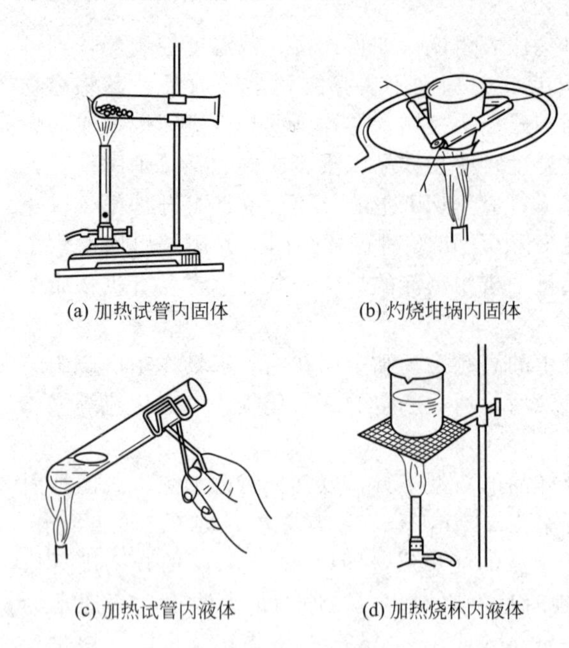
(a) 加热试管内固体　(b) 灼烧坩埚内固体
(c) 加热试管内液体　(d) 加热烧杯内液体

图 2-2　直接加热

受热不均而破裂，烧瓶还要用铁夹固定在铁架上。加热时液体量一般不宜超过烧杯容量的 1/2、烧瓶容量的 1/3，烧杯加热时还要适当搅拌其内的液体，以防爆沸。待溶液沸腾后，再把火焰调小，使溶液保持微沸，以免溅出，见图 2-2(d)。

加热盛有液体的试管时，应用试管夹夹住试管的中上部（不能用手拿，以免烫伤），试管口向上微微倾斜，管口不能对着自己或其他人，以免溶液沸腾时溅出把人烫伤、烧伤。先加热液体的中上部，然后慢慢移动试管热及下部，再不停地上下移动试管，使各部分液体受热均匀，避免液体因受热不均而骤然暴沸溅出。管内所装液体的量不能超过试管高度的1/3，见图 2-2(c)。

当需要把溶液蒸发浓缩时，可将溶液放入瓷蒸发皿内置于泥三角上用小火慢慢加热，瓷蒸发皿内盛放溶液的量不能超过其容量的 2/3。

(2) 水浴加热

当被加热物质要求受热均匀，而温度又不能超过 100℃时，应采用水浴加热，见图 2-3(a)。

水浴锅是具有可移动的大小不等的同心圆盖的铜制或铝质水锅（有时也可选用大小合适的烧杯代替），一般根据器皿的大小选用圆盖，尽可能使器皿底部的受热面积最大而又不落入水浴。水浴锅内盛放水量不能超过其总容量的 2/3，将要加热的容器如烧杯、锥形瓶等浸入水中（不能触及锅底，以免受热不均匀而破裂）后，水面应略高于容器内的被加热物质。注意在加热过程中要随时补充水以保持原体积，切不能烧干。若把水浴锅中的水煮沸，用水蒸气来加热，即成水蒸气浴。

应当指出：离心试管的管底壁玻璃较薄，不宜直接加热，而应在水浴中加热。在蒸发皿中蒸发、浓缩时，也可以在水浴上进行，这样比较安全。

(3) 沙浴和油浴加热

当被加热物质要求受热均匀，而温度又需要高于 100℃时，可使用沙浴或油浴加热。

(a) 水浴加热

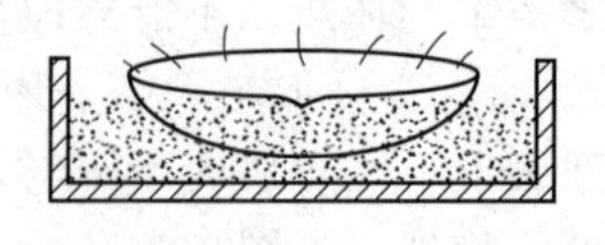
(b) 沙浴加热

图 2-3　加热浴

沙浴是将细沙均匀地铺在一只平底铁盘内，被加热的器皿放在沙上，底部部分埋入沙中，用煤气灯的非氧化焰加热铁盘（用氧化焰强热会烧穿盘底）。沙浴加热升温比较缓慢，停止加热后散热也较慢，见图 2-3(b)。

油浴是用油代替水浴中的水，其最高温度取决于所使用油的沸点，常用的油有甘油（用于 150℃以下的加热）和液体石蜡（用于 200℃以下的加热）。油浴的优点是温度易控制在一定范围内，容器内被加热物质受热均匀，但使用油浴要小心，防止着火。

2.2 无机及分析化学实验基本操作及常用仪器使用方法

2.2.1 实验试剂、标准溶液的配制及常用容量器皿的使用

2.2.1.1 试剂规格、标准溶液的配制及使用

(1) 试剂的规格

化学试剂的纯度对实验结果的准确度影响很大，不同的实验，对试剂纯度的要求也不相同，因此，必须了解试剂的分类标准。化学试剂按其中杂质含量的多少，通常可分为五个等级，我国化学试剂等级见表 2-1。

表 2-1 我国化学试剂等级

等级	一级品	二级品	三级品	四级品	五级品
中文标志	优级纯(保证试剂)	分析纯(分析试剂)	化学纯	实验试剂	生物试剂
英文符号	GR	AR	CP	LR	BR
标签的颜色	绿色	红色	蓝色	黄色或棕色	咖啡色或玫瑰红
适用范围	精密分析 科学研究	定性定量分析	定性分析 化学制备	工业或化学制备及实验辅助	生化及医化实验

需要指出的是，不要认为试剂越纯越好，应根据实验的要求，本着节约的原则，选用不同规格的试剂。超越具体实验条件去选用高纯试剂，会造成浪费。当然，也不能随意降低规格而影响结果的准确度。

(2) 试剂的存放

在实验室中分装化学试剂时，一般把固体试剂装在广口瓶内，液体试剂或配好的溶液放在细口瓶或滴瓶内，见光易分解的试剂（如硝酸银、高锰酸钾等）则放在棕色瓶内，盛放碱液的细口瓶要用橡胶塞。每一个试剂瓶上都要贴上标签，标明试剂的名称、规格或浓度以及日期，在标签的表面涂一薄层蜡作保护。

试剂若存放不当，会变质失效，造成浪费，甚至引起事故，所以应根据试剂的不同采取不同的存放方式。

① 一般的单质和无机盐类的固体应保存在通风、干燥、洁净的房间里，以防止污染或变质（吸水性强的试剂应该蜡封，如氢氧化钠等）。

② 氧化剂和还原剂应分开并密封存放；见光易分解的试剂，应避光保存，如过氧化氢、硝酸银等。

③ 易挥发和低沸点的试剂应置于低温阴暗处，如乙醚、乙醇等。

④ 易侵蚀玻璃的试剂应保存于聚乙烯塑料瓶或涂有石蜡的玻璃瓶内，如氢氟酸等。

⑤ 易燃易爆的试剂应分开贮存在阴凉通风、避光的地方，并采取一定的安全措施，如易挥发有机溶剂、高氯酸盐等。

⑥ 剧毒试剂应由专人妥善保管，用时严格登记。极易挥发的有毒试剂应存放在冷藏室内，如氰化钾、砒霜等。

(3) 试剂的取用

取用试剂前，应看清标签。如果瓶塞顶是扁平的，瓶塞取出后可倒置桌上；如果瓶塞顶不是平的，可用食指和中指将瓶塞夹住，或放在清洁的表面皿上，决不可横置在桌上。

① 液体试剂。从细口瓶中取用时，取出瓶盖倒放在桌上，右手握住瓶子，注意让瓶上

的标签对着手心，用左手的拇指、食指和中指拿住容器（试管、量筒等），以瓶口靠住容器壁，缓缓倾出所需液体，让液体沿着器壁往下流，见图 2-4。若所用容器为烧杯，则倾注液体时可用玻璃棒引流。倾出所需量后，将瓶口在容器上靠一下，再竖起瓶子，以免留在瓶口的溶液流到瓶子的外壁。用完后，立刻将瓶盖盖好。

从滴瓶中取用时，要用滴瓶中的滴管，不能用别的滴管。先用拇指和食指提起滴管离开液面，用手指紧捏滴管上部的橡皮头，以赶出滴管中的空气，再将滴管伸入滴瓶中，放开手指吸入试剂。取出滴管，用中指和无名指夹住滴管颈部，用拇指和食指捏橡皮头，使试剂滴入容器中。滴管必须保持垂直，避免倾斜，避免倒立弄脏橡皮头或污染试剂瓶中溶液。滴管的尖端不可接触承接容器的内壁，更不能插到其他溶液里，也不能把滴管放在原滴瓶以外的任何地方，以免杂质沾污，见图 2-5。

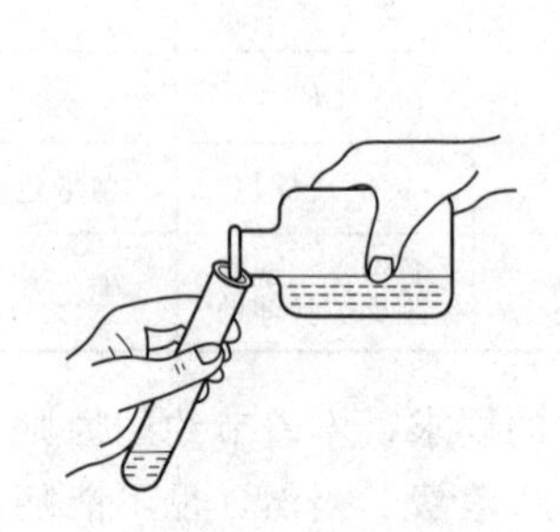

图 2-4　向试管中倾倒液体试剂

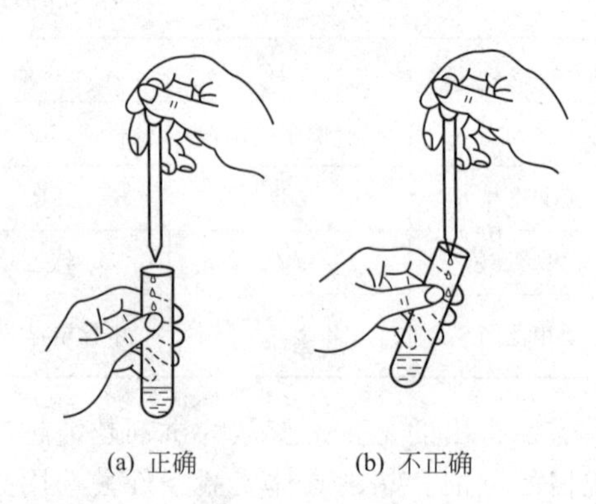

(a) 正确　　(b) 不正确

图 2-5　用滴管向试管中滴加液体试剂

② 固体试剂。用洁净、干燥的药匙（塑料、牛角或不锈钢制）取用，且专匙专用。药匙的两端为大小两个匙，取量大时用大匙，取量小时用小匙。取完试剂后，应立即盖紧瓶塞，放回原处。

称取一定量的固体试剂时，一般应把固体试剂放在称量纸、表面皿或小烧杯内称量，取出的试剂量尽可能不要超过所需量，多取的试剂不能放回原瓶，可将其分给其他需要的同学使用。具有腐蚀性或易潮解的固体不能放在称量纸上，应放在玻璃器皿内。

（4）试剂的配制

试剂配制一般是指把固体试剂溶于去离子水或其他溶剂配成溶液以及把液体试剂或浓溶液加去离子水稀释为所需的稀溶液。

① 非标准溶液的配制。配制溶液时，应先计算所需固体试剂的质量，称取后置于烧杯中，加少量去离子水或其他溶剂，搅拌溶解。必要时可加热促使其溶解，再加去离子水或其他溶剂至所需体积，混匀即可。

配制饱和溶液时，所用溶质量要比计算量稍多，加热溶解后，冷却，待结晶析出后，取用上层清液以保证溶液饱和。

配制易水解的盐溶液时，应将这些盐先用相应的酸溶液或碱溶液溶解，以抑制其水解。如硝酸铋的配制，需用硝酸溶液。配制易氧化的盐溶液时，需要加入相应的纯金属，使溶液稳定，防止氧化。如二氯化锡配制，应加入金属锡粒。

把液体试剂或浓溶液稀释时，先根据其密度或浓度算出所需液体试剂或浓溶液的体积，量取后加去离子水至所需体积，混匀即可。浓硫酸稀释时，由于会放出大量的热量，所以必须将浓硫酸慢慢倒入水中，同时不断搅拌散热，否则会使溶液沸腾、溅出造成烧伤，必须使用耐热容器，如烧杯，切不可在细口瓶中配制。

对于经常大量使用的溶液，可预先配制出比所需浓度大 10 倍左右的备用液，在使用时再进行适当稀释。

配制好的溶液盛装在适当的试剂瓶或滴瓶中，摇匀后贴上标签，标明溶液名称、浓度和配制日期。

② 标准溶液及其配制。标准溶液是指已知准确浓度的溶液，在滴定分析中主要用于测定试样中的常量组分，在仪器分析中用于绘制标准工作曲线。所以正确地配制标准溶液，确定其准确浓度，妥善地贮存标准溶液，都关系到分析结果的准确性。

a. 标准溶液的配制方法。配制标准溶液的方法一般有以下两种。

(a) 直接法。用分析天平准确地称取一定量的基准物质，溶于适量去离子水或其他溶剂后定量转移到容量瓶中，稀释至刻度线，定容并摇匀。根据基准物质的质量和容量瓶的体积计算该标准溶液的准确浓度。

能用于直接配制标准溶液的物质，称为基准物质或基准试剂，也可用来标定某一溶液的准确浓度。作为基准物质应符合下列要求：

• 物质的组成与其化学式完全相符（若含结晶水，其结晶水的含量也应与化学式相符）。

• 纯度必须足够高，一般要求其在 99.9%以上，而所含的杂质应不影响分析的准确度。

• 应具有一定的稳定性。如，不易吸收空气中的水分和二氧化碳，不易被空气氧化，加热干燥时不易分解等。

• 最好有较大的摩尔质量，这样可以减少称量的相对误差。

常用的基准物质有纯金属和某些纯化合物，如锌、草酸、氯化钠、无水碳酸钠、重铬酸钾等。

(b) 间接法。实际上有很多物质（如 NaOH、HCl 等）不是基准物质，不能用直接法来配制标准溶液，只能用间接法。即先配成接近所需浓度的溶液，然后再用基准物质或另一种已知准确浓度的标准溶液标定其准确浓度。

实验中有时也用稀释方法，将浓的标准溶液稀释为稀的标准溶液。即通过移液管或滴定管准确量取一定体积的浓溶液，放入适当的容量瓶中，用去离子水稀释到刻度线，可得到所需浓度的标准溶液。

b. 标准溶液配制和使用注意事项

(a) 基准物质要预先用规定的方法进行干燥。

(b) 配制时要选用符合实验要求纯度的去离子水。

(c) 贮存的标准溶液因水分蒸发，水珠会凝于瓶壁，使用前应将溶液摇匀。如果溶液浓度发生变化，在使用前必须重新标定其浓度。

(d) 标准溶液均应密闭存放，有些还需避光。如能吸收空气中二氧化碳并对玻璃有腐蚀作用的强碱溶液，最好装在塑料瓶中，并在瓶口处装一碱石灰管，以吸收空气中的二氧化碳和水；见光易分解的 $AgNO_3$ 和 $KMnO_4$ 等标准溶液应贮存于棕色瓶中，并置于暗处保存。

(e) 浓度低于 $0.01mol \cdot L^{-1}$ 的标准溶液不宜长时间存放，应在临用前用浓标准溶液稀释。

(f) 对于不稳定的标准溶液，应在使用前标定其浓度。

2.2.1.2　常用容量器皿的使用

基础化学实验室中常用的量器有滴定管、容量瓶、移液管、吸量管、量筒和量杯等。其中滴定管、容量瓶、移液管是定量化学分析中的重要仪器，必须熟练掌握其操作。常用容量器皿的清洗及操作方法详见第 3 章（实验五）。

2.2.2　实验试纸、滤纸的使用方法

2.2.2.1　实验试纸的使用

试纸是用指示剂或试剂浸过后得到的干纸条，在实验室中经常使用某些试纸来定性检验一些溶液的性质或某些物质的存在，操作简单，使用方便。

（1）试纸的种类

试纸的种类很多，常用的有下面几种。

① 酚酞试纸。将滤纸浸入酚酞的乙醇溶液中，浸透后在洁净、干燥、无氨的空气中晾干而成的白色试纸，遇碱性溶液变红，用水润湿后遇碱性气体（如氨气）变红，常用于检验 pH＞8.3 的稀碱溶液或氨气等。

② 石蕊试纸。由石蕊溶液浸渍滤纸晾干得到，是检验溶液的酸碱性最古老的方式之一。石蕊试纸有红色和蓝色两种，碱性溶液(pH≥8)使红色试纸变蓝，酸性溶液(pH≤5)使蓝色试纸变红，但在测试接近中性的溶液时不大准确。

③ pH 试纸。由数种指示剂混合而成的混合指示剂浸染而成，其变色范围由酸至碱即由红、橙、黄、绿、蓝各色连续变化而得，故较石蕊试纸更准确地指出酸碱的强弱程度。pH 试纸包括广泛 pH 试纸和精密 pH 试纸两类，前者的变色范围是 pH＝1～14，只能粗略地估计溶液的 pH 值；后者其变色范围可分为多种，如 pH＝2.7～4.7、3.8～5.4、5.4～7.0、6.9～8.4、8.2～10.0、9.5～13.0 等，根据待测溶液的酸碱性，选用某一变色范围的试纸，可以较精确地估计溶液的 pH 值。

④ 淀粉-碘化钾试纸。由滤纸浸入含有碘化钾的淀粉液中，然后在无氧化性气体处晾干而成的白色试纸，用来定性检验氧化性气体，如 Cl_2、Br_2 等。当氧化性气体遇到湿润的淀粉-碘化钾试纸后，将试纸上的 I^- 氧化成 I_2，I_2 立即与试纸上的淀粉作用变蓝。如果气体氧化性很强，而且浓度较大时，还可以进一步将 I_2 氧化成无色的 IO_3^- 而使蓝色褪去，所以使用时应仔细观察现象，否则容易出错。

⑤ 醋酸铅试纸。将滤纸浸入 3%醋酸铅溶液中浸渍后，放在无硫化氢气体处晾干而成的白色试纸，用来定性检验硫化氢气体。当含有 S^{2-} 的溶液被酸化时，逸出的硫化氢气体遇到醋酸铅试纸后，与试纸上的醋酸铅反应，生成黑色的硫化铅沉淀而使试纸变黑，并有金属光泽。当溶液中 S^{2-} 浓度较小时，则不易检出。

（2）试纸的使用方法

① 酚酞试纸和石蕊试纸

a. 检验溶液的酸碱度。用镊子取一小块试纸放在表面皿、玻璃片或点滴板上，用洁净的玻璃棒蘸取已搅拌均匀的待测溶液滴于试纸的中部，观察试纸颜色的变化，确定溶液的酸碱性。切勿将试纸浸入溶液中，以免污染溶液。

b. 检验气体的酸碱度。先用去离子水把试纸润湿，粘在洁净的玻璃棒的一端，再送到盛有待测气体的容器口附近，观察试纸颜色的变化，判断气体的酸碱性。注意试纸不能触及器壁。

② pH 试纸。用法同上，待试纸变色后，与标准比色卡比较，确定 pH 值或 pH 值范围。

③ 淀粉-碘化钾试纸和醋酸铅试纸。将小块试纸用去离子水润湿，粘在洁净的玻璃棒的一端后，放在试管口，如有待测气体逸出就会变色。逸出气体较少时，可将试纸伸进试管，但必须注意不要让试纸直接接触溶液。

使用试纸时，要注意节约，不要多取。用毕要把瓶盖盖严，以免试纸沾污。用后的试纸应丢弃在垃圾桶内，不能丢弃在水槽内。

2.2.2.2 滤纸的使用

滤纸是一种常见于化学实验室的过滤工具，常见的形状是圆形，多由棉质纤维制成，其表面有无数小孔可供液体通过，而体积较大的固体粒子则不能通过，这种性质可实现混合在一起的液态及固态物质分离。

滤纸主要分为定性滤纸和定量滤纸两类，定性滤纸经过过滤后有较多的棉质纤维生成，因此只适用于作定性分析；定量滤纸经盐酸、氢氟酸处理过，其中所含大部分杂质已被除去，灼烧后灰分极少，可忽略不计，故可用作定量分析。滤纸按过滤速度和分离性能的不同，又可分为快速、中速和慢速三种，快速滤纸盒上标有白条，适用于过滤无定形沉淀如氢氧化铁、氢氧化铝等；中速滤纸盒上标有蓝条，适用于过滤一般沉淀如二氧化硅；慢速滤纸盒上标有红条，适用于过滤微细晶形沉淀如硫酸钡。

在实验中使用滤纸多连同玻璃漏斗及布氏漏斗等仪器一同使用。使用前需把滤纸折成合适的形状，滤纸的折叠程度愈高，能提供的表面积亦愈高，过滤效果亦愈好，但要注意不要过度折叠而导致滤纸破裂。滤纸规格大小通常有 ϕ9cm、ϕ11cm、ϕ12.5cm 等，所选用的滤纸大小应该与过滤所得的沉淀量相适应，过滤后所得的沉淀一般不超过滤纸圆锥高度的1/3，最多不超过 1/2。

2.2.3 溶解、熔融、浓缩、结晶方法

2.2.3.1 试样的溶解与熔融

(1) 试样的溶解

把固体试样溶于水、酸或碱等试剂中配成溶液的过程称为溶解。一般根据固体物质的性质选择合适的试剂，可采用搅拌、加热等方法促进其溶解。

用试剂溶解试样时，应先把烧杯适当倾斜，然后把量杯嘴靠近烧杯壁，让试剂缓慢顺杯壁流入，亦可用玻璃棒引流，从而避免杯内溶液溅出而损失。溶剂加入后，用玻璃棒轻轻搅拌使之完全溶解，注意不能用力过猛和触及容器底部及器壁，在溶解过程中玻璃棒也不能随意取出。

溶解试样时若需加热，则必须用表面皿盖好烧杯，至沸后改用小火，以防止溶液剧烈沸腾和迸溅，待溶样结束后，用洗瓶吹洗表面皿、烧杯（或锥形瓶）内壁，使附着的溶液顺杯壁或玻璃棒流回烧杯（或锥形瓶）内。加热时还要注意防止溶液蒸干，因溶液蒸至稠状时极易迸溅，而且许多物质脱水后很难再溶解。

有些试样溶解时会有气体产生（如用盐酸溶解碳酸盐），则应先用少量水将其润湿成糊状，以防止产生的气体将粉状的试样扬出。为防止反应过于猛烈，应用表面皿将烧杯盖好(凸面向下)，再用滴管将溶剂自杯嘴逐滴加入。如果固体颗粒较大不易溶解时，要预先在洁净干燥的研钵中研细，研钵中盛放固体的量不能超过其容量的 1/3。

(2) 试样的熔融

熔融是将固体物质和固体熔剂混合，在高温下加热至熔融，使固体物质转化为可溶于水或酸的化合物。

根据所用熔剂性质的不同可分为酸熔法和碱熔法。

① 酸熔法。用酸性熔剂（如 $K_2S_2O_7$ 或 $KHSO_4$）熔融分解碱性物质，如 α-Al_2O_3、Cr_2O_3、碱性耐火材料等。

② 碱熔法。用碱性熔剂（如 Na_2CO_3、NaOH、Na_2O）熔融分解酸性物质，如硅酸盐、黏土、酸性炉渣等。

熔融一般在很高的温度下进行，因此，需根据熔剂的性质选择合适的坩埚（如铁坩埚、镍坩埚、白金坩埚等）。将固体物质与熔剂在坩埚中混匀后，送入高温炉中灼烧熔融，冷却

后用水或酸浸取溶解。

2.2.3.2　蒸发与浓缩

当溶液较稀时，为了使溶质从溶液中析出晶体，就需要通过加热蒸发水分，使溶液不断浓缩到一定程度后，冷却即可析出晶体。蒸发浓缩的程度与溶质的溶解度有关，溶解度较大时，必须蒸发到溶液表面出现晶膜时才可停止加热；溶解度较小或高温时溶解度大而室温时溶解度小，则不需蒸发至出现晶膜就可冷却。蒸发浓缩一般在水浴锅上进行，若溶液很稀，溶质对热的稳定性又较好时，可放在石棉网上直接加热蒸发，蒸发中应用小火，以防溶液爆沸和溅出，然后再放在水浴上加热蒸发。常用的蒸发容器为蒸发皿，皿内盛放的液体不能超过其容量的 2/3，若液体量较多，蒸发皿一次盛不下，则可随水分的不断蒸发而继续添加。

2.2.3.3　结晶与重结晶

溶质从溶液中析出晶体的过程称为结晶，析出的晶体颗粒大小与结晶条件有关。溶液的过饱和程度较低时，结晶的晶核少，晶体易长大，可得到较大的晶体颗粒；反之，溶液的过饱和程度较高时，结晶的晶核多，聚集速率大，析出的晶体颗粒较细小。搅拌溶液和静置溶液可以得到不同的效果，前者有利于细小晶体的生成，后者则有利于大晶体的生成。

当溶液易出现过饱和现象时，可以通过搅拌溶液、摩擦器壁或投入几粒小晶体作为晶种等办法来加速晶体的析出。若第一次结晶所得晶体的纯度不符合要求时，可进行重结晶，这是提纯固体物质的最有效的方法之一。具体做法是：在加热的情况下，向待提纯的晶体中加入少量去离子水或其他溶剂将其形成饱和溶液，趁热过滤，除去不溶性杂质，然后冷却结晶，利用水或其他溶剂对被提纯物质和杂质的溶解度的不同，使杂质留在母液中与晶体分离，过滤后便得到较为纯净的晶体。重结晶主要适用于溶解度随温度有明显变化的物质的提纯，当一次重结晶还达不到要求时，可再次重结晶。

2.2.4　分离、过滤、洗涤、干燥和灼烧方法

2.2.4.1　沉淀的分离和洗涤

常用的沉淀与溶液分离的方法有三种：倾析法、过滤法和离心分离法。

(1) 倾析法

当沉淀的结晶颗粒较大且相对密度较大，静置后能很快沉降至容器的底部时，可用此方法分离。即待沉淀沉降后，倾斜容器，把上部的清液慢慢倾入另一容器中，使沉淀与溶液分离。如需要洗涤沉淀，可在转移完清液后，向沉淀中加入少量去离子水（或其他洗涤液），用玻璃棒充分搅拌、静置、沉降，倾去清液。重复洗涤 2～3 次，即可洗净沉淀，见图 2-6。

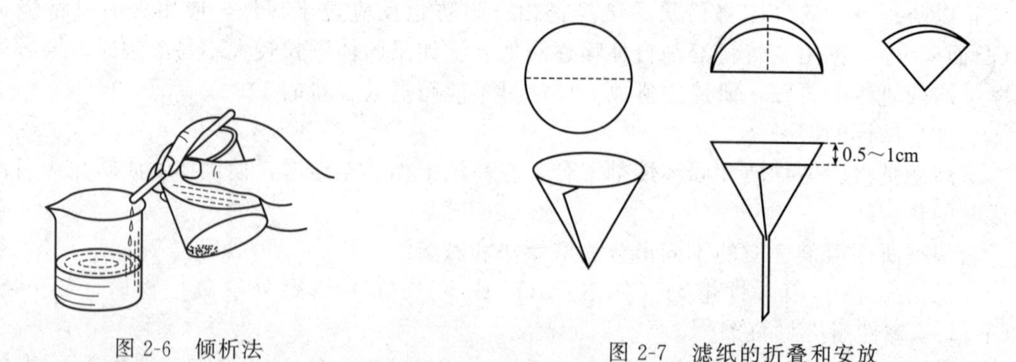

图 2-6　倾析法

图 2-7　滤纸的折叠和安放

(2) 过滤法

过滤法是沉淀分离最常用的方法，有常压过滤、减压过滤和热过滤三种。

① 常压过滤。在常压下用普通玻璃漏斗和滤纸过滤，适用于过滤胶体沉淀或细小的晶

体沉淀，但过滤速度比较慢。

a. 滤纸的折叠和安放。折叠滤纸时，应先将双手洗干净，揩干，以免弄脏滤纸。滤纸一般按四折法折叠，将滤纸轻轻地对折后再对折（不要压紧），展开后成内角为60°的圆锥体（图2-7）。标准漏斗的内角为60°，正好与滤纸配合。若漏斗角度不够标准，可适当改变滤纸折叠的角度，直到与漏斗密合为止。把该圆锥形滤纸平整地放入洁净的漏斗中，为了使滤纸三层的那边能紧贴漏斗，常把这三层的外面两层撕去一角，然后用左手食指按住滤纸中三层的一边，右手持洗瓶挤入少量去离子水润湿滤纸，再用洁净的手指或玻璃棒轻轻按压滤纸边缘，赶走气泡（切勿上下揉搓），使滤纸紧贴在漏斗壁上（一般滤纸边应低于漏斗边缘0.5～1cm）。加去离子水至滤纸边缘，使之形成水柱，即漏斗颈中充满水，这样可借助水柱的重力加快过滤速度。如果没有形成完整的水柱，可一边用手指堵住漏斗下口，一边稍掀起三层那一边的滤纸，用洗瓶在滤纸和漏斗之间的空隙里加水，使漏斗颈和锥体的大部分被水充满，然后轻轻按下掀起的滤纸，放开堵在出口处的手指，即可形成水柱。

b. 漏斗的安装。将安好滤纸的漏斗放在漏斗架上，下面放一洁净的承接滤液的烧杯等容器，使漏斗颈口斜面长的一边紧贴容器壁，这样滤液可顺容器壁流下，不致溅出。漏斗安装的高度应以其颈口不触及容器中的滤液为宜。

c. 过滤操作。一般先转移清液，后转移沉淀，以免沉淀堵塞滤纸的孔隙而减慢过滤的速度，而且在烧杯中初步洗涤沉淀可提高洗涤效果。

采用倾析法将清液沿着玻璃棒慢慢倾入漏斗中，玻璃棒下端要对着三层滤纸的那一边约2/3滤纸高处，尽可能靠近滤纸，但不要碰到滤纸（图2-8）。注意漏斗内的液面应低于滤纸边缘约1cm，切勿超过滤纸边缘，以免部分沉淀可能由于毛细作用越过滤纸上缘而损失。清液倾倒完毕后，从洗瓶中挤出少量去离子水（或其他洗涤液）冲洗玻璃棒及盛放沉淀的烧杯并进行搅拌，澄清后，再按上法滤去清液。当倾泻暂停时，要小心把烧杯扶正，玻璃棒不离杯嘴，直至最后一滴溶液流完，立即将玻璃棒收回，直接放入烧杯中（此时玻璃棒不要靠在杯嘴处，因为此处可能沾有少量沉淀），然后将烧杯从漏斗上移开。如此反复洗涤2～3次，可使黏附在杯壁的沉淀洗下，并将杯中的沉淀进行初步洗涤。

d. 沉淀的转移。先用少量去离子水（或其他洗涤液）冲洗杯壁和玻璃棒上的沉淀，再把沉淀搅起，将悬浮液按上述方法小心转移到滤纸上。如此重复几次，尽可能把大部分沉淀转移到滤纸上。残留的少量沉淀，则按图2-9所示方法转移。即左手持烧杯倾斜放在漏斗上方，杯嘴朝向漏斗，用左手食指将玻璃棒横架在烧杯嘴上，其余手指拿住烧杯，杯底略朝上，玻璃棒下端对准滤纸三层处，右手拿洗瓶冲洗杯壁上所黏附的沉淀，使沉淀和溶液一起顺着玻璃棒流入漏斗中（注意勿使溶液溅出）。

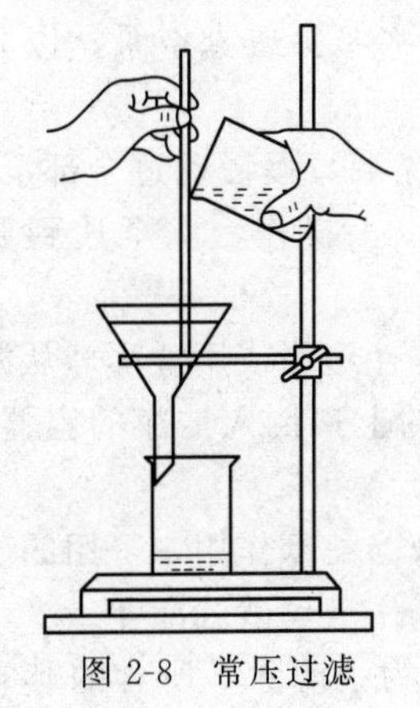
图2-8　常压过滤

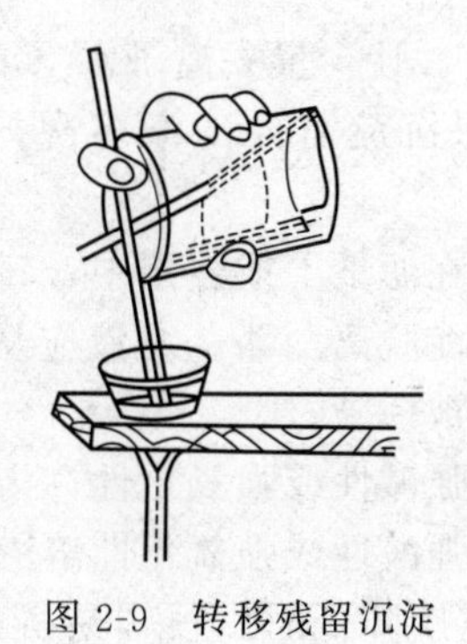
图2-9　转移残留沉淀

图2-10　洗涤沉淀

e. 沉淀的洗涤。沉淀全部转移到滤纸上以后，要进行洗涤，以除去沉淀表面吸附的杂质和残留的母液。洗涤时应用细小缓慢的液流从滤纸边缘稍下部位开始，沿漏斗壁螺旋向下冲洗（绝不可骤然浇在沉淀上），这样可使沉淀洗得干净，并且可将沉淀集中到滤纸的底部（图 2-10）。洗涤时要遵循“少量多次”的原则，待上一次洗涤液流完后，再进行下一次洗涤。洗涤到什么程度才算干净，可根据具体情况进行检查。若无明确的要求，一般晶形沉淀 3～4 次就认为已洗净，无定形沉淀可稍多几次。

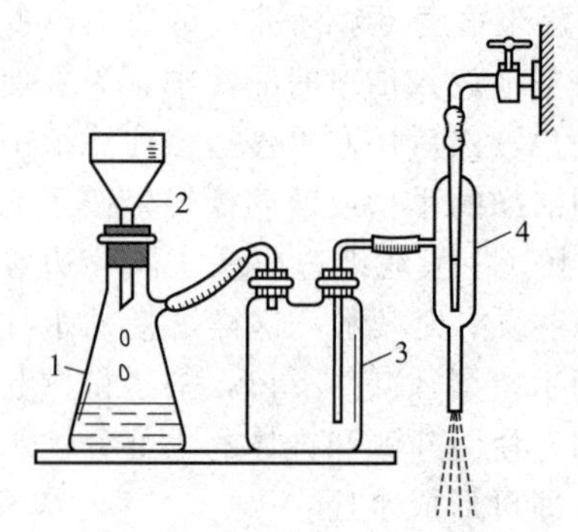

图 2-11　减压过滤装置
1—吸滤瓶；2—布氏漏斗；
3—安全瓶；4—水泵

② 减压过滤。为了快速分离大量沉淀与溶液的混合物，常采用减压过滤（又称吸滤或抽滤），此法过滤速度快，并使沉淀抽得较干，但不宜过滤颗粒太小的沉淀和胶体沉淀。减压过滤装置由吸滤瓶、布氏漏斗、安全瓶和水泵（或真空泵）组成（图 2-11），其原理是利用水泵（或真空泵）把吸滤瓶中的空气抽出，使瓶内的压力减小，造成吸滤瓶内与布氏漏斗液面上的压力差，从而大大加快过滤速度。安全瓶的作用是防止自来水（或真空泵中的油）倒灌入吸滤瓶中，污染滤液。

在减压过滤时，过去常用的水泵虽然简便有效，但因其要直排大量的自来水，现已限制使用。油泵真空度高，但使用时要设法防止低沸点溶剂、酸气和水汽进入油泵，亦有不便之处。现已逐渐改用电动循环水泵进行减压过滤，长时间连续开机时循环水会升温，温度过高将使真空度有所下降，若影响抽滤，可停机冷却或更换一部分水。

a. 漏斗的安装。布氏漏斗是陶瓷的，中间为多孔瓷板，下端颈部装有橡皮塞，可以与吸滤瓶相连。安装布氏漏斗时，应把布氏漏斗下端的斜口与吸滤瓶的支管相对。

b. 铺滤纸。选用比布氏漏斗的内径略小（约 1～2mm）的滤纸，以恰好盖住瓷板上的所有小孔为宜。将滤纸平铺在布氏漏斗的带孔的瓷板上，先以少量去离子水润湿，并慢慢打开自来水龙头（或真空泵），稍微抽吸，使滤纸紧贴在漏斗的瓷板上。

c. 过滤操作。将上层清液慢慢地沿玻璃棒倾入布氏漏斗中（注意布氏漏斗中的液体不得超过漏斗容积的 2/3），再开大水龙头（或真空泵），待上层清液滤下后，再转移沉淀（转移方法与常压过滤相同），继续抽吸至沉淀比较干燥为止。为了尽量抽干沉淀，最后可用一个干净的平顶瓶塞挤压沉淀。

当过滤完毕关闭水龙头或真空泵时，由于吸滤瓶内压力低于外界压力，自来水（或泵油）会倒流入吸滤瓶，这一现象称为倒吸，所以在吸滤时应随时注意有无倒吸现象。过滤完毕，必须先拆下连接在吸滤瓶上的橡皮管或拔去布氏漏斗，再关水龙头或真空泵，以防止倒吸。

d. 沉淀的洗涤。先关小水龙头，让少量去离子水（或其他洗涤液）慢慢透过全部沉淀，然后开大水龙头，抽吸干燥。如果沉淀需要洗涤多次，则重复以上操作，洗至达到要求为止。

洗涤完毕，取下布氏漏斗倒放在滤纸上或容器中，轻轻敲打漏斗边缘或用洗耳球从漏斗颈口处向里吹气，即可使滤纸和沉淀脱离漏斗。滤液应从吸滤瓶的上口倒入洁净的容器中，不可从侧面的支管倒出，以免滤液被污染。

如果过滤的溶液具有强酸性、强碱性或强氧化性，为避免溶液与滤纸作用，可用的确良布或尼龙布来代替滤纸。如果过滤强酸性或强氧化性溶液，也可采用玻璃砂芯漏斗。

③ 热过滤。某些物质在溶液温度降低时，很容易析出晶体，为了滤除其所含的其它难

溶性杂质，通常使用热滤漏斗进行过滤（如图 2-12 所示）。即过滤时，把玻璃漏斗放在铜质的热滤漏斗内，后者装有热水以维持溶液温度。热过滤选用的玻璃漏斗颈越短越好，以免过滤时溶液在漏斗颈内停留过久，因散热降温析出晶体而发生堵塞。

(3) 离心分离法

试管中少量溶液与沉淀的混合物常用离心分离法进行分离，操作简单而迅速，一般在离心机（见图 2-13）中进行。

将盛有溶液和沉淀的混合物的离心试管放入离心机的试管套管内，在与之相对称的另一试管套管内要装入一支盛有等质量水的离心试管，以保持离心机的平衡。然后打开电源开关，用转速调节旋钮从慢速缓慢启动离心机，待旋转平稳后再逐渐加速。离心机的转速及转动时间取决于沉淀的性质，一般晶形沉淀需以每分钟 1000r 的速度离心转动 1～2min，无定形沉淀沉降较慢，需以每分钟 2000r 的速度离心转动 3～4min。为了避免离心机高速旋转时发生危险，在启动离心机前要盖好盖子，停止时让其自然停下，切不可用手按住离心机的轴，强制其停止转动。

通过离心作用，沉淀聚集到离心试管底部的尖端而和溶液分开，用一干净的滴管将溶液吸出（注意滴管尖端不能接触沉淀），也可将其倾出。如果沉淀需要洗涤，可加入少量去离子水（或其他洗涤液），用玻璃棒充分搅拌，再离心分离，如此重复洗涤 2～3 次。

图 2-12 热过滤

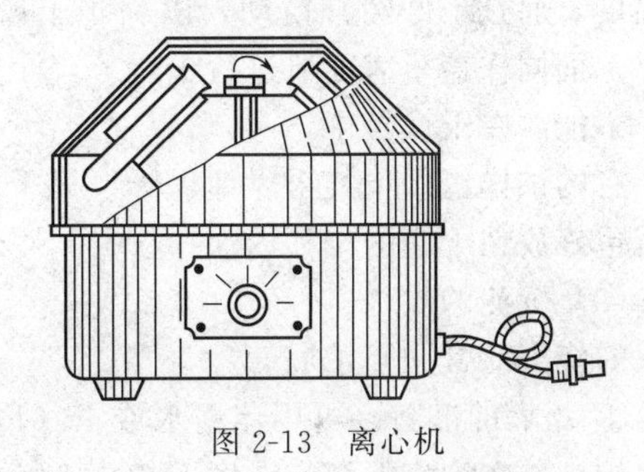

图 2-13 离心机

2.2.4.2 试样的干燥和灼烧

(1) 干燥器的使用

干燥器是保持物品干燥的容器，由厚质玻璃制成（如图 2-14 所示）。上部是一个带磨口的盖子，磨口上涂有一层薄而均匀的凡士林，使其更好地密合，以免水汽进入；中部是一个带有圆孔的圆形活动瓷板，瓷板下放有无水氯化钙或变色硅胶等干燥剂，瓷板上放置需要干燥存放的物品。

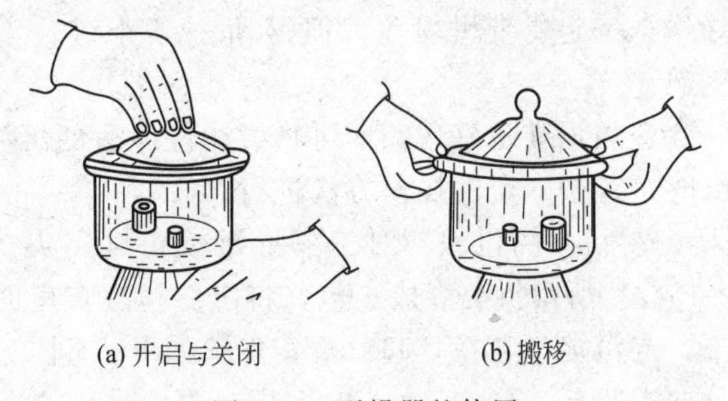

(a) 开启与关闭　　(b) 搬移

图 2-14 干燥器的使用

开启干燥器时，不能把盖子往上提，而是左手按住干燥器的下部，右手按住盖子上的圆顶，沿水平方向向前方或旁边推开盖子。盖子取下后应放在桌上安全的地方（注意要磨口向上，圆顶朝下），用左手放入或取出物品（如坩埚或称量瓶），并及时盖好盖。加盖时，也应当拿住盖子圆顶，沿水平方向推移盖好。

搬动干燥器时，应用两手的大拇指同时将盖子按住，以防盖子滑落而打碎。

使用干燥器时应注意：

① 干燥剂不可放得太多，以免沾污坩埚或称量瓶的底部。

② 当坩埚或称量瓶放入干燥器时，应放在瓷板的圆孔内，但若称量瓶比圆孔小时则应放在瓷板上。

③ 温度很高的物体必须冷却至室温或略高于室温，方可放入干燥器内。

④ 灼烧或烘干后的坩埚和沉淀，在干燥器内不宜放置过久，否则会因吸收一些水分而使质量略有增加。

⑤ 变色硅胶干燥时为蓝色，受潮后变粉红色，可在120℃烘干受潮的硅胶，待其变蓝后反复使用，直至破碎不能用为止。

⑥ 长期存放物品或在冬天，磨口上的凡士林可能凝固而难以打开，可以用热湿的毛巾温热一下或用电吹风热风吹干燥器的边缘，使凡士林溶化再打开盖。

(2) 试样的干燥

研细的试样具有极大的表面积，会从空气中吸附很多的水分，因此在称样前应作干燥处理，以除去吸附的水，这样才能得到正确的结果。

由于试样的吸湿性不相同，干燥所需要的温度和时间也不一样。所用的温度应既能赶走水分，又不致引起试样中组成水和挥发性组分的损失。一般用的温度为105～110℃左右。

干燥时，把试样放在称量瓶内，瓶盖斜搁在瓶口上。将称量瓶置于一只干燥烧杯中，烧杯沿口搁三只玻璃钩或一只玻璃三脚架，上面盖一只表面皿（凸面向下）。干燥试样需一定的温度，而且最好经常搅动，以利于干燥。若处理的试样较多，可平铺于蒸发皿或培养皿中，上面同样盖一表面皿进行干燥。经干燥的试样应在干燥器中保存，但要注意含结晶水的试样不能放在干燥器中。

有的试样也用空气干燥即风干。风干的试样应保存在无干燥剂的干燥器中，或用纸将称量瓶包好放在干净的烧杯内保存。

(3) 沉淀的灼烧

灼烧沉淀常用瓷坩埚。

① 坩埚的准备。可用蓝墨水或$K_4[Fe(CN)_6]$给坩埚和盖子编号。干后，将坩埚放入马弗炉中，在灼烧沉淀的温度下灼烧。第一次灼烧约30min，取出稍冷却后，转入干燥器中冷至室温，称重。第二次再灼烧15～20min，稍冷后，再转入干燥器中冷至室温，再称重。前后两次称量之差小于0.2mg，即认为已恒重。

瓷坩埚灼烧时，应斜放在泥三角上，逐渐升温灼烧。灼烧时，瓷坩埚放置氧化焰中进行灼烧，一定要带坩埚盖，但需留一条小缝，不能盖严。灼烧时不时转动坩埚，使之均匀受热。

瓷坩埚准备好后，即可将过滤洗净后的沉淀放置其中进行灼烧。自漏斗中取出沉淀和滤纸时，应按一定的操作方法进行。

② 沉淀的包法。对于晶形沉淀，可用尖头玻璃棒从漏斗中取出滤纸和沉淀。按照图2-15(a)所示折叠卷成小包，将沉淀包裹在里面。如漏斗仍沾有微小沉淀，可用滤纸碎片擦下，与沉淀包卷在一起。折叠步骤如下：(ⅰ)滤纸对折成半圆形。(ⅱ)自右端约1/3半径处向左折起。(ⅲ)由上向下折，再自右向左折。(ⅳ)折成滤纸包，放在已恒重的瓷坩埚中，注意使卷层数较多的一面向上。由于胶体沉淀的体积较大，不合适上述方法，此时应采用扁头玻璃棒将滤纸边挑起，向中间折叠，将沉淀全部盖住，如图2-15(b)所示，再用玻璃棒将滤纸转移到已恒重的瓷坩埚中。滤纸的三层厚处应朝上，有沉淀的部分向下，以便滤纸炭化和灰化。

③ 沉淀的烘干与灼烧。将瓷坩埚斜放在泥三角上，把坩埚盖斜倚在坩埚口的中部（如图2-16所示），然后开始用小火加热，火焰对准坩埚盖的中心，如图2-17(a)所示。热空气

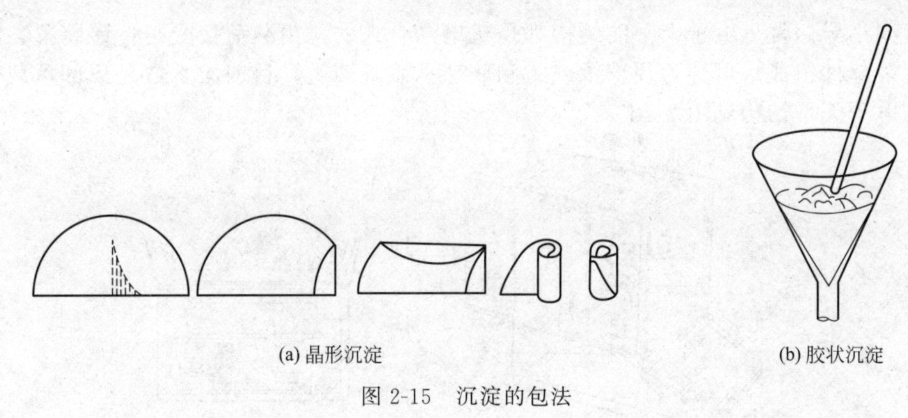

(a) 晶形沉淀　　　　(b) 胶状沉淀

图 2-15　沉淀的包法

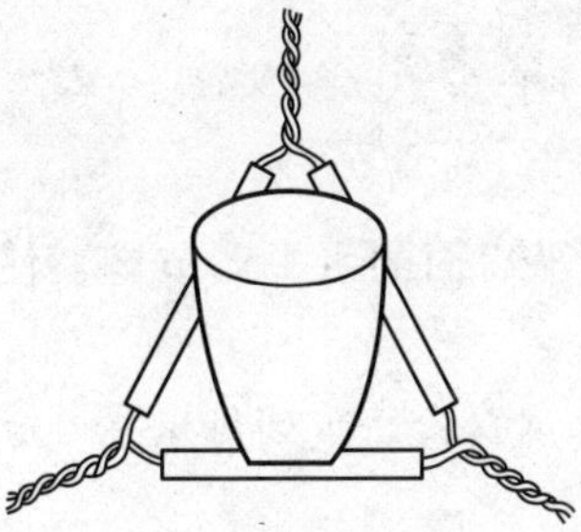

图 2-16　瓷坩埚的放置

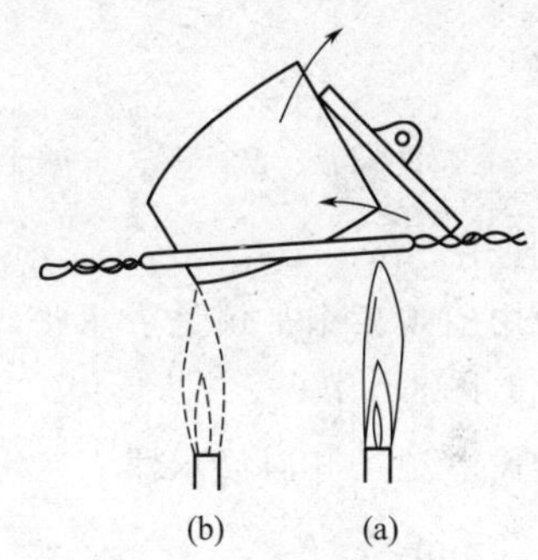

图 2-17　沉淀的烘干与滤纸的炭化

由于对流而通过坩埚内部，使水蒸气从坩埚上部逸出，慢慢干燥沉淀和滤纸。在干燥过程中温度不能太高，不能急躁，否则瓷坩埚与水滴接触易炸裂。

沉淀干燥后，将煤气灯移至坩埚底部，如图 2-17(b) 所示，仍以小火继续加热，使滤纸炭化，防止滤纸着火燃烧，以免沉淀微粒飞失。如果滤纸着火，应立即移去灯火，盖好坩埚盖，让火焰自动熄灭，切勿用嘴吹熄。

滤纸完全炭化后，逐渐升高温度，并不断转动坩埚，使滤纸灰化。将碳燃烧成二氧化碳而除去的过程叫灰化。灰化后，将坩埚直立，盖好盖子，继续以氧化焰灼烧沉淀 10～20min，取下坩埚稍冷，转入干燥器中冷至室温，冷却需 30～45min，称重，再灼烧、冷却、称重，直至恒重。

某些沉淀只需烘干即可达到一定的组成，不必在瓷坩埚中灼烧。

有些沉淀因热稳定性差，不能在瓷坩埚中灼烧，此时可采用微孔玻璃坩埚烘干。

微孔玻璃坩埚放入烘箱中烘干时，一般应将它放在表面皿上，然后放入烘箱中，温度在 200℃以下（应根据沉淀性质确定其干燥温度）。一般第一次烘干沉淀时间要长些，约 2h，第二次烘干时间可短些，约 45min 到 1h，根据沉淀的性质具体处理。沉淀烘干后，取出坩埚，置干燥器中冷却至室温后称重。反复烘干、称重，直至恒重为止。

2.2.5　电子天平及试样的称量方法

2.2.5.1　电子天平的使用

电子天平是最新一代的天平，它是利用电子装置来完成电磁力补偿的调节，使物体在重力场中实现力的平衡。电子天平全量程不需要砝码，能自动调零、自动去皮和自动显示称量结果，加快了称量速度，提高了称量的准确性，是一可靠性强、操作简便的称量仪器。

(1) 基本结构

电子天平的结构设计一直在不断改进和提高，但就其基本结构和称量原理来说，各种型号的都大同小异。常见电子天平的结构都是机电结合式的，由载荷接受与传递装置、测量与补偿装置等部件组成。可分为顶部承载式和底部承载式两类，目前大多数是顶部承载式的上皿天平。电子天平结构见图 2-18。

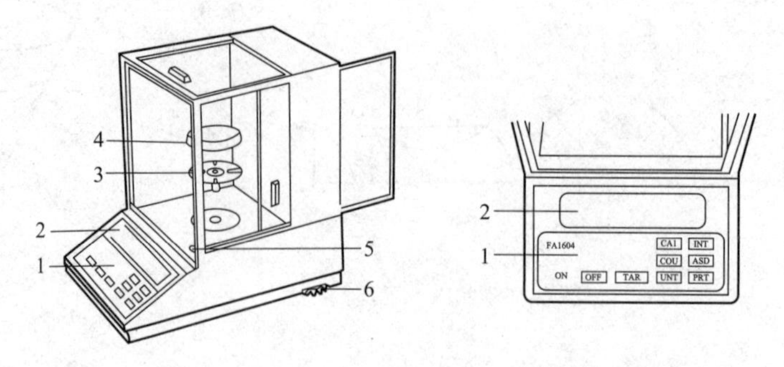

图 2-18　电子天平

1—键盘（控制板）；2—显示器；3—盘托；4—秤盘；5—水平仪；6—水平调节脚

（2）使用方法

① 使用前观察水平仪是否水平，若不水平，需调整天平后面的水平调节脚，使水平仪内空气泡位于圆环中央。

② 接通电源，开启显示器 ON/OFF 键，等待电子显示屏自检，直到显示 0.000g 为止，预热 20～30min。

③ 推开侧门，将干燥的空容器放在秤盘中央，关好侧门后按 TAR 键清零。

④ 再推开侧门，将称量瓶中试样按要求加入空容器中；关好侧门，电子屏显示出所加试样的质量 m，记录 m 的数值。

⑤ 称量完毕，取出天平内物品，关好侧门后再次按清零键 TAR。

如需继续称量，则重复按步骤③～⑤操作即可。使用完毕按 ON/OFF 键，关闭显示器，拔掉电源，盖好防尘罩。经老师检查、签字后方可离开。

（3）注意事项

① 电子天平的水平调节和通电预热均由实验室人员提前完成，学生只需按步骤③、④、⑤操作即可，不能乱按，否则会引起功能设置紊乱。

② 电子天平自重较轻，容易被碰移位，造成不水平，从而影响称量结果，因此在使用时动作要轻缓，并经常查看水平仪。

③ 称量过程中，试样不能洒落在秤盘上和天平箱内，若有洒落应用天平刷清扫干净。

④ 天平电源插上即已通电，面板开关 ON 只对显示起作用。若天平长期不用（5 天以上）应拔去电源插头，每天连续使用则不用切断电源，只关显示器 OFF 即可（由于常通电，可不预热，随时可用）。

2.2.5.2　试样的称量方法

（1）直接称量法　见 2.2.5.1 中(2)使用方法。

（2）递减称量法

此法用于称取易吸水、易与 CO_2 反应的物质。称固体试样时，将称量试样装入称量瓶中，称得质量为 m_1，然后取出称量瓶。将称量瓶在容器上方倾斜，用称量瓶盖轻敲瓶口上部，使试样慢慢落入容器中。当倾出的试样已接近所需要的质量时，慢慢将瓶竖起，再用称量瓶盖轻敲瓶口的试样落下，然后盖好盖。将称量瓶放回天平盘上，称得质量为 m_2。两次质量之差，就是试样的质量。如此继续进行，可称取多份试样。称量瓶的使用见图 2-19。

(a) 称量瓶的拿法　　(b) 试样的倾倒

图 2-19　称量瓶的使用

2.2.6　pHs-2 型、pHs-3C 型酸度计

酸度计是一种电势法测定溶液 pH 值的测量仪器，也叫 pH 计。实验室常用的酸度计型号很多，虽然结构和精密度略有差别，但测量原理和使用方法基本相同。酸度计有一对与仪器相配套的电极，一个是指示电极，其电极电势要随被测溶液的 pH 值变化，通常采用玻璃电极；另一个是参比电极，要求其电极电势值恒定，与被测溶液的 pH 值无关，通常采用甘汞电极。它主要是利用一对电极在不同的 pH 值溶液中能产生不同的电动势，再将此电动势输入仪器，经过电子线路的一系列工作，最后在电表上指示出测量结果。温度对 pH 测定值的影响，用温度补偿器来补偿。下面以 pHs-2 型酸度计为例进行介绍。

2.2.6.1　电极的安装

(1) 甘汞电极

如图 2-20 所示，由两层玻璃管组成，内玻璃管中封接一根铂丝，铂丝插入金属汞中，下面是一层 Hg_2Cl_2 与 Hg 的糊状物；外玻璃管中装有 KCl 溶液，外管的下端是烧结陶瓷芯或玻璃砂芯等多孔物质。使用前应检查 KCl 溶液是否浸没内部电极小瓷管下端，是否有 KCl 晶体存在，弯管内是否有气泡将溶液隔断。拔去下端的橡皮帽，在测量时允许有少量 KCl 溶液流出。拔去支管上的小橡皮塞，以保持有足够的液压差，测量时断绝被测溶液流入

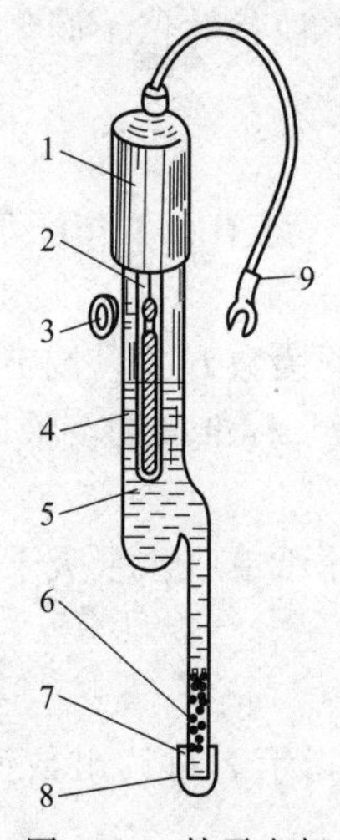

图 2-20　甘汞电极

1—胶木帽；2—铂丝；3—小橡皮塞；4—汞、甘汞内部电极；5—KCl 溶液；6—KCl 晶体；7—陶瓷芯；8—橡皮帽；9—电极引线

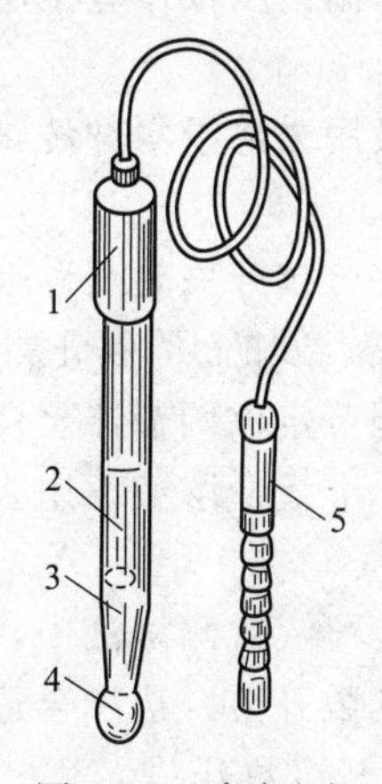

图 2-21　玻璃电极

1—胶木帽；2—Ag-AgCl 电极；3—盐酸溶液；4—玻璃球泡；5—电极插头

而沾污电极。把橡皮帽、橡皮塞保存好。

（2）玻璃电极

如图 2-21 所示，由玻璃管做成，头部是能导电的极薄的玻璃空心球泡，其由对 H^+ 有特殊敏感作用的玻璃薄膜组成，球泡内装有一定 pH 值的缓冲溶液，溶液中插入一根覆盖有 AgCl 的银丝。初次使用时，应将玻璃电极的球泡部分放在去离子水中浸泡一昼夜以上，或在 $0.1mol\cdot L^{-1}$ 盐酸溶液中浸泡 12～14h。测量完毕也要浸泡在去离子水中，以便随时使用。检查玻璃电极内部溶液中有无气泡，如有则必须去掉。

把玻璃电极、甘汞电极的胶木帽分别夹在电极夹上，并使玻璃电极下端的球泡比甘汞电极的陶瓷芯稍上一些，以免在下移电极或摇动溶液时碰破球泡。玻璃电极的插头插入电极插口内，并将小螺丝旋紧，甘汞电极的引线接在接线柱上。

2.2.6.2　pH 的测定

如图 2-22，按下 pH 按键，指示灯亮，预热 20～30min 后进行操作。

（1）校正

① 将温度补偿器旋至溶液的温度。

② 将量程分挡开关旋至“6”位置，调节零点调节器使指针位于“1”处。

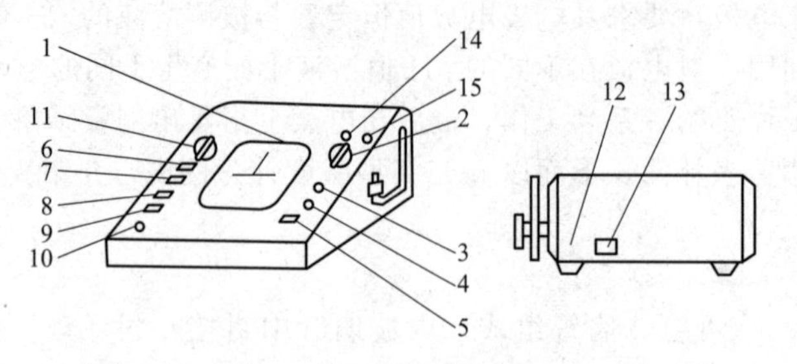

图 2-22　pHs-2 型酸度计

1—指示表；2—量程分挡开关；3—校正调节器；4—定位调节器；5—读数开关；6—电源按键；7—pH 按键；8—＋mV 按键；9—－mV 按键；10—零点调节器；11—温度补偿器；12—保险丝；13—电源插座；14—甘汞电极接线柱；15—玻璃电极插口

③ 将量程分挡开关旋至“校正”位置，调节校正调节器，使指针位于满刻度“2”处。

④ 重复上面两步操作直至所要求值稳定为止。

（2）定位

① 将电极用去离子水冲洗，并用滤纸或吸水纸吸干后插入盛有已知 pH 值的标准缓冲溶液的烧杯中。

② 将量程分挡开关旋至标准缓冲溶液 pH 值范围内，按下读数开关，调节定位调节器，使指示表上的读数加上量程分挡开关上所指的读数之和正好等于标准缓冲溶液的 pH 值。

③ 重复调节定位调节器至读数稳定为止，松开读数开关。

④ 移去标准缓冲溶液，用去离子水仔细冲洗电极，并用滤纸或吸水纸吸干。

（3）测量

① 将电极浸入待测溶液中，轻轻摇动烧杯使溶液均匀。

② 按下读数开关，选择合适的量程分挡开关的挡位，使指示表可读出数值为止。读完数值后立即松开读数开关。

③ 测量完毕，将量程分挡开关旋至“0”处，关闭电源按键。

④ 移去待测溶液，用去离子水仔细冲洗电极，并用滤纸或吸水纸吸干。将甘汞电极套上橡皮套和橡皮塞，将玻璃电极浸入去离子水中。

2.2.6.3 电势的测量

① 按下+mV按键或-mV按键，指示灯亮，电源接通（测量电极插头接“-”端，参比电极接“+”端，如果测量电极的极性和插座极性相同时，则选择仪器的+mV按键，否则选择仪器的-mV按键）。

② 将量程分挡开关旋至“0”位置，调节零点调节器使指针位于“1”处，然后将量程分挡开关旋至“校正”位置，调节校正调节器，使指针位于满刻度“2”处，再将量程分挡开关旋回“0”位置，这样调试好后即可进行测量。

③ 测量前拔出金属电极插头，按下读数开关，调节定位调节器，使指针准确指在指示表刻度左边的“0”处，然后将电极再插入接线柱进行测量。

④ 测量时，置量程分挡开关处于被测溶液的可能电势范围，然后根据指针指示的数值和量程分挡开关所指的数值，两者之和再乘以100，即得E值，单位为mV。

2.2.6.4 注意事项

① 仪器的电极插口必须保持清洁，不用时应将短路插头插入，以防灰尘及水汽侵入。环境湿度较高时，应用干净的布把电极插口擦干。

② 玻璃电极的球泡极薄，千万不能跟硬物或污物接触。一般在安装时，让玻璃电极的球泡比甘汞电极的陶瓷芯稍高一些，以保证球泡不会碰到杯底；若有沾污，可用医用棉花轻擦或用0.1mol·L^{-1}盐酸溶液清洗。

③ 玻璃电极和甘汞电极在使用时，必须注意内电极与球泡之间及内电极与陶瓷芯之间是否有气泡停留，如有则必须排除。

④ 为取得正确的结果，用于定位的标准缓冲溶液其pH值要可靠，而且越接近待测值越好。

⑤ 仪器经校正定位后，在使用时一定不要碰触温补、零点、校正和定位旋钮，以免仪器内设定的数据发生变化。

⑥ 读数完毕应立即松开读数开关，使指针回零，否则会由于更换测量样品或停止测量取出电极清洗而使指针频繁摆动，导致仪器损坏。

2.2.6.5 pHs-3C型酸度计

pHs-3C型酸度计适用于大专院校、研究院所、工矿企业、食品企业的化验室取样测定水溶液的pH值和电位值，还可以配上离子选择性电极，测出该电极的电极电位。仪器由电极、高阻抗直流放大器、功能调节器（斜率和定位）、数字电压表和电源（DC/DC隔离电源）等组成。pH测量范围0～14，最小显示单位0.01；mV测量范围0～1999。特点是3 1/2位LED数字显示，具有手动温度补偿功能，温度补偿范围0～60℃。配有pH复合电极。

pHs-3C型酸度计的安装与校正方法如下：

① 安装好仪器，电极，按“ON/OFF”按钮，开启仪器；

② 按“pH/mV”按钮，使仪器进入pH测量状态；

③ 按“温度”按钮，使显示为溶液温度值，然后按“确定”按钮；

④ 将电极用蒸馏水或去离子水进行清洗、擦干，插入pH=6.86的标准缓冲溶液中，示数稳定后，按“定位”按钮，调节示数为6.86，然后按“确定”按钮；

⑤ 将电极用蒸馏水或去离子水进行清洗、擦干，插入pH=4.00（或9.18）的标准缓冲溶液中，示数稳定后，按“斜率”按钮，调节示数为4.00（或9.18），然后按“确定”按钮；

⑥ 将电极用蒸馏水或去离子水进行清洗、擦干，插入待测溶液进行测量。

注意：经标定后，“定位”按钮及“斜率”按钮不能再按。

2.2.7　721 型、72 型、721E 型可见光分光光度计

分光光度计是一种利用物质分子对光有选择性吸收而进行定性、定量分析的光学仪器，根据选择光源的波长不同，分为可见光分光光度计、近紫外分光光度计和红外分光光度计。

当一束单色光通过一定液层厚度的溶液时，溶液的吸光度 A 与溶液的浓度 c 的关系可以用朗伯-比尔定律表示：

$$A=-\lg T=\varepsilon cb$$

式中　A——吸光度，可从分光光度计上直接读出；

T——透光率，可从分光光度计上直接读出；

ε——有色物质的摩尔吸光系数（特征常数），与入射光的波长以及溶液的性质、温度等有关，$L \cdot mol^{-1} \cdot cm^{-1}$；

c——试液中有色物质的浓度，$mol \cdot L^{-1}$；

b——液层的厚度（比色皿厚度），cm。

由于吸光物质对波长具有选择性，当溶液的层厚、浓度、溶剂、溶质不变时，用不同波长的入射光测得一系列对应的吸光度。绘制吸收曲线，选最大吸收波长进行测量，灵敏度最高。在样品测定前，先做 A-c 标准曲线，测出试样 A 值后，即可从标准曲线上求出浓度。

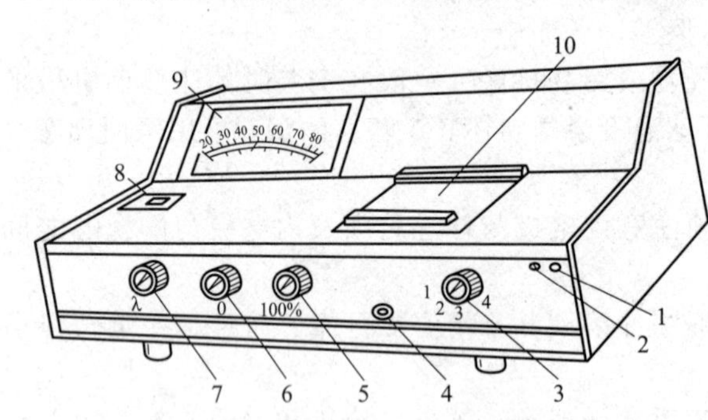

图 2-23　721 型分光光度计

1—电源指示灯；2—电源开关；3—灵敏度选择旋钮；4—比色皿定位拉杆；5—100％调节旋钮；6—0 调节旋钮；7—波长调节旋钮；8—波长读数盘；9—读数电表；10—比色皿暗箱盖

(1) 721 型分光光度计

分光光度计是按上述物理光学的基本原理设计的，虽然种类、型号繁多，但从其结构来讲，都是由光源、单色器、吸收池、检测器和显示器五大部分组成的，下面以 721 型分光光度计（见图 2-23）为例进行介绍。

使用方法：

① 接通电源之前，首先检查 0 和 100％调节旋钮是否处在起始位置，若不是则应分别按逆时针方向轻轻旋转至旋钮不能再动。

② 再检查电表指针是否位于“0”刻度线，若不是则可调节电表上的零点调整螺丝使指针指零。另外，让灵敏度选择旋钮处于 1 挡（最低挡）。

③ 开启电源开关，打开比色皿暗箱盖（关闭光闸，防止光电管连续光照产生疲劳），预热仪器 20min。

④ 旋动波长调节旋钮，选择需要的单色光波长，其值可由波长读数盘显示。旋转 0 调节旋钮，使电表指针指向透光率为“0”处。

⑤ 将盛有参比溶液和待测溶液的比色皿置于暗箱中的比色皿架中，盛放参比溶液的比色皿放在第一格内，待测溶液放在其他格内。

⑥ 将比色皿暗箱盖盖上（此时与盖子联动的光闸被推开，使光电管受到透射光的照射），占据第一格的参比溶液恰好对准光路，旋转 100％调节旋钮，使电表指针指向透光率为“100”处（即 $A=0.00$）。如果旋动 100％调节旋钮，电表指针不能指在“100”处，可把灵敏度选择旋钮旋至 2 挡或 3 挡，重新调 0 和 100％调节旋钮。

⑦ 反复调 0 和 100％调节旋钮：打开比色皿暗箱盖，调整 0 调节旋钮，使电表指针指在“0”处；盖上暗箱盖，旋动 100％调节旋钮，使电表指针指在“100”处，待仪器稳定后即

可测量。

⑧ 拉出比色皿定位拉杆，使待测溶液进入光路，从读数电表上读出溶液的吸光度值。

⑨ 测量完毕，将各调节旋钮恢复至初始位置，关闭电源。取出比色皿，洗净后倒置晾干。

注意事项：

① 为了避免光电管（或光电池）长时间受光照射而引起疲劳现象，应尽可能减少光电管受光照射的时间，不测定时应打开暗箱盖。连续使用仪器的时间一般不应超过 2h，否则应间歇 30min 后再使用。

② 仪器不能受潮，使用中若发现仪器底部硅胶干燥筒里的防潮硅胶已变红，应及时更换。

③ 测定时，比色皿先要用待装溶液润洗 2～3 次，盛取溶液时以装至比色皿的 2/3～3/4 为宜，不要过满，避免在测定的拉动过程中溅出，使仪器受潮腐蚀。

④ 要注意保护比色皿的透光面，取用时只能用手指捏住毛玻璃的两面。比色皿外表面有溶液时，要用吸水纸擦干，而透光面只能用绸布或擦镜纸按一个方向轻轻擦拭，不得用力来回摩擦，以免产生划痕。

⑤ 比色皿放入比色皿架中时，应尽量使其位置前后一致，否则易产生误差。

⑥ 仪器使用时，每改变一次波长，都要用参比溶液重新调透光率为“0”和“100”。

⑦ 若大幅度调整波长，应稍等一段时间再调节和测定，让光电管有一定的适应时间。

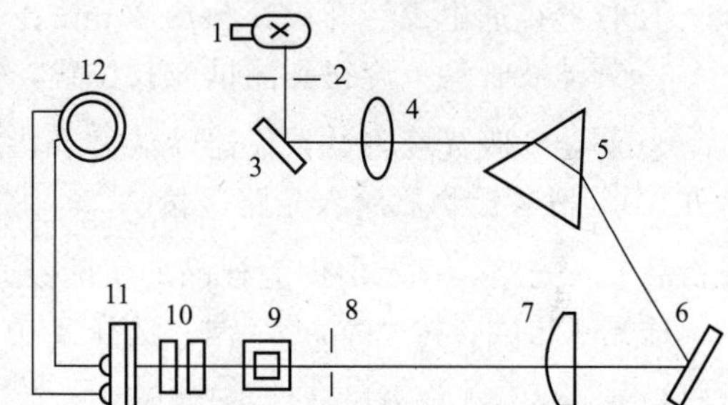

图 2-24　72 型光电分光光度计光学系统示意图

1—钨丝灯泡；2—进光狭缝；3—反射镜；4，7—透镜；5—棱镜；6—反光镜；8—出光狭缝；9—试样池；10—光量调节器；11—光电池；12—微电计

⑧ 灵敏度挡选择的原则是保证透光率能调到 100%的情况下，尽可能采用灵敏度较低挡，使仪器有更高的稳定性。

(2) 72 型分光光度计

72 型光电分光光度计的光学系统如图2-24所示。由钨丝灯泡 1 作为光源，通过进光狭缝 2，由反射镜 3 反射，通过透镜 4 成平行光，进入棱镜 5，经棱镜色散成各种波长的单色光，由可转动的镀铝反光镜 6 所反射，其中一束光通过透镜 7 而聚光于出光狭缝 8 上。转动镀铝反光镜即可得所需波长的单色光，此单色光经试样池 9 与光量调节器 10 而达到光电池 11，产生的光电流由微电计 12 转换为透光度或吸光度。

使用方法：

① 把光路闸门拨到“黑”点位置，打开微电计电源开关，用零位调节器把光点准确调到透光度标尺“0”位上。

② 开稳压器电源开关和单色器电源开关，光路闸门拨到“红”点上，再按顺时针方向调节光量调节器，至微电计光点达标尺上限附近。约 10min，待硒光电池趋于稳定后再使用仪器。

③ 将光路闸门重新拨至“黑”点，再校正微电计“0”位，再开光路闸门。

④ 在四只比色皿中，一只装空白溶液或蒸馏水，其余三只装未知溶液。先使空白溶液正对于光路上，将波长调节器调至所需波长，旋动光量调节器把光点调到透光度 100 的读数上。

⑤ 然后将比色皿拉杆拉出一格，使第二个比色皿的未知溶液进入光路，此时微电计标

尺上的读数即为溶液中溶质的吸光度或透光度。然后测定另两个未知液。为了选择合适的波长，可使待测溶液处于光路中，逐渐转动波长调节器，所得与吸光度最大值相对应的波长即为最佳波长。

在被测溶液色度不太强的情况下，尽量采用较低的单色光器光源电压(5.5V)以延长灯泡使用寿命。仪器连续使用不应超过 2h。

(3) 721E 型分光光度计

采用高品质光栅和设计独特的自准时光路单色器，50mm 长的测试光程，可使用 5～50mm 光程比色皿。采用单片机技术，自动调零，自动调满度。无误差%T/A 转换。内置 RS-232C 接口，可连接计算机和打印机。大屏幕三位半液晶显示器，稳定性和重复性好。单光束，自准式光路光栅单色器。波长范围：340～1000nm（可扩展至 325nm）。

使用方法：

① 仪器接通电源，开机，预热 20min。

② 旋动波长调节旋钮到测试波长位置，按“0A/100%T”键，使吸光度显示为 .000。

③ 测定。吸光度测试：仪器默认显示状态为“A”（其它状态下可按“MODE”键，选择 A 方式），把参比物质放入光路，按“0A/100%T”键，扣除空白吸光度（显示 .000），然后把待测物品放入光路，显示值即为样品的实际吸光度。

透光率测试：按“MODE”键，选择 T 方式，把参比物质放入光路，按“0A/100%T”键，扣除空白值（显示 100.0），然后把待测样品放入光路，显示值即为样品的实际透过率。

④ 测试结束，及时将样品室中的样品取出，关闭仪器电源。

注意事项：

① 仪器在调 100%T 的过程中，显示屏显示“BLA”，请勿着急打开样品室盖，等调整完成显示 100%T（0A）后再进行有关操作。

② 在某特定波长下测试，每次改变波长后，要重新调 100%T!

③ 比色皿的透光面不能有指印、纸絮、溶液残留痕迹等，比色皿应垂直放入样品架，比色皿倾斜放置或透光面沾污都会影响测试结果。

2.3　有机化学实验基本操作

2.3.1　磨口仪器的连接与装配

2.3.1.1　标准磨口连接

在有机化学实验中，所用玻璃仪器之间的连接通常采用塞子连接和仪器自身的磨口连接两种方法。随着科技的发展和时代的进步，磨口玻璃仪器已成为实验室常用仪器。除少数玻璃仪器的磨口部位是非标准磨口（如：分液漏斗的旋塞和磨塞、分水器的旋塞）外，绝大多数玻璃仪器的磨口均为标准磨口。标准磨口玻璃仪器可直接与相同号码的接口相互紧密连接。

我国标准磨口是采用国际通用技术标准。常用的锥形标准磨口为国际通用的 1/10 锥度，即磨口每长 10 个单位，小端直径比大端直径小一个单位，如轴向长度 $H=10$mm 时，锥体大端直径和小端直径之差 $D-d=1$mm，锥体的半锥角为$2°51'45''$。如图 2-25(a) 所示。

由于玻璃仪器的容量大小及用途不同，标准磨口仪器按磨口大端直径的毫米数（mm）而有不同的编号，常用的标准磨口有 10、14、19、24、29、34 等多种。相同编号的内外磨口可紧密连接；不同编号的一对磨口须借助于大小接头或小大接头［如图 2-25(b)、图 2-25

(c) 所示] 才能紧密连接。磨口仪器也有用两个数字表示磨口大小的，如：19/30 则表示该磨口的大端直径为 19mm，磨口长度为 30mm。

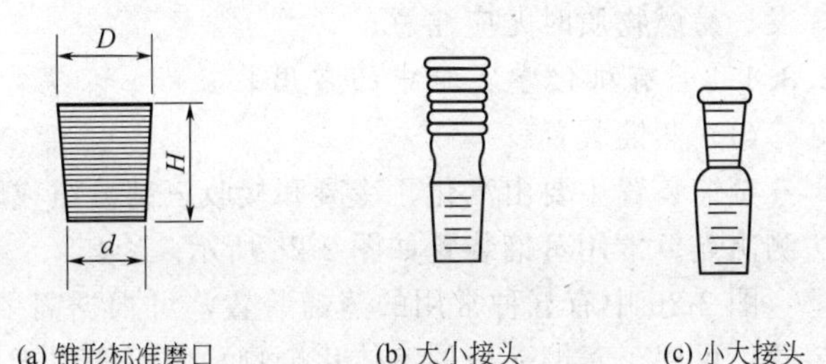

图 2-25 锥形标准磨口及大小接头

使用标准磨口仪器时应注意以下几点。

① 磨口必须保持洁净，不得粘有固体杂物，否则磨口对接不紧密，导致漏气，甚至损坏磨口。

② 仪器用毕立即拆卸洗净，各个部件分别存放，否则放置过久，磨口连接处会黏结而难以拆开。

③ 常压下使用磨口仪器，磨口处一般不需要涂润滑剂，以免污染反应物或产物。若用来处理盐类溶液或强碱性物质，则应在磨口表面涂上一薄层润滑脂，以免溶液蒸发后析出固体或因碱腐蚀而使磨口黏结，难以拆开。若用来进行减压蒸馏，为保证气密性，磨口处必须涂上润滑脂（真空脂或硅脂）。

④ 洗涤磨口时，不得用去污粉、泥灰等擦洗，以免损伤磨口，影响气密性。

磨口仪器一旦发生黏结，可采取以下措施处理：

a. 将磨口竖立，往上面缝隙间滴加少许甘油，使其渗入磨口，则可能使连接处松开。

b. 用热风吹，用热毛巾包裹，或在教师指导下小心地烘烤磨口外部几秒钟，仅使外部受热膨胀，再试验能否将磨口打开。

c. 将黏结的磨口仪器放在水中逐渐煮沸，也可能使磨口打开。若磨口表面已被碱性物质腐蚀，由于产生硅酸钠一类的胶黏物质，黏结的磨口就难以打开了。

2.3.1.2 磨口仪器的装配

标准磨口玻璃仪器因其组装方便，每件仪器的利用率高，互换性强，可根据需要组装成各种实验装置（参见 2.3.1.3）而被广泛使用。

无论是标准磨口玻璃仪器还是普通玻璃仪器，在组装仪器时都应注意以下几点：

① 根据实验的要求，正确地选用干净合适的仪器。例如：选用的圆底烧瓶大小、温度计的量程要合适等。

② 按照一定顺序装配仪器。首先应根据热源来确定主要仪器——反应器的位置（考虑整套装置的稳固，重心应尽量低一些），然后按一定顺序逐件装配，通常是自下而上、从左到右、先难后易逐件装配。拆卸时，则按与装配相反的顺序，逐件拆除。

③ 仪器应用铁夹固定。在使用固定仪器的铁夹时应注意：一是铁夹不能与玻璃直接接触，铁夹应套上橡皮管或粘上石棉垫等；二是夹仪器的部位要正确，如冷凝管应夹在中间部位，圆底烧瓶应夹在略低于瓶口处等；三是铁夹不宜夹得过紧或过松，要松紧适当。

④ 在常压下进行的反应，其装置必须与大气相通，切不可造成密闭体系，以防爆炸。

⑤ 仪器装配要求做到严密、正确、布局合理、稳妥、便于操作和观察。如：铁架台、刻度仪器应正对实验台外侧，不能歪斜；装置从正面看应是仪器布局整齐合理，高低适宜，从侧面看，整套装置处在同一平面上。仪器装配得好，不仅能使实验安全顺利地进行，而且还会给人们一种美的感受。

⑥ 同一实验台有几套蒸馏装置且距离较近时，每两套装置应是头-头（蒸馏烧瓶对蒸馏烧瓶）或尾-尾（接收器对接收器）相对，切不可头-尾相对，以防引起火灾。特别是蒸馏易

挥发、易燃物质时尤应注意。

2.3.1.3　有机化学实验中的常用装置

（1）蒸馏装置

蒸馏装置主要由汽化、冷凝和接收三部分组成，主要用于分离、提纯液体化合物或常量法测沸点。常用蒸馏装置如图 2-26 所示。

图 2-26 中有五种常用的蒸馏装置，可根据需要选用。图 2-26(a) 是最常用的普通蒸馏装置，可用于蒸馏一般的液体化合物，但不能用于蒸馏易挥发的低沸点化合物。图 2-26(b) 是可防潮的蒸馏装置，用于易吸潮或易受潮分解的化合物的蒸馏。图 2-26(c) 装置常用于蒸馏沸点在 140℃以上的液体。图 2-26(d) 装置则用于把反应混合物中的易挥发物质直接蒸出。图 2-26(e) 是连续的边滴加、边反应、边蒸出的装置，常用于蒸出大量的溶剂。这些蒸馏装置所用尾接管如果是不带小支管的那种，可用锥形瓶作为接收器，如图 2-26(f)。

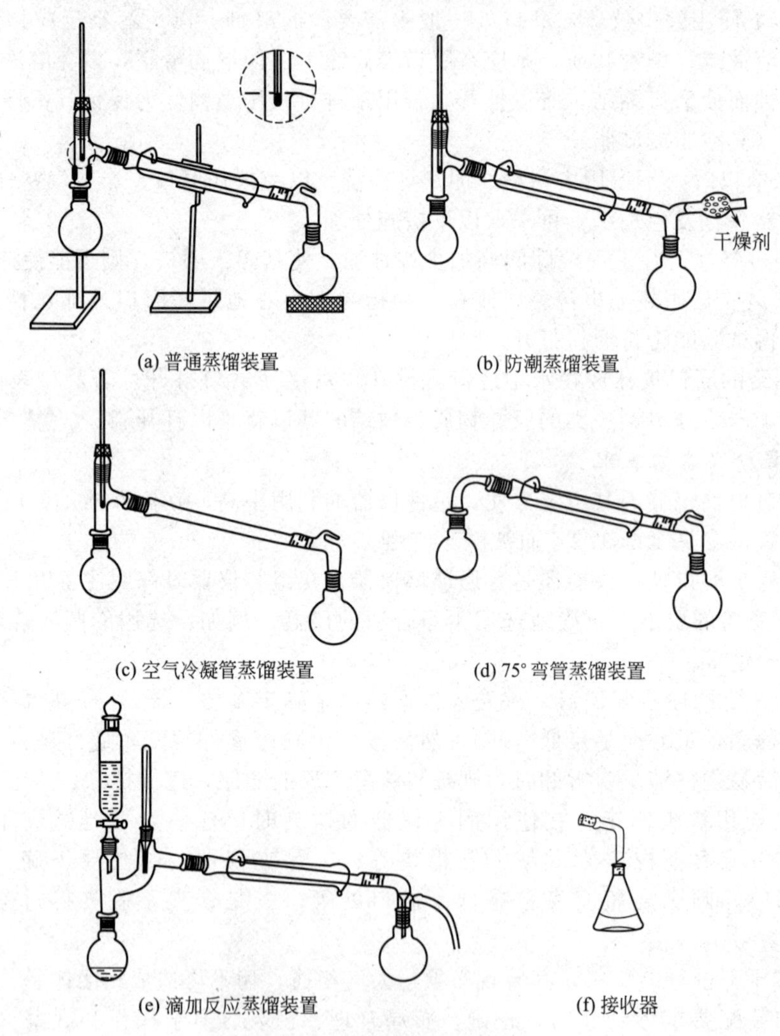

图 2-26　常用的蒸馏装置

（2）回流装置

在有机化学实验中，常遇到下面情况：其一是有些反应的反应速率很慢或难以进行，为使反应尽快进行，需使反应物长时间保持沸腾；其二是有些重结晶样品的溶解需要煮沸一段时间。在这两种情况下就需要使用回流冷凝装置（简称回流装置），使反应物或溶剂的蒸气不断在冷凝管中冷凝而返回反应器中，以防蒸气逸出损失。常用的回流装置如图 2-27 所示。

通常采用的是图 2-27(a) 所示的普通回流装置。图 2-27(b) 是可防潮的回流装置，适用于需要保持干燥的反应。图 2-27(c) 是带气体吸收的回流装置，适用于回流时有水溶性气体（如 HCl、HBr、SO_2、NO_2 等）产生的反应。图 2-27(d) 是带滴液漏斗的回流装置，适用于反应激烈，一次加料易使反应失控或者为了控制反应选择性，也不能将反应物一次加入的实验。

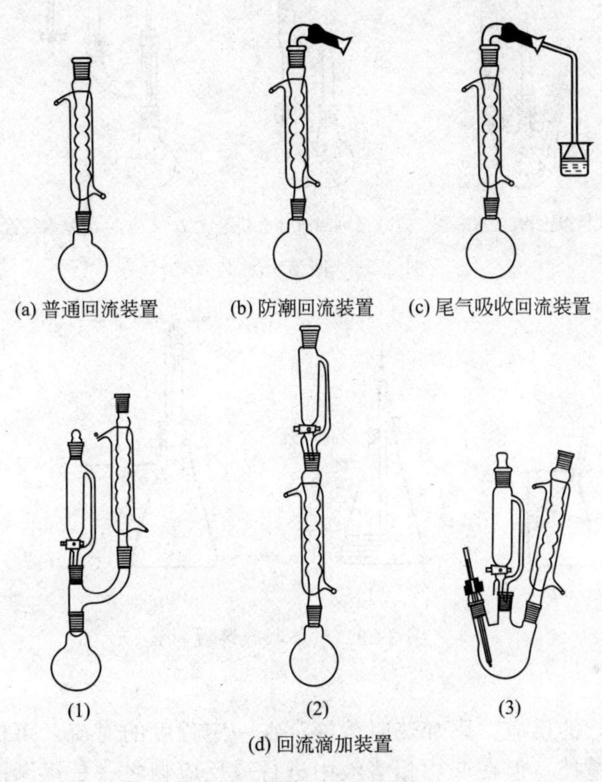

图 2-27　常用的回流装置

在进行回流操作时应注意：①加热前不要忘记加沸石；②根据瓶内液体的特性和沸点选择适当的加热方式，如电炉、电热套、水浴、油浴或石棉网直接加热；③控制回流速度，通常以蒸气上升高度不超过冷凝管的 1/3 为宜（最好不超过球形冷凝管的第一个球）。

(3) 回流分水装置

回流分水装置如图 2-28 所示。它与回流装置的不同之处在于回流冷凝管下端连接一个分水器，回流下来的蒸气冷凝液进入分水器，分层后，有机层自动回到烧瓶，而生成的水可从分水器下口放出去，从而可使某些生成水的可逆反应进行完全。

(4) 气体吸收装置

图 2-29 为气体吸收装置。通常采用水吸收的方法，这就要求被吸收的有刺激性或有毒气体必须具有水溶性。对于酸性物质，有时需要用稀碱吸收，图 2-29(a)、图 2-29(b) 只能用于吸收少量气体。图 2-29(a) 中的三角漏斗既不能浸入水中，也不能离水面太远。前者使体系密闭，一旦反应瓶冷却，水就会倒吸；后者易使气体逸出。若反应过程中生成气体量较大或逸出速度较快，则可用图 2-29(c) 装置。

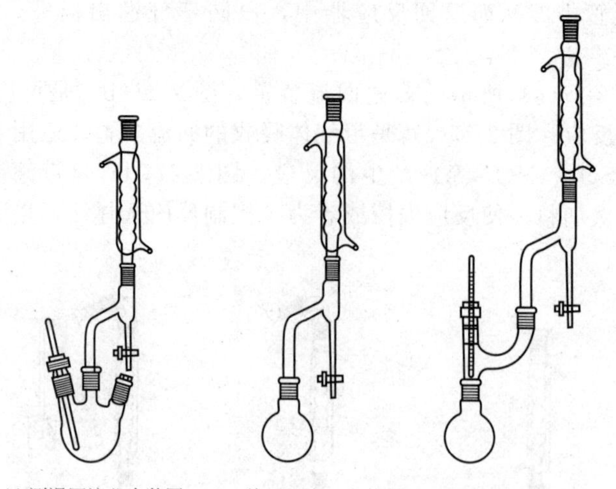

图 2-28　回流分水装置

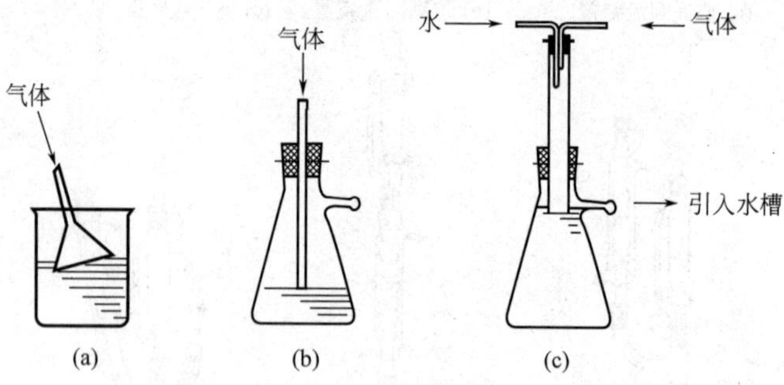

图 2-29　气体吸收装置

（5）搅拌装置

在均相溶液中进行的反应，因加热时溶液存在一定程度的对流，可保持液体各部分均匀受热，故一般可不用搅拌。但在非均相溶液中进行或反应物之一是逐渐滴加的反应，为使反应物各部分均匀受热，增加反应物之间的接触，以使反应顺利进行，达到缩短反应时间、避免不必要的副反应发生、提高产率的目的，则需使用搅拌装置。常用的搅拌装置如图 2-30 所示。

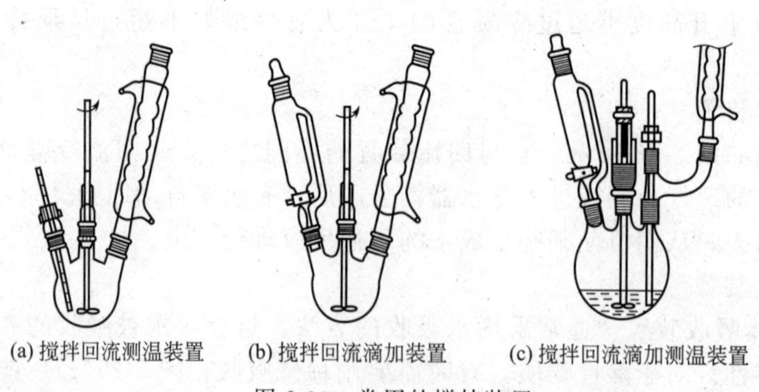

图 2-30　常用的搅拌装置

（6）密封装置

图 2-30 所示搅拌装置中的搅拌器均采用密封装置，其目的在于防止反应中的蒸气或生

成的气体逸出。常用的密封装置有简单的橡皮管密封和液封密封两种，如图 2-31 所示。

简单的橡皮管密封装置的制作方法是：截取一段长约 4～5cm、内径与搅拌器紧密接触、弹性较好的橡皮管套在搅拌器套管上端，然后插入搅拌器，在搅拌棒与橡皮管之间滴入少许甘油起润滑和密封作用。搅拌棒上端与搅拌器的轴连接，下端距瓶底约 5mm。其装配要求是：①搅拌棒与搅拌器的轴从各方向上观察都必须在同一条垂直线上；②转动时搅拌棒一不能碰瓶底，二不能碰搅拌器套管的内壁。这种简单密封装置在减压时（1.3～1.6kPa 即10～12mmHg）也可使用。

液封装置可用石蜡油或甘油进行密封。

搅拌棒通常用玻璃制成，式样颇多，常用的如图 2-32 所示，其中(a)、(b)两种容易制作，且较为常用；(c)、(d)制作较难，其优点是可伸入狭颈烧瓶中，且搅拌效果好；(e)为筒形搅拌棒，适用于两相不混溶的体系，其优点是搅拌平稳，搅拌效果好。此外，有些实验还可使用磁力搅拌器。

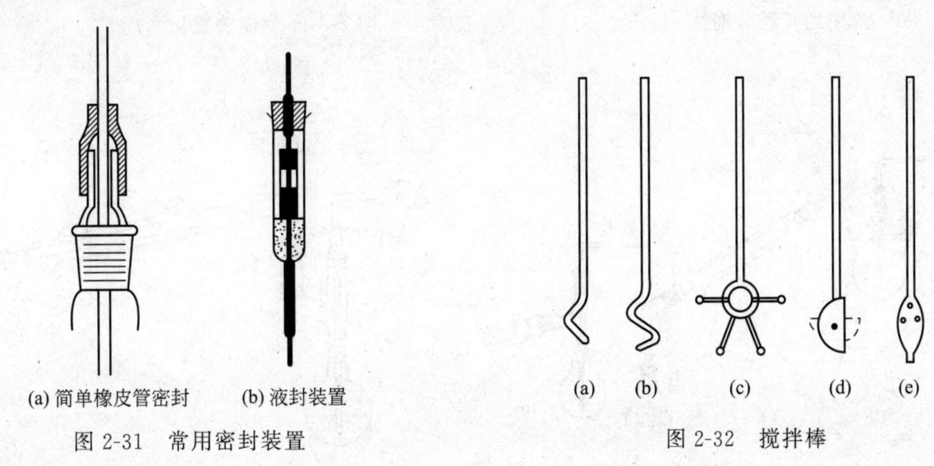

图 2-31　常用密封装置

图 2-32　搅拌棒

（7）简单分馏装置

分馏又称分级蒸馏。其基本原理与蒸馏相似，不同的是在装置上多了一个分馏柱，使汽化、冷凝过程由一次变为多次，所以分馏实际上就是多次蒸馏。普通蒸馏只能用来分离沸点相差较大的液体混合物，而分馏可用来分离沸点相近的液体混合物。

分馏柱是进行分馏操作的专门仪器，其形状各异，在简单分馏装置中常用的分馏柱如图 2-33 所示。其中图 2-33(a)为球形分馏柱，其分馏效率较差；图 2-33(b)为维氏(Vigreux)分馏柱，又称刺形分馏柱，它是一根每隔一定距离就有一组向下倾斜的刺状物，且各组刺状物间呈螺旋排列的分馏柱。其优点是装配简单、操作方便、残留在分馏柱内的液体少；图 2-33(c) 为赫姆帕（Hempel）分馏柱，管内填充以玻璃管、玻璃环或金属螺旋圈等填料，其优点是分馏效果较好，适用于分离一些沸点差较小的化合物。有机化学实验中常用的简单分馏装置如图 2-34 所示。

（8）水蒸气蒸馏装置

水蒸气蒸馏是分离和纯化有机物质的常用方法。其装置包括水蒸气发生器、蒸馏及冷凝接收三部分。常用的水蒸气蒸馏装置如图 2-35 所示。

① 水蒸气发生器。水蒸气发生器 A 是铜或铁制的加热容器（也可用大的圆底烧瓶代替），盛水量以其容积的 1/2～3/4 为宜。水的液面可从侧面的玻璃管观察。长玻璃管 B 为安全管，管的下端接近器底，根据管中水位的高低及升降情况可估计水蒸气压力的大小及判断系统是否堵塞。如果容器内气压太大，水可从玻璃管上升，以调节压力；如果系统发生堵

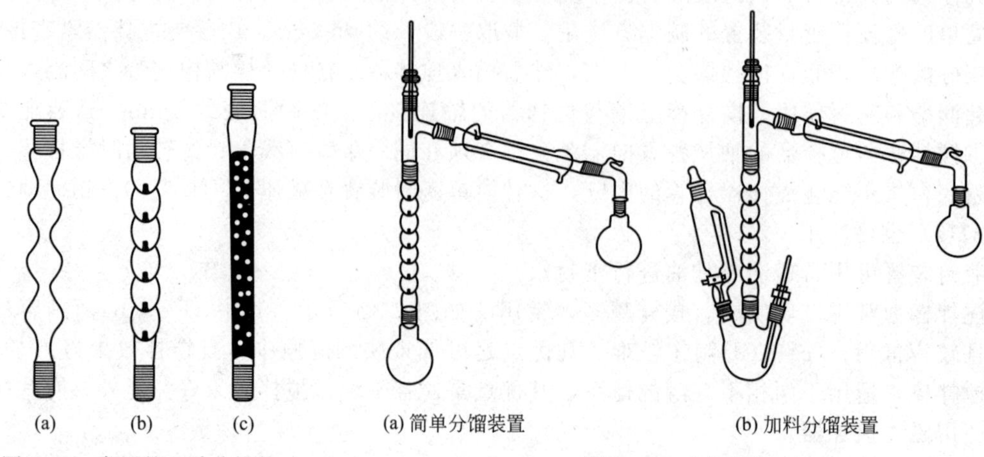

图 2-33　常用的几种分馏柱

图 2-34　分馏装置

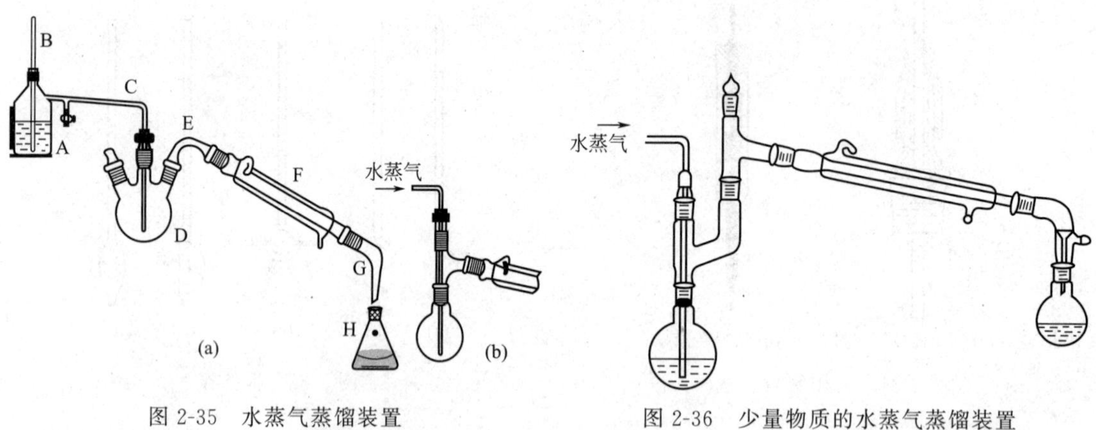

图 2-35　水蒸气蒸馏装置

A—水蒸气发生器；B—安全管；C—水蒸气导管；
D—三口圆底烧瓶；E—馏出液导管（75°弯管）；
F—冷凝管；G—尾接管；H—接收器

图 2-36　少量物质的水蒸气蒸馏装置

塞，水便会从管的上口喷出，此时应检查圆底烧瓶内的水蒸气导管 C 的下口是否被阻塞。

② 蒸馏部分。蒸馏部分选用三口或二口圆底蒸馏烧瓶 D，为防止飞溅的液体泡沫被蒸气带入冷凝管，被蒸馏液体的加入量不超过烧瓶容积的 1/3。三口烧瓶的中口通过螺口接头插入水蒸气导管 C，其侧口通过馏出液导管（75°弯管）E 与直形冷凝管 F 连接。水蒸气发生器 A 与水蒸气导管 C 之间用 T 形三通管连接，T 形三通管的下端连一个螺旋夹，以便及时放出凝结下来的水滴及处理异常现象时打开夹子，使系统与大气相通。少量物质的水蒸气蒸馏可以在圆底烧瓶上装配蒸馏头或克氏蒸馏头来代替三口烧瓶，其装置如图 2-36 所示。

③ 冷凝接收部分。直形冷凝管 F、尾接管 G 和接收器 H 顺次相连。

（9）减压蒸馏装置

减压蒸馏装置包括蒸馏、抽气（减压）以及在它们之间的保护和测量三部分。常用的减压蒸馏装置如图 2-37 所示。图 2-37(a) 是简便的减压蒸馏装置。

① 蒸馏部分。由于减压蒸馏的特殊要求，其装置与常压普通蒸馏装置相比有以下不同之处：第一，所用玻璃仪器必须是耐压的；第二，为防止液体因沸腾而冲入冷凝管，通常采用克氏(Claisen)蒸馏瓶（在磨口仪器中用克氏蒸馏头配以圆底烧瓶），在带支管的颈中插入温度计，温度计水银球位置与普通蒸馏要求相同，另一颈中插入一根毛细管，用以调节进入

的空气（或 N_2）量以使蒸馏保持平稳；第三，为在不中断蒸馏的情况下集取不同的馏分，采用二尾或多尾接引管；第四，根据蒸出液体的沸点不同，选用合适的热浴和冷凝管。如果蒸馏的液体量少而且沸点颇高，或者是低熔点固体，可不用冷凝管而采用图 2-38 装置。进行减压蒸馏时，应控制热浴的温度比液体的沸点高 20～30℃；蒸馏高沸点物质时应注意保温，以减少热损。

② 保护和测量部分

a. 保护部分。由缓冲瓶、冷却阱和干燥塔组成。装在油泵和馏出液接收器之间，以防止有机蒸气、酸性物质和水蒸气等进入油泵或污染水银压力计中的水银。

(a) 缓冲瓶。又称安全瓶，一般用壁厚耐压的吸滤瓶安装在接收器与冷却阱之间，其作用是调节系统压力及放气，防止泵油的倒吸。

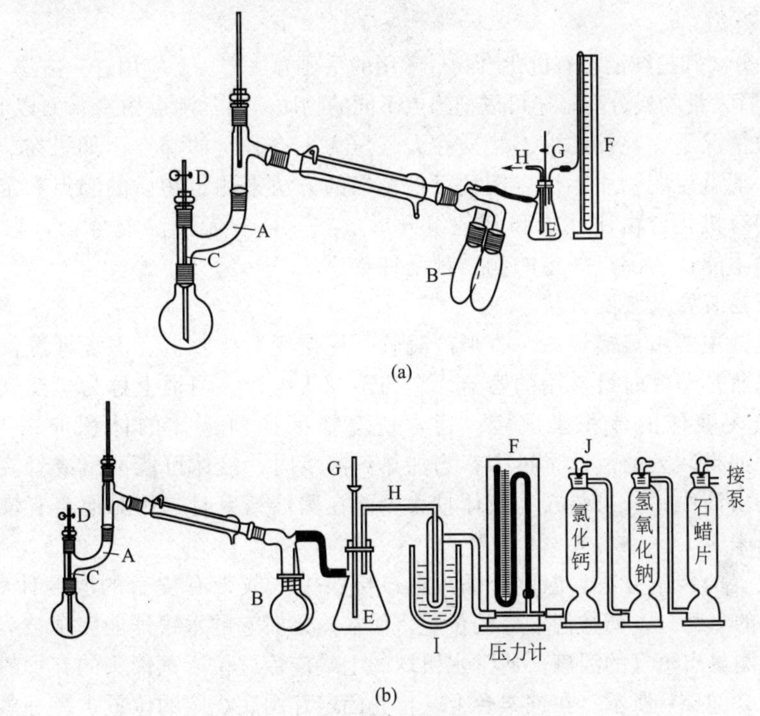

图 2-37　减压蒸馏装置

A—二口连接管；B—接收器；C—毛细管；D—螺旋夹；E—缓冲用的吸滤瓶；
F—水银压力计；G—二通旋塞；H—导管；I—冷却阱；J—干燥塔

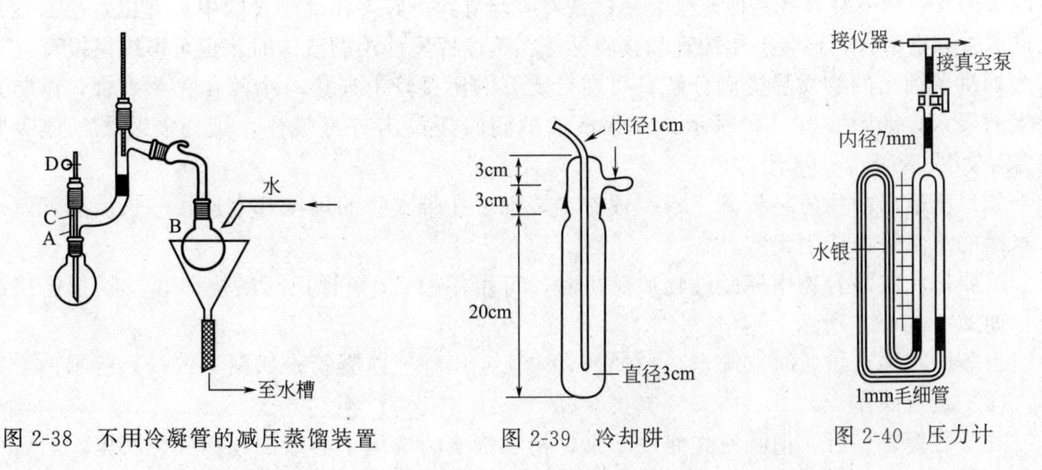

图 2-38　不用冷凝管的减压蒸馏装置　　图 2-39　冷却阱　　图 2-40　压力计

(b) 冷却阱。其构造如图 2-39 所示，将其放在盛有冷却剂的广口保温瓶中。冷却剂的选用视需要而定，如冰-水、冰-盐、冰、干冰、干冰-乙醇等。

(c) 保护塔。通常设二至三个。前一个装无水氯化钙（或硅胶），用来除去水蒸气；后一个装颗粒状氢氧化钠，用来除去酸性蒸气。有时还需加一个装石蜡片（或活性炭）的干燥塔，用来吸收烃类等有机气体。

b. 测量部分。实验室通常用水银压力计来测量系统的压力。图 2-40 是改进的 U 形管水银压力计，其优点是装汞容易、便于清洗，即使突然进入空气也不至于损坏压力计。

此外，有的减压装置可采用弹簧式机械真空压力表进行测压。

③ 抽气部分。常用的有水泵和油泵两种。

2.3.2　蒸馏、分馏、水蒸气蒸馏、减压蒸馏

2.3.2.1　蒸馏

蒸馏是分离和提纯液态有机化合物最常用的重要方法之一。应用这一方法，不仅可以把挥发性物质与不挥发性物质分离，还可以把沸点不同的物质（通常沸点相差 30℃以上）分离。

在通常情况下，纯粹的液态物质在大气压力下有确定的沸点。如果在蒸馏过程中，沸点发生变动，那就说明物质不纯。因此可借蒸馏的方法来测定物质的沸点和定性地检验物质的纯度。某些有机化合物往往能和其他组分形成二元或三元恒沸混合物，它们也有一定的沸点。因此，不能认为沸点一定的物质都是纯物质。

(1) 蒸馏装置及装配方法

蒸馏装置主要由蒸馏烧瓶、直形冷凝管、尾接管、接收器、温度计等仪器组装而成。

圆底烧瓶是蒸馏时最常用的容器，它与蒸馏头组合，习惯上称为蒸馏烧瓶。圆底烧瓶容量应由所蒸馏液体的体积来决定。通常所蒸馏的原料液体的体积应占圆底烧瓶容量的 1/3～2/3。如果装入的液体量过多，当加热到沸腾时，液体可能冲出或者液体飞沫被蒸气带出，混入馏出液中；如果装入的液体量太少，在蒸馏结束时，相对地会有较多的液体残留在瓶内蒸不出来。

蒸馏装置的装配方法：温度计插入螺口接头中（或带有皮套的温度计套管中），然后装配到蒸馏头的上磨口。调整温度计的位置，使在蒸馏时它的水银球能完全被蒸气所包围。这样才能正确地测量出蒸气的温度。通常水银球的上端应恰好位于蒸馏头的支管的底边所在的水平线上，如图 2-26(a) 所示。在铁架台上，首先固定好圆底烧瓶的位置；装好蒸馏头，以后在装其他仪器时，不宜再调整蒸馏烧瓶的位置。在另一铁架台上，用铁夹夹住冷凝管的中上部位，调整铁架台与铁夹的位置，使冷凝管的中心线和蒸馏头支管中心线成一直线。移动冷凝管，把蒸馏头的支管和冷凝管严密地连接起来；铁夹应调节到正好夹在冷凝管的中央部位，小心地接上进水管和出水管，再装上尾接管和接收器。在蒸馏挥发性小的液体时，也可不用尾接管。

如果蒸馏出的物质易受潮分解，可在带支管的尾接管上连接一个氯化钙干燥管，以防止湿气的侵入，如图 2-26(b) 所示；如果蒸馏的同时还放出有毒气体，则尚需装配气体吸收装置，如图 2-29(a) 所示。

如果蒸馏出的物质易挥发、易燃或有毒，则可在带支管的尾接管上连接一长橡皮管，通入水槽的下水管内或引出室外。

若要把反应混合物中挥发性物质蒸出时，可用一根 75°弯管把圆底烧瓶和冷凝管连接起来，如图 2-26(d) 所示。

当蒸馏高沸点物质时（沸点≥140℃），应该使用空气冷凝管，如图 2-26(c) 所示。

(2) 蒸馏操作

蒸馏装置装好后，把圆底烧瓶取下来，把要蒸馏的液体小心地倒入圆底烧瓶里，然后往

烧瓶里放2～3粒沸石。沸石的作用是防止液体暴沸，使沸腾保持平稳。当液体加热到沸点时，沸石能产生细小的气泡，成为沸腾中心。在持续沸腾时，沸石可以继续有效，但一旦停止沸腾或中途停止蒸馏，则原有的沸石即刻失效，在再次加热蒸馏前，应补加新的沸石。如果事先忘记加入沸石，则绝不能在液体加热到近沸腾时补加，因为这样往往引起剧烈的暴沸，使部分液体冲出瓶外，有时还易发生着火事故。应该待冷却一段时间后，再行补加。如果蒸馏液体很黏稠或含有较多的固体物质，加热时很容易发生局部过热和暴沸现象，加入的沸石也往往失效。在这种情况下，可以选用适当的热浴（如油浴）或电热套加热。

用套管式冷凝管时，套管中应通入冷水，冷水用橡皮管接到冷凝管下端的进水口，而从上端出来，用橡皮管导入下水道。

加热前，应再次检查仪器是否装配严密，必要时应作最后调整。开始加热时，可以让温度上升稍快些。开始沸腾时，应密切注意蒸馏瓶中发生的现象；当冷凝的蒸气环由瓶颈逐渐上升到温度计水银球的周围时，温度计的水银柱就很快地上升。调节火焰或浴温，使从冷凝管流出液滴的速度为每秒钟1～2滴。应当在实验记录上记下第一滴馏出液滴入接收器时的温度。当温度计的读数稳定时，另换接收器集取。如果温度变化较大，需换几个接收器集取。所用的接收器都必须洁净，且事先都需称量过。记录下每个接收器内馏分的温度范围和质量。若要集取的馏分的温度范围有规定，即可按规定集取。馏分的沸点范围越窄，则馏分的纯度越高。

蒸馏的速度不应太慢，否则易使水银球周围的蒸气短时间中断，致使温度计读数有不规则的变动；蒸馏速度也不能太快，否则易使温度计读数不正确。在蒸馏过程中，温度计的水银球上应始终附有冷凝的液滴，以保持气液两相的平衡。

蒸馏低沸点易燃液体时（例如乙醚），附近应禁止有明火，绝对不能用明火直接加热，也不能用正在明火上加热的水浴加热，而应该用预先热好的水浴。为了保持必需的温度，可以适时地向水浴中添加热水。

当烧瓶中仅残留少量液体时，即应停止蒸馏。

附　操作训练实验　　蒸馏及沸点测定

实验前应预习2.3.2.1蒸馏。

A. 蒸馏和常量法测定沸点

【药品】　工业酒精

【实验所需时间】　2～3h

【实验步骤】　在50mL圆底烧瓶中，放置20mL工业酒精。加入2～3粒沸石，按图2-26(a)装配蒸馏装置，通入冷却水[1]，然后开始加热，开始温度可稍高些，并注意观察蒸馏烧瓶中的现象和温度计读数的变化。当烧瓶内液体开始沸腾时，蒸气前沿逐渐上升，待达到温度计水银球时，温度计读数急剧上升。这时应适当调小火焰（若用电热套加热，可通过调节电压来调节温度），使温度略为下降，让水银球上液滴和蒸气达到平衡，然后再稍加大火焰进行蒸馏。调节温度，控制馏出液的流出速度，以1～2滴/秒为宜。当温度计读数上升至77℃时，换一个已称量过的干燥锥形瓶作接收器[2]，收集77～79℃的馏分，即主馏分[3]。当温度计读数继续上升时再换一个接收器，当瓶内只剩下少量液体时，温度计读数会突然下降，即可停止蒸馏，不应将瓶内液体完全蒸干。称量所收集主馏分的质量或量体积，记录并计算收率，指明酒精蒸馏过程中的沸点温度。将主馏分回收至指定的回收瓶中。

B. 微量法测定沸点

【药品】上述 77～79℃的馏分，未知样一个。

【实验步骤】

① 制沸点测定管。用薄壁玻璃管拉成内径约为 3mm 的细管，截取长约 6～8cm 的一段，将其一端封闭，作为装试料的外管。另取长约 8cm，内径约 1mm 的毛细管，制作一根一端封闭的内管。

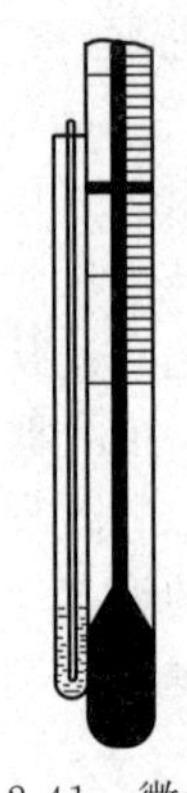

图 2-41　微量法沸点测定管

装试料时，把外管略微温热，迅速地把开口一端插入试料中，这样就有少量液体吸入管内。将管直立，使液体流到管底，试料高度约为 6～8mm。也可用细吸管把试料装入外管，然后把内管倒插入外管里，将试管用橡皮圈或细铜丝固定在温度计上，如图 2-41 所示。像熔点测定时一样，把沸点管和温度计放入熔点测定装置内。

② 测定方法。用热浴慢慢地加热，使温度均匀地上升。当温度达到比沸点稍高的时候，可以看到从内管中有一连串的小气泡不断地逸出。停止加热，让热浴慢慢冷却。当最后一个气泡将要冒出又要缩入管内时，液体的蒸气压和外界大气压相等，此时的温度即为该液体的沸点，记录下这一温度。

【注释】

[1] 冷却水的流速以能保证蒸气充分冷凝为宜，通常只需保持缓缓的水流即可。

[2] 蒸馏有机溶液均应用小口接收器，如锥形瓶等，避免馏出液挥发。如果接收器不干燥，则馏出的有机物将有水混入，使之不纯。

[3] 主馏分为 95%的乙醇-水的共沸混合物，而非纯物质，它具有一定的共沸点和组成，不能用普通蒸馏法进行分离。因此，此法得不到纯乙醇。

【思考题】

1. 蒸馏时，蒸馏烧瓶所盛液体的量以其容积的 1/3～2/3 为宜，为什么不应少于 1/3，也不应多于 2/3?

2. 蒸馏时加入沸石的作用是什么？如果蒸馏前忘记加沸石，能否立即将沸石加至即将沸腾的液体中？当重新进行蒸馏时，用过的沸石能否继续使用？为什么？

3. 为什么蒸馏时最好控制馏出液的速度为 1～2 滴/s?

4. 如果液体具有恒定的沸点，那么能否认为它是纯物质？为什么？

2.3.2.2　分馏

液体混合物中的各组分，若其沸点相差很大，可用普通蒸馏法分离开；若沸点相差不太大，则用普通蒸馏法就难以精确分离，而应当用分馏的方法分离。

(1) 分馏的基本原理

如果将两种挥发性液体的混合物进行蒸馏，在沸腾温度下，其气相与液相达成平衡，出来的蒸气中含有较多易挥发物质的组分。将此蒸气冷凝成液体，其组成与气相组成等同，即含有较多的易挥发组分，而残留物中却含有较多的高沸点组分。这就是进行了一次简单的蒸馏。如果将蒸气凝成的液体重新蒸馏，即又可进行一次新的汽液平衡，再度产生的蒸气中所含的易挥发物质组分又有所增高。同理，将此蒸气再经过冷凝而得到的液体中易挥发物质的组分当然也高。这样，可以利用这一连串的有系统的反复蒸馏，最后能得到接近纯组分的两种液体。但是这样做既费时间，且在重复多次蒸馏操作中的损失又很大，所以通常利用分馏来进行分离。

利用分馏柱进行分离，实际上就是在分馏柱内使混合物进行多次汽化和冷凝。当上升的蒸气与下降的冷凝液互相接触时，上升的蒸气部分冷凝放出热量，使下降的冷凝液部分汽化，两者之间发生了热量交换和质量交换。其结果，上升的蒸气中易挥发组分增加，而下降的冷凝液中高沸点组分增加。如果连续多次，就等于进行了多次的汽液平衡，即达到了多次蒸馏的效果。这样，靠近分馏柱顶部易挥发物质的组分的比率高，而留在烧瓶里的高沸点组分比率高。当分馏柱的效率足够高时，开始从分馏柱顶部出来的几乎是纯净的易挥发组分，而最后在烧瓶里残留的则几乎是纯净的高沸点组分。

实验室最常用的分馏柱如图 2-33 所示。球形分馏柱的效率较差，分馏柱中的填充物通常为玻璃环。玻璃环可以用细玻璃管割制而成，它的长度相当于玻璃管的直径。一般来说，上述三种分馏柱的分馏效率都不高，但若将 300W 电炉丝切割成单圈或用金属丝网烧制成 θ 形（直径 3～4mm）填料装入赫姆帕分馏柱，可显著提高分馏效率。若要分离沸点很近的液体混合物，则必须用精密分馏装置。

（2）简单的分馏装置和操作方法

简单的分馏装置如图 2-34(a) 所示。分馏装置的装配原则和蒸馏装置相同。

把待分馏的液体倒入烧瓶中，其体积以不超过烧瓶容量的 1/2 为宜，投入几粒沸石。安装好的分馏装置，经检查合格后，可开始加热。

操作时应注意以下几点。

① 应根据待分馏液体的沸点范围，选用合适的热浴或电热套加热，不要在石棉铁丝网上直接用火加热。若选用热浴加热，可用小火加热热浴，以便使浴温缓慢而均匀地上升。

② 待液体开始沸腾，蒸气进入分馏柱中时，要注意调节加热温度，使蒸气环缓慢均匀地沿着分馏柱壁上升即可，不宜太快。

若室温低或液体沸点较高，为减少柱内热量的散发，可将分馏柱用石棉绳和玻璃布等包缠起来，以保证馏出液顺利蒸出。

③ 当蒸气上升到分馏柱顶部，开始有液体馏出时，更应密切注意调节加热温度，控制馏出液的速度为 1 滴/(2～3)秒。如果分馏速度太快，则馏出物纯度会降低；但也不宜太慢，以致上升的蒸气时断时续，馏出温度有所波动。

④ 根据实验规定的要求，分段收集馏分。实验完毕后，应称量各段馏分及记下各馏分的沸程。

（3）精密分馏装置和操作方法

精密分馏的原理与简单分馏相同。为了提高分馏效率，在操作上采取了两项措施。一是柱身装有保温套，保证柱身温度与待分馏物质的沸点接近，以利于建立平衡；二是控制一定的回流比（上升的蒸气在柱顶经冷凝后，回流入柱中的量和出料的量之比）。一般说来，对同一分馏柱，平衡保持得好，回流比大，则分馏效率高。

精密分馏装置如图 2-42 所示。在烧瓶中加入待分馏的物料，投入几粒沸石。柱顶的回流冷凝管中通冷却水。关闭出料旋塞（但不得密闭加热）。对保温套及烧瓶电炉通电加热，控制保温套温度略低于待分馏物料中最低组分的沸点。调节电炉温度使物料沸腾，蒸气升至柱中，冷凝，回流形成液泛（柱中保持着较多的液体，使上升的蒸气受到阻塞，整个柱子失去平衡）。降低电炉温度，待液体流回到烧瓶，液泛现象消失后，提高炉温，重复液泛 1～2 次，充分润湿填料。若

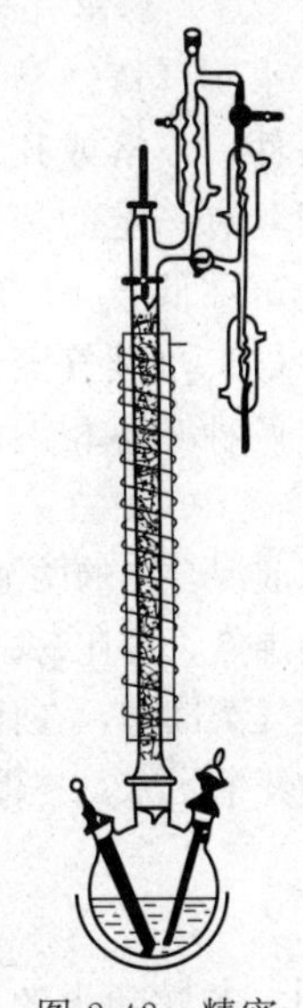

图 2-42　精密分馏装置

用玻璃填料，可省去预液泛操作。

经过上述操作后，调节柱温，使之与物料组分中最低沸点相同或稍低。控制电炉温度，使蒸气缓慢地上升至柱顶，冷凝而全回流（不出料）。经一定时间后，柱及柱顶温度均达到恒定，表示平衡已经建立。此后逐渐旋开出料旋塞，在稳定的情况下（不液泛），按一定回流比连续出料。收集一定沸点范围的各馏分。记下每一馏分的沸点范围及质量。

附　操作训练实验　　乙醇-水混合物的分馏

【药品】 60%乙醇-水溶液(50mL)

【实验所需时间】 2～3h

【实验步骤】 在100mL圆底烧瓶中加入60%的乙醇-水溶液50mL，投入2～3粒沸石，安装好分馏装置，如图2-34(a) 所示，用水浴[1]加热至溶液沸腾，蒸气缓慢上升，此时应严格控制加热温度，当温度约为78℃时[2]，开始收集馏分（如有前馏分，应换接收瓶），控制流出速度为1滴/(1～2)s。当蒸气温度持续下降时[3]，停止加热。用密度计测定馏出液的质量分数。记录馏出液的流出温度范围、体积、浓度及前馏分和残留液的体积。

【注释】

[1] 由于乙醇为易燃物，不可用明火直接加热。乙醇的沸点为78℃，低于水的沸点，故可用水浴加热。

[2] 由于温度计有一定的误差，所以在分馏时只要温度在78℃左右已稳定，即可收集，并记录下该温度。

[3] 在分馏要结束时，由于乙醇蒸气断断续续上升，温度计水银球不能被乙醇蒸气包围，因此温度出现下降或波动。

【思考题】

1. 蒸馏和分馏在原理及应用上有哪些异同？

2. 含水乙醇为什么经过反复分馏也得不到100%乙醇？

2.3.2.3　水蒸气蒸馏

水蒸气蒸馏是分离和提纯有机物质的常用方法。使用这种方法时，被提纯物质应具备下列条件：不溶或几乎不溶于水；在沸腾下与水长时间共存而不起化学变化；在100℃左右时必须具有一定的蒸气压［一般不小于1.33kPa(10mmHg)］。当水蒸气通入该有机物中时，它就可在低于100℃的温度下，随水蒸气一起蒸馏出来。

(1) 水蒸气蒸馏原理

两种互不相溶的液体混合物的蒸气压，等于两液体单独存在时的蒸气压之和，即

$$p=p_A+p_{H_2O}$$

当组成混合物的两液体的蒸气压之和等于大气压力时，混合物就开始沸腾。互不相溶的液体混合物的沸点，要比每一物质单纯存在时的沸点低。因此，在不溶于水的有机物中，通入水蒸气进行水蒸气蒸馏时，在比该物质的沸点低得多的温度，而且比水的沸点100℃还要低的温度就可使该物质蒸馏出来。在馏出物中，随水蒸气一起蒸馏出的有机物同水的质量之比，可按下式计算：

$$\frac{m_A}{m_{H_2O}}=\frac{M_A p_A}{18 p_{H_2O}}$$

例如，苯胺和水的混合物用水蒸气蒸馏时，苯胺的沸点是184.4℃，苯胺和水的混合物在98.4℃就沸腾。在该温度下，苯胺的蒸气压是42mmHg(5.5995kPa)，水的蒸气压是

718mmHg（95.7255kPa），两者相加等于760mmHg（101.325kPa）。苯胺的相对分子质量为93，所以馏出液中苯胺与水的重量比等于：

$$\frac{m_{苯胺}}{m_{水}}=\frac{93\times42}{18\times718}\left(或\frac{93\times5.5995}{18\times95.7255}\right)=\frac{1}{3.3}$$

由于苯胺略溶于水，这个计算所得的仅是近似值。

水蒸气蒸馏是分离和提纯有机化合物的重要方法之一，常用于下列各种情况：

① 混合物中含有大量的固体，通常的蒸馏、过滤、萃取等方法都不适用。

② 混合物中含有焦油状物质，采用通常的蒸馏、萃取等方法非常困难。

③ 在常温下蒸馏会发生分解的高沸点有机化合物。

（2）水蒸气蒸馏装置和操作方法

水蒸气蒸馏装置如图2-35(a)所示。主要由水蒸气发生器A、三口或二口圆底烧瓶D和长的直形冷凝管F组成。若反应在圆底烧瓶内进行，可在圆底烧瓶上装配蒸馏头或克氏蒸馏头代替三口烧瓶［图2-35(b)］。铁质发生器A通常可用带支管的大圆底烧瓶代替。圆底烧瓶D应当用铁夹夹紧，它的中口通过温度计套管（或螺口接头）插入水蒸气导管C，其侧口接75°弯管（馏出液导管）E。导管C外径一般不小于7mm，保证水蒸气畅通，其末端应接近烧瓶底部，以便水蒸气和蒸馏物质充分接触并起搅拌作用。用长的直形冷凝管F可以使馏出液充分冷却。由于水的蒸发热较大，所以冷凝水的流速可稍大一些。发生器A的支管和水蒸气导管C之间用一个T形三通管相连接，T形三通管的下端连一个螺旋夹，以便及时放出凝结下来的水滴及处理异常现象时打开夹子，使系统与大气相通。

将要蒸馏的物质倒入烧瓶D中，其量约为烧瓶容量的1/3。操作前，水蒸气蒸馏装置应经过检查，必须严密不漏气。开始蒸馏时，先把T形管上的夹子打开，用热源把发生器里的水加热至沸腾。当有水蒸气从T形管的支管冲出时，再旋紧夹子，让水蒸气通入烧瓶中，这时可以看到烧瓶中的混合物翻腾不息，不久在冷凝管中就出现有机物和水的混合物。调节加热温度使烧瓶内的混合物不致飞溅得太厉害，并控制馏出液的速度约为2～3滴/s。为了使水蒸气不致在烧瓶内过多地冷凝，在蒸馏时通常也可用小火同时将烧瓶加热。在操作时，要随时注意安全管中的水柱是否发生不正常的上升现象，以及烧瓶中的液体是否发生倒吸现象。一旦发生这种现象，应立即打开螺旋夹子，移去热源，找出发生故障的原因；必须把故障排除后，方可继续蒸馏。

当馏出液澄清透明不再含有有机物的油滴时，可停止蒸馏。这时应首先打开螺旋夹子，然后移去热源。

附　操作训练实验　苯甲醛的水蒸气蒸馏

【药品】 苯甲醛[1] 10mL

【实验所需时间】 2～3h

【实验步骤】 在水蒸气发生器中加入其容积的1/2～2/3水，在100mL三口烧瓶中加入10mL苯甲醛，按图2-35(a)安装水蒸气蒸馏装置。打开T形管的螺旋夹，加热水蒸气发生器，使水迅速沸腾，当有蒸气从T形管冲出时，旋紧螺旋夹，让水蒸气导入三口烧瓶，同时在冷凝管内通入冷却水，不久就有乳白色的乳浊液流入接收器。当馏出液澄清透明不再有油状物时，即可停止蒸馏[2]。

将馏出液倒入分液漏斗中，静置分层，分出油层并将其置于小锥形瓶中，加入适量无水硫酸镁，振荡，直至澄清透明；滤去干燥剂，称量并计算回收率。

【注释】

[1] 苯甲醛(b. p. 178℃)进入水蒸气蒸馏时，在 97.9℃沸腾，此时苯甲醛的蒸气压为 7.5kPa，水的蒸气压为 93.8kPa，馏出液中苯甲醛占 32.1%。

[2] 应先打开螺旋夹，然后停止加热。

【思考题】

1. 水蒸气蒸馏的基本原理是什么？有何实用意义？

2. 安全管和 T 形管各起什么作用？

3. 如何判断水蒸气蒸馏的终点？

4. 停止水蒸气蒸馏时，在操作程序上应注意什么？为什么？

2.3.2.4　减压蒸馏

减压蒸馏是分离和提纯有机化合物的一种重要方法。很多有机化合物，特别是高沸点的有机化合物，在常压下蒸馏往往发生部分或全部分解，在这种情况下，采用减压蒸馏方法最为有效。

(1) 减压蒸馏原理

液体沸腾的温度随外界压力的降低而降低。因此，降低蒸馏系统的压力就可以降低被蒸馏液体的沸点。这种在较低压力下进行蒸馏的操作，称为减压蒸馏或真空蒸馏。

一般的高沸点有机化合物，当压力降低到 20mmHg(2.66kPa)时，其沸点要比常压下的沸点低 100～120℃，物质的沸点和压力是有一定关系的。可通过图 2-43 有机液体的沸点-压力的经验计算图近似地推算出高沸点物质在不同压力下的沸点。例如，水杨酸乙酯常压下的沸点为 234℃，现欲找其在 20mmHg(2.66kPa)的沸点为多少摄氏度，可在图 2-43 的 B 线上找出相当于 234℃的点，将此点与 C 线上 20mmHg 处的点连成一直线，把此线延长与 A 线相交，其交点所示的温度就是水杨酸乙酯 20mmHg 时的沸点，约为 118℃。此法得出的沸点，虽为近似值，但方法简单，在实验中有一定参考价值。

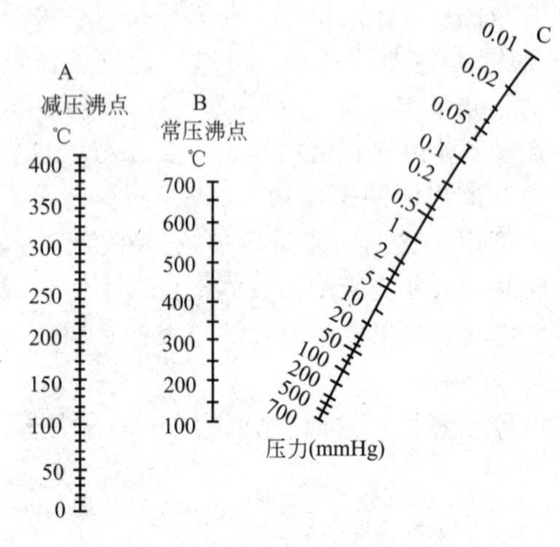

图 2-43　液体有机物沸点-压力的经验计算图

(2) 减压蒸馏装置

减压蒸馏装置通常由蒸馏烧瓶、冷凝管、接收器、压力计（表）、干燥塔、缓冲用的吸滤瓶和减压泵等组成，简便的减压蒸馏装置如图 2-37 (a) 所示。

蒸馏烧瓶通常用克氏蒸馏烧瓶，它是由圆底烧瓶和克氏蒸馏头组成。它有两个瓶口：带支管的瓶口装配插有温度计的温度计套管，而另一瓶口则装配插有毛细管 C 的温度计套管。毛细管的下端调整到离烧瓶底 1～2mm 处，其上端套一段短橡皮管，最好在橡皮管中插入一根直径约为 1mm 的金属丝，用螺旋夹夹住，以调节进入烧瓶的空气量或 N_2 量，使液体保持适当的沸腾。在减压蒸馏时，气流由毛细管进入烧瓶，冒出小气泡，成为液体沸腾的汽化中心，同时又起一定的搅拌作用。这样可以防止液体暴沸，使沸腾保持平稳。这对减压蒸馏是非常重要的。

减压蒸馏装置中的接收器 B 通常用蒸馏烧瓶或带磨口的厚壁梨形烧瓶，因它们能耐外压，但不要用锥形瓶作接收器。蒸馏时，若要集取不同的馏分而又要不中断蒸馏，则可用多头接引管，多头接引管的上部有一个小支管，蒸馏系统由此支管抽成真空。多头接引管与冷凝管的连接磨口要涂有少许真空脂或凡士林等，以便转动多头接引管，使不同的馏分流入指定的接收器中。

带支管的多头接引管用耐压的厚橡皮管与作为缓冲用的吸滤瓶E连接起来。吸滤瓶的瓶口上装一个三孔橡皮管H。导管的下端应接近瓶底，上端与减压泵相连接。

减压泵可选用水泵、循环水泵或油泵。水泵和循环水泵所能达到的最低压力为当时水温下的水蒸气压。若水温为18℃，则水蒸气压为15.5mmHg(2kPa)，这对一般减压蒸馏就可以了。使用油泵要注意油泵的防护保养，不使有机物、水、酸等蒸气侵入泵内。易挥发有机物的蒸气可被泵内的泵油所吸收，把油污染，这会严重地降低泵的效率；水蒸气凝结在泵里，会使油乳化，也会降低泵的效率；酸会腐蚀泵。为了保护油泵，应在泵前面装设净化塔，里面放粒状氢氧化钠和活性炭（或分子筛、氯化钙等）以除去水蒸气、酸气和有机物蒸气。因此，用油泵进行减压蒸馏时，在接收器和油泵之间，应顺次装上冷阱、压力计（表）、净化塔和缓冲用的吸滤瓶。

减压蒸馏装置内的压力，用水银压力计（或压力表）来测量。

(3) 减压蒸馏操作

仪器安装完毕，在开始蒸馏前，必须先检查装置的气密性，以及装置可减压到何种程度。在克氏蒸馏瓶中放入约占其容量1/3～1/2的蒸馏物质。先用螺旋夹D把套在毛细管C上的橡皮管完全夹紧，打开旋塞G，然后开动泵。逐渐关闭旋塞G，从水银压力计观察仪器装置所能达到的减压程度[1]。

经过检查，如果仪器装置完全符合要求，可开始蒸馏。加热蒸馏前，尚需调节螺旋夹D，使仪器达到所需要的压力；如果压力超过所需要的真空度，可以小心地旋转旋塞G，慢慢地引入空气，把压力调整到所需要的真空度。如果达不到所需要的真空度，可从蒸气压-温度曲线查出在该压力下液体的沸点，据此进行蒸馏。用电热套加热，待液体沸腾后，再调节电压，使馏出液流出的速度每秒钟不超过一滴。在蒸馏过程中，应注意水银压力计的读数，记录下时间、压力、液体沸点、馏出液流出速度等数据。

蒸馏完毕，停止加热，关闭电源，慢慢地打开旋塞G，使装置系统与大气相通[2]，然后关闭油泵。待装置系统内的压力与大气压力相等后，方可拆卸仪器。

【注释】

[1] 如果需要严格检查整个系统的气密情况，可以在泵与缓冲瓶之间接一个三通旋塞。检查时，先开动油泵，待达到一定真空度后，关闭三通旋塞，这时螺旋夹D应完全夹紧（橡皮管内不插入金属丝），空气不能进入烧瓶内，使仪器装置与泵隔绝（此时泵应与大气相通）。如果仪器装置十分严密，则压力计上的水银柱高度应保持不变；如有变化，应仔细检查有可能漏气的地方，找出漏气部位。恢复常压后，才能进行修整。

[2] 这一操作需特别小心，一定要慢慢地打开旋塞G，使压力计中的水银柱慢慢地回复原状，如果引入空气太快，水银柱会很快上升，有冲破U形管压力计的可能。

附　操作训练实验　　邻苯二甲酸二丁酯的减压蒸馏

【药品】 邻苯二甲酸二丁酯20mL

【实验所需时间】 2～3h

【实验步骤】 按图2-37(a) 安装仪器。仪器安装完毕后，首先检查装置的气密性，系统的低压至少要达到10mmHg(1.33kPa)。

经检查实验装置符合要求后，在常压下取出毛细管 C[1]，将 20mL 邻苯二甲酸二丁酯通过漏斗加入圆底烧瓶中，小心插入毛细管。用螺旋夹 D 将套在毛细管 C 上的胶皮管夹紧，打开旋塞 G，然后开泵，慢慢关闭旋塞 G，调节螺旋夹 D，使液体中产生连续而平稳的小气泡。

开启冷凝水，当系统压力达到稳定时，开始加热，控制馏出液流出速度为 1～2 滴/s，根据系统压力，查图 2-43 确定在该压力下收集馏分的沸程[2]，记录压力、温度。蒸馏结束后，一定要先移去热源，打开螺旋夹 D，再慢慢打开旋塞 G，使水银压力计逐渐复原，关闭油泵，最后拆卸仪器。

【注释】

[1] 毛细管在这里起形成沸腾中心和搅动作用。所以一定要插入液体中，并尽可能地接近瓶底。

[2] 收集馏分的沸程，一般取在一定压力下所查沸点的±2℃。

【思考题】

1. 何谓减压蒸馏？有何实用意义？

2. 开始减压蒸馏时是先抽气再加热，而结束时则先移去热源再停止抽气，操作顺序可否颠倒？为什么？

2.3.3　萃取与洗涤、干燥、升华

2.3.3.1　萃取与洗涤

萃取和洗涤是利用物质在不同溶剂中的溶解度不同来进行分离操作的。萃取和洗涤在原理上是一样的，只是目的不同。从混合物中抽取的物质，如果是人们所需要的，这种操作叫做萃取或提取；如果是人们所不要的，这种操作叫作洗涤。

(1) 萃取与洗涤原理

萃取的主要理论依据是分配定律。物质对不同的溶剂有不同的溶解度，若在两种互不相溶的溶剂中加入某种可溶性物质，该物质便以一定比例在两液相间进行分配。在一定温度下，该物质在两相中浓度之比为一常数，此即所谓“分配定律”，可用下式表示：

$$\frac{c_A}{c_B}=K$$

式中，c_A、c_B 分别为一种化合物在互不相溶的两液相 A 和 B 中的浓度；K 为常数，称为分配系数。

有机化合物在有机溶剂中的溶解度一般比在水中的溶解度大，故可将其从水溶液中萃取出来，但若想一次就把所需化合物完全萃取出来是不可能的（除非分配系数极大），必须重复萃取数次。可以根据分配定律的关系推算出经萃取后化合物的剩余量。

设 V 为原溶液（水）的体积；m_0 为萃取前化合物的总量；m_1、m_2、m_n 分别为萃取一次、两次、n 次后化合物的剩余量；S 为萃取溶剂的体积。

经一次萃取，原溶液中该化合物的浓度为m_1/V；而萃取溶液中含该化合物的浓度为 $\frac{m_0-m_1}{S}$；两者之比等于 K，即

$$\frac{m_1/V}{(m_0-m_1)/S}=K$$

整理后

$$m_1=m_0\frac{KV}{KV+S}$$

同理，经二次萃取后，则有

$$\frac{m_2/V}{(m_1-m_2)/S}=K$$

即
$$m_2=m_1\frac{KV}{KV+S}=m_0\left(\frac{KV}{KV+S}\right)^2$$

因此，经 n 次萃取后

$$m_n=m_0\left(\frac{KV}{KV+S}\right)^n$$

当用一定量溶剂萃取时，希望化合物在原溶液（水）中的剩余量越少越好，因上式 $KV/(KV+S)$恒小于 1，所以 n 越大，m_n 就越小；也就是说把溶剂分成几份做多次萃取比用全部量的溶剂做一次萃取为好。但当溶剂的总量不变时，萃取次数 n 增加，S 就要减少，当萃取次数 n 增加到一定的次数后，n 和 S 这两个因素的影响就几乎相互抵消了。再增加 n，m_n/m_{n+1}的变化很小，所以一般同体积溶剂分 3～5 次萃取即可。

上面的公式只适用于几乎与水不互溶的溶剂（如苯、四氯化碳、氯仿等）；对于与水有少量互溶的溶剂（如乙醚、乙酸乙酯等）上述公式只是近似的，但仍可定性地指出预期的结果。

(2) 从液体中萃取

通常用分液漏斗来进行液体的萃取。必须事先检查分液漏斗的盖子和旋塞是否严密，以防分液漏斗在使用过程中发生泄漏而造成损失（检查的方法通常是先用水试验）。

在萃取或洗涤时，先将液体与萃取用的溶剂（或洗液）由分液漏斗的上口倒入，盖好盖子，振荡漏斗，使两液层充分接触。振荡的操作方法一般是先把分液漏斗倾斜，使漏斗的上口略朝下，如图 2-44 所示，右手捏住漏斗上口颈部，并用食指根部压紧盖子，以免盖子松开；左手握住旋塞，握持旋塞的方式既要能防止振荡时旋塞转动或脱落，又要便于灵活地旋开旋塞。振荡后，放出蒸气或发生的气体，使内外压力平衡；若在漏斗内盛有易挥发的溶剂，如乙醚、苯等，或用碳酸钠溶液中和酸液，振荡后更应注意及时旋开旋塞，放出气体（注意：分液漏斗的尾端要朝向无人处）。振荡数次以后，将分液漏斗放在铁环上，静置片刻，使乳浊液分层。有时有机溶剂和某些物质的溶剂一起振荡，会形成较稳定的乳浊液。在这种情况下，应该避免急剧的振荡。如果已形成乳浊液，且一时又不易分层，则可加入食盐等电解质，使溶液饱和，以降低乳浊液的稳定性；轻轻地旋转漏斗，也可以使其加速分层。在一般情况下，长时间静置分液漏斗，可达到使乳浊液分层的目的。

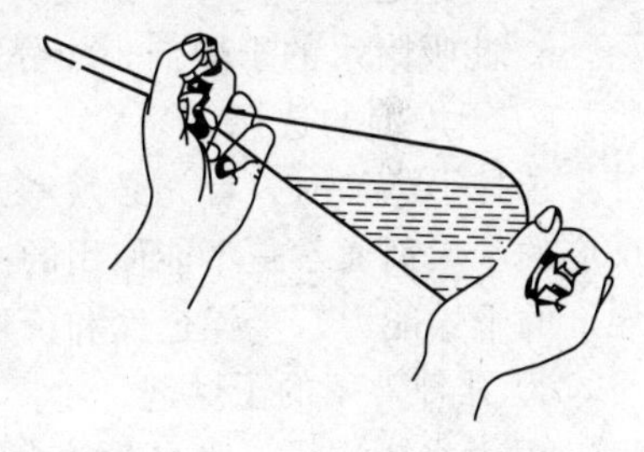

图 2-44 分液漏斗的使用

分液漏斗中的液体分成清晰的两层以后，就可以进行分离。分离液层时，下层液体应经旋塞放出，上层液体应从上口倒出。如果上层液体也从旋塞放出，则漏斗旋塞下面茎部所附着的残液就会把上层液体污染。

先把顶上的盖子打开（或旋转盖子，使盖子上的凹缝或小孔对准漏斗上口颈部的小孔，以使之与大气相通），把分液漏斗的下端靠在接收器的壁上。旋开旋塞，让液体流下，当液面间的界限接近旋塞时，关闭旋塞，静置片刻，这时下层液体往往会增多一些。再把下层液体仔细地放出，然后把剩下的上层液体从上口倒进另一个容器里。

图 2-45　索氏（Soxhlet）提取器

萃取或洗涤时，上下两层液体都应该保留到实验完毕时，否则，如果中间的操作发生错误，便无法补救和检查。

在萃取过程中，将一定量的溶剂分作多次萃取，其效果要比一次萃取为好。

（3）从固体中萃取

从固体混合物中萃取所需要的物质，最简单的方法是把固体混合物先行研细，放在容器里，加入适当溶剂，用力振荡，然后用过滤或倾析的方法把萃取液和残留的固体分开。若被提取的物质特别容易溶解，也可以把固体混合物放在放有滤纸的锥形玻璃漏斗中，用溶剂洗涤。这样，所要萃取的物质就可以溶解在溶剂里，而被滤取出来。如果萃取物质的溶解度很小，用洗涤方法要消耗大量的溶剂和很长的时间。在这种情况下，一般用索氏(Soxhlet)提取器来提取，如图 2-45。将滤纸做成与提取器大小相适应的套袋，然后把固体混合物放在纸套袋中，装入提取器中。溶剂的蒸气从烧瓶进到冷凝管中，冷凝后，回流到固体混合物里，溶剂在提取器内达到一定的高度时，就和所提取的物质一同从侧面的虹吸管流入烧瓶中。溶剂就这样在仪器内循环流动，把所要提取的物质集中到下面的烧瓶里。

2.3.3.2　干燥

（1）液体的干燥

在有机化学实验室中，在蒸掉溶剂和进一步提纯所提取的物质之前，常常需要除掉溶液或液体中所含有的水分，一般可用某种无机盐或无机氧化物作为干燥剂来达到干燥的目的。

① 干燥剂的分类

a. 与水能结合成水合物的干燥剂，如氯化钙、硫酸镁和硫酸钠等。

b. 与水起化学反应，形成另一种化合物的干燥剂，如五氧化二磷、氧化钙等。

c. 能吸附水的干燥剂，如分子筛、硅胶等。

② 干燥剂的选择

选择干燥剂时，首先必须考虑干燥剂和被干燥物质的化学性质。能和被干燥物质起化学反应的干燥剂通常是不能使用的。干燥剂也不应该溶解在被干燥的液体里。其次还要考虑干燥剂的干燥能力、干燥速度和价格等。

③ 几种常用的干燥剂

a. 无水氯化钙。吸水量较大（在 30℃以下形成 $CaCl_2 \cdot 6H_2O$），价格便宜，所以在实验室中广泛使用。但它的吸水速度不快，因而干燥的时间较长。

工业上生产的氯化钙往往还含有少量的氢氧化钙，因此这种干燥剂不能用于酸或酸性物质的干燥。同时氯化钙还能和醇、酚、酰胺、胺以及某些醛和酯等形成络合物，所以也不能用于这些化合物的干燥。

b. 无水硫酸镁。很好的中性干燥剂，价格不太高，干燥速度快，可用于干燥不能用氯化钙来干燥的许多化合物，如某些醛、酯等。

c. 无水硫酸钠。中性干燥剂，吸水量很大（在 32.4℃以下，形成 $Na_2SO_4 \cdot 10H_2O$），使用范围很广。但它的吸水速度较慢，且最后残留的少量水分不易被吸收。因此，这种干燥剂常用于含水量较多的溶液的初步干燥，残留的水分再用强有力的干燥剂来进一步干燥。硫酸钠的水合物($Na_2SO_4 \cdot 10H_2O$)在 32.4℃就要分解而失水，所以温度在 32.4℃以上时不宜用它作干燥剂。

d. 碳酸钾。吸水能力一般，通常形成 $K_2CO_3 \cdot 2H_2O$，可用于腈、酮、酯等的干燥。但不能用于酸、酚和其他酸性物质的干燥。

e. 氢氧化钠和氢氧化钾。用于胺类化合物的干燥比较有效。因为氢氧化钠或氢氧化钾能和很多有机化合物起反应（例如酸、酚和酰胺等），也能溶于某些液体有机化合物中，所以它的使用范围很有限。

f. 氧化钙。适用于低级醇的干燥。氧化钙和氢氧化钙均不溶于醇类，对热都很稳定，又均不挥发，故不必从醇中除去，即可对醇进行蒸馏。因为它具有碱性，所以它不能用于酸性化合物和酯的干燥。

g. 金属钠。用于干燥乙醚、脂肪烃和芳烃等。这些物质在用钠干燥以前，首先要用氯化钙等干燥剂把其中的大量水分去掉。使用时，金属钠要用刀切成薄片，最好是用金属钠压丝机把钠压成细丝后投入溶液中，以增大钠和液体的接触面。

h. 分子筛(4A、5A)。用于中性物质的干燥。它的干燥能力强，一般用于要求含水量很低的物质的干燥。用后的分子筛可在真空加热下活化，再重复使用。

各类有机化合物常用的干燥剂见表 2-2。

表 2-2　各类有机化合物常用的干燥剂

有机化合物	干燥剂	有机化合物	干燥剂
烃	氯化钙、金属钠、分子筛	酮	碳酸钾、氯化钙(高级酮干燥用)
卤烃	氯化钙、硫酸镁、硫酸钠	酯	硫酸镁、硫酸钠、氯化钙、碳酸钾
醇	碳酸钾、硫酸镁、硫酸钠、氧化钙	硝基化合物	氯化钙、硫酸镁、硫酸钠
醚	硫酸镁、金属钠	有机酸、酚	硫酸镁、硫酸钠
醛	硫酸镁、硫酸钠	胺	氢氧化钠、氢氧化钾、碳酸钾

④ 操作方法。把干燥剂放入溶液或液体里，一起振荡，放置一定时间，然后将溶液和干燥剂分离。干燥剂的用量不能过多，否则由于固体干燥剂的表面吸附，被干燥物质会有较多的损失；如果干燥剂用量太少，则加入的干燥剂便会溶解在水中，若遇此情况，可用吸管除去水层，再加入新的干燥剂。干燥剂用量一般以恰好使被干燥溶液澄清透明为宜。所有的干燥剂颗粒不要太大，但也不要呈粉状。颗粒太大，表面积减小，吸水作用不大；粉状干燥剂在干燥过程中容易成泥浆状，分离困难。温度越低，干燥剂的干燥效果越好，所以干燥宜在室温下进行。

在蒸馏之前，必须把干燥剂和溶液分离。

(2) 固体的干燥

固体在空气中自然晾干是最简便、最经济的干燥方法。把要干燥的物质先放在滤纸上面或多孔性的瓷板上面压干，再在一张滤纸上薄薄地摊开并覆盖起来，然后放在空气中慢慢地晾干。

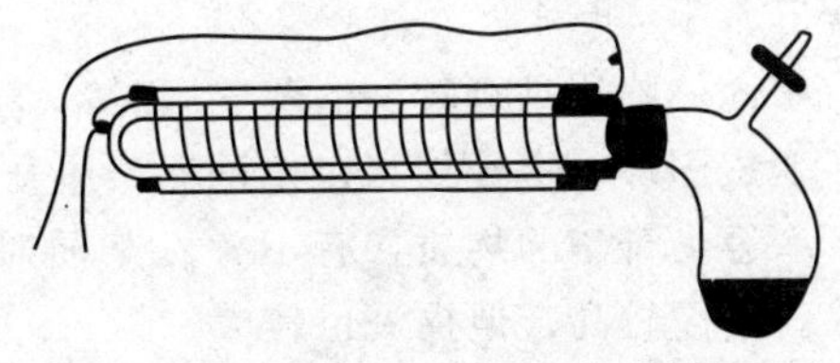

图 2-46　真空恒温干燥器

烘干可以很快地使物质干燥。把要烘干的物质放在表面皿或蒸发皿中，放在水浴上、沙浴上或两层隔开的石棉铁丝网的上层烘干，也可放在恒温烘箱中或用红外线灯烘干。在烘干过程中，要注意防止过热。容易分解或升华的物质，最好放在干燥器或真空干燥箱中干燥。如烘干小量物质，也可用图 2-46 所示的手枪式真空恒温干燥器干燥，手枪把内可装入合适的干燥剂。

(3) 气体的干燥

① 冷冻法。用冷阱，外用冷却剂（冰块或干冰）进行降温，使气体的饱和湿度随之变小。例如：空气的饱和湿度在－32℃时每千克干燥空气中含有 0.000781kg 水，而 21℃时，

每千克干燥空气中含有0.01578kg水，故可借此方法，使空气脱水而达到干燥的目的。

② 吸附法

a. 用吸附剂吸收水分。所谓的吸附剂，即对水有相当大的亲和力，但并不与水形成化合物，也不与水作用的物质，且加热后易脱附。如氧化铝及硅胶等中性吸附剂，干燥效果较好，介于五氧化二磷和硫酸之间，氧化铝的吸水量能达到其质量的15%～20%，硅胶的吸水量更大，能达到其质量的20%～30%。含有少量钴盐的硅胶，应用较方便，干燥时为蓝色，经水饱和则变为玫瑰色，可以鉴别。此外，棉花和玻璃棉等也能吸附少量的水分。

b. 用干燥剂吸收水分。一般仪器有干燥管、干燥塔、U形管、长而粗的玻璃管和不同形式的洗气瓶，前者装固体干燥剂，后者装液体干燥剂。根据被干燥气体的性质、用量、湿度以及反应条件选择不同的仪器。干燥剂的选择，首先的条件是不得与被干燥的气体作用，如浓硫酸不能用来干燥氨气和溴化氢气体，碱性干燥剂不能用于干燥酸性气体；其次，按干燥程度选用合适的干燥剂。一般气体干燥时所用的干燥剂见表2-3。

表2-3 干燥气体时所用的干燥剂

干燥剂	被干燥的气体	干燥剂	被干燥的气体
石灰、碱石灰、固体氢氧化钠(钾)	NH_3、胺类	浓硫酸	H_2、N_2、CO_2、Cl_2、CO、烷烃、HCl
无水氯化钙	H_2、HCl、CO_2、CO、SO_2、N_2、O_2、低级烷烃、醚、烷烃、卤烷	溴化钙、溴化锌	HBr
五氧化二磷	H_2、O_2、CO、CO_2、SO_2、N_2、烷烃、乙烯		

为了能使干燥效果好，操作安全，应注意下列几点：用无水氯化钙、生石灰、钠石灰干燥气体时，均应用颗粒状的，切忌用粉末，以防吸潮后结块堵塞；装填时应尽量紧密，但又必须留有空隙；用浓硫酸干燥时，用量要适当，太少将影响干燥效果，过多则压力大，气体不易通过；如果干燥要求高，可同时连接两个或更多个干燥装置；根据被干燥气体的性质，可放相同的干燥剂或两种不同的干燥剂（如无水氯化钙和五氧化二磷，使用时，无水氯化钙应放在五氧化二磷之前）；用气体洗瓶时，其进口管与出口管不能接错，通入气体的速度不宜太快，以防止干燥效果不好或引起反应瓶中反应太激烈。尤其要注意的是：当开启气体钢瓶时，应先调整好气流速度后，再通入反应瓶中，切不可将气体钢瓶开大直接通入反应瓶中，以免气流太急，发生危险。在干燥器与反应瓶之间应连接一安全瓶，防止气流变小时，反应瓶中的液体倒流；在停止通气时，应减慢气流速度，把反应瓶与安全瓶分开，再关闭钢瓶，干燥剂还可继续使用，用毕后，应随即将通路塞住，以防吸潮。

2.3.3.3 升华

固体物质具有较高的蒸气压时，往往不经过熔融状态就直接变成蒸气，蒸气遇冷，再直接变成固体，这种物态变化过程叫作升华。

容易升华的物质含有不挥发杂质时，可以用升华方法进行精制。用这种方法制得的产品，纯度较高，但损失也较大。

把待精制的物质放入瓷蒸发皿中。用一张穿有若干小孔的圆滤纸把锥形漏斗的口包起来，把此漏斗倒盖在蒸发皿上，漏斗颈部塞一团疏松的棉花，如图2-47(a)所示。

在沙浴或石棉铁丝网上将蒸发皿加热，逐渐地升高温度，使待精制的物质汽化，蒸气通过滤纸孔，遇到冷的漏斗内壁，又凝结为晶体，附在漏斗的内壁和滤纸上，在滤纸上穿小孔可防止升华后形成的晶体落回到下面的蒸发皿中。

较大量物质的升华，可在烧杯中进行。烧杯上放置一个通冷水的烧瓶，使蒸气在烧瓶底部凝结成晶体并附着在瓶底上，见图2-47(b)。

对于常压下不能升华或升华得很慢的一些物质，常常在减压下进行升华。为此，可使用图 2-48 所示的装置。升华前，必须把待精制的物质充分干燥。

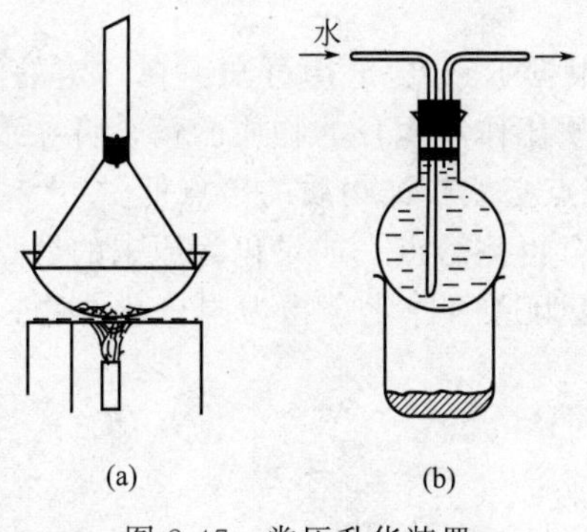

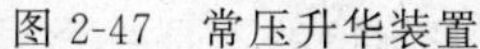

图 2-47　常压升华装置

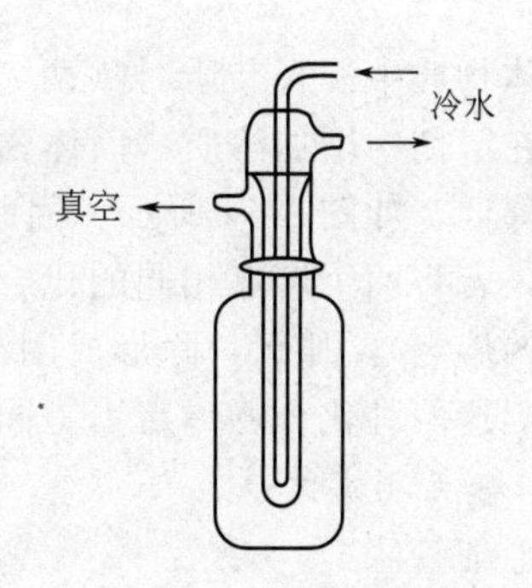

图 2-48　减压升华装置

从升华空间到冷却面间的距离应尽可能短（为了获得高的升华速度）。因为升华作用是在固体的表面上发生的，所以样品通常应当磨得很细。升华的温度越高，升华的速度就越快，但这样会导致微晶的生成，升华物的纯度就低了。

升华和重结晶相比，其优点是：升华通常能得到很纯净的产品，不论产品的量有多少，即使是微量也可用升华的方法提纯。

2.3.4　熔点测定与温度计的校正

2.3.4.1　熔点测定原理

一个固体物质的熔点，即是该物质在大气压力下，固液两态达平衡时的温度。

若将某一化合物的固液两相置于同一容器中，那么，在一定温度和压力下可能有三种情况发生：①固相迅速转化为液相，即固体熔化；②液相迅速转化为固相，即液体固化；③固液两相同时并存。至于在某温度下哪种情况占优势，可从该化合物的蒸气压与温度的关系曲线图来理解，如图 2-49 所示。

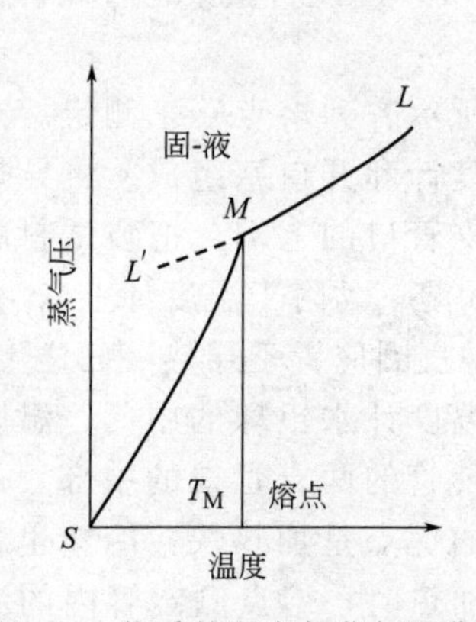

图 2-49　物质的温度与蒸气压曲线

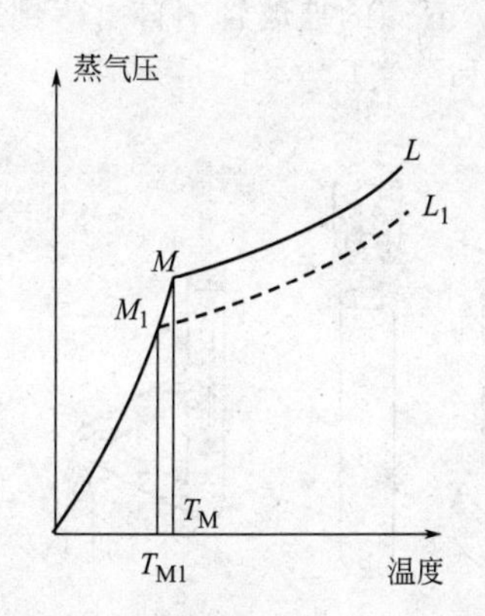

图 2-50　含少量杂质时蒸气压降低图

图 2-49 中，SM 表示固体的蒸气压随温度升高而增大的曲线，$L'L$ 表示液态物质的蒸气压-温度曲线。由于固相的蒸气压随温度变化的速率较相应的液相大，最后两条曲线相交于 M 点，在该点（只能在此温度时）固液两相同时存在，此时的温度 T_M 即为该化合物的熔点。显然，当温度高于或低于 T_M 时，都将发生相变，即要么固相转变为液相，要么液相转变为固相，只有温度在 T_M 时，固液两相的蒸气压才是一致的，固液两相才能同时并存，这就是纯化合物有固定而又敏锐熔点的原因。一旦温度超过 T_M，哪怕几分之一度，只要有足

够的时间，固体即可全部转变为液体，所以，要精确地测定熔点，在接近熔点时，加热速度一定要慢，每分钟升温不超过 1～2℃，只有这样才能使整个熔化过程尽可能接近于两相平衡的条件。

当固体物质中混入杂质时（两者不成固溶体），根据 Raoult 定律可知：在一定的温度、压力下，在溶剂中增加溶质（固体物质比作溶剂，杂质比作溶质）的物质的量，将导致溶剂蒸气分压降低，如图 2-50 所示。因此，该化合物的熔点必然较纯物质的熔点低。

同理，若将两个熔点相同的化合物以任意比例混合再测熔点，如果仍为原来的熔点（即未混合时的熔点），那么，除形成固溶体外，一般可认为这两种化合物为同一化合物；若熔点降低，则这两种化合物一定不是同种物质。

2.3.4.2　*熔点测定方法*

（1）毛细管法

有机化合物的熔点通常用毛细管法来测定。实际上用此法测得的不是一个温度点，而是熔化范围，即试料从开始熔化到完全熔化为液体的温度范围。纯净的固体物质通常都有固定的熔点（熔化范围约在 1℃以内）。如有其他物质混入，则对其熔点有显著的影响，不但使熔化温度的范围增大，而且往往使熔点降低。因此，熔点的测定常常可以用来识别物质和定性地检验物质的纯度。

在测定熔点以前，要把试料研成细末，并放在干燥器或烘箱中充分干燥至恒重。

① 熔点管的准备。熔点管的拉制方法：拉制熔点管最好使用干净烘干的管径为 10～12mm的薄壁软质玻璃管。像拉制滴管一样，拉成管径为 1～1.2mm 的毛细管。拉管时要密切注意毛细管的粗细，冷却后截成 150mm 长，其两端在小火焰的边缘处熔封。封闭的管底要薄。用时把毛细管在中间截断，就成为两根熔点管。

② 样品的装入。取已研细干燥的样品少许放在洁净的玻璃表面皿上，堆成小堆，将熔点管的开口端插入试料中，装取少量粉末，然后把熔点管竖立起来，在实验台面上磕几下，使试料落入管底。这样重复取试料几次，试料的高度约为 2～3mm 时，将熔点管从一根长约 40～50cm 高的玻璃管中自由落到表面皿上，重复若干次，使试料紧聚在管底。试料必须装得均匀和结实！

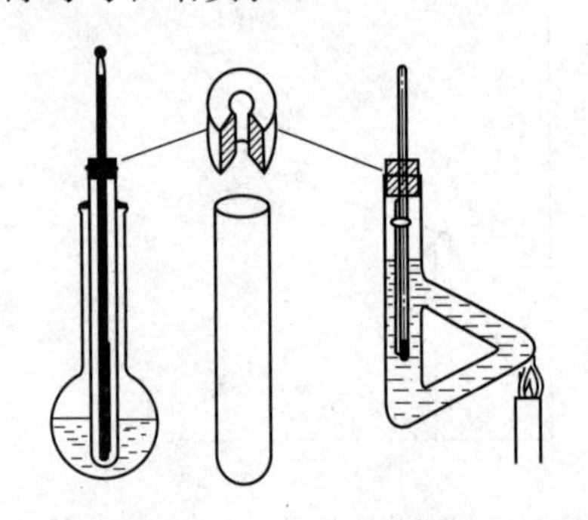

(a) 双浴式熔点测定器　(b) 齐列熔点测定器

图 2-51　测熔点的装置

用图 2-51(b) 所示齐列熔点管来测定熔点。它是由一个 b 形管、温度计和开口塞组成。将导热液装至略高于 b 形管的上支管口的上端。把装试料的熔点管下端用少许导热液润湿（黏附于温度计上），并用橡皮圈套在温度计上（橡皮圈应置于导热液面之上），使装试料的部分正靠在温度计水银球的中部，温度计用一个开口塞固定在 b 形管的两支管口的中部。这种装置使用时很方便，它的优点是加热快，冷却也快，因而节省时间。但是在加热时，熔点测定管内的温度分布不够均匀，这往往使测得的熔点欠准确。

图 2-51(a) 所示双浴式熔点测定器测定熔点的效果较好。它由 250mL 长颈圆底烧瓶、有棱缘的试管（试管的外径稍小于瓶颈内径）和温度计组成。烧瓶内盛着约占烧瓶容量 1/2 的合适的易导热的液体作为热浴。热浴隔着空气（空气浴）把温度计和试料加热，使它们受热均匀；试管内也可装热浴液。

热浴所用的导热液，通常有浓硫酸、甘油、液体石蜡等。选用哪一种，则视所需的温度而定。如果所需温度在 140℃以下最好用液体石蜡或甘油。要用液体石蜡可加热到 220℃仍不变色。在需要加热到140℃以上时，也可用浓硫酸，但热的浓硫酸具有极强的腐蚀性。如果加热不当，浓硫酸溅出时易伤人。因此测定熔点时一定要戴护目镜。

温度超过250℃时，浓硫酸发生白烟，妨碍温度的读数。在这种情况下，可在浓硫酸中加入硫酸钾，加热使成饱和溶液，然后进行测定。

在热浴中使用的浓硫酸，有时由于有机物质掉入酸内而变黑，妨碍对试料熔融过程的观察。在这种情况下，可以加入一些硝酸钾晶体，以除去有机物质。

③ 测定方法。为了准确地测定熔点，加热的时候，特别是在加热到接近试料的熔点时，必须使温度上升的速度缓慢而均匀。对于每一种试料，至少要测定两次。第一次升温可较快，每分钟可上升5℃左右。这样可得到一个近似的熔点，然后把热浴冷却下来，换一根装试料的熔点管（每一根装试料的熔点管只能用一次）做第二次测定。

进行第二次熔点测定时，开始时升温可稍快（开始时每分钟上升10℃，以后减为5℃），待温度到达比近似熔点低约10℃时，再调小火焰，使温度缓慢而均匀地上升（每分钟上升1℃），注意观察熔点管中试料的变化，记录下熔点管中刚有小液滴出现和试料恰好完全熔融这两个温度读数，即熔程。物质越纯净熔程越小。如果升温太快，测得的熔点范围误差将会增大。

记录熔点时，要记录开始熔融和完全熔融时的温度，例如121～123℃，绝不可仅记录这两个温度的平均值，例如122℃。

测定熔点时，须用校正过的温度计。

（2）微量熔点测定法

用毛细管法测定熔点，仪器简单，方法简便，但不能观察到样品晶体在加热过程中的转化及其他变化过程。为了克服这些缺点，可用放大镜式微量熔点测定装置，如图2-52所示。这种熔点测定装置的优点是：①可测定微量样品(≤0.1mg)的熔点；②可测高熔点（至350℃）样品；③通过放大镜可以观察样品在加热过程中变化的全过程，如结晶水的失水，多晶体的变化及分解等。

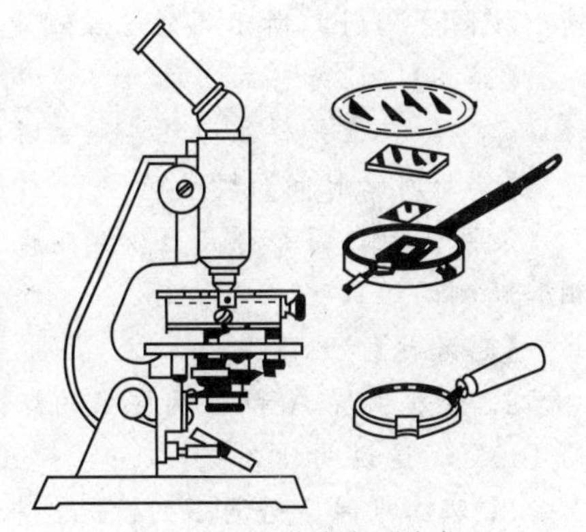

图2-52 显微熔点测定仪

测定方法：先将玻璃载片洗净擦干，放在一个可移动的支撑器内，将微量样品放在载片上，使之位于电热板的中心空洞上，用一覆片盖住样品，放上桥玻璃和圆玻璃盖，调节镜头，使显微镜焦点对准样品，开启加热器，用可变电阻调节加热速度，当温度接近样品的熔点时，控制温度上升的速度为1～2℃/min，当样品结晶的棱角开始变圆时为初熔，结晶形状完全消失为全熔，记录这两个温度。停止加热，稍冷，用镊子除去圆玻璃盖、桥玻璃及载片，将一厚铝板盖在加热板上加快冷却，然后清洗玻璃片以备后用。使用该仪器时，一定要按照仪器的使用说明书，小心操作，仔细观察现象，正确记录。

2.3.4.3 温度计的校正

用以上方法测定熔点时，温度计上的熔点读数与真实熔点之间常有一定的偏差。这可能是由于温度计的误差所引起的。例如，一般温度计中的毛细孔径不一定是很均匀的。有时刻度也不很准确。另外，经长期使用的温度计玻璃也可能发生体积变形而使刻度不准。为了校正温度计，可选用一标准温度计与之比较，也可选用纯有机化合物的熔点作为校正的标准。校正时只要选择数种已知熔点的纯化合物作为标准，测定它们的熔点，以观察到的熔点作横坐标，与已知熔点的差值作纵坐标，画成曲线。在任一温度时的读数即可直接从曲线上读出。通过此方法校正温度计，上述误差可排除。标准样品的熔点如表 2-4 所示，校正时可以选用。

表 2-4　标准样品的熔点

样品	熔点/℃	样品	熔点/℃
水-冰	0	尿素	132
α-萘胺	50	3,5-二硝基苯甲酸	204～205
二苯胺	53	二苯乙二酮	95
对二氯苯	53	α-萘酚	96
苯甲酸苯酯	70	二苯基羟基乙酸	150
萘	80	水杨酸	159
间二硝基苯	90	蒽	216
乙酰苯胺	114	酚酞	215
苯甲酸	122	蒽醌	286

零度的测定最好用蒸馏水和纯冰的混合物，在一个 15cm×2.5cm 的试管中放置蒸馏水 20mL，将试管浸在冰盐浴中冷至蒸馏水部分结冰，用玻璃棒搅动，使成冰-水混合物，将试管自冰盐浴中移出，然后将温度计插入冰-水中，轻轻搅动混合物，温度恒定后（2～3min）读数。

附　操作训练实验　　熔点测定

实验前请先预习 2.3.4 熔点测定与温度计的校正。

按图 2-51(b) 所示齐列熔点测定管来测定熔点。

【药品】　已知样品：萘

　　　　　未知样品：1 号样、2 号样（任选其一）

【实验所需时间】　2～3h

测熔点时，每个样品至少测定两次，即预测和精测。记录时，每个样品都要分别记录预测和精测两组数据。

【思考题】

1. 分别测得 A 和 B 两样品的熔点各为 100℃，将它们按任意比例混合后测得的熔点仍为 100℃，这说明什么？

2. 测熔点时，若遇下列情况，将对测定结果有何影响？

(1) 熔点管底部未封严，尚有一肉眼难以观察到的针孔。

(2) 熔点管不洁净。

(3) 样品未完全干燥或含有杂质。

(4) 样品研得不细或装得不紧。

(5) 熔点管壁太厚。

(6) 加热速度太快。

2.3.5　薄层色谱、柱色谱、纸色谱

色谱法是分离、纯化和鉴定有机化合物的重要方法之一。

20 世纪初，人们用此法来分离有色物质时，往往得到颜色不同的色带，“色谱”一词由此得名，并沿用至今。此法经不断改进，已成功地发展为各种类型的色谱分析法。由于它具有高效、灵敏、准确等特点，已广泛地应用于有机化学、生物化学等的科学研究和有关的化

工生产等领域中。

色谱法是基于分析试样各组分在不相混溶并作相对运动的两相（流动相和固定相）中的分配不同（即在流动相中的溶解度不同，或在固定相上的物理吸附程度的不同或其他亲和作用性能的差异等）而使各组分分离。

分析试样可以是液体、固体（溶于合适的溶剂中）或气体。流动相可以是有机溶剂、水、惰性载气等。固定相则可以是固体吸附剂、水或涂渍在固体表面的低挥发性有机化合物的液膜，即固定液。

目前常用的色谱分析法有：薄层色谱法、柱色谱法、纸色谱法、气相色谱法、高效液相色谱法。本节介绍前三种方法。

2.3.5.1　薄层色谱

薄层色谱是一种微量、快速和简便的色谱分析方法。它可用于分离混合物、鉴定和精制化合物，是近代有机分析化学中用于定性和定量的一种重要手段。它展开时间短（几十分钟就能达到分离目的），分离效率高（可达到 300～4000 块理论塔板数），需要样品少（数微克）。如果把吸附层加厚，试样点成一条线时，又可用做制备色谱，用以精制样品。薄层色谱特别适用于挥发性小的化合物，以及那些在高温下易发生变化、不宜用气相色谱分析的化合物。

薄层色谱属于固-液吸附色谱。样品在涂于玻璃板上的吸附剂（固定相）和溶剂（流动相）之间进行分离。由于各种化合物的吸附能力各不相同，在展开剂上移时，它们进行不同程度的解吸，从而达到分离的目的。

(1) 比移值（R_f 值）

比移值是表示色谱图上斑点位置的一个数值（图 2-53），它可按下式计算

$$R_f=\frac{a}{b}$$

式中　a——溶质的最高浓度中心至样点中心的距离；

b——溶剂前沿至样点中心的距离。

良好的分离，R_f 值应在 0.5～0.75 之间，否则应该调整展开剂重新展开。

(2) 吸附剂

薄层色谱的吸附剂最常用的是硅胶和氧化铝，其颗粒大小一般为 260 目以上。颗粒太大，展开时溶剂移动速度快，分离效果不好；反之颗粒太小，溶剂移动太慢，斑点不集中，效果也不理想。吸附剂的活性与其含水量有关，含水量越低，活性越高。化合物的吸附能力与分子的极性有关，分子极性越强，吸附能力越大。

国产硅胶有：硅胶 G（含有煅石膏作黏合剂）、硅胶 H（不含煅石膏，使用时需加入少量聚乙烯醇、淀粉等作黏合剂用）和硅胶 F_{254}（含荧光物质），后者使用之后可在紫外灯下观察，有机化合物在亮的荧光板上呈暗色斑点。硅胶经常用于湿法铺层。

(3) 铺层

实验室常用 5cm×20cm、10cm×20cm、20cm×20cm 的玻璃板来铺层。玻璃板要预先洗净擦干。铺层可分为湿法和干法两种。

① 湿法铺层。先将吸附剂调成糊状；例如，称取硅胶 G 20～50g，放入研钵中，加入水 40～50mL，调成糊状，此糊大约可用 5cm×20cm 的板 20 块，涂层厚 0.25mm。注意，硅胶 G 糊易凝结，所以必须现用现配，不宜久放。

为了得到厚度均匀的涂层，可以用涂布器铺层。将洗净的玻璃板在涂布器中间摆好，夹紧，在涂布槽中倒入糊状物，将涂布器自左至右迅速推进，糊状物就均匀涂于

玻璃板上（见图 2-54）。如果没有涂布器也可以进行手工涂布，但这样涂的板厚度不易控制。

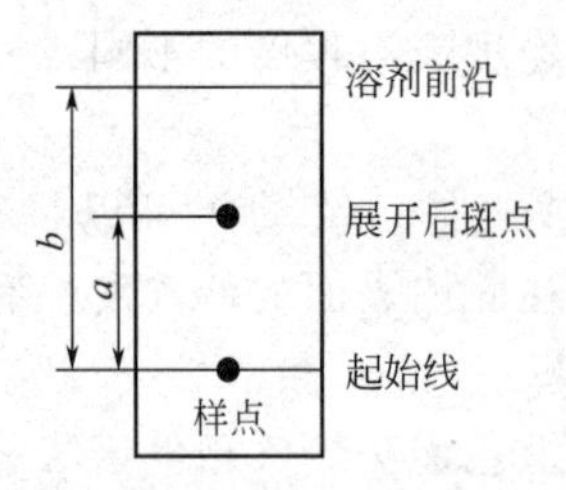

图 2-53　色谱图中斑点位置的鉴定

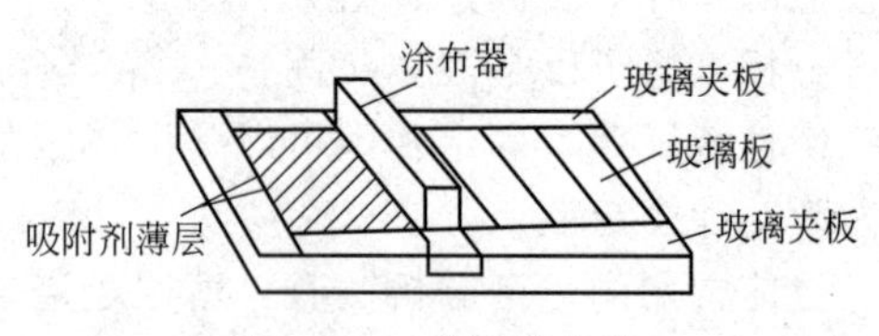

图 2-54　薄层涂布器

② 干法铺层。氧化铝可用于干法铺层。最简单的方法是取平整干净的玻璃板一块，水平放置，在玻璃板上撒上一层氧化铝。另取一根直径均匀的玻璃棒，其两端绕上几圈胶布，将棒压在玻璃板上，用手自一端推向另一端，氧化铝就在板的表面形成一层薄层（见图 2-55）。

（4）活化

涂好的薄层板在室温下晾干后，置于烘箱内加热活化。硅胶板在 105～110℃保持 30min。氧化铝板一般在 135℃活化 4h。活化之后的板应放在干燥箱内保存。如果薄层吸附了空气中的水分，板就会失去活性，影响分离效果。硅胶板的活性可以用二甲氨基偶氮苯、靛酚蓝和苏丹红三个染料的氯仿溶液，以己烷∶乙酸乙酯＝9∶1 为展开剂进行测定。

（5）展开

薄层色谱的展开需要在密闭的容器中进行。将选择好的展开剂放入展开缸中，使缸内空气饱和几分钟，再将点好试样的板放入展开。干板宜用近水平式的方法展开（见图 2-56），板的倾斜度以不影响板面吸附剂的厚度为原则，倾角一般为 10°～20°；湿板通常都会有黏合剂，所以可以直立展开（见图 2-57）。

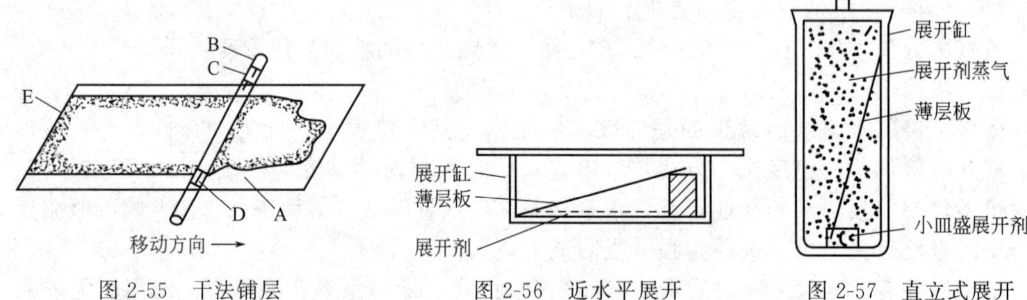

图 2-55　干法铺层

A—玻璃板；B—玻璃棒；C—防止滑动的橡皮管；D—控制厚度的橡皮管；E—氧化铝

图 2-56　近水平展开

图 2-57　直立式展开

薄层色谱展开剂的选择也要根据样品的极性、溶解度和吸附剂活性等因素来考虑，绝大多数采用有机溶剂。

由于薄层色谱操作简便，经常用来为色谱柱和高效液相色谱寻找实验条件（如展开剂等）。

（6）显色

被分离物质如果是有色组分，展开后薄层板上即呈现出有色斑点。如果化合物本身无色，则可在紫外灯下观察有无荧光斑点；或是用碘蒸气熏的方法来显色。将薄层板放入装有少量碘的密封容器中，许多有机化合物都能和碘形成棕色斑点。但当薄层板取出之后，在空气中碘逐渐挥发，谱图上的棕色斑点就消失了。所以显色之后，要立即用铅笔将斑点位置画出。此外，还可以根据化合物的特性采用试剂进行喷雾显色，如芳香族伯胺可与二甲氨基苯甲醛生成黄-红色的希夫(Schiff)碱，羧酸可用酸碱指示剂显色等。

附　操作训练实验　　对硝基苯胺和邻硝基苯胺的分析

试样分别用乙醇溶解。

吸附剂：硅胶G。

展开剂：甲苯∶乙酸乙酯＝4∶1（体积比）。

展开时间：20min。

展开距离：10.5cm。

显色方法：白底浅黄色斑点，若用碘蒸气熏后，斑点呈黄棕色。

R_f 值：对位，0.66；邻位，0.44。

附　操作训练实验　　蓝色圆珠笔芯油的分离

将圆珠笔芯在点滴板上摩擦，然后用乙醇将残留在点滴板上的油溶解，点样。

吸附剂：硅胶G。

展开剂：丁醇∶乙醇∶水＝9∶3∶1（体积比）。

展开时间：35min。

展开距离：4.5cm。

分离结果：按 R_f 值大小依次得到天蓝色（碱性艳蓝）、紫色（碱性紫）和翠蓝色（铜酞菁）三个斑点。

2.3.5.2　柱色谱

柱色谱法涉及被分离的物质在液相和固相之间的分配，因此它也属于固-液吸附色谱法。

柱色谱法是通过色谱柱（图2-58）来实现分离的。色谱柱内装有固体吸附剂（固定相），如氧化铝或硅胶。液体样品从柱顶加入，在柱的顶部被吸附剂吸附，然后从柱顶部加入有机溶剂（作洗脱剂）。由于吸附剂对各组分的吸附能力不同，各组分以不同的速度下移，被吸附较弱的组分在洗脱剂（流动相）里的含量比被吸附较强的组分要多，以较快的速度向下移动。

各组分随溶剂（洗脱剂）按一定顺序从色谱柱下端流出，可用容器分别收集之。如各组分为有色物质，则可以直接观察到不同颜色谱带，但如为无色物质，则不能直接观察到谱带。有时一些物质在紫外线照射下能发出荧光，则可用紫外线照射，有时则可分段集取一定体积的洗脱液，再分别鉴定。如果有一个或几个组分移动得很慢，可把吸附剂推出柱外，切开不同的谱带，分别用溶剂萃取。

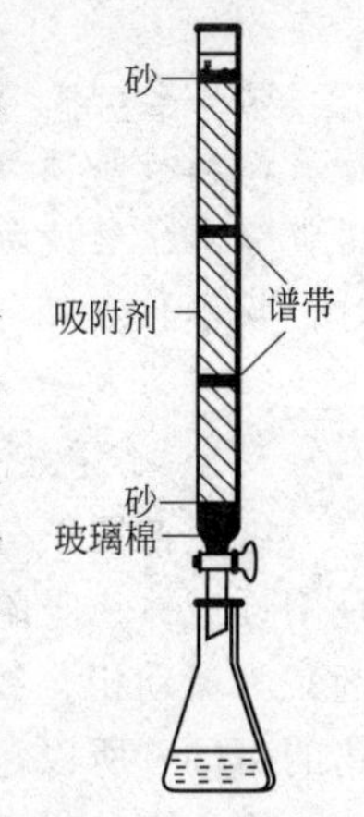

图2-58　色谱柱

（1）吸附剂

柱色谱用吸附剂与薄层色谱类同，但一般颗粒稍大，为100～150目，所以分离效果不及薄层色谱好。但由于柱内吸附剂填充量远大于薄层色谱，且柱的大小可以调节，因此分离量较大，可分离数十甚至数百毫克的样品。

（2）溶剂（洗脱剂）

根据“相似互溶”原理，极性溶剂洗脱极性化合物，非极性溶剂洗脱非极性化合物；若分离复杂组分的混合物，可先将样品溶在非极性或极性很小的溶剂中，把溶液放在柱顶，然后用稍有极性的溶剂使各组分在柱中形成若干谱带，再用更大极性溶剂洗脱被吸附的物质。当然，也可选用混合溶剂。

柱色谱常用的溶剂以及洗脱能力，按次序排列如下：水>甲醇>乙醇>正丙醇>四氢呋喃>乙酸乙酯>乙醚-甲醇(99∶1)>乙醚>环己烷-乙酸乙酯(20∶80)>二氯甲烷-乙醚(60∶40)>环己烷-乙酸乙酯(80∶20)>氯仿>二氯甲烷>甲苯>环己烷>己烷>四氯化碳>石油醚。

(3) 装柱

色谱柱的尺寸范围，可根据处理量和吸附剂性质而定。柱子的长径比例很重要，一般的规格是：柱长与直径比为 10∶1～4∶1。实验中常用的色谱柱直径在 0.5～10cm 之间。

装柱前，先将柱子洗净、干燥，在柱的底部铺一层玻璃棉（或脱脂棉），在玻璃棉上覆盖 5mm 左右厚的洗净干燥的石英沙子，然后装入吸附剂。吸附剂必须装填均匀，不能有裂缝和气泡，否则将影响洗脱和分离效果。色谱柱的填装有两种方法。

① 湿法。把柱子竖直固定好，关闭下端旋塞，加入溶剂到柱体积的 1/4；用一定量的溶剂和吸附剂在烧杯内调成糊状，打开柱下端的旋塞，让溶剂一滴一滴地滴入锥形瓶中，把糊状物快速倒入柱中，吸附剂通过溶剂慢慢下沉，进行均匀填料。也可以用铅笔或小木棒敲打柱身，使吸附剂沿柱壁沉落。装至离柱顶 1/4 处。

② 干法。在柱子上端放一漏斗，使吸附剂均匀地经漏斗成一细流慢慢装入柱中，中间不应间断，时时轻轻敲打玻璃管，使装填均匀，一直达到足够的高度，再加 5mm 砂子，不断敲打，使砂子上层成水平面。在砂子上面放一片滤纸，其直径与柱子内径相当，以保持吸附剂上端顶部平整，不受流入溶剂的干扰。如果吸附剂顶端不平，易产生不规则色带。

装好的柱子用纯溶剂淋洗，如果流速很慢，可以抽吸，使其流速大约为一滴/4s。连续不断地加溶剂，使溶剂自始至终高于吸附剂顶端。待砂层顶部有 1mm 高的一层溶剂时，即可将要分离的混合物溶剂加入，然后用溶剂洗脱。

附　操作训练实验　　甲基橙与亚甲基蓝的分离

把 2.2mL、95%乙醇溶液（内含 1mg 甲基橙和 5mg 亚甲基蓝）倒入色谱柱内，当混合物液面与砂层顶部相近时，加入 95%的乙醇，这时亚甲基蓝的谱带与被牢固吸附的甲基橙谱带分离。继续加足够量的 95%乙醇，使亚甲基蓝全部从柱子里洗脱下来。待洗脱液无色时，换水作洗脱剂。这时甲基橙向柱子下部移动，用容器收集。

2.3.5.3　纸色谱

纸色谱属于分配色谱的一种。样品溶液点在滤纸上，通过层析而相互分开。在这里滤纸是惰性载体；吸附在滤纸上的水作为固定相，而含有一定比例水的有机溶剂（通常称为展开剂）为流动相。展开时，被层析样品内的各组分由于它们在两相中的分配系数不同而达到分离的目的，所以，纸色谱是液-液分配色谱。

纸色谱的优点是操作简便、便宜，所得色谱图可以长期保存。其缺点是展开时间较长，一般需要几小时，因为溶剂上升的速度随着高度增加而减慢。

纸色谱所用的滤纸与普通滤纸不同，两面要比较均匀，不含杂质。通常作定性试验时可采用国产 1 号层析滤纸。大小可根据需要自由选择。一般上行法所用滤纸的长度约为 20～30cm，宽度视样品个数而定。

(1) 点样

先将样品溶于适当的溶剂中（如乙醇、丙醇或水等）。再用毛细管吸取试样点在事先已用铅笔画好的离滤纸底边 2～3cm 处的起始线上，样点的直径约为 0.3～0.5cm，两个样点的间隔为 1.5～2cm。如果样品溶液过稀，可以在样点干燥后重复点样，必要时可反复数次。点好样之后，将滤纸放入已置有展开剂的密闭槽中，如图 2-59 所示，纸的下端浸入液面 0.5cm 左右。展开剂借毛细管作用沿纸条逐渐上升。待溶剂前沿接近纸上端时，将纸条取出记下前沿位置，晾干。

图 2-59　纸色谱筒
A—色谱筒；B—滤纸；C—展开剂

(2) 展开剂

纸色谱所选用的展开剂与薄层色谱类似。展开剂往往不是单一的溶剂，如丁醇∶醋酸∶水＝4∶1∶5，指的是将三种溶剂按体积比先在分液漏斗中充分混合，静置分层后，取上层丁醇溶液作为展开剂用。

(3) 显色

见薄层色谱。

由于影响比移值(R_f)的因素较多，如温度、滤纸和展开剂等。因此，它虽然是每个化合物的特性常数，但因为实验条件的改变而不易重复，所以在鉴定一个具体化合物时，经常采用已知标准试样在同样条件下作对比实验。

附　操作训练实验　氨基酸的分离

将各为 1%溶液的甘氨酸、酪氨酸和苯丙氨酸混合点样，在混合样的两侧分别点已知标准样，用以对照和鉴定混合物中的氨基酸。

展开剂：正丁醇∶醋酸∶水＝4∶1∶1（体积比）。

显色剂：0.2%茚三酮乙醇溶液，氨基酸与之生成紫红色斑点。

附　操作训练实验　间苯二酚及 β-萘酚的分析

试样用乙醇溶液。

展开剂：正丁醇∶苯∶水＝1∶19∶20（体积比）。

显色剂：1%三氯化铁溶液。

注意：用显色剂喷雾或浸润后，需先在红外灯下烘烤（或用其他方法稍稍加热），然后才能显色。如果仅仅晾干，则不易看到色点。

斑点颜色：间苯二酚为紫色，β-萘酚为蓝色。

2.4　物理化学实验基本操作及常用仪器使用方法

2.4.1　温度和温度计

化学变化常常伴有放热或吸热现象，对于这些热效应进行精密测量，并作较详尽讨论，已成为化学的一个分支，称为热化学。而热化学实质上可以看作是热力学第一定律在化学中的具体应用。

热化学的实验数据，具有实用和理论价值。反应热的多少，就与实际生产中的机械设备、热量交换以及经济价值等问题有关。反应热的数据，在计算平衡常数和其他热力学量时很有用处，尤其是在热力学第三定律中对于热力学基本常数的测定，热化学的实验方法显得十分重要。

当体系发生变化之后，使反应产物的温度回到反应前始态的温度，体系放出或吸收的热量称为该反应的热效应。热效应可以进行如下测定：使物质在量热计中作绝热变化，从量热计的温度改变，能计算出应从量热计中取出或加入多少热量才可以恢复到始态温度，所得的结果就是等温变化中的热效应。因此可以看出，热效应的测量一般就是通过温度的测量来实现的。温度是表征分子无规则运动强度大小（即分子平均动能大小）的物理量。当两个不同温度的物体相接触时，必然有能量以热能形式由高温物体传递至低温物体，当两物体处于热平衡时，温度就相同。这就是温度测量的基础。温度的量值与温标的选定有关。因此，本章节将根据基础化学实验的需要，对温标、温度计作一些简单的介绍。

2.4.1.1　温度的测量

温度是表征物体冷热程度的一个物理量。温度参数是不能直接测量的，一般只能根据物质的某些特性值与温度之间的函数关系，通过对这些特性参数的测量间接获得。

测量温度的仪表——温度计，按照测量方式分为接触式与非接触式两类。

所谓接触式，即两个物体接触后，在足够长的时间内达到热平衡（动态平衡），两个互为热平衡的物体温度相等。如果将其中一个选为标准，当作温度计使用，它就可以对另一个实现温度测量，这种测温方式称为接触式测温。

所谓非接触式，即选为标准并当作温度计使用的物体，与被测物体相互不接触，利用物体的热辐射（或其他特性），通过对辐射量或亮度的检测实现测量，这种测温方式称为非接触测温。

2.4.1.2　温标

（1）摄氏温标和气体温标

温度的数值表示方法叫温标，用摄氏度表示温度数值的方法叫摄氏温标。

给温度以数值表示，就是用某一测温变量来量度温度。这个变量必须是温度的单值函数。例如，在玻璃液体温度计中，以液柱长度作为测温变量。如果以 y 表示测量变量，θ 表示相应的温度，则有：

$$y=f(\theta) \tag{2-1}$$

它是一个单值函数，为了方便，把上述函数形式定为简单的线性关系，即：

$$y=K\theta+C \tag{2-2}$$

式中，K、C 为常数。

要确定常数 K、C 需要两个固定点温度 θ_1 和 θ_2，把 θ_1、θ_2 叫作基本温度，这两个温度之间的间隔叫作基本间隔。K、C 值确定后，这个温标也就完全确定。对任意温度 θ，可以通过测量测温变量 y 来求得：

$$\theta=\theta_1+\frac{y-y_1}{y_2-y_1}(\theta_2-\theta_1) \tag{2-3}$$

冰点为 0℃，水沸点为 100℃，代入式(2-3) 得：

$$\theta=\frac{y-y_1}{y_2-y_1}\times 100 \tag{2-4}$$

在玻璃液体温度计中，测温变量是液柱长度 L，所以，在摄氏温标中有：

$$\theta=\frac{L-L_0}{L_{100}-L_0}\times 100 \tag{2-5}$$

摄氏温标以水的冰点(0℃)和沸点(100℃)为两个定点，定点间分为100等份，每1等份为1℃。但是这样确定的温标有明显的缺陷。例如，把乙醇、甲苯和戊烷分别制成三支温度计，然后将它们在固定点−78.5℃和0℃上分度，再将间隔均匀地划分为78.5分度，每分度为1℃。假如把这三支温度计同时放入一搅拌良好、温度均匀的恒温槽中，可以看到，当槽温为−50℃时，以乙醇为介质的温度计的示值为−50.7℃，甲苯温度计为−51.1℃，戊烷温度计为−52.6℃。当槽温为−20℃时，乙醇为−20.8℃，甲苯为−21.0℃，戊烷为−22.4℃。为什么这三支温度计所规定的温标有这样大的差别呢？这是由于把这三种液体的膨胀系数都当作与温度无关的常数，简单地用线性函数来表示温度与液体长度的关系。实际上液体的膨胀系数是随温度改变的。所定的温标除定点相同外，其他温度往往有微小的差别。为了避免这些差异，提高温度测量的精确度，可选用理想气体温标（简称气体温标）作为标准，其他温度计必须用它校正才能得到可靠的温度。气体温度计有两种，一种是定压气体温度计，另一种是定容气体温度计。定压气体温度计的压力保持不变，而用气体体积的改变作为温度标志，这样所定的温标用符号 t_p 表示。根据上面所说的线性函数法则，得到 t_p 与气体体积的关系为：

$$t_p=\frac{V-V_0}{V_1-V_0}\times 100 \tag{2-6}$$

式中 V——气体在温度 t_p 时的体积；

V_0——冰点时的体积；

V_1——沸点时的体积。

定容气体温度计使体积保持不变，而用气体压强作为温度标志，这样所定的温标用符号 t_V 表示。根据线性函数法则，得到 t_V 与气体压力的关系为：

$$t_V=\frac{p-p_0}{p_1-p_0}\times 100 \tag{2-7}$$

式中 p——气体在温度 t_V 时的压力；

p_0——冰点时的压力；

p_1——沸点时的压力。

实验证明，用不同的定容或定压气体温度计所测的温度值都是一样的。在压力极限情形下，t_p 和 t_V 都趋于一个共同的极限温标，这个极限温标叫作理想气体温标，简称气体温标。

(2) 热力学温标

热力学温标是以热力学第二定律为基础的。根据卡诺定理推论可以看出，一个工作于两个一定温度之间的可逆热机，其效率只与两个温度有关，而与工作物质的性质和所吸收热量及做功的多少无关。因此，效率应当是两个温度 θ_1 和 θ_2 的普适函数，这个函数是对一切可逆热机都是适用的：

$$\eta=\frac{W}{Q_1}=1-\frac{Q_2}{Q_1} \tag{2-8}$$

式中 η——效率；

W——所做的功；

Q——热量。

$$\frac{Q_2}{Q_1}=F(\theta_2,\theta_1) \tag{2-9}$$

式中 $F(\theta_2, \theta_1)$ ——θ_2、θ_1 的普适函数，与工作物质的性质及热量 Q_2 和 Q_1 的大小无关。

还可以进一步证明这个函数具有下列的形式：

$$F(\theta_2,\theta_1)=\frac{f(\theta_2)}{f(\theta_1)} \tag{2-10}$$

式中，f 为另一普适函数，这个函数形式与温标 θ 的选择有关，但与工作物质的性质及热量 Q 的大小无关。因而可以方便地引进一种新的温标 T，令 $T \propto f(\theta)$，称为热力学温标。对温标来说，可给以一定的标度。1954年确定以水的三相点温度273.15K作为热力学温标的基本固定点。

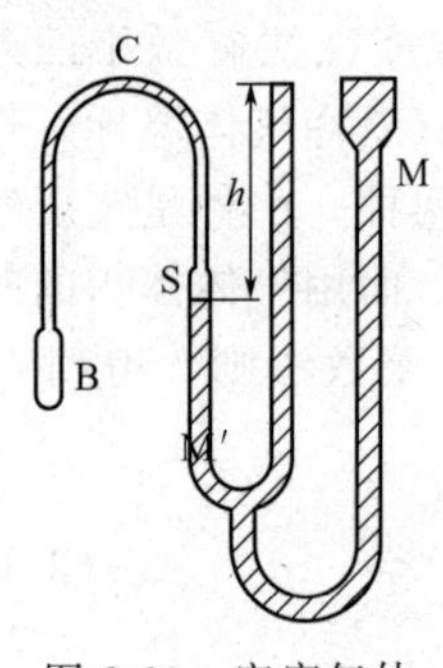

图2-60　定容气体温度计的结构原理

从理论上可以证实，热力学温标、理想气体温标是完全一致的。原则上，测量热力学方程式中某一个参量，就可以建立热力学温标。目前常用的实现热力学温标的方法有下列几种。

① 气体温度计。气体温度计是复现热力学温标的一种重要方法，计温学领域中普遍采用定容气体温度计。这是由于压强测量的精度高于容积测量的精度。同时定容气体温度计又具有较高的灵敏度。定容气体温度计的结构原理如图2-60所示。测温介质（气体）置于温泡B中，温泡B用铂合金制成。

用毛细管C连接温泡与差压计M。使用时，调整水银面M′，使它正好与S尖端相接触，以保证气体的容积为一定值。尖端的上部和毛细管C中的气体温度与温泡中的气体温度不同，需要加以修正，所以这一部分的体积称为有害体积。显然有害体积越小越好。当温泡分别处于水的三相点的平衡温度及待测温度时，用差压计测量相应的气体压强，然后由下式求：

$$T=T_3\lim_{T\to 3}\frac{(pV)_T}{(pV)_3} \tag{2-11}$$

式中　$(pV)_T$——气体在温度 T 时 pV 的乘积；

$(pV)_3$——在水三相点时的 pV 的乘积。

对测量结果需作如下几项修正。

a. 有害体积修正。有害体积中的气体温度与温泡中的气体温度有差异。

b. 毛细管C中的气体温度存在着温度梯度。

c. 温泡内的压强与温泡温度有关。压强不同时，温泡、毛细管的体积和有害体积大小都有变化。

d. 当毛细管的直径与气体分子平均自由程的大小可以比拟时，毛细管中会存在压强梯度。

e. 有微量气体吸附在温泡及毛细管内壁上，温度越低吸附量越大。

f. 要考虑差压计中水银的可压缩性及温度效应。

② 声学温度计。在低温端，另一种测量热力学温度的重要方法是测量声波在气体（氦气）中的传播速度，这种测温仪器有时称为超声干涉仪。由于声速是一个内含量，它与物质的量多少无关，所以用声学温度计测量温度的方法有很大吸引力。

③ 噪声温度计。噪声温度计是一种很有发展前途的测量热力学温度的仪器。目前，国际上正在进行研究的有两种噪声温度计，即测温到1400K的高温噪声温度计和10K到10mK的低温噪声温度计。

④ 光学高温计和辐射高温计。用直接接触法测金点(1064.43℃)以上的温度是困难的，

不仅要求测温元件不熔，而且要求有良好的稳定性和足够的灵敏度。因而金点以上的温度测量常用非接触法。利用物体的辐射特性来测量物体的温度，即辐射高温计和光学高温计。

对于 4000K 以上的高温气体，常用谱线强度方法来测量温度。

（3）实用温标

前面讨论了各种测量热力学温度的方法，这些装置都很复杂，耗费也很大，国际上只有少数几个国家实验室具备这些装置。因而长期以来各国科学家都在探索一种实用性温标，要求它既易于使用，并有高精度的复现，又非常接近热力学温标。最早建立的国际温标是 1927 年第七届国际计量大会提出并采用的（简称 IT—27）。半个多世纪以来，经历了几次重大修改，使国际温标日趋完善。现行温标是“1968 年国际实用温标（1975 年修订版）”，简称 ITPS—68(75)，见表 2-5。

表 2-5 ITPS—68（75）定义固定点

定点的名称	平衡态	国际实用温标给定值	
		T_{68}/K	t_{68}/℃
平衡氢三相点	平衡氢固态、液态、气态间的平衡	13.81	−259.34
平衡氢点	在 33330.6Pa 压力下平衡氢液态、气态间的平衡	17.042	−256.108
平衡氢沸点	平衡氧液态、气态间的平衡	20.28	−252.87
氖沸点	氖液态、气态间的平衡	27.102	−246.048
氧三相点	氧固态、液态、气态间的平衡	54.361	−218.789
氧沸点	氧液态、气态间的平衡	90.188	−182.962
水三相点	水固态、液态、气态间的平衡	273.15	0.01
水沸点	水液态、气态间的平衡	373.15	100
锌凝固点	锌固态、液态间的平衡	692.73	419.58
银凝固点	银固态、液态间的平衡	1135.08	961.93
金凝固点	金固态、液态间的平衡	1337.58	1064.43

注：1. 除各三相点和一个平衡氢点(17.042K)外，温度给定值都是 p_0 在标准大气压(101.3KPa)的平衡态。

2. 水沸点也可用锡凝固点(T_{68}=505.1181K，t_{68}=231.9681)来代替。

3. 所用的水应有规定的海水同位素成分。

1968 年国际实用温标规定：热力学温度符号 T，单位为开尔文(K)，1K 等于水的三相点热力学温度的$\frac{1}{273.15}$，它的摄氏温度符号 t，单位为摄氏度(℃)，定义为：

$$t_{68}=T_{68}-T_0 \tag{2-12}$$

式中，T_0=273.15K。

1968 年国际实用温标的内容（也就是它的定义）包括三方面，即定点、插补公式和标准仪器。

所谓定点是指某些纯物质各相间可复现的平衡态温度的给定值，也就是所定义的固定点。这些定点的名称、平衡状态和给定值如表 2-5 所示。除了定点外，还有其他一些参考点可利用，它们和定点相类似，也是某纯物质的三相点，或在标准大气压下系统处于平衡态的温度值。这些参考点称为次级参考点，如表 2-6 所示。

整个温标（−259.34～1064.43℃以上）分成四段，它们分别采用不同的插补公式和标准仪器。标准仪器在定点上分度，而定点间由插补公式和标准仪器示值与国际实用温标值之间的关系决定。

表 2-6　温标次级参考点

次级参考点	平衡态	国际实用温标给定值	
		T_{68}/K	t_{68}/℃
正常氢三相点	正常氢固态、液态、气态间的平衡	13.956	−259.194
正常氢沸点	正常氢液态、气态间的平衡	20.397	−252.753
氖三相点	氖固态、液态、气态间的平衡	24.555	−248.595
氮三相点	氮固态、液态、气态间的平衡	63.148	−210.002
氮沸点	氮液态、气态间的平衡	77.348	−195.802
二氧化碳升华点	二氧化碳固态、气态间的平衡	194.674	−78.476
水银凝固点	水银固态、液态间的平衡	234.288	−38.862
冰点	冰和空气饱和水的平衡	273.15	0
苯氧基苯三相点	苯氧基苯(二苯醚)固态、液态、气态间的平衡	300.02	26.87
苯甲酸三相点	苯甲酸固态、液态、气态间的平衡	395.52	122.37
铟凝固点	铟固态、液态间的平衡	429.784	156.634
铋凝固点	铋固态、液态间的平衡	544.592	271.442
镉凝固点	镉固态、液态间的平衡	594.258	321.108
铅凝固点	铅固态、液态间的平衡	600.652	327.502
水银沸点	水银液态、气态间的平衡	629.81	356.66
硫沸点	硫液态、气态间的平衡	717.824	444.674
铜-铝合金易熔点	铜-铝合金易熔点固态、液态间的平衡	821.38	548.23
锑凝固点	锑固态、液态间的平衡	903.89	630.74
铝凝固点	铝固态、液态间的平衡	933.52	660.37
铜凝固点	铜固态、液态间的平衡	1357.6	1084.5
镍凝固点	镍固态、液态间的平衡	1728	1455
钴凝固点	钴固态、液态间的平衡	1767	1494
钯凝固点	钯固态、液态间的平衡	1827	1554
铂凝固点	铂固态、液态间的平衡	2045	1772
铑凝固点	铑固态、液态间的平衡	2236	1963
铱凝固点	铱固态、液态间的平衡	2720	2447
钨凝固点	钨固态、液态间的平衡	3660	3387

① 在−259.34～630.74℃范围。分为两段，两段所采用的标准仪器都是铂电阻温度计。13.81～273.15K(−259.34～0℃)以下的插补公式是：

$$W(T_{68})=W_{iCCT-68}(T_{68})+\Delta W_i(T_{68}) \tag{2-13}$$

式中　$W(T_{68})$——电阻比的测量值。

$$W(T_{68})=\frac{R(T_{68})}{R(273.15\text{K})}$$

要求在 $T_{68}=273.15$K 时，$W(T_{68})\geqslant 1.39250$。

$W_{iCCT-68}(T_{68})$——标准参考函数，它表示某特定铂的电阻比与温度之间的关系，该关系由气体温度计测得。

$\Delta W_i(T_{68})$——偏差函数，$\Delta W_i(T_{68})=W(T_{68})-W_{iCCT-68}(T_{68})$。

273.15K（0℃以上）～630.74℃的插补公式为：

$$T_{68}=t'+0.045\left(\frac{t'}{100}\right)\left(\frac{t'}{100}-1\right)\times\left(\frac{t'}{419.58}-1\right)\left(\frac{t'}{630.74}-1\right) \tag{2-14}$$

式中，t'为了计算方便，引进中间变量，其表示式是：

$$t'=\frac{1}{\alpha}[W(t')-1]+\delta\left(\frac{t'}{100}\right)\left(\frac{t'}{100}-1\right) \tag{2-15}$$

其中的 $W(t')=\dfrac{R(t')}{R(0℃)}$，而 $R(0℃)$及常数 α、δ 由水的三相点、沸点（或锡凝固点）和锌凝固点的电阻实测值决定。

② 在 630.74～1064.43℃范围。在此范围内所采用的标准仪器是铂铑-铂标准热电偶，插补公式如下：

$$E(t_{68})=a+bt_{68}+ct_{68}^2 \tag{2-16}$$

式中 $E(t_{68})$——铂铑-铂标准热电偶一端为零度，另一端 t_{68} 为 68℃时的热电势，热电偶的铂丝纯度 $W(100℃)\geqslant 1.3920$，铂铑丝名义上应含有 10%铑，90%铂（质量分数）；

a，b，c——常数，由铂电阻温度计在(630.74±0.02)℃及银、金凝固点测得的 E 值决定。

③ 1064.43℃以上。1064.43℃以上是采用基准光学高温计（或光电光谱高温计）来复现温标的，其插补公式如下：

$$\frac{L_e(T_{68})}{L_e[T_{68}(\mathrm{Au})]}=\frac{\exp\left[\dfrac{h}{\lambda T_{68}(\mathrm{Au})}\right]-1}{\exp\left[\dfrac{h}{\lambda T_{68}}\right]-1} \tag{2-17}$$

式中 $L_e[T_{68}(\mathrm{Au})]$、$L_e(T_{68})$——温度为 $T_{68}(\mathrm{Au})$和 T_{68}时黑体光谱辐射亮度；

h——普朗克常数；

λ——波长。

当温度高于 2000℃时，可以通过对吸收玻璃减弱值 A 的测量及计算得到温度值。我国从 1973 年 1 月 1 日正式采用 ITPS—68。

2.4.1.3 玻璃温度计

这类温度计的特征是外壳为玻璃，内盛一定量液体，依据液体体积随温度变化的特点来显示体系温度。它是实验室最常见的温度测量仪器。按其液体可分为水银、酒精、戊烷等温度计，最常见的是水银温度计。

(1) 水银温度计

水银温度计是常用的测温工具。它的优点是使用简便，准确度也较高，测温范围可以从－35～＋600℃（测高温的温度计毛细管充有高压惰性气体，以防水银汽化）。但水银温度计的缺点是其读数易受许多因素的影响而引起误差，在精确测量中必须加以校正。下面提出有关的主要校正项目。

① 示值校正。温度计的刻度常是按定点（水的冰点及正常沸点）将毛细管等分刻度，但由于毛细管直径的不均匀及水银和玻璃的膨胀系数的非严格线性关系，因而读数不完全与国际温标一致。对标准温度计或精密温度计，可由制造厂或国家计量管理机构进行校正，给予检定证书，附有每 5℃或 10℃的改正值。这种检定的手续比较复杂，要求比较严格。在一般实验室中对于没有检定证书的温度计，可把它与另一支同量程的标准温度计同置于恒温槽

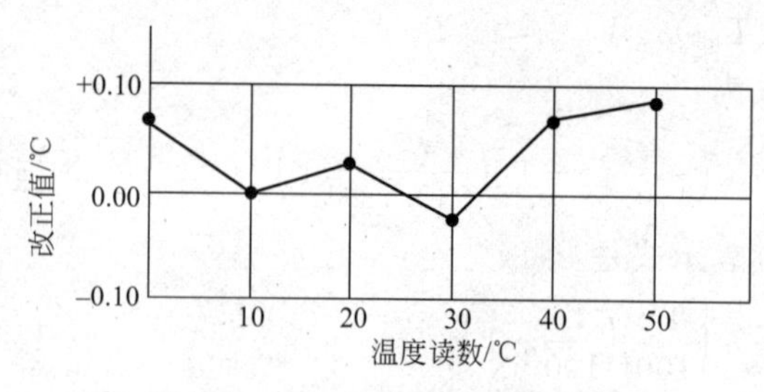

图 2-61　汞温度计示值校正曲线

中，在露出度数相同时进行比较，得出相应改正值。其余没有检定到的温度示值可由相邻两个检定点的改正值线性内插而得。如果作成图 2-61 所示的校正曲线，使用起来就比较方便，这时：

改正值＝标准值－读数值

故　　标准值＝读数值＋改正值

例如，具有图 2-61 这种校正曲线的温度计，其 35℃读数的实际温度＝35.00＋0.03＝35.03℃。

② 零点校正（冰点校正）。

因为玻璃属于一种过冷液体，属热力学不稳定体系，体积随时间有所改变。另一方面，当玻璃受到暂时加热后，玻璃球不能立即回到原来体积，这些因素都会引起零点的改变。对于标准温度计和精密温度计都附有零点标记。因为冰点的检验简单而准确，对于要求不太高的温度计可每两月或半月检定一次，要求高时（如标准温度计）则每次测定完后都应检定冰点，这样才能把加热引起的暂时变化考虑在内。对不超过 400℃的温度计，可认为冰点位置的改变会引起温度计所有示值的位置都有相同的改变。例如；温度计原检定证书上注明的零点位置是－0.02℃，而现在测得零点位置是＋0.03℃，这说明零点位置已升高了 0.03－(－0.02)＝0.05℃，所以温度计的读数也相应增加了 0.05℃，这时，应从读数中减去 0.05℃才得到正确温度。因此考虑了零点改变后的示值改正应按下式计算：

改正值＝原证书上的改正值＋(证书上的零点位置－新测得零点位置)

如果零点位置未变，则直接用原证书上改正值就行了。图 2-62(a) 所示是由一个夹层玻璃容器作成的冰点器，空气夹套起绝热作用，以免冰很快融化，融化的冰水从底部小管排出。容器中水面比冰面稍低，冰粒必须很细，应很好地围绕温度计，注意冰水混合物中不应含有空气泡。也可用图 2-62(b) 所示的保温瓶作冰点器，用虹吸管排出水。此外，可用一大漏斗，下接橡皮管作成简单冰点器［图 2-62(c)］。要求准确度高时，需用蒸馏水凝成的冰。一般可从冰厂购得的冰选出洁白的冰块，用蒸馏水洗净，并注意粉碎时不引入杂质，用预冷的蒸馏水淹没冰层，用清洁木片搅拌压紧，从橡皮管把水放出到上层变白为止。将已预冷的温度计垂直插入冰点器，零点标线露出冰面不超过 5mm。温度计插入后不得任意提起，以免底部形成孔隙。等待 10～15min 后，每 1～2min 读数一次，读数稳定后，以连续三次读数的平均值作为冰点测定值。

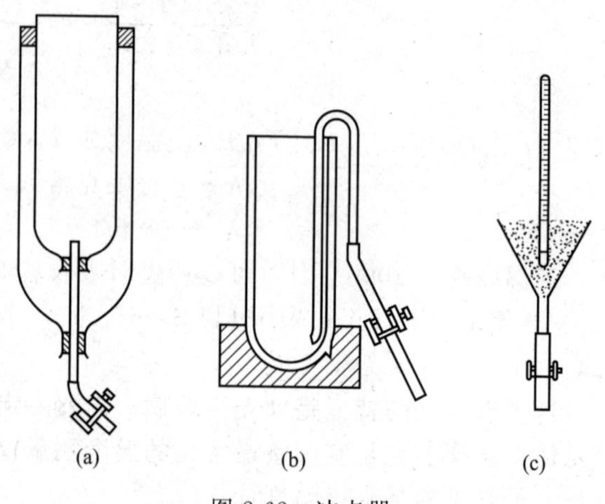

图 2-62　冰点器

③ 露茎校正。如果只将水银球浸入被测介质中而让温度计杆露出介质，则读数准确性将受到两方面的影响：第一是露出部分的水银和玻璃的温度不同于浸入部分，且随环境温度而改变，因而其膨胀情况便不同；第二是露出部分长短不同受到的影响也不同。为了保证示值的准确，校正温度计时将杆浸入被测介质中只露出很小一段（一般不超过 10mm），以便读数，这样读数的温度计叫全浸温度计。但在实际使用时不便于全浸读数，故只得对露出部分引起的误

差设法进行校正，露茎校正公式是：

$$露茎改正值=Kn(t-t_s)$$

式中 K——水银在玻璃中的视膨胀系数，对水银温度计为0.00016，对多数有机液体温度计为0.001；

n——露出部分的温度度数；

t——被测介质温度；

t_s——露出水银柱的平均温度，由辅助温度计测定。

例 设某一温度计经示值和零点校正后读数84.76℃，开始露出温度示值为20℃，测得露出部分水银柱平均温度38℃，因此

$$露茎改正值=0.00016\times(85-20)\times(85-38)=+0.49℃$$

故
$$实际温度=84.76+0.49=85.25℃$$

由此可见，当使用全浸温度计时，如忽略露茎校正，可能引起很大误差。露茎校正的准确度主要取决于露茎平均温度测定的准确度。如果用悬挂另一支温度计靠近露出水银柱中部来测其平均温度，可能使测定误差达到10℃。这时上例中改正值误差就达到0.00016×65×10=0.12℃。如将辅助温度计水银球贴近露出水银柱中部，再用锡箔小条将二者包裹在一起，可使测定误差小于5℃。

为避免露茎校正的麻烦，在要求准确度不很高时，也可采用非全浸式温度计。如果按说明书指定的浸入深度和环境温度下使用，也可得到较正确的结果。

(2) 贝克曼温度计

贝克曼温度计（图2-63）上的最小刻度是0.01℃，可以估计读到0.002℃，整个温度计的刻度范围一般是5℃或6℃，可借顶部贮水银槽调节水银球中的水银量，用于测量介质温度－20℃到＋155℃范围内不超过5℃或6℃的温差，故这种温度计特别适用于量热、测定溶液的凝固点下降和沸点上升，以及其它需要测量微小温差的场合。

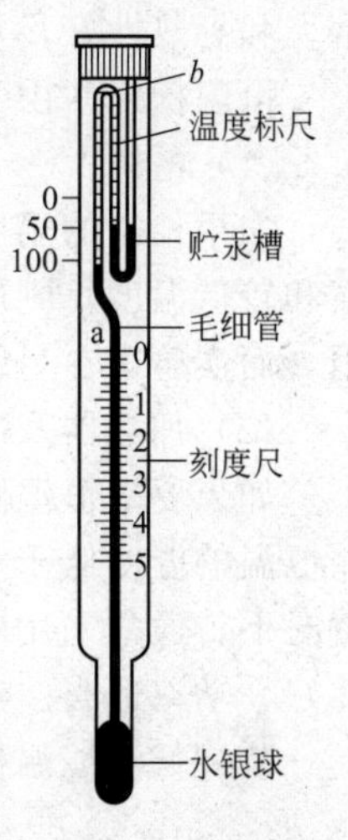

图2-63 贝克曼温度计

使用贝克曼温度计时，首先需要根据被测介质的温度，调整温度计水银球的水银量。例如测量温度降低值时，则贝克曼温度计置被测介质中的读数应是4℃左右为宜。如水银量过少，水银柱达不到这一示值，则需将贮水银槽中的水银适量转移至水银球中。为此，将温度计倒置，使贮汞槽中的水银借重力作用流入水银球，并与水银球中的水银相连接（如倒立时水银不下流，可以将温度计向下抖动，或将水银球放在热水中加热）。然后慢慢倒转温度计，使贮汞槽位置高于水银球，借重力作用，水银从贮汞槽流向水银球，到刻度尺处的水银面对应的标尺温度与被测介质温度相当时，立即抖断水银柱，其办法是右手持温度计约二分之一处，用左手沿温度计的轴向轻敲右手手腕，使水银在 b 点处断开（注意 b 点处不得有水银滞留）。然后将温度计水银球置被测介质中，看温度计示值是否恰当，如水银还少，则再按上法调整；如水银过多，则需从水银球中赶出一部分水银至贮汞槽中。

如果要测定温度升高值，则需将温度计在被测介质中的示值调整到1℃附近。

使用放大镜可以提高读数精度，这时必须保持镜面与水银柱平行，并使水银柱中水银弯月面处于放大镜中心，观察者的眼睛必须保持正确的高度，使读数处的标线看起来是直线。当测量精确度要求高时，对贝克曼温度计也要进行校正。

2.4.2 温度控制装置

恒温技术是基础化学的重要操作单元。温度控制装置是基础化学设备中最基本的仪器。

基础化学的许多测量数据，如黏度、电导率、活化能等都是在恒温条件下取得的。实验室最常用的液体为介质的恒温装置来恒定温度和保持恒温。其恒温原理是它能自动加热和断热。

根据体系所需温度控制的范围，可采用下列不同液体介质：

－60～30℃——乙醇或乙醇水溶液；

0～90℃——水；

80～160℃——甘油或甘油水溶液；

70～200℃——液体石蜡、汽缸润滑油、硅油。

采用液体介质的益处是传热好、热容大、温度易于控制。

实验室常见的恒温装置为恒温槽或其改进的恒温水浴。

2.4.2.1 恒温槽

恒温槽是实验工作中常用的一种以液体为介质的恒温装置。用液体作介质的优点是热容量大和导热性好，从而使温度控制的稳定性和灵敏度大为提高。

恒温槽通常由下列构件组成。

（1）槽体

如果控制的温度同室温相差不是太大，则用敞口大玻缸作为槽体是比较满意的。对于较高和较低温度，则应考虑保温问题。具有循环泵的超级恒温槽，有时仅作供给恒温液体之用，而实验则在另一工作槽中进行。

（2）加热器及冷却器

如果要求恒温的温度高于室温，则需不断向槽中供给热量以补偿其向四周散失的热量；如恒温的温度低于室温，则需不断从恒温槽取走热量，以抵偿环境向槽中的传热。在前一种情况下，通常采用电加热器间歇加热来实现恒温控制。对电加热器的要求是热容量小、导热性好，功率适当。选择加热器的功率最好能使加热和停止加热的时间约各占一半。

装配低温恒温槽就需要选用适当的冷冻剂和液体工作介质，下面列出常用的几种。

能达到的温度	冷冻剂	液体工作介质	能达到的温度	冷冻剂	液体工作介质
+5℃	冰水	水	－60℃	干冰	乙醇
－3℃	1份食盐+3份冰	20%食盐溶液			

通常是把冷冻剂装入蓄冷槽（图 2-64）中（使用干冰时应加甲醇以利热传导），配合超级恒温槽使用。由超级恒温槽的循环泵送来的工作液体在夹层中被冷却后，再返回恒温槽进行温度的精密调节。如果不是在恒温槽中进行实验，则可按图 2-65 的流程连接。根据所需冷量的大小，可利用旁路阀门 D 调节通向蓄冷桶的流量。

如果实验室有现成的制冷设备，可将其冷冻剂通过恒温槽的冷却盘管，或使工作液体通过浸于冷冻剂的冷却盘管来达到降温目的。

当控制温度不低于 5℃时，最简单的办法是在恒温槽中装一个盛冰块的多孔圆筒，并经常向其中补加冰块作为冷源，再由恒温槽进行温度的精密调节。

为了节省冷冻剂，过冷的工作液体回到恒温槽作温度精密调节时，加热器加热时间不应太长，一般控制加热和停止加热的时间比例在 1∶(10～20)之间（例如每隔 60s 加热 4s）。

（3）温度调节器

温度调节器的作用是当恒温槽的温度被加热或冷却到指定值时发出信号，命令执行机构停止加热或冷却；离开指定温度时则发出信号，命令执行机构继续工作。

目前普遍使用的温度调节器是汞定温计（图 2-66）。它与汞温度计不同之处在于毛细管中悬有一根可上下移动的金属丝。从汞球也引出一根金属丝，两根金属丝再与温度控制系统连接。

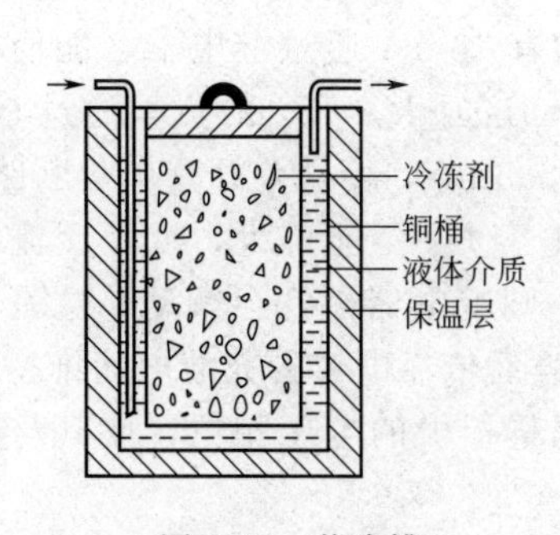

图 2-64　蓄冷槽

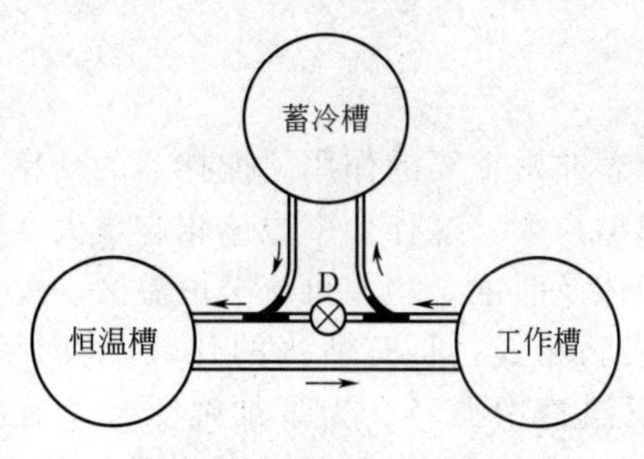

图 2-65　低温恒温循环

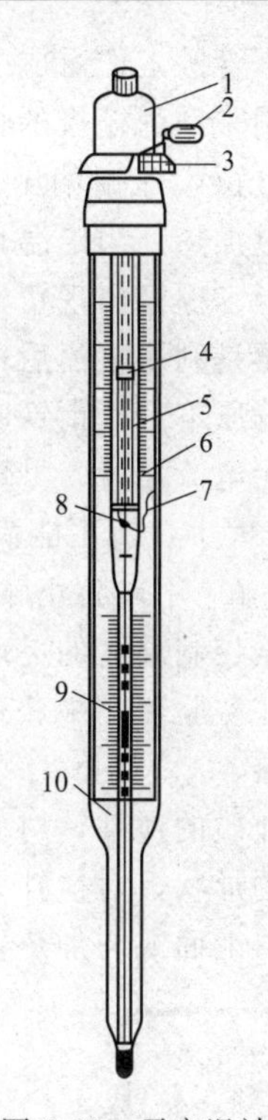

图 2-66　汞定温计

1—调节帽；2—固定螺丝；3—磁钢；4—指示铁；5—钨丝；6—调节螺杆；7，10—铂丝接点；8—铂弹簧；9—汞柱

在定温计上部装有一根可随管外永久磁铁而旋转的螺杆 6，螺杆上有一指示铁（螺帽）4 与钨丝 5 相连，当螺杆转动时，螺帽上下移动，即能带动钨丝上升或下降。

汞定温计只能作为温度的触感器，不能作为温度的指示器。恒温槽的温度另由精密温度计指示。调节温度时，先转动调节帽 1，使指示铁上端与辅助温度标尺相切的温度示值较希望控制的温度低 1～2℃。

当加热至汞柱与钨丝接触时，定温计导线成通路，给出停止加热的信号（可从指示灯辨明）。这时观察槽中的精密温度计，根据其与控制温度差值的大小，进一步调节钨丝尖端的位置。反复进行，直到指定温度为止。最后将调节帽上的固定螺丝 2 旋紧，使之不再转动。

汞定温计的控温灵敏度通常是±0.1℃，最高可达±0.05℃，已能满足一般实验的要求，当要求更高的控温精度时，可自己安装汞-甲苯球。对于要求不高的水浴锅则可用更简单的双金属温度调节器。

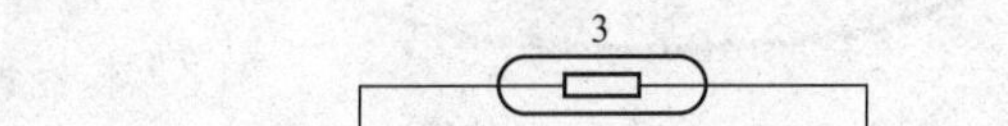

图 2-67　电子继电器线路图

R_e—220V，直流电阻约 2200Ω 的电磁继电器

1—汞定温计；2—衔铁；3—电热器

(4) 温度控制器

温度控制器常由继电器和控制电路组成，故又称电子继电器。从定温计发来的信号，经控制电路放大后，推动继电器去开关电热器。电子继电器的类型很多，下面介绍比较简单的一种（图 2-67），它的工作原理可作如下的简单说明。

可以把电子管的工作看成一个半波整流器，R_e-C_1 并联电路是整流电路的负载。负载两端的交流分量用来作为栅极的控制电压。当定温计触点为断路时，栅极与阴极之间由于 R_1 的合而处于同电位，即栅偏压为零，这时板流较大，约有18mA通过继电器，能使衔铁吸下，加热器通电加热；当定温计为通路，板极是正半周，这时 R_e—C_1 的负端通过 C_2 和定温计加在栅极上，栅极出现负偏压，使板极电流减少到2.5mA，衔铁弹开，电热断路。

因控制电压是利用整流后的交流分量，R_e 的旁路电容 C_1 不能过大，以免交流电压值过小，引起栅偏压不足，衔铁吸下不能断开；C_1 太小，则继电器衔铁会颤动，这是因为板流在负半周时无电流通过，继电器会停止工作，并联电容后依靠电容的充放电而维持其连续工作，如果 C_1 太小，就不能满足这一要求。C_2 用来调整板极的电压相位，使其与栅极电压有相同峰值。R_2 用来防止触电。

电子继电器控制温度的灵敏度很高。通过定温计的电流最多不过30μA，因而定温计的寿命很长，故在实验工作中获得普遍使用。

(5) 搅拌器

加强液体介质的搅拌，对保证恒温槽温度均匀起着非常重要的作用。搅拌器的功率，安装位置和桨叶的形状，对搅拌效果有很大影响。恒温槽愈大，搅拌功率也该相应增大。搅拌器应装在加热器上面或与加热器靠近，使加热后的液体及时混合均匀再流至恒温区。搅拌桨叶应是螺旋桨式或涡轮式，且有适当的片数、直径和面积，以使液体在恒温槽中循环。为了加强循环，有时还需要装导流装置。在超级恒温槽中用循环泵代替搅拌，效果仍然很好。

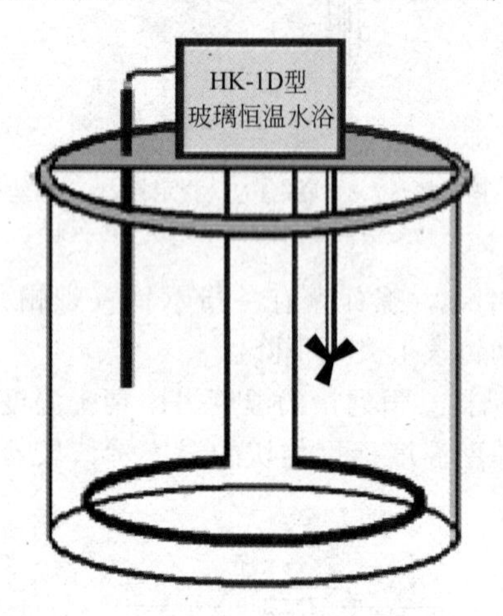

图2-68　HK-1D型玻璃恒温水浴

设计一个优良的恒温槽应满足的基本条件是：①定温计灵敏度高；②搅拌强烈而均匀；③加热器导热良好而且功率适当；④搅拌器、定温计和加热器相互接近，使被加热的液体能立即搅拌均匀并流经定温计及时进行温度控制。

2.4.2.2　HK-1D玻璃恒温水浴使用说明

(1) 简介

本装置集智能化控温器、玻璃恒温水槽以及电动搅拌机于一体，具有控温精度高、体积小、使用方便等优点。

(2) 结构与原理

主要由圆形玻璃缸、智能化控温单元、电动无级调速搅拌机、不锈钢加热器四部分组成，见图2-68。

(3) 型号和主要技术指标

型号	HK-1D型	加热功率	1kW
电源电压	220V±10%,50Hz	电动搅拌机	功率3.5W;调速方式:无级调速;转速0～4000r/min(可调)
环境温度	20～+40℃	控温范围	室温+5～95℃
显示	3位半	控温稳定度	±0.05℃
圆形玻璃缸	直径300mm,深300mm		

标准RS-232C接口（可选）

波特率：9600

校验位：无

每三分之一秒输出 5 字节 HEX 数据：D1—D2—D3—D4—D5

其中：D1—EB（同步字）；D2—90（同步字）；D3—显示值低字节；D4—显示值高字节（最高位为符号位）；D5—D1×orD2×orD3×orD4（校验字节）

(4) 使用方法

① 用前详细阅读本说明书，谨记：加水到加热器上方，水位不能过低，以防烧坏加热管，影响水槽正常使用。

② 将电动搅拌机及电热管和控温仪分别安装好后再接通电源（使用本装置必须接地线，以防漏电现象发生）。

③ 电动搅拌机的转速，启动时先拨动定时器开关调至“ON”位置，逐步调整调速旋钮，使转速调在合适的位置。

(5) 注意事项

① 用户在使用本机前，请按接线图正确地把电源线连接在控温仪和电加热管上。连接电加热管上的三根接线头，其中一根黄绿色线为接地线，务必把接地线牢固地安装在接地片上，并且加热器电源插座必须有良好的接地装置。

② 在安装电加热管与固定圈时，应尽量使二者处于一条中心线，加热管放入玻璃水浴缸时严禁到缸壁，用户在安装时应先进行试放，直至调整到符合要求。

③ 安装完毕确认无误，应盖上防护罩，才可接通电源。打开搅拌机电源，将定时旋钮调至“ON”位置，调整调速旋钮使其转速调至合适位置（在调整转速时不要安装搅拌）。

④ 控温仪的控温精度为±0.05℃，分辨率为 0.01℃。当加温到用户设置的温度附近时，控温仪上的加热指示灯不停地闪动。

2.4.3　热电偶和电阻温度计

将两种金属导线首尾相接［如图 2-69(a)］，保持一个接点（冷端）的温度不变，改变另一个接点（热端）的温度，则在线路里会产生相应的热电势。这一热电势只与热端的温度有关，而与导线的长短、粗细和导线本身的温度分布无关。因此，只要知道热端温度与热电势的相互关系，测得热电势后即可求出热端温度，这是热电偶温度计测温的原理。

为了测定热电势，需使导线与测量仪表连成回路。在图 2-69(b) 中将作为电偶的导线 B 接于毫伏表的 a、b 端形成回路。如果 t_0 保持不变，a、b 接点温度一致（中间由仪表动圈的铜导线连接），则此第三金属导线的引入对整个线路的热电势不起影响。再如按图 2-69(c) 的接法，保持 c、d 接点温度于 t_0 不变，用导线 e 与仪表 a、b 端连接，只要保持 a、b 端温度相同，则整个线路热电势亦只取决于 t_1 的温度。

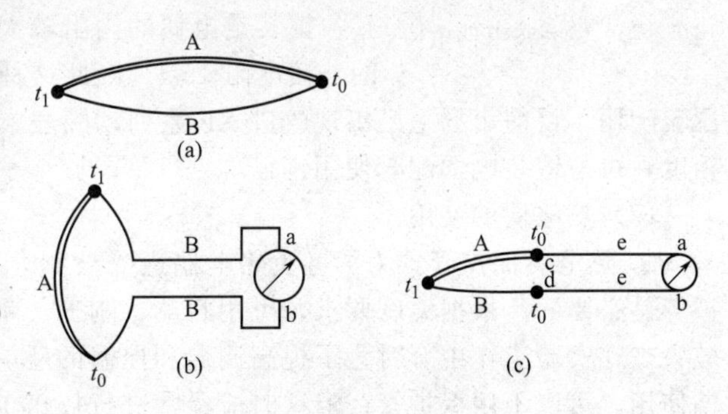

图 2-69　热电偶回路

(1) 热电偶的分类

热电偶测温的适用范围很广，而且容易实现远距离测量，自动记录和自动控制，因而在科学实验和工业生产中获得了广泛应用。热电偶的种类比较多，下面介绍常用的几种。

① 铂-铂铑热电偶。通常由直径 0.5mm 的纯铂丝和铂铑（铂 10%，铑 90%）丝作成。分度号以 LB-3 表示。它可在 1300℃以内长期使用，短期可测 1600℃。这种热电偶的稳定性

和重现性均很好，因此可用于精密测温和作为基准热电偶。缺点是价贵、低温区热电势太小和不适于在高温还原气氛中使用。

② 镍铬-镍硅（铝）热电偶。由镍铬（镍90%，铬10%）和镍硅（镍95%，硅、铝、锰5%）丝作成。分度号以EU-2表示。可在氧化性和中性介质中900℃以内长期使用，短期可测1200℃。这种热电偶有良好的复制性，热电势大，线性好，价格便宜，测量精度虽较低，但能满足一般要求，故是最常用的一种热电偶。目前我国已开始用镍硅材料代替镍铝合金，使得在抗氧化和热电势稳定性方面都有所提高。由于两种热电偶的热电性质几乎完全一致，故可互相代用［镍铬-镍硅（铝）热电偶的热电势见附录34］。

③ 镍铬-考铜热电偶。由上述镍铬与考铜（铜56%，镍44%）丝作成。分度号以EA-2表示。可在还原性和中性介质中600℃以内长期使用。短期可测800℃。

④ 铜-康铜热电偶。由铜和康铜（铜60%，镍40%）丝作成。特点是热电势大，价钱便宜，实验室中易于制作。但其再现性不佳，只能在低于350℃使用。

随着生产和科学技术的发展，对热电偶提出了适用范围广、使用寿命长、稳定性高、小型化和反应迅速等要求。目前我国已能生产在保护介质中用到2800℃的钨铼超高温热电偶，测低温达－271℃的金铁-镍铬低温热电偶，快速反应的薄膜热电偶，从室温到2000℃的各种套管（铠装）热电偶等。

（2）铠装热电偶

为解决对热电偶小型化、寿命长和结构牢固的要求，在20世纪60年代发展了一种由金属套管、陶瓷绝缘粉和热电偶丝三者组合加工而成的铠装热电偶（图2-70）。当使用温度不超过1000℃时多用不锈钢作套管，电熔氧化镁作绝缘材料，由后者把热电偶丝固定在套管中间。这种热电偶的外径通常是2mm，最小可达0.25mm。其特点是：热惰性小，反应快，如ϕ2.5mm的套管热电偶的时间常数不超过1.5s。套管材料经过了退火处理，可以任意弯曲，故能适应复杂设备上的安装要求。耐压和耐强烈振动和冲击。由于偶丝材料有外套管的气密性保护和化学性能稳定的绝缘材料的牢固覆盖，因此寿命较长。

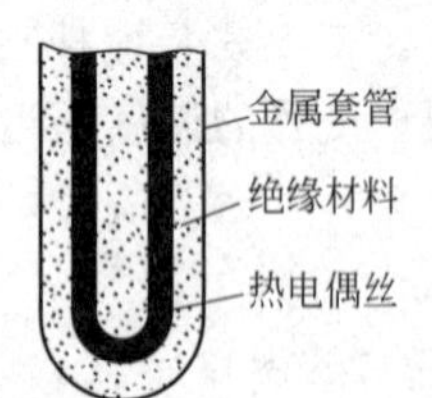

图2-70　铠装热电偶结构

铠装热电偶的内阻较大，经常会超过XC系列动圈仪表所规定的外接电阻15Ω。因此这种热电偶最好是与电子电位差计或数字电压表配用。目前市场上已出现改进XF系列动圈表，其输入阻抗高，外线路电阻不影响测温精度，可与铠装电偶配套使用。

（3）热电偶的使用

① 热电偶保护管。为了避免热电偶遭受被测介质的侵蚀和便于热电偶的安装，使用保护管是必要的。根据温度要求，可用石英、刚玉、耐火陶瓷作保护管。低于600℃可用硬质玻管。在实验工作中有时为了提高测温和控温的反应速度，在对热电偶损害不大的气氛中短期使用，可以不用保护管。但这时应经常进行校正工作，才能保证结果可靠。

② 冷端补偿。表明热电偶的热电势与温度的关系的分度表，是在冷端温度保持0℃时得到的。因此在使用时最好能保持这种条件，即直接把热电偶冷端，或用补偿导线把冷端延引出来，放在冰水浴中。如果没有冰水，则应使冷端处于较恒定的室温，在确定温度时，将测得的热电势加上0℃到室温的热电势（室温高于0℃时），然后再查分度表。如果用直读式高温表，则应把指针零位拨到相当于室温的位置。热电偶冷端温度波动引起的热电势变化，也可用补偿电桥法来补偿。市售的冷端补偿器有按冷端是0℃或20℃设计的。购买时要说明配用的热电偶。如热电偶长度不够，也需用补偿导线与补偿器连接。使用补偿导线时切勿用错

型号或把正负号接错。

③ 温度的测量。要使热端温度与被测介质温度完全一致，首先要求有良好的热接触，使二者很快建立热平衡；其次要求热端不向介质以外传递热量，以免热端与介质永远达不到热平衡而存在一定温差。

例如，当用热电偶测量管道中流动气体的温度时，由于管内气体和热端温度较管壁为高，热端将不断向管壁辐射热量；同时热电偶和保护管将从温度较高的热端向温度较低的冷端传导热量。与此同时，气体不断以对流和传导的方式向热电偶补偿其损失的热量，一直达到动态平衡。由于这种传热过程的存在，气体和热端之间就存在一定温差。为了减少这一温差，可采取如下措施：

a. 增大气体流速，即把热电偶装在流速最大的地方或装有喉管处，并把热端露出，以增大气体与热端的热交换速度；

b. 为减少辐射损失，可在热端部位装表面光滑的防辐罩，并将此部分管段包上良好的绝热层，以减小管壁和热端间的温差；

c. 为减少传导损失，应增加热电偶插入深度，例如从直角弯管处平行插入管中。还需指出，热电偶只能测得热端所在处的温度，当被测介质温度分布不均时，要用多支热电偶去测定各区域的温度，例如固定床催化剂层就是如此。

(4) 热电偶的检定

通常采用比较检定法，即将被测热电偶与标准热电偶的热端露出，用铂丝捆在一起置于管式电炉中心位置，或放于管中心的金属块里。冷端则置于冰水浴中。再用切换开关使两电偶与同一电位差计相连。控制电炉缓慢升温，每隔 50～100℃读取一次热电势值。如果用两台电位差计由两人同时读数，则对温度恒定的要求可放宽些；如果只用一台电位差计，或两电偶粗细不同，则对温度恒定的要求就较严格。检定结果可作成热电势与温度的关系曲线，以便应用。热电偶校验装置参看图 2-71。当用指示仪表配合热电偶测温时，则可配套检定或分别检定。指示仪表的检定方法与检定毫伏计相同，即用电位差计检查其指示温度相应的毫伏读数是否与分度表规定相符。检定时需注意按仪表要求配置附加电阻。

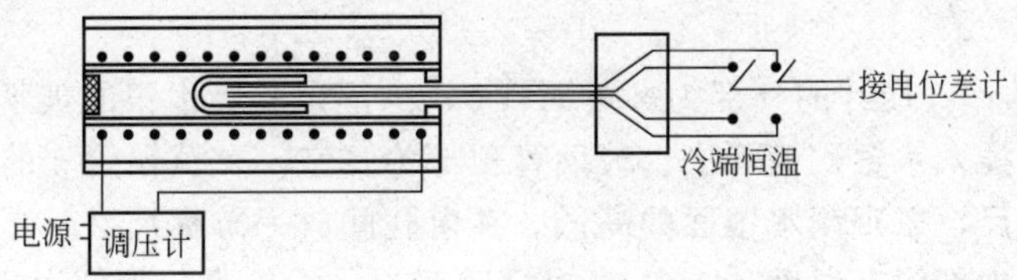

图 2-71 热电偶校验装置示意图

(5) 热电阻温度计

① 概述。热电阻温度计是一种用途极广的测温仪器。

由于铂丝的物理和化学稳定性好，电阻随温度变化的再现性高，所以铂电阻温度计具有应用广、响应快、灵敏度高（能够达到 10^{-4} K）、准确度高、测量范围宽（13.2～1373.2K）、信号可以远距离传送和记录等特点。

金属热电阻温度计包括金属丝电阻温度计和热敏电阻温度计两种。

② 工作原理。热电阻温度计是利用金属导体的电阻值随温度变化而改变的特性来进行温度测量的。纯金属及多数合金的电阻率随温度升高而增加，即具有正的温度系数。在一定温度范围内，电阻-温度关系是线性的。温度的变化，可导致金属导体电阻的变化。这样，只要测出电阻值的变化，就可达到测量温度的目的。

图 2-72 为热电阻的工作原理图，感温元件 1 是以直径为 0.03～0.07mm 的纯铂丝 2 绕

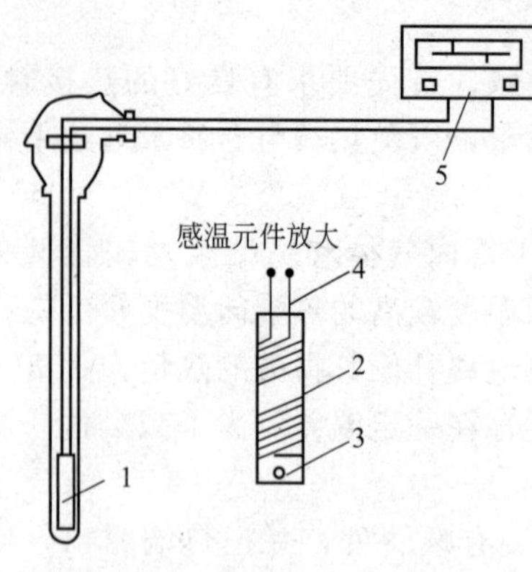

图 2-72　热电阻的工作原理
1—感温元件；2—铂丝；3—骨架；
4—引出线；5—显示仪表

在有锯齿的云母骨架 3 上，再用两根直径为 0.5～1.4mm 的银导线作为引出线 4 引出，与显示仪表 5 连接。当感温元件上铂丝的温度变化时，感温元件的电阻值随温度而变化，并呈一定的函数关系。将变化的电阻值作为信号输入具有平衡或不平衡电桥回路的显示仪表以及调节器和其他仪表等，即能测量或调节被测量介质的温度。

由于感温元件占有一定的空间，所以不能像热电偶那样，用它来测量“点”的温度，当要求测量任何空间内或表面部分的平均温度时，热电阻温度计用起来非常方便。

热电阻温度计的缺点是不能测定高温，因流过电流大时，会发生自热现象而影响准确度。

③ 热敏电阻温度计。热敏电阻温度计是在锰、镍、钴、铁、锌、钛、镁等金属的氧化物中分别加入其他化合物制成的。热敏电阻和金属导体的热电阻不同，它属于半导体，具有负电阻温度系数，其电阻值是随温度的升高而减小，随温度的降低而增大。虽然温度升高粒子的无规则运动加剧，引起自由电子迁移率略为下降，但是自由电子的数目随温度的升高而增加得更快，所以温度升高其电阻值下降。

与金属电阻相比，热敏电阻温度计有更大的温度系数，因此灵敏度更高。但由于电阻值会因老化而逐渐改变，需经常标定，因此不适于较高温度下使用。

2.4.4　大气压力计

大气压是用上部完全为真空的水银柱与大气压力相平衡时的水银柱高来表示的。规定在海平面、纬度 45°及温度为 0℃时的大气压力为 760mmHg 或 1.01325×10^5Pa，并规定 10^5Pa 为标准大气压。

气压计的式样很多，最常用的是福丁（Fortin）式和固定槽式两种。这里介绍实验室常用的福丁式气压计。

（1）构造

如图 2-73 所示，气压计的外部为一黄铜管 3，内部是装有水银的玻璃管 1，封闭的一头向上，开口的一端插入水银贮槽 8 中。玻璃管顶部为真空。在黄铜管 3 的顶端开有长方形窗孔，并附有刻度标尺，以观测水银面的高低。在窗孔间放一游标尺 2，转动螺旋 4 可使游标上下移动。黄铜管中部附有温度计 10。水银槽底部为一柔皮囊，下部由螺旋 9 支持，转动 9 可调节水银槽内水银面 7 的高低。水银槽上部有一个倒置固定象牙针 6，其针尖即为标尺的零点。

（2）用法

气压计垂直放置后，旋转调节水银面位置的底部螺旋 9，以升高槽内水银面。利用槽后面的白瓷板的反光，注意水银面与象牙针尖的空隙，直到水银面升高到恰与象牙针间接触为止（调节时动作要慢，不可旋转过急）。

转动螺旋 4 调节游标，使它高出水银面少许，然后慢慢旋下，直到游标前后两边的边缘与水银面的凸月面相切（此时在切点两侧露出三角形的小孔隙），便可从黄铜刻度与游标尺上读数。

读毕，转动螺旋 9，使水银面与象牙针脱离。

（3）读数

读数时应注意眼睛的位置和水银面齐平。找出游标零线所对标尺上的刻度，读出整数部分。借助于游标尺上找出恰与标尺上某一刻度线相吻合的刻度线，此游标尺上的数值即为大气压力的小数部分（图 2-74）。

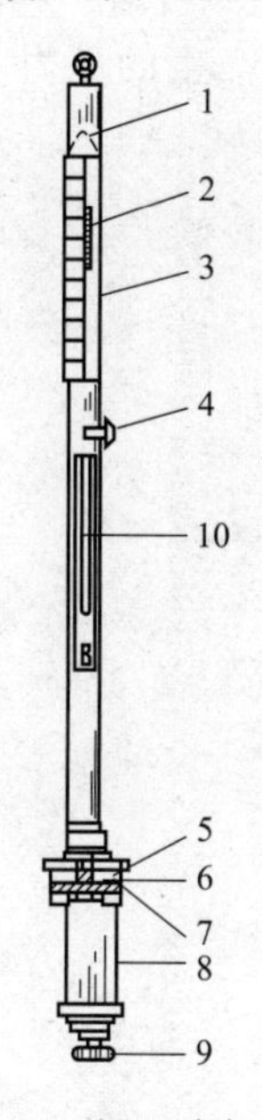

图 2-73　福丁式气压计

1—真空玻璃管；2—游标尺；3—黄铜管；4—管制游标螺旋；5—玻璃槽；6—象牙针；7—通大气水银面；8—水银贮槽；9—调节螺旋；10—温度计

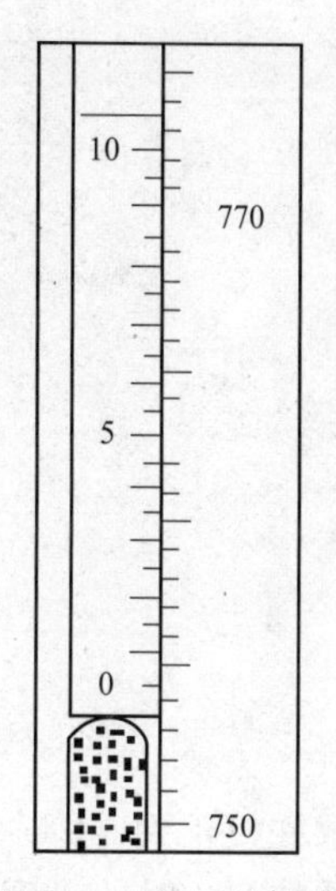

图 2-74　气压计读数

读数记下后还要记录气压计上的温度和气压计本身的仪器误差，以便进行读数校正。

(4) 读数的校正

在国际单位制中，压力的单位为帕斯卡（牛顿/米²），符号为 Pa，量纲为 N/m^2。虽然大气压（atm）和毫米汞柱（mmHg）不是法定计量单位、但在基础化学实验中经常作为压力的单位。

大气压与帕斯卡的关系为：1atm＝101325Pa

毫米汞柱定义为：当水银的密度为 $13.5951g\cdot cm^{-3}$（标准密度），重力加速度为 $980.665cm\cdot s^{-2}$（标准重力加速度）时，1mm 高的汞柱对底面的压力为 1mmHg。

因为：

$$p=h\rho g \tag{2-18}$$

所以：

$$1mmHg=1\times10^{-3}\times\frac{13.5931\times10^{-3}}{10^{-6}}\times9.80665=133.322Pa$$

$$1atm=\frac{101325}{133.322}=760.00mmHg$$

由于气压计的黄铜标尺的长度随温度而变，水银密度也随温度而变，而重力加速度随纬度和海拔高度而变，所以由气压计直接读出的水银柱高度的毫米数常不等于上述以水银标准密度、标准重力加速度定义的毫米汞柱，必须进行校正。此外，还需对仪器本身的误差进行校正。校正项目如下。

① 温度校正。若 h_t 是在室温 t（以℃为单位）下气压计黄铜标尺上读得的水银柱高度

读数，由于黄铜标尺是在 0℃时刻度的，考虑到黄铜标尺的热胀冷缩，故水银柱实际高度为 $h_t(1+\alpha t)$。又已知 t 下水银的密度为ρ_t，故大气压力 $p=h_t(1+\alpha t)\rho_t g$，此压力应等于当水银密度为标准密度$\rho_0$（即 0℃时水银密度）、高度为 h 的水银柱产生的压力（这里尚未考虑 g 的校正），即：

$$p=h\rho_0 g=h_t(1+\alpha t)\rho_t g \tag{2-19}$$

所以：

$$h=(1+\alpha t)h_t\frac{\rho_t}{\rho_0} \tag{2-20}$$

由于：

$$\rho_0=\rho_t(1+\beta t) \tag{2-21}$$

因此：

$$h=\frac{1+\alpha t}{1+\beta t}h_t=h_t-\frac{\beta-\alpha}{1+\beta t}h_t t \tag{2-22}$$

令：

$$\Delta_t=\frac{\beta-\alpha}{1+\beta t}h_t t \tag{2-23}$$

式中　h——汞柱校正到 0℃时的读数；

h_t——汞柱在 t 时的温度,℃；

t——读数时的温度,℃；

β——水银在 0～35℃的平均体胀系数 0.0001815/℃；

α——黄铜的线胀系数 0.0000184/℃。

将膨胀系数值代入式(2-22)，化简后得修正式(2-24)：

$$h=h_t-\Delta_t=h_t(1-0.000163t) \tag{2-24}$$

例如：在 15.7℃时气压计的水银柱高读数 $h_t=753.45$mmHg，则：

$$\Delta_t=\frac{(0.0001815-0.0000184)\times 15.7}{1+0.0001815\times 15.7}\times 753.45=1.92\text{mmHg}$$

在实际应用中，常将由式(2-23) 计算而得的 Δ_t 值制成气压计读数温度校正表（表 2-7)。表中用线性内插法求得不同温度、不同读数下的校正值。

由表 2-7 查得下列数据：

t/℃	750mmHg	760mmHg
15	1.83	1.85
16	1.95	1.98

经两次线性内插后可求得 15.7℃、753.45mmHg 下 $\Delta_t=1.92$mmHg，与计算值相同。

② 重力加速度校正。经温度校正后的气压计读数还不能代表真正的毫米汞柱数，因为重力加速度随纬度及海拔高度而变，尚需校正到标准重力加速度下的压力才符合毫米汞柱定义。

表 2-7　气压计读数的温度校正表

t/℃	观察值 h_t/mmHg				
	740	750	760	770	780
0	0.00	0.00	0.00	0.00	0.00
1	0.12	0.12	0.12	0.13	0.13

续表

t/℃	观察值 h_t/mmHg				
	740	750	760	770	780
2	0.24	0.24	0.25	0.25	0.25
3	0.36	0.37	0.37	0.38	0.38
4	0.48	0.49	0.50	0.50	0.51
5	0.60	0.61	0.62	0.63	0.64
6	0.72	0.73	0.74	0.75	0.76
7	0.84	0.86	0.87	0.88	0.89
8	0.96	0.98	0.99	1.00	1.02
9	1.08	1.10	1.11	1.13	1.14
10	1.20	1.22	1.24	1.25	1.27
11	1.32	1.34	1.36	1.38	1.40
12	1.45	1.46	1.48	1.50	1.52
13	1.57	1.59	1.61	1.63	1.65
14	1.69	1.71	1.73	1.75	1.78
15	1.81	1.83	1.85	1.88	1.90
16	1.93	1.95	1.98	2.00	2.03
17	2.05	2.07	2.10	2.13	2.16
18	2.17	2.19	2.22	2.25	2.28
19	2.29	2.32	2.35	2.38	2.41
20	2.41	2.44	2.47	2.50	2.54
21	2.52	2.56	2.59	2.63	2.66
22	2.64	2.68	2.72	2.75	2.79
23	2.76	2.80	2.84	2.88	2.91
24	2.88	2.92	2.96	3.00	3.04
25	3.00	3.04	3.08	3.13	3.17
26	3.12	3.17	3.21	3.25	3.29
27	3.24	3.29	3.33	3.37	3.42
28	3.36	3.41	3.45	3.50	3.54
29	3.48	3.53	3.58	3.62	3.67
30	3.60	3.65	3.70	3.75	3.80
31	3.72	3.77	3.82	3.87	3.92
32	3.84	3.89	3.94	4.00	4.05
33	3.96	4.01	4.07	4.12	4.17
34	4.08	4.13	4.19	4.24	4.30

已知纬度为 θ，海拔高度为 H 处的重力加速度 g 与标准重力加速度 g_0 关系如下：

$$g/g_0 = 1 - 0.0026\cos 2\theta - 3.14 \times 10^{-7} H \tag{2-25}$$

由此可知，对于某一地点的气压计来说，因为 θ、H 是常数，所以此项校正值是常量。

③ 仪器误差校正。由于仪器本身不够精确造成的“仪器误差”通常由气压计与标准气压计比较而得。对于某一气压计来说，这项校正也是常数。

在实验室中常将②、③两项合并为一项校正值 Δ，并将此值附于气压计上。因此大气压力：

$$p=p(\text{读数})-\Delta_t-\Delta \tag{2-26}$$

例如：已知某气压计的 $\Delta=0.9\text{mmHg}$，在 15.7℃时水银柱高读数 $h_t=753.45\text{mmHg}$，前面已求出 $\Delta_t=1.92\text{mmHg}$，所以：

$$\text{大气压力}=753.45-1.92-0.9=750.63\text{mmHg}$$

最后要说明，在目前使用的气压计的黄铜尺上分度单位是毫巴（mbar），它与标准大气压、毫米汞柱的关系换算如下：

$$1\text{atm}=1.01325\times10^5\text{mbar}$$

$$1\text{mbar}=0.75006\text{mmHg}$$

所以，用以毫巴为单位的气压计测量气压时，应先将其读数乘以 0.75006，然后再进行上述有关校正：即：

$$\text{大气压力/mmHg}=\text{读数/mbar}\times0.75006-\Delta_t-\Delta \tag{2-27}$$

2.4.5　交流电桥和电导池，电极和盐桥的制备与处理

（1）电解质溶液的电阻

在电解质溶液中插入两片惰性电极并通以直流电时，常伴随电解过程，有时还在电极上析出气体。电解的结果就使溶液的组成发生改变，因而引起电导的改变，而气体的析出则加剧电极极化，从而增大溶液电阻。因此用直流电源测定溶液电阻难以获得准确的结果。通常解决的方法是用较高频率的交流电，并将电极镀以铂黑。在交流电波形对称的条件下，电解作用便可避免，镀铂黑电极便能减轻极化。

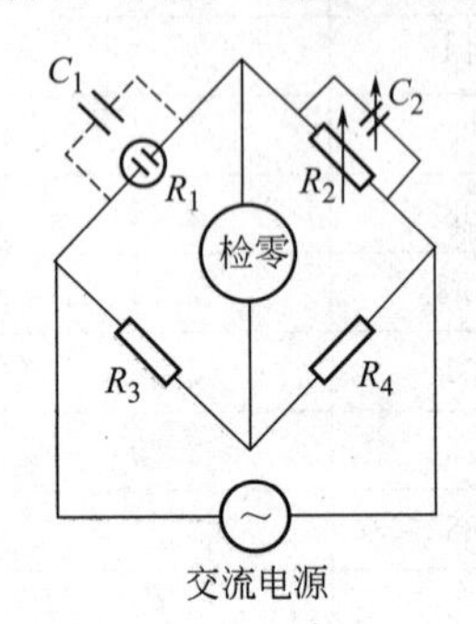

图 2-75　交流电桥

（2）交流电桥

交流电桥广泛用于电阻、电容和电感的测量。在化学领域中交流电桥常用于测量溶液电阻和电容 C，也就是溶液的电导和介电常数。

① 交流电桥的平衡条件。当直流电通过导体时，漏电的原因仅限于绝缘不良。但对交流电来说，漏电的原因则较复杂，它可能通过电路的各部分之间及电路与大地之间的电容耦合而漏电；也可通过电路间的互感及外界电磁场的耦合而漏电，漏电现象随频率增高而加剧。另外，由于电导池两极片间形成电容，可使图 2-75 中 R_1、R_2 两支线的电流不同相位，因而使平衡指示器难于找到平衡点。对于交流电来说，欧姆定律的表达式如下：

$$E=IZ \tag{2-28}$$

式中　Z——电路的阻抗。

这时惠斯登电桥平衡的条件将具有下面的形式：

$$\frac{I_1Z_1}{I_2Z_2}=\frac{I_3Z_3}{I_4Z_4}$$

如果电桥的电路对地没有漏电，电桥各部分之间也不漏电，并且电桥各支线间没有互感，则平衡时，$I_1=I_2$，$I_3=I_4$，从而

$$\frac{Z_1}{Z_2}=\frac{Z_3}{Z_4} \tag{2-29}$$

因此，当满足上述条件时，对交流电来说，在惠斯登电桥中不是电阻平衡而是阻抗平衡。

实际用于测量的交流电桥，都把两邻边 R_3、R_4 用阻值和结构相同的两个无感电阻作成，因此可认为

$$Z_3=R_3 \qquad Z_4=R_4$$

而另两臂的阻抗复量等于：

$$Z_1=\frac{1}{\frac{1}{R_1}+j\omega C_1} \qquad Z_2=\frac{1}{\frac{1}{R_2}+j\omega C_2}$$

代入式(2-29) 得：

$$\frac{1}{\frac{1}{R_1}+j\omega C_1}R_4=\frac{1}{\frac{1}{R_2}+j\omega C_2}R_3$$

因 $R_3=R_4$，解上式得：$R_1=R_2$；$C_1=C_2$。也就是说要在电导池的 R_1 相邻的 R_2 并联一个与电导池的电容 C_1 相等的电容 C_2，达到两臂的相位相等。

总的说来，用交流电桥测定溶液电阻应该做到：不应漏电；相邻的两臂的相位角应相等。为了满足第一个条件，需要合理安排电桥元件的位置，使它们相互之间以及与外界磁场源之间保持一定距离，以减少相互间的耦合。同时应对元件采取完善的电磁屏蔽和接地措施，使各种电磁耦合对测量的影响减至最小。为满足第二个条件，主要是调整与电导池相邻的一个臂的电容，使之与电导池电容相等（因为电导池两平行电极在空气中的电容虽然很小，但放在介电常数大的水溶液中时，其电容值就较大了）。

② 交流电源和指零仪器。如前所述，为了避免电极极化，应采用较高频率的交流电源。交流电的波形应该对称，谐波系数要小，最好是纯的正弦波，这样一来，正反两方向流过的电量完全相等，因而可认为在电极上没有化学反应发生。如果交流波形不对称，则总的说来，某一方向通过的电量就会过剩，从而产生与直流电相同的效应，使电极极化。

使电桥通过弱电流的目的在于防止电导池中产生热效应而使温度发生改变，同时也是为了减少极化。所以电源电压一般不超过 10V，甚至可低到 0.5V。通常所用交流电频率在 1000Hz 左右。频率过低，难于消除极化，增高频率虽有利于消除极化，但漏电现象、即杂散场对测量的影响就更加严重，故对高阻溶液宜采用低频。当以耳机作指零仪器时，以频率为 1000Hz 的灵敏度最高。目前多采用电子管振荡器作交流电源，最好是采用变压器对称输出。作为简单而灵敏的检流仪器，耳机可检查出 10^{-9}A 的电流，如在耳机之前装音频放大器，还可把耳机的灵敏度大大提高。耳机示零的缺点是主观任意性大，难于获得准确一致的结果。如用交流指零仪配合耳机示零，则可收到较好效果。简易交流指零仪线路如图 2-76 所示，其基本原理可简单说明如下：当无信号输入时，调限流电位器至微安表指针接近满刻度。当有交流信号输入时，通过 741CDP 集成块放大约 1000 倍后，经桥式整流输出一负的直流电压，此电压叠加在场效应三极管栅极上，从而导致源极电流显著下降，电表指针向零靠近。如不回零，可调调零电位器。随着电桥趋于平衡，输入信号逐渐减小，负偏压也随之减小，源极电流相应增加，电表指示增大，直到电桥平衡，输入信号极小，电表指针达最大值，此即电桥平衡点。这种指零方式的优点是避免了电桥不平衡时，微安表超量程打针。

使用这种指零仪时需先由耳机找出粗略的平衡位置，然后再由指零仪确定准确的平衡点。如果单用指零仪，就很难找到平衡位置。

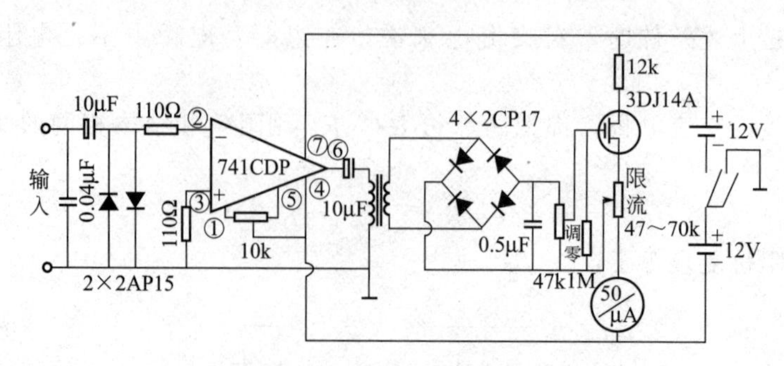

图2-76　交流指零仪线路图

此外，采用示波器指零，效果也很好。

(3) 电导池

为了防止极化，一般都用镀铂黑的铂电极，但铂黑可能对某些物质起催化作用，或可能从溶液中吸附溶质，从而改变其浓度，这对特别稀的溶液就更为严重，这时就宁愿用光铂电极。为了减少测量误差，可以适当改变电导池结构，以适应测量不同阻值范围的需要。对电阻大的溶液宜用面积大、距离近的电极，对电阻小的溶液宜用面积小、距离大的电极，实质上就是要求电导池常数不同。电解质水溶液的电导率通常在 $10\sim10^{-5}\,S\cdot m^{-1}$ 之间，要准备三种不同电导池常数的电导池。电导池常数可用已知电导率的氯化钾溶液来测定。25℃时KCl的电导率如下：

溶液浓度/mol·L^{-1}	1	0.1	0.01	0.001	0.0001
电导率/S·m^{-1}	11.19	1.289	0.1413	0.01469	0.001489

按照 $\kappa=G\dfrac{l}{A}=\dfrac{K_{cell}}{R}$，测得已知电导率的KCl溶液的电阻 R 后，即可求得电导池电导常数 K_{cell}。

式中　κ——电导率，$S\cdot m^{-1}$；

R——电阻，Ω；

G——电导，S；

l——电极距离，m；

A——电极面积，m^2；

K_{cell}——电导池常数，m^{-1}。

电导池的形式很多，并有多种现成的商品电极出售。一般实验用也可作成如图2-77所示的电导池。这种电导池的制作比较简单。如果没有铂金片，也可用黄金片，并镀上铂黑，仍然适用。黄金和铂丝可直接在喷灯上焊接。

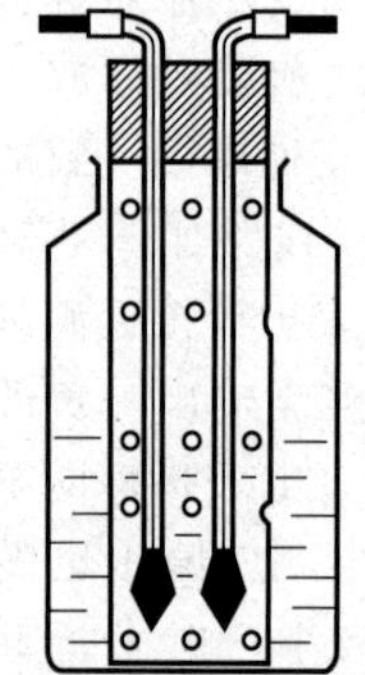

图2-77　电导池

(4) 电极镀铂黑方法

将铂电极先在热的KOH酒精溶液中浸洗几分钟，再用热的浓硝酸浸洗，最后用蒸馏水洗净。镀液由3%氯铂酸和0.25%醋酸铅组成。将电导池电极浸入镀液中，两电极分别接电池或直流电源正负极，串联电阻箱控制电流至电极上有小气泡逸出即可。每半分钟使电流换向一次，10min左右即成。镀好铂黑的电极浸入 $1mol\cdot L^{-1}$ H_2SO_4 溶液中，以铂黑为阴极，另外用一铂电极为阳极，电解几分钟以除去电极表面吸附的氯气。最后将电极放蒸馏水中保存备用。

(5) 甘汞电极的制备

甘汞电极是应用最广的一种参比电极，下面介绍实验室中常用的饱和甘汞电极的制法。

① 研磨法。在小玻璃研钵中加入少量化学纯甘汞（Hg_2Cl_2），滴加几滴纯汞及饱和氯

化钾溶液，小心研磨使成均匀灰白色糊状物。在研磨过程中，如果发现汞粒消失应再加一点。如果汞粒不消失，则应再加一点甘汞，总之使汞和甘汞饱和。

甘汞电极的形式很多，图 2-78(b) 的形式结构简单，易于制作。为使铂丝电极与汞接触良好，可先使铂丝镀上一层汞齐。方法是先使铂丝在浓硫酸中浸几分钟，然后用蒸馏水洗净，用它作为阴极，另用一铂丝作阳极，在1%硝酸汞溶液（加几滴硝酸酸化）中通 2V 直流电 1min，这时原光亮的铂丝变为灰色，再用蒸馏水淋洗，用滤纸吸干（不能擦洗）。把铂丝电极装入电极管中，塞紧橡皮塞，用滴管从加料口加入干净汞，以把铂丝全部淹没为度。再用滴管取制好的甘汞糊放在汞上面，甘汞糊上再放饱和氯化钾的晶浆，最后加满饱和氯化钾溶液，严密塞紧加料口。

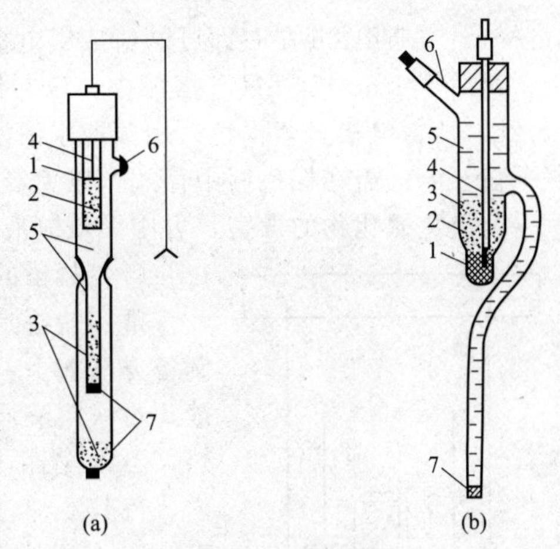

图 2-78　甘汞电极

1—汞；2—甘汞糊；3—氯化钾晶体；4—铂丝电极；5—饱和氯化钾溶液；6—加料口；7—滤纸塞或多孔瓷

目前市场上已有不少类型的商品甘汞电极出售。图 2-78(a) 是有保护盐桥的 217 型饱和甘汞电极。

② 电解法。以 $1mol \cdot L^{-1}$ 的 HCl 溶液作电解液，纯汞作阳极（由埋入汞中的铂丝作导线，此铂丝不能露出汞面，以免生成氧化汞）（图 2-79），在盐酸溶液中插入另一铂电极作阴极。通电后汞表面即有甘汞生成。用搅拌器使汞面不断更新。维持电流密度在 $0.2 \sim 2A \cdot dm^{-2}$ 对产物性能影响不大。由于大量细分散汞粒存在，使产物带灰黑色。将产物澄清，小心除去上层清液，先用蒸馏水洗净至酸性消失，再用饱和氯化钾溶液洗涤，得到的糊状物用前述方法放在汞面上。

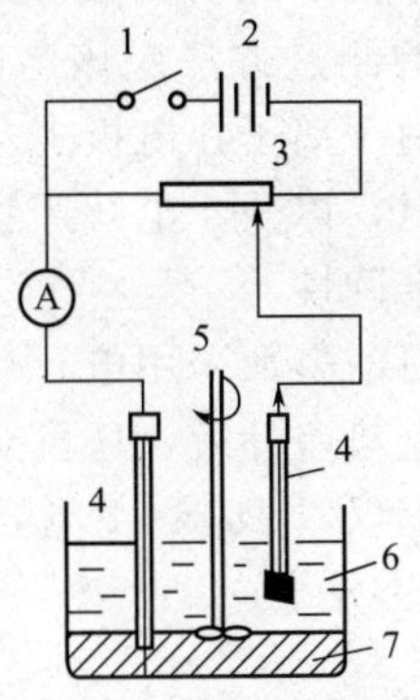

图 2-79　电解法制甘汞

1—开关；2—2～4V 直流电源；3—可变电阻；4—铂电极；5—搅拌器；6—$1mol \cdot L^{-1}$ HCl；7—汞

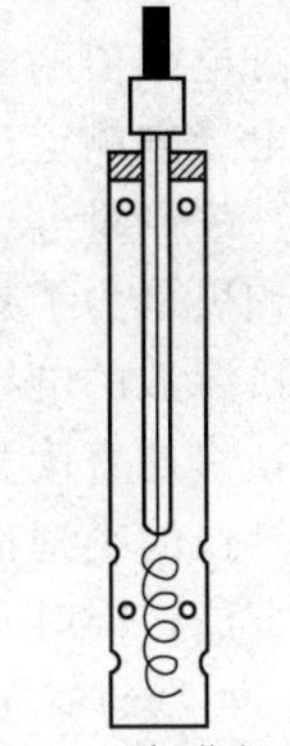
图 2-80　氯化银电极

为了避免溶液沿玻璃壁的毛细管渗透，影响电极电位和使盐液沿壁爬行，可设法使玻璃表面变为憎水的。为此可将玻璃件先烘至 100℃，再用含硅油 1%的四氯化碳处理表面，然后在 180℃左右烘 2h，冷后用四氯化碳萃出未与器壁结合的硅油。

（6）氯化银电极的制备

用铂或银丝或它们的小薄片，作成图 2-80 所示的形状。先进行镀银，电镀液可用硝酸银及氰化钾各 1.5g，分别溶于 50mL 蒸馏水中，然后将硝酸银溶液在搅拌下缓缓注入氰化钾溶液而成。待镀电极先用硝酸清洗，然后以它作阴极，另一铂丝作阳极，按电流密度

$2mA\cdot cm^{-2}$通电 2h 左右即可。所成银电极置于蒸馏水中浸泡两天并经常换水，以洗净氰化物。然后于 $1mol\cdot L^{-1}$ HCl 溶液中，以它作阳极，另一铂电极作阴极，在 $2mA\cdot cm^{-2}$下氯化 1～2h。所得电极显紫褐色。用蒸馏水清洗，在相应浓度的氯化钾溶液中放置 24h 以上使达到平衡。电极需在棕色瓶中存放，以免氯化银长期见光分解。

为避免氰化物的毒害，可用无氰镀液镀银。

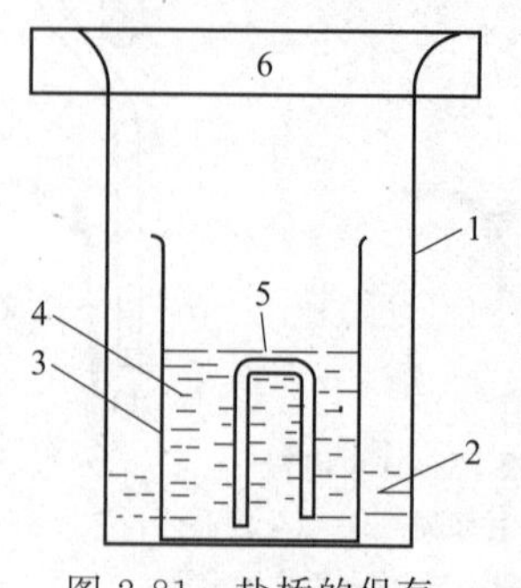

图 2-81　盐桥的保存
1—大烧杯；2—蒸馏水；3—小烧杯；4—饱和盐溶液；5—盐桥；6—表面皿

(7) 盐桥的制备和保存

常用盐桥是用 KCl 和 KNO_3 的饱和溶液与琼脂形成的冻胶。制备方法如下：在小烧杯中配制一定量的饱和 KCl 或 KNO_3 溶液，再按溶液质量的 1%称取琼脂，剪碎后浸入溶液中。水浴加热，不断搅拌，直至琼脂溶化。随后，用吸管将其吸入 U 形管内，待其冷却，凝胶冻结在 U 形管内，即成盐桥。U 形管中不能有气泡，否则容易造成断路。要注意，如果被连接的原电池溶液中有 Ag^+、Hg_2^{2+}，则不能用 KCl 盐桥，应用 KNO_3 盐桥，其制备方法与 KCl 盐桥相同。

盐桥用毕，应浸入饱和 KCl 溶液（如果是 KNO_3 盐桥，应浸入饱和 KNO_3 溶液）中保存。由于饱和溶液中的水在空气中的挥发，会使盐的晶体析出在 U 形管口与管壁上，影响使用。所以应如图 2-81 那样保存：将盐桥浸入小烧杯中的饱和盐溶液内，小烧杯放在有蒸馏水的大烧杯中，大烧杯用表面皿盖住。这样，大烧杯内的空间为水蒸气所饱和，盐也就不会因过饱和而析出。

2.4.6　电导和电导率的测量技术及仪器

测量待测溶液电导的方法称为电导分析法。电导是电阻的倒数，因此电导值的测量，实际上是通过电阻值的测量来换算的，也就是说电导的测量方法应该与电阻的测量方法相同。但在溶液电导的测定过程中，当电流通过电极时，由于离子在电极上会发生放电，产生极化引起误差，故测量电导时要使用频率足够高的交流电，以防止电解产物的产生。另外，所用的电极镀铂黑是为了减少超电位，提高测量结果的准确性。

电解质溶液的电导测量除可用交流电桥法外，目前多数采用电导仪进行，它的特点是测量范围广，快速直读及操作方便，如配接自动电子电势差计后，还可对电导的测量进行自动记录。电导仪的类型很多，基本原理大致相同，这里仅以 DDS-11 电导仪为例简述其构造原理及使用方法，同时介绍 DDS-11A 电导率仪的使用方法。

2.4.6.1　电导的测量及仪器

(1) 测量原理

DDS-11 型电导仪测量原理见图 2-82。

由图 2-82 可知：

$$\frac{ER_m}{E_m}-R_m=R_x$$

$$\frac{1}{R_x}=\frac{E_m}{R_m(E-E_m)}=G \tag{2-30}$$

式中　E——交流电压，V；

R_x——电导池电阻，Ω；

R_m——量程电阻，Ω；

E_m——量程电阻上的电压，V；

G——电导，S。

当 E 和 R_m 均为常数时，电导 $G(1/R_x)$ 的变化必将引起 E_m 作相应变化，所以测量 E_m 的大小，即可测得溶液电导的数值。

把振荡器产生的一个交流电压源 E，送到电导池 R_x 与量程电阻（分压电阻）R_m 的串联回路里，电导池里的溶液电导越大，R_x 越小，R_m 获得的电压 E_m 也就越大。将 E_m 送至交流放大器放大，再经过讯号整流，以获得推动表头的直流讯号输出，表头直读电导。

（2）使用方法

DDS-11 型电导仪面板如图 2-83 所示。使用方法如下：

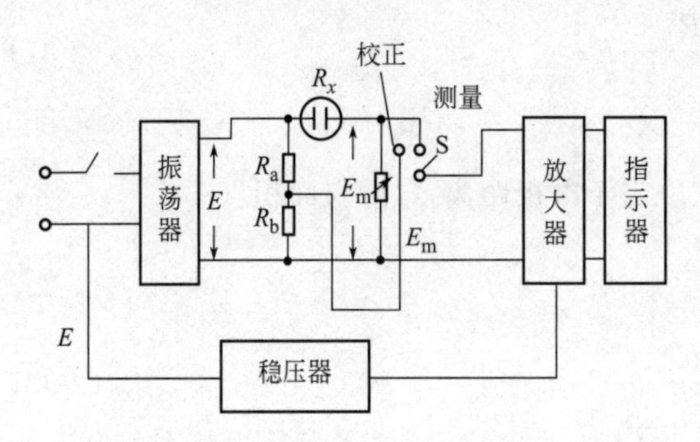

图 2-82　DDS-11 型电导仪原理

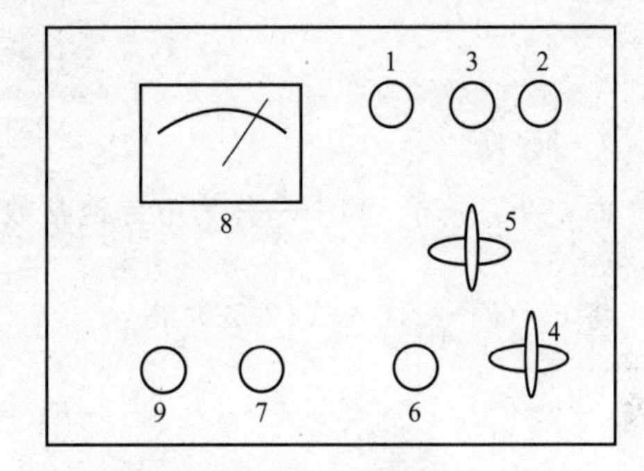

图 2-83　DDS-11 型电导仪的面板

1～3—电极接线柱；4—校正、测量开关；5—范围选择器；6—校正调节器；7—电源开关；8—指示表；9—电源指示灯

a. 接通电源前，先检查表针是否指零，如不指零，可调节表头上校正螺丝，使表针指零。

b. 接通电源，打开电源开关，指示灯即亮。预热 15min，即可开始工作。

c. 将测量范围选择器旋钮拨到所需的范围挡。如不知被测液电导的大小范围，则应将旋钮置于最大量程挡，然后逐挡减小，以保护表不被损坏。

d. 选择电极。本仪器附有三种电极，分别适用于下列电导范围：

（a）被测液电导低于 5μS 时，用 260 型光亮电极。

（b）被测液电导在 5～150mS 时，用 260 型铂黑电极。

（c）被测液电导高于 150mS 时，用 U 形电极。

e. 连接电极引线。使用 260 型电极时，电极上两根同色引出线分别接在接线柱 1、2 上，另一根引出线接在电极屏蔽接线柱 3 上。使用 U 形电极时，两根引出线分别接在接线柱 1、2 上。

f. 用少量待测液洗涤电导池及电极 2～3 次，然后将电极浸入待测溶液中，并恒温。

g. 将测量校正开关扳向“校正”，调节校正调节器，使指针停在红色倒三角处。应注意在电导池接妥的情况下方可进行校正。

h. 将测量校正开关扳向“测量”，这时指针指示的读数即为被测液的电导值。当被测液电导很高时，每次测量都应在校正后方可读数，以提高测量精度。

2.4.6.2　电导率的测量及仪器

（1）简单原理

DDS-11A 型电导率仪的构造与 DDS-11 型电导仪的构造是相似的，特点在于使用时电导率仪能直接读出电导率（κ）的读数，而不必先测定电导池常数再来求电导率。其原理

如下

$$E_m=\frac{R_m}{R_m+R_x}E \tag{2-31}$$

式中　E_m——量程电阻上的电压，V；

R_m——量程电阻，Ω；

R_x——电导池电阻，Ω；

E——交流电压，V。

在式(2-31) 中 R_x 为电导池两极间溶液的电阻，其倒数即为电导 G。

将 $G=1/R_x$ 代入式(2-31) 得：

$$E_m=\frac{R_m}{R_m+\frac{1}{G}}E \tag{2-32}$$

而 $\kappa=G\left(\frac{l}{A}\right)$，其中$\frac{l}{A}$称为电导池常数，它决定于电极距离（$l$）与面积（$A$）。

将 $\kappa=G\left(\frac{l}{A}\right)$代入式(2-32) 得：

$$E_m=\frac{R_m}{R_m+\frac{l}{A\kappa}}E \tag{2-33}$$

由式(2-33) 可知，当 E_m、R_m 和$\frac{l}{A}$均为定值时，$E_m=f(\kappa)$，即 E_m 是溶液电导率的函数。当电导率变化时，E_m 也相应变化（此 E_m 经过放大），因此，通过测量 E_m 即可求得电导率值。在电导率仪表头即可直接读出电导率的数值。

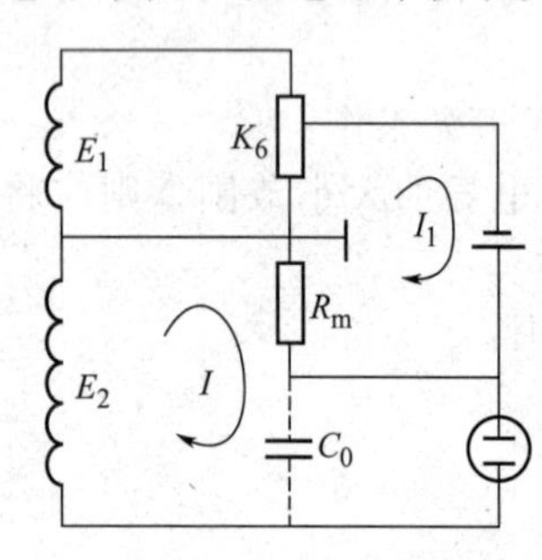

图 2-84　电容补偿原理

DDS-11A 型电导率仪振荡产生低周（约 140Hz）及高周（约 1100Hz）两个频率，分别作为低电导率测量和高电导率测量的信号源频率。振荡器用变压器耦合输出，因而使信号 E 不随 R_x 变化而改变。因为测量信号是交流电，因而电极极片间及电极引线间均出现了不可忽视的分布电容 C_0（大约 60pF），电导池则有电抗存在，这样将电导池视作纯电阻来测量，则存在比较大的误差，特别在 0～0.1μS·cm^{-1}低电导率范围内，此项影响较显著，需采用电容补偿消除之，其原理见图 2-84。

信号源输出变压器的次极有两个输出信号 E_1 及 E_2，E_1 作为电容的补偿电源。E_1 和 E_2 的相位相反，所以由 E_1 引起的电流 I_1 流经 R_m 的方向与测量信号 I 流过 R_m 的方向相反。测量信号 I 中包括通过纯电阻 R_x 的电流和流过分布电容 C_0 的电流。调节 K_6 可以使 I_1 与流过 C_0 的电流振幅相等，使它们在 R_m 上的影响大体抵消。

（2）测量范围

① 测量范围：0～10^5 μS·cm^{-1}，分 12 个量程。

② 配套电极：DJS-1 型光亮电极；DJS-1 型铂黑电极；DJS-10 型铂黑电极。光亮电极用于测量较小的电导率（0～10μS·cm^{-1}），而铂黑电极用于测量较大的电导率（10～10^{5}μS·cm^{-1}）。通常用铂黑电极，因为它的表面积比较大，这样降低了电流密度，减少或消除了极化。但在测量低电导率溶液时，若铂黑对电解质有强烈的吸附作用，出现不稳定的现象，这时宜用光亮铂电极。

③ 电极选择原则见表 2-8。

表 2-8 电极选择

量　程	电导率/$\mu S\cdot cm^{-1}$	测量频率	配套电极
1	0～0.1	低周	DJS-1 型光亮电极
2	0～0.3	低周	DJS-1 型光亮电极
3	0～1	低周	DJS-1 型光亮电极
4	0～3	低周	DJS-1 型光亮电极
5	0～10	低周	DJS-1 型光亮电极
6	0～30	低周	DJS-1 型铂黑电极
7	0～10^2	低周	DJS-1 型铂黑电极
8	0～3×10^2	低周	DJS-1 型铂黑电极
9	0～10^3	高周	DJS-1 型铂黑电极
10	0～3×10^3	高周	DJS-1 型铂黑电极
11	0～10^4	高周	DJS-1 型铂黑电极
12	0～10^5	高周	DJS-10 型铂黑电极

(3) 使用方法

DDS-11A 型电导率仪的面板见图 2-85。

① 打开电源开关前，观察表针是否指零，若不指零时，可调节表头的螺丝，使表针指零。

② 将校正、测量开关拨在“校正”位置。

③ 插好电源后，再打开电源开关，此时指示灯亮。预热 15min 左右，待指针完全稳定下来为止。调节校正调节使表针指向满刻度。

④ 当选用 1～8 挡低电导率量程 5 时，将高低周开关 3 扳向“低周”；如选用 9～12 挡高电导率量程 5 时，则扳向“高周”。

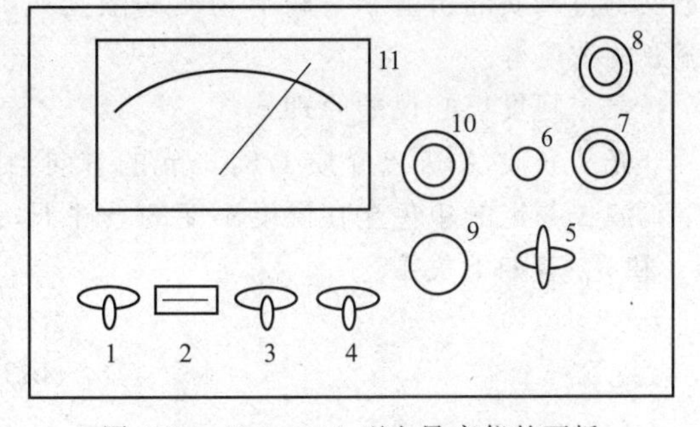

图 2-85 DDS-11A 型电导率仪的面板

1—电源开关；2—指示灯；3—高周、低周开关；4—校正、测量开关；5—量程选择开关；6—电容补偿调节器；7—电极插口；8—10mV 输出插口；9—校正调节；10—电极常数调节；11—表头

⑤ 将量程选择开关拨到测量所需范围。如预先不知道被测溶液电导率的大小，则由最大挡逐挡下降至合适范围，以防表针打弯。

⑥ 根据电极选用原则，选好电极并插入电极插口。各类电极要注意调节好配套电极常数，如配套电极常数为 0.95（电极上已标明），则将电极常数调节器调节到相应的位置 0.95 处。

⑦ 将电极用少量待测液洗涤 2～3 次，再将电极浸入装有待测液的电导池中并恒温。

⑧ 将校正、测量开关拨向“测量”，这时表头上的指示读数乘以量程开关的倍率，即为待测液的实际电导率。

⑨ 当量程开关指向黑点时，读表头上刻度（0～1$\mu S\cdot cm^{-1}$）的数值；当量程开关指向红点时，读表头下刻度（0～3$\mu S\cdot cm^{-1}$）的数值。

⑩ 当用 0～0.1$\mu S\cdot cm^{-1}$或 0～0.3$\mu S\cdot cm^{-1}$这两挡测量高纯水时，在电极未浸入溶液前，调节电容补偿调节器，使表头指示为最小值（此最小值是电极铂片间的漏阻，由于此漏阻的存在，使调节电容补偿调节器时表头指针不能达到零点），然后开始测量。

⑪ 如要想了解在测量过程中电导率的变化情况，将 10mV 输出接到自动平衡记录仪上即可。

⑫ 注意事项。

a. 电极的引线不能潮湿，否则测量不准。

b. 高纯水应迅速测量，否则空气中 CO_2 溶入水中变为 CO_3^{2-}，使电导率迅速增加。

c. 测定一系列浓度待测液的电导率，应注意按浓度由小到大的顺序测定。

d. 盛待测液的容器必须清洁，没有离子沾污。

e. 电极要轻拿轻放，切勿触碰铂黑。

2.4.7　阿贝折光仪

折射率是物质的特性常数，纯物质具有确定的折射率，但如果混有杂质其折射率会偏离纯物质的折射率，杂质越多，偏离越大。纯物质溶解在溶剂中，折射率也会发生变化。当溶质的折射率小于溶剂的折射率时，浓度越大，混合物的折射率越小；反之亦然。折射率的数据也用于研究物质的分子结构，如计算摩尔分子折射率和极性分子的偶极矩。阿贝折光仪测定折射率的范围为 1.3～1.7 之间，精度可达±0.0001。它的优点在于：所需试样很少，只要数滴液体即可测试，测定方法简便，无需特殊的光源设备，普通的日光以及其他白光都可使用，棱镜有夹层，可通以恒温水流以保持所需的恒定温度。基础化学实验中，常用阿贝折光仪测定物质的折射率来确定物质的浓度或纯度，如环己烷-乙醇二组分系统的组成、蔗糖溶液的浓度等。

(1) 阿贝折光仪的原理

光从介质 A 进入介质 B 时，光的方向会发生改变，这一现象叫光的折射。根据折射定律，波长一定的单色光在温度不变的条件下，其入射角 α 和折射角 β 与这两种介质的折射率 n_A 和 n_B 有如下关系：

$$\frac{\sin\alpha}{\sin\beta}=\frac{n_B}{n_A} \tag{2-34}$$

如果介质 A 是真空，规定 $n_A=1$，$n_B=\dfrac{\sin\alpha_{真空}}{\sin\beta}$，$n_B$ 称为介质 B 的绝对折射率。如果介质 A 为空气，因为 $n_A=1.0029$，则有

$$\frac{\sin\alpha_{空气}}{\sin\beta}=\frac{n_B}{1.0029}=n'_B\approx n_B \tag{2-35}$$

n'_B称为介质 B 对空气的相对折射率。因 n_B 与 n'_B相差很小，所以通常就以 n'_B作为介质 B 的绝对折射率，但在精密测定时，必须进行校正。

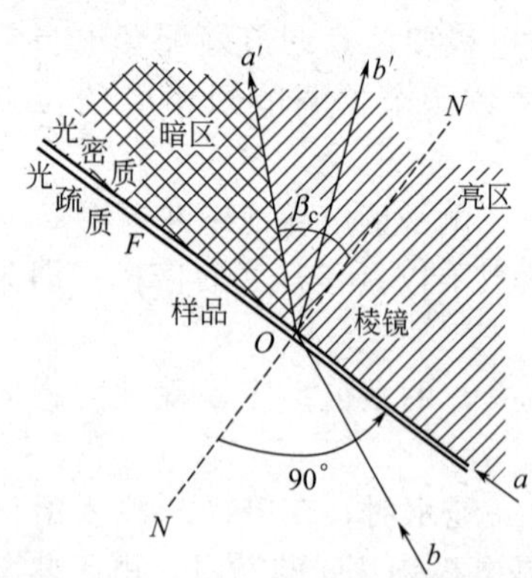

图 2-86　阿贝折光仪测量原理图

物质的折射率 n 与温度和所用光的波长有关，所以在 n 的右下角和右上角分别注明测定时所用光的波长和介质温度，如 n_D^{25}，表示 25℃时该介质对钠光 D 线（黄色，$\lambda=589.6$nm）的折射率。

阿贝折光仪就是根据临界折射现象设计的，测量原理如图 2-86 所示。

被测样品置于测量棱镜的 F 面上，而棱镜的折射率 $n_p=1.85$ 大于试样的折射率。如果入射光线 a 正好沿着棱镜与试样的界面 F 方向射入，其折射光为 a'，即入射角 $\alpha_a=90°$，对应的折射角即为临界角 β_c。因光线自光疏介质进入光密介质，因而不可能有比 β_c 更大的折射角，这样大于临界角的区域构成了暗区，小于临界角的区域构成亮区。因此 β_c 具有特征意义，根据式 (2-36)，可得待测样品的折射率

$$n=n_p\times\frac{\sin\beta_c}{\sin 90°}=n_p\cdot\sin\beta_c \tag{2-36}$$

显然，如果已知棱镜的折射率 n_p，并在温度、单色光波长都保持恒定的条件下，只要

测出临界角 β_c，就可计算出被测样品的折射率 n。

(2) 阿贝折光仪的构造

阿贝折光仪的外形见图 2-87，其光路图见图 2-88。

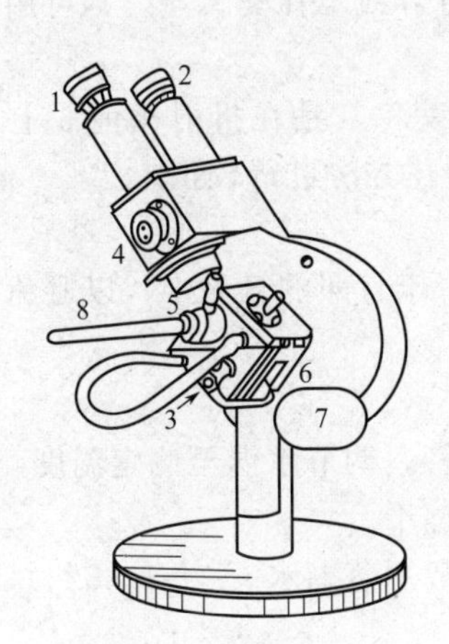

图 2-87 阿贝折光仪

1—目镜；2—放大镜；3—恒温水接头；

4—消色补偿器；5，6—棱镜；

7—反光镜；8—温度计

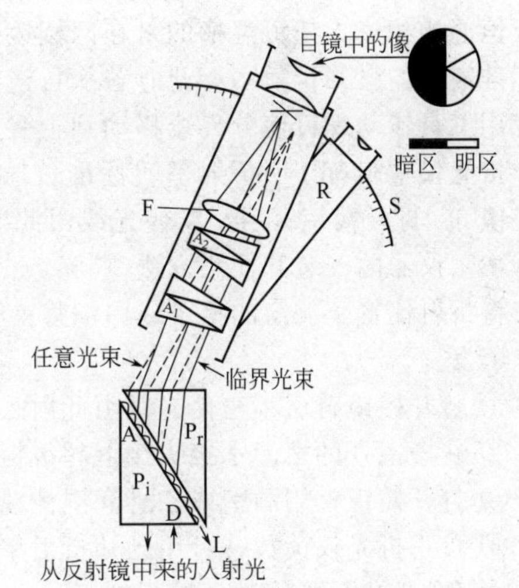

图 2-88 光的行程

P_r—折射棱镜；P_i—辅助棱镜；A_1，A_2—阿密西棱镜；

F—聚焦透镜；L—液体层；R—转动臂；S—标尺

为了方便，阿贝折光仪的光源是日光而不是单色光，日光通过棱镜时要发生色散，使临界线模糊，因而在测量望远镜的镜筒下面设计了一套消色散棱镜（阿米西棱镜），如出现彩色光带，调节消色补偿器，使彩色光带消失，阴暗界面清晰。

阿贝折光仪的主要部分为两个直角棱镜 5 和 6。两棱镜中间留有微小的缝隙，其中可以铺展一层待测的液体。光线从反射镜射入棱镜 6 后，在 A、D 面上（图 2-88）发生漫射（A、D 面为毛玻面）。漫射所产生的光线透过缝隙的液层而从各个方向进入折射棱镜 P_r 中。根据以前的讨论，从各个方向进入棱镜 P_r 的光线均产生折射，而其折射角都落在临界折射角 β_c 之内。具有临界折射角 β_c 的光射出棱镜 P_r 经阿密西棱镜消除色散再经聚焦之后射于目镜上，此时若目镜的位置适当，则目镜中出现半明半暗。

实验时将棱镜 5 和 6 打开，用擦镜纸将镜面擦拭洁净后，在镜面上滴少量待测液体，并使其铺满整个镜面，关上棱镜，调节反射镜 7 使入射光线达到最强，然后转动棱镜使目镜出现半明半暗，分界线位于十字线的交叉点，这时从放大镜 2 即可在标尺上读出液体的折射率。

实验所用的光常为白光，白光是各种不同波长的光混合而成，由于波长不同的光在相同介质的传播速度不同（色散现象），所以用白光作光源时，目镜的明暗分界线并不清楚。为了消除色散，在仪器上装有消色补偿器——阿密西棱镜。

消色棱镜是由两块相同但又可反向转动的阿密西棱镜组成。白光通过这种棱镜后能产生色散。若两棱镜相对位置相同，则光线通过第一块棱镜发生色散后，再通过第二块又发生色散，总色散为二者之和。将两块棱镜各反向转动 90°（相当于一块转 180°），则第一块的色散被第二块的色散抵消，总的来讲没有色散，出来的仍为白光。因此若让已有色散的光通过消色棱镜，可调节两棱镜的相对位置，使原有色散恰为消色棱镜的色散所抵消，出棱镜后各色光线平行，视野中可得清楚的明暗分界线。

阿密西棱镜的结构特点是钠光 D 线通过后不改变方向，所以消色后的各色光均和钠光 D 线平行，因此所测得的折射率与用钠光 D 线测得的相一致。

在折光仪嵌目镜的金属筒上，有一个供校准仪器用的螺钉。在进行校正时，折光仪应与超级恒温槽相连，使恒温槽的水在两棱镜的外层间循环，并将刻度尺上的读数调节在该温度下标准液体的已知折射率。此时若从目镜中看到的明暗分界线不在交叉点，则可用仪器附属的专用工具转动螺钉使分界线移动到十字交叉点上。

折光仪常附有注明折射率的标准玻璃块，可用 α-溴萘将其粘在折射棱镜 5 上，不要合上棱镜 6，打开棱镜背后小窗使光线由此射入，然后用上述方法进行校正。

（3）仪器的安装和使用方法

将折射仪置于靠窗的桌子或白炽灯前，但勿使仪器置于直照的日光中，以避免液体试样迅速蒸发。

① 打开棱镜背后小窗使光线由此射入。

② 在棱镜处的恒温水接头接上超级恒温槽的进出水管，调节水温至测定温度。

③ 打开棱镜，用酒精或乙醚润湿棱镜，再用擦镜纸擦干。

④ 校正折光仪读数，可用已知折射率的纯液体（一般用蒸馏水 $n_D^{25}=1.3325$）或标准玻璃块（随仪器出厂的附件）进行校正。

⑤ 加样。将待测液体用滴管加在下棱镜的磨砂面上，合上棱镜（要求液面均匀而无气泡）。如被测液体较易挥发，则需从折射棱镜侧面小孔处加入。

⑥ 对光。转动手柄，使刻度盘标尺上的示值为最小。调节反射镜，使入射光进入棱镜组，同时从测量望远镜中观察，使视场最亮。调节目镜，使视场准丝最清晰。

⑦ 粗调。转动手柄，使刻度盘标尺上的示值逐渐增大，直至观察到视场中出现彩色光带或黑白临界线为止。

⑧ 消色散。转动消色散手柄，使视场内呈现一个清晰的明暗临界线。

⑨ 精调。转动手柄，使临界线正好处在×形准丝交点上，若此时又呈微色散，必须重调消色散手柄，使临界线明暗清晰（调节过程在右边目镜看到的图像变化如图 2-89 所示）。

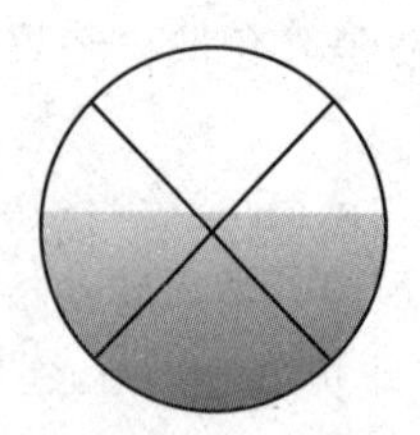

(a) 未调节右边旋钮前在右边目镜看到的图像，此时颜色是散的

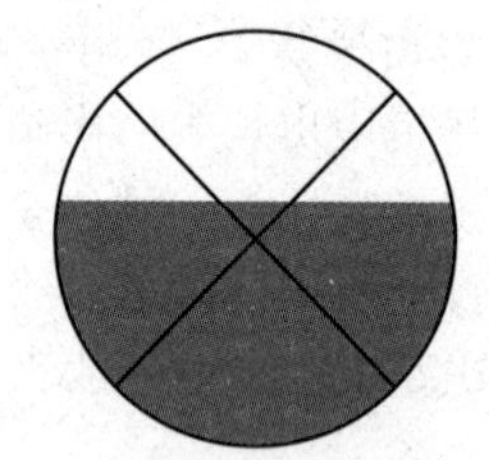

(b) 调节右边旋钮直到出现有明显的分界线为止

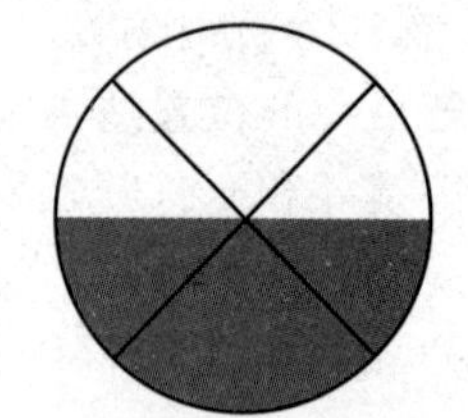

(c) 调节左边旋钮使分界线过交叉点为止，并在右边目镜中读数

图 2-89　折射率读数视图

⑩ 读数。从读数望远镜中读出标尺上相应的示值（图 2-90），为减少偶然误差，应转动旋钮，重复测定三次，三个读数相差不能大于 0.0002，然后取其平均值。为防止因沾污或试样中易挥发组分的蒸发致使试样组分发生微小的改变，测一个试样时须重复取三次样，测定这三个样品的数据，再取其平均值。

阿贝折光仪最重要的是两直角棱镜，使用时不能将滴管或其他硬物碰到镜面，以免损坏。对腐蚀性的液体、强碱以及氟化物等亦不得使用阿贝折光仪进行测定。折光仪用毕应该用酒精或乙醚洗净镜面，用专用擦镜纸轻擦干净。

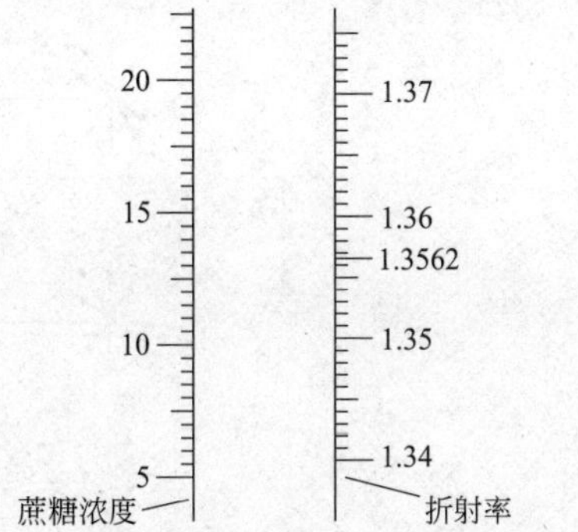

20
15
10
5
1.37
1.36
1.3562
1.35
1.34
蔗糖浓度
折射率
实验测得折射率为: 1.356+0.001×1/5=1.3562

图 2-90 折射率读数校正示意图

2.4.8 旋光仪

一平面偏振光通过具有旋光性的物质时，平面偏振光会发生一定的偏转，描述偏转方向（左旋、右旋）及大小的物理量即旋光度。旋光度是旋光性物质的特性常数。旋光仪是测定物质旋光度的仪器。通过旋光度的测定，可以得知物质的纯度、物质在溶液中的浓度以及有关物质立体结构的知识。旋光仪也是在化学领域中被广为应用的仪器之一。

2.4.8.1 偏振光的产生及旋光度的测定

（1）偏振光的产生

一束可在各个方向振动的单色光，通过各向异性晶体（如冰晶石）时，产生两束振动面相互垂直的偏振光，见图 2-91。由于它们在晶体中折射率不同，因此，当一束单色光以一定入射角投射到由各向异性的冰晶石组成的尼科尔棱镜时，即产生振动面相互垂直的偏振光，又由于全反射原理，垂直于纸面的一束全反射光，被棱镜框的涂黑表面吸收，由此得到一个只与纸面平行的平面偏振光，见图 2-92。这种产生偏振光的构件称为起偏镜，除了由冰晶石组成的尼科尔棱镜外，目前多用聚乙烯醇人造偏振片。

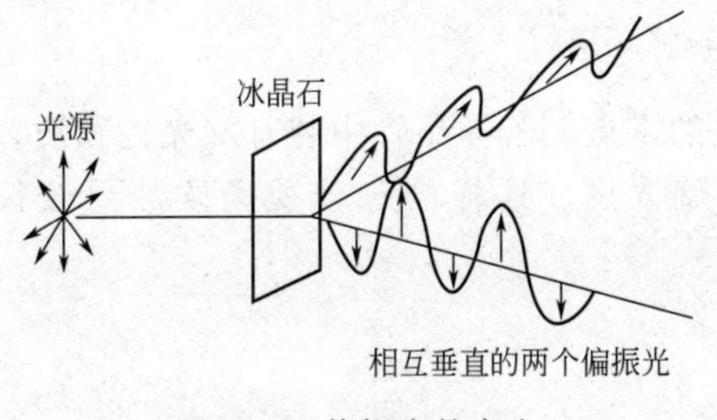

光源
冰晶石
相互垂直的两个偏振光

图 2-91 偏振光的产生

自然光
平面偏振光
冰晶石
黑色吸收涂层
加拿大树胶

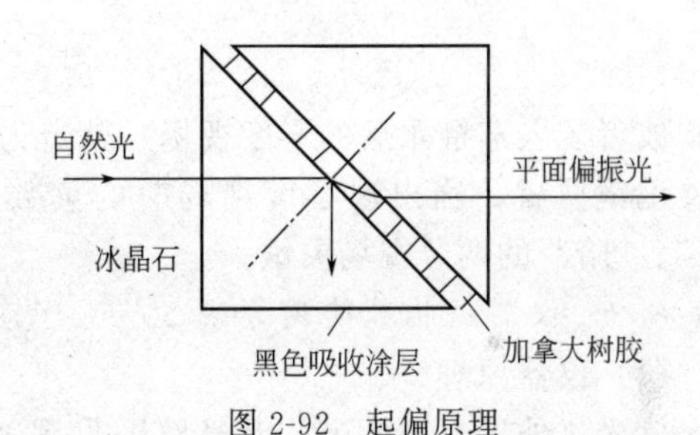

图 2-92 起偏原理

（2）偏振光的旋转

要测定某偏振光在空间的振动平面，需要用一块与之相同的偏振器，即检偏镜相配合。当两者放置互相平行，由起偏镜出来的偏振光能全部地通过检偏镜，就可得到亮的视野，见图 2-93(a)。若后者垂直于前者，则偏振光不能通过检偏镜，得到暗的视野，见图 2-93(b)。若在图 2-93(b) 的两偏振镜间放一旋光性物质，使从起偏镜出来的偏振面旋转过 α 角。因此这时检偏镜必须也转过 α 角度后，才能依然得到暗视野，见图 2-93(c)。检偏镜旋转的角度，即为偏振光所通过该旋光性物质的旋光度。

（3）零点的确定

为了提高分辨视场“亮”、“暗”的灵敏度，旋光仪采用三分视场来提高测量的准确度，即在起偏镜后安置一占视场中间宽度 1/3 的石英半波片，使起偏镜出来的偏振光透过半波片后旋转了某一角度，因此经检偏镜后的视场中出现三分视场。如果转动检偏镜于不同位置，在视场中可见到三种不同的情况，见图 2-94。图 2-94(a)，由起偏镜出来的光，其中通过石英半波片的部分不能通过检偏镜，而其余均能过检偏镜，出现中间黑，两旁亮的视场。图 2-94(b)，通过石英半波片的光能通过检偏镜，而原起偏镜出来的光却不能，出现了中间亮、两旁暗的视场。图 2-94(c)，起偏镜出来的光与通过石英半波片出来的光均以同样分量通过检偏镜，出现了三分视场界线消失，见到亮度均匀的零度视场。当样品管中不放溶液（即空

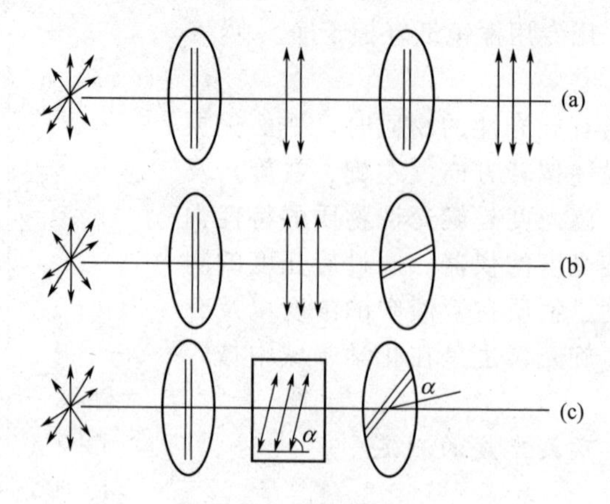

图 2-93　偏振光的旋转

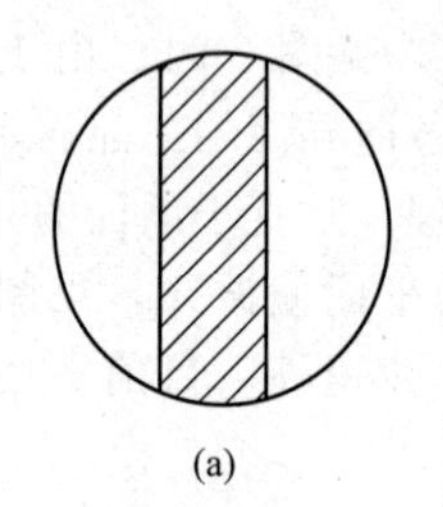
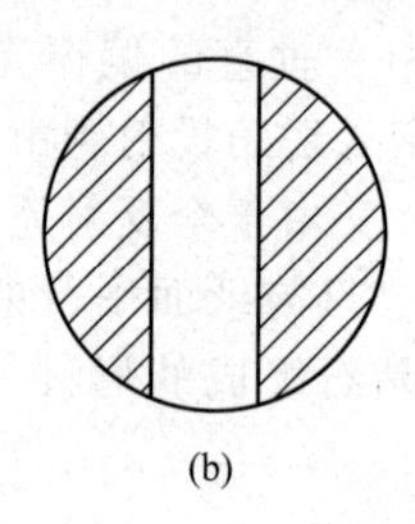
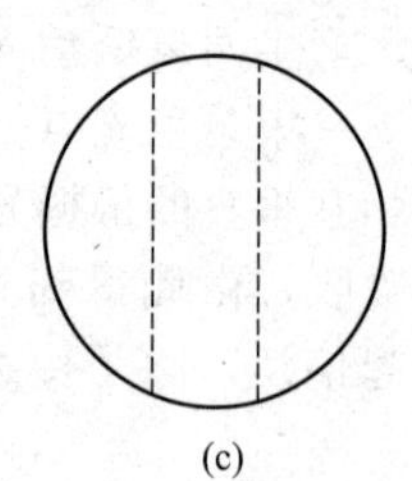

图 2-94　三分视野

管）或者装入蒸馏水后的零度视场，就定为旋光仪的零点。若样品管中装有旋光性物质，调节检偏镜位置，当出现零度视场时的读数，即为旋光度。这样的三分视场读数要较仅有“亮”、“暗”的两分视场灵敏。

2.4.8.2　仪器结构及使用方法

(1) 仪器原理

旋光仪外形见图 2-95。其光路图见图 2-96。光线从光源 1 投射到聚光镜 2、滤色镜 3、起偏镜 4 后，变成平面直线偏振光，再经半波片 5 分解成寻常光与非寻常光后，视场中出现了三分视界。旋光物质盛入试管 6 放入镜筒测定，由于溶液具有旋光性，故把平面偏振光旋转了一个角度，通过检偏镜 7 起分析作用，从目镜 9 观察，就能看到中间亮（或暗）、左右暗（或亮）的照度不等三分视场［图 2-94(a) 或 (b)］，转动度盘手轮 12，带动度盘游标 11、检偏镜 7，觅得视场照度（暗视场）相一致［图 2-94(c)］时为止。然后从放大镜中读出度盘旋转的角度（图 2-97）。

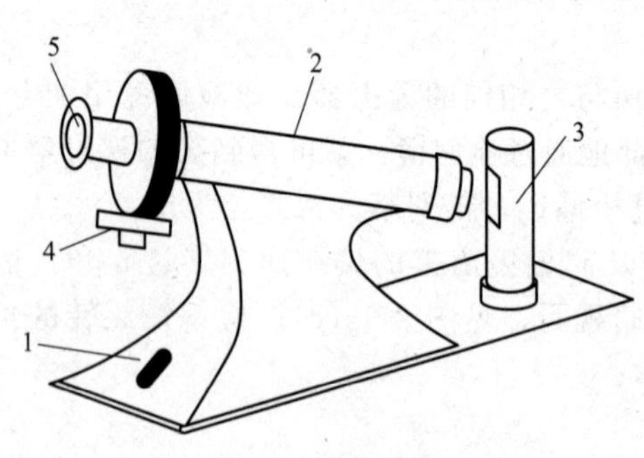

图 2-95　旋光仪

1—开关；2—旋光管筒管；3—钠光灯；4—度盘旋轮；5—目镜

为了便于操作，仪器的光学系统以倾斜 20°安装在基座上。光源采用 20W 钠光灯（波长 $\lambda=589.3$nm）。钠光灯的限流器安装在基座底部，无需外接限流器。仪器的偏振器均为聚乙烯醇人造偏振片。仪器采用双游标读数，以消除度盘偏心差。度盘分 360 格，每格 1°，游标分 20 格，等于度盘 19 格，用游标直接读数到 0.05°（图 2-97）。度盘和检偏镜固定一体，手轮 12 能做粗、细转动。游标窗前方装有两块 4 倍的放大镜，供读数时用。

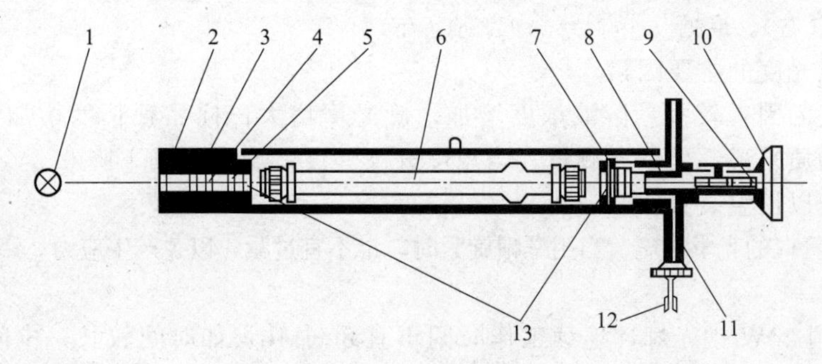

图 2-96 仪器光路图

1—光源（钠光）；2—聚光镜；3—滤色镜；4—起偏镜；5—半波片；6—试管；7—检偏镜；8—物镜；9—目镜；10—放大镜；11—度盘游标；12—度盘转动手轮；13—保护片

(2) 使用方法

① 准备工作

a. 先把预测溶液配好，并加以稳定和沉淀。

b. 把预测溶液盛入试管待测。但应注意试管两端螺旋不能旋得太紧（一般以随手旋紧不漏水为止），以免护玻片产生应力而引起视场亮度发生变化，影响测定准确度。将两端残液揩拭干净。

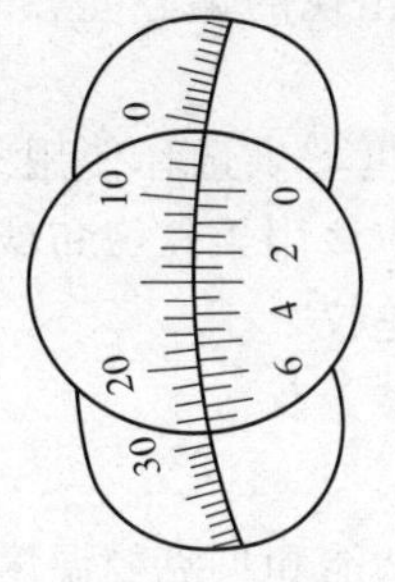

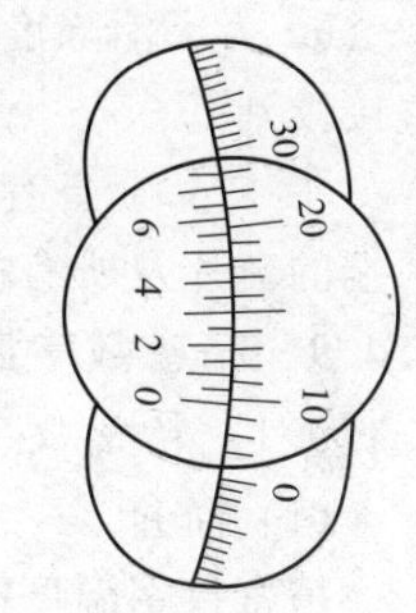

图 2-97 双游标读数

c. 接通电源，点亮约 10min，待完全发出钠黄光后，才可观察使用。

d. 检验度盘零度位置，如不正确，可旋松度盘盖四只连接螺钉、转动度盘壳进行校正（只能校正 0.5°以下），或把误差值在测量过程中加减。

② 测定工作

a. 打开镜盖，把试管放入镜筒中，随后把镜盖盖上测定。放置时让试管有圆泡一端朝上，以便把气泡存入，不致影响观察和测定。

b. 调节视度螺旋至视场中三分视界清晰时止。

c. 转动度盘手轮，至视场亮度相一致（暗现场）时止。

d. 从放大镜中读出度盘所旋转的角度；若检偏镜是右偏的（顺时针方向），则称为右旋，用“+”号表示，相反则是左旋的（反时针方向），用“−”号表示。

2.4.8.3 比旋光度与影响旋光度的因素

(1) 比旋光度

为了比较各物质旋光度的大小，引入“比旋光度”作为度量物质旋光能力的标准。所谓比旋光度，即当偏振光通过 10cm 长、每毫升含有 1g 旋光性物质的溶液后所产生的旋光角，即：

$$\alpha_{\lambda}^{t}=\frac{10\alpha}{lc}$$

式中 α——所观察到的旋光角；

λ——所用光波长；

t——测定时温度；

l——光通过溶液柱长度，cm；

c——每毫升溶液中旋光物质的质量，g·mL^{-1}。

一般在 20℃用钠光测定，写作 $[\alpha]_{D}^{20℃}$。例如：蔗糖 $[\alpha]_{D}^{20℃}=66.00°$（右），葡萄糖

$[\alpha]_D^{20℃}=52.50°$(右)，果糖$[\alpha]_D^{20℃}=-91.90°$(在)。

(2) 影响旋光度的主要因素

影响旋光度的因素较多。溶液浓度增加，旋光度增大；样品管长度增加，旋光度也增大。对大多数物质来说，用钠光测量，当温度升高一度，旋光度约下降 0.3%，因此要求高的测量过程应配以恒温装置。

此外，样品管口的光学玻璃，当用螺帽旋紧时，也不宜过紧，以免产生应力，影响读数准确。

(3) 说明

① 光源取用 20W 钠光灯，连续工作时间不宜超过 4h。如时间较长，中间应关熄 10～15min 再继续使用。

② 读数盘与检偏镜靠手轮同轴转动，顺时针旋转读数正值为右旋物质；逆时针旋转读数负值为左旋物质。

③ 为了消除度盘可能出现的偏心差，采用双游标读数，然后求其算术平均值。游标可直接读到 0.05°。

④ 样品管备有不同长度，供选择使用。对旋光度小的系统可采用较长样品管。样品管两端的玻片及所有棱片，应该用柔软绒布或擦镜纸揩擦。

2.4.9　精密数字温度温差仪

2.4.9.1　精密数字温度温差仪

(1) 简介

精密数字温度温差仪功能和贝克曼温度计相同，可用于精密温差测量。仪器采用经过多次液氮-室温-液氮热循环处理过的热电传感器作探头，因此，具有灵敏度高、复现性好、线性好等优点。仪器线路采用全集成设计方案。可与计算机接口。此外，在整个使用温度范围内，仪器自动实现换挡功能，无须手动调节平衡，使用方便、快捷。

(2) 结构与原理

仪器前面板如图 2-98 所示。其中旋钮开关用来控制内置蜂鸣器的鸣叫。传感器接入口为非拆卸式，与仪器为一个整体，以保证测量精度。后面板如图 2-99 所示。

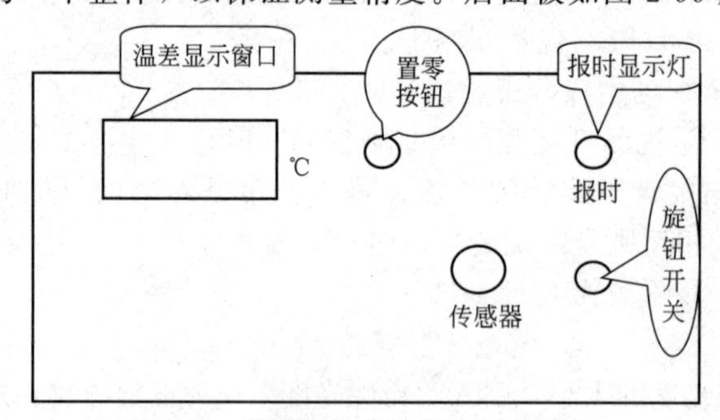

图 2-98　精密数字温度温差仪前面板

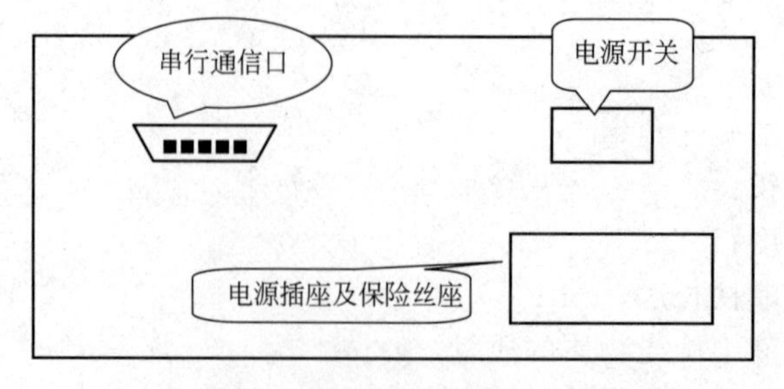

图 2-99　精密数字温度温差仪后面板

仪器利用热电传感器的原理，用热电阻变化来测量体系的温度变化。因此数据准确，灵敏度高。

（3）型号和主要技术指标

精密数字温度温差仪型号及技术参数见表 2-9。

表 2-9 精密数字温度温差仪型号及技术参数

型号	JDW3F 型	显示	4 位半
电源电压/V	220±10%(50Hz)	稳定度/℃	±0.001(温差范围：−5℃)
环境温度/℃	−10～40	测量温差的温度范围/℃	−20～100

标准 RS-232C 接口（可选）

波特率：9600 字节/s

校验位：无

每 1/3 秒输出 5 字节 HEX 数据：D1-D2-D3-D4-D5。其中：D1 为 EB（NJ 步字）；D2 为 90（步字）；D3 为显示值低字节；D4 为显示值高字节（最高位为符号位）；D5 为 D1×orD2×orD3×orD4（校验字节）。

（4）使用方法

① 探头插入恒温槽中。

② 插上电源插头，打开电源开关，LED 显示即亮。预热 5min，显示数值为一任意值。

③ 待显示数值稳定后，按下“设定”键并保持约 2s，参考值自动设定在 0.000℃附近。

④ 改变槽内温度，等槽内温度稳定后读出温度值 T_1，便可得：$\Delta T=T_1-T_0$。若设定 $T_0=0.000$℃，则 $\Delta T=T_1$，与水银贝克曼温度计相比，使用方便，读数稳定。

⑤ 每隔 30s，面板上的红色指示灯闪烁一次，同时蜂鸣器鸣叫 1s，以便使用者读数（面板上按钮开关拨向上方，蜂鸣器鸣叫；反之，蜂鸣器不再鸣叫）。

⑥ 在预热和按下“设定”键时，可能遇到仪器自动换挡的情况，稍等待即可。此外，为保证仪器精度和跟踪范围，每次测量的初值通常应为 0.000℃左右，也可保持在−10～10℃之间。否则，应按第③步清零处理。

（5）注意事项

① 恒温槽的搅拌电动机不得有漏电现象。

② 仪器不要放置在有强电磁场干扰的区域内。

③ 如仪器正常加电后无显示，请检查后面板上的保险丝（0.5A）。

④ 探头的最前端为感温点，测量应将其尽量接近被测点。整个探头封装得较长，是为了方便使用，严禁弯折及在大于 120℃的被测温度下使用。

⑤ 随机装箱的通信线为 PC 串行口兼容的标准 9D 插头。在插拔时应关闭仪器和 PC 机电源，以防止损坏通信口。

2.4.9.2 SWC-ⅡD 精密数字温度温差仪

（1）简介

SWC-ⅡD 精密数字温度温差仪是在 SWC-ⅡC 数字贝克曼温度计的基础上经过精心设计、精心制作而开发的新产品。它除具备 SWC-ⅡC 数字贝克曼温度计的显示清晰、直观、分辨率高、稳定性好、使用安全可靠等特点外，还具备湿度-温度双显示、基温自动选择、读数采零、超量程显示、可调报时、基温锁定和可与计算机连接等功能。

（2）结构与原理

SWC-ⅡD 精密数字温度温差仪前面板如图 2-100 所示。

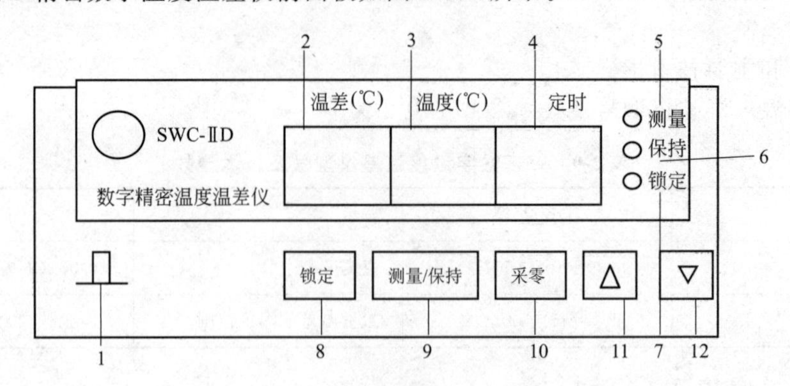

图 2-100　SWC-ⅡD 精密数字温度温差仪前面板

1—开关；2—温差显示窗口；3—温度显示窗口；4—定时窗口；5～7—指示灯；8—锁定键；9—功能转换键；10—采零键；11，12—数字调节键

SWC-ⅡD 精密数字温度温差仪后面板如图 2-101 所示。

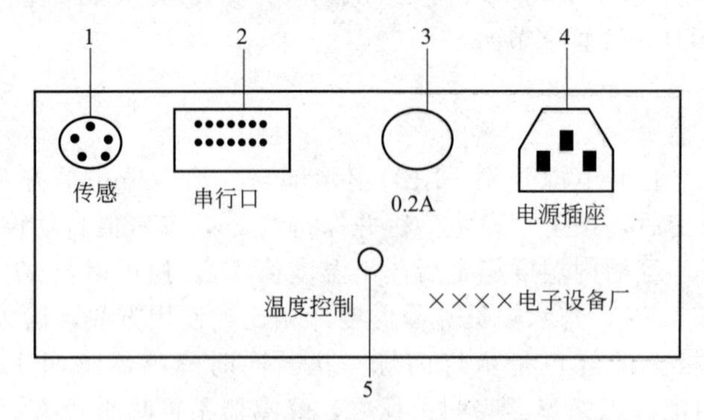

图 2-101　SWC-ⅡD 精密数字温度温差仪后面板

1—传感器插座；2—计算机接口；3—保险丝；4—电源插座；5—温度调整

SWC-ⅡD 精密数字温度温差仪的结构原理如图 2-102 所示。仪器由放大电路和 CPU 处理后，显示出体系的准确温差、温度值。

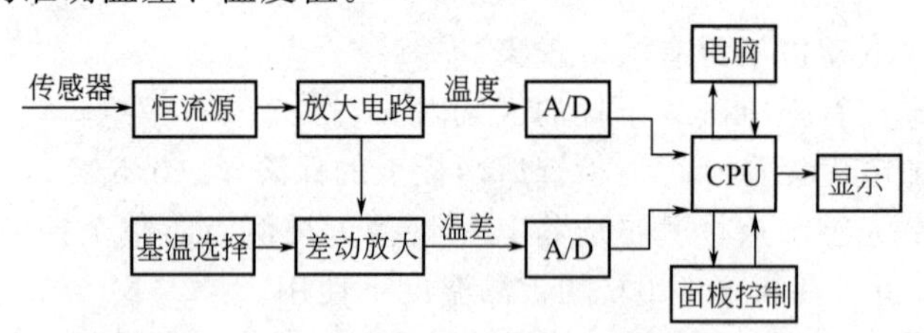

图 2-102　SWC-ⅡD 精密数字温度温差仪的结构原理

（3）技术指标和使用条件

① 技术指标（表 2-10）。

表 2-10　SWC-ⅡD 精密数字温度温差仪技术参数

温度测量范围/℃	－50～150	定时读数时间范围/s	6～99
温度测量分辨率/℃	0.01	输出信号	RS-232C 串行口
温差测量范围/℃	－10～10	外形尺寸/mm³	285×260×70
温差测量分辨率/℃	0.001	质量/kg	约 1.5
时间漂移/℃·h⁻¹	≤0.0005		

② 使用条件。

电源：交流 220V±10%，50Hz。

环境：温度－10～50℃，湿度≤85%，无腐蚀性气体的场合。

（4）使用方法

① 将传感器探头插入后盖板上的传感器接口。

② 将交流 220V 电源接入后盖板上的电源插座。

③ 将传感器插入被测物中（插入深度应大于 50mm）。

④ 按下电源开关，此时显示屏显示仪表初始状态（实时温度）。

⑤ 当温度显示值稳定后，按一下“采零”键，温差显示窗口显示“0.000”。稍后的变化值为采零后温差的相对变化量。

⑥ 在一个实验过程中，仪器采零后，当介质温度变化过大时，仪器会自动更换适当的基温，这样，温差的显示值将不能正确反映温度的变化量。故在实验时，按下“采零”键后，应再按一下“锁定”键，这样，仪器将不会改变基温，“采零”键也不起作用，直至重新开机。

⑦ 需要记录读数时，可按一下“测量/保持”键，使仪器处于保持状态（此时“保持”指示灯亮）。读数完毕，再按一下“测量/保持”键，即可转换到“测量”状态，进行跟踪测量。

⑧ 定时读数。

a. 按下△键或▽键，设定所需的报时间隔（大于 5s，定时读数才会起作用）。

b. 设定后，定时显示将进行倒计时，当一个计数周期完毕后，蜂鸣器鸣叫且读数保持约 5s，“保持”指示灯亮，此时可观察和记录数据。若不想报警，只需将定时读数置于 0 即可。

⑨ 关机。按一下电源开关，仪器关闭，将实验仪器复原。

2.4.10 数字式电子电位差计

（1）简介

该仪器主要用于电动势的精密测定。采用了内置的可代替标准电池的精度极高的参考电压集成块作比较电压，保证了平衡法测量电动势仪器的原貌。仪器线路设计采用全集成器件，被测电动势与参考电压经过高精度的仪器比较输出，达至平衡时即可知被测电动势的大小。仪器还设置了外校输入，可接标准电池来校正仪器的测量精度。仪器的数字显示采用 6 位及 5 位两组高亮度 LED，具有字形美、亮度高的特点。

（2）面板控制件

仪器的前面板示意图如图 2-103 所示，左上方为“电动势指示”6 位数码管显示窗口，右上方为“平衡指示”5 位数码管显示窗口。左下方为五个拨位开关及一个电位器，分别用于选定内部标准电动势的大小，分别对应 ×1000mV、×100mV、×10mV、×1mV、×1mV、×0.1mV、×0.01mV 挡。

（3）型号和主要技术指标

型号：EM-2B 型（普通机箱）/EM-3C 型（皮箱型机箱）

电源电压：220V±10%，50Hz

环境温度：－20～40℃

量程：0～1999.99mV

分辨率：10μV

精确度：0.00002

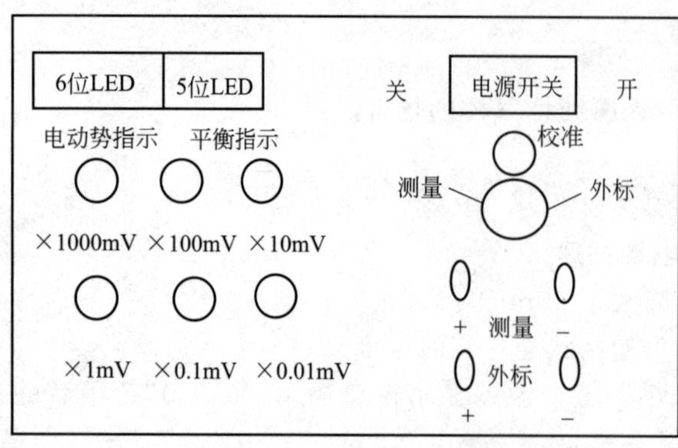

图 2-103　数字式电子电位差计的前面板示意图

(4) 使用方法

① 通电。插上电源插头，打开电源开关，两组 LED 显示即亮。预热 5min。将右侧功能选择开关置于测量挡。

② 接线。将测量线与被测电动势按正负极性接好，仪器提供 3 根通用测量线，一般黑线接负，黄线或红线接正。

③ 设定内部标准电动势值。左 LED 显示为由拨位开关和电位器设定的内部标准电动势值，以设定内部准电动势值为 1.01862 为例，将×1000mV 挡拨位开关拨到 1，将×100mV 挡拨位开关拨到 0，将×10mV 挡拨位开关拨到 1，将×1mV 挡拨位开关拨到 8，将×0.1mV 挡拨位开关拨到 6，旋转×0.01mV 挡电位器，使电动势指示 LED 的最后一位显示为 2。右 LED 显示为设定的内部标准电动势值和被测定电动势的差值。如显示为 OUL，则指示被测电动势与设定的内部标准电动势值的差值过大。

④ 测量。将面板右侧的拨位开关拨至“测量”位置，观察右边 LED 显示值，调节左边拨位开关和电位器设定内部标准电动势值直到右边 LED 显示值为“00000”附近，等待电动势指示数码显示稳定下来，此即为被测电动势值。须注意的是：“电动势指示”和“平衡指示”数码显示在小范围内摆动属正常，摆动数值在显示数码的最后一位有效数字的±1 之间变化。

⑤ 校准。用外部标准电池核准。仪器出厂时均已调校好。为了保证测量精度，可以由用户校准。打开仪器上盖板后，接好标准电池，将面板右侧的拨位开关拨至“外标”位置，调节左边拨位开关和电位器设定内部标准电动势值为标准电池的实际数值，观察右边平衡指示 LED 显示值，如果不在零值附近，按校准按钮，放开按钮平衡指示 LED 显示值应为零，校准完毕。

⑥ 注意事项

a. 仪器不要放置在有强电磁场干扰的区域内。

b. 因仪器精度高，测量时应单独放置，不可将仪器叠放，也不要用手触摸仪器外壳。

c. 仪器的精度较高，每次调节后，“电动势指示”处的数码显示须经过一段时间才可稳定下来。

d. 测试完毕后，需将被测电动势及时取下。

e. 仪器已校准好，不要随意校准。

f. 如仪器正常加电后无显示，请检查后面板上的保险丝 (0.5A)。

g. 若波段开关旋钮松动或旋钮指示错位，可撬开旋钮盖，用备用专用工具对准旋钮内槽口拧紧即可。

2.4.11　表面张力测定仪

(1) 简介

该仪器用于最大气泡法测量表面张力，无汞污染、安全可靠。仪器采用单片机测量系统，精度高，使用方便。传感器选用进口精密差压传感器。本仪器的核心为 intel89C51 芯片，同时可与 PC 机接口。

(2) 原理

如图 2-104 所示，当表面张力仪中的毛细管端面与待测液体面相切时，液面即沿毛细管上升。打开分液漏斗的活塞，使水缓慢下滴从而增加系统压力，这样毛细管内液面上受到一个比试管中液面上大的压力，当此压力差在毛细管端面上产生的作用力稍大于毛细管液面的表面张力时，气泡就从毛细管口逸出，这一最大压力差可由本仪器读出。其关系为 $p_{最大}=p_{系统}-p_{大气}=\Delta p$。如果毛细管的半径为 r，泡由毛细管口逸出时受到向下的总压力为 $r^2\pi p_{最大}$。

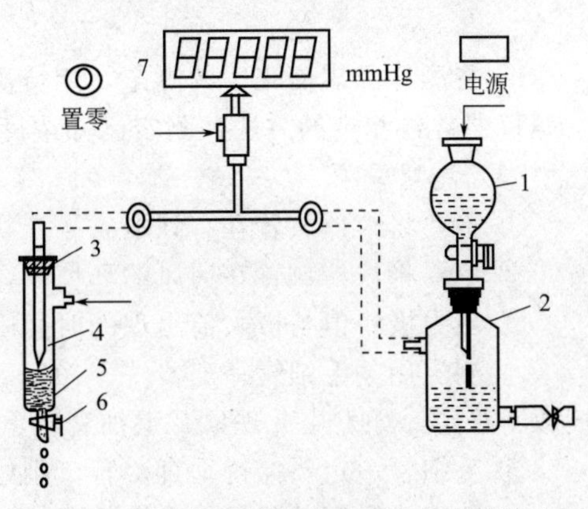

图 2-104 最大气泡法测定表面张力实验装置图

1—滴定漏斗；2—磨口烧杯；3—橡皮塞；4—毛细管；5—表面张力管；6—放液阀；7—压力显示

气泡在毛细管受到的表面张力引起的作用力为 $r^2\pi p_{最大}$。刚发生气泡从毛细管口逸出时，上述两个压力相等，即：

$\pi r^2 p_{最大}=\pi r^2\Delta p=2\pi r\gamma$ 其中：$\gamma=r\Delta p/2$

若用同一根毛细管，对两种具有表面张力为 γ_1 和 γ_2 的液体而言，则有下列关系：

$$\gamma_1=r\Delta p_1/2;\gamma_2=r\Delta p_2/2;\ \gamma_1/\gamma_2=\Delta p_1/\Delta p_2$$

则 $\gamma_1=K\Delta p_1$，式中 K 为仪器常数，$K=\gamma_2/\Delta p_2$。

因此，以已知表面张力的液体为标准，即可求得其他液体的表面张力。

(3) 型号和主要技术指标

型号：DMPY-2C 型

电源电压：220V±10%，50Hz

环境温度：−20～40℃

显示：4 位半

量程：−10～10kPa

分辨率：1Pa

示值误差：±0.2%FS

标准 RS-232C 接口（可选）

波特率：9600 字节/s

校验位：无

每三分之一秒输出 5 字节 HEX 数据：D1-D2-D3-D4-D5。

其中，D1 为 EB（同步字）；D2 为 90（同步字）；D3 为显示值低字节；D4 为显示值高字节（最高位为符号位）；D5 为 D1×or D2×or D3×or D4（校验字节）。

压力值单位为 1Pa，如超量程则输出数值为±1999。

(4) 使用方法

① 将磨口烧杯、毛细管用橡皮胶真空管连接好，调整毛细管的端点位置使其刚好与水面相切。

② 插上电源插头，打开电源开关，LED 显示即亮，2s 后正常显示（过量程时显示±1999）。预热 5min 后按下置零按钮显示为 0000，表示此时系统大气压差为零。

③ LED 显示值即为压力腔体的压力值，如果压力腔体的压力呈下降趋势，则出现的极大值保留显示约 1s。

④ 以水作为待测液测定仪器常数。打开滴液漏斗，毛细管逸出气泡，调整滴液速度，速度约为每 5～10s 1 个气泡逸出。在毛细管气泡逸出的瞬间最大压差在 450～900Pa 左右（否则须调换毛细管）。可以通过手册查出实验温度时水的表面张力，利用公式计算出仪器常

数 K。

⑤ 待测样品表面张力的测定，用待测溶液洗净试管和毛细管，加入适量样品于试管中，按照仪器常数测定的方法，测定已知浓度的待测样品的压力差，代入公式计算其表面张力。

(5) 注意事项

① 不要将仪器放置在有强电磁场干扰的区域内。

② 不要将仪器放置在通风的环境中，尽量保持仪器附近的气流稳定。

③ 压力极小值与极大值出现的时间间隔不能太小，否则显示值将恒为极大值。

④ 测定用的毛细管一定要洗干净，否则气泡不能连续稳定地流过，而使微压差测量仪读数不稳定，如发生此现象，毛细管应重洗。

⑤ 毛细管一定要保持垂直，管口刚好插到与液面接触。

⑥ 数字式微压差测量仪有峰值保持功能，最大压力会保持 1s 左右，应读出气泡逸出时最大压差。

(6) 仪器校正

仪表采用单片机控制，可方便地进行仪表校正。

当仪表使用一段时间或发现仪表不准时，可用标准气压对仪表进行校正，校正的方法及步骤如下。

① 打开仪器上盖，看到仪器印刷线路板。

② 将标准气压表和待调仪表接入系统，测量标准读数以备调整。

③ 找到线路板上的“＋＋”“－－”按钮。

④ 放开压力回路，使仪表的测量气压为零，按下校零按钮，使仪表输出显示为零。

⑤ 改变回路气压至满量程的百分之八十附近或较常使用压力点。

⑥ 按下“－－”或“＋＋”按钮，减小或增大显示气压至标准气压表的显示值。

⑦ 在减小/增大程序中，每按一次“＋＋”和“－－”键，显示减小/增加一个字，按住校零按钮不放，显示数值连续减小/增加翻动。直到显示所需的正确数值。调节显示数时，在数值相差比较大时采用连续调节，比较接近正确值时需要用单字增加方式，以免调节过度。

⑧ 一次校正可反复进行，直至准确显示。

⑨ 如果过度调节，可重复上述过程，改为相反调节即可。

⑩ 仪表的校正至少每年一次。

2.4.12　饱和蒸气压测量装置

(1) 简介

该仪器用于“饱和蒸气压测定”等实验，无汞污染，安全可靠。仪器线路采用全集成设计方案，全进口集成电路芯片，有重量轻、体积小、耗电省、稳定性好等特点。本仪器的核心为单片机芯片，同时可与 PC 机接口。仪器的数字显示采用高亮度 LED，字形美，亮度高。

(2) 实验装置（见图 2-105）

(3) 型号与技术指标

型号：DPCY2C 型

电源电压：220V±10%，50Hz

环境温度：20～40℃

显示：4 位半

量程：－101.30～0kPa

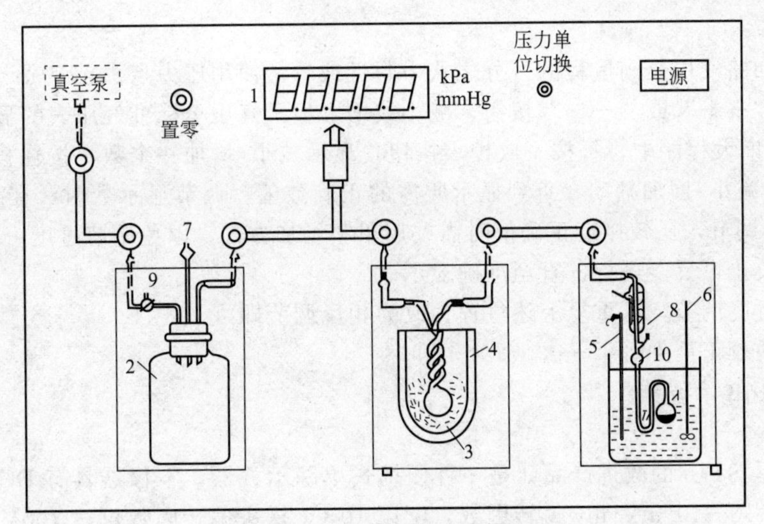

图 2-105　饱和蒸气压测定装置

1—压力数码显示；2—缓冲瓶；3—冷阱；4—保温瓶；5—温度传感器；6—搅拌棒；7—通大气阀门；8—冷凝管；9—接真空泵阀；10—蒸气压管

分辨率：0.01kPa

示值误差：±0.002

标准 RS-232C 接口（可选）

波特率：9600 字节/s

校验位：无

每三分之一秒输出 5 字节 HEX 数据：D1-D2-D3-D4-D5。其中：Dl 为 EB（同步字），D2 为 90（同步字），D3 为显示值低字节，D4 为显示值高字节（最高位为符号位），D5 为 D1×orD2×orD3×orD4（校验字节），压力值单位为 10Pa，如超量程则输出数值为±19999。

（4）使用方法

① 将真空泵、稳压包、等位计、冷阱用橡皮胶真空管连接好，插入深度应大于 15mm。

② 打开电源开关，10min 后按下校零按钮，使面板显示值为 0000。

③ 面板上的钮子开关拨到 kPa，表头显示气压的单位为 kPa 值，拨到 mmHg，即为 mmHg 值。

（5）注意事项

① 不要将仪器放置在有强电磁场干扰的区域内。

② 不要将仪器放置在通风的环境中，尽量保持仪器附近的气流稳定。

③ 测量前按下面板的置零按钮校零，测量过程中不可轻易校零。

④ 避免系统中气压有急剧变化（否则会缩短传感器的使用寿命）。

⑤ 请勿带电打开仪器面板。

⑥ 非专业人员请勿开机调试或维修。

（6）仪器校正

仪表采用单片机控制，可方便地进行仪表校正。当仪表使用一段时间或发现仪表不准时，可用标准压对仪表进行校正（参见印刷线路板图），校正的方法及步骤如下：

① 打开仪器盖板，看到仪器印刷线路板。

② 校仪表按通常方法测量标准气压，并配以标准气压表测量标准读数以备调校。

③ 找到线路板上的“＋＋”“－－”按钮。

④ 开压力回路，使传感器接入大气。使仪表的测量气压为零。按下校零按钮，使仪表

输出显示为零。

⑤ 改变回路气压至满量程的百分之八十附近或较常使用压力点。

⑥ 按下“＋＋”或“－－”按钮，减小或增大显示气压至标准气压表的显示值。

⑦ 减小/增大程序中，每按一次校零按钮，显示减小/增加一个数，按住校零按钮不放，显示数值连续减小/增加翻动。直到显示所需的正确数值。调节显示数时，在数值相差比较大时采用连续调节，比较接近正确值时需要用单字增加方式，以免调节过度。

⑧ 一次校正可反复进行，直至准确显示。

⑨ 如果过度调节，可重复上述过程，改为相反调节即可。

⑩ 仪表的校正至少每年一次。

2.4.13　ST-16B示波器

(1) 概述

ST-16B是ST16的改进产品，是一种便携式单踪示波器，本仪器具有DC-10MHz的Y轴频带宽度和10～10^4mV/div偏转因数，配以10∶1探头偏转因数可达100V/div。本机具有量程宽、触发灵敏度高，并设有触发锁定功能，操作方便。

ST-16B示波器体积小、重量轻、性价比高，适合广大中等院校和工程技术人员使用。

(2) 技术指标

① 垂直偏转系统

项目	技术指标	项目	技术指标
偏转因数	10～10^4mV/div　±5%	上升时间	≤35ms
微调比	≥2.5∶1	输入阻抗	1MΩ　30pF
频带宽度(－3dB)	DC:0～10MHz AC:10^{-5}～10MHz	最大输入电压	400V

② 水平偏转系统

项目	技术指标	项目	技术指标
扫描时间因数	0.1μs/div～0.1s/div　±5%	外触发最大输入电压	400V
微调比	≥2.5∶1	触发源选择	内、外、电源
触发灵敏度	内:1.5div　外:0.3div	触发方式	常态、自动、电视、锁定
外触发输入阻抗	1MΩ　20pF		

③ *X*-*Y* 方式

项目	技术指标	项目	技术指标
偏转因数	0.2～0.5V/div	频带宽度(－3dB)	DC:0～500kHz AC:10Hz～500kHz

④ 校准信号

项目	技术指标	项目	技术指标
波形	方波	频率	1kHz±2%
幅度	0.5V±2%		

⑤ 物理特性

项目	技术指标	项目	技术指标
有效工作面	8×10div　1div=6mm	重量	3kg
电源	AC:220V±10%　50Hz	外形尺寸	190mm×140mm×270mm (高×宽×深)
最大功耗	25W		

(3) 操作说明

① 控制件位置

a. 前面板控制件，见图 2-106。

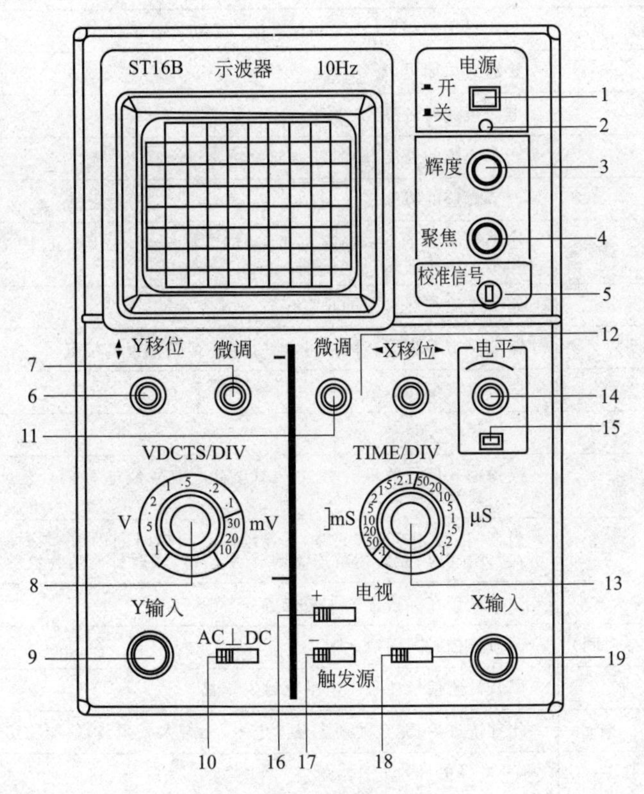

图 2-106 前面板控制件

b. 后面板控制件，见图 2-107。

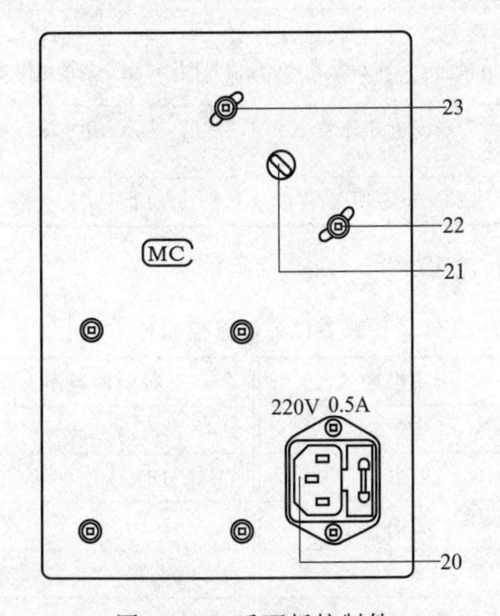

图 2-107 后面板控制件

② 控制件的名称作用。见表 2-11。

③ 操作方法

a. 检查电网电压。本机电源电压为 220V±10%，接通电源前，检查当地电源电压，如不符合，则严禁使用。

表 2-11 控制件的名称和作用

序号	控制件名称	功能
1	电源开关	接通或关闭电源
2	电源指示灯	电源接通时灯亮
3	辉度	调节光迹的亮度，顺时针方向旋转光迹增亮
4	聚焦	调节光迹的清晰度
5	校准信号	输出频率为1kHz，幅度为0.5V的方波信号，用于校正10∶1探极以及示波器的垂直和水平偏转因数
6	Y移位	调节光迹在屏幕上的垂直位置
7	微调	连续调节垂直偏转因数，顺时针旋转到底为校准位置
8	Y衰减开关	调节垂直偏转因数
9	信号输入端子	Y信号输入端
10	AC⊥DC(Y耦合方式)	选择输入信号的耦合方式。AC：输入信号经电容耦合输入；DC：输入信号直接输入；⊥：Y放大器输入端被接地
11	微调、X增益	当在“自动、常态”方式时，可连续调节扫描时间因数，顺时针旋转到底为校准位置；当在“外接”时，此旋钮可连续调节X增益，顺时针旋转为灵敏度提高
12	X移位	调节光迹在屏幕上的水平位置
13	TIME/DIV(扫描时间)	调节扫描时间因数
14	电平	调节被测信号在某一电平上触发扫描
15	锁定	此键按进后，能自动锁定触发电平，无需人工调节，就能稳定显示被测信号
16	+、-(触发极性)电视	+：选择信号的上升沿触发 -：选择信号的下降沿触发 电视：用于同步电视场信号
17	内、外、电源(触发源选择开关)	内：选择内部信号触发；外：选择外部信号触发；电源：选择电源信号触发
18	自动、常态、外接(触发方式)	自动：无信号时，屏幕上显示光迹；有信号时与“电平”配合稳定地显示波形；常态：无信号时，屏幕上无光迹；有信号时与“电平”配合稳定地显示波形；外接：X-Y工作方式
19	信号输入端子	当触发方式开关处于“外接”时，为X信号输入端；当触发源选择开关处于“外”时，为外触发输入端
20	电源插座及保险丝座	220V电源插座，保险丝0.5A(在后面板上)

b. 将有关控制件按表2-12设置。

表 2-12 设置控制件

控制件名称	作用位置	控制件名称	作用位置
辉度(3)	居中	自动、常态、外接(18)	自动
聚焦(4)	居中	TIME/DIV(13)	0.2ms或合适挡
位移(6)(12)	居中	+、-(16)	+
垂直衰减开关(8)	0.1V或合适挡	内、外、电源(17)	内
微调(7)(11)	校准位置	AC⊥DC(10)	DC

c. 接通电源（1）、电源指示灯（2）亮、稍后屏幕上出现光迹、预热5min左右、分别调节辉度（3）、聚焦（4），使光迹清晰。

d. 水平线校正。首先用十字槽起子旋松后面板螺钉（22）、（23），但不可太松，然后用一字槽起子插入位置（21），见图2-107所示。同时观察屏幕上扫线，旋动一字槽起子，使扫线与水平刻度平行，最后旋紧螺钉（22）、（23）。

④ 垂直系统的操作

a. 衰减开关应根据输入信号幅度旋至适当挡位，调节位移（6）以保证在有效面内稳定显示整个波形，根据需要配合调节微调（7），微调比≥2.5∶1。

b. 输入耦合方式。"DC"适用于观察包含直流成分的被测信号，如信号的直流电平和静态信号的电平，当被测信号频率很低时，也必须采用这种方式；"AC"适用于信号中的直流分量要求被隔断，用于观察信号交流分量；"⊥"通道输入接地（输入信号阻断），用于确定输入为零时的光迹所处位置。

c. X-Y 操作。当（18）处于外接时，本机可作为 X-示波器使用，此时原 Y 通道（9）作为 Y 轴输入，（19）作为 X 轴输入，灵敏度调（11），可从 0.2～0.5V/div 连续可调。

d. 触发源选择

（a）内触发。由 Y 输入信号触发。

（b）外触发。由外部信号触发、外触发信号由（19）输入。

（c）电源触发。由电源触发（同市电频率）。

⑤ 水平系统的操作

a. 扫描速率设定。扫描开关根据信号频率旋至适当位置，调节位移（12）以保证有效面内能观察显示的波形，可根据需要调节微调（11）微调比≥2.5∶1。

b. 触发方式的选择。"自动"无信号时为一扫线，一旦有信号输入，适当调节电平（14），电路自动转换到触发扫描状态，显示稳定的波形（输入信号频率应高于 20Hz）；"常态"无光迹，一旦有信号输入，适当调节电平（14），电路将被触发扫描；"锁定"（13）此键按下为锁定，无信号时为不稳定扫描，一旦有信号输入时，屏幕上就能显示稳定波形，无需调节电平（14）；"电视"对电视信号中场信号进行同步，同步信号为负极性。

c. 极性选择。"+"选择被测信号上升沿触发扫描；"-"选择被测信号下降沿触发扫描。

d. 电平的设置。用于调节被测信号在某一合适电平上启动扫描。

（4）测量

① 测量前的检查和调整。为了得到较高的测量精度，减少测量误差在测量前应对有关项目进行检查和调整。

a. 光迹旋转。根据操作方法操作仪器并调整水平光迹。

b. 探极补偿

（a）进行信号测量时一般使用探极作为信号源与仪器之间连接，本机使用 10∶1 与1∶1 瓦转换探极。为减少探极对被测信号的影响，一般使用 10∶1 探极，此时输入阻抗为 10MΩ、16pF。探极 1∶1 用于观察小信号，输入阻抗为 1MΩ、30pF，此时应考虑对被测电路的可耗影响。

（b）对探极的调整可用于补偿由于示波器输入特性的差异而产生的误差，将探极（10∶1）输入插座并与本机校正信号连接，仪器屏幕上获得图 2-108 波形，如波形有过冲（图 2-109）或下塌（图 2-110）现象，可用高频旋具调节探极补偿元件（图 2-111），使波形最佳。做完以上工作，证明本机工作状态正常，可以进行测试。

② 电压测量。在测量时，把 Y 微调置校准位置，这样可按"VOLTS/DIV"的指示值直接计算被测信号的电压幅值。

由于被测信号一般都含有交流和直流两种成分，因此在测试时应根据下述方法操作。

a. 交流电压的测量。当只需测量被测信号的交流成分时，应将 Y 轴输入耦合方式开关

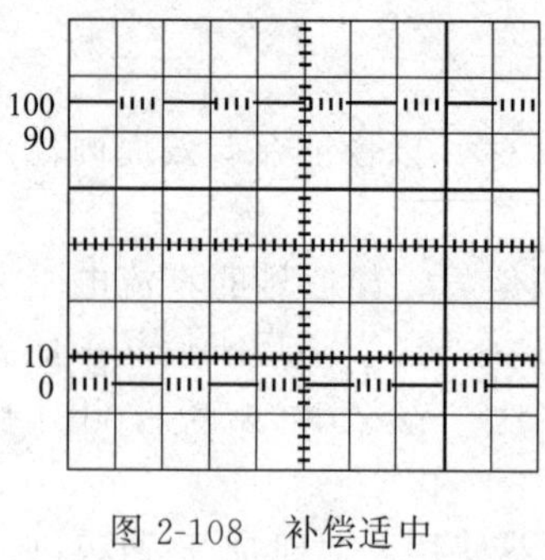

图 2-108　补偿适中

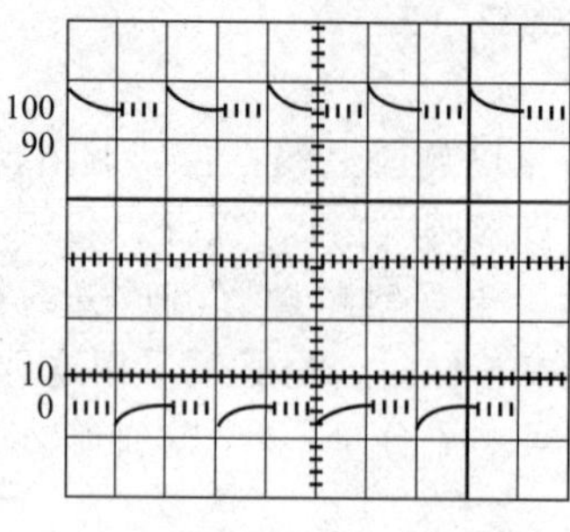

图 2-109　波形过冲（过补偿）

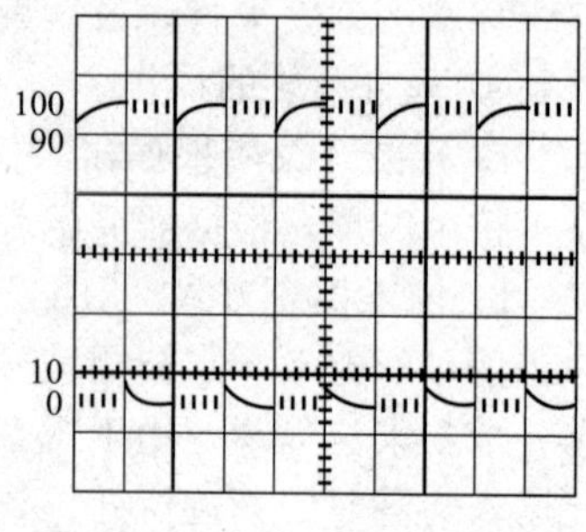

图 2-110　波形下塌（欠补偿）

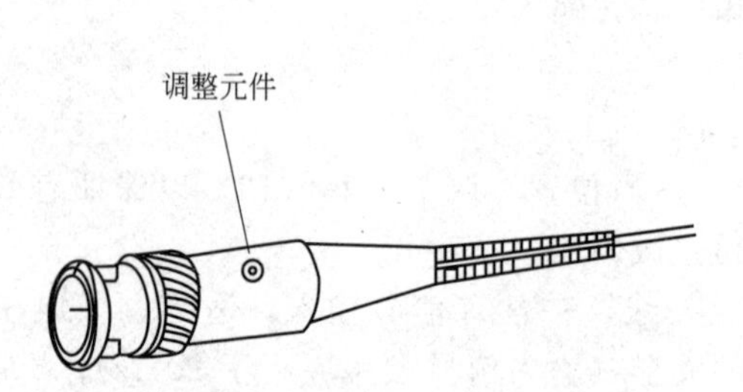

图 2-111　高频旋具调节探极补偿元件

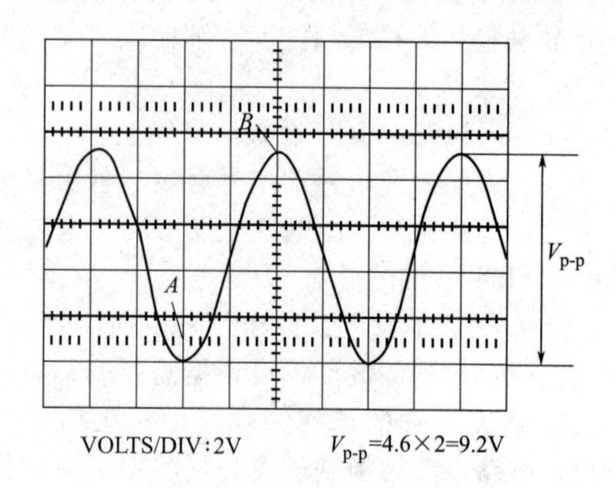

图 2-112　交流电压的测量

置“AC”位置，调节“VOLTS/DIV”开关，使波形在屏幕中的显示幅度适中，调节“电平”旋钮（或按下锁定键）使波形稳定，分别调节 X、Y 轴位移，使波形显示值方便读取，如图 2-112 所示。根据“VOLTS/DIV”的指示值和波形在垂直方向显示的坐标（DIV），按下式计算：

$$V_{\text{p-p}}=V\times H$$

$$V(\text{有效值})=\frac{V_{\text{p-p}}}{2\sqrt{2}}$$

如果使用的探头置 10∶1 位置，应将该值乘以 10。

b. 直流电压的测量。当需测量被测信号的直流或含直流成分的电压时，应先将 Y 轴耦合方式开关置“上”位置，调节 Y 轴移位使扫描基线在一个合适的位置上，再将耦合方式开关转换到“DC”位置，调节“电平”旋钮（或按下锁定键）使波形同步，根据波形偏移原扫描线的垂直距离，用上述方法读取该信号的各个电压值。

c. 电视场信号测量。将电视信号馈送至 Y 输入插座，将触发方式 16 置于“TV”，并将扫描开关置于合适的位置，屏幕上就能显示出负极性同步信号。

d. X-Y 方式的应用。在某些场合，X 轴偏转需外来信号控制，如接外扫描信号、阶梯信号及图形的观察、或作其他设备的显示装置都要用这个方式。X-Y 的操作，将 18 拨至外接，由 19 端输入 X 信号，其偏转因数直接由 11 调节，由 9 输入 Y 信号，其偏转因数由 8 调节。

2.4.14　JX-3D8 型金属相图（步冷曲线）实验装置

JX-3D8 型金属相图（步冷曲线）实验装置是专门为金属相图（步冷曲线）实验而设计的。此装置可实现按设定速度升温、保温，并可方便地控制降温速度，可实现定时报警读数。本装置由以下两部分组成：JX-3D8 型金属相图（步冷曲线）实验加热装置；JX-3D8 型金属相图测定装置。现分别说明如下。

2.4.14.1 加热装置使用说明

(1) 加热装置结构

① 在装置上方有8个圆孔，分别标有数字1，2，3... 8，此数字分别对应装置中的8个加热炉。

② 装置前面板有四个加热按钮，四个加热按钮对应八个加热管道。平时装置不用时，应将加热旋钮全部关闭。如加热炉选择通道1和通道2，则应将加热选择按下加热旋钮1即可。

③ 风扇开关：左边风扇开关对应左边的风扇，将左边的风扇打开时，左边风扇将开启，开关上面的指示灯将同时点亮；右边风扇开关对应右边的风扇，将右边的风扇打开时，右边风扇将开启，开关上面的指示灯将同时点亮；当需要加快降温速度时，可根据需要打开左边或右边的风扇，或将两边的风扇同时打开。

④ 电源接头及保险丝：在装置的左侧面，有一航空插头，插头上面有一保险丝盒(3A)，使用时将插头用配套的接头和JX-3D8型金属相图测定装置后面板连接起来。如发现保险丝烧断，请用3A保险丝换上，换时请小心，以免损坏装置。

(2) 加热装置主要技术指标

① 最大加热功率：500W（通过JX-3D8型金属相图测定装置程序设定)。

② 独立加热单元数量：8个。

③ 加热单元中的样品管最高耐热温度：420℃。

(3) 操作说明

① 将需要加热的样品管放入一炉子中，将加热选择旋钮指向该加热炉。

② 将装置中的插头与JX-3D8型金属相图测定装置后面板的插头连接起来，将测量装置的测温传感器放置于需要加热的样品管中。

③ 在JX-3D8型金属相图测定装置程序用户菜单设定好用户的具体加热的温度、加热的功率和保温功率。

④ 降温时，观察降温速度，若降温太慢，可打开风扇；若降温速度太快，可按下JX-3D8型金属相图测定装置中的保温键，适当增加加热量，以达到所需要的降温速度。

2.4.14.2 金属相图测量装置

本装置是专为“金属相图（步冷曲线）实验”设计，该仪表选用8位CPU作为中央控制单元，内含Watch Dog电路，可配接RS-232接口，具有结构简单、稳定可靠、使用方便等特点。本装置可实现按设定数值升温、保温，可方便地控制降温速度，可实现定时报警读数。

(1) 仪器前后面板图

仪器前面板见图2-113，仪器后面板见图2-114。

(2) 测量装置的主要性能指标

温度的测量范围：室温～1200℃。温度显示分辨率：0.1℃。定时报警时间：20～99s。电源：交流220V±10%，50Hz。体积：210mm×100mm×250mm。重量：≤1.5kg。环境温度：0～50℃。

(3) 仪表的操作说明

前面板上的按键具有复用性。在正常工作方式下，四个按键的功能分别为“设置”、“加热”、“保温”、“停止”；两个指示灯分别表示定时报警指示及加热显示。热在设置方式下，四个按键分别表示：“设置”、“数据乘以10”、“数据+1”、“数据-1”。

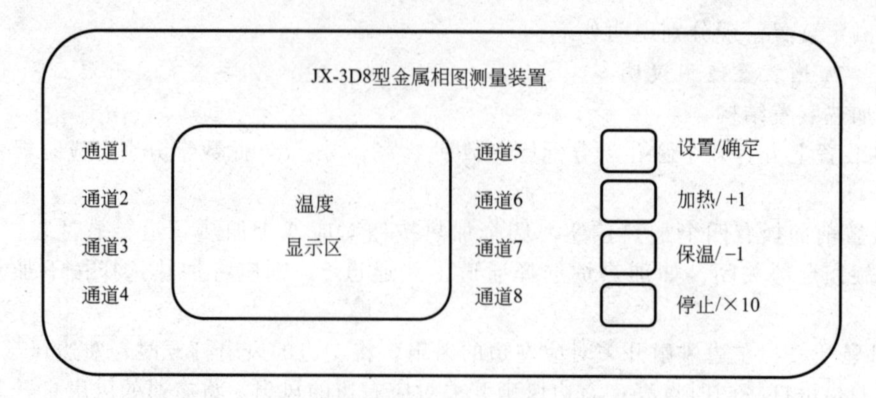

图 2-113　仪器前面板

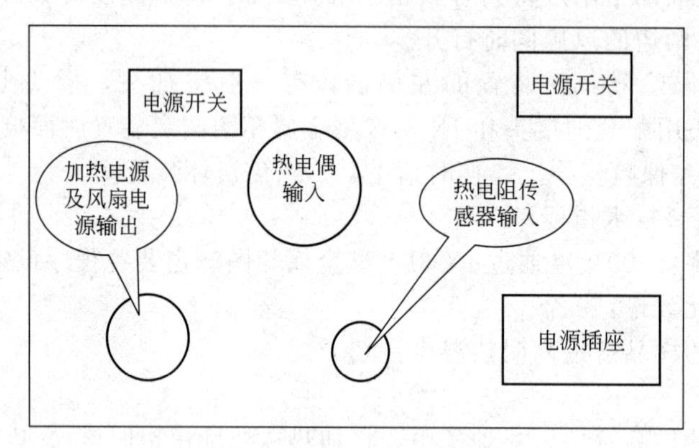

图 2-114　仪器后面板

① 正常工作状态

“设置”：按下此键，即进入设置状态。

“加热”：按下此键，进入加热状态，加热指示灯亮（不闪烁）（如当前温度超过设置温度，此键按下无效）。

“保温”：按下此键，进入保温状态，加热指示灯闪烁（如当前温度超过设置温度，此键按下无效）。

“停止”：按下此键（左边数码管会出现短暂的 0.0 显示），加热、保温停止，加热指示灯灭。

② 设置状态

数码管：左边数码管显示菜单（如 C1，P1，P2，t1，n），右边数码管显示被设置选项的数值。

在正常工作状态下，按下“设置”键，即进入设置状态，在设置状态下按键的含义如下。

“设置”：此键为设置内容选择键，反复按此键，菜单项（即左边的数码管）不断地在 C1，P1，P2，t1，n 之间变化，可进行不同菜单的设置。

“×10”：每按一次此键，可使设置数值增加 10 倍，如超过数码管的显示范围，数据归于零。

“+”：每按一次此键，可使设置数值增加 1，如按住此键超过 1s，可实现被设置数据的自动增 1。

“−”：每按一次此键，可使设置数值减 1，如按住此键超过 1s，可实现被设置数据的自动减1。

③ 菜单选项的内容及含义

C1：加热达到的最高温度，炉子加热允许的最高温度为450℃（如设置超过400℃，仪表将采用默认值300℃）。

注：由于温度测量有一定的滞后，设定的温度可比加热所需的最高温度低25℃，如此次实验的最高温度为280℃，那么C1可设定为255℃。

P1：加热过程的加热功率，加热允许的最大功率为500W（如设置超过500W，仪表将采用默认值400W）。

t1：定时报警的时间间隔，当设定时间到，报警指示灯将会亮，定时的时间间隔为20～99s（如不在此范围内，仪表将采用默认值30s）。

n：蜂鸣器开关，当定时到时，如n1设置为"1"，蜂鸣器将会鸣叫，且报警灯亮4s，若设置为"0"，则蜂鸣器不鸣叫，但报警灯仍会定时点亮4s。

(4) 使用方法

① 设置参数，推荐使用默认值（见菜单选项的内容及含义）。

② 参数设置完毕后，按下加热键，到设定温度，仪表将自动停止加热（注：仪表可能会有少许温度过冲）。

③ 降温过程中，如发现降温速度太快，可按下保温键，以降低温度的下降速度，如发现降温速度太慢，可打开加热炉的风扇。

④ 在记录数据时注意：最好使用蜂鸣器鸣叫器件记录，因为此期间的数据将保持不变。

⑤ 如发现有特殊情况，可按下停止键以便停止加热。

⑥ 仪表正常工作时，左边数码管显示为温度值，右边数码管显示为当前加热的功率。

(5) 注意事项

① 如发现仪表显示温度显示为四个"－"，请检查热电偶传感器焊接端是否脱焊。

② 请勿打开仪表机箱，如有问题，请与厂家联系。

③ 测量时当环境温度高于热电偶测量端温度时，计算机有溢出，可能有2℃左右误差。

2.4.15　真空技术及真空泵

在基础化学实验中常采用玻璃真空系统。这种小型的真空系统具有制作比较方便、使用时可以观察内部情况、耐腐蚀和便于检漏等优点。但缺点是容易破碎，以及由于不能高温除气，一般难以达到10^{-5}Pa的真空。需要更高的真空和更大的系统，则需用金属制作。

(1) 真空的产生

用来产生真空的设备通称为真空泵。实验室常用的有机械泵和扩散泵。前者可获得1～0.1Pa真空，后者可获得优于10^{-4}Pa的真空。扩散汞要用机械泵作为前置泵。

常用的机械泵是旋片式油泵，图2-115所示是这类泵的工作原理图。气体从真空系统吸入泵的入口，随偏心轮旋转的旋片使气体压缩，而从出口排出。这种泵的效率主要取决于旋片与定子之间的严密程度。整个单元都浸在油中，以油作封闭液和润滑剂。实际使用的油泵常由上述两个单元串联而成。实验室常用"2x"系列机械泵的抽气速率为每秒1L、2L、4L。当入口压力低于0.1Pa时，其抽气速率急剧下降。

油扩散泵的工作原理如图2-116所示。从沸腾槽来的硅油蒸气通过喷嘴，按一定角度以很高速度向下冲击，从真空系统扩散而来的气体或蒸气分子B不断受到高速油蒸气分子A的袭击，使之富集在下部区域，这里再被机械泵抽走，而油分子则被冷凝流回沸腾槽。为了提高真空度，可以串接几级喷嘴，实验室通常使用三级油扩散泵。

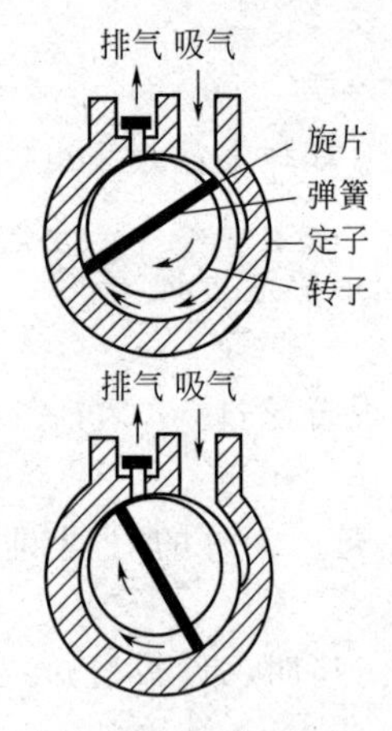

图 2-115　旋片式真空泵原理图

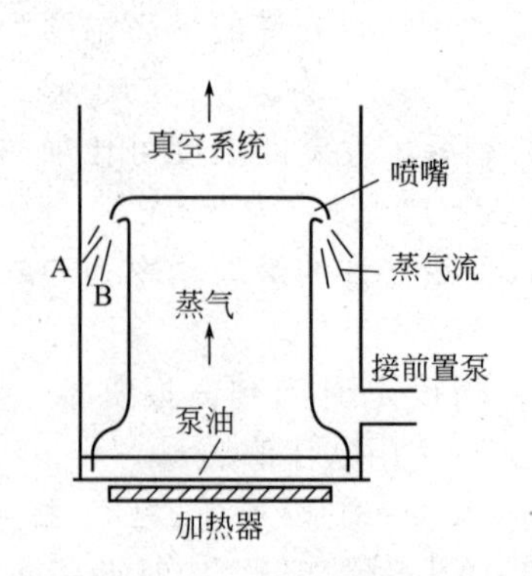

图 2-116　油扩散泵原理图

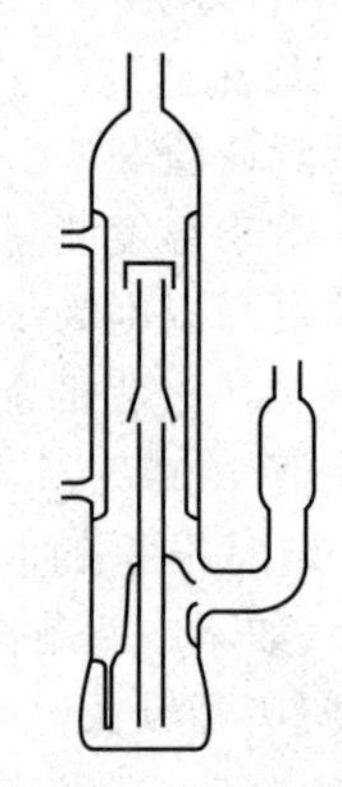

图 2-117　玻璃三级油扩散泵

油扩散泵较之汞扩散泵具有下列优点：①无毒；②硅油的蒸气压较低（室温10^{-5}Pa），高于此压力使用时可不用冷阱；③油分子量大，能使气体分子有效地加速，故抽气速率高。其缺点是在高温下有空气存在时硅油易分解和油分子可能沾污真空系统，故使用时必须在前置泵已抽到1Pa才能加热，要求严格时需要装置冷阱以防油分子反扩散而沾污真空系统。实验室常用油扩散泵的抽气速率是40～60L·s^{-1}（入口压力10^{-2}Pa）。图2-117是常用小型玻璃三级油扩散泵示意图。

在真空实验中，气体的流量常用一定温度下的体积和压力的乘积来计量，它的单位是：压力·体积/时间。在选择扩散泵的前置泵时，必须注意流量的配合。其关系应是：

$$p_f s_f = p_d s_d$$

式中　p_f——前置泵入口压力；

s_f——前置泵抽气速率；

p_d——扩散泵入口压力；

s_d——扩散泵抽气速率。

例如，扩散泵入口压力为10^{-2}Pa，其抽气速率为300L·s^{-1}，扩散泵排气口最大压力是10Pa，这也就是机械泵的入口压力，则机械泵的抽气速率至少应为：

$$s_f = \frac{s_d p_d}{p_f} = \frac{300 \times 10^{-2}}{10} = 0.3\text{L·s}^{-1}$$

在考虑到漏气等因素之后，机械泵能力需超过计算值两倍以上，然后再从各种机械泵抽速与入口压力的关系曲线上找出入口压力为10Pa时的抽气速率，由此来选择机械泵。

(2) 真空系统的操作

① 真空泵的使用。图2-118所示是常用的真空泵与真空系统的连接方式。这里机械泵既是真空系统的初抽泵，也是扩散泵的前置泵。初抽时活门A、C关闭，B打开，直到压力达1～10Pa时开A、C，关B，两泵同时工作达高真空。

机械泵在停止工作前应先使进口接通大气，否则会发生真空泵油倒抽入真空系统的事故。启动扩散泵前要先用前置泵将扩散泵抽至初级真空，接通冷却水，逐步加热沸腾槽，直至油沸腾并正常回流为止。停止扩散泵工作时先关加热电源，至不再回流后关闭冷却水进口，再关扩散泵进出口旋塞。最后停止机械泵工作。油扩散泵中应防止空气进入（特别是在温度较高时），以免油被氧化。

② 冷阱。冷阱是在气体通道中设置的一种冷却式陷阱，能使可凝蒸气通过时冷凝成液

体。通常在扩散泵和机械泵之间要装冷阱，以免有机物、水汽等进入机械泵，影响泵的工作性能。在扩散泵与待抽真空部分之间一般也要装冷阱，以捕集从扩散泵反扩散的油蒸气或汞蒸气，这样才能获得高真空。在使用麦氏真空规和汞压计的地方也应该用冷阱使汞蒸气不进入真空部分。

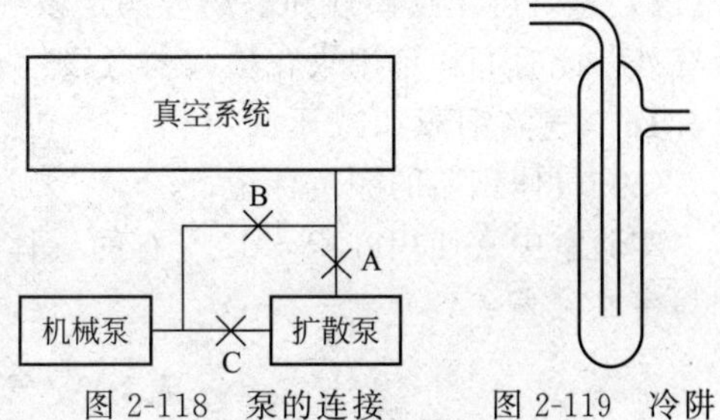

图 2-118 泵的连接　　图 2-119 冷阱

常用冷阱结构如图 2-119 所示。冷阱不能做得太小，以免增加系统阻力，降低抽气速率，同时应考虑冷阱便于拆卸清洗。冷阱外部套装有冷剂的杜瓦瓶，常用冷剂为液氮，干冰加丙酮等，而不宜使用液体空气，因它遇到有机物易发生爆炸。

③ 管道与真空旋塞。管道的尺寸对抽气速率影响很大，所以管道应尽可能短而粗，尤其在靠近扩散泵处更应如此。真空旋塞是一种精细加工而成的玻璃旋塞，一般能在 10^{-4}Pa 的真空下使用而不漏气。旋塞孔芯的孔径不能太小，旋塞的密封接触面应足够大。真空系统中应尽可能少用旋塞，以减少阻力和漏气可能。对高真空来说，用空心旋塞较好，它质量轻，温度变化引起漏气的可能性较少。当然正确涂敷真空脂也很重要。

④ 真空涂敷材料。包括真空脂、真空泥、真空蜡等，它们在室温时的蒸气压都很小，一般在 10^{-2}～10^{-4}Pa 间。真空脂用在磨口接头和真空旋塞上；真空泥用来粘补小沙孔或小缝隙；真空蜡用来胶合不能熔合的接头，如玻璃-金属接头等。国产真空脂按使用温度不同又分不同序号。

⑤ 检漏。检漏是安装真空系统的一项很麻烦但又很重要的工作，真空系统只要不漏气就算做完了一半的工作。

系统中存在气体或蒸气，可能是从外界漏入或系统内部的物质所产生的。检漏主要是针对前一种来源，为杜绝后一种气体来源，需仔细做好系统的清洗工作，对吸附在系统内壁的气体或蒸气，需采用加热除气的办法来脱去。

对小型玻璃真空系统来说，使用高频火花真空检漏器检查漏气最为方便。由仪器产生的高频高压电，经放电簧放出高频火花。使用时将放电簧移近任何金属物体，调节仪器使产生不少于三条火花线，长度不短于 20mm。火花正常后，可将放电簧对准真空系统的玻璃壁。此时如真空度很高（小于 0.1Pa）或很差（大于 10^3Pa），则紫色火花不能穿越玻璃壁进入真空部分；若真空度中等时（几百帕到 0.1Pa）则紫色火花能穿过玻璃壁进入真空内部并产生辉光；当玻璃真空系统上有很小的沙眼漏孔时，由于大气穿过漏洞处的电导率比玻璃高得多，因此当放电簧移近漏洞时，会产生明亮的光点指向漏洞所在。

在启动真空泵之前，应转动一下旋塞，看是否正常。天气较冷时需用热吹风使旋塞上的真空脂软化，使之转动灵活。启动机械真空泵数分钟后，可将系统抽至 10～1Pa，这时用火花检漏器检查系统可以看到红色辉光放电。然后关闭机械泵与系统连接的旋塞，5min 后再用火花检漏器检查，其放电现象应与前相同，否则表明系统漏气。漏气多发生在玻璃接合处、弯头或旋塞处。为了迅速找出漏气所在，常采用分段检查的方式进行，即关闭某些旋塞，把系统分为几个部分，分别检查，确定某一部分漏气后，再仔细检查漏洞所在。火花检漏器的放电簧不能在某一地点停留过久，以免损伤玻璃。玻璃系统的铁夹附近或金属真空系统不能用火花检漏器检漏。

查出的个别小沙孔可用真空泥涂封，较大漏洞则须重新熔接。

系统能维持初级真空后，便可启动扩散泵，待泵内介质回流正常，可用火花检漏器重新检查系统，当看到玻璃管壁呈淡蓝色荧光，而系统内没有辉光放电时，表明真空度已优于

0.1Pa，这时可用热偶规和电离规测定系统压力。如果达不到这一要求，表明系统还有微小漏气处。此时同样可用火花检漏器分段检查漏气所在。

2.4.16　气体钢瓶和减压阀

（1）气体钢瓶的颜色标记

实验室中常使用容积 40L 左右的气体钢瓶。为避免各种钢瓶混淆，瓶身需按规定涂色和写字（见表 2-13）。

表 2-13　气体钢瓶的涂色和写字

气体类别	瓶身颜色	标字颜色	字样	气体类别	瓶身颜色	标字颜色	字样
氮气	黑	黄	氮	液氨	黄	黑	氨
氧气	天蓝	黑	氧	氯气	草绿	白	氯
氢气	深绿	红	氢	氟氯烷	铝白	黑	氟氯烷
压缩空气	黑	白	压缩空气	石油气体	灰	红	石油气
二氧化碳	黑	黄	二氧化碳	粗氩气瓶	黑	白	粗氩
氦气	棕	白	氦	纯氩气瓶	灰	绿	纯氩

（2）气体钢瓶的安全使用

① 钢瓶应存放在阴凉、干燥、远离电源、热源（如阳光、暖气、炉火等）的地方。可燃气体钢瓶必须与氧气钢瓶分开存放。

② 搬运钢瓶要戴上瓶帽、橡皮腰圈。要轻拿轻放，不要在地上滚动，避免撞击。使用钢瓶要用架子把它固定。避免突然摔倒。

③ 使用钢瓶中的气体时，一般都要装置减压阀。可燃气体钢瓶的螺纹一般是反扣的（如氢，乙炔），其余则是正扣的。各种减压阀不得混用。开启气阀时应站在减压阀的另一侧，以保证安全。

④ 氧气瓶的瓶嘴、减压阀严禁沾染油脂。

⑤ 钢瓶内气体不能全部用尽，应保持 0.05MPa 表压以上的残留压力。

⑥ 钢瓶须定期送交检验，合格钢瓶才能充气使用。

（3）气体减压阀

气体减压阀的结构原理如图 2-120 所示。当顺时针旋转手柄 1 时，压缩主弹簧 2，作用力通过弹簧垫块 3、薄膜 4 和顶杆 5 使活门 9 打开，高压气体进入低压气体室，其压力由低压表 10 指示。当达到所需压力时，停止旋转手柄，开节流阀输气至受气系统。当停止用气时，逆时针旋松手柄 1，使主弹簧 2 恢复自由状态，活门 9 由于弹簧 8 的作用而密闭。当调节压力超过一定许用值或减压阀故障时，安全阀 6 会自动开启放气。

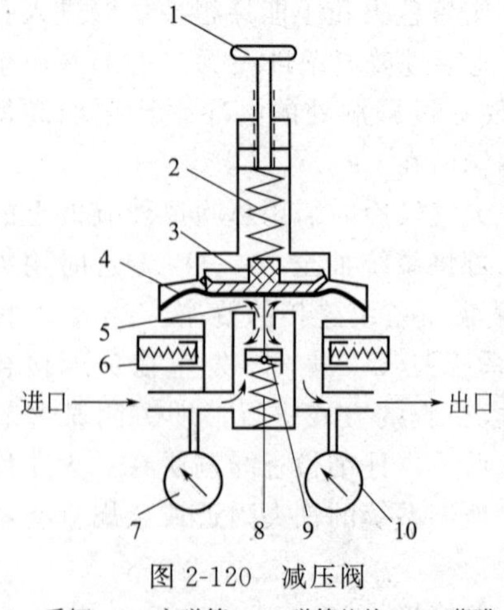

图 2-120　减压阀

1—手柄；2—主弹簧；3—弹簧垫块；4—薄膜；5—顶杆；6—安全阀；7—高压表；8—弹簧；9—活门；10—低压表

每种减压阀只能用于规定的气体物质，切勿混用。安装减压阀时应首先检查连接螺纹是否符合。用手拧满全部螺纹后再用扳手上紧。

在打开钢瓶总阀之前，应检查减压阀是否已关好（手柄 1 松开），否则由于高压气的冲击会使减压阀失灵。打开钢瓶总阀后，再慢慢打开减压阀，直到低压表 10 达所需压力为止。然后打开节流阀向受气系统供气。停止用气时先关钢瓶总阀，到压力表下降到零，再关减压阀。

第3章　无机及分析化学实验

3.1　无机及分析化学基本实验

实验一　玻璃管的加工及酒精喷灯、煤气灯的使用

一、实验目的

1. 了解酒精喷灯的构造和原理，掌握正确的使用方法。

2. 了解煤气灯的构造和原理，掌握正确的使用方法。

3. 练习玻璃管（棒）的截断、熔光、弯曲、拉制等操作。

4. 学习制作滴管、弯管、玻璃棒等。

二、仪器与试剂

酒精喷灯，煤气灯，锉刀，玻璃管，玻璃棒，石棉网，工业酒精。

三、实验步骤

1. 酒精喷灯的使用

酒精喷灯是实验室中常用的热源，按形状可分为座式喷灯（酒精贮存在灯座内）和挂式喷灯（酒精贮存罐悬挂于高处）两种，一般是金属制品。酒精喷灯由于是将酒精汽化后与空气混合再燃烧，其外焰温度通常可达900～1000℃，主要用于需加强热的实验和玻璃加工等。

常用的挂式酒精喷灯构造如图3-1所示，使用前把酒精贮罐挂在1.5m高的地方，通过橡皮管与灯座相连。使用时，先在预热盆中注入酒精至满并点燃盆内的酒精，以加热铜质灯管。当盆内酒精将近燃完时，依次开启酒精贮罐的旋塞和喷灯开关，来自贮罐的酒精在灯管内受热汽化，与来自气孔的空气混合，这时用火柴在管口点燃，再调节气孔控制空气进入量，使火焰达到所需温度（一般情况下，进入的空气越多，也就是氧气越多，火焰温度越高）。调节喷灯开关，可以控制火焰大小。用毕，向右旋紧喷灯开关，可使灯焰熄灭，同时要关闭酒精贮罐下的旋塞。

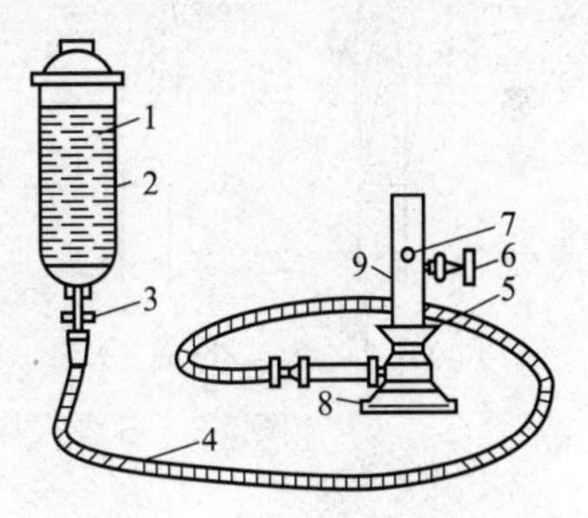

图3-1　挂式酒精喷灯

1—酒精；2—酒精贮罐；3—旋塞；4—橡皮管；5—预热盆；6—开关；7—气孔；8—灯座；9—灯管

必须注意：在开启喷灯开关、点燃管口气体以前，灯管必须充分灼烧，否则酒精在灯管内不能完全汽化，就会有液态酒精由管口喷出形成“火雨”，甚至会引起火灾。不用时必须关好酒精贮罐的旋塞，以免酒精漏失，造成危险。

2. 煤气灯的使用

实验室中如果备有煤气，在加热操作中常用煤气灯。煤气由导管输送到实验台上，用橡皮管将煤气开关和煤气灯相连。煤气中含有毒物质CO（但其燃烧产物无害），所以切不可把煤气逸到室内，以免发生中毒和引起火灾。不用时，一定要注意把煤气开关关紧（煤气中添加有特殊气味的气体，泄漏时极易嗅出）。

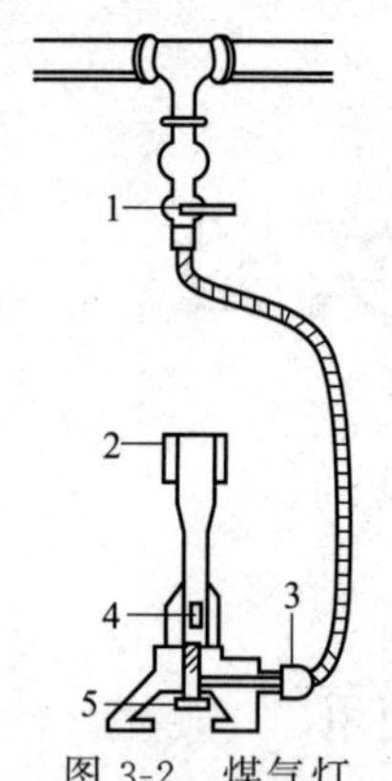

图 3-2　煤气灯
1—煤气开关；2—灯管；
3—煤气入口；4—气孔；
5—煤气调节螺丝

煤气灯的构造如图 3-2 所示，主要由灯管和灯座两部分组成。灯管下端有进入空气的气孔，旋转灯管，能够控制气孔的大小以调节空气的进入量。灯座的侧面有煤气入口，调节灯座下的螺丝可控制煤气的进入量。

使用时，应先关闭煤气灯的气孔，然后将燃着的火柴移近灯口，再慢慢打开煤气开关，即可点燃。然后调节空气和煤气的进入量，使二者的比例合适，形成分层的正常火焰，如图 3-3(a) 所示。煤气灯的正常火焰可以分为三个锥形的区域（详见图 3-4)：内层 1 为焰心，在这里空气和煤气进行混合并未燃烧，温度最低；中层 2 为还原焰，在这里煤气不完全燃烧，分解为含碳的产物，火焰具有还原性，温度较高，火焰呈淡蓝色；外层 3 为氧化焰，在这里煤气完全燃烧，但由于含有过量空气，火焰具有氧化性，温度很高，可达 1500℃，火焰呈淡紫色。实验时一般都用氧化焰来加热。

如果空气和煤气的进入量不合适，会产生不正常的火焰，一般有两种情况。

第一种为临空火焰，即煤气和空气两者的进入量过大，使气流冲出管外，火焰在灯管上空燃烧。此时必须立即关闭煤气开关，重新调节后再点燃，以得到正常火焰。

第二种为侵入火焰，这是由于煤气量过小，空气量过大引起的，其现象是看到煤气灯管口火焰消失，或者变为细长的一条绿色火焰，并能听到特殊的嘶嘶声。侵入火焰由于在灯管内燃烧，灯管会被烧得很烫。此时应立即关闭煤气开关，待灯管冷却后再关闭气孔，重新点燃使用，切忌立刻用手去调节灯管，以免烫伤!

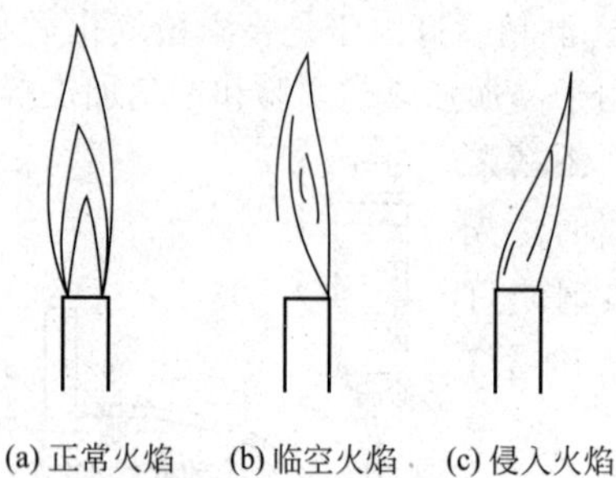
(a) 正常火焰　(b) 临空火焰　(c) 侵入火焰

图 3-3　各种火焰

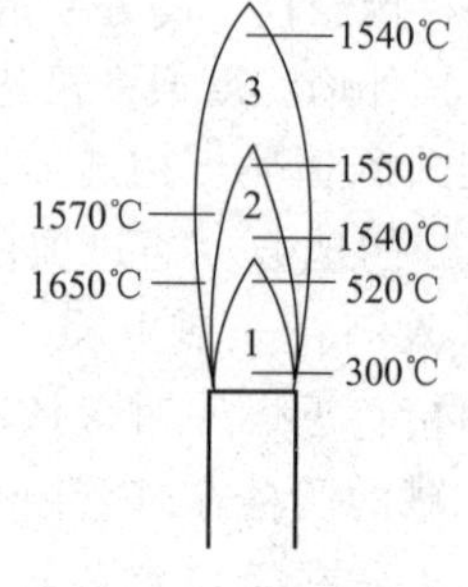

图 3-4　火焰各层温度
1—内层；2—中层；3—外层

煤气量的大小一般用煤气开关来调节，也可用灯座下的螺丝来调节。煤气灯使用完毕，应先关闭煤气开关，使火焰熄灭，再旋紧灯管。

3. 简单的玻璃工操作

(1) 截断和熔光玻璃管（棒）

① 锉痕。将玻璃管（棒）平放在桌面上，按图 3-5 所示，用锉刀的棱在左手拇指按住玻璃管（棒）的地方用力向前（或向后）单向挫出一道狭窄并与玻璃管（棒）垂直的凹痕，注意不要来回锉。

② 截断。双手持玻璃管（棒），凹痕向外，用两拇指在凹痕的后面向前推压，同时食指及其余手指把玻璃管（棒）向外拉，折断玻璃管（棒），如图 3-6 所示。

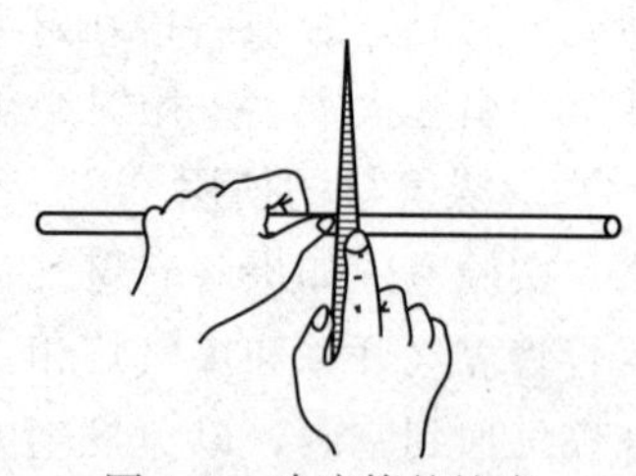
图 3-5　玻璃管的锉痕

③ 熔光。把截断面斜插入氧化焰中前后移动并不停转动，使其熔烧均匀，直至光滑为止。如图 3-7 所示。

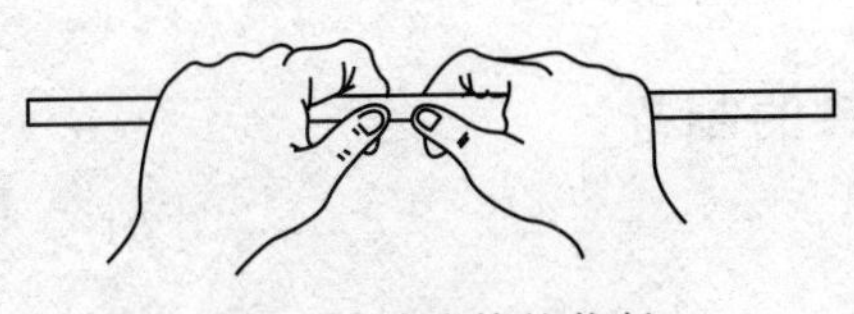

图 3-6 玻璃管的截断

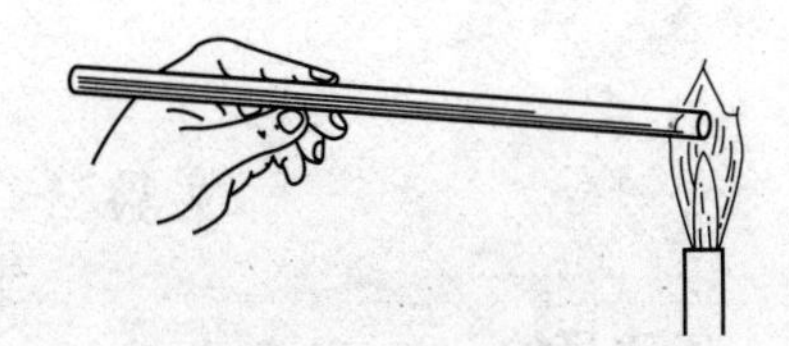

图 3-7 玻璃管的熔光

(2) 弯曲玻璃管

① 加热。双手持玻璃管，将待弯曲部分置于氧化焰中（为使受热面积大，可斜放)，缓慢均匀地沿着一个方向转动玻璃管，左右移动，用力均等，转速一致，加热至发黄变软（图 3-8)。

② 弯管。自火焰中取出玻璃管，用“V”字形手法弯成所需角度，如图 3-9 所示，弯好后待玻璃管冷却变硬再撒手，放在石棉网上继续冷却。

较小的角度，可分几次弯成，先弯成 120°左右的角度，待玻璃管稍冷后，再加热弯成较小角度。注意玻璃管第二次受热的位置应较第一次受热的位置略为偏左或偏右一些。待玻璃管完全冷却后，检查弯管角度是否准确及整个玻璃管是否处于同一平面上。

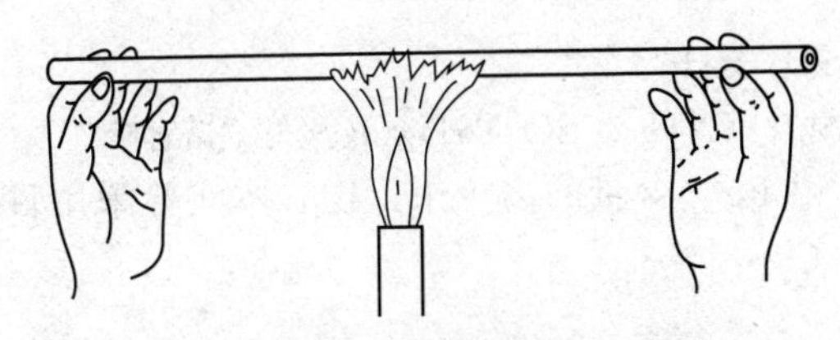

图 3-8 玻璃管的加热

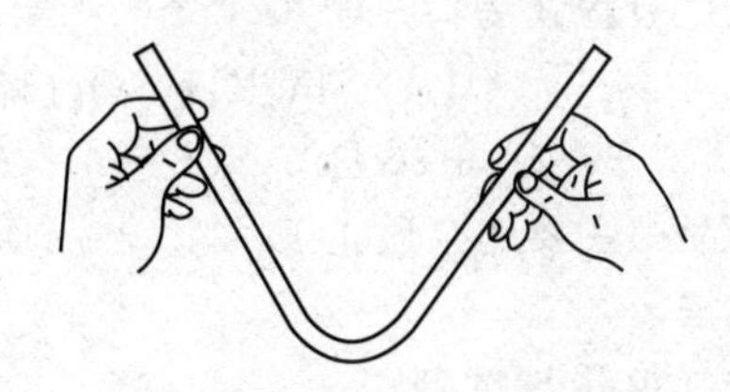

图 3-9 玻璃管的弯曲

(3) 拉制熔点管、滴管

① 烧管。拉制玻璃管时，加热玻璃管的方法与弯曲玻璃管基本一致，只是时间稍长，要烧得更软些。

② 拉管。当玻璃管烧到发黄变软时迅速从火焰中取出，控制好速度，沿水平方向边转动边拉（如图 3-10)，使狭部至所需粗细，然后一手持玻璃管使玻璃管自然下垂，冷却后按需截断。注意用力要均匀，切忌不要在火上拉。

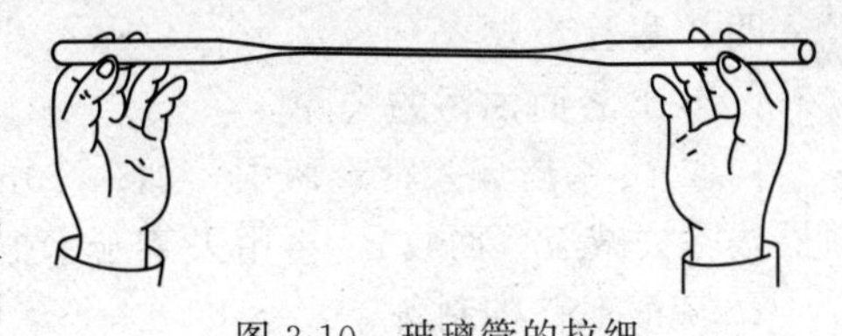

图 3-10 玻璃管的拉细

③ 扩口。将玻璃管口烧熔后在石棉网上轻压成座，冷却后装上橡皮胶头，细口微熔光滑，即成滴管。

制作熔点管需将拉细均匀的部分截断（6～8cm 长)，一端微熔光滑，一端灼烧封闭。

4. 课堂实践

(1) 将一根长玻璃管截成 5～6 段。

(2) 制作一个 90°的弯管。

(3) 制作两个滴管。

(4) 制作一个玻璃棒。

四、思考题

1. 怎样熄灭酒精喷灯？

2. 截断玻璃管（棒）时应注意什么？为什么要熔光？

3. 怎样拉制毛细管？

4. 较小角度的弯管怎样制作？

实验二　硫酸亚铁铵的制备

一、实验目的

1. 掌握制备硫酸亚铁铵的原理和方法。

2. 学习减压过滤、蒸发、结晶等基本操作。

3. 了解目测比色法检验产品质量等级的方法。

二、实验原理

硫酸亚铁铵[$FeSO_4 \cdot (NH_4)_2SO_4 \cdot 6H_2O$]是一种复盐，俗称摩尔盐，为浅绿色单斜晶体，易溶于水。它在空气中比一般的亚铁盐稳定，不易被氧化，因此常用来配制亚铁离子的标准溶液。

由于硫酸亚铁铵在水中的溶解度比组成它的简单盐（硫酸铵和硫酸亚铁）的溶解度要小（见表3-2），因此只要将它们按一定的比例在水中溶解，混合，即可制得硫酸亚铁铵的晶体。反应方程式为：

$$Fe + H_2SO_4(稀) = FeSO_4 + H_2\uparrow$$

$$FeSO_4 + (NH_4)_2SO_4 + 6H_2O = FeSO_4 \cdot (NH_4)_2SO_4 \cdot 6H_2O(浅绿色晶体)$$

产品中主要的杂质是Fe^{3+}，产品质量等级常以Fe^{3+}含量的多少来评定，本实验采用目测比色法。

三、仪器与试剂

台式天平，布氏漏斗，吸滤瓶，循环水真空泵，pH试纸，滤纸，锥形瓶，蒸发皿，泥三角，三脚架，玻璃棒，表面皿或小烧杯，酒精灯，石棉网，量筒，比色管（25mL），吸量管，洗耳球。

铁屑，H_2SO_4(3mol·L^{-1})，Na_2CO_3(10%)，$(NH_4)_2SO_4$(分析纯)，KSCN(1mol·L^{-1})，Fe^{3+}标准溶液(1.00×10^{-1}mg·mL^{-1})。

四、实验步骤

1. 铁屑表面油污的去除

称取1g铁屑放入锥形瓶中，加入10mL 10%的Na_2CO_3溶液，小火加热约10min，用倾析法除去碱液（回收），再用去离子水把铁屑冲洗干净，备用。

2. 硫酸亚铁的制备

将15mL 3mol·L^{-1} H_2SO_4溶液加入盛有铁屑的锥形瓶中，盖上表面皿或小烧杯，在石棉网上小火加热，直至不再有细小气泡冒出为止（约20min）。在加热过程中应不断加入少量去离子水，以补充被蒸发掉的水分，这样可以防止$FeSO_4$结晶出来。趁热减压过滤，滤液立即转移至蒸发皿中，此时滤液的pH值应在1左右。

3. 硫酸亚铁铵的制备

考虑过滤过程中的损失，可根据$FeSO_4$理论产量的80%～85%，按照反应方程式计算所需$(NH_4)_2SO_4$的质量。称取2.4g $(NH_4)_2SO_4$固体，加入5mL去离子水配成饱和溶液，加到硫酸亚铁溶液中，混合均匀，用3mol·L^{-1} H_2SO_4调节溶液pH值为1～2。用小火蒸发浓缩至表面出现微晶膜为止（蒸发过程中不宜搅动），放置使溶液慢慢冷却，即可析出浅绿色硫酸亚铁铵晶体。减压过滤，用滤纸吸干晶体，观察晶体的形状、颜色，称重并计算产率。

4. 产品检验（Fe^{3+}的限量分析）

称取1g产品，放入25mL比色管中，用15mL不含氧的去离子水（将去离子水用小火煮沸5min，除去所溶解的氧，盖好表面皿，冷却后即可）溶解，加入1mL 3mol·L^{-1} H_2SO_4 和1mL 1mol·L^{-1} KSCN，再用不含氧的去离子水稀释至刻度线，摇匀。用目测比色法与 Fe^{3+} 的标准溶液进行比较，确定产品中 Fe^{3+} 含量所对应的级别。

Fe^{3+} 标准溶液的配制（实验室准备）：依次量取 1.00×10^{-1}mg·mL^{-1}的 Fe^{3+} 标准溶液0.50mL、1.00mL、2.00mL，分别置于三个25mL比色管中，并各加入1mL 3mol·L^{-1} H_2SO_4 和1mL 1mol·L^{-1} KSCN，再用不含氧的去离子水稀释至刻度线，摇匀，即可配成如表3-1所示的不同等级的标准溶液。所用药品的溶解度见表3-2。

表3-1　不同等级的 Fe^{3+} 标准溶液

规格	Ⅰ级	Ⅱ级	Ⅲ级
Fe^{3+} 含量/mg	0.05	0.1	0.2

五、思考题

1. 铁屑与稀硫酸反应制取 $FeSO_4$ 的反应中，是铁过量还是硫酸过量？

2. 为什么在制备硫酸亚铁铵的过程中，溶液始终呈酸性？

3. 为什么在检验产品中 Fe^{3+} 含量时，要用不含氧的去离子水？

附：

表3-2　溶解度数据　　单位：g·(100g 水)$^{-1}$

盐	温度/℃				
	10	20	30	50	70
$(NH_4)_2SO_4$	73.0	75.4	73.0	84.5	91.9
$FeSO_4\cdot7H_2O$	20.5	26.6	33.2	48.6	56.0
$FeSO_4\cdot(NH_4)_2SO_4\cdot6H_2O$	18.1	21.2	24.5	31.3	38.5

实验三　粗硫酸铜的提纯

一、实验目的

1. 了解用重结晶法提纯物质的原理。

2. 学习粗硫酸铜提纯及产品纯度检验的原理和方法。

3. 熟练加热、溶解、过滤、蒸发、结晶等基本操作。

二、实验原理

可溶性晶体物质中的杂质可用重结晶法除去。根据物质溶解度的不同，一般可采用溶解、过滤的方法，除去易溶于水的物质中所含难溶于水的杂质，然后再用重结晶法使其与少量易溶于水的杂质分离。重结晶的原理是由于晶体物质的溶解度一般随温度的降低而减小，当热的饱和溶液冷却时，待提纯的物质首先以结晶析出，而少量杂质由于尚未达到饱和，仍留在溶液中。

粗硫酸铜中的不溶性杂质可用过滤法除去，而可溶性杂质通常以 Fe^{2+} 和 Fe^{3+} 为多。可先用氧化剂 H_2O_2 把 Fe^{2+} 氧化成 Fe^{3+}，然后调节溶液的pH值约为4，使 Fe^{3+} 水解成为

$Fe(OH)_3$沉淀而除去。反应如下：

$$2Fe^{2+} + H_2O_2 + 2H^+ = 2Fe^{3+} + 2H_2O$$

$$Fe^{3+} + 3H_2O = Fe(OH)_3 \downarrow + 3H^+$$

除去Fe^{3+}后的滤液经蒸发、浓缩，即可制得$CuSO_4 \cdot 5H_2O$晶体。其他微量杂质在硫酸铜结晶析出时留在母液中，经过滤即可与硫酸铜分离。

三、仪器与试剂

台式天平，玻璃漏斗，漏斗架，布氏漏斗，吸滤瓶，蒸发皿，循环水真空泵，比色管，滤纸，pH 试纸，烧杯，量筒，玻璃棒，蒸发皿，酒精灯，石棉网，研钵，泥三角。

粗$CuSO_4$，$NaOH(0.5mol \cdot L^{-1})$，$NH_3 \cdot H_2O(6mol \cdot L^{-1})$，$H_2SO_4(1mol \cdot L^{-1})$，HCl $(2mol \cdot L^{-1})$，H_2O_2 (3%)，$KSCN(1mol \cdot L^{-1})$。

四、实验步骤

1. 粗硫酸铜的提纯

(1) 称量和溶解　用台式天平称取研细的粗硫酸铜 7.5g，放入干净的 100mL 烧杯中，加入 30mL 去离子水，加热、搅拌使其完全溶解（溶解时加入 2～3 滴$1mol \cdot L^{-1}$的H_2SO_4溶液可以加快溶解速率）。

(2) 氧化及水解　将烧杯从火焰上拿下来，冷却后边搅拌边往溶液中滴加 2mL3% H_2O_2。继续加热，逐滴加入$0.5mol \cdot L^{-1}$ NaOH 溶液并不断搅拌，直至 pH≈4。再加热片刻，静置，使红棕色$Fe(OH)_3$沉降[注意：若有$Cu(OH)_2$的浅蓝色出现时，表明 pH 值过高]。

(3) 常压过滤　趁热用玻璃漏斗常压过滤硫酸铜溶液，滤液承接在清洁的蒸发皿中。

(4) 蒸发、结晶、抽滤　在滤液中滴加$1mol \cdot L^{-1}$ H_2SO_4溶液，调 pH＝1～2。小火加热蒸发、浓缩至溶液表面局部出现极薄一层结晶膜时，停止加热（切不可蒸干）。冷却至室温，使$CuSO_4 \cdot 5H_2O$晶体析出，然后减压抽滤。用滤纸将硫酸铜晶体表面的水分吸干，称量并计算产率。

2. 产品纯度检验

用台式天平称取 0.5g 提纯后的硫酸铜晶体，倒入小烧杯中加 3mL 去离子水加热溶解，加入 0.5mL $1mol \cdot L^{-1}$ H_2SO_4酸化，再加入数滴 3% H_2O_2氧化，加热至沸使其中Fe^{2+}全部转化为Fe^{3+}。冷却后，边搅拌边向溶液中滴加$6mol \cdot L^{-1}$氨水至生成的蓝色沉淀全部溶解，此时溶液呈深蓝色。用玻璃漏斗过滤，在取出的滤纸上滴加$6mol \cdot L^{-1}$氨水至蓝色褪去，黄色的$Fe(OH)_3$沉淀留在滤纸上。用滴管滴加 2mL $2mol \cdot L^{-1}$ HCl 溶液至滤纸上，溶解$Fe(OH)_3$沉淀，溶解液可收集在比色管中。然后在溶解液中滴加 1 滴$1mol \cdot L^{-1}$ KSCN 溶液，将所得溶液与实验室准备好的硫酸铜样品溶液进行比较，根据红色的深浅评定提纯后硫酸铜溶液的纯度。

五、思考题

1. 溶解固体时加热和搅拌起什么作用？

2. 粗硫酸铜中的杂质Fe^{2+}为什么要氧化成Fe^{3+}后再除去？除Fe^{3+}时，为什么要调 pH≈4？pH 太大或太小有何影响？

3. 蒸发溶液时，为什么加热不能过猛？为什么不可将滤液蒸干？

4. 精制后的硫酸铜溶液为什么要加几滴稀H_2SO_4调节 pH 值至 1～2，然后再加热蒸发？

5. 抽滤时蒸发皿中的少量晶体，怎样转移到漏斗中？能否用去离子水冲洗？

实验四 缓冲溶液的配制和性质

一、实验目的

1. 学习缓冲溶液的配制方法，掌握缓冲溶液 pH 值的计算。

2. 了解缓冲溶液作用原理并试验其缓冲作用。

3. 学习酸度计的使用方法。

二、实验原理

由弱酸及其共轭碱（如 HAc-NaAc）或弱碱及其共轭酸（如 $NH_3 \cdot H_2O$-NH_4Cl）组成，具有一定的 pH 值，不因适当稀释或加入少量强酸或强碱而使其 pH 值有明显改变的溶液，叫作缓冲溶液。

对于由共轭酸碱对组成的缓冲溶液，其 pH 值的计算公式为：

$$pH = pK_a^{\ominus} + \lg \frac{c_b}{c_a} \qquad \left(或\ pH = 14 - pK_b^{\ominus} + \lg \frac{c_b}{c_a}\right)$$

由此可见，缓冲溶液的 pH 值取决于酸碱的解离常数及共轭酸碱对的浓度比。配制时只要按计算值量取一定体积的盐和酸（或碱）的溶液，混合后即可得到一定 pH 值的缓冲溶液。

由于缓冲溶液中有抗酸抗碱成分，故加入少量的强酸、强碱或适当稀释时，其 pH 值几乎不变，但所有缓冲溶液的缓冲能力都是有一定限度的。如果缓冲溶液的组分浓度太小，当溶液稀释的倍数太大，或加入强酸强碱的量也太大时，则会引起溶液的 pH 值急剧改变，失去了缓冲作用。

三、仪器与试剂

酸度计，烧杯（50mL），玻璃棒，量筒（25mL）。

HAc($1.0mol \cdot L^{-1}$，$0.10mol \cdot L^{-1}$)，NaAc($1.0mol \cdot L^{-1}$，$0.10mol \cdot L^{-1}$)，$NH_3 \cdot H_2O$($1.0mol \cdot L^{-1}$)，NH_4Cl($0.10mol \cdot L^{-1}$)，NaOH($0.10mol \cdot L^{-1}$)，HCl($0.10mol \cdot L^{-1}$)，标准缓冲溶液（pH=4.00，9.00）。

四、实验步骤

1. 缓冲溶液的配制及其溶液 pH 值的测定

按表 3-3 配制 4 种缓冲溶液，并用酸度计分别测定其 pH 值，记录测定结果，将测定值与计算值进行比较。

表 3-3 缓冲溶液的配制

编号	配制溶液(用量筒各取 25.00mL)	pH 测定值	pH 计算值
1	$NH_3 \cdot H_2O(1.0mol \cdot L^{-1}) + NH_4Cl(0.10mol \cdot L^{-1})$		
2	$HAc(0.10mol \cdot L^{-1}) + NaAc(1.0mol \cdot L^{-1})$		
3	$HAc(1.0mol \cdot L^{-1}) + NaAc(0.10mol \cdot L^{-1})$		
4	$HAc(0.10mol \cdot L^{-1}) + NaAc(0.10mol \cdot L^{-1})$		

2. 试验缓冲溶液的缓冲作用

在第 4 号缓冲溶液中加入 0.5mL（约 10 滴）$0.10mol \cdot L^{-1}$ HCl 溶液，摇匀，用酸度计测定其 pH 值；再加入 1.0mL（约 20 滴）$0.10mol \cdot L^{-1}$ NaOH 溶液，摇匀，用酸度计测定其 pH 值，记录测定结果，并与计算值进行比较，见表 3-4。

表 3-4 pH 测定结果

4 号缓冲溶液	pH 测定值	pH 计算值
加入 0.5mL HCl 溶液（0.10mol·L^{-1}）		
加入 1.0mL NaOH 溶液（0.10mol·L^{-1}）		

五、思考题

1. 缓冲溶液缓冲能力的大小主要取决于哪些因素？
2. 若组成缓冲溶液的组分浓度都较小，则缓冲能力如何？
3. 为什么适当稀释，缓冲溶液的 pH 值基本不变？
4. 缓冲溶液 pH 值的实验值为什么与理论值有一定的偏差？

实验五 滴定分析基本操作练习

一、实验目的

1. 认识滴定分析常用仪器，如滴定管、容量瓶和移液管等。
2. 掌握滴定分析常用仪器的洗涤、使用和滴定操作。
3. 练习正确读数。

二、实验原理

滴定分析常用仪器有标有分刻度的滴定管和吸量管以及标有单刻度的容量瓶和移液管等，一般以最大容量作为其规格，标有使用温度，不能加热，不能用作反应容器。

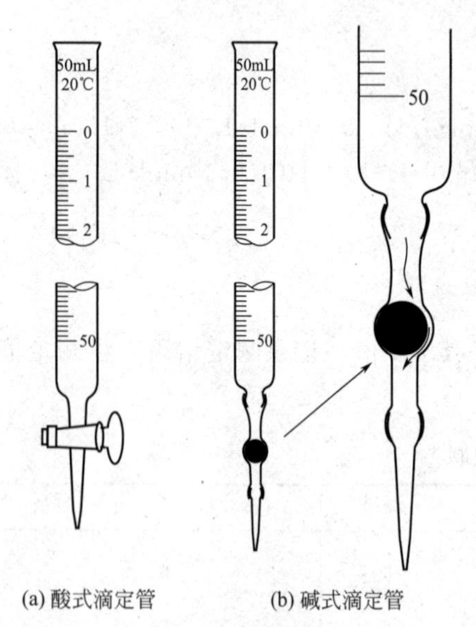

(a) 酸式滴定管　(b) 碱式滴定管

图 3-11 滴定管

1. 滴定管

滴定管主要是滴定时用来准确度量液体的量器，刻度由上而下数值增大。常用滴定管的容量为 50mL，每一小刻度相当于 0.1mL，而读数可估读到 0.01mL。

滴定管可分为两种：一种是下端带有玻璃旋塞的酸式滴定管，用来盛放酸性溶液和氧化性溶液；一种是碱式滴定管，用于盛放碱性溶液，其下端连一乳胶管，管内有一玻璃珠，可以控制溶液的流出和流速，管下端连一尖嘴玻璃管（见图3-11）。注意：酸式滴定管不能盛放碱性溶液，因为磨口玻璃旋塞会被碱性溶液腐蚀而难以打开；碱式滴定管不能盛放能与乳胶管发生化学反应的氧化性溶液，如高锰酸钾、碘等。

（1）使用前的准备

① 试漏。酸式滴定管使用前应检查旋塞转动是否灵活以及是否有漏水现象，如有则需将旋塞拆下涂以凡士林。涂凡士林的方法是：把滴定管平放在桌面上，取下旋塞，将旋塞和旋塞槽洗净并用滤纸将水擦干，用手指沾上少量凡士林，在旋塞孔的两边沿圆周涂上一薄层（不宜涂得太多，尤其是在孔的两边，以免堵塞小孔），然后把旋塞插入槽中，向同一方向转动旋塞，直到从外面观察呈均匀透明为止（见图 3-12）。如果发现旋转不灵活或出现纹路，表示凡士林涂得不够；如果有凡士林从旋塞缝隙

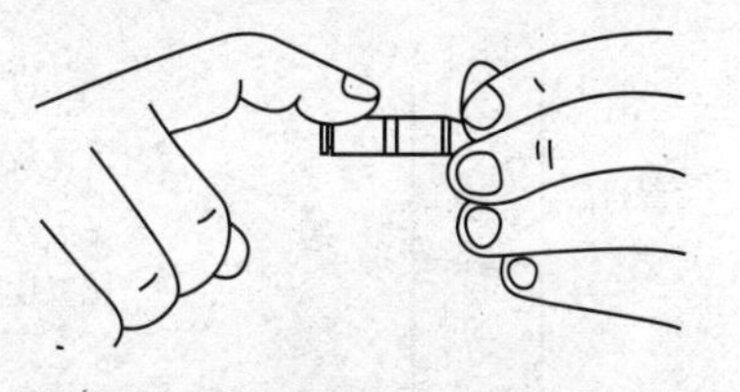
图 3-12 旋塞涂凡士林

溢出或被挤入旋塞孔内，表示凡士林涂得太多，一旦出现上述情况，都必须重新涂凡士林。凡士林涂得恰当的旋塞应呈透明、无气泡、转动灵活，最后还应检查旋塞是否漏水。首先关闭旋塞，装水至“0”刻度线以上，置于滴定管架上，直立约 2min，仔细观察有无水滴滴下，然后将旋塞旋转 180°，再直立 2min，观察有无水滴滴下，若没有则可使用，若有则应重新涂凡士林。为防止在使用过程中旋塞脱落，可用橡皮筋将旋塞扎住或用橡皮圈套在旋塞末端的凹槽上。

碱式滴定管使用前应选择与乳胶管粗细合适的玻璃珠，并检查是否漏水，液滴是否能灵活控制，否则重新调换玻璃珠直至大小合适，若乳胶管已老化失去弹性也应及时更换。碱式滴定管的试漏与酸式滴定管相同，检查不漏水后，应先将滴定管洗涤干净，然后才能装入操作溶液。

② 洗涤。当滴定管没有明显污染时，可以直接用自来水冲洗，亦可用滴定管刷蘸上肥皂水或洗涤剂刷洗，但不能用去污粉。如果用肥皂水或洗涤剂洗不干净，则可用铬酸洗液 5～10mL 润洗。洗涤酸式滴定管时，要预先关闭旋塞，倒入洗液后，一手拿住滴定管上端无刻度部分，另一手拿住旋塞上部无刻度部分，边转动边将管口倾斜，使洗液流经全管内壁，然后将滴定管竖起，打开旋塞使洗液从下端放回原洗液瓶中。洗涤碱式滴定管时，应先去掉下端的乳胶管和细嘴玻璃管，接上一小段塞有玻璃棒的乳胶管，再按上述方法洗涤。

用肥皂水、洗涤剂或洗液洗涤后都要用自来水充分洗涤，然后检查滴定管是否洗净，滴定管的外壁亦应保持清洁。

用自来水冲洗以后，再用去离子水洗涤 3 次，每次用量约 10mL。加入去离子水后，要边转动边将管口倾斜，使水布满全管内壁，然后将酸式滴定管竖起，打开旋塞，使水流出一部分以冲洗滴定管的下端，再关闭旋塞，将其余的水从管口倒出。对于碱式滴定管，从下端放水洗涤时，要用拇指和食指轻轻往一边挤压玻璃球外面的乳胶管，并随放随转，将残留的水全部洗出。

③ 装液。在装入操作溶液之前，必须将试剂瓶中的溶液摇匀，使凝结在瓶壁上的水珠混入溶液。装入溶液时，应由试剂瓶直接装入，不得借助其他任何器皿，以免溶液的浓度改变或造成污染。先用操作溶液润洗滴定管 2～3 次，每次用量为 10mL 左右，其方法同用去离子水洗涤，然后装入溶液至“0”刻度线以上。

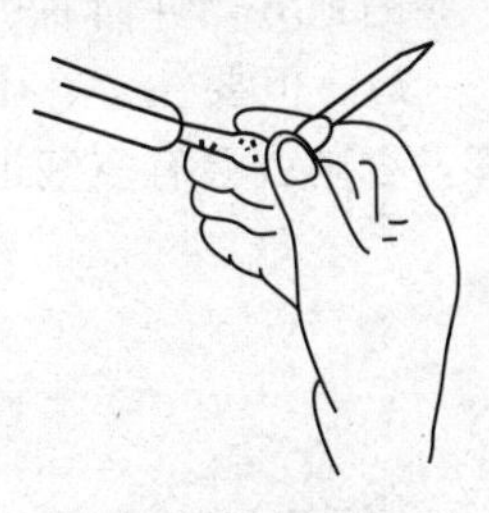
图 3-13 碱管排气泡

当操作溶液装入滴定管后，应检查下端尖嘴内有无气泡，若有则必须排除。对于酸式滴定管，可用右手拿住管上部无刻度处，将滴定管倾斜约 30°，左手迅速打开旋塞使溶液冲出而将气泡带走。对于碱式滴定管，可把乳胶管向上弯曲，用两指挤压稍高于玻璃球所在处，使溶液从管尖喷出即可排除气泡，然后一边挤压乳胶管，一边把乳胶管放直，等完全放直后再松开手指，否则末端仍会有气泡（见图 3-13）。

排除气泡后，再加满操作溶液至“0”刻度线以上，然后把滴定管夹在滴定管架上并保持垂直，等 1～2min 后，再调节液面在“0.00”刻度或接近“0.00”的某一刻度，备用。

（2）滴定管读数　为了正确读数，应遵守下列规则。

① 读数时，应将滴定管从架子上取下，用右手的拇指和食指捏住滴定管上部无刻度处，让其自然下垂，否则会造成读数误差。

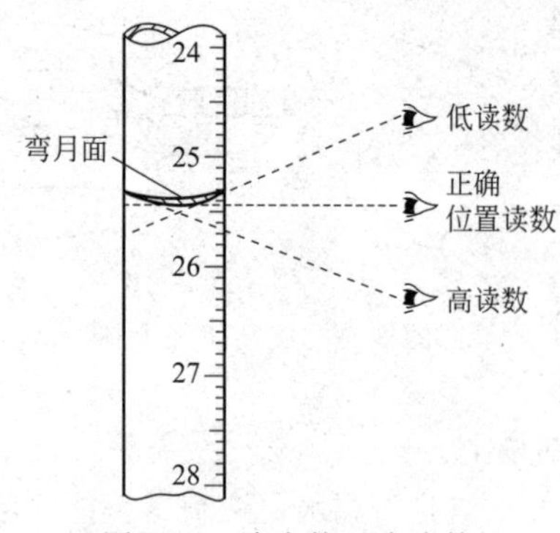

图 3-14 滴定管正确读数

② 读数时，对于无色或浅色溶液，视线应在弯月面的最低点处，而且要与液面在同一水平线上，见图 3-14。若溶液颜色太深，不能观察到弯月面时，可读液面两侧的最高点。

蓝线滴定管中溶液的读数与上述方法不同，如图 3-15所示，无色或浅色溶液有两个弯月面相交于滴定管蓝线的某一点，读数时视线应与此点在同一水平线上；若为有色溶液，仍应读液面两侧的最高点。不管采取哪种读法，初读数与终读数应取同一标准。

③ 读取初读数前，应将管尖悬挂的溶液除去后再读数；读取终读数时，应注意管尖不应悬有溶液。读数必须读到小数点后第二位，即要求估读到 0.01mL。

④ 每次滴定前应将液面调节在“0.00”刻度或稍下一点儿的位置，这样可以使每次滴定前后的读数都在滴定管的同一部位，从而消除因上下刻度不匀所造成的误差。

⑤ 为了准确读数，装满溶液或放出溶液后，必须等1～2min，使附着在内壁上的溶液流下后再读数。

⑥ 为了便于更好地读数，可采用读数卡。读数卡可用一张黑纸或涂有一黑长方形的白纸，将其放在滴定管背后，使黑色部分在弯月面下约 1mm，可看到弯月面的反射层成为黑色，读此黑色弯月面的最低点（见图 3-15）。

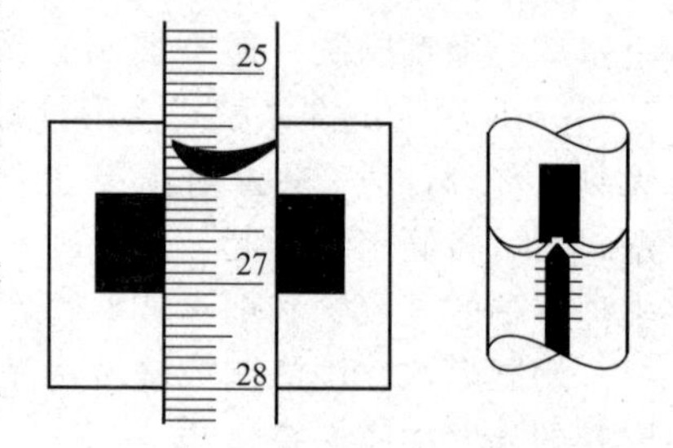

图 3-15 黑白读数卡和蓝线滴定管

（3）滴定操作　滴定最好以白瓷板作为背景，在锥形瓶中进行，必要时也可在烧杯中进行。开始滴定前，先将悬挂在滴定管尖端处的液滴除去，读下初读数，然后将滴定管夹在滴定管架上。

使用酸式滴定管时，用左手控制旋塞，拇指在管前，食指和中指在管后，三指轻轻捏住塞柄，无名指和小指向手心弯曲（见图 3-16）。转动旋塞时要注意勿使手心顶着旋塞，以防旋塞被顶出而漏液。使用碱式滴定管时，左手拇指在前，食指和中指在后固定玻璃珠并保持出管口垂直向下，同时拇指和食指捏住乳胶管中玻璃珠所在部位稍上一些的地方，并向右边挤压乳胶管，使其与玻璃珠之间形成一道缝隙，溶液即可流出（见图 3-17）。但要注意，不能用力捏玻璃珠或使玻璃珠上下移动，更不要捏挤玻璃珠下方的乳胶管，否则就会有空气进入而形成气泡。

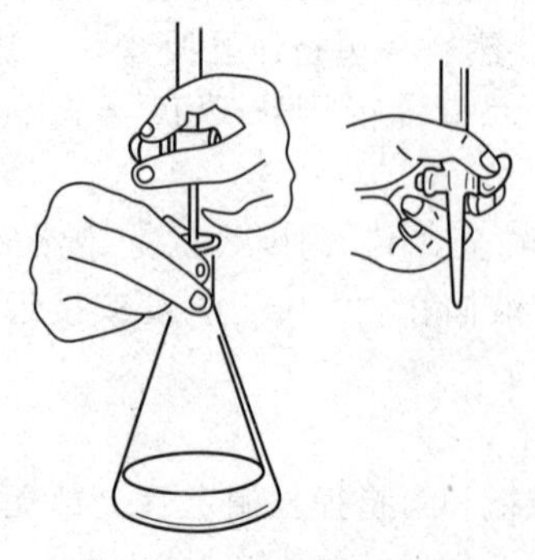
图 3-16 酸式滴定管的操作

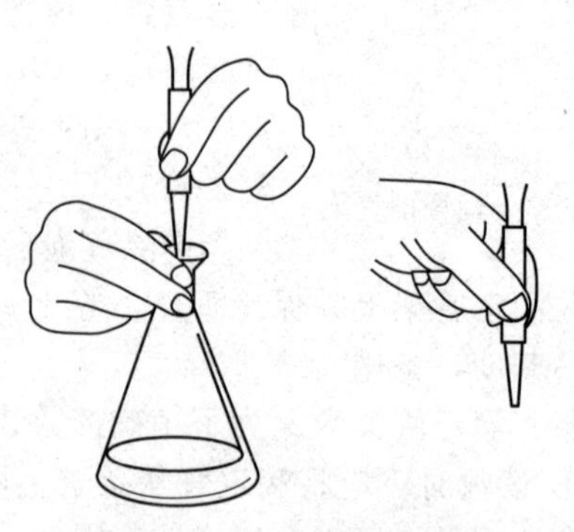
图 3-17 碱式滴定管的操作

滴定时，右手前三指握住锥形瓶瓶颈，将滴定管下端伸入瓶口约1cm，瓶底离下面白瓷板2～3cm，然后边滴加溶液边向同一方向摇动锥形瓶使溶液混匀。滴定速度以10mL·min^{-1}，即3～4滴/s左右为宜。滴定刚开始时，速度可稍快些，但不能滴水成线，而应成滴放出。接近终点时，应逐滴加入，即加一滴，摇几下，再加一滴。马上到终点时，应控制半滴加入，要仔细观察滴定管口尖端悬而未落的液滴大小，估计有半滴左右时立即关闭旋塞或松开挤捏胶管的手指，然后用锥形瓶内壁将半滴溶液沾落，再用洗瓶以尽可能少量的去离子水将附于瓶壁上的溶液冲洗下去，继续摇晃锥形瓶，观察颜色变化。如此重复，直至当加入半滴而使被滴溶液颜色发生明显变化且符合终点颜色，并保持半分钟不消失时，即为滴定终点。

注意事项：

① 用酸式滴定管滴定时，左手不能离开旋塞，任溶液自流。

② 摇瓶时，应微动腕关节，使锥形瓶口基本不动，瓶底做圆周运动，瓶内溶液向同一方向旋转，不能前后摇动，否则溶液会溅出。

③ 滴定时，不要去看滴定管上刻度的变化，而应认真观察锥形瓶中溶液颜色的变化，以此来估计滴定反应进行的程度。滴定过程中，要注意观察滴定的滴落点，一般在滴定开始时，由于离终点很远，滴下时无明显变化，但滴到后来，滴落点周围会出现暂时性的颜色变化。在离终点还比较远时，颜色一般立即消失；随着终点越来越近，颜色消失渐慢。快到终点时，颜色甚至可以暂时扩散到全部溶液，摇动1～2次后才完全消失，此时应改为滴加1滴，摇几下。接近终点时，用洗瓶冲洗锥形瓶内壁，把壁上的溶液冲洗下去。最后仅能微微转动活塞，使溶液悬在管尖上形成半滴但未落下，用瓶壁靠上，再用洗瓶冲洗下去，并摇动锥形瓶。如此重复，直到滴定终点。

④ 不管用哪种滴定管，都要正确控制滴定速度，熟练掌握三种加液方法：逐滴连续滴加、只加一滴、加半滴。

滴定结束后，弃去滴定管内剩余溶液（不可倒入原瓶中），用自来水冲洗干净，再用去离子水荡洗3次，然后夹在滴定管架上，罩上滴定管盖，备用。

2. 容量瓶

容量瓶是常用的测量所容纳液体体积的容量器皿，为一种细颈梨形平底玻璃瓶，带有磨口玻璃塞或塑料塞。其颈部刻有环形标线，表示在指定温度下，当溶液充满到标线时，所容纳的溶液体积等于瓶上所示的体积，一般有50mL、100mL、250mL、500mL、1000mL等规格。容量瓶只能用于配制标准溶液或定量地稀释试样溶液（对需避光的溶液应使用棕色容量瓶），不得长期存放溶液。若需要长期存放，可将溶液转移到磨口试剂瓶中（根据需要可选用无色瓶、棕色瓶或聚氯乙烯塑料瓶等），试剂瓶洗净后必须用容量瓶中的溶液润洗2～3次，以保证浓度不变。

（1）使用前的准备

① 试漏。容量瓶使用前应检查是否漏水，方法是加入自来水至标线附近，盖好瓶塞，左手食指压住瓶塞，右手指尖拿住瓶底，将瓶倒立，观察瓶塞周围是否有水渗出，如不漏水，将瓶直立，瓶塞转动180°，再倒过来检查一次，确无漏水后才可使用。容量瓶的瓶塞应用橡皮筋或细绳系在瓶颈上，不应取下随意乱放，以免沾污、弄错或打碎。

② 洗涤。使用前先用自来水冲洗几次（必要时用洗液或容量瓶专用刷刷洗），接着用去离子水荡洗3次，备用。

（2）操作方法

若用固体物质配制溶液，可先将准确称量好的固体物质在小烧杯中溶解，再把溶液定量转移到预先洗净的容量瓶中（热溶液应冷至室温后，才能注入容量瓶中，否则会造成体积误差）。如图 3-18 所示，一手拿玻璃棒，将它伸入容量瓶中约 3～4cm，并紧靠瓶内壁；一手拿烧杯，烧杯嘴紧靠玻璃棒，慢慢倾斜烧杯，使溶液沿玻璃棒流下。倾倒完溶液后，将烧杯扶正的同时沿玻璃棒上移 1～2cm，随后离开玻璃棒（可以避免杯嘴与玻璃棒之间的溶液流到烧杯外面），并将玻璃棒小心放回烧杯中，但不得靠在烧杯嘴上（可用食指卡住玻璃棒，以免玻璃棒来回滚动）。然后用少量去离子水或其他溶剂冲洗烧杯及玻璃棒 3～4 次，洗涤液按同样的操作全部转入容量瓶中。若溶解试样时，为防止发生喷溅使用了表面皿，则表面皿朝溶液的一面也应用去离子水或其他溶剂冲洗几次，洗涤液倒入烧杯中，再转入容量瓶。

当溶液量达到约 3/4 容积时，应将容量瓶沿水平方向摇晃作初步混匀，切勿倒转容量瓶。最后，继续加去离子水或其他溶剂稀释至标线以下约 1cm 处，等待 1～2min，使附着在瓶颈内壁的溶液流下后，再用滴管逐滴加至弯月面恰好与标线相切（该操作过程称为定容）。盖好瓶塞，用食指压住瓶塞，另一只手的指尖托住瓶底，倒转过来，使气泡上升到顶部（见图 3-19）。如此反复多次，使溶液充分混合均匀。用手托瓶时，应尽量减少与瓶身的接触面积，以避免体温对溶液的影响。

若用容量瓶稀释溶液，则用移液管移取一定体积的溶液于容量瓶中，然后按上述方法加去离子水至标线，摇匀即可。

容量瓶使用完后，应立即用自来水和去离子水冲洗干净，然后放在指定位置。若长期不用，应将磨口处洗净擦干，并夹一张纸片隔开磨口。

3. 移液管和吸量管

移液管和吸量管是用来准确移取一定体积液体的量器。移液管（见图 3-20）是一根细长而中间膨大的玻璃管，上端有一环形标线，亦称“单标线吸量管”，常用规格有 5mL、10mL、25mL、50mL 等。吸量管的全称为“分度吸量管”（见图 3-21），是一具有分刻度的细长玻璃管，一般用于量取小体积且不是整数时使用，常用规格有 1mL、2mL、5mL、10mL 等。

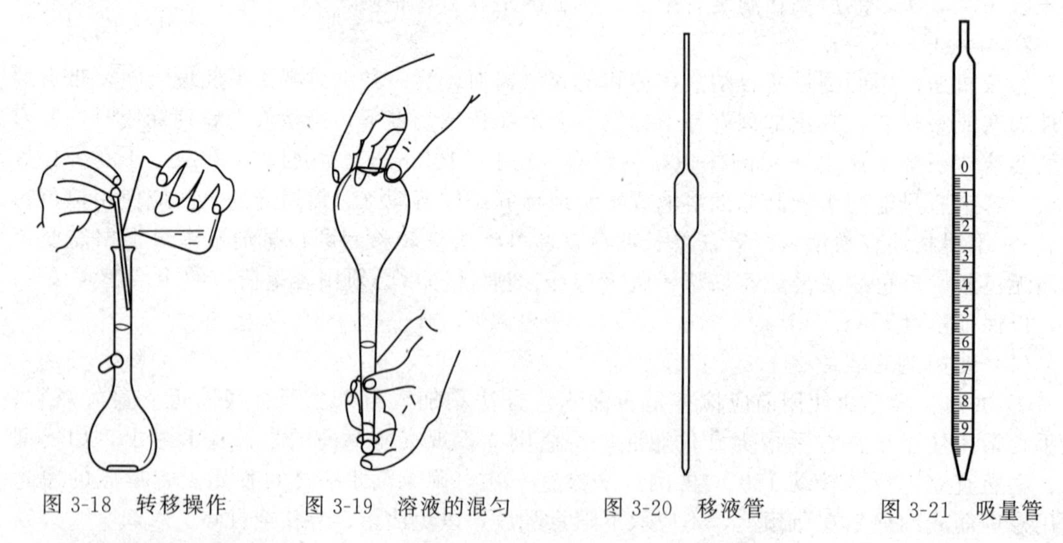

图 3-18　转移操作　　图 3-19　溶液的混匀　　图 3-20　移液管　　图 3-21　吸量管

（1）使用前的准备

移液管和吸量管在使用前都应该洗涤干净。一般先用洗液洗，用洗耳球吸取洗液，立即用食指按紧上管口，小心地将移液管由垂直倒向水平，另一只手拿住下端的细管处。此时应有部分洗液流入移液管中间的鼓起部分，小心转动或倾斜移液管，使整个管内尽量被洗液浸润，然后小心地将洗液从管尖部放回至洗液瓶中。后续的自来水和去离子水洗涤以及用操作溶液润洗方法同上。切忌将溶液从上管口放出。

用去离子水洗涤过的移液管第一次移取溶液前，应先用滤纸将管口尖端内外的水吸净，否则会因水滴的引入而改变溶液的浓度。然后用所移取的溶液再将移液管和吸量管润洗 2～3 次，确保所移取的溶液浓度不变。去离子水和溶液润洗的用量由管的大小决定，移液管以液面上升到膨大部分为限，吸量管则以充满全部体积的 1/5 为限。

(2) 溶液移取操作

移液管和吸量管的洗涤以及移取溶液一般是采用橡皮洗耳球进行的。移取溶液时，如图 3-22 所示，一般用右手大拇指和中指拿住管颈上方，把尖端部分插入溶液中 1～2cm。注意不要插得太浅，以防产生空吸，使溶液冲入洗耳球中；也不能插得太深，以免管下口外壁沾附溶液过多。左手拿洗耳球，先把球内空气压出，然后把球的尖端紧按在管上口，慢慢松开左手指，使溶液吸入管内。当液面升高到标线以上时，移去洗耳球，立即用右手的食指按住管上口，大拇指和中指拿住管标线上方，将移液管或吸量管提出液面，管的末端靠在盛溶液器皿的内壁上，稍放松右手食指，用拇指和中指轻轻转动管身，使管内液面平稳下降，直到视线平视溶液的弯月面与标线相切时，立即用食指压紧管口。取出移液管或吸量管，插入承接溶液的器皿中，此时管身应保持垂直，将承接的器皿倾斜，管的末端靠在器皿内壁上，使器皿内壁与管尖约成 45°，松开食指，让管内溶液自然地沿器壁流下(见图 3-23)。

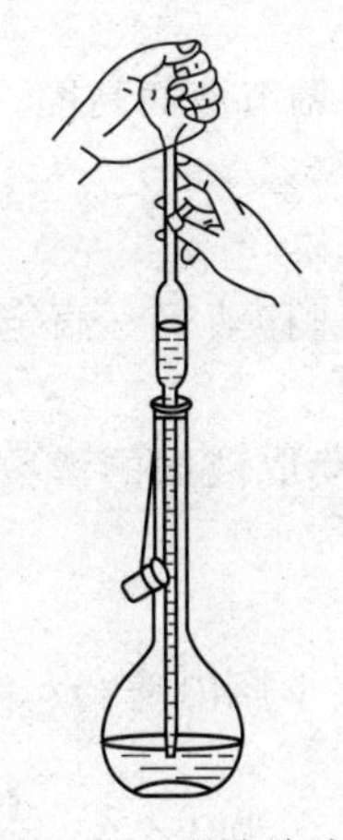

图 3-22 吸取溶液

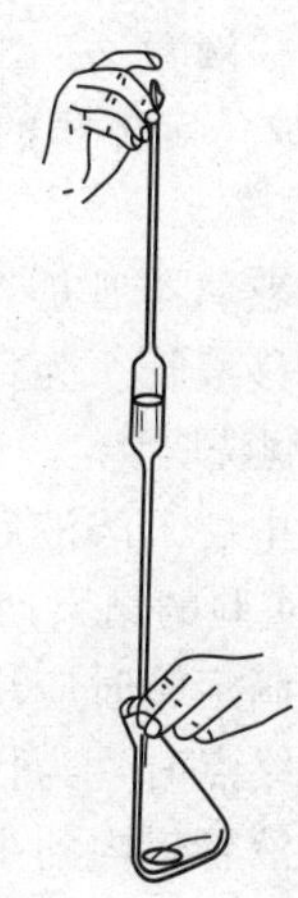

图 3-23 放出溶液

对于移液管，待溶液下降到管尖后，再停靠 10～15s 后取出即可，此时流出的溶液体积就等于其标示的数值。对于吸量管，一般是让液面从最高标线下降到另一刻度，两刻度间的体积刚好等于所需量取的体积，通常不把溶液放到底部；在同一实验中，尽可能使用同一吸量管的同一段，而且尽可能使用上面部分，不用末端收缩部分。

注意在使用非吹出式的移液管和吸量管时，切勿把残留在管尖的溶液吹出，因为在校准容积时没有把这部分液体包括在内（除非管上注明“吹”字才可吹出残留液）。移液管和吸量管用完后，应立即用自来水和去离子水冲洗干净，然后放在指定管架上。

三、仪器与试剂

酸式滴定管，碱式滴定管，锥形瓶，移液管，容量瓶，洗耳球，烧杯。

四、实验步骤

1. 酸式滴定管旋塞涂凡士林

给酸式滴定管旋塞涂凡士林，直至旋塞与旋塞槽接触的地方呈透明状态，转动灵活，不漏水为止。

2. 碱式滴定管配装玻璃珠

为碱式滴定管配装大小合适的玻璃珠和乳胶管，直至不漏水，液滴能够灵活控制为止。

3. 洗涤滴定分析常用玻璃器皿

洗涤滴定管、容量瓶、移液管、锥形瓶、烧杯等玻璃器皿，直至内壁完全被去离子水均匀润湿，不挂水珠为止。

4. 装溶液

向酸式滴定管和碱式滴定管中装入指定溶液，检查旋塞附近和乳胶管内有无气泡，若有应排除，学会调节液面至“0.00”刻度或接近“0.00”的某一刻度，学会正确读取滴定管读数。

5. 练习正确的滴定操作

练习左手以正确手势操作酸式滴定管的旋塞和碱式滴定管乳胶管中的玻璃珠，控制溶液从滴定管中逐滴连续滴出，学会一滴和半滴（液滴悬而未落）的滴出溶液。右手握持锥形瓶，边滴边向一个方向做圆周旋转，两手动作应配合协调。注意实验结束后，滴定管内的剩余溶液应弃去，不得将其倒回原瓶，以免污染整瓶溶液，随即洗净滴定管备用。

6. 容量瓶的定容和摇匀练习

将指定的溶液自烧杯中全部定量转移入容量瓶中，用去离子水稀释至刻度线，摇匀。注意溶液不能撒到容量瓶外，稀释时勿超过刻度线。

7. 练习使用移液管

练习正确吸放一定体积的指定溶液，学会用食指灵活控制调节液面高度。

五、思考题

1. 如何判断玻璃器皿是否洗涤干净？

2. 怎样洗涤移液管？为什么最后要用需移取的溶液来润洗移液管？滴定管和锥形瓶也需要用待装溶液润洗吗？

3. 在滴定管中装入溶液后，为什么先要排气泡然后才能读取液面的读数？如果没有排尽空气泡，将对实验的结果产生什么影响？

4. 使用碱式滴定管时应注意哪些问题？如何排气泡？

5. 滴定至近终点时，为什么要用洗瓶中的去离子水冲洗锥形瓶内壁？

6. 遗留在移液管口内的少量溶液是否需要吹出？

7. 将溶液加入滴定管时，是直接倒入还是借助于漏斗倒入？为什么？

实验六　滴定分析容量器皿的校准

一、实验目的

1. 了解容量器皿校准的意义和方法。

2. 初步掌握滴定管的绝对校准以及容量瓶与移液管之间相对校准的操作。

3. 学习电子天平称量操作。

二、实验原理

目前我国生产的容量器皿的准确度可以满足一般分析测定的要求，但是在准确度要求很高的分析中，则必须对所用的容量器皿进行校准。

测量容积的基本单位是标准升，即在真空中质量为 1000g 的纯水，在 3.98℃时所占的体积。但容量器皿的容积随温度改变而有变化，因此必须对容量器皿温度做统一规定。如果用标准升规定的温度（3.98℃），因为太低而不实用，所以采用实验工作时的平均温度，即一般用20℃作为标准温度。例如一个标有20℃1L的容量瓶，表示在20℃时它的容积是1标准升。

容量器皿的校准通常有两种，相对校准和绝对校准。当要求两种容量器皿有一定的比例关系时，可采用相对校准，比如用25mL移液管量取液体的体积应等于250mL容量瓶容纳体积的1/10。而绝对校准是称量器皿中所容纳或放出纯水的质量，根据该温度时纯水的密度计算出容量器皿在20℃时的容积。但是由于玻璃容器和纯水的体积均受温度的影响，而且称量时也受空气浮力的影响，所以校准时必须考虑三个因素：①纯水的密度随温度而改变；②温度对玻璃膨胀系数的影响；③在空气中称量时，空气浮力的影响。把上述三个因素考虑在内，可以得到一个总校准值，即可计算出在某一温度时需称取多少克纯水，使它们所占的体积恰好等于20℃时该容器所指示的体积。

为了便于计算，将20℃下容积为1L的玻璃容器，在不同温度时所盛纯水的质量列于表3-5中，根据此表可以由纯水的质量换算出容量器皿在20℃时的容积。例如：在15℃，某250mL容量瓶以黄铜砝码称量其容积的纯水重为249.52g，由表3-5查得，纯水的密度为0.99793g·mL^{-1}，所以容量瓶在20℃的真正容积为

$$\frac{249.52\text{g}}{0.99793\text{g}\cdot\text{mL}^{-1}}=250.04\text{mL}$$

表3-5　不同温度下1L纯水的质量（在空气里用黄铜砝码称量）

温度/℃	质量/g	温度/℃	质量/g	温度/℃	质量/g	温度/℃	质量/g
0	998.24	11	998.32	21	997.00	31	994.64
1	998.32	12	998.23	22	996.80	32	994.34
2	998.39	13	998.14	23	996.60	33	994.06
3	998.44	14	998.04	24	996.38	34	993.75
4	998.48	15	997.93	25	996.17	35	993.45
5	998.50	16	997.80	26	995.93	36	993.12
6	998.51	17	997.65	27	995.69	37	992.80
7	998.50	18	997.51	28	995.44	38	992.46
8	998.48	19	997.34	29	995.18	39	992.12
9	998.44	20	997.18	30	994.91	40	991.77
10	998.39						

三、仪器与试剂

电子天平，滴定管（50mL），具塞锥形瓶（50mL），移液管（25mL），容量瓶（250mL），普通温度计，洗耳球。

四、实验步骤

1. 滴定管的绝对校准

在洗净的滴定管中装满去离子水到刻度“0.00”处，放出一段水（10mL）于已称重的50mL具有玻璃塞的锥形瓶中，称准到0.01g，记录数据。再放出一段水于同一锥形瓶中，再称量。如此逐段放出和称量，直到刻度“50”为止。由各段水的质量计算出滴定管每段的体积。现举例如下。

水温25℃，水密度0.99617g·mL^{-1}，空瓶重29.20g，由滴定管中放出10.10mL水，其质量为10.08g，可算出水的实际体积为

$$\frac{10.08\text{g}}{0.99617\text{g}\cdot\text{mL}^{-1}}=10.12\text{mL}$$

故滴定管这段容积的误差为 10.12－10.10＝＋0.02mL。将此滴定管的校准实验数据列于表 3-6。

表 3-6 滴定管校准实验数据（水的温度＝25℃，1mL 水的质量为 0.99617g）

滴定管读数/mL	读数的容积/mL	瓶与水的质量/g	水质量/g	实际容积/mL	校准值/mL	总校准值/mL
0.02		29.20(空瓶)				
10.12	10.10	39.29	10.08	10.12	＋0.02	＋0.02
20.09	9.97	49.19	9.91	9.95	－0.02	0.00
30.16	10.07	59.27	10.09	10.12	＋0.05	＋0.05
40.09	10.03	69.24	9.97	10.01	－0.02	＋0.03
49.98	9.79	79.97	9.83	9.86	＋0.07	＋0.10

表中最后一列为总校准值，例如 0mL 与 10mL 之间的校准值为＋0.02，而 10mL 与 20mL 之间的校准值为－0.02mL，则 0mL 到 20mL 的总校准值为＋0.02－0.02＝0.00mL，据此即可校准滴定时所用去的体积（mL）。

2. 容量瓶与移液管的相对校准

（1）容量瓶的校准　将洗净的容量瓶干燥，称空瓶重，注入去离子水到标线，附着在瓶颈内壁的水滴应用滤纸吸干，再称得空瓶加水的质量，两次质量之差即为瓶中水的质量，然后除以实验温度时每毫升水的质量，即得该容量瓶的真实容积。

（2）移液管的校准　将移液管洗净，吸取去离子水到标线以上，缓缓调节液面弧线到标线，将水放入已称重的具塞锥形瓶中，再称重，两次质量之差为量出水的质量，然后除以实验温度时每毫升水的质量，即得移液管的真实容积。

（3）容量瓶与移液管的相对校准　在很多分析工作中，容量瓶常和移液管配合使用，以分取一定比例的溶液。这时，重要的不是知道容量瓶和移液管的绝对容积，而是它们之间的体积是否成一定的比例。校准这种相对关系时，只需用移液管吸取去离子水注入干燥的容量瓶中，如此进行 10 次后，观察水面是否与标线相切，如果不相切，可以另做一个标记，使用时以此标记为标线，用这一移液管吸取一管溶液，就是容量瓶中溶液体积的 1/10。经相互校准后的容量瓶和移液管必须配套使用。

五、思考题

1. 在实验时，为何体积的度量有时要很准确，有时则不需要很准确？哪些容量器皿的度量是准确的，哪些容量器皿的度量是不很准确的？

2. 称量水的质量时，应准称至小数点后几位数字？为什么？

3. 容量瓶与移液管相对校准的意义何在？

4. 滴定管校准时，若锥形瓶外壁有水珠，可能会造成什么问题？为什么要用具塞锥形瓶？

5. 容量瓶与移液管相对校准时，移液管洗净但不晾干，使用前用滤纸将移液管外壁水分擦干，而不将其内壁水分吸干，这样做是否可以？为什么？

6. 容量瓶与移液管相对校准时：

（1）若移液管放出去离子水于容量瓶后没按要求停留约 15s 再取出移液管；

（2）用外力（如吹等）使移液管最后一滴去离子水也流入容量瓶；

（3）移液管移取去离子水后，没用滤纸将移液管外壁水分擦干就插入容量瓶中。

这三种情况对校准各会造成什么结果？

7. 250mL容量瓶若与标线相差+0.5mL，问此体积的相对误差为多少？若以此容量瓶的原标线为准配制某一基准物溶液，用以标定某一标准溶液的浓度，会造成什么结果？

8. 影响容量器皿校准的主要因素有哪些？

实验七　酸碱标准溶液的配制与体积比较

一、实验目的

1. 了解用间接法配制标准溶液的方法。
2. 掌握滴定管的正确使用与滴定操作。
3. 掌握用指示剂确定滴定终点的方法。
4. 学习正确记录数据和结果处理的方法。

二、实验原理

酸碱滴定中常用盐酸和氢氧化钠溶液作为标准溶液。但由于浓盐酸易挥发，氢氧化钠易吸收空气中的水分和二氧化碳，因此只能用间接法配制盐酸和氢氧化钠标准溶液：即先配制近似浓度的溶液，然后用基准物标定其准确浓度。

强酸强碱的中和反应是：

$$H^+ + OH^- \longrightarrow H_2O$$

当反应达到化学计量点时，$c_{HCl}V_{HCl}=c_{NaOH}V_{NaOH}$

即

$$\frac{V_{NaOH}}{V_{HCl}}=\frac{c_{HCl}}{c_{NaOH}}$$

由此可见，NaOH与HCl经过比较滴定，可确定它们完全中和时的体积比，即可确定其浓度比。因此对于NaOH与HCl的标准溶液，只要用基准物质标定其中一种溶液的准确浓度，就可根据它们的体积比求得另一种溶液的准确浓度。

酸碱指示剂都具有一定的变色范围，酚酞的变色范围是8.2～10.0，甲基橙的变色范围是3.1～4.4，部分或全部落在0.1mol·L^{-1} HCl和0.1mol·L^{-1} NaOH中和反应的pH突跃范围内，故可选用它们作指示剂。

三、仪器与试剂

酸式滴定管，碱式滴定管，台式天平，锥形瓶，试剂瓶，量筒，烧杯。

NaOH(AR)，HCl(6mol·L^{-1})，酚酞指示剂（0.2%），甲基橙指示剂（0.1%）。

四、实验步骤

1. 0.1mol·L^{-1} HCl溶液的配制

用洁净量筒量取6mol·L^{-1} HCl约16.7mL，倾入1L洗净的试剂瓶中，用去离子水稀释至1L。盖上玻璃塞，充分摇匀，贴上标签。

2. 0.1mol·L^{-1} NaOH溶液的配制

用台式天平称取NaOH约4g，置于小烧杯中，加去离子水约100mL使其全部溶解，将溶液倾入1L洗净的试剂瓶中，用去离子水稀释至1L。盖上橡皮塞，充分摇匀，贴上标签。

3. 酸碱标准溶液体积的比较

（1）滴定管的准备　首先将洗液和自来水洗过的酸式滴定管和碱式滴定管通过洗瓶用去离子水洗涤干净。接着用少量HCl标准溶液润洗酸式滴定管三次，用少量NaOH标准溶液润洗碱式滴定管三次。每次用溶液5～10mL，以除去沾在管壁及活塞上的水分，润洗后的溶液从管嘴放出弃去。

将 HCl 和 NaOH 标准溶液分别直接装入酸式滴定管和碱式滴定管中，排除活塞及乳胶管下端的空气泡，将管内液体放出至弧形液面在“0.00”刻度或稍低于“0.00”刻度，静置 1min，记录读数至小数点后第二位。

（2）酸碱标准溶液体积的比较　将碱式滴定管中的 NaOH 溶液放出约 20～30mL 置于 250mL 的清洁锥形瓶中，放出溶液时不要太快以防溅失。向锥形瓶中滴入 1 滴甲基橙指示剂，然后用酸式滴定管将 HCl 溶液渐渐滴入锥形瓶中，同时不断摇动锥形瓶使溶液混匀。待滴定近终点时可用少许去离子水淋洗瓶壁，使溅起而附于瓶壁上的溶液流下，继续逐滴或半滴滴定直到溶液恰由黄色转变为橙色为止。为了掌握滴定终点，可再将锥形瓶移至碱式滴定管下，慢慢滴入 NaOH 溶液，使再显黄色，然后再以 HCl 溶液滴至橙色。如此反复进行直至能较为熟练地判断滴定终点为止。仔细读取两滴定管的读数，记录之。再次装满两滴定管，另取一锥形瓶，重复上述操作两次。计算 V_{NaOH}/V_{HCl} 的平均值及结果的相对平均偏差。

酸碱标准溶液体积的比较也可用 NaOH 溶液滴定 HCl 溶液，即先从酸式滴定管中放出约 20～30mL HCl 溶液置于 250mL 的清洁锥形瓶中，加 1～2 滴酚酞指示剂，用碱式滴定管中的 NaOH 溶液滴定至溶液由无色突变为粉红色，且摇动后 0.5min 内不褪色即为终点。重复两次，计算 V_{NaOH}/V_{HCl} 的平均值及结果的相对平均偏差。比较两种指示剂的实验结果，并加以讨论。

五、数据记录与处理

数据记录于表 3-7 中。

（指示剂：　　　）

表 3-7　酸碱标准溶液体积比较数据

项　目	Ⅰ	Ⅱ	Ⅲ
HCl 体积/mL　终读数			
初读数			
V_{HCl}/mL			
NaOH 体积/mL　终读数			
初读数			
V_{NaOH}/mL			
V_{NaOH}/V_{HCl}			
V_{NaOH}/V_{HCl} 平均值			
个别测定的绝对偏差			
测定结果的相对平均偏差			

六、思考题

1. 配制酸碱标准溶液时，试剂用量筒量取或台式天平称取，这样做是否太不准确？

2. 滴定管在装入标准溶液之前为什么要以该溶液润洗？应如何操作？

3. 滴定两份相同的试液，若第一份用去标准溶液约 20mL，在滴定第二份试液时，是继续使用余下的溶液滴定还是添加标准溶液重复原来的刻度滴定？为什么？

4. 半滴操作是怎样做的？在什么情况下需要半滴操作？

5. 滴定时加入指示剂的量为什么不能太多？

6. 为什么用 HCl 滴定 NaOH 时常用甲基橙作指示剂，而 NaOH 滴定 HCl 时却用酚酞作指示剂？

实验八　氢氧化钠标准溶液的标定

一、实验目的

1. 学会用基准物质标定 NaOH 溶液浓度的方法。
2. 进一步熟练碱式滴定管的使用和正确的滴定操作。
3. 掌握酚酞作指示剂确定终点的操作要领。
4. 熟练电子天平称量操作。

二、实验原理

NaOH 标准溶液是采用间接法配制的，其准确浓度必须依靠基准物质进行标定，常用的有邻苯二甲酸氢钾和草酸。

本实验以邻苯二甲酸氢钾（$KHC_8H_4O_4$，摩尔质量 204.2g·mol^{-1}）作为基准物质来标定 NaOH 溶液的准确浓度。反应式如下：

$$NaOH + C_6H_4(COOH)(COOK) \longrightarrow C_6H_4(COONa)(COOK) + H_2O$$

化学计量点时溶液显弱碱性，pH≈9.2，可用酚酞作指示剂。

$KHC_8H_4O_4$ 的摩尔质量大，纯度高，不易吸收水分，在空气中稳定，且称量误差较小，是标定碱的一种良好的基准物质。

三、仪器与试剂

电子天平，碱式滴定管，锥形瓶，量筒，电炉。

邻苯二甲酸氢钾(AR)，NaOH 标准溶液(0.1mol·L^{-1})，酚酞指示剂(0.2%)。

四、实验步骤

用电子天平准确称取 0.5g 左右的邻苯二甲酸氢钾一份于 250mL 洁净锥形瓶中，加约 50mL 去离子水，温热使之溶解，冷却至室温。加酚酞指示剂 2 滴，用 NaOH 标准溶液滴定至溶液由无色突变为粉红色，摇动后 0.5min 内不褪色，即为滴定终点。重复平行标定三次，计算 NaOH 标准溶液的摩尔浓度：

$$c_{NaOH}=\frac{m_{邻苯二甲酸氢钾}}{M_{邻苯二甲酸氢钾}V_{NaOH}}$$

五、数据记录与处理

数据记录于表 3-8 中。

（指示剂：　　　）　　表 3-8　氢氧化钠标准溶液的标定数据

项　目		Ⅰ	Ⅱ	Ⅲ
$m_{邻苯二甲酸氢钾}$/g				
NaOH 体积/mL	终读数			
	初读数			
	ΔV			
c_{NaOH}/mol·L^{-1}				
c_{NaOH}平均值				
个别测定的绝对偏差				
测定结果的相对平均偏差				

六、思考题

1. 作为基准物质应具备哪些条件？草酸可否作为标定氢氧化钠溶液的基准物？

2. 如何计算称取基准物质邻苯二甲酸氢钾的质量范围？称得太多或太少对标定有何影响？

3. 溶解基准物质时加入的50mL去离子水，是否需要准确量取？为什么？

4. 指示剂用量多，对滴定结果有什么影响？

5. 若基准物质的烘干温度远低于要求的温度或远高于所规定的温度，则标定氢氧化钠时，结果将偏高还是偏低？

6. 若邻苯二甲酸氢钾加水后加热溶解，不等其冷却就进行滴定，对标定结果有无影响？

实验九　盐酸标准溶液的标定

一、实验目的

1. 学会用基准物质标定HCl溶液浓度的方法。
2. 进一步熟练酸式滴定管的使用和正确的滴定操作。
3. 掌握甲基橙作指示剂确定终点的操作要领。
4. 进一步熟练电子天平称量操作。

二、实验原理

标定HCl标准溶液常用的基准物质有无水Na_2CO_3和硼砂($Na_2B_4O_7\cdot10H_2O$)。本实验以无水Na_2CO_3(摩尔质量$106.0g\cdot mol^{-1}$)作为基准物质来标定HCl标准溶液的准确浓度，反应式如下：

$$Na_2CO_3+2HCl \longrightarrow 2NaCl+H_2O+CO_2\uparrow$$

化学计量点时溶液的pH≈3.9，可用甲基橙作指示剂，溶液恰由黄色转变为橙色即为滴定终点。

三、仪器与试剂

电子天平，酸式滴定管，锥形瓶，量筒，电炉。

Na_2CO_3(AR)，HCl标准溶液($0.1mol\cdot L^{-1}$)，甲基橙指示剂(0.1%)。

四、实验步骤

用电子天平准确称取0.13g左右的无水Na_2CO_3一份于250mL洁净锥形瓶中，加约50mL去离子水，温热使之溶解，冷却至室温。加甲基橙指示剂1～2滴，用HCl标准溶液滴定至溶液恰由黄色转变为橙色，加热煮沸1～2min，冷却后，溶液又为黄色，继续用HCl标准溶液滴定至橙色，直至加热不褪色即为滴定终点。重复平行标定三次，计算HCl标准溶液的摩尔浓度：

$$c_{HCl}=\frac{2m_{Na_2CO_3}}{M_{Na_2CO_3}V_{HCl}}$$

五、思考题

1. 用无水Na_2CO_3作为基准物质标定HCl溶液时，为减小称量误差，最好应采取怎样的操作步骤？

2. 用无水Na_2CO_3作为基准物质标定HCl溶液时，为什么选用甲基橙作指示剂？用酚酞可以吗？若可以，试写出标定的计算公式。

3. Na_2CO_3作为基准物质使用前为什么要在270～300℃下进行干燥至恒重？温度过低或过高对标定HCl溶液的结果有何影响？

4. 标定HCl标准溶液常用的基准物质有哪些？哪一种最好？为什么？

3.2 无机及分析化学提高实验

实验十 电势滴定法测定醋酸含量及解离常数

一、实验目的

1. 掌握用电势滴定法测定醋酸含量和解离常数的原理和方法。

2. 学习绘制 pH-V 滴定曲线，并由曲线确定滴定终点和弱酸的解离常数。

3. 学习酸度计的使用方法。

4. 进一步掌握碱式滴定管的使用。

二、实验原理

用 NaOH 溶液滴定 HAc 溶液的过程中，随着 NaOH 的不断加入，溶液的 pH 值会不断变化，在化学计量点附近出现 pH 突跃。用酸度计可测得加入不同体积 NaOH 时，溶液相应的 pH 值，由此可绘制 pH-V 曲线（见图 3-24），并由曲线拐点确定滴定终点时的体积 V_{NaOH}，按公式：

$$c_{HAc}V_{HAc}=c_{NaOH}V_{NaOH}$$

可以计算出 HAc 的浓度。

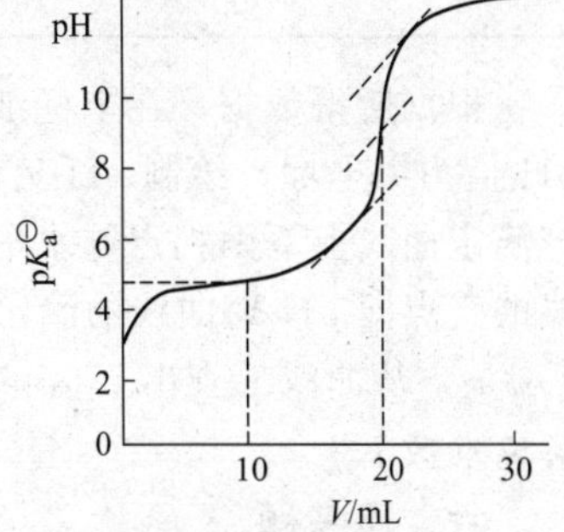

图 3-24 滴定曲线及终点的确定

HAc 在水溶液中存在下列解离平衡：

$$HAc(aq) \rightleftharpoons H^+(aq)+Ac^-(aq)$$

其解离常数为：$K_a^{\ominus}=\dfrac{[H^+][Ac^-]}{[HAc]}$

当 HAc 被滴定至 50% 时，溶液中 $[Ac^-]=[HAc]$，根据上式则有：$K_a^{\ominus}=[H^+]$，即

$$pK_a^{\ominus}=pH$$

因此在 pH-V 曲线上滴定终点体积的二分之一处所对应的 pH 值即为 HAc 的 $pK_a^{\ominus}$，由此可以计算出在测定温度下 HAc 的解离常数 $K_a^{\ominus}$。

三、仪器与试剂

酸度计，碱式滴定管，烧杯(250mL)，移液管(25mL)，洗耳球，复合电极，滤纸。

NaOH 标准溶液($0.1000mol\cdot L^{-1}$，不含 CO_3^{2-})，HAc ($0.1mol\cdot L^{-1}$)，酚酞指示剂($2g\cdot L^{-1}$)，标准缓冲溶液（pH=4.00)。

四、实验步骤

1. 按照酸度计的使用方法，安装电极，按“温度”按钮，使显示为溶液温度值，然后按“确定”按钮；将电极用蒸馏水或去离子水进行清洗、擦干，插入 pH=6.86 的标准缓冲溶液中，示数稳定后，按“定位”按钮，调节示数为 6.86，按“确定”按钮；再将电极用蒸馏水或去离子水进行清洗、擦干，插入 pH=4.00 的标准缓冲溶液中，示数稳定后，按“斜率”按钮，调节示数为 4.00，然后按“确定”按钮；最后洗净电极并用滤纸吸干。注意：经标定后，“定位”按钮及“斜率”按钮不能再按。

2. 用移液管准确吸取 25.00mL HAc 溶液于 250mL 烧杯中，加入 40～50mL 去离子水后摇匀（可加入 2 滴酚酞指示剂进行比较)，将安装好的复合电极插入 HAc 溶液中至液面以下约 1～2cm。

3. 测定 HAc 溶液的 pH 值，并记录。然后，用 $0.1000mol\cdot L^{-1}$ NaOH 标准溶液滴定，

开始时，可以每加入约 5mL NaOH 测定一次溶液的 pH 值，并记录 NaOH 溶液的体积及相应的 pH 值。当 pH 值约为 5～6 时，改为每加入 1mL NaOH 测定一次 pH 值。接近化学计量点时（pH 值约为 6.3），每加入 0.1mL（约 2 滴）NaOH 测定一次 pH 值。超过化学计量点后，也要每加入 0.1mL NaOH 测定一次，直至 pH 值接近 11 后，再逐渐放大间隔测定至 pH=12 以上。注意：体积读数准确到小数点后两位。

五、数据记录与处理

数据记录于表 3-9。

表 3-9　实验数据与处理

NaOH 标准溶液浓度：0.1000mol·L^{-1}　　　　HAc 溶液体积：25.00mL

V_{NaOH}/mL	pH	V_{NaOH}/mL	pH

根据所得数据，在坐标纸上以加入 NaOH 溶液的体积（mL）为横坐标，相应的溶液的 pH 值为纵坐标，绘制 pH-V 滴定曲线（也可由 Excel 直接绘制 pH-V 滴定曲线）。然后作出与滴定曲线上下两拐点与水平成 45°倾斜角的切线，再作这两条切线的中分线，中分线与曲线的交点即 pH-V 曲线的滴定终点。该点对应的体积就是滴定终点所消耗的 NaOH 的体积 V_{NaOH}，从曲线上查出 $V_{NaOH}/2$ 处所对应的 pH 值即 HAc 的 $pK_a^{\ominus}$。计算 HAc 的浓度 c_{HAc} 及解离常数 $K_a^{\ominus}$。

六、思考题

1. 用电势滴定法可以求弱碱的解离常数吗？怎样求？多元弱酸呢？
2. 用电势滴定法判断滴定终点有哪些好处？
3. 当 HAc 完全被中和时，化学计量点的 pH 是否等于 7，为什么？
4. 如何选择标准溶液标正酸度计？

实验十一　EDTA 标准溶液的配制与标定

一、实验目的

1. 掌握配位滴定法的原理，了解配位滴定的特点。
2. 学会 EDTA 标准溶液的配制，掌握其标定方法。
3. 了解金属指示剂的作用原理，熟悉铬黑 T 指示剂的应用条件和终点颜色的正确判断。

二、实验原理

乙二胺四乙酸二钠（$Na_2H_2Y \cdot 2H_2O$）简称 EDTA，是一种有机氨羧配位剂，由于能与大多数金属离子形成稳定的 1∶1 型螯合物，计量关系简单，故常用作配位滴定的标准溶液。

因为 EDTA 吸附水分和含有少量杂质而不能用直接法配制标准溶液，一般先配成大致浓度的溶液，然后用基准物质标定。标定 EDTA 溶液的基准物质有 Zn、Cu、Bi、Ni、Pb 等纯金属以及 ZnO、MgO、$CaCO_3$、$MgSO_4 \cdot 7H_2O$、$ZnSO_4 \cdot 7H_2O$ 等金属氧化物或其盐类。通常选用被测元素的纯金属或化合物作为基准物质，这样标定条件与测定条件比较一致，可以避免引起系统误差。

本实验以 ZnO 作基准物质，用 HCl 溶解后配成锌标准溶液，以铬黑 T（或称 EBT）作指示剂，用 $NH_3 \cdot H_2O\text{-}NH_4Cl$ 缓冲溶液调节溶液的 pH=10，进行 EDTA 的标定。其反应式如下。

滴定前：

$$\underset{(蓝色)}{Zn^{2+} + HIn^{2-}(EBT)} \xrightarrow{pH=10} \underset{(酒红色)}{ZnIn^{-}} + H^{+}$$

滴定开始至化学计量点前：

$$Zn^{2+} + HY^{3-} \xrightarrow{pH=10} ZnY^{2-} + H^{+}$$

滴定终点：

$$\underset{(酒红色)}{ZnIn^{-}} + HY^{3-} \xrightarrow{pH=10} ZnY^{2-} + \underset{(蓝色)}{HIn^{2-}(EBT)}$$

化学计量点时，加入的 EDTA 夺取了 $ZnIn^{-}$ 中的 Zn^{2+}，从而游离出指示剂，使溶液由酒红色变为纯蓝色，显示滴定终点的到达。

三、仪器与试剂

台式天平，电子天平，酸式滴定管，锥形瓶，移液管，试剂瓶，烧杯，量筒，容量瓶。

$Na_2H_2Y \cdot 2H_2O$(AR)，ZnO(AR，800～1000℃灼烧过)，HCl($6mol \cdot L^{-1}$)，铬黑 T 指示剂（1%），$NH_3 \cdot H_2O\text{-}NH_4Cl$ 缓冲溶液（pH=10）。

四、实验步骤

1. $0.02mol \cdot L^{-1}$ EDTA 溶液的配制

用台式天平称约 4g 乙二胺四乙酸二钠（EDTA），用 200mL 温水溶解后，转入试剂瓶中，加水至 500mL，充分摇匀。若浑浊，应过滤后使用。

2. 锌标准溶液的配制

用电子天平准确称取 ZnO 0.4～0.5g 于烧杯中，然后逐滴加入 $6mol \cdot L^{-1}$ HCl，边加边搅拌至完全溶解（约 2～3mL，注意在氧化锌完全溶解的前提下，盐酸用量越少越好），切记不能先加水！完全溶解后定量转移至 250mL 容量瓶中，用去离子水定容，摇匀。

3. 用 ZnO 作基准物标定 EDTA

用移液管准确吸取 25mL 锌标准溶液于 250mL 锥形瓶中，加约 30mL 去离子水、10mL $NH_3 \cdot H_2O\text{-}NH_4Cl$ 缓冲溶液、2 滴铬黑 T 指示剂[1]，此时溶液呈酒红色，用 EDTA 标准溶液滴定至溶液呈纯蓝色即为终点。记下所消耗 EDTA 的体积，重复平行测定三次，计算 EDTA 标准溶液的准确浓度。

五、思考题

1. 标定 EDTA 的基准物有哪些？应如何选择？
2. 用 ZnO 配制锌标准溶液时，能否先用水溶解？
3. 在滴定时为什么要加入缓冲溶液？以铬黑 T 作指示剂，标定 EDTA 时为什么要控制溶液的 pH=10？
4. 为什么配制 EDTA 标准溶液与配制锌标准溶液的方法不同？

实验十二　溶液中钙、镁混合离子含量的测定

一、实验目的

1. 了解测定水的硬度的意义。

---

[1] 铬黑 T 在水溶液中不稳定，易聚合变质，最好与氯化钠固体混合配制。配制好的溶液存放时间不宜过长，使用时应将装有指示剂的试剂瓶充分摇匀。

2. 掌握 EDTA 配位滴定法测定水硬度的原理和方法。

3. 掌握铬黑 T 指示剂和钙指示剂的使用条件及终点颜色变化。

二、实验原理

水中主要杂质是 Ca^{2+}、Mg^{2+}，通常以水中 Ca^{2+}、Mg^{2+} 总量表示水的硬度，含量越高，硬度越大。水的硬度是衡量水质的一项重要指标，尤其对工业用水的关系很大，如锅炉给水，要经常进行硬度分析，为水的处理提供依据。

常以氧化钙的量来表示水的硬度，我国沿用的硬度有两种表示方法：一种以度（°）计，1 硬度单位表示十万份水中含 1 份氧化钙（即每升水中含 10mg CaO）；另一种以 $mmol \cdot L^{-1}$ 表示。

水的总硬度的测定一般采用配位滴定法。在 pH=10 的 $NH_3 \cdot H_2O\text{-}NH_4Cl$ 缓冲溶液中，以铬黑 T（或称 EBT）为指示剂，用 EDTA 标准溶液直接滴定水中 Ca^{2+}、Mg^{2+} 的总量，滴定至溶液由酒红色变成纯蓝色即为终点。反应式如下。

滴定前：
$$\underset{(蓝色)}{Mg^{2+} + HIn^{2-}(EBT)} \xrightarrow{pH=10} \underset{(酒红色)}{MgIn^{-}} + H^{+}$$

滴定开始至化学计量点前：
$$Ca^{2+} + HY^{3-} \xrightarrow{pH=10} CaY^{2-} + H^{+}$$
$$Mg^{2+} + HY^{3-} \xrightarrow{pH=10} MgY^{2-} + H^{+}$$

滴定终点：
$$\underset{(酒红色)}{MgIn^{-}} + HY^{3-} \xrightarrow{pH=10} MgY^{2-} + \underset{(蓝色)}{HIn^{2-}(EBT)}$$

测定 Ca^{2+} 含量时，先将被测溶液用 NaOH 调至 pH=12，使 Mg^{2+} 沉淀为 $Mg(OH)_2$，然后加入钙指示剂，用 EDTA 标准溶液直接滴定水中 Ca^{2+}，滴定至溶液由淡红色变成纯蓝色即为终点。

如果水溶液中存在 Fe^{3+}、Al^{3+} 等干扰离子，可用三乙醇胺掩蔽；Cu^{2+}、Pb^{2+}、Zn^{2+} 等重金属离子可用 KCN 或 Na_2S 掩蔽。

三、仪器与试剂

酸式滴定管，锥形瓶，量筒，移液管。

EDTA 标准溶液（$0.02mol \cdot L^{-1}$），铬黑 T 指示剂（1%），钙指示剂（1%），$NH_3 \cdot H_2O\text{-}NH_4Cl$ 缓冲溶液（pH=10），NaOH(10%)，未知水样。

四、实验步骤

1. Ca^{2+}、Mg^{2+} 总量的测定

用移液管准确吸取水样 25mL 于 250mL 锥形瓶中，加入去离子水约 30mL，加入 pH=10 的 $NH_3 \cdot H_2O\text{-}NH_4Cl$ 缓冲溶液 5mL，摇匀。加入 2～3 滴 1%铬黑 T 指示剂，用 EDTA 标准溶液滴定至溶液由酒红色变成纯蓝色即为终点。记下所消耗 EDTA 的体积，重复平行测定三次，计算 Ca^{2+}、Mg^{2+} 的总量。

2. Ca^{2+} 含量的测定

用移液管准确吸取水样 25mL 于 250mL 锥形瓶中，加入 10%NaOH 溶液 5mL，摇匀。加入 2～3 滴 1%钙指示剂，用 EDTA 标准溶液滴定至溶液由淡红色变成纯蓝色即为终点。记下所消耗 EDTA 的体积，重复平行测定三次，计算 Ca^{2+} 含量。

3. Mg^{2+} 含量的确定

由 Ca^{2+}、Mg^{2+} 的总量减去 Ca^{2+} 含量即得 Mg^{2+} 含量。

五、思考题

1. 以铬黑 T 为指示剂用 EDTA 测定水中 Ca^{2+}、Mg^{2+} 总量时，为什么溶液需要用

$NH_3 \cdot H_2O$-NH_4Cl缓冲溶液调至 pH=10 左右？

2. 当水样中 Mg^{2+} 含量低时，以 EBT 作指示剂测定水中 Ca^{2+}、Mg^{2+} 总量时，终点不明显，因此常在水样中加入少量的 MgY^{2-}，再用 EDTA 滴定终点就敏锐。这样做对测定结果有无影响？为什么？

3. 用 EDTA 测定水总硬度时，哪些离子的存在有干扰？可否在加入缓冲溶液后再加三乙醇胺掩蔽 Al^{3+} 和 Fe^{3+}？为什么？

4. 测定 Ca^{2+} 含量时，为什么接近终点 EDTA 滴加速度要缓慢，并充分摇动锥形瓶？

实验十三　返滴定法测定铝含量

一、实验目的

1. 了解返滴定法测定铝的原理。
2. 掌握返滴定法测定试样中铝的方法。
3. 熟悉二甲酚橙指示剂的应用条件和终点颜色的正确判断。

二、实验原理

由于铝的水解倾向较强，易形成一系列多核羟基配合物，这些多核羟基配合物与 EDTA 配位缓慢，并对指示剂有封闭作用，故采用返滴定法测定铝。为此，可先加入一定量并过量的 EDTA 标准溶液，在 pH=3.5 时煮沸几分钟，使铝与 EDTA 配位完全，然后调节溶液 pH=5～6，以二甲酚橙为指示剂，用锌标准溶液滴定过量的 EDTA 而得铝的含量。反应过程为：

滴定前：$Al^{3+} + H_2Y^{2-}$(过量)$\xlongequal{pH=3.5} AlY^- + 2H^+$

滴定开始至化学计量点前：H_2Y^{2-}(剩余)$+ Zn^{2+} \xlongequal{pH=5\sim6} ZnY^{2-} + 2H^+$

滴定终点：$Zn^{2+} + H_3In^{4-}$(黄色)$\xlongequal{pH=5\sim6} ZnH_3In^{2-}$(紫红色)

此方法可用于简单试样的测定，如氢氧化铝、复方氢氧化铝、明矾［$KAl(SO_4)_2 \cdot 12H_2O$］等样品中的铝。

三、仪器与试剂

台式天平，电子天平，酸式滴定管，锥形瓶，移液管，试剂瓶，烧杯，量筒，容量瓶，电炉。

$Na_2H_2Y \cdot 2H_2O$(AR)，ZnO(AR，800～1000℃灼烧过)，HCl（6mol·L^{-1}），$NH_3 \cdot H_2O$(6mol·L^{-1})，六亚甲基四胺（20%），二甲酚橙指示剂(0.2%)，百里酚蓝(0.1%的20%乙醇溶液)，待测铝试样。

四、实验步骤

1. 0.02mol·L^{-1} EDTA 溶液的配制

用台式天平称约 4g 乙二胺四乙酸二钠（EDTA），用 200mL 温水溶解后，转入试剂瓶中，加水至 500mL，充分摇匀。若浑浊，应过滤后使用。

2. 锌标准溶液的配制

用电子天平准确称取 ZnO 0.4～0.5g 于烧杯中，然后逐滴加入 6mol·L^{-1} HCl，边加边搅拌至完全溶解（约 2～3mL，注意在氧化锌完全溶解的前提下，盐酸用量越少越好），切记不能先加水！完全溶解后定量转移至 250mL 容量瓶中，用去离子水定容，摇匀。

3. 用 ZnO 作基准物标定 EDTA

用移液管准确移取 25mL 锌标准溶液于 250mL 锥形瓶中，加入 1～2 滴二甲酚橙指示剂，滴加六亚甲基四胺溶液至呈现稳定的紫红色后，再过量 5mL，用 EDTA 标准溶液滴定至溶液由紫红色变为亮黄色即为终点。记下所消耗 EDTA 的体积，重复平行测定三次，计算 EDTA 标准溶液浓度。

4. 返滴定法测定试样中铝的含量

用电子天平准确称取铝试样 0.3～0.4g 于 100mL 小烧杯中，加 $6mol \cdot L^{-1}$ HCl 溶液 2mL 溶解后，定量转移至 250mL 容量瓶中，用去离子水冲洗烧杯数次，一并转入容量瓶中，加去离子水稀释至刻度线，充分摇匀。

用移液管准确移取样品溶液 25mL 于 250mL 锥形瓶中，用移液管加入 $0.02mol \cdot L^{-1}$ EDTA 溶液 25mL，加入百里酚蓝指示剂 3～5 滴，用 $6mol \cdot L^{-1}$ $NH_3 \cdot H_2O$ 调节溶液由红色变为黄色，将溶液煮沸 1～2min，冷却，加入 20%六亚甲基四胺溶液 10mL，再加入二甲酚橙指示剂 2～3 滴，此时溶液应呈黄色（如不呈黄色，可用 HCl 调至黄色），然后用锌标准溶液滴定至溶液由黄色变为紫红色即为终点。记下所消耗锌标准溶液的体积，重复平行测定三次，计算试样中铝的含量。

五、思考题

1. 返滴定过量的 EDTA 时，能否改用其它金属离子的标准溶液，此时要用什么指示剂？
2. 滴定时加入的 EDTA 溶液的量是否必须精确？为什么？
3. 加百里酚蓝和滴加氨水的目的是什么？
4. 对于含杂质较多的铝样品能否用返滴定法测定？为什么？
5. 试述以二甲酚橙为指示剂返滴定法测定铝的原理。

实验十四　硫代硫酸钠标准溶液的配制与标定

一、实验目的

1. 掌握硫代硫酸钠溶液的配制方法和保存条件。
2. 了解间接碘量法的基本原理。
3. 掌握间接碘量法的反应条件和滴定条件。
4. 学习用淀粉指示剂正确判断终点的方法。

二、实验原理

$Na_2S_2O_3 \cdot 5H_2O$ 一般常含有少量杂质，而且易风化、潮解，故只能用间接法配制后再进行标定。

$Na_2S_2O_3$ 溶液不稳定，容易与空气中的氧气、溶解在水中的 CO_2 作用，还会被微生物分解，从而导致浓度变化。为了除去水中的 CO_2 和杀灭水中的微生物，配制时应用新煮沸经冷却的去离子水。由于 $Na_2S_2O_3$ 在酸性条件下易分解出现浑浊，故加入少量 Na_2CO_3 固体，使溶液呈微碱性并抑制微生物生长。光照能促进 $Na_2S_2O_3$ 的分解，所以配制后溶液应保存在棕色瓶中，在暗处放置 7～14 天后再标定。长期保存时，应每隔一定时期重新标定。

标定 $Na_2S_2O_3$ 溶液的基准物质有 KIO_3、$KBrO_3$、$K_2Cr_2O_7$ 等，一般采用间接碘量法。本实验以 $K_2Cr_2O_7$ 为基准物，以淀粉为指示剂来标定 $Na_2S_2O_3$ 溶液的浓度，即将一定量的 $K_2Cr_2O_7$ 在酸性条件下与过量的 KI 反应生成 I_2，析出的 I_2 在弱酸性条件下用 $Na_2S_2O_3$ 溶液滴定，根据所消耗的 $Na_2S_2O_3$ 的体积得出 $Na_2S_2O_3$ 溶液的准确浓度。反应式如下：

滴定前的反应：$Cr_2O_7^{2-}+6I^-+14H^+ \xlongequal{暗处，5min} 2Cr^{3+}+3I_2+7H_2O$

滴定反应：$I_2+2S_2O_3^{2-} \xlongequal{} 2I^-+S_4O_6^{2-}$

三、仪器与试剂

台式天平，电子天平，碱式滴定管，棕色试剂瓶，锥形瓶，量筒，定量加液管。

$Na_2S_2O_3\cdot5H_2O$(AR)，Na_2CO_3(AR)，$K_2Cr_2O_7$(AR)，HCl($6mol\cdot L^{-1}$)，KI(10%)，淀粉指示剂（$10g\cdot L^{-1}$，新配）。

四、实验步骤

1. $0.05mol\cdot L^{-1}$ $Na_2S_2O_3$ 溶液的配制

用台式天平称取 6.5g $Na_2S_2O_3\cdot5H_2O$ 置于 1L 棕色试剂瓶中，加少许碳酸钠固体（约 $0.2g\cdot L^{-1}$），加入约 500mL 新煮沸经冷却的去离子水，充分摇匀。在暗处放置 7～14 天后标定。

2. $Na_2S_2O_3$ 溶液的标定

用电子天平准确称取一份 $K_2Cr_2O_7$（约 0.05～0.06g）于 250mL 锥形瓶中，加入 15～20mL 去离子水溶解之，加入 $6mol\cdot L^{-1}$ HCl 5mL，10% KI 溶液 10mL，暗处放置反应 5min 后加去离子水约 50mL，立即用 $Na_2S_2O_3$ 溶液滴定（注意不要剧烈摇晃锥形瓶，此时快滴慢摇）。当溶液颜色由紫红色变为黄绿色时，加 5 滴淀粉指示剂，继续滴定（此时快摇慢滴），直至溶液颜色由蓝色突变为亮绿色，即为终点。重复平行测定三次，计算 $Na_2S_2O_3$ 溶液的准确浓度。

$$c_{Na_2S_2O_3}=\frac{6m_{K_2Cr_2O_7}}{V_{Na_2S_2O_3}M_{K_2Cr_2O_7}}$$

五、思考题

1. 为什么不能用 $K_2Cr_2O_7$ 直接标定 $Na_2S_2O_3$ 溶液，而要采用间接法？
2. 为什么指示剂要在近终点前加入而不是在滴定开始时加入？
3. 为什么在滴定前应加水稀释？若没有稀释就进行滴定，结果将如何？
4. 为什么开始滴定时要快滴慢摇，而接近终点时要慢滴快摇？
5. 间接碘量法的主要误差来源有哪些？应如何减免？

实验十五　硫酸铜溶液中铜含量的测定

一、实验目的

1. 掌握间接碘量法测定铜的原理和方法。
2. 加深理解影响氧化还原电极电势的因素。
3. 进一步熟悉用淀粉指示剂正确判断终点的方法。

二、实验原理

在弱酸性溶液中，Cu^{2+} 与过量的 KI 反应生成 CuI 沉淀，同时析出 I_2，以淀粉作指示剂，用 $Na_2S_2O_3$ 标准溶液滴定析出的 I_2，由此可计算出铜含量。反应如下：

$$2Cu^{2+}+4I^- \xlongequal{} 2CuI\downarrow(白色)+I_2\ (I_2+I^- \xlongequal{} I_3^-)$$

$$I_2+2S_2O_3^{2-} \xlongequal{} 2I^-+S_4O_6^{2-}$$

由于 Cu^{2+} 与 I^- 之间的反应是可逆的，加入过量 KI 可使反应趋于完全。但因 CuI 强烈吸附 I_3^-，使测定结果偏低，且终点不明显，故在滴定到达终点前加入 KSCN，使 CuI 沉淀

($K_{sp}^{\ominus}=1.1\times10^{-12}$) 转化成溶度积更小的CuSCN沉淀 ($K_{sp}^{\ominus}=4.8\times10^{-15}$)，释放出被吸附的 I_3^-，使测定反应趋于更完全，滴定终点变得明显，从而提高分析结果的准确性。

$$CuI+SCN^- = CuSCN\downarrow(米色)+I^-$$

溶液的pH值一般控制在3～4，酸度过低，Cu^{2+} 易水解，反应不完全，结果偏低；酸度过高，则 I^- 被空气中的氧氧化为 I_2，使测定结果偏高。

三、仪器与试剂

电子天平，碱式滴定管，锥形瓶，容量瓶，移液管，量筒，烧杯，定量加液管。

$Na_2S_2O_3$ 标准溶液(0.05mol·L^{-1}，已标定)，H_2SO_4(2mol·L^{-1})，KI(10%)，KSCN(5%)，淀粉指示剂(10g·L^{-1}，新配)，自制的硫酸铜试样。

四、实验步骤

用电子天平准确称取自制混合均匀的硫酸铜样品0.30～0.35g于250mL锥形瓶中，加入2mL 2mol·L^{-1} H_2SO_4 溶液和20mL去离子水使之溶解，加入10%的KI溶液10mL。滴定前再加30mL去离子水，立即用 $Na_2S_2O_3$ 标准溶液滴定至浅黄色，加入约1mL淀粉指示剂，继续滴定至浅蓝色（一定要慢滴）。加入5%的KSCN溶液5mL，摇动锥形瓶，此时蓝色转深，继续滴定至蓝色刚好消失（米色悬浊液）即为终点，记下滴定消耗的 $Na_2S_2O_3$ 标准溶液的总体积。重复平行测定三次，计算硫酸铜样品中的铜含量。

亦可用电子天平准确称取自制混合均匀的硫酸铜样品3g左右于烧杯中，加入20mL 2mol·L^{-1} H_2SO_4 溶液和50mL去离子水使之溶解，然后定量转移至250mL容量瓶中，定容后摇匀。用移液管准确吸取 $CuSO_4$ 溶液25mL于250mL锥形瓶中，加入30mL去离子水后，即可按上述方法测定。

五、思考题

1. 为什么滴定反应需在弱酸性溶液中进行？
2. 加入KI及KSCN的作用是什么？KSCN应在什么时候加入，为什么？
3. 滴定反应结束时，溶液中的 Cu^{2+} 最终反应产物为何物？
4. 加入KSCN溶液后，溶液为什么转为深蓝色？
5. 已知 $E^{\ominus}(Cu^{2+}/Cu^+)=0.159V$，$E^{\ominus}(I_2/I^-)=0.5355V$，为什么在本实验中 Cu^{2+} 能将 I^- 氧化为 I_2？

实验十六　高锰酸钾标准溶液的配制与标定

一、实验目的

1. 掌握高锰酸钾标准溶液的配制和标定方法。
2. 掌握用草酸作基准物标定高锰酸钾标准溶液的反应条件。
3. 了解氧化还原反应滴定中控制反应条件的重要性。

二、实验原理

$KMnO_4$ 是氧化还原滴定中最常用的氧化剂之一，高锰酸钾滴定法通常在酸性溶液中进行，反应时锰的氧化值由+7变到+2。市售的 $KMnO_4$ 常含杂质，而且 $KMnO_4$ 易与水中的还原性物质发生反应，光照和 $MnO(OH)_2$ 等都能促进 $KMnO_4$ 的分解：

$$4KMnO_4+2H_2O = 4MnO_2\downarrow+4KOH+3O_2\uparrow$$

因此配制 $KMnO_4$ 溶液时要在暗处放置7～10天，待 $KMnO_4$ 把还原性杂质充分氧化后，用玻璃砂芯漏斗过滤除去杂质，保存于棕色试剂瓶中，标定其准确浓度。

$Na_2C_2O_4$ 和 $H_2C_2O_4 \cdot 2H_2O$ 是标定 $KMnO_4$ 常用的基准物质，其反应如下：

$$5C_2O_4^{2-} + 2MnO_4^- + 16H^+ \longrightarrow 10CO_2 \uparrow + 2Mn^{2+} + 8H_2O$$

为使反应定量进行，需注意下列滴定条件。

① 控制合适的酸度。酸度过低，MnO_4^- 部分被还原成 MnO_2；酸度过高，$H_2C_2O_4$ 分解，一般滴定开始的适宜酸度为 $1mol \cdot L^{-1}$。为防止氧化 Cl^- 的反应发生，应在 H_2SO_4 介质中进行。

② 温度要控制在 75～85℃。低于 60℃，反应速率太慢；高于 90℃，$H_2C_2O_4$ 将分解。

③ 有 Mn^{2+} 作催化剂。滴定初期，反应很慢，$KMnO_4$ 溶液必须逐滴加入，如滴加过快，部分 $KMnO_4$ 在热溶液中将按下式分解而造成误差：

$$4KMnO_4 + 2H_2SO_4 \longrightarrow 4MnO_2 + 2K_2SO_4 + 2H_2O + 3O_2 \uparrow$$

在滴定过程中逐渐生成的 Mn^{2+} 有催化作用，会使反应速率逐渐加快。

因为 $KMnO_4$ 溶液本身具有特殊的紫红色，极易察觉，故用它作为滴定剂时，不需要另加指示剂。

三、仪器与试剂

酸式滴定管（棕色），棕色试剂瓶，量筒，移液管(25mL)，锥形瓶(250mL)，台式天平，电子天平，电炉，酒精灯，玻璃砂芯漏斗。

$KMnO_4$(AR)，$H_2C_2O_4 \cdot 2H_2O$（AR），H_2SO_4（$3mol \cdot L^{-1}$）。

四、实验步骤

1. $0.02mol \cdot L^{-1}$ $KMnO_4$ 溶液的配制

在台式天平上称取高锰酸钾约 1.7g 置于棕色试剂瓶中，加 500mL 去离子水，摇匀，塞好，暗处静置 7～10 天后将上层清液用玻璃砂芯漏斗过滤，残余溶液和沉淀倒掉，把试剂瓶洗净，将滤液倒回试剂瓶，摇匀，待标定。

2. $KMnO_4$ 溶液浓度的标定

用电子天平准确称取 0.13～0.17g $H_2C_2O_4 \cdot 2H_2O$ 一份，置于 250mL 锥形瓶中，加入 40mL 新煮沸的去离子水和 5mL $3mol \cdot L^{-1}$ H_2SO_4。待试样溶解后，加热至 75～85℃（即加热到溶液开始冒蒸气，切不可煮沸），趁热用待标定的 $KMnO_4$ 溶液进行滴定。开始滴定时，速度宜慢，在第一滴 $KMnO_4$ 溶液滴入后，不断摇动溶液，当紫红色褪去后再滴入第二滴。待溶液中有 Mn^{2+} 产生后，反应速率加快，滴定速度也就可适当加快，但也绝不可使 $KMnO_4$溶液连续流下。近终点时，应减慢滴定速度同时充分摇匀。在摇匀后 0.5min 内仍保持微红色不褪，表明已达到终点。滴定结束时，被滴定溶液的温度不应低于 60℃。重复平行测定三次，计算高锰酸钾标准溶液的浓度：

$$c_{KMnO_4} = \frac{2m_{H_2C_2O_4 \cdot 2H_2O}}{5V_{KMnO_4} M_{H_2C_2O_4 \cdot 2H_2O}}$$

五、思考题

1. $KMnO_4$ 标准溶液是否可以直接配制？应该如何正确配制？

2. 滴定 $KMnO_4$ 标准溶液时，为什么第一滴 $KMnO_4$ 溶液加入后红色褪去很慢，以后褪色较快？

3. 本实验中加热溶液的目的何在？加热的温度过高行吗？为什么？

4. 标定 $KMnO_4$ 标准溶液时，H_2SO_4 溶液加入量的多少对标定结果有何影响？可否用 HCl 或 HNO_3 溶液代替？

5. 装 $KMnO_4$ 溶液的滴定管或烧杯放置较长时间后，其壁上常有棕色沉淀，不易洗净。这棕色沉淀是什么？应该如何清洗出去？

实验十七 水溶液中COD的测定

一、实验目的

1. 了解化学需氧量（COD）的基本概念及其在环境分析中的作用。

2. 掌握用高锰酸钾法测定水中COD的原理和方法。

二、实验原理

水的化学需氧量（COD）的大小是水质污染程度的重要指标之一，是环境保护和水质控制中经常需要测定的项目。COD是指在特定条件下，采用一定的强氧化剂处理水样时所需氧气的量，以每升多少毫克 O_2 表示。COD反映了水体受还原性物质污染的程度，这些还原性物质包括有机物、亚硝酸盐、亚铁盐、硫化物等。

水样COD的测定，会因加入氧化剂的种类和浓度、反应溶液的温度、酸度和时间，以及催化剂的存在与否而得到不同的结果。因此，COD是一个条件性的指标，必须严格按操作步骤进行测定。COD的测定有几种方法，对于污染较严重的水样或工业废水，一般用重铬酸钾法；对于地面水、河水等污染不十分严重的水样可以用高锰酸钾法。

高锰酸钾法分为酸性法和碱性法两种，本实验以酸性法测定水样的化学需氧量。即将水样加入硫酸酸化后，加入一定量的 $KMnO_4$ 溶液，并在沸水浴中加热反应一定时间，使水样中的有机物质与 $KMnO_4$ 充分反应，然后加入一定量的 $Na_2C_2O_4$ 标准溶液，使之与剩余的 $KMnO_4$ 充分作用。再用 $KMnO_4$ 溶液回滴过量的 $Na_2C_2O_4$，由此可计算出水样的需氧量。反应式如下：

$$4KMnO_4 + 6H_2SO_4 + 5C \xlongequal{} 2K_2SO_4 + 4MnSO_4 + 6H_2O + 5CO_2$$

$$2KMnO_4 + 5Na_2C_2O_4 + 8H_2SO_4 \xlongequal{} 5Na_2SO_4 + K_2SO_4 + 2MnSO_4 + 8H_2O + 10CO_2$$

Cl^- 在酸性高锰酸钾溶液中有被氧化的可能，含量较小时，一般对测定结果无影响；若水样中 Cl^- 含量大于 $300mg \cdot L^{-1}$ 时，会使测定结果偏高，此时可加入 $AgNO_3$ 溶液来消除 Cl^- 的干扰。

测定时应取与水样相同量的去离子水测定空白值，加以校正。

三、仪器与试剂

台式天平，电子天平，酸式滴定管，移液管，锥形瓶，容量瓶，棕色试剂瓶，烧杯，水浴锅，玻璃砂芯漏斗。

$H_2SO_4(2mol \cdot L^{-1})$，$KMnO_4(AR)$，$Na_2C_2O_4(AR)$，$AgNO_3$ $(100g \cdot L^{-1})$。

四、实验步骤

1. $0.005mol \cdot L^{-1}$ $KMnO_4$ 溶液的配制

用台式天平称取 $KMnO_4$ 固体约0.4g溶于500mL去离子水中，盖上表面皿加热至沸并保持微沸状态1h，冷却后用玻璃砂芯漏斗过滤，滤液贮存于棕色试剂瓶中。将溶液在室温条件下于暗处静置2～3天后过滤备用。

2. $0.01mol \cdot L^{-1}$ $Na_2C_2O_4$ 溶液的配制

用电子天平准称 $Na_2C_2O_4$ 固体0.3～0.4g置于烧杯中，加入约50mL去离子水使之溶解，然后定量转移至250mL容量瓶中，定容摇匀，计算 $Na_2C_2O_4$ 溶液的准确浓度。

3. 水样的测定

取适量水样（V_S）于250mL锥形瓶中，用去离子水稀释至100mL，加入5ml $2mol \cdot L^{-1}$ H_2SO_4（若水样中 Cl^- 含量很高，可加入5mL $AgNO_3$ 溶液），摇匀，准确加入 $10.00mL(V_1)$ $0.005mol \cdot L^{-1}$ $KMnO_4$ 标准溶液，将锥形瓶置于沸水浴中加热30min（若紫

红色褪去，应补加适量 $KMnO_4$）。取出锥形瓶，冷却 1min，准确加入 10.00mL 0.01mol·L^{-1} $Na_2C_2O_4$ 溶液，摇匀（此时应为无色，若仍为红色，再补加 5.00mL），趁热用 $KMnO_4$ 溶液滴定至微红色，30s 不褪色即可，记下 $KMnO_4$ 溶液的用量(V_2)。若滴定温度低于 60℃，应加热至 75～85℃再进行滴定。

4. 测定每毫升 $KMnO_4$ 溶液相当于 $Na_2C_2O_4$ 溶液的体积(mL)

在 250mL 锥形瓶中加入 100mL 去离子水和 5ml 2mol·L^{-1} H_2SO_4，准确加入 10.00mL 0.01mol·L^{-1} $Na_2C_2O_4$ 溶液，摇匀，加热至 75～85℃，用 0.005mol·L^{-1} $KMnO_4$ 标准溶液滴定至微红色，30s 不褪色即可，记下 $KMnO_4$ 溶液的用量(V_3)。

5. 空白值的测定

在 250mL 锥形瓶中加入 100mL 去离子水和 5mL 2mol·L^{-1} H_2SO_4，摇匀，加热至75～85℃，用 0.005mol·L^{-1} $KMnO_4$ 标准溶液滴定至微红色，30s 不褪色即可，记下 $KMnO_4$ 溶液的用量(V_4)。

按下式计算水样 COD，单位为 mg·L^{-1}：

$$\mathrm{COD}=\frac{\left[(V_1+V_2-V_4)\dfrac{10\mathrm{mL}}{V_3-V_4}-10\mathrm{mL}\right]c_{\mathrm{Na_2C_2O_4}}M_{\mathrm{O}}}{V_{\mathrm{S}}}$$

五、思考题

1. 本实验的测定方法属于何种滴定方式？为何要采取这种方式？
2. 水样中 Cl^- 含量高时为什么对测定有干扰？应如何消除？
3. 水样加入 $KMnO_4$ 煮沸后，若紫红色消失说明什么？应采取什么措施？
4. 在测定水样的 COD 时，为什么要取与水样相同量的去离子水测定空白值？如何测定？
5. 测定水中的 COD 有何意义？有哪些测定方法？

实验十八 莫尔法测定溶液中可溶性氯化物

一、实验目的

1. 学习 $AgNO_3$ 标准溶液的配制和标定。
2. 掌握沉淀滴定法中莫尔法测定氯离子的原理和方法。

二、实验原理

用 $K_2Cr_2O_7$ 作为指示剂的银量法称为莫尔法，利用莫尔法可以测定一些可溶性氯化物中氯含量。即在中性或弱碱性溶液中，以 $K_2Cr_2O_7$ 为指示剂，用 $AgNO_3$ 标准溶液滴定 Cl^-，由于 AgCl 的溶解度（$K_{sp}^{\ominus}=1.77\times10^{-10}$）小于 Ag_2CrO_4 的溶解度（$K_{sp}^{\ominus}=1.12\times10^{-12}$），根据分步沉淀原理，溶液中首先析出白色 AgCl 沉淀。当 AgCl 完全沉淀后，则微过量的 $AgNO_3$ 会与 $K_2Cr_2O_7$ 生成砖红色的 Ag_2CrO_4 沉淀指示终点。反应如下：

$$Ag^+ + Cl^- = AgCl\downarrow \quad (白色)$$

$$2Ag^+ + CrO_4^{2-} = Ag_2CrO_4\downarrow \quad (砖红色)$$

滴定最适宜的酸度范围为 pH＝6.5～10.5，若溶液中存在铵盐，则 pH 上限不能超过 7.2。酸度过高，不利于产生 Ag_2CrO_4 沉淀；酸度过低，容易生成 Ag_2O 沉淀。指示剂用量对滴定也有影响，一般用量以 5×10^{-5} mol·L^{-1}为宜。

凡能与 Ag^+ 和 $Cr_2O_7^{2-}$ 生成微溶化合物或配合物的离子，都干扰测定，应注意消除干扰。一些高氧化态离子在中性或弱酸性介质中发生水解，故也不应存在。

三、仪器与试剂

台式天平，电子天平，棕色酸式滴定管，移液管，锥形瓶，容量瓶，棕色细口瓶，量筒，烧杯。

NaCl（AR，500～600℃灼烧过），$AgNO_3$（AR），$K_2Cr_2O_7$（0.5%），NaCl（粗食盐）。

四、实验步骤

1. 0.05$mol·L^{-1}$ $AgNO_3$ 溶液的配制

在台式天平上称取 4.4g $AgNO_3$ 溶解于 500mL 不含 Cl^- 的去离子水中，将溶液转入棕色细口瓶中，置于暗处保存，以防见光分解。

2. 0.05$mol·L^{-1}$ NaCl 标准溶液的配制

在电子天平上准确称取干燥的 NaCl 基准物质 0.7～0.75g 于小烧杯中，加 50mL 去离子水溶解后，定量转移到 250mL 容量瓶中，定容并充分摇匀。

3. 0.05$mol·L^{-1}$ $AgNO_3$ 溶液的标定

吸取 25.00mL NaCl 标准溶液于 250mL 锥形瓶中，加入 25mL 去离子水和 1mL 0.5% $K_2Cr_2O_7$ 溶液，在剧烈摇动下用 $AgNO_3$ 溶液滴定至白色沉淀中刚刚出现砖红色即为终点，记录消耗的 $AgNO_3$ 溶液的体积，重复平行测定三次，计算 $AgNO_3$ 溶液的浓度。

4. 粗食盐中氯含量的测定

在电子天平上准确称取 0.8～1.0g 粗食盐于小烧杯中，加 50mL 去离子水溶解后，定量转移到 250mL 容量瓶中，定容并充分摇匀。

吸取 25.00mL 粗食盐溶液于 250mL 锥形瓶中，加入 25mL 去离子水和 1mL 0.5% $K_2Cr_2O_7$ 溶液，在剧烈摇动下用 $AgNO_3$ 溶液滴定至白色沉淀中刚刚出现砖红色即为终点，记录消耗的 $AgNO_3$ 溶液的体积，重复平行测定三次，计算粗食盐试样中氯的含量。

五、思考题

1. 莫尔法测定 Cl^- 时，为什么要控制溶液的 pH 值在 6.5～10.5 范围内？

2. 以 $K_2Cr_2O_7$ 为指示剂时，指示剂用量过大或过小对测定有何影响？为什么？

3. 莫尔法测定 Cl^- 时，哪些离子干扰测定？怎样消除？

4. 实验中含银废液是否可以倒入水池中？

注：实验完毕后，一定要把滴定管中 $AgNO_3$ 溶液倒回试剂瓶，并用自来水把滴定管清洗三次，以免 $AgNO_3$ 残留在管内。

实验十九　重量法测定氯化钡中钡含量

一、实验目的

1. 了解晶形沉淀的沉淀条件和沉淀方法。

2. 掌握沉淀的制备、过滤、洗涤、灼烧及恒重等基本操作。

3. 掌握用硫酸钡重量法测定氯化钡中钡含量的原理和方法。

二、实验原理

用重量法测定可溶性钡盐中的钡，是用 H_2SO_4 将 Ba^{2+} 沉淀为 $BaSO_4$，经过滤、洗涤、灼烧后，以 $BaSO_4$ 形式称重，即可求得钡含量。

Ba^{2+} 能生成一系列的微溶化合物，如 $BaCO_3$、$BaCrO_4$、BaC_2O_4、$BaHPO_4$、$BaSO_4$

等，其中以 $BaSO_4$ 的溶解度最小（25℃时，0.25mg/100mL H_2O），而且 $BaSO_4$ 性质非常稳定，组成与化学式相符合，因此常以 $BaSO_4$ 重量法测定 Ba^{2+} 含量。虽然 $BaSO_4$ 的溶解度较小，但还不能满足重量法对沉淀溶解度的要求，必须加入过量的沉淀剂以降低 $BaSO_4$ 的溶解度。

因 H_2SO_4 在灼烧时能挥发，是沉淀 Ba^{2+} 的理想沉淀剂，使用时可过量 50%～100%。$BaSO_4$ 沉淀初生成时，一般形成细小的晶体，过滤时易穿过滤纸，为了得到纯净而颗粒较大的晶形沉淀，应当在热的酸性稀溶液中，在不断搅拌下逐滴加入热的稀 H_2SO_4。反应介质一般为 0.05mol·L^{-1}的 HCl 溶液，加热温度以近沸较好。在酸性条件下沉淀 $BaSO_4$ 还能防止 $BaCO_3$、$BaCrO_4$、BaC_2O_4、$BaHPO_4$ 等沉淀的生成。

三、仪器与试剂

高温炉，酒精喷灯或煤气灯，酒精灯，石棉网，电子天平，烧杯，漏斗，泥三角，瓷坩埚，表面皿，水浴锅，慢速定量滤纸。

$BaCl_2 \cdot 2H_2O$ 试样，H_2SO_4（1mol·L^{-1}），HCl（2mol·L^{-1}），$AgNO_3$（0.1mol·L^{-1}）。

四、实验步骤

1. 瓷坩埚的处理

洗净两只瓷坩埚，在 800～850℃的酒精喷灯或煤气灯火焰上灼烧，第一次灼烧约30min，取出稍冷片刻，置于干燥器中冷至室温后称重。第二次灼烧 15～20min，取出稍冷片刻，置于干燥器中冷至室温后再称重。如此操作，直至恒重为止。

2. 沉淀的制备

准确称取 0.4～0.6g $BaCl_2 \cdot 2H_2O$ 试样两份，分别置于 250mL 烧杯中，各加去离子水约100mL 使其溶解，再各加入 2～3mL 2mol·L^{-1} HCl，盖上表面皿，加热至沸，但勿使溶液沸腾，以防溅出。与此同时，另取 3～4mL 1mol·L^{-1} H_2SO_4 溶液两份，分别置于两只 100mL 小烧杯中，各加去离子水稀释至 30mL，加热至沸，然后将两份热的 H_2SO_4 溶液用滴管逐滴分别滴入两份热的钡盐溶液中，并用玻璃棒不断搅拌。待沉淀完毕后，于上层清液中加入稀 H_2SO_4 1～2 滴，仔细观察是否有白色浑浊出现。如果上清液中有浑浊出现，必须再加入 H_2SO_4 溶液，直至沉淀完全为止。如无浑浊出现，表示已沉淀完全，盖上表面皿，将玻璃棒靠在烧杯嘴边（切勿将玻璃棒拿出杯外，为什么?），置于水浴上加热，并不时搅拌，陈化 0.5～1h（或在室温下放置过夜）。

3. 沉淀的过滤和洗涤

溶液冷却后，用慢速定量滤纸过滤，先将上层清液倾注在滤纸上，再以稀 H_2SO_4 洗涤液（自配 200mL 0.01mol·L^{-1} H_2SO_4 稀溶液），用倾析法洗涤沉淀 3～4 次，每次约10mL。然后将沉淀小心转移到滤纸上，并用滤纸擦净杯壁，将滤纸片放在漏斗内的滤纸上，再用去离子水洗涤沉淀至无 Cl^- 为止（用 $AgNO_3$ 溶液检验）。

4. 沉淀的灼烧和恒重

沉淀洗净后，滤干洗涤液，将沉淀和滤纸折成小包，放入已恒重的瓷坩埚中，置于泥三角上，在酒精喷灯或煤气灯上烘干和炭化，然后继续在 800～850℃的高温炉中灼烧 1h，取出置于干燥器中冷却至室温后，称重；第二次灼烧 15～20min，冷却后再称重。如此操作，直至恒重为止。计算 $BaCl_2 \cdot 2H_2O$ 中钡的含量。

五、思考题

1. 为什么要在一定酸度的盐酸介质中沉淀 $BaSO_4$？
2. 为什么试液和沉淀剂都要预先稀释，而且试液要预先加热？
3. 如何检查沉淀是否完全？

4. 沉淀完毕后，为什么要保温放置一段时间后再进行过滤？

5. 用 H_2SO_4 为沉淀剂沉淀 Ba^{2+} 时，可以过量多少？为什么？

6. 烘干和炭化滤纸时，应注意什么？

7. 什么叫恒重？为什么空坩埚也要预先恒重？

注：1. 溶液中 NO_3^-、ClO_3^-、Cl^- 等阴离子和 K^+、Na^+、Ca^{2+}、Fe^{3+} 等阳离子均可以引起共沉淀现象，所以应严格控制沉淀条件，减少共沉淀现象。

2. 滤纸炭化时空气要充足，否则硫酸盐易被滤纸的碳还原。

3. 沉淀产品在灼烧时温度不能太高，若超过 900℃，$BaSO_4$ 会被碳还原；若超过 950℃，部分 $BaSO_4$ 会发生分解。

实验二十　离子交换法分离 Co^{2+} 和 Cr^{3+}

一、实验目的

1. 了解离子交换技术分离金属离子的实验方法和基本原理。

2. 掌握离子交换法的基本操作。

3. 学习钴离子和铬离子的检验。

二、实验原理

离子交换法是目前分离金属离子的十分有效的方法之一。它的分离过程是在离子交换树脂上进行的，这种树脂是人工合成的固态高分子聚合物，具有网状结构，在其骨架结构上含有许多活性官能团，可以和金属离子进行选择性交换。目前应用最广泛的聚苯乙烯磺酸型阳离子交换树脂，就是苯乙烯和一定量的二乙烯苯的共聚物，经浓硫酸处理，在树脂上引入磺酸基（$—SO_3H$）而成。

一定的强酸型阳离子交换树脂（$R—SO_3H$）对不同的阳离子的吸附亲和力是不同的，而吸附亲和力的大小主要取决于阳离子（M^{n+}）所带电荷的多少，一般为：

$$M^+ < M^{2+} < M^{3+}$$

因此，当把带有不同电荷阳离子的混合溶液加入阳离子交换树脂柱内时，由于树脂对不同电荷阳离子的吸附亲和力不同，便在交换柱上形成了不同的谱带。所以，Co^{2+}、Cr^{3+} 混合溶液可以在树脂上形成两个谱带。

在酸性条件下，树脂和被吸附的阳离子之间可以建立如下平衡：

$$nR—SO_3^- H^+ + M^+ \rightleftharpoons (R-SO_3^-)_n^{n-} \cdot M^+ + nH^+$$

该平衡移动的方向主要由阳离子 M^{n+} 的浓度和电荷以及体系的酸度来决定。如果增大体系的酸度，则上述平衡向左移动，被吸附的阳离子将根据它们与树脂结合程度大小的不同而先后被 H^+ 取代下来。通常 M^+ 最容易被淋洗剂中的 H^+ 取代下来而最先从交换柱的底部流出。M^{2+} 需要提高淋洗剂的酸度才能从树脂上被淋洗下来。如果取代与树脂结合最紧密的 M^{3+}，则淋洗剂的酸度要比前两者大得多。对于 Co^{2+}、Cr^{3+} 体系，用不同的 HCl 溶液淋洗，即可将 Co^{2+}、Cr^{3+} 分离。

三、仪器与试剂

离子交换柱，玻璃纤维或脱脂棉，烧杯，表面皿，试管，量筒，酒精灯，三脚架，石棉网，pH 试纸。

强酸型阳离子交换树脂，HCl（$1mol \cdot L^{-1}$、$2mol \cdot L^{-1}$），$CoCl_2 \cdot 6H_2O$（AR），$CrCl_3 \cdot 6H_2O$（AR），NaF（AR），NH_4SCN-戊醇（饱和），H_2O_2（3%），NaOH（40%），HAc

(6mol·L^{-1})，$Pb(Ac)_2$ (0.1mol·L^{-1})。

四、实验步骤

1. 离子交换柱的准备

取一支直径 1cm、长约 20cm 的离子交换柱，底部塞上玻璃纤维或脱脂棉，下部用一段约 4cm 长的乳胶管连接一玻璃尖嘴。在交换柱中加入约 1/2 的去离子水，打开螺旋夹排除管中和玻璃尖嘴中的空气。然后将用去离子水浸泡 24～48h 的强酸型阳离子交换树脂和去离子水一起注入交换柱内，待树脂自动下沉，把柱中多余的水放出至水面高出树脂 1cm 左右。用 10mL 2mol·L^{-1} HCl 淋洗树脂，再用去离子水淋洗，直至流出液的 pH=6～7。

2. Co^{2+}、Cr^{3+}混合溶液的制备

在 16mL pH=1～2 的水中分别加入 1g $CoCl_2·6H_2O$ 和 1g $CrCl_3·6H_2O$，加热，微沸 10min（加热时要盖上表面皿），冷却至室温。

3. 混合溶液装柱

放出交换柱中多余的水，当交换柱内的水层几乎接近树脂层时，加入 1mL 混合溶液，打开螺旋夹，直至溶液层接近树脂层的高度。

4. Co^{2+}、Cr^{3+}的分离

当溶液层与树脂层的顶部接近时，由交换柱的上部滴加 1mol·L^{-1} HCl 淋洗剂，淋洗速度为 1 滴/2～3s。在交换柱的底部先用小烧杯收集淋出液，当树脂层的粉红色接近底部时，改用小量筒收集淋出液，并以约每 5mL 一份分别转移到小试管中。观察淋出液颜色的变化，当流出液的颜色消失后，用 NaF 及 NH_4SCN-戊醇的饱和溶液检查 Co^{2+}是否全部被淋洗下来。

当确认 Co^{2+}已被全部淋出后，改用 2mol·L^{-1} HCl 淋洗树脂，淋洗速度为 1 滴/4～5s。当树脂层的蓝紫色接近底部时，改用小量筒收集淋出液，并以约每 3mL 一份分别转移到小试管中。观察淋出液颜色的变化，并不断依次用 40% NaOH、3% H_2O_2 和 0.1mol·L^{-1} $Pb(Ac)_2$检验 Cr^{3+}是否被全部淋洗下来。

当确认 Cr^{3+}已被全部淋出后，用去离子水淋洗树脂，淋洗速度约为 1 滴/s，直至流出液的 pH=6～7。

五、思考题

1. 树脂若不事先浸泡或未达到充分膨胀，对离子交换分离效果将有何影响？

2. 制备 Co^{2+}、Cr^{3+}混合溶液时，为什么要用 pH=1～2 的水溶解样品？怎样获得该酸度的水？

3. 写出检验 Co^{2+}和 Cr^{3+}存在的化学方程式。

附：检验 Co^{2+}和 Cr^{3+}存在的方法

1. 用小试管取约 1mL 淋出液，加入约黄豆粒大小的固体 NaF，摇动，保持试管中有未溶的 NaF 固体，再加入 0.5～1mL NH_4SCN-戊醇的饱和溶液，摇动。如果戊醇层呈现蓝色，则证明有 Co^{2+}存在。

2. 用小试管取约 1mL 淋出液，加入 10 滴 40% NaOH 溶液和 10 滴 3% H_2O_2 溶液，摇动。在水浴上煮沸 5min，冷却到室温。滴加 6mol·L^{-1} HAc 溶液至 pH=5～6，再加 2～3 滴 0.1mol·L^{-1} $Pb(Ac)_2$ 溶液，如果出现黄色沉淀，则表示有 Cr^{3+}存在。

实验二十一　离子交换法测定硫酸钙的溶度积常数

一、实验目的

1. 了解离子交换树脂的处理和使用方法。

2. 学习和掌握离子交换法测定 $CaSO_4$ 溶度积常数的原理和方法。

3. 学习酸度计的使用方法。

二、实验原理

在微溶电解质 $CaSO_4$ 的饱和溶液中，存在着下列平衡：

$$CaSO_4(s) \rightleftharpoons CaSO_4(aq) \rightleftharpoons Ca^{2+}(aq) + SO_4^{2-}(aq)$$

其溶度积常数为：$K_{sp}^{\ominus}(CaSO_4)=[Ca^{2+}][SO_4^{2-}]$。

本实验是利用离子交换树脂与饱和 $CaSO_4$ 溶液进行离子交换，来测定室温下 $CaSO_4$ 的溶解度，从而确定其溶度积常数。

离子交换树脂是一类人工合成的，在分子中含有特殊活性基团而能与其它物质进行离子交换的固态、球状的高分子聚合物。含有酸性基团而能与其它物质交换阳离子的称为阳离子交换树脂，含有碱性基团而能与其它物质交换阴离子的称为阴离子交换树脂。本实验采用强酸型阳离子交换树脂，其活性基团为 R—SO_3H，其中的 H^+ 可以与饱和 $CaSO_4$ 溶液中的 Ca^{2+} 进行交换，反应式如下：

$$2R—SO_3H(s) + Ca^{2+}(aq) \rightleftharpoons (R—SO_3)_2Ca(s) + 2H^+(aq)$$

由于 $CaSO_4$ 是微溶弱电解质，其溶解部分除了 Ca^{2+} 和 SO_4^{2-} 外，还有以离子对（分子）形式存在的 $CaSO_4$（aq），因此饱和溶液中存在着离子对和简单离子间的平衡：

$$CaSO_4(aq) \rightleftharpoons Ca^{2+}(aq) + SO_4^{2-}(aq)$$

其解离常数为：$K_d^{\ominus}=\dfrac{[Ca^{2+}][SO_4^{2-}]}{[CaSO_4(aq)]}$　（已知 25℃时，$K_d^{\ominus}=5.2\times10^{-3}$）

当溶液流经树脂时，由于 Ca^{2+} 被交换，平衡不断向右移动，使 $CaSO_4$(aq) 完全解离，结果全部 Ca^{2+} 被交换为 H^+，从流出液的 $[H^+]$ 可计算出 $CaSO_4$ 的溶解度 s（以 $mol \cdot L^{-1}$ 表示）：

$$s=[Ca^{2+}]+[CaSO_4(aq)]=[H^+]/2$$

溶液的 $[H^+]$ 可由酸度计测定得到，从而算出 $CaSO_4$ 的溶度积常数。

三、仪器与试剂

烧杯，容量瓶（100mL），pH 试纸，移液管（25mL），洗耳球，离子交换柱，玻璃纤维或脱脂棉，玻璃通条，酸度计。

$CaSO_4$ 饱和溶液，732 强酸型阳离子交换树脂（柱内 H^+ 型湿树脂约 65mL），标准缓冲溶液（pH＝4.00），HCl（$2mol \cdot L^{-1}$）。

四、实验步骤

1. 装柱

在洗净的离子交换柱底部填入少量玻璃纤维或脱脂棉，将用去离子水浸泡 24～48h 的 732 强酸型阳离子交换树脂和去离子水一起注入交换柱内，保持水面略高于树脂。若树脂中夹带气泡，可用玻璃通条轻轻搅动树脂而将气泡赶尽。

2. 转型

用 130mL $2mol \cdot L^{-1}$ HCl 以每分钟 30 滴的流速流过离子交换树脂，然后用去离子水淋洗树脂直到流出液呈中性为止。这样做可将 Na^+ 型树脂转变为 H^+ 型树脂，以保证 Ca^{2+} 完全交换成 H^+，否则实验结果将偏低。

3. 交换和洗脱

调整树脂上液面略高于树脂面，用移液管准确移取 25.00mL $CaSO_4$ 饱和溶液，放入离子交换柱中。开始时流出液为中性水溶液，可以用小烧杯承接。调节螺旋夹，使流速控制在每分钟 20～25 滴，不宜太快，否则将影响树脂的交换效果。当液面下降到略高于树脂（1～2cm）时，向交换柱中补充 20～30mL 去离子水洗脱交换下来的 H^+。当液面再次下降到接近树脂时，继续补充 20～30mL 去离子水洗涤。当小烧杯中的水约有 50mL 时，开始用 pH 试纸检验流出液是否显酸性，若稍显酸性则立即用 100mL 洗净的容量瓶承接。再次用去离子水洗涤时，流出速度可以调快至每分钟 40～50 滴，直到流出液为中性（用试纸检验 pH 值接近 7）。旋紧螺旋夹，移走容量瓶，加去离子水定容，充分摇匀。

注意在每次加液体前，液面都应略高于树脂（1～2cm），这样既不会带进气泡，又可减少溶液的混合，以提高交换和洗涤的效果。实验完毕，应向交换柱中加去离子水，使水面高于树脂 5～6cm 以上，以免混进气泡。

4. 氢离子浓度的测定

用上述溶液润洗小烧杯后，将余下的溶液倒在小烧杯中，用酸度计测定溶液的 pH 值，计算 $[H^+]_{100mL}$ 的值。

5. 数据记录与处理

由 $[H^+]_{25mL}=[H^+]_{100mL}\times 100/25$　得溶解度：$s=[Ca^{2+}]+[CaSO_4(aq)]=[H^+]_{25mL}/2$

式中，$[H^+]_{25mL}$ 为 25mL 溶液完全交换后的 H^+ 浓度；$[H^+]_{100mL}$ 为稀释到 100mL 后测定的 H^+ 浓度。

$CaSO_4$ 溶解度的文献值见表 3-11。

设 $CaSO_4$ 饱和溶液中 $[Ca^{2+}]=[SO_4^{2-}]=c(mol\cdot L^{-1})$，则有：

$$K_d^{\ominus}=\frac{[Ca^{2+}][SO_4^{2-}]}{[CaSO_4(aq)]}=\frac{c^2}{s-c}=5.2\times 10^{-3}\quad (25℃时)$$

由上式得到 c 的值，将其代入 $K_{sp}^{\ominus}(CaSO_4)=[Ca^{2+}][SO_4^{2-}]=c^2$，即可求出硫酸钙的溶度积常数。将相关数据填入表 3-10。$CaSO_4$ 溶解度文献值见表 3-11。

表 3-10　数据记录与处理

$CaSO_4$ 饱和溶液的温度/℃		被交换 $CaSO_4$ 饱和溶液的体积/mL	
流出液的 pH 测定值		流出液的 $[H^+]_{100mL}/mol\cdot L^{-1}$	
$[H^+]_{25mL}/mol\cdot L^{-1}$		$CaSO_4$ 的溶解度 $s/mol\cdot L^{-1}$	
$CaSO_4$ 饱和溶液中的 $c/mol\cdot L^{-1}$		$CaSO_4$ 的溶度积常数 $K_{sp}^{\ominus}$	

注：计算解离常数时近似取用 25℃时的数据。

五、思考题

1. 为什么刚开始可以不用容量瓶承接流出液呢？
2. 加入 $CaSO_4$ 饱和溶液后，如果流出速度过快，将对结果造成什么影响？
3. 为什么交换前与交换洗涤后的流出液都要呈中性？
4. 树脂层为什么不允许有气泡的存在？应如何避免？
5. 为什么要注意液面始终不得低于树脂的上表面？

附：

表 3-11　$CaSO_4$ 溶解度的文献值

温度/℃	0	10	20	30
溶解度 $s/mol\cdot L^{-1}$	1.29×10^{-2}	1.43×10^{-2}	1.50×10^{-2}	1.54×10^{-2}

实验二十二　分光光度法测定碘化铅的溶度积常数

一、实验目的

1. 了解用分光光度计测定难溶盐溶度积常数的原理和方法。

2. 学习 721E 型分光光度计的使用方法。

二、实验原理

PbI_2 在其饱和溶液中存在下列沉淀-溶解平衡：

$$Pb^{2+}(aq)+2I^-(aq) \rightleftharpoons PbI_2(s)$$

	Pb^{2+}	I^-
初始浓度/mol·L^{-1}	c	a
反应浓度/mol·L^{-1}	$\frac{a-b}{2}$	$a-b$
平衡浓度/mol·L^{-1}	$c-\frac{a-b}{2}$	b

PbI_2 的溶度积常数表达式为：

$$K_{sp}^{\ominus}=[Pb^{2+}]\cdot[I^-]^2=\left(c-\frac{a-b}{2}\right)b^2$$

在一定温度下，将已知浓度的 $Pb(NO_3)_2$ 溶液和 KI 溶液按不同体积比混合，生成的 PbI_2 沉淀与其饱和溶液达到平衡，通过测定溶液中 I^- 的浓度，再根据系统的初始组成及沉淀反应中 Pb^{2+} 与 I^- 的化学计量关系，可以计算出溶液中 Pb^{2+} 的浓度，从而求得 $K_{sp}^{\ominus}(PbI_2)$。

溶液中的 I^- 的浓度采用分光光度法测定。在酸性条件下用 KNO_2 将 I^- 氧化为 I_2（保持 I_2 浓度在其饱和浓度以下），I_2 在水溶液中呈棕黄色（I_2 在不同温度下的溶解度见表 3-15）。用分光光度计在 525nm 波长处测定由各饱和溶液配制的 I_2 溶液的吸光度 A，再由标准曲线上查出 c_{I^-}，则可求得饱和溶液中 I^- 的浓度。

三、仪器与试剂

721E 型分光光度计，吸量管，洗耳球，比色皿（2cm），试管，比色管，漏斗，漏斗架，滤纸。

HCl(6mol·L^{-1})，KI(0.035mol·L^{-1}，0.0035mol·L^{-1})，KNO_2（0.020mol·L^{-1}，0.010mol·L^{-1})，$Pb(NO_3)_2$（0.015mol·L^{-1})。

四、实验步骤

1. 绘制 A-c_{I^-} 标准曲线

在 5 支干燥试管中分别加入 1.00mL、1.50mL、2.00mL、2.50mL、3.00mL 0.0035mol·L^{-1} KI 溶液，再分别加入 2.00mL 0.020mol·L^{-1} KNO_2 溶液、1 滴 6mol·L^{-1} HCl 溶液及去离子水分别为 3.00mL、2.50mL、2.00mL、1.50mL、1.00mL。摇匀后分别倒入比色皿中，以去离子水作参比溶液，在 525nm 波长下测定溶液的吸光度 A，记录于表 3-12 中。

表 3-12　溶液的吸光度

V/mL	1.00	1.50	2.00	2.50	3.00
c_{I^-}/mol·L^{-1}					
A					

以测得的吸光度 A 的数据为纵坐标，以相应的 c_{I^-} 为横坐标，绘制标准曲线。

2. 制备 PbI_2 饱和溶液

(1) 取 3 支干燥的比色管，用吸量管按表 3-13 中试剂用量加入 0.015mol·L^{-1} $Pb(NO_3)_2$溶液、0.035mol·L^{-1} KI 溶液和去离子水，使每个比色管中溶液的总体积为 10.00mL。

表 3-13 试剂用量

编号	$V_{Pb(NO_3)_2}$/mL	V_{KI}/mL	V_{H_2O}/mL
1	5.00	3.00	2.00
2	5.00	4.00	1.00
3	5.00	5.00	0.00

(2) 将比色管的磨口塞旋紧，充分摇荡比色管约 20min，然后静置 3～5min。

(3) 在装有干燥滤纸的干燥漏斗上，将制得的含有 PbI_2 固体的饱和溶液过滤，同时用干燥的试管接收滤液，弃去沉淀。

(4) 在 3 支干燥的试管中用吸量管分别吸取 1 号、2 号、3 号 PbI_2 的饱和溶液 2.0mL，再分别注入 4.0mL 0.010mol·L^{-1} KNO_2 溶液及 1 滴 6mol·L^{-1} HCl 溶液。摇匀后，分别倒入比色皿中，以去离子水作参比溶液，在 525nm 波长下测定溶液的吸光度 A，填入表 3-14 并进行计算。

表 3-14 数据记录与处理

项目	试管编号		
	1	2	3
I^- 的初始浓度 a/mol·L^{-1}			
由饱和溶液配制的 I_2 的吸光度 A			
由标准曲线查得稀释后的 I^- 的浓度/mol·L^{-1}			
I^- 的平衡浓度 b/mol·L^{-1}			
Pb^{2+} 的初始浓度 c/mol·L^{-1}			
Pb^{2+} 的平衡浓度 $c-\frac{a-b}{2}$/mol·L^{-1}			
$K_{sp}^{\ominus}=\left(c-\frac{a-b}{2}\right)b^2$			
$K_{sp}^{\ominus}$的平均值			

注：在进行计算时，由于滤液被稀释了三倍，故 I^- 的平衡浓度应为从标准曲线上查得的浓度的三倍。

五、思考题

1. 配制 PbI_2 饱和溶液时，为什么一定要充分振荡？

2. 如果使用湿的试管配制比色溶液，对实验结果将产生什么影响？

附：

表 3-15 I_2 在不同温度下的溶解度

温度/℃	20	30	40
溶解度/[g·(100g H_2O)$^{-1}$]	0.029	0.056	0.078

注：氧化后得到的 I_2 浓度应小于室温下 I_2 的溶解度。

实验二十三　分光光度法测定工业盐酸中微量铁

一、实验目的

1. 学习 721E 型分光光度计的工作原理和使用方法。
2. 掌握分光光度法测定微量铁的基本原理、吸收曲线和标准曲线的绘制及应用。
3. 学习吸量管的使用和溶液配制的基本操作。

二、实验原理

以邻二氮菲（亦称邻菲啰啉）作为显色剂测定微量铁的方法，具有方法灵敏、准确度高、重现性好等优点，因此在许多冶金产品和化工产品中铁含量的测定都采用邻二氮菲法。

邻二氮菲（简写 phen）在 pH＝2～9 的溶液中与 Fe^{2+} 生成橙红色螯合物 $[Fe(phen)_3]^{2+}$，反应如下：

$$3\,\text{phen} + Fe^{2+} \longrightarrow [Fe(phen)_3]^{2+}$$

该螯合物在水溶液中非常稳定，其 $\lg K^{\ominus}_{稳}=21.3(20℃)$，摩尔吸光系数 $\varepsilon_{510}=1.1\times10^4 L\cdot mol^{-1}\cdot cm^{-1}$。

邻二氮菲与 Fe^{3+} 也能生成淡蓝色配合物，但其稳定性较低，因此在使用邻二氮菲测定铁时，应预先用还原剂如盐酸羟胺（$NH_2OH\cdot HCl$）或对苯二酚将 Fe^{3+} 全部还原为 Fe^{2+} 后再进行显色测定。本实验采用盐酸羟胺为还原剂，反应如下：

$$4Fe^{3+}+2NH_2OH\cdot HCl = 4Fe^{2+}+6H^{+}+N_2O+2Cl^{-}+H_2O$$

显色时若溶液的酸度过高（pH＜2），则显色反应进行缓慢；若酸度太低则 Fe^{2+} 易水解，也影响显色，因此通常在 pH≈5 的 HAc-NaAc 缓冲溶液中测定。

当一定波长的光通过液层厚度一定的溶液时，溶液的吸光度 A 与溶液的浓度 c 的关系可以用朗伯-比尔定律表示：

$$A=\varepsilon bc$$

式中　A——吸光度，可从分光光度计上直接读出；

ε——有色物质的摩尔吸光系数（特征常数），与入射光的波长以及溶液的性质、温度等有关，$L\cdot mol^{-1}\cdot cm^{-1}$；

c——试液中有色物质的浓度，$mol\cdot L^{-1}$；

b——液层的厚度（比色皿厚度），cm。

同一物质对不同波长的光吸收情况不同，利用分光光度法进行定量测定时，通常选择吸光物质的最大吸收波长 λ_{max} 作为入射波长，因为此时测得的摩尔吸光系数最大，即测定的灵敏度最高。测定吸光物质在不同波长下的吸光度 A，绘制 A-λ 吸收曲线，即可求得该吸光物质的最大吸收波长 λ_{max}。

在分光光度法定量测定中最常使用的方法是标准曲线法，即先配制一系列不同浓度的被测物质的标准溶液，在选定的条件下显色，在最大吸收波长下测定其相应的吸光度，绘制 A-c 标准曲线。然后将未知浓度的待测试样按同样条件，相同操作进行显色，测定吸光度，即可由测得的吸光度从标准曲线上求出被测物质的含量。

三、仪器与试剂

721E 型分光光度计，吸量管，洗耳球，比色皿（2cm），容量瓶（50mL）。

铁标准溶液（$10\mu g \cdot mL^{-1}$），邻二氮菲（$1g \cdot L^{-1}$，新配），盐酸羟胺（$100g \cdot L^{-1}$，新配），HAc-NaAc 缓冲溶液（pH=4.6），未知铁试液。

四、实验步骤

1. 溶液的配制

取 7 只 50mL 洁净的容量瓶并编号。用吸量管吸取 $10\mu g \cdot mL^{-1}$ 的铁标准溶液 0.00mL、1.00mL、2.00mL、3.00mL、4.00mL、5.00mL 分别加入 1～6 号容量瓶中，在 7 号容量瓶中加入 3.50mL 未知铁试液。然后在 7 只容量瓶中各加入 2.00mL 盐酸羟胺溶液，摇匀。再各加入 5.00mLHAc-NaAc 缓冲溶液和 3.00mL 邻二氮菲溶液，用去离子水稀释至刻度线，摇匀，放置 10min 后测定。

2. 吸收曲线的绘制

以 1 号空白溶液作参比溶液，在分光光度计上从 470～540nm（每隔 10nm）分别测定 4 号或 5 号标准溶液的吸光度，并记录于表 3-16。以波长为横坐标，吸光度为纵坐标，绘制 $[Fe(phen)_3]^{2+}$ 的 A-λ 吸收曲线，求出最大吸收波长 λ_{max}。（$[Fe(phen)_3]^{2+}$ 的 A-λ 吸收曲线也可用 Excel 直接绘制，并求出最大吸收波长 λ_{max}）

表 3-16 λ 与 A

λ/nm	470	480	490	500	510	520	530	540
A								

3. 标准曲线的绘制

在最大吸收波长 λ_{max} 下，以 1 号空白溶液作参比溶液，用分光光度计分别测定 2～6 号标准溶液的吸光度，并记录于表 3-17。以 50mL 溶液中的含铁量［即 $\mu g \cdot (50mL)^{-1}$］为横坐标，吸光度为纵坐标，绘制 $[Fe(phen)_3]^{2+}$ 的 A-c 标准曲线。

表 3-17 A 与 c

V/mL	1.00	2.00	3.00	4.00	5.00	未知铁试液 3.50
$c/\mu g \cdot (50mL)^{-1}$						
A						

4. 未知铁试液含量的测定

以 1 号空白溶液作参比溶液，用分光光度计在最大吸收波长处测定 7 号溶液的吸光度。根据其吸光度在标准曲线上查出 50mL 容量瓶中试液的铁含量，并计算原未知铁试液中的铁含量（以 $\mu g \cdot mL^{-1}$ 或 $mg \cdot L^{-1}$ 表示）。

$[Fe(phen)_3]^{2+}$ 的 A-c 标准曲线亦可用 Excel 绘制，再将 7 号溶液的吸光度值代入标准曲线对应的方程，即可求出 50mL 容量瓶中试液的铁含量，并计算原未知铁试液中的铁含量（以 $\mu g \cdot mL^{-1}$ 或 $mg \cdot L^{-1}$ 表示）。

五、思考题

1. 邻二氮菲分光光度法测定微量铁时，加入盐酸羟胺、HAc-NaAc 缓冲溶液和邻二氮菲的作用是什么？加入的次序是否可前后改变？

2. 吸收曲线和标准曲线有何区别？各有什么实际意义？

3. 绘制标准曲线时测定铁标准溶液和后来测定未知铁试液时为什么要在相同条件下进行？主要指哪些条件？

4. 本实验中用吸量管移取各溶液，哪些溶液的体积必须准确移取？

附：

1. $100\mu g\cdot mL^{-1}$铁标准溶液的配制：准确称取0.8634g优级纯铁铵矾$NH_4Fe(SO_4)_2\cdot 12H_2O$，置于烧杯中，加入20mL $6mol\cdot mL^{-1}$ HCl溶液和少量去离子水，溶解后转移至1L容量瓶中，定容摇匀。

2. $10\mu g\cdot mL^{-1}$铁标准溶液的配制：准确移取$100\mu g\cdot mL^{-1}$铁标准溶液10.00mL于100mL容量瓶中，定容摇匀。

实验二十四　邻二氮菲合亚铁配合物的组成和稳定常数的测定

一、实验目的

1. 进一步学习吸收曲线的绘制及721E型分光光度计的使用。
2. 学习摩尔比法测定配合物组成的原理及方法。
3. 掌握配合物稳定常数的测定及计算方法。

二、实验原理

在pH值为2～9的溶液中，邻二氮菲与Fe^{2+}生成稳定的橙红色配离子$[Fe(phen)_3]^{2+}$，反应如下：

3 (phen) + Fe^{2+} ⟶ $[Fe(phen)_3]^{2+}$

在显色前，先用盐酸羟胺（$NH_2OH\cdot HCl$)将Fe^{3+}还原成Fe^{2+}，其反应式如下：

$$4Fe^{3+}+2NH_2OH = 4Fe^{2+}+4H^{+}+N_2O+H_2O$$

显色时溶液的酸度过高（pH<2)，则显色反应进行缓慢；酸度太低，则Fe^{2+}易水解，影响显色，因此通常在pH≈5的HAc-NaAc缓冲溶液中测定。

Bi^{3+}、Ni^{2+}、Hg^{2+}、Ag^{+}、Zn^{2+}与显色剂生成沉淀，Co^{2+}、Cu^{2+}、Ni^{2+}则形成有色配合物，当以上离子共存时，应注意消除它们的干扰。

分光光度法是研究配合物组成和测定稳定常数最有效的方法之一，其中摩尔比法最为常用。设金属离子M与配体L的配位反应为：

$$M+nL \rightleftharpoons ML_n$$

当一定波长的光通过液层厚度一定的溶液时，溶液的吸光度A与溶液的浓度c服从朗伯-比尔定律：

$$A=\varepsilon bc$$

所以固定金属离子的浓度c_M，逐渐增加配体的浓度c_L，测定一系列c_M一定而c_L不同的溶液的吸光度，以吸光度A为纵坐标，以c_L/c_M为横坐标作图。当$c_L/c_M<n$时，金属离子没有完全配位，随配体量的增加，生成的配合物增多，吸光度不断增大；$c_L/c_M>n$时，金属离子几乎全部生成配合物ML_n，吸光度不再改变。两条直线的交点（若配合物易解离，则曲线转折点不敏锐，应采用直线外延法求交点）所对应的横坐标c_L/c_M的值，就是n的值。此法适用于解离度小的配合物组成的测定，尤其适用于配位比高的配合物组成的测定。

由饱和法可求出配合物的摩尔吸收系数ε，即由c_L/c_M的比值较高时恒定的吸光度A_{max}求得，因为此时全部离子都已形成配合物，故$\varepsilon=A_{max}/(c_M b)$。

在A-c_L/c_M曲线转折点前段直线部分取3个点，计算相应配合物的稳定常数及其平均值。

$$K_{稳}^{\ominus}=\frac{[ML_3]}{[M][L]^3}=\frac{[ML_3]}{(c_M-[ML_3])(c_L-3[ML_3])^3}$$

$$=\frac{Ac_M/A_{max}}{(c_M-c_MA/A_{max})(c_L-3c_MA/A_{max})^3}$$

三、仪器与试剂

电子天平，721E型分光光度计，吸量管，比色皿（3cm），容量瓶（50mL）。

铁标准溶液（$10\mu g\cdot mL^{-1}$，约 $1.79\times10^{-4}mol\cdot L^{-1}$），邻二氮菲（$1g\cdot L^{-1}$，$1.79\times10^{-3}mol\cdot L^{-1}$测定摩尔比用），盐酸羟胺（$100g\cdot L^{-1}$），HAc-NaAc缓冲溶液（pH=4.6）。

四、实验步骤

1. $[Fe(phen)_3]^{2+}$吸收曲线的绘制

用吸量管吸取铁标准溶液（$10\mu g\cdot mL^{-1}$）4.0mL于50mL容量瓶中，加盐酸羟胺2.5mL、HAc-NaAc缓冲溶液5mL和$1g\cdot L^{-1}$邻二氮菲溶液5mL，用去离子水稀释至刻度线，摇匀。放置10min，用3cm比色皿，以试剂空白溶液（即不加铁标准溶液，其他试剂加入量相同）为参比溶液，在分光光度计上从460～540nm间分别测定其吸光度。记录于表3-18。

以波长为横坐标，吸光度为纵坐标，绘制$[Fe(phen)_3]^{2+}$吸收曲线，求出最大吸收波长λ_{max}。

表3-18　λ与A

λ/nm	460	470	480	490	500	510	520	530	540
A(4.00mL)									

2. 摩尔比法测定配合物组成、摩尔吸光系数及配合物的稳定常数

取50mL容量瓶10个，吸取铁标准溶液10.0mL于容量瓶中，分别加入盐酸羟胺2.5mL，HAc-NaAc缓冲溶液5mL，然后依次加入$1.79\times10^{-3}mol\cdot L^{-1}$邻二氮菲0.0mL（0号）、1.0mL、1.5mL、2.0mL、2.5mL、3.0mL、3.5mL、4.0mL、4.5mL和5.0mL，用去离子水稀释至刻度线，摇匀。放置10min后在最大吸收波长下用3cm比色皿，以0号溶液为参比，测定各浓度溶液的吸光度，记录于表3-19。

表3-19　数据记录

邻二氮菲溶液的体积/mL	1.0	1.5	2.0	2.5	3.0	3.5	4.0	4.5	5.0
c_L/c_M									
A									

（1）以吸光度A为纵坐标，以c_L/c_M为横坐标作图（见图3-25），应用直线外延法求交点即得配合物的配位比。

（2）由饱和法求出配合物的摩尔吸光系数。

（3）在A-c_L/c_M曲线转折点前段直线部分取3个点，计算配合物的稳定常数及其平均值。

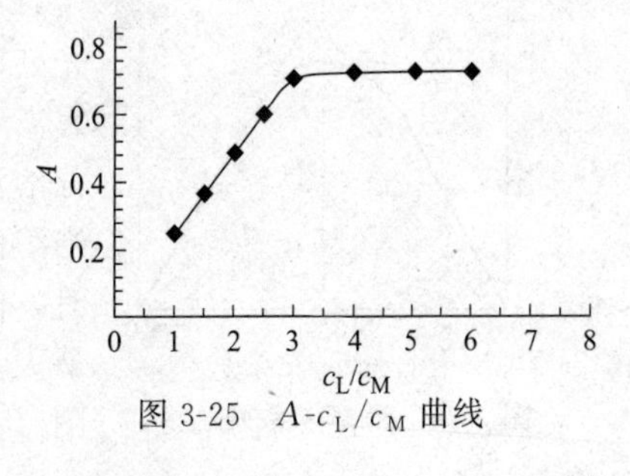

图3-25　A-c_L/c_M曲线

五、思考题

1. 绘制标准曲线和测定试样为什么要在相同条件

下进行？

2. 本实验测得的 n、ε、$K^{\ominus}_{稳}$ 值准确度如何？若配合物的稳定常数较大，结果将如何？

注：1.79×10^{-3} mol·L^{-1} 邻二氮菲溶液的配制：准确称取 0.322g 邻二氮菲于小烧杯中，加 2～5mL 95%乙醇溶液溶解，定量转移至 1L 容量瓶中，用去离子水稀释至刻度线，摇匀。

实验二十五　磺基水杨酸合铁(Ⅲ) 配合物的组成和稳定常数的测定

一、实验目的

1. 进一步学习 721E 型分光光度计的使用。

2. 学习用等摩尔系列法测定磺基水杨酸合铁(Ⅲ) 配合物的组成和稳定常数的原理及方法。

3. 进一步掌握实验数据的处理方法。

二、实验原理

磺基水杨酸（简式为 H_3R）为无色结晶，它与 Fe^{3+} 可以形成稳定的有色配合物，但 pH 值不同，形成的配合物不同。在 pH＝1.5～3.0 时，形成 1∶1 的紫红色配合物（简记为 MR）；pH＝4～9 时，形成 1∶2 的红色配合物（MR_2）；pH＝9～11.5 时，形成 1∶3 的黄色配合物（MR_3）；当 pH＞12 时，将产生 $Fe(OH)_3$，而不能形成配合物。本实验测定 pH＜2.5时所形成的紫红色磺基水杨酸合铁(Ⅲ) 配离子的组成和稳定常数。

测定配合物组成和稳定常数的方法有：pH 法、电位法、极谱法、分光光度法以及核磁共振、电子顺磁共振等方法，其中分光光度法是最常应用的方法之一。分光光度法又分为等摩尔比法、等摩尔系列法、平衡移动法、直线法以及斜率比法等。

本实验采用等摩尔系列法，这种方法要求在一定条件下，溶液中的金属离子与配位体都无色，只有形成的配合物有色，并且只形成一种稳定的配合物，配合物中配体的数目 n 也不能太大。

$$M+nL \rightleftharpoons ML_n$$

有色物质对光的吸收程度与溶液的浓度和液层厚度的乘积成正比：

$$A=\varepsilon bc$$

本实验中磺基水杨酸是无色的，Fe^{3+} 溶液的浓度很稀，也可认为是无色的，只有磺基水杨酸合铁配离子是有色的，因此溶液的吸光度只与配离子的浓度成正比。通过对溶液吸光度的测定，可以求出该配离子的组成。

等摩尔系列法是在保持溶液中金属离子浓度 c_M 与配体浓度 c_L 之和不变（即总物质的量不变）的前提下，改变 c_M 与 c_L 的相对量，配制一系列溶液，使配体摩尔分数 $x_L=n_L/(n_L+n_M)$ 从 0 逐渐增加到 1，然后用一定波长的单色光，测定一系列组分变化的溶液的吸光度。在这一系列溶液中，当配体摩尔分数 x_L 较小时，金属离子是过量的；而 x_L 较大时，配体是过量的。在这两部分溶液中，配合物 ML_n 的浓度都不可能达到最大值。只有当溶液中配体与金属离子物质的量之比与配合物的组成一致时，配合物 ML_n 的浓度才能达到最大，因而其吸光度 A 也最大。以吸光度 A 为纵坐标，配体摩尔分数 x_L 为横坐标作图（见图 3-26），即得 A-x_L 曲线。延长曲线两边的直线部

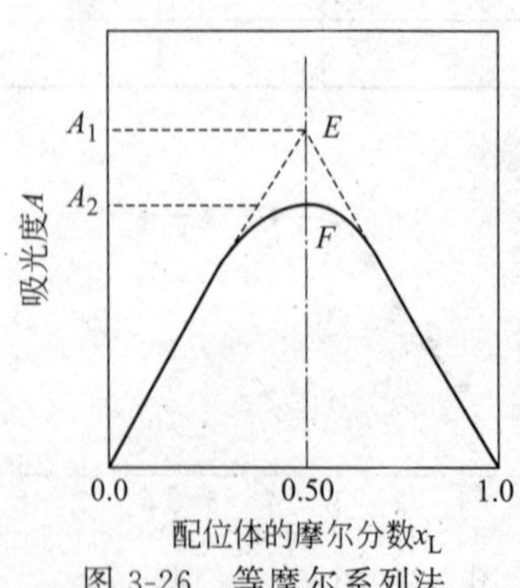

图 3-26　等摩尔系列法

分，相交于 E 点，若 E 点对应的横坐标为 0.50，则金属离子与配体摩尔比为 1∶1，该配合物的组成为 ML。

对于 ML 型配合物，若 M 与 L 全部形成 ML，最大吸收处应在 E 处，即其最大吸光度应为 A_1，但由于 ML 有一部分解离，其浓度要稍小一些，故实际测得的最大吸光度在 F 处，即吸光度为 A_2。若配合物的解离度为 α，则 $\alpha=(A_1-A_2)/A_1$，ML 型配合物的稳定常数可由下列平衡关系导出：

	M	+	L	══	ML
初始浓度/$mol \cdot L^{-1}$	0		0		c
平衡浓度/$mol \cdot L^{-1}$	$c\alpha$		$c\alpha$		$c(1-\alpha)$

$$K^{\ominus}_{稳}=\frac{c_{ML}}{c_M c_L}=\frac{1-\alpha}{c\alpha^2}$$

式中，c 为溶液内 ML 的起始浓度，即当 $x_L=0.5$ 时，其值相当于溶液中金属离子或配体的起始浓度的一半。

需要指出的是，这样得到的稳定常数为表观稳定常数，若要测定热力学稳定常数则还要考虑磺基水杨酸的酸效应问题。

三、仪器与试剂

721E 型分光光度计，容量瓶（100mL，50mL），吸量管（10mL），比色皿（1cm）。

$HClO_4$（$0.01mol \cdot L^{-1}$），磺基水杨酸（$0.0100mol \cdot L^{-1}$），Fe^{3+} 溶液（$0.0100mol \cdot L^{-1}$）。

四、实验步骤

1. 配制 $0.0010mol \cdot L^{-1}$ Fe^{3+} 溶液和 $0.0010mol \cdot L^{-1}$ 磺基水杨酸溶液

用吸量管准确移取 10.00mL $0.0100mol \cdot L^{-1}$ Fe^{3+} 溶液，加入到 100mL 容量瓶中，用 $0.01mol \cdot L^{-1}$ $HClO_4$ 溶液稀释至刻度，摇匀备用。同法配制 $0.0010mol \cdot L^{-1}$ 磺基水杨酸溶液。

2. 配制系列溶液

用三支 10mL 的吸量管按照表 3-20 列出的用量分别移取 $0.01mol \cdot L^{-1}$ $HClO_4$、$0.0010mol \cdot L^{-1}$ Fe^{3+} 溶液和 $0.0010mol \cdot L^{-1}$ 磺基水杨酸溶液，加入到已编号的 50mL 容量瓶中，定容摇匀，静置 10min。

表 3-20　实验数据

编号	$0.01mol \cdot L^{-1}$ $HClO_4$ 的体积/mL	$0.0010mol \cdot L^{-1}$ Fe^{3+} 的体积/mL	$0.0010mol \cdot L^{-1}$ 磺基水杨酸的体积/mL	摩尔分数 x	A
1	10.00	10.00	0.00		
2	10.00	9.00	1.00		
3	10.00	7.00	3.00		
4	10.00	5.00	5.00		
5	10.00	3.00	7.00		
6	10.00	1.00	9.00		
7	10.00	0.00	10.00		

3. 测定系列溶液的吸光度

用 721E 型分光光度计，在波长为 500nm，$b=1cm$ 的条件下，以去离子水为参比溶液，测定系列溶液的吸光度 A，填入表 3-20。

4. 数据处理

以吸光度 A 对磺基水杨酸的摩尔分数作图，从图中找出最大吸收处，求出本实验条件下配合物的解离度、组成及稳定常数。

五、思考题

1. 用等摩尔系列法测定配合物的组成时，为什么只有当溶液中配体与金属离子物质的量之比与配合物的组成一致时，配合物的浓度才能达到最大？

2. 用吸光度 A 对配体的体积分数作图是否可以求得配合物的组成？

3. 在测定吸光度时，如果温度变化较大，对测定的稳定常数有何影响？

4. 实验中每种溶液的 pH 值是否一样？

5. 实验中用 $0.01\mathrm{mol \cdot L^{-1}}$ $HClO_4$ 溶液控制溶液 pH＝2.0，为什么要用 $HClO_4$？用 H_3PO_4 或 H_2SO_4 是否可以？为什么？

6. 当配合物分别为 ML、ML_2、ML_3、ML_4 时，在最大吸收处配体摩尔分数 x_L 分别为多少？A-x_L 图分别为什么形状？据此说明为什么等摩尔系列法只适于测定 n 值较小的配合物的组成。

实验二十六　六水合钛(Ⅲ)晶体场分裂能的测定

一、实验目的

1. 了解配合物的吸收光谱。

2. 了解用分光光度法测定配合物分裂能的基本原理和实验方法。

3. 熟悉 721E 型分光光度计的使用。

二、实验原理

过渡金属离子的 d 轨道在晶体场的影响下会发生能级分裂。当金属离子的 d 轨道没有被电子充满时，处于低能量 d 轨道上的电子吸收了一定波长的可见光后，就会跃迁到高能量的 d 轨道，这种 d-d 跃迁的能量差可以通过实验测定。

对于八面体的 $[Ti(H_2O)_6]^{3+}$ 配离子在八面体场的影响下，中心离子 Ti^{3+} 的 5 个简并的 d 轨道分裂为二重简并的 d_γ 轨道和三重简并的 d_ε 轨道。在基态时中心离子 Ti^{3+} ($3d^1$) 的 3d 电子处于能量较低的 d_ε 轨道，当它吸收一定波长的可见光的能量时，就会由 d_ε 轨道跃迁到 d_γ 轨道。该 3d 电子所吸收光子的能量应等于 d_γ 轨道和 d_ε 轨道之间的能量差 ($E_{d_\gamma}-E_{d_\varepsilon}$)，即和 $[Ti(H_2O)_6]^{3+}$ 的分裂能 Δ_o 相等。根据：

$$E_{光}=E_{d_\gamma}-E_{d_\varepsilon}=\Delta_o$$

$$E_{光}=h\nu=\frac{hc}{\lambda}$$

式中　h——普朗克常数，$6.626\times10^{-34}\mathrm{J \cdot s}$；

c——光速，$3\times10^{10}\mathrm{cm \cdot s^{-1}}$；

$E_{光}$——可见光光能，J；

ν——频率，$\mathrm{s^{-1}}$；

λ——波长，nm。

得
$$\Delta_o=\frac{hc}{\lambda}=\frac{6.626\times10^{-34}(\mathrm{J \cdot s})\times3\times10^{10}\ (\mathrm{cm \cdot s^{-1}})}{\lambda}$$

$$=\frac{1.9878\times10^{-23}(\mathrm{J\cdot cm})}{\lambda}$$

$$=\frac{1.9878\times10^{-23}\times5.034\times10^{22}}{\lambda}\quad(1\mathrm{J}=5.034\times10^{22}\mathrm{cm}^{-1})$$

$$=\frac{1}{\lambda}(\mathrm{nm}^{-1})$$

$$=\frac{1}{\lambda}\times10^{7}(\mathrm{cm}^{-1})$$

λ 值可以通过吸收光谱求得：选取一定浓度的 $[Ti(H_2O)_6]^{3+}$，用分光光度计测出在不同波长 λ 下的吸光度 A，以 A 为纵坐标，λ 为横坐标作图可得吸收曲线，曲线最高峰所对应的 λ_{max} 为 $[Ti(H_2O)_6]^{3+}$ 的最大吸收波长，即：

$$\Delta_o=\frac{1}{\lambda_{max}}\times10^{7}(\mathrm{cm}^{-1})\qquad(\lambda_{max}\text{单位为 nm})$$

三、仪器与试剂

721E 型分光光度计，烧杯（50mL），吸量管（5mL），洗耳球，比色皿（2cm），容量瓶（50mL）。

$TiCl_3$（15%～20%）。

四、实验步骤

1. 用吸量管移取 5mL 15%～20%的 $TiCl_3$ 溶液于 50mL 容量瓶中，加去离子水稀释至刻度线，摇匀。

2. 吸光度 A 的测定

以去离子水为参比溶液，用 721E 型分光光度计在波长 460～550nm 范围内，每隔 10nm 测一次 $[Ti(H_2O)_6]^{3+}$ 的吸光度（在吸收峰最大值附近，每间隔 5nm 测一次数据），并记录于表 3-21。

表 3-21　吸光度 A 与波长 λ

λ/nm	460	470	480	490	495	500	505	510	515	520	530	540	550
A													

3. 以 A 为纵坐标、λ 为横坐标作 $[Ti(H_2O)_6]^{3+}$ 的吸收曲线，在曲线上找出吸收峰最大值 λ_{max}＝__________ nm。

4. 计算 $[Ti(H_2O)_6]^{3+}$ 的分裂能 Δ_o＝__________ cm^{-1}。

五、思考题

1. 分裂能 Δ_o 的单位通常是什么？若用焦耳表示，其结果为何值？

2. 本实验测定吸收曲线时，溶液浓度的高低对测定分裂能的值是否有影响？

3. $[Ti(H_2O)_6]^{3+}$ 配离子的 Δ_o 文献值为 $20400\mathrm{cm}^{-1}$，产生误差的原因是什么？

3.3　金属元素的性质实验

实验二十七　铬、锰微型实验

一、实验目的

1. 掌握 Cr(Ⅲ)、Cr(Ⅵ) 重要化合物的颜色、酸碱性、氧化还原性、溶解性及其相互转化。

2. 掌握 Mn(Ⅱ)、Mn(Ⅳ)、Mn(Ⅵ)、Mn(Ⅶ) 重要化合物的颜色、酸碱性、氧化还原性、稳定性及其相互转化。

3. 学会 Mn^{2+}、Cr(Ⅲ)、Cr(Ⅵ) 的鉴定方法。

4. 熟练掌握沉淀的离心分离、洗涤等操作。

二、实验原理

1. 铬的化合物

$Cr(OH)_3$ 呈两性：

$$Cr(OH)_3 + 3H^+ = Cr^{3+} + 3H_2O$$

$$Cr(OH)_3 + OH^- = [Cr(OH)_4]^-$$

向含有 Cr^{3+} 的溶液中加 Na_2S 并不生成 Cr_2S_3，因为 Cr_2S_3 在水中完全水解：

$$2Cr^{3+} + 3S^{2-} + 6H_2O = 2Cr(OH)_3\downarrow + 3H_2S\uparrow$$

在碱性溶液中，$[Cr(OH)_4]^-$ 具有较强的还原性，可被 H_2O_2 氧化为 CrO_4^{2-}：

$$2[Cr(OH)_4]^- + 3H_2O_2 + 2OH^- = 2CrO_4^{2-} + 8H_2O$$

但在酸性溶液中，Cr^{3+} 的还原性较弱，只有 $K_2S_2O_8$ 或 $KMnO_4$ 等强氧化剂才能将 Cr^{3+} 氧化为 $Cr_2O_7^{2-}$。例如：

$$2Cr^{3+} + 3S_2O_8^{2-} + 7H_2O \xlongequal{\triangle} Cr_2O_7^{2-} + 6SO_4^{2-} + 14H^+$$

在酸性溶液中，$Cr_2O_7^{2-}$ 是强氧化剂。例如：

$$K_2Cr_2O_7 + 14HCl(浓) \xlongequal{\triangle} 2CrCl_3 + 3Cl_2 + 7H_2O + 2KCl$$

重铬酸盐的溶解度较铬酸盐的溶解度大，因此向重铬酸盐溶液中加 Ag^+、Pb^{2+}、Ba^{2+} 等离子时，通常生成铬酸盐沉淀，例如：

$$Cr_2O_7^{2-} + 4Ag^+ + H_2O = 2Ag_2CrO_4\downarrow + 2H^+$$

$$Cr_2O_7^{2-} + 2Ba^{2+} + H_2O = 2BaCrO_4\downarrow + 2H^+$$

在酸性溶液中，发生反应 $Cr_2O_7^{2-} + 4H_2O_2 + 2H^+ = 2CrO(O_2)_2 + 5H_2O$，深蓝色的 $CrO(O_2)_2$ 不稳定，会很快分解为 Cr^{3+} 和 O_2，若被萃取到乙醚或戊醇中则稳定得多。此反应用来鉴定Cr(Ⅵ) 或 Cr(Ⅲ)。

2. 锰的化合物

Mn^{2+} 在酸性介质中稳定，只有很强的氧化剂，如 $NaBiO_3$、$K_2S_2O_8$ 或 PbO_2 才可将其氧化成紫红色的 MnO_4^-，例如：

$$5NaBiO_3 + 2Mn^{2+} + 14H^+ \xlongequal{\triangle} 2MnO_4^- + 5Bi^{3+} + 5Na^+ + 7H_2O$$

$$2Mn^{2+} + 5S_2O_8^{2-} + 8H_2O \xlongequal{\triangle} 2MnO_4^- + 10SO_4^{2-} + 16H^+$$

这两个反应常用来鉴定 Mn^{2+}。

二价锰在碱性溶液中不稳定，$Mn(OH)_2$ 在空气中易被氧化：

$$Mn^{2+} + 2OH^- = Mn(OH)_2\downarrow$$

$$2Mn(OH)_2 + O_2 = 2MnO(OH)_2\downarrow$$

在中性或近中性溶液中，MnO_4^- 与 Mn^{2+} 反应生成 MnO_2：

$$2MnO_4^- + 3Mn^{2+} + 2H_2O = 5MnO_2\downarrow + 4H^+$$

在酸性介质中，MnO_2 是较强的氧化剂，本身被还原为 Mn^{2+}：

$$2MnO_2+2H_2SO_4(浓)\xlongequal{\triangle}2MnSO_4+O_2\uparrow+2H_2O$$

$$MnO_2+4HCl(浓)\xlongequal{\triangle}MnCl_2+Cl_2\uparrow+2H_2O$$

后一反应常用于实验室中制取少量氯气。

在强碱性条件下，强氧化剂能把 MnO_2 氧化成绿色的 MnO_4^{2-}：

$$2MnO_4^-+MnO_2+4OH^-=3MnO_4^{2-}+2H_2O$$

MnO_4^{2-} 只有在强碱性（pH>13.5）溶液中才能稳定存在，在中性或酸性介质中，MnO_4^{2-} 发生歧化反应：

$$3MnO_4^{2-}+4H^+=2MnO_4^-+MnO_2\downarrow+2H_2O$$

$KMnO_4$ 溶液不是很稳定。若有酸存在，则 MnO_4^- 按下式分解：

$$4MnO_4^-+4H^+=4MnO_2\downarrow+3O_2\uparrow+2H_2O$$

在中性或弱碱中也会分解：

$$4MnO_4^-+2H_2O=4MnO_2\downarrow+3O_2\uparrow+4OH^-$$

光照对 MnO_4^- 的分解有促进作用，所以配制好的 $KMnO_4$ 溶液，应保存在棕色瓶中。

$KMnO_4$ 无论在酸性介质中或碱性介质中都具有氧化性，是实验室常用的试剂。在酸性介质中它的还原产物是 Mn^{2+}，在中性或弱碱性介质中还原产物是 MnO_2，而在强碱性溶液中还原产物是 MnO_4^{2-}。

$$2MnO_4^-+5SO_3^{2-}+6H^+=2Mn^{2+}+5SO_4^{2-}+3H_2O$$

$$2MnO_4^-+3SO_3^{2-}+H_2O=2MnO_2\downarrow+3SO_4^{2-}+2OH^-$$

$$2MnO_4^-+SO_3^{2-}+2OH^-=2MnO_4^{2-}+SO_4^{2-}+H_2O$$

三、仪器与试剂

试管，离心机，酒精灯，试管夹，淀粉-KI试纸。

HNO_3（2mol·L^{-1}，浓），H_2SO_4（1mol·L^{-1}，2mol·L^{-1}），HCl（2mol·L^{-1}，6mol·L^{-1}），NaOH（2mol·L^{-1}，6mol·L^{-1}，40%），$NH_3\cdot H_2O$（2mol·L^{-1}），$Pb(NO_3)_2$（0.1mol·L^{-1}），$AgNO_3$（0.1mol·L^{-1}），$Cr_2(SO_4)_3$（0.1mol·L^{-1}），Na_2SO_3（0.1mol·L^{-1}），Na_2S（0.1mol·L^{-1}，0.5mol·L^{-1}），$BaCl_2$（0.1mol·L^{-1}），$KMnO_4$（0.01mol·L^{-1}），H_2O_2(3%)，$K_2S_2O_8$(s)，$NaBiO_3$(s)，戊醇（或乙醚）。

四、实验步骤

1. 铬的系列实验

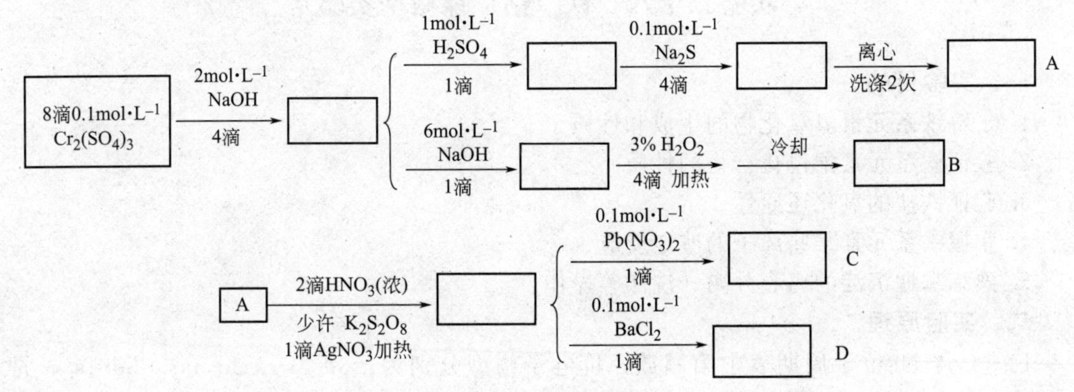

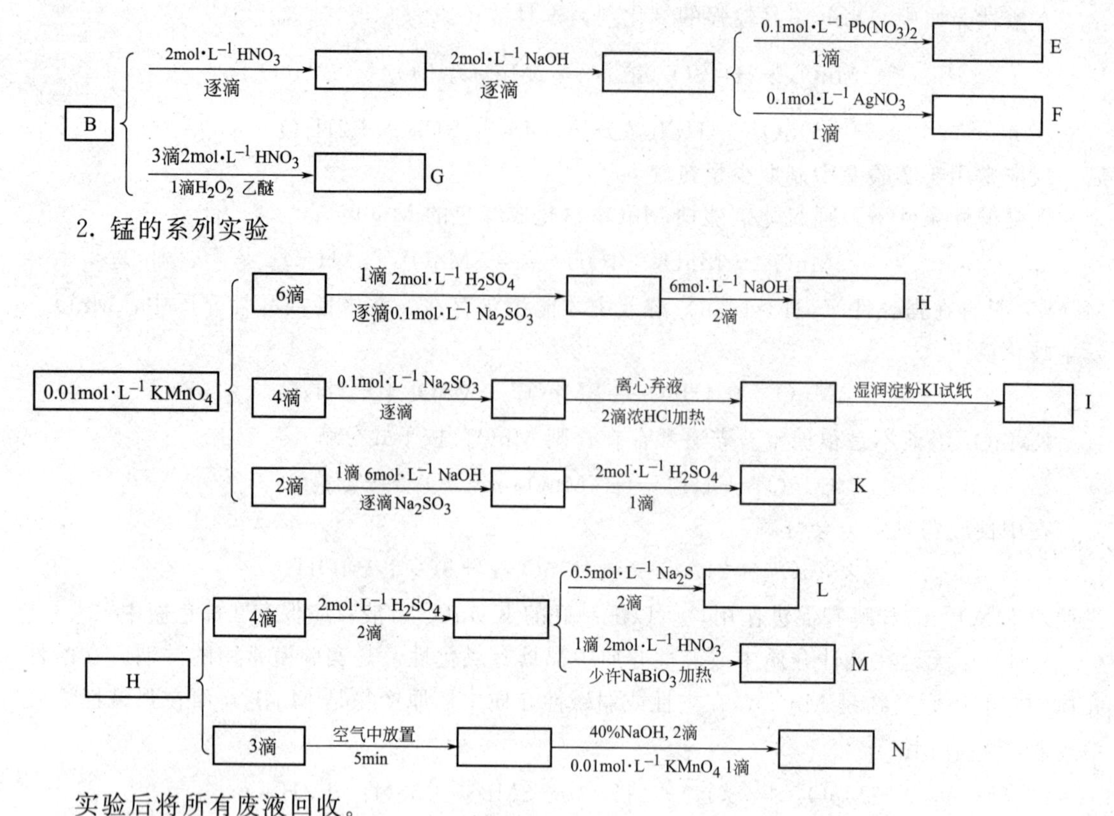

2. 锰的系列实验

实验后将所有废液回收。

五、思考题

1. 如何用实验来确定 $Cr(OH)_3$ 和 $Mn(OH)_2$ 的酸碱性？$Mn(OH)_2$ 在空气中为什么会变色？

2. 怎样实现 $Cr^{3+} \rightarrow [Cr(OH)_4]^- \rightarrow CrO_4^{2-} \rightarrow Cr_2O_7^{2-} \rightarrow CrO_5 \rightarrow Cr^{3+}$ 的转化？怎样实现 $Mn^{2+} \rightarrow MnO_2 \rightarrow MnO_4^{2-} \rightarrow MnO_4^- \rightarrow Mn^{2+}$ 的转化？各用反应方程式表示之。

3. 如何鉴定 Cr^{3+} 或 Mn^{2+} 的存在？

4. 在含 Cr^{3+} 的溶液中加 Na_2S 为什么得不到 Cr_2S_3？在含 Mn^{2+} 的溶液中通入 H_2S，能否得到 MnS 沉淀？怎样才能得到 MnS 沉淀？

5. 怎样存放 $KMnO_4$ 溶液？为什么？

实验二十八　铁、钴、镍微型实验

一、实验目的

1. 了解铁系元素氢氧化物的生成和性质。
2. 验证铁系元素配位化合物的性质。
3. 验证铁盐的氧化还原性。
4. 掌握铁系元素某些离子的鉴定反应。
5. 熟练掌握沉淀的离心分离、洗涤等操作。

二、实验原理

Fe、Co、Ni 位于周期表中第Ⅷ族，价电子构型分别为：$3d^64s^2$、$3d^74s^2$、$3d^84s^2$，常

见价态为+2、+3，都是银白色金属，具有顺磁性，能被磁体所吸引，性质相近，通常称之为铁系元素。

铁、钴、镍的+3氧化态的氧化物，氧化性强，并且按 Fe、Co、Ni 顺序增强；稳定性依次减弱。Co^{3+}仅在配合物中较稳定，Ni^{3+}极少见，多为+2价的氧化态，小心加热其硝酸盐可得到Co_2O_3、Ni_2O_3。

+2氧化态的铁、钴、镍的氢氧化物均难溶于水，碱性，还原性依次减弱。

+3氧化态的铁、钴、镍的氢氧化物难溶于水，两性偏碱，且氧化性逐渐增强。

强碱与Fe^{2+}、Co^{2+}、Ni^{2+}盐作用，可得到其+2氧化态的氢氧化物，具有还原性。$Fe(OH)_2$在空气中极易被氧化成$Fe(OH)_3$；$Co(OH)_2$则比较缓慢地被空气氧化成为$Co(OH)_3$；而$Ni(OH)_2$在空气中很稳定，仅强氧化剂才可把其氧化成$Ni(OH)_3$。$Fe(OH)_3$与 HCl 仅发生中和反应，而$Co(OH)_3$、$Ni(OH)_3$与 HCl 作用则可以发生氧化还原反应，产生Cl_2。

$$Fe(OH)_3+3HCl = FeCl_3+3H_2O$$

$$2Co(OH)_3+6HCl = 2CoCl_2+Cl_2\uparrow+6H_2O$$

$$Co_2O_3+6HCl = 2CoCl_2+Cl_2\uparrow+3H_2O$$

Fe^{2+}、Co^{2+}、Ni^{2+}分别为$3d^6$、$3d^7$、$3d^8$结构，均未充满电子，所以其水合离子均有颜色：$[Fe(H_2O)_6]^{2+}$浅绿色，$[Co(H_2O)_6]^{2+}$粉红色，$[Ni(H_2O)_6]^{2+}$亮绿色；无水盐分别为：Fe^{2+}盐白色、Co^{2+}盐蓝色、Ni^{2+}盐黄色。$CoCl_2$在结晶水不同时，颜色不同。

Fe^{2+}、Co^{2+}、Ni^{2+}按顺序还原性减弱。在酸性条件下，$KMnO_4$、$K_2Cr_2O_7$、Cl_2等强氧化剂可将Fe^{2+}氧化成Fe^{3+}。

Fe^{2+}、Co^{2+}、Ni^{2+}都易形成硫化物沉淀，FeS、CoS、NiS 均为黑色。FeS 可溶于 HCl，CoS、NiS 刚从溶液中析出时易溶于 HCl，放置一段时间后，则不溶于酸中。

只有 Fe、Co 才有氧化态为+3的盐，且铁盐较多，Co(Ⅲ)只能存在于固态，溶于水迅速分解为 Co(Ⅱ)盐和O_2，这是由于 Co(Ⅲ)具有强氧化性。此外Fe^{3+}可将H_2S、KI、$SnCl_2$、Cu 等氧化。

Co^{2+}、Co^{3+}均能形成氨配合物，$[Co(NH_3)_6]^{3+}$能稳定存在于溶液中。

$$Co^{2+}+6NH_3 = [Co(NH_3)_6]^{2+}\text{(土黄色)}$$

$$4Co^{2+}+24NH_3+O_2+2H_2O = 4[Co(NH_3)_6]^{3+}\text{(红棕色)}+4OH^-$$

$$2[Co(NH_3)_6]^{2+}+H_2O_2+2H^+ = 2[Co(NH_3)_6]^{3+}+2H_2O$$

$$4CoCl_2+4NH_4Cl+20NH_3+O_2 \xlongequal{\text{催化剂}} 4[Co(NH_3)_6]Cl_3+2H_2O$$

在形成配合物时，Co^{2+}先产生蓝色 Co(OH)Cl 沉淀，继续加入NH_3时才发生配位反应；如有NH_4^+存在时，产生配合物比较容易。

Ni^{2+}与NH_3可形成两种配位数的配合物，但四配位化合物不稳定，多数情况下以六配位为主。

$$Ni^{2+}+NH_3\cdot H_2O \xrightarrow{NH_4Cl} Ni(OH)_2 \xrightarrow{NH_4Cl+NH_3\cdot H_2O} [Ni(NH_3)_6]^{2+}$$

Fe^{3+}和Co^{3+}与F^-形成稳定配合物$[FeF_6]^{3-}$和$[CoF_6]^{3-}$，由于$[FeF_6]^{3-}$稳定且无色，所以常在分析化学上用来掩蔽Fe^{3+}。

Fe^{3+}与NCS^-生成血红色$[Fe(NCS)_n]^{3-n}$，$n=1\sim6$，此反应很灵敏，常用来检验Fe^{3+}的存在（该反应必须在酸性溶液中进行，否则会因为Fe^{3+}的水解而得不到$[Fe(NCS)_n]^{3-n}$）。

Co^{2+}与NCS^-生成蓝色$[Co(NCS)_4]^{2-}$，在水中不稳定，可稳定存在于乙醚、戊醇中，

此反应用来鉴定 Co^{2+} 的存在。

Fe^{3+} 与 CN^- 不能直接化合，因 CN^- 有还原性。

$$2K_4[Fe(CN)_6](\text{黄血盐})+Cl_2 = 2KCl+2K_3[Fe(CN)_6](\text{赤血盐})$$

$$3Fe^{2+}+2[Fe(CN)_6]^{3-} = Fe_3[Fe(CN)_6]_2\downarrow(\text{蓝色})$$

$$4Fe^{3+}+3[Fe(CN)_6]^{4-} = Fe_4[Fe(CN)_6]_3\downarrow(\text{蓝色})$$

这两个反应可分别用于鉴定 Fe^{2+} 和 Fe^{3+}。经检验二者是结构相同的物质，为同一物质，结构式为：$Fe(Ⅲ)_4[Fe(CN)_6]_3$。

Ni^{2+} 与丁二酮肟（又叫二乙酰二肟，或简称丁二肟）反应得到玫瑰红色的内配盐。此反应需在弱酸性条件下进行，酸度过大不利于内配盐的生成；碱度过大则生成 $Ni(OH)_2$ 沉淀，适宜条件是 pH＝5～10。此反应十分灵敏，常用来鉴定 Ni^{2+} 的存在。

$$Ni^{2+}+2\ \begin{matrix}CH_3-C=NOH\\ |\\ CH_3-C=NOH\end{matrix}\ +2NH_3 \longrightarrow \left[\begin{matrix} & H & \\ H_3C & O\ \ \ O & CH_3\\ C=N & Ni & N=C\\ C=N & & N=C\\ H_3C & O\ \ \ O & CH_3\\ & H & \end{matrix}\right]+2NH_4^+$$

三、仪器与试剂

试管，离心机，酒精灯，试管夹，淀粉 KI 试纸。

NH_4Cl($1mol\cdot L^{-1}$)，HCl($2mol\cdot L^{-1}$，$6mol\cdot L^{-1}$)，NaOH($2mol\cdot L^{-1}$，40%)，$NH_3\cdot H_2O$($6mol\cdot L^{-1}$)，KNCS($0.1mol\cdot L^{-1}$，饱和)，NaF($1mol\cdot L^{-1}$)，$K_3[Fe(CN)_6]$($0.1mol\cdot L^{-1}$)，$FeSO_4$($0.1mol\cdot L^{-1}$)，Na_2S($0.1mol\cdot L^{-1}$)，$CoCl_2$($0.5mol\cdot L^{-1}$)，$K_4[Fe(CN)_6]$($0.1mol\cdot L^{-1}$)，$NiSO_4$($0.1mol\cdot L^{-1}$)，H_2O_2(3%)，丁二酮肟($10g\cdot L^{-1}$)，丙酮，NaClO(饱和)。

四、实验步骤

1. 铁的系列实验

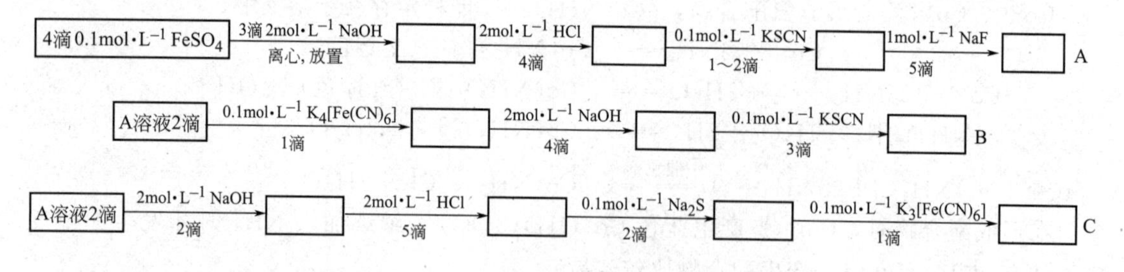

实验后将 A、B、C 溶液回收。

2. 钴的系列实验

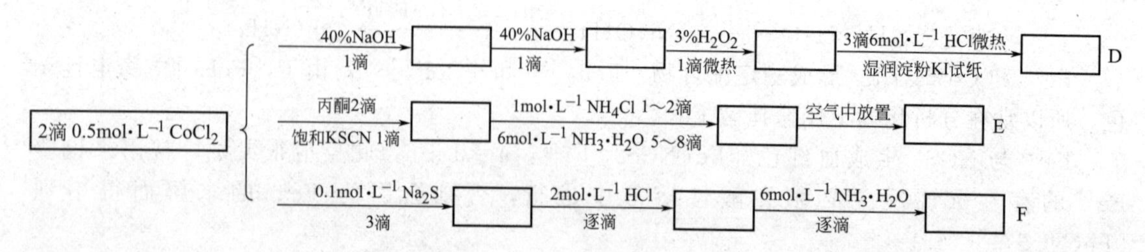

实验后将 D、E、F 溶液回收。

3. 镍的系列实验

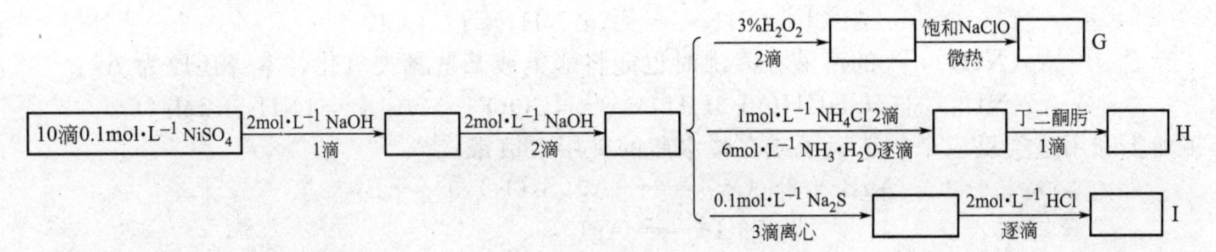

实验后将G、H、I溶液回收。

五、思考题

1. 总结 Fe^{2+}、Fe^{3+}、Co^{2+}、Ni^{2+} 的颜色及鉴定方法。

2. 比较铁系元素 $M(OH)_2$ 的颜色、溶解性、酸碱性和还原性。

3. 铁系元素 $M(OH)_3$ 与浓 HCl 作用的产物是否相同？为什么？

4. 一般如何制备 Co(Ⅲ) 的配合物？是否用 Co^{3+} 与配位体直接形成配合物？

5. 如何配制和保存 $FeSO_4$ 溶液？

实验二十九　铜、银微型实验

一、实验目的

1. 了解铜、银的氢氧化物、氧化物、配合物的生成与性质。

2. 了解 Cu^{2+} 与 Cu^{+} 的相互转化条件及 Cu^{2+}、Ag^{+} 的氧化性。

3. 熟练掌握沉淀的离心分离、洗涤等操作。

二、实验原理

1. 氢氧化铜、氧化铜

$Cu(OH)_2$ 显两性，既能溶于酸，又能溶于碱，溶于碱生成 $Cu(OH)_4^{2-}$，并能氧化醛或葡萄糖：

$$2[Cu(OH)_4]^{2-}+C_6H_{12}O_6(\text{葡萄糖}) = Cu_2O\downarrow+C_6H_{12}O_7(\text{葡萄糖酸})+2H_2O+4OH^-$$

这一反应在有机化学上用来检验某些糖的存在。

$$Cu_2O+H_2SO_4 = CuSO_4+Cu+H_2O$$

$$2Cu_2O+16NH_3+O_2+4H_2O = 4[Cu(NH_3)_4]^{2+}+8OH^-$$

$$2Cu_2O+O_2 = 4CuO$$

$$CuO+H_2SO_4 = CuSO_4+H_2O$$

2. 氢氧化银、氧化银

AgOH 常温下不能存在，在 $-40℃$ 时较稳定。

$$2Ag^{+}+2OH^{-} = 2AgOH\downarrow \longrightarrow Ag_2O\downarrow+H_2O$$

$$Ag_2O+4NH_3+H_2O = 2[Ag(NH_3)_2]^{+}+2OH^-$$

3. Cu(Ⅱ) 的配合物和硫化物

$CuSO_4$ 与适量氨水反应生成浅蓝色的碱式硫酸铜，氨水过量则生成深蓝色的 $[Cu(NH_3)_4]^{2+}$：

$$2Cu^{2+}+SO_4^{2-}+2NH_3+2H_2O = Cu_2(OH)_2SO_4\downarrow+2NH_4^{+}$$

$$Cu_2(OH)_2SO_4+6NH_3+2NH_4^{+} = 2[Cu(NH_3)_4]^{2+}+SO_4^{2-}+2H_2O$$

$$3CuS+8HNO_3 = 3Cu(NO_3)_2+3S\downarrow+2NO\uparrow+4H_2O$$

4. 银的配合物和硫化物

$$AgCl+2NH_3 = [Ag(NH_3)_2]^+ + Cl^-$$

含有 $[Ag(NH_3)_2]^+$ 的溶液在煮沸时也能将醛类或某些糖类氧化，本身还原为 Ag：

$$2[Ag(NH_3)_2]^+ + HCHO + 3OH^- = HCOO^- + 2Ag\downarrow + 4NH_3 + 2H_2O$$

工业上利用这类反应来制造镜子或在暖水瓶的夹层上镀银。

$$AgBr + 2S_2O_3^{2-} = [Ag(S_2O_3)_2]^{3-} + Br^-$$
$$AgI + I^- = AgI_2^-$$
$$2AgI_2^- + S^{2-} = Ag_2S\downarrow + 4I^-$$
$$3Ag_2S + 8HNO_3 = 6AgNO_3 + 2NO\uparrow + 3S\downarrow + 4H_2O$$

5. 卤化亚铜

$$Cu^{2+} + Cu + 2HCl = 2CuCl\downarrow + 2H^+$$
$$CuCl + HCl = H[CuCl_2]$$
$$CuCl + 2NH_3 = [Cu(NH_3)_2]^+ + Cl^-$$
$$4[Cu(NH_3)_2]^+ + 8NH_3 + O_2 + 2H_2O = 4[Cu(NH_3)_4]^{2+} + 4OH^-$$
$$2Cu^{2+} + 4I^- = 2CuI\downarrow + I_2$$

6. Cu^{2+} 的鉴定

Cu^{2+} 与 $K_4[Fe(CN)_6]$ 在中性或弱酸性条件下，生成红棕色 $Cu_2[Fe(CN)_6]$ 沉淀：

$$2Cu^{2+} + [Fe(CN)_6]^{4-} = Cu_2[Fe(CN)_6]\downarrow$$

此反应用来检验 Cu^{2+} 的存在。沉淀可溶于 $NH_3\cdot H_2O$ 中，生成蓝色的 $[Cu(NH_3)_4]^{2+}$：

$$Cu_2[Fe(CN)_6] + 8NH_3 = 2[Cu(NH_3)_4]^{2+} + [Fe(CN)_6]^{4-}$$

三、仪器与试剂

试管，离心机，酒精灯，试管夹。

H_2SO_4（$2mol\cdot L^{-1}$），HNO_3（$2mol\cdot L^{-1}$），NaOH（$2mol\cdot L^{-1}$，40%），$NH_3\cdot H_2O$（$2mol\cdot L^{-1}$，$6mol\cdot L^{-1}$），KI（$0.1mol\cdot L^{-1}$，$2mol\cdot L^{-1}$），$AgNO_3$（$0.1mol\cdot L^{-1}$），KBr（$0.1mol\cdot L^{-1}$），$CuSO_4$（$0.1mol\cdot L^{-1}$），Na_2S（$0.1mol\cdot L^{-1}$，$0.5mol\cdot L^{-1}$），NaCl（$0.1mol\cdot L^{-1}$），$K_4[Fe(CN)_6]$（$0.1mol\cdot L^{-1}$），$Na_2S_2O_3$（$0.1mol\cdot L^{-1}$），葡萄糖（10%），淀粉（$10g\cdot L^{-1}$）。

四、实验步骤

1. 铜的系列实验

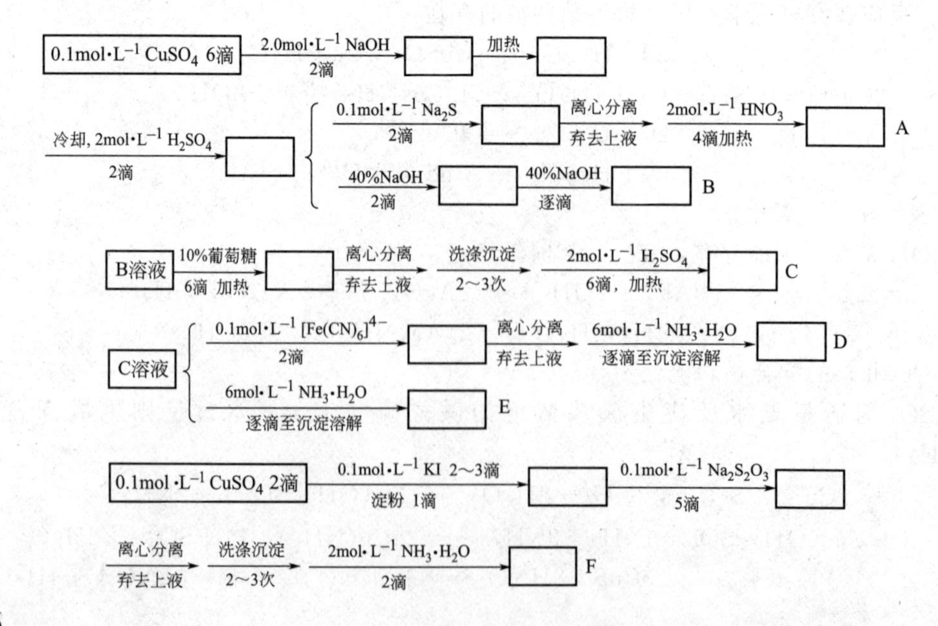

实验后将所有 Cu^{2+} 的化合物转变为 $CuSO_4$ 回收。

2. 银的系列实验

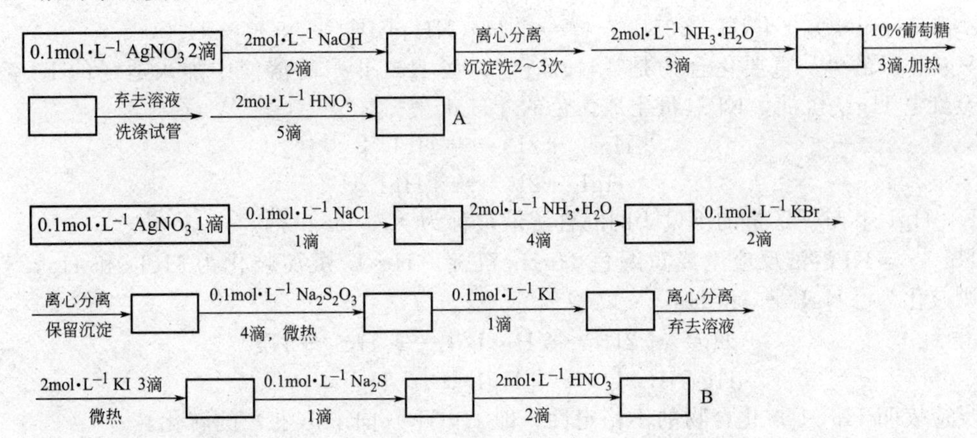

实验后将 A、B 溶液回收。

五、思考题

1. 向 $CuSO_4$ 溶液中滴加 NaOH 和 $NH_3 \cdot H_2O$ 溶液，产物有何不同？如何区别？

2. 根据元素电势图讨论 Cu(Ⅰ) 和 Cu(Ⅱ) 各自稳定存在和相互转化的条件。

3. Cu^{2+} 鉴定反应的条件是什么？Ag^+ 如何鉴定？

实验三十　锌、镉、汞微型实验

一、实验目的

1. 掌握锌、镉、汞的氢氧化物、重要配合物、硫化物的生成和性质。

2. 了解 Hg(Ⅰ) 化合物的不稳定性，掌握 Hg(Ⅰ) 与 Hg(Ⅱ) 间的相互转化。

3. 学会 Zn^{2+}、Cd^{2+}、Hg^{2+}、Hg_2^{2+} 的鉴定方法。

4. 熟练掌握沉淀的离心分离、洗涤等基本操作。

二、实验原理

镉、汞的化合物大多数是有毒的。锌的氢氧化物为两性，镉、汞的氢氧化物为碱性。$Hg(OH)_2$、$Hg_2(OH)_2$ 很不稳定，当 Hg^{2+}、Hg_2^{2+} 与 NaOH 反应时只能得到黄色的 HgO 和黑色的 Hg_2O，Hg_2O 歧化为 Hg 和 HgO。

$$Hg^{2+} + 2OH^- = HgO\downarrow + H_2O$$

$$Hg_2^{2+} + 2OH^- = Hg_2O\downarrow + H_2O$$

$$Hg_2O = Hg + HgO$$

锌与镉的化合物有较多相似性。Zn^{2+}、Cd^{2+} 与适量氨水反应生成白色氢氧化物沉淀，氨水过量则生成氨的配合物。

$$M^{2+} + 2NH_3 \cdot H_2O = M(OH)_2\downarrow + 2NH_4^+ \quad (M=Zn、Cd)$$

$$M(OH)_2 + 2NH_3 + 2NH_4^+ = [M(NH_3)_4]^{2+} + 2H_2O$$

Hg(Ⅱ)、Hg(Ⅰ) 与氨水反应生成难溶于水的氨基化物，在大量 NH_4^+ 存在下，氨基化物溶于过量氨水，生成 $[Hg(NH_3)_4]^{2+}$。

$$HgCl_2 + 2NH_3 = NH_2HgCl\downarrow + NH_4Cl \text{（}HgCl_2\text{ 共价型分子）}$$

$$NH_2HgCl + 2NH_3 + NH_4^+ = [Hg(NH_3)_4]^{2+} + Cl^-$$

$$2Hg^{2+} + NO_3^- + 4NH_3 + H_2O \xlongequal{} HgO \cdot NH_2HgNO_3 \downarrow + 3NH_4^+$$

$$2Hg_2^{2+} + NO_3^- + 4NH_3 + H_2O \xlongequal{} HgO \cdot NH_2HgNO_3 \downarrow + 2Hg + 3NH_4^+$$

$$HgO \cdot NH_2HgNO_3 + 4NH_3 + 3NH_4^+ \xlongequal{} 2[Hg(NH_3)_4]^{2+} + NO_3^- + H_2O$$

Hg(Ⅱ)的另一重要化合物是 $[HgI_4]^{2-}$，在 Hg(Ⅱ)的溶液中加入适量的 KI 溶液，生成金红色 HgI_2 沉淀，KI 过量生成无色的 $[HgI_4]^{2-}$。

$$Hg^{2+} + 2I^- \xlongequal{} HgI_2 \downarrow$$

$$HgI_2 + 2I^- \xlongequal{} [HgI_4]^{2-}$$

$K_2[HgI_4]$ 与一定量的 KOH 的混合溶液被称为 Nessler 试剂。

Hg_2^{2+} 与 KI 溶液反应生成黄绿色 Hg_2I_2 沉淀，Hg_2I_2 沉淀歧化为 HgI_2 和 Hg，若 KI 过量则歧化为 $[HgI_4]^{2-}$ 和 Hg。

$$Hg_2^{2+} + 2I^- \xlongequal{} Hg_2I_2 \downarrow \longrightarrow HgI_2 + Hg$$

$$Hg_2I_2 + 2I^- \xlongequal{} [HgI_4]^{2-} + Hg$$

这一反应表明 Hg(Ⅰ)化合物的不稳定性，即 Hg(Ⅰ)向 Hg(Ⅱ)的转化。

Hg(Ⅱ)具有氧化性，也能转化为 Hg(Ⅰ)：

$$Hg(NO_3)_2 + Hg \xlongequal{振荡} Hg_2(NO_3)_2$$

酸性条件下 Hg^{2+} 具有较强的氧化性，能与 $SnCl_2$ 反应生成 Hg_2Cl_2 白色沉淀，进一步生成黑色 Hg，这一反应用于 Hg^{2+} 或 Sn^{2+} 的鉴定：

$$2Hg^{2+} + [SnCl_4]^{2-} + 4Cl^- \xlongequal{} Hg_2Cl_2 \downarrow + [SnCl_6]^{2-}$$

$$Hg_2Cl_2 + [SnCl_4]^{2-} \xlongequal{} 2Hg + [SnCl_6]^{2-}$$

ZnS 难溶于水、HAc 而溶于稀盐酸。CdS 难溶于稀盐酸而易溶于浓盐酸，通常利用 Cd^{2+} 与 H_2S 反应生成黄色的 CdS 来鉴定 Cd^{2+}。HgS 溶于王水和 Na_2S 溶液。

$$3HgS + 12HCl + 2HNO_3 \xlongequal{} 3H_2[HgCl_4] + 3S \downarrow + 2NO \uparrow + 4H_2O$$

$$HgS + S^{2-} \xlongequal{} [HgS_2]^{2-}$$

在碱性溶液中，Zn(Ⅱ)与二苯硫腙形成粉红色螯合物，此反应用于鉴定 Zn^{2+}。

$$\frac{1}{2}Zn^{2+} + S{=}C(NH{-}NH{-}C_6H_5)(N{=}N{-}C_6H_5) \longrightarrow [\text{HN—N—}C_6H_5,\ C{=}S \rightarrow Zn^{2+}/2,\ \text{N=N—}C_6H_5] \downarrow + H^+$$

粉红色

三、仪器与试剂

试管，离心机，酒精灯，试管夹。

HCl($1mol \cdot L^{-1}$，$2mol \cdot L^{-1}$，$6mol \cdot L^{-1}$)，HNO_3($2mol \cdot L^{-1}$，浓)，NaOH($2mol \cdot L^{-1}$，$6mol \cdot L^{-1}$)，$NH_3 \cdot H_2O$($2mol \cdot L^{-1}$，$6mol \cdot L^{-1}$)，KI($0.1mol \cdot L^{-1}$，$2mol \cdot L^{-1}$)，HAc($2mol \cdot L^{-1}$)，$SnCl_2$($0.1mol \cdot L^{-1}$)，$ZnSO_4$($0.1mol \cdot L^{-1}$)，Na_2S($0.1mol \cdot L^{-1}$)，$CdSO_4$($0.1mol \cdot L^{-1}$)，$Hg(NO_3)_2$($0.1mol \cdot L^{-1}$)，$Hg_2(NO_3)_2$($0.1mol \cdot L^{-1}$)，NH_4Cl($1mol \cdot L^{-1}$)，二苯硫腙（含 CCl_4）。

四、实验步骤

1. 锌的系列实验

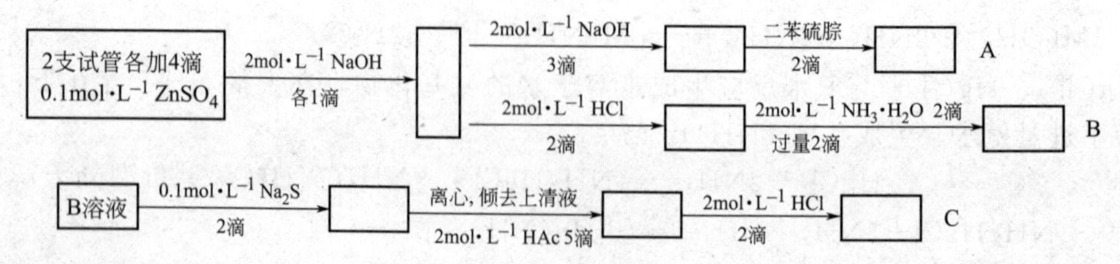

实验后将 A、C 溶液回收。

2. 镉的系列实验

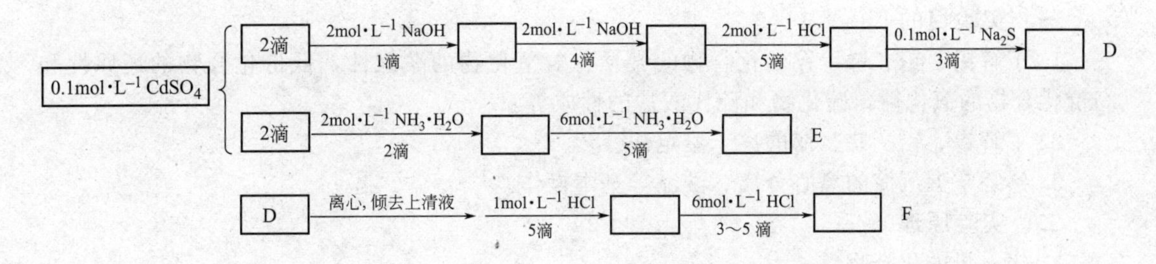

实验后将 E、F 溶液转变为 CdS 回收。

3. 汞的系列实验

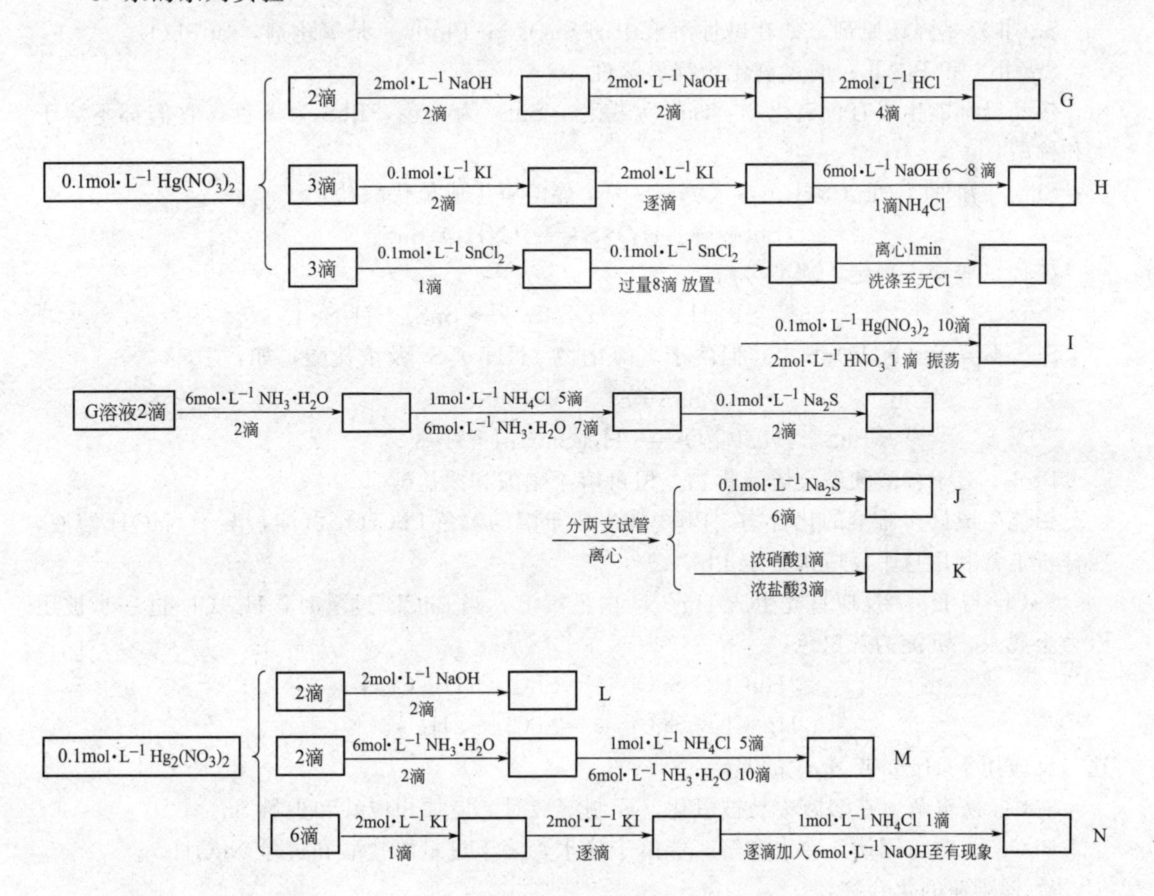

由于 Hg 量少，黑色沉淀不易观察，若将溶液离心后再观察，黑色沉淀会明显一些。实验后将所有汞的化合物转化成 HgS，回收 HgS 和 Hg。

五、思考题

1. Zn^{2+}、Cd^{2+}、Hg^{2+}、Hg_2^{2+} 与 NaOH 反应的产物有何不同？
2. Zn^{2+}、Cd^{2+}、Hg^{2+}与氨水反应的产物是什么？
3. ZnS、CdS、HgS 的溶解性有何差别？
4. Hg^{2+}、Hg_2^{2+} 与 KI 反应的产物有何异同？

实验三十一　锡、铅、锑、铋微型实验

一、实验目的

1. 了解锡、铅、锑、铋的化合物的性质：氢氧化物的酸碱性，低价化合物的还原性和高价化合物的氧化性，硫化物和硫代酸盐的性质等。

2. 了解锡、铅、锑、铋的离子鉴定法。

3. 熟练掌握沉淀的离心分离、洗涤等基本操作。

二、实验原理

1. 锡、铅的化合物

锡、铅是周期系ⅣA族元素，原子的价电子层构型为 ns^2np^2，都能形成+2价和+4价的化合物。

Sn(Ⅱ)是强还原剂，如在碱性溶液中的 SnO_2^{2-}；Pb(Ⅳ)是氧化剂，如 PbO_2。

Sn(Ⅱ)和Pb(Ⅱ)的氢氧化物都显两性。

锡和铅都能生成有色硫化物：SnS为棕色，SnS_2 为黄色，PbS为黑色，它们都不溶于水和稀酸。

SnS_2 偏酸性，在 $(NH_4)_2S$ 或 Na_2S 中，能溶解生成硫代酸盐：

$$SnS_2+(NH_4)_2S = (NH_4)_2SnS_3$$

硫代锡酸盐不稳定，遇酸分解：

$$SnS_3^{2-}+2H^+ = H_2SnS_3 \longrightarrow SnS_2+H_2S$$

SnS不溶于 $(NH_4)_2S$ 中，但溶于多硫化物 $(NH_4)_2S_2$ 及浓盐酸，如：

$$SnS+S_2^{2-} = SnS_3^{2-}$$

$$SnS+4HCl(浓) = H_2[SnCl_4]+H_2S$$

PbS不溶于稀酸和碱金属硫化物，但可溶于硝酸和浓盐酸。

铅能生成许多难溶的化合物，Pb^{2+} 能生成难溶的黄色 $PbCrO_4$ 沉淀，溶于NaOH溶液，在分析上常利用这个反应来鉴定 Pb^{2+}。

$SnCl_2$ 与 Hg^{2+} 反应首先生成 Hg_2Cl_2 白色沉淀，当 $SnCl_2$ 过量时，Hg_2Cl_2 进一步被还原为金属汞，沉淀为灰黑色：

$$2HgCl_2+SnCl_2 = SnCl_4+Hg_2Cl_2\downarrow$$

$$Hg_2Cl_2+SnCl_2 = SnCl_4+2Hg\downarrow$$

这一反应用于 Hg^{2+} 或 Sn^{2+} 的鉴定。

$SnCl_2$ 易水解，在溶液中易被氧化。配制溶液时，应加相应酸和少量Sn。

$PbCl_2$ 为白色固体，冷水微溶，能溶于热水，溶于过量浓盐酸和过量NaOH。

2. 锑和铋的化合物

锑和铋是周期系ⅤA族元素，原子的价电子层构型为 ns^2np^3，都能形成+3价和+5价的化合物。

Sb(Ⅲ)的氧化物和氢氧化物显两性，而Bi(Ⅲ)的氧化物和氢氧化物只显碱性。和Sb(Ⅲ)比较，Bi(Ⅲ)是弱还原剂，Bi(Ⅴ)呈强氧化性，能将 Mn^{2+} 氧化为 MnO_4^-：

$$5NaBiO_3+2Mn^{2+}+14H^+ = 2MnO_4^-+5Bi^{3+}+5Na^++7H_2O$$

锑和铋都能生成不溶于稀酸的有色硫化物：Sb_2S_3 黄色，Sb_2S_5 棕色，Bi_2S_3 黑色。锑的硫化物偏酸性，能溶于 $(NH_4)_2S$ 或 Na_2S 中生成硫代酸盐 SbS_3^{3-}；而铋的硫化物属碱性，不溶于 $(NH_4)_2S$ 或 Na_2S。

Sb^{3+} 和 SbO_4^{3-} 在锡片上可以被还原为金属锑，使锡片呈黑色，利用这个反应可以鉴定 Sb^{3+} 和 SbO_4^{3-}：

$$2Sb^{3+} + 3Sn \xlongequal{} 2Sb\downarrow + 3Sn^{2+}$$

Bi^{3+} 在碱性溶液中可被亚锡酸钠还原为金属铋，利用这个反应可以鉴定 Bi^{3+}：

$$2Bi(OH)_3 + 3SnO_2^{2-} \xlongequal{} 2Bi\downarrow + 3SnO_3^{2-} + 3H_2O$$

三、仪器与试剂

试管，离心机，酒精灯，试管夹。

H_2SO_4（2.0mol·L^{-1}），HCl（1mol·L^{-1}，2mol·L^{-1}，6mol·L^{-1}），HNO_3（2mol·L^{-1}），NaOH（2mol·L^{-1}），$SnCl_2$（0.1mol·L^{-1}），KI（0.1mol·L^{-1}），$Pb(NO_3)_2$（0.1mol·L^{-1}），K_2CrO_4（0.1mol·L^{-1}），$BiCl_3$（0.1mol·L^{-1}），Na_2S（0.1mol·L^{-1}，0.5mol·L^{-1}），$SbCl_3$（0.1mol·L^{-1}），$HgCl_2$（0.1mol·L^{-1}）。

四、实验步骤

1. 锡和铅的系列实验

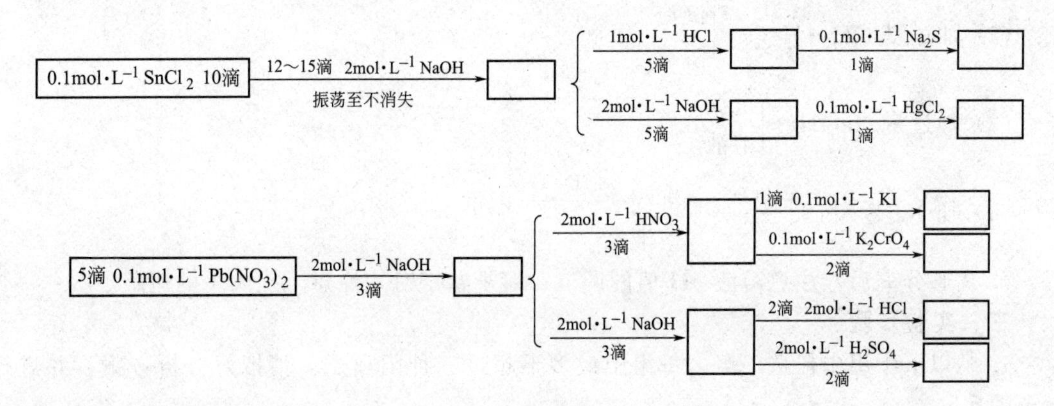

2. 锑和铋的系列实验

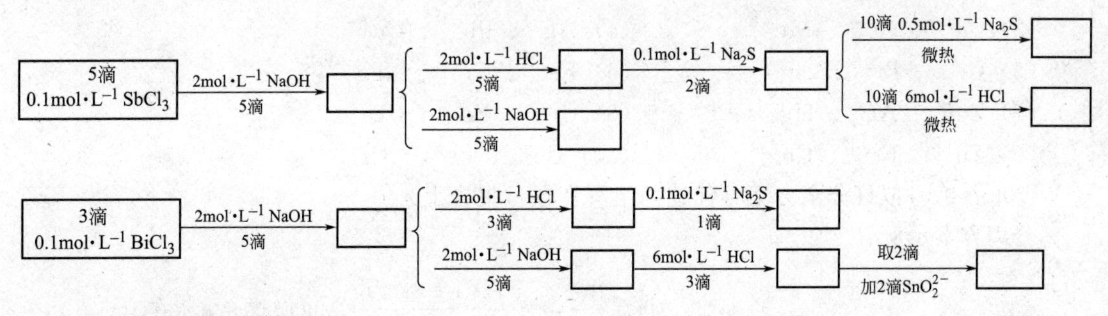

实验后将所有废液回收。

五、思考题

1. 怎样根据实验说明 Sn(Ⅱ) 和 Pb(Ⅱ) 的氢氧化物具有两性？在证明 $Pb(OH)_2$ 具有碱性时，应该用什么酸？

2. Sn(Ⅱ) 的还原性和 Pb(Ⅳ) 的氧化性是怎样证明的？

3. 怎样鉴定 Sn^{2+} 和 Pb^{2+}？

4. 怎样鉴定 Sb(Ⅲ) 和 Bi(Ⅲ) 的氢氧化物的酸碱性？

5. 怎样说明 Bi(Ⅴ) 的化合物是强氧化剂？

6. 怎样分离和鉴定 Sb^{3+} 和 Bi^{3+}？

实验三十二　阳离子混合溶液的分离鉴定

一、实验目的

1. 熟悉常见阳离子的分析特性。

2. 掌握待测阳离子的分离与鉴定的条件，并能进行分离和鉴定。

二、实验原理

1. 根据颜色粗略判断。

2. 用 KSCN 检验有无 Fe^{3+} 后再判断。

3. 对混合溶液进行沉淀和分离。

（1）加 Cl^-→{沉淀；溶液}

（2）加过量 $NH_3 \cdot H_2O$→{沉淀；溶液}

（3）加过量 NaOH→{沉淀；溶液}

（4）加 Na_2S→沉淀 —加 H^+→ {沉淀 —加 HNO_3→ 溶液；溶液}

4. 离心分离后，注意溶液 pH 值的调节；离子鉴定时，注意干扰离子的掩蔽。

三、实验步骤

1. 从以下十组中任选一组，每组中最多不超过三种阳离子，请拟好分析方案，并进行分离鉴定。

（1）Cd^{2+}、Mn^{2+}、Cu^{2+}　　（2）Hg_2^{2+}、Cd^{2+}、Zn^{2+}

（3）Cd^{2+}、Cr^{3+}、Mn^{2+}　　（4）Ag^+、Pb^{2+}、Cu^{2+}

（5）Cr^{3+}、Bi^{3+}、Cu^{2+}　　（6）Fe^{3+}、Cr^{3+}、Ni^{2+}

（7）Zn^{2+}、Ag^+、Hg^{2+}　　（8）Cr^{3+}、Fe^{3+}、Cu^{2+}

（9）Zn^{2+}、Fe^{3+}、Cu^{2+}　　（10）Co^{2+}、Fe^{3+}、Cr^{3+}

要求：练习拟订分离方案（任选两组写在预习报告上）

分离方案示例：

Cd^{2+}，Mn^{2+}、Cu^{2+} —过量 $NH_3 \cdot H_2O$→
- 沉淀 —H^+→ 溶解 —$HNO_3+NaBiO_3$→ MnO_4^- 紫色，示有 Mn^{2+}
- 溶液 —Na_2S→ CuS，CdS↓ —浓 HCl→ {CuS↓；Cd^{2+} 用 CdS 黄色沉淀鉴定}

CuS 用 HNO_3 溶解，加 $K_4[Fe(CN)_6]$，有红棕色沉淀 $Cu_2[Fe(CN)_6]$，示有 Cu^{2+}。

2. 实验报告要求

（1）给出鉴定结果含有哪些离子。

（2）写出分离鉴定的有关分离方案（如图例）。

（3）写出相关鉴定反应方程式或离子方程式。

3.4 综合性、系列性实验

实验三十三 碳酸钠的制备与纯度分析

一、实验目的

1. 通过实验了解联合制碱法的反应原理。
2. 学会利用各种盐类溶解度的差异并通过复分解反应来制取盐的方法。
3. 学习水浴加热、磁力搅拌等基本操作。
4. 学习双指示剂法测定混合碱的原理与方法。

二、实验原理

碳酸钠在工业上叫作纯碱，用途很广。工业上的联合制碱法是将二氧化碳和氨气通入氯化钠溶液中，先生成碳酸氢钠，然后在高温下灼烧，使其转化为碳酸钠。反应方程式为：

$$NH_3+CO_2+H_2O+NaCl \longrightarrow NaHCO_3\downarrow+NH_4Cl$$

$$2NaHCO_3 \xrightarrow{\text{灼烧}} Na_2CO_3+CO_2\uparrow+H_2O$$

第一个反应实质上是碳酸氢铵与氯化钠在水溶液中的复分解反应，因此可直接用碳酸氢铵与氯化钠作用来制取碳酸氢钠：

$$NH_4HCO_3+NaCl \longrightarrow NaHCO_3\downarrow+NH_4Cl$$

NH_4HCO_3、$NaCl$、$NaHCO_3$ 和 NH_4Cl 同时存在于水溶液中，是一个复杂的四元交互体系，它们在水溶液中的溶解度互相发生影响。但根据各种纯净盐在不同温度下在水中的溶解度的不同，仍然可以粗略地判断出从反应体系中析出 $NaHCO_3$ 的最佳条件。各种纯净盐在水中的溶解度［g·(100g 水)$^{-1}$］见表 3-22。

表 3-22 溶解度数据 单位：g·(100g 水)$^{-1}$

盐	温度/℃										
	0	10	20	30	40	50	60	70	80	90	100
NaCl	35.7	35.8	36	36.3	36.6	37	37.3	37.8	38.4	39	39.8
NH_4HCO_3	11.9	15.8	21	27	—	—	—	—	—	—	—
$NaHCO_3$	6.9	8.15	9.6	11.1	12.7	14.45	16.4	—	—	—	—
NH_4Cl	29.4	33.3	37.2	41.4	45.8	50.4	55.2	60.2	65.6	71.3	77.3

当温度超过 35℃，NH_4HCO_3 开始分解，所以反应温度不能超过 35℃；但温度太低又影响了 NH_4HCO_3 的溶解度，所以反应温度又不宜低于 30℃。从表中可以看出，$NaHCO_3$ 在 30～35℃温度范围内的溶解度在四种盐中是最低的，所以当使研细的固体 NH_4HCO_3 溶于浓的 NaCl 溶液中，在充分的搅拌下就可析出 $NaHCO_3$ 晶体。

工业纯碱、烧碱以及 Na_3PO_4 等产品组成大多都是混合碱，它们的测定方法有多种。例如纯碱，其组成形式可能是纯 Na_2CO_3 或是 Na_2CO_3+NaOH，或是 $Na_2CO_3+NaHCO_3$，测定其组成及其相对含量较简单的方法是双指示剂法。即准确称取碱试样溶于水后，先以酚酞为指示剂，用 HCl 标准溶液滴定，消耗 HCl 体积 V_1(mL)；再以甲基橙为指示剂，继续用 HCl 标准溶液滴定，消耗 HCl 体积 V_2(mL)。通过消耗 HCl 体积 V_1 和 V_2 的相对大小可以判断碱的组成，并计算得出试样中各组分的相对含量。

若 $V_2>V_1$，组成为 $Na_2CO_3+NaHCO_3$，则：

$$w_{Na_2CO_3}=\frac{c_{HCl}V_1M_{Na_2CO_3}}{m}$$

$$w_{NaHCO_3}=\frac{c_{HCl}(V_2-V_1)M_{NaHCO_3}}{m}$$

若 $V_1>V_2$，组成为 Na_2CO_3+NaOH，则：

$$w_{Na_2CO_3}=\frac{c_{HCl}V_2M_{Na_2CO_3}}{m}$$

$$w_{NaOH}=\frac{c_{HCl}(V_1-V_2)M_{NaOH}}{m}$$

若 $V_2=V_1$，组成为纯 Na_2CO_3。

三、仪器与试剂

台式天平，布氏漏斗，吸滤瓶，水泵或真空泵，pH 试纸，滤纸，三脚架，玻璃棒，研钵，温度计，酒精灯，石棉网，烧杯，磁力搅拌器，量筒，瓷坩埚，高温炉或微波炉，容量瓶，锥形瓶，移液管，洗耳球，电子天平，酸式滴定管。

粗食盐，NaOH($3mol\cdot L^{-1}$)，Na_2CO_3($3mol\cdot L^{-1}$)，NH_4HCO_3（分析纯），HCl($6mol\cdot L^{-1}$)，HCl 标准溶液（$0.1000mol\cdot L^{-1}$），酚酞指示剂（$2g\cdot L^{-1}$），甲基橙指示剂（$1g\cdot L^{-1}$）。

四、实验步骤

1. 化盐与精制

称取 7.5g 粗食盐放入 100mL 烧杯中，加入 30mL 去离子水配成 24%～25%的溶液，用 $3mol\cdot L^{-1}$ NaOH 和 $3mol\cdot L^{-1}$ Na_2CO_3 组成体积比为 1∶1 的混合碱调至 pH=11 左右，得到大量胶状沉淀［$Mg_2(OH)_2CO_3$ 和 $CaCO_3$］，加热至沸，减压过滤。将滤液转移到烧杯中，逐滴加入 $6mol\cdot L^{-1}$ HCl 调至 pH=7～8。

2. 转化

将盛有滤液的烧杯放在磁力搅拌器上，以水浴加热，控制溶液的温度在 30～35℃之间。在不断搅拌的情况下，分多次把 12.6g 研细的 NH_4HCO_3 加到滤液中。加完后继续保温、搅拌 10～20min，使转化反应充分进行。静置、抽滤，得到 $NaHCO_3$ 晶体（注意不可以水洗沉淀，因其溶解度较大，晶体损失较多）。

3. 制纯碱

将抽干的 $NaHCO_3$ 放入瓷坩埚中（滤纸要除去，磁搅拌子洗净后交指导教师），在高温炉中于 400℃下灼烧 15min，或在微波炉中将火力选择旋钮调至最高挡加热 10～15min，即得到纯碱，冷却到室温，称重并计算产率。

4. 产品检验

在电子天平上准确称取自制纯碱产品 2g 左右，用适量去离子水溶解后定量转移至 250mL 容量瓶中，定容，摇匀。吸取 25mL 于锥形瓶中，加入酚酞指示剂 2 滴，用已知准确浓度的盐酸溶液滴定至溶液的颜色由红色变为近无色，记下所用盐酸的体积 V_1(mL)。再加 1 滴甲基橙指示剂，这时溶液为黄色，继续用上述盐酸溶液滴定，使溶液颜色由黄至橙，加热煮沸 1～2min，冷却后，溶液又变为黄色，继续用盐酸溶液滴定至橙色，直至加热不褪色即为终点，记下消耗盐酸的体积 V_2(mL)。重复平行测定三次，通过比较 V_1 和 V_2 的相对大小，判断混合碱的组成，并计算各组分的百分含量。

五、思考题

1. 粗盐为何要精制?

2. 为什么反应液的 pH 值要控制在 7～8? 过高或过低对结果有什么影响?

3. 为什么有的同学在高温加热之前固体较多，但分解之后产品却很少?

4. 为什么纯碱试样中各组分的质量分数之和小于 1?

实验三十四 三草酸合铁(Ⅲ) 酸钾的制备和组成测定

一、实验目的

1. 掌握合成配合物 $K_3[Fe(C_2O_4)_3]\cdot 3H_2O$ 的基本原理和操作技术。

2. 加深对铁(Ⅲ) 和铁(Ⅱ) 化合物性质的了解。

3. 熟练过滤、蒸发、结晶和洗涤等基本操作。

4. 了解表征配合物结构的方法。

5. 学习用 $KMnO_4$ 法测定 $C_2O_4^{2-}$ 与 Fe^{3+}的原理和方法。

二、实验原理

三草酸合铁(Ⅲ) 酸钾$\{K_3[Fe(C_2O_4)_3]\cdot 3H_2O\}$ 是一种绿色单斜晶体，溶于水而不溶于乙醇，受光照易分解。它是制备负载型活性铁催化剂的主要原料，也是一些有机反应的良好催化剂，在工业上具有一定的应用价值。

三草酸合铁(Ⅲ) 酸钾的合成工艺路线有很多种，例如可用三氯化铁或硫酸铁与草酸钾直接合成，也可以铁为原料制得。实验室制备三草酸合铁(Ⅲ) 酸钾常用的方法是：首先利用硫酸亚铁铵与草酸在酸性溶液中制得草酸亚铁沉淀，然后在草酸根的存在下，用过氧化氢将草酸亚铁氧化为草酸高铁化合物，加入乙醇后便可析出 $K_3[Fe(C_2O_4)_3]\cdot 3H_2O$ 晶体。主要反应为：

$$(NH_4)_2Fe(SO_4)_2+H_2C_2O_4+2H_2O = FeC_2O_4\cdot 2H_2O(\text{黄色})\downarrow+(NH_4)_2SO_4+H_2SO_4$$

$$6FeC_2O_4\cdot 2H_2O+3H_2O_2+6K_2C_2O_4 = 4K_3[Fe(C_2O_4)_3]\cdot 3H_2O+2Fe(OH)_3\downarrow$$

$$2Fe(OH)_3+3H_2C_2O_4+3K_2C_2O_4 = 2K_3[Fe(C_2O_4)_3]\cdot 3H_2O$$

可采用化学分析法对得到的 $K_3[Fe(C_2O_4)_3]\cdot 3H_2O$ 晶体进行定性分析。K^+ 与 $Na_3[Co(NO_2)_6]$ 在中性或稀醋酸介质中，生成亮黄色的 $K_2Na[Co(NO_2)_6]$ 沉淀：

$$2K^++Na^++[Co(NO_2)_6]^{3-} = K_2Na[Co(NO_2)_6]\downarrow$$

Fe^{3+} 与 KSCN 反应生成血红色 $[Fe(NCS)_n]^{3-n}$，$C_2O_4^{2-}$ 与 Ca^{2+} 生成白色 CaC_2O_4 沉淀，由此可以判断 Fe^{3+} 与 $C_2O_4^{2-}$ 处于配合物的内界还是外界。

用 $KMnO_4$ 法测定产品中的 Fe^{3+} 含量和 $C_2O_4^{2-}$ 的含量，并确定 Fe^{3+} 和 $C_2O_4^{2-}$ 的配位比。在酸性介质中，用 $KMnO_4$ 标准溶液滴定试液中的 $C_2O_4^{2-}$，由 $KMnO_4$ 标准溶液的消耗量可计算出 $C_2O_4^{2-}$ 的质量分数，其反应式为：

$$5C_2O_4^{2-}+2MnO_4^-+16H^+ = 10CO_2\uparrow+2Mn^{2+}+8H_2O$$

在上述测定 $C_2O_4^{2-}$ 后保留的溶液中，用锌粉将 Fe^{3+} 还原为 Fe^{2+}，再利用 $KMnO_4$ 标准溶液滴定 Fe^{2+}，其反应式为：

$$Zn+2Fe^{3+} = 2Fe^{2+}+Zn^{2+}$$

$$5Fe^{2+}+MnO_4^-+8H^+ = 5Fe^{3+}+Mn^{2+}+4H_2O$$

由 $KMnO_4$ 标准溶液的消耗量，可计算出 Fe^{3+} 的质量分数。

根据：

$$n(Fe^{3+}):n(C_2O_4^{2-})=[w(Fe^{3+})/55.8]:[w(C_2O_4^{2-})/88.0]$$

可确定 Fe^{3+} 与 $C_2O_4^{2-}$ 的配位比。

三、仪器与试剂

台式天平，吸滤瓶，布氏漏斗，水泵或真空泵，烧杯，温度计，酒精灯，烘箱，滤纸，三脚架，玻璃棒，石棉网，表面皿，量筒，电子天平，电炉，移液管（25mL），容量瓶（250mL），锥形瓶（250mL），棕色滴定管（50mL）。

$(NH_4)_2Fe(SO_4)_2 \cdot 6H_2O$（s，自制），$H_2SO_4$（$3mol \cdot L^{-1}$），$H_2C_2O_4$（$1mol \cdot L^{-1}$），$K_2C_2O_4$（饱和），乙醇（95%），$H_2O_2$（3%），KSCN（$0.1mol \cdot L^{-1}$），$Na_3[Co(NO_2)_6]$（$0.1mol \cdot L^{-1}$），$CaCl_2$（$0.5mol \cdot L^{-1}$），$KMnO_4$ 标准溶液（$0.02000mol \cdot L^{-1}$），$FeCl_3$（$0.1mol \cdot L^{-1}$）。

四、实验步骤

1. 草酸亚铁的制备

称取 5g 自制的硫酸亚铁铵固体放在 250mL 烧杯中，然后加 5～6 滴 $3mol \cdot L^{-1}$ H_2SO_4 和 20mL 去离子水，加热溶解后，再加入 25mL $1mol \cdot L^{-1}$ $H_2C_2O_4$ 溶液，加热搅拌至沸，继续搅拌片刻，停止加热，静置。待黄色 $FeC_2O_4 \cdot 2H_2O$ 晶体沉降后倾析弃去上层清液，加入 20mL 去离子水，搅拌并温热（除去可溶性杂质），静置后倾析弃去上层清液即可。

2. 三草酸合铁(Ⅲ) 酸钾的制备

往上述洗涤后的草酸亚铁沉淀中加入饱和 $K_2C_2O_4$ 溶液 15mL，水浴加热至 40℃，恒温下边搅拌边慢慢滴加 3%的 H_2O_2 溶液 20mL，沉淀转为红棕色的氢氧化铁。将溶液加热至沸，不断搅拌，先一次性加入 3mL $1mol \cdot L^{-1}$ $H_2C_2O_4$ 溶液，然后再滴加 $H_2C_2O_4$ 溶液，并保持接近沸腾的温度，直至体系变成翠绿色透明溶液。冷却至室温，向溶液中一次性加入 95%的乙醇 3mL，放入冰浴后，再逐滴加入 95%的乙醇至有 $K_3[Fe(C_2O_4)_3] \cdot 3H_2O$ 晶体析出。减压抽滤，抽干后用少量 95%的乙醇洗涤，继续抽干后所得产品在 70～80℃ 干燥，称重，计算产率。

3. 三草酸合铁(Ⅲ) 酸钾的定性分析

（1）K^+ 的鉴定　在试管中加入少量产物，用去离子水溶解，加入 1mL $Na_3[Co(NO_2)_6]$ 溶液，放置片刻，观察现象。

（2）Fe^{3+} 的鉴定　在试管中加入少量产物，用去离子水溶解，另取一支试管加入少量的 $FeCl_3$ 溶液。两支试管中各加入 2 滴 $0.1mol \cdot L^{-1}$ KSCN，观察现象。在装有产物溶液的试管中加入 2 滴 $3mol \cdot L^{-1}$ H_2SO_4，再观察溶液颜色有何变化，解释实验现象。

（3）$C_2O_4^{2-}$ 的鉴定　在试管中加入少量产物，用去离子水溶解，另取一支试管加入少量的 $K_2C_2O_4$ 溶液。两支试管中各加入 2 滴 $0.5mol \cdot L^{-1}$ $CaCl_2$ 溶液，观察实验现象有何不同。

4. 三草酸合铁(Ⅲ) 酸钾组成的测定

（1）$C_2O_4^{2-}$ 含量的测定　在电子天平上准确称取 0.18～0.22g 干燥后的样品，放入 250mL 锥形瓶中，加入 50mL 去离子水和 10mL $3mol \cdot L^{-1}$ H_2SO_4 溶液，微热溶解，然后加热至 75～85℃（即液面开始冒蒸气，切不可煮沸），趁热用 $KMnO_4$ 标准溶液滴定至粉红色为终点（30s 内不褪色），平行三次并计算产物中 $C_2O_4^{2-}$ 的质量分数。保留滴定后的溶液待下一步分析使用。

（2）Fe^{3+} 含量的测定　在上述测定过 $C_2O_4^{2-}$ 的保留溶液中加入一小匙锌粉，加热近沸，直到黄色消失。继续加热 3min，使 Fe^{3+} 完全转变为 Fe^{2+}，趁热抽滤（除去多余的锌粉)，用去离子水洗涤沉淀。将滤液转入 250mL 锥形瓶中，再用 $KMnO_4$ 标准溶液滴定至微红色，平行三次并计算铁的质量分数。

根据 (1)、(2) 的实验结果，确定三草酸合铁(Ⅲ) 酸钾中 Fe^{3+} 和 $C_2O_4^{2-}$ 的配位比。

五、思考题

1. 在制备 $FeC_2O_4 \cdot 2H_2O$ 晶体时，为何要用去离子水洗涤生成的沉淀？
2. 氧化 $FeC_2O_4 \cdot 2H_2O$ 时，温度要控制在 40℃，不能太高，为什么？
3. 在制备过程中，向最后的溶液中加入乙醇的作用是什么？用乙醇洗涤的作用是什么？
4. 如何提高产率？能否用蒸干溶液的办法来提高产率？
5. 如果制得的三草酸合铁(Ⅲ) 酸钾中含有较多的杂质离子，对其配合物类型的分析将有何影响？

实验三十五 茶叶中微量金属元素的分离鉴定

一、实验目的

1. 了解并掌握分离和鉴定茶叶中某些化学元素的方法。
2. 学习配位滴定法测定茶叶中钙、镁含量的方法和原理。
3. 提高综合运用元素基本性质分析和解决化学问题的能力。

二、实验原理

茶叶属于植物类有机体，主要由 C、H、O、N 等元素组成，还含有 P、I 和 Ca、Mg、Al、Fe、Cu、Zn 等微量金属元素。本实验主要是从茶叶中分离和定性鉴定 Fe、Al、Ca、Mg 等元素，并对 Ca、Mg 进行定量测定。

首先把茶叶加热灰化，即在空气中置于敞口的蒸发皿或坩埚中加热，把有机物经氧化分解而烧成灰烬。灰化后，除了几种主要元素形成易挥发物质逸出外，其余元素留在灰烬中，用酸浸取则进入溶液，因此可从浸取液中分离鉴定 Ca、Mg、Fe、Al 等元素。四种金属离子需调节溶液酸度先分离后鉴定，可利用表 3-23 给出的四种金属离子氢氧化物沉淀完全的 pH 值进行流程设计。

表 3-23 金属离子氢氧化物沉淀完全的 pH 值

化合物	$Ca(OH)_2$	$Mg(OH)_2$	$Al(OH)_3$	$Fe(OH)_3$
pH	>13	>11	5.2～9	4.1

铁铝混合溶液中，Fe^{3+} 对 Al^{3+} 的鉴定有干扰，可利用 Al^{3+} 的两性，加入过量的碱，使 Al^{3+} 转化为 AlO_2^- 留在溶液中，Fe^{3+} 则生成 $Fe(OH)_3$ 沉淀，经分离去除后，即可消除干扰。

钙、镁含量的测定，可采用配位滴定法。在 pH=10 的条件下，以铬黑 T 为指示剂，EDTA 为标准溶液，直接滴定可测得 Ca 和 Mg 的总量。若欲测 Ca、Mg 各自的含量，可在 pH>12 时，使 Mg^{2+} 生成氢氧化物沉淀，以钙指示剂、EDTA 标准溶液滴定 Ca^{2+}，然后用差减法即得 Mg^{2+} 的含量。

Fe^{3+}、Al^{3+} 的存在会干扰 Ca^{2+}、Mg^{2+} 的测定，可用三乙醇胺掩蔽 Fe^{3+} 与 Al^{3+}。

三、仪器与试剂

研钵，蒸发皿，电子天平，烧杯，离心机，酒精灯，玻璃棒，pH 试纸，滤纸，长颈漏斗，试管，酸式滴定管，锥形瓶，量筒，容量瓶 (250mL)。

茶叶，HCl($2mol \cdot L^{-1}$，$6mol \cdot L^{-1}$)，$NH_3 \cdot H_2O$($6mol \cdot L^{-1}$)，KSCN(饱和)，HNO_3

(浓)，$(NH_4)_2C_2O_4$(0.5mol·L^{-1})，NaOH(2mol·L^{-1}，40%)，铝试剂(0.1%)，镁试剂，HAc(6mol·L^{-1})，0.01000mol·L^{-1} EDTA标准溶液，铬黑T指示剂(1%)，$NH_3\cdot H_2O$-NH_4Cl缓冲溶液。

四、实验步骤

1. 茶叶中Ca、Mg、Al、Fe四种离子的分离和鉴定

(1) 茶叶的处理　取7～8g干燥的茶叶于研钵中研细，在电子天平上准称其质量，放入蒸发皿中，于通风橱中用酒精灯加热充分灰化。冷却后，加6mol·L^{-1} HCl 10mL于蒸发皿中，搅拌溶解（可能有少量不溶物），将溶液完全转移至150mL烧杯中，加去离子水20mL，再逐滴加6mol·L^{-1} $NH_3\cdot H_2O$调溶液pH值约为7，使其产生沉淀。并置于沸水浴加热30min，常压过滤，然后用去离子水洗涤烧杯和滤纸。滤液直接用250mL容量瓶承接，并稀释至刻度线，摇匀，贴上标签，标明为Ca^{2+}、Mg^{2+}混合溶液，备用。

另取150mL烧杯一只于长颈漏斗之下，用6mol·L^{-1} HCl 10mL重新溶解滤纸上的沉淀，并少量多次地洗涤滤纸。完毕后，将烧杯中滤液用玻璃棒搅匀，贴上标签，标明为Fe^{3+}、Al^{3+}混合溶液，备用。

(2) 分离和鉴定各金属离子

从Ca^{2+}、Mg^{2+}混合溶液的容量瓶中倒出试液1mL于一洁净的试管中，向管中滴加0.5mol·L^{-1} $(NH_4)_2C_2O_4$溶液至白色沉淀产生，离心分离，清液转移到另一试管中，向沉淀中加2mol·L^{-1} HCl，白色沉淀溶解，示有Ca^{2+}。向清液中加入几滴40%NaOH，再加2滴镁试剂，有天蓝色沉淀产生，示有Mg^{2+}。

从Fe^{3+}、Al^{3+}混合溶液的烧杯中倒出试液1mL于一洁净的试管中，向管中加过量的40%NaOH溶液，离心分离，取上层清液于另一试管中，在所得沉淀中加6mol·L^{-1} HCl使其溶解，然后加2滴饱和KSCN溶液，出现血红色，示有Fe^{3+}。在清液中加6mol·L^{-1} HAc酸化，加2滴铝试剂，放置片刻后，再加2滴6mol·L^{-1} $NH_3\cdot H_2O$碱化，在水浴上加热，有红色絮状沉淀产生，示有Al^{3+}。

2. 茶叶中Ca、Mg总量的测定

从Ca^{2+}、Mg^{2+}混合溶液的容量瓶中准确吸取试液25mL置于250mL锥形瓶中，加入三乙醇胺5mL，再加入$NH_3\cdot H_2O$-NH_4Cl缓冲溶液10mL，摇匀，最后加入2滴铬黑T指示剂，用0.01mol·L^{-1} EDTA标准溶液滴定至溶液由酒红色变为纯蓝色，即达终点。根据EDTA的消耗量，计算茶叶中Ca、Mg的总量（以MgO的质量分数表示）。

五、思考题

1. 写出实验中检出四种元素的有关化学方程式。
2. 茶叶中还有哪些元素？如何鉴定？
3. 测定钙镁含量时加入三乙醇胺的作用是什么？
4. 欲测该茶叶中Fe或Al含量，应如何设计方案？
5. 试讨论为什么pH=6～7时，能将Fe^{3+}、Al^{3+}与Ca^{2+}、Mg^{2+}分离完全。

注：镁试剂的配制：取0.01g镁试剂（对硝基偶氮间苯二酚）溶于1L 1mol·L^{-1} NaOH溶液中。

实验三十六　含锌药物的制备与分析

一、实验目的

1. 掌握制备$ZnSO_4\cdot 7H_2O$和ZnO的原理和方法。

2. 学会根据不同的制备要求选择工艺路线。

3. 熟练过滤、蒸发、结晶、灼烧及滴定分析等基本操作。

二、实验原理

$ZnSO_4 \cdot 7H_2O$ 是无色透明、结晶状粉末，易溶于水（1g/0.6mL）或甘油（1g/2.5mL），不溶于酒精。医学上 $ZnSO_4 \cdot 7H_2O$ 可作催吐剂、杀菌剂和收敛剂。在工业上，$ZnSO_4$ 是制备其他含锌化合物的原料，也可用作电镀液、木材防腐剂和造纸漂白剂等。

$ZnSO_4 \cdot 7H_2O$ 的制备方法很多，在制药业上考虑药用的特点，可由粗 ZnO 与 H_2SO_4 作用制得 $ZnSO_4$ 溶液：

$$ZnO + H_2SO_4 = ZnSO_4 + H_2O$$

粗 ZnO 中含有 FeO、MnO、CdO 和 NiO 等杂质，当用稀 H_2SO_4 处理时，杂质也将生成相应的可溶性的硫酸盐，因此必须进行除杂处理。

Fe^{2+} 和 Mn^{2+} 在弱酸性溶液中可被 $KMnO_4$ 氧化，其产物逐渐水解生成 $Fe(OH)_3$ 和 MnO_2 沉淀，反应式如下：

$$MnO_4^- + 3Fe^{2+} + 7H_2O = 3Fe(OH)_3 \downarrow + MnO_2 \downarrow + 5H^+$$

$$2MnO_4^- + 3Mn^{2+} + 2H_2O = 5MnO_2 \downarrow + 4H^+$$

Cd^{2+} 和 Ni^{2+} 可与 Zn 粉发生置换反应而从溶液中除去：

$$CdSO_4 + Zn = ZnSO_4 + Cd$$

$$NiSO_4 + Zn = ZnSO_4 + Ni$$

除杂后的精制 $ZnSO_4$ 溶液经蒸发浓缩、结晶得 $ZnSO_4 \cdot 7H_2O$ 晶体，可作药用。

ZnO 是白色或浅黄色、无晶形、柔软的细微粉末，在潮湿的空气中能缓缓吸收水分及 CO_2 变为碱式碳酸锌，不溶于水或乙醇，但易溶于稀酸及 NaOH 溶液。ZnO 可用作油漆颜料和橡胶填充料，在医药上用于制粉剂、洗剂、糊剂、软膏和橡皮膏等，广泛用于湿疹、癣等皮肤病的治疗，起止血收敛消毒作用，也用作营养补充剂（锌强化剂）和食品及饲料添加剂。

药用 ZnO 的制备是在 $ZnSO_4$ 溶液中加入 Na_2CO_3 溶液，生成碱式碳酸锌沉淀，经 250～300℃灼烧即得细粉末状 ZnO，其反应式如下：

$$3ZnSO_4 + 3Na_2CO_3 + 4H_2O = ZnCO_3 \cdot 2Zn(OH)_2 \cdot 2H_2O \downarrow + 3Na_2SO_4 + 2CO_2 \uparrow$$

$$ZnCO_3 \cdot 2Zn(OH)_2 \cdot 2H_2O \xlongequal{250\sim300^\circ C} 3ZnO + CO_2 \uparrow + 4H_2O$$

三、仪器与试剂

台式天平，酒精灯，吸滤瓶，布氏漏斗，水泵或真空泵，烧杯，蒸发皿，pH 试纸，滤纸，三脚架，玻璃棒，石棉网，量筒，电子天平，酸式滴定管，移液管，锥形瓶，容量瓶（250mL）。

粗 ZnO，纯 Zn 粉，H_2SO_4（$2mol \cdot L^{-1}$、$3mol \cdot L^{-1}$），$KMnO_4$（$0.5mol \cdot L^{-1}$），Na_2CO_3（$0.5mol \cdot L^{-1}$），KSCN（$0.1mol \cdot L^{-1}$），$NaBiO_3$(s)，Na_2S（$0.1mol \cdot L^{-1}$），$NH_3 \cdot H_2O$（$6mol \cdot L^{-1}$），丁二酮肟（$10g \cdot L^{-1}$），$BaCl_2$（$0.1mol \cdot L^{-1}$），$0.01000mol \cdot L^{-1}$ EDTA 标准溶液，铬黑 T 指示剂（1%），$NH_3 \cdot H_2O$-NH_4Cl 缓冲溶液，HCl（$6mol \cdot L^{-1}$）。

四、实验步骤

1. $ZnSO_4 \cdot 7H_2O$ 的制备

（1）粗制 $ZnSO_4$ 溶液　称取市售粗 ZnO 5g 于 100mL 烧杯中，加入 30mL $2mol \cdot L^{-1}$ H_2SO_4 溶液，在不断搅拌下加热至 85～90℃，并维持该温度使之完全溶解，再用 ZnO 调节溶液的 pH≈4，趁热减压过滤，滤液置于 100mL 烧杯中。

(2) 氧化法除 Fe^{3+}、Mn^{2+}　将上述滤液加热至 80～90℃，慢慢滴加 0.5mol·L^{-1} $KMnO_4$ 至溶液呈微红色为止，然后继续加热至溶液呈无色。控制溶液的 pH≈4，趁热减压过滤，滤液置于 100mL 烧杯中。检验滤液中 Fe^{3+}、Mn^{2+} 是否除尽（如何检验?）。

(3) 置换法除 Cd^{2+}、Ni^{2+}　将除去 Fe^{3+}、Mn^{2+} 的滤液加热至 80℃左右，在不断搅拌下分批加入 0.2g 纯 Zn 粉，反应 5min 后冷却抽滤。检验滤液中 Cd^{2+}、Ni^{2+} 是否除尽（如何检验?），如未除尽，可在滤液中补加少量纯 Zn 粉，加热至 80℃左右，直至 Cd^{2+}、Ni^{2+} 除尽为止。冷却后减压过滤，滤液置于 100mL 烧杯中。

(4) $ZnSO_4 \cdot 7H_2O$ 结晶　量取约一半 $ZnSO_4$ 精制溶液于洁净的蒸发皿中，用 3mol·L^{-1} H_2SO_4 调节溶液的 pH≈1。然后水浴加热至液面出现晶膜，停止加热，冷却结晶，减压过滤。晶体用滤纸吸干后称重，计算产率。

2. ZnO 的制备

量取剩余的 $ZnSO_4$ 精制溶液于 100mL 烧杯中，慢慢滴加 0.5mol·L^{-1} Na_2CO_3 溶液，边加边搅拌，并使 pH≈6.8 为止，然后加热至沸 10min，使沉淀呈颗粒状析出。用倾析法除去上层清液，反复用热去离子水洗涤至无 SO_4^{2-} 后，滤干沉淀，并于 50℃烘干。

将上述碱式碳酸锌沉淀放在洁净蒸发皿中，在酒精灯上加热（或于 200～300℃煅烧）并不断搅拌，至取出少许反应物投入稀酸中无气泡发生时，停止加热。放置冷却得白色细粉状 ZnO，称重，计算产率。

3. ZnO 含量测定

准确称取 ZnO 试样（产品）0.15～0.2g 于 250mL 烧杯中，加 6mol·L^{-1} HCl 溶液 3mL，微热溶解后，加少量去离子水，定量转移至 250mL 容量瓶中，定容摇匀。用移液管吸取锌试样溶液 25mL 于 250mL 锥形瓶中，滴加氨水至开始出现白色沉淀，再加 10mL pH=10 的 $NH_3 \cdot H_2O$-NH_4Cl 缓冲溶液，加水 20mL，加入 2 滴铬黑 T 指示剂，用 0.01mol·L^{-1} EDTA 标准溶液滴定至溶液由酒红色恰好变为蓝色，即达终点。重复平行测定三次，根据消耗的 EDTA 标准溶液的体积，计算 ZnO 的含量。

五、思考题

1. 在粗制 $ZnSO_4$ 溶液时，为什么要加 ZnO 来调节溶液的 pH 值约为 4?
2. 在精制 $ZnSO_4$ 溶液时，为什么选用 $KMnO_4$ 作氧化剂，是否还可选用其他氧化剂?
3. 煅烧碱式碳酸锌沉淀至取出少许投入稀酸中无气泡发生，说明了什么?
4. 在 $ZnSO_4$ 溶液中加入 Na_2CO_3 使沉淀呈颗粒状析出后，为什么反复洗涤该沉淀至无 SO_4^{2-}？SO_4^{2-} 的存在会有什么影响?

实验三十七　固体超强酸的制备与表征

一、实验目的

1. 了解固体超强酸的概念。
2. 掌握固体超强酸的一种制备方法。
3. 利用 IR、TG-DTA 表征其结构及热稳定性。

二、实验原理

固体酸定义为能使碱性指示剂变色或能对碱实现化学吸附的固体。固体酸通常用酸度、酸强度、酸强度分布和酸类型四个指标来表征。其中酸强度是一个固体酸去转变一个吸附的中性碱使其成为共轭酸的能力。如果这一过程是通过质子从固体转移到被吸附物的话，则可用 Hammett 函数 H_0 表示：

$$H_0=pK_a+\lg\frac{[B]}{[BH^+]}$$

平衡时 $H_0=pK_a$,其中［B］和［BH^+］分别代表中性碱及其共轭酸的浓度。

超强酸是比 100％的 H_2SO_4 还要强的酸，即 $H_0<-11.93$ 的酸。在物态上它们可分为液态与固态。液态超强酸的 H_0 为－12～－20，固体超强酸 H_0 约为－12～－16。对固体超强酸的开发、研究近十几年发展很快，已合成的固体超强酸大多数与液体超强酸一样是含卤素的。如 SbF_5-$SiO_2\cdot TiO_2$、FSO_3H-$SiO_2\cdot ZrO_2$、SbF_5-$TiO_2\cdot ZrO_2$ 等，最近用硫酸根离子处理氧化物制备了新型固体超强酸 M_xO_y-SO_4^{2-}。这类固体超强酸对烯烃双键异构化、烷烃骨架异构化、醇脱水、酯化、烯烃烷基化、酰化以及煤的液化等许多反应都显示非常高的活性。在有机合成中不仅易分离，节省能源，而且具有不腐蚀反应装置、不污染环境，对水稳定、热稳定性高等优点，日益受到工业界的重视，特别是在精细化工中的应用日趋扩大，认识和研究开发固体超强酸是非常有意义的。

制备 M_xO_y-SO_4^{2-} 一般是将某些金属盐用氨水水解得到较纯的氢氧化物（或氧化物），再用一定浓度的硫酸根离子的水溶液处理，在一定温度下焙烧即可。但具体的合成条件非常重要。目前只发现有三种氧化物可合成这类超强酸，即 SO_4^{2-}/ZrO_2、SO_4^{2-}/Fe_2O_3 和 SO_4^{2-}/TiO_2。研究表明，在制备这类超强酸时，必须使用无定形氧化物（或氢氧化物），不同的金属氧化物在用硫酸溶液处理时，都有一个最佳的硫酸浓度范围，对 ZrO_2、TiO_2、Fe_2O_3 所用硫酸分别为 0.25～0.5mol·L^{-1}、0.5～1.0mol·L^{-1} 和 0.25～0.5mol·L^{-1}，这样能使处理后的表面化学物种 M_xO_y 与 SO_4^{2-} 以配位的状态存在，而不形成 $Fe_2(SO_4)_3$ 或 $ZrOSO_4$ 稳定的金属硫酸盐，氧化物表面上硫为高价氧化态是形成强酸性的必要条件。氧化物用硫酸处理后，其表面积和表面结构发生很大变化，其表面结构取决于氧化物的性质。ZrO_2-SO_4^{2-}、TiO_2-SO_4^{2-} 和 Fe_2O_3-SO_4^{2-} 样品在 IR 谱中出现特征的吸收峰，即在 1390～1375cm^{-1}出现一个较强的锐吸收峰，以及在 1200～900cm^{-1}范围出现幅度较宽的吸收带，这是由于 S═O 键的伸缩振动引起的。当吸收吡啶蒸气后，1390～1375cm^{-1}吸收峰将向低波数方向移动约 50cm^{-1}，这是由于吡啶分子的电子向 S═O 键上转移，使其键级降低的缘故，这个位移幅度大小与样品的酸催化活性相关联。

本实验合成 TiO_2/SO_4^{2-} 及 Fe_2O_3/SO_4^{2-} 固体超强酸，并通过 IR、TG-DTA 表征其结构和热稳定性。

三、仪器与试剂

坩埚，烧杯，吸滤瓶，布氏漏斗，水泵或真空泵，红外灯，高温炉，TG-DTA 热分析仪，IR 分析仪，pH 试纸，滤纸，筛（100 目，200 目）。

$TiCl_4$(AR)，$FeCl_3\cdot 6H_2O$(AR)，$NH_3\cdot H_2O$(28％)，H_2SO_4(0.5mol·L^{-1}，1.0mol·L^{-1})，KBr(AR)。

四、实验步骤

1. TiO_2/SO_4^{2-} 的制备

在通风柜内，取 10mL $TiCl_4$ 于 100mL 烧杯中搅拌，加入 $NH_3\cdot H_2O$ 至溶液 pH＝8，生成白色沉淀。抽滤，用蒸馏水洗至无 Cl^-，得白色固体。在红外灯下烘干后研磨成粉末，过 100 目筛后，用 1.0mol·L^{-1} H_2SO_4 浸泡 14h，过滤。将粉末在红外灯下烘干，于高温炉中在 450～500℃下活化 3h 后，置于干燥器中备用。

2. Fe_2O_3/SO_4^{2-} 的制备

取 5g $FeCl_3$ 于 100mL 烧杯中，加入 20mL 水搅拌溶解，再边搅拌边滴加 $NH_3\cdot H_2O$，

使 $FeCl_3$ 水解沉淀，抽滤，洗涤沉淀至无 Cl^-，固体在 100℃ 以下烘干（一昼夜），并在 250℃下焙烧 3h 得 Fe_2O_3，研磨成粉末，过 200 目筛后用 0.5mol·L^{-1} H_2SO_4 浸泡 12h，过滤，于 110℃烘干，然后在 600℃下焙烧 3h 左右，置于干燥器中备用。

3. 样品的表征

(1) 红外光谱的测定　取上述各样品，用 KBr 压片，分别做 IR 谱，观察各样品 IR 谱中特征吸收峰和差异。

(2) 固体超强酸的热稳定性　用上述各样品分别做 TG-DTA 热分析曲线，考察其热稳定性。条件选择：升温速率 10℃·min^{-1}，N_2 气氛（50mL·min^{-1}）。

(3) 超强酸催化活性测定　以冰醋酸及乙醇为原料，自制固体超强酸作催化剂合成乙酸乙酯，并与用硫酸催化的结果作比较。

五、思考题

1. 什么是固体超强酸？它有何用途？

2. 合成固体超强酸成败的关键步骤是什么？

注：活化温度和时间对固体超强酸的催化活性有较大影响。

实验三十八　四氧化三铁纳米粒子的制备

一、实验目的

1. 掌握化学沉淀方法制备四氧化三铁纳米粒子的反应原理和方法。

2. 学习无机化合物的基本性能表征。

二、实验原理

纳米材料是指晶粒和晶界等显微结构能达到纳米级尺度水平的材料，是材料科学的一个重要发展方向。纳米材料由于粒径很小，比表面很大，表面原子数会超过体原子数，因此纳米材料常表现出与本体材料不同的性质。在保持原有物质化学性质的基础上，呈现出热力学上的不稳定性。如纳米材料可大大降低陶瓷烧结及反应的温度，明显提高催化剂的催化活性，提高气敏材料的气敏活性和磁记录材料的信息存储量。纳米材料在发光材料、生物材料方面也有重要应用。

四氧化三铁的化学式为 Fe_3O_4，呈黑色或灰蓝色，密度 5.18g·cm^{-3}，熔点 1594℃，硬度很大，具有磁性。Fe_3O_4 不溶于水和碱溶液，也不溶于乙醇、乙醚等有机溶剂，但能溶于 HCl（天然的 Fe_3O_4 不溶于 HCl）。Fe_3O_4 是一种铁酸盐，即 $Fe^{2+}Fe^{3+}[Fe^{3+}O_4]$。在 Fe_3O_4 里，一个铁原子呈 +2 价，两个铁原子呈 +3 价，故 Fe_3O_4 可看成是由 FeO 与 Fe_2O_3 组成的化合物，可表示为 $FeO·Fe_2O_3$。

天然的磁铁矿是炼铁的原料，Fe_3O_4 硬度很大，可以作磨料。主要用于制造底漆和面漆，用于电子工业的磁性材料和建筑工业的防锈剂。

氧化物纳米材料的制备方法有很多，有化学沉淀法、热分解法、固相反应法、溶胶-凝胶法、气相沉积法、水热法等。化学沉淀法的原理是在所配制的溶液中加入合适的沉淀剂，控制适当的 pH 值范围，以制备出超细颗粒的前驱体沉淀物，再经陈化、过滤、洗涤、干燥以及热分解得到纳米级的复合氧化物粉末。通常所用的沉淀剂有 NH_4NO_3、$NaHCO_3$、Na_2CO_3、$(NH_4)_2CO_3$、NaOH、$NH_3·H_2O$，以及 $NH_3·H_2O$ 和尿素的混合液等。此法操作简单，掺杂时只需按掺杂离子所占比例配制相应溶液即可，组分也易于控制。但是，如果不能恰当地选择沉淀剂、控制适当的 pH 值或者搅拌不够充分，都有可能导致颗粒大小不均匀、沉淀不完全，甚至颗粒团聚等现象。

三、仪器与试剂

台式天平，电子天平，酸度计，滴液漏斗，烧杯，烧瓶，氮气瓶，量筒，吸量管，磁力搅拌器，磁铁。

浓 $NH_3 \cdot H_2O$(AR)，$FeCl_3 \cdot 6H_2O$(AR)，$FeCl_2 \cdot 4H_2O$(AR)，NH_4NO_3(AR)，高纯水。

四、实验步骤

1. 配制 NH_4NO_3 溶液

称 2.0g NH_4NO_3，用少量水溶解，并用 $NH_3 \cdot H_2O$ 调 pH=10，同时保证溶液的量为 50～60mL。

2. 配制 $4mol \cdot L^{-1}$ $NH_3 \cdot H_2O$

取 2.85mL 浓 $NH_3 \cdot H_2O$ 稀释至 10mL。

3. 配制铁离子溶液

准确称取 0.954g $FeCl_2 \cdot 4H_2O$、1.297g $FeCl_3 \cdot 6H_2O$，配成 6mL 的水溶液。

4. 进行反应

在剧烈搅拌和氮气保护下，将 6mL $4mol \cdot L^{-1}$ $NH_3 \cdot H_2O$ 和 6mL 铁离子溶液通过两个滴液漏斗同时滴加至 50mL NH_4NO_3 溶液中，反应 30min。

5. 分离、洗涤产物

用磁铁分离产物，并用少量水洗涤。

6. 表征产物

通过 X 射线衍射以及磁滞回线对产物进行表征。本实验应该得到纳米级的 Fe_3O_4 粒子，磁滞回线应表现出明显的超顺磁性质。

五、思考题

1. 为什么实验要用氮气保护？

2. 为什么实验用水要在实验前加热沸腾再应用？

注：本实验所用的水均为高纯水，要在实验前加热沸腾并冷却备用。

第4章 有机化学实验

为提高学生的实验预习效果，锻炼学生的归纳、总结能力，有机化学实验的实验目的将由学生通过实验预习，自行进行归纳、总结，并书写在实验报告上。

4.1 有机化学基本实验

实验三十九 环己烯的制备

一、实验原理

醇在硫酸或磷酸催化作用下，进行分子内脱水，是实验室制备烯烃的主要方法。本实验就是用环己醇在磷酸的催化作用下脱水制取环己烯（cyclohexene）。

反应式：

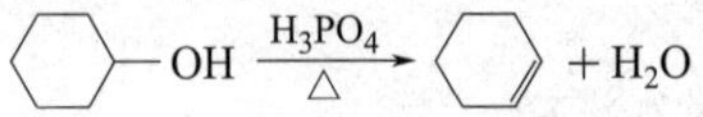

$$\text{环己醇}-OH \xrightarrow[\triangle]{H_3PO_4} \text{环己烯} + H_2O$$

二、实验药品

环己烯［9.6g，10mL（0.096mol）］，85%磷酸（5mL），饱和食盐水，无水氯化钙。

三、实验所需时间

实验所需时间为4h。

四、实验步骤

在50mL圆底烧瓶中，加入10mL环己醇及5mL 85%磷酸[1]，充分振荡，使两种液体混合均匀，投入沸石，按图2-34(a)简单分馏装置安装仪器[2]，用25mL量筒作接收器。

用小火加热混合物至沸腾，控制分馏柱顶温度计读数不超过73℃[3]，直至无馏出液为止。这时烧瓶内出现白雾，停止加热，记下粗产品中油层的体积。

将粗产品倒入小锥形瓶中，用滴管吸去水层（亦可用分液漏斗），加入等体积的饱和食盐水，充分振荡后静置。待液体分层后，用吸管吸去水层，油层转移至干燥的小锥形瓶中，加入少量无水氯化钙干燥。

将干燥后的粗制环己烯进行蒸馏[4]，收集82～85℃馏分[5]。

纯环己烯为无色透明液体，沸点83℃，d_4^{20} 0.8102，n_D^{20} 1.4465。

五、产品的定性鉴定方法

1. 取少量产品，往其中滴加溴的四氯化碳溶液，如果红棕色消失，说明产品为环己烯。
2. 取少量产品，往其中滴加冷的稀高锰酸钾碱性溶液，如果紫色消失并有棕色沉淀生成，说明产品为环己烯。

六、思考题

1. 该实验用磷酸催化比用硫酸催化有什么优点？
2. 如果实验产率太低，试分析主要是哪些操作步骤中造成的损失？
3. 在粗产品中加入饱和食盐水的目的是什么？

【注释】

[1] 本实验也可用 1mL 浓硫酸代替磷酸作脱水剂，其余步骤相同。

[2] 最好用油浴加热，使反应受热均匀。馏出的速度要缓慢均匀，以减少未反应的环己醇蒸出。

[3] 由于反应中环己烯与水形成共沸物（沸点 70.8℃，含水 10%），环己醇和环己烯形成共沸物（沸点 64.9℃，含环己醇 30.5%），环己醇与水形成共沸物（沸点 97.8℃，含水 80%），因此，在加热反应时温度不可过高，蒸馏速度不宜过快，以减少未反应的环己醇蒸出。

[4] 整个蒸馏装置应完全干燥。

[5] 蒸馏烧瓶中的残留液含有环己醇。蒸馏出的产品可以用气相色谱检测其纯度，固定液可用聚乙二醇、邻苯二甲酸二壬酯等。环己烯的气相色谱（纯度 98%以上）、红外光谱、核磁共振谱图，如图 4-1～图 4-3 所示。

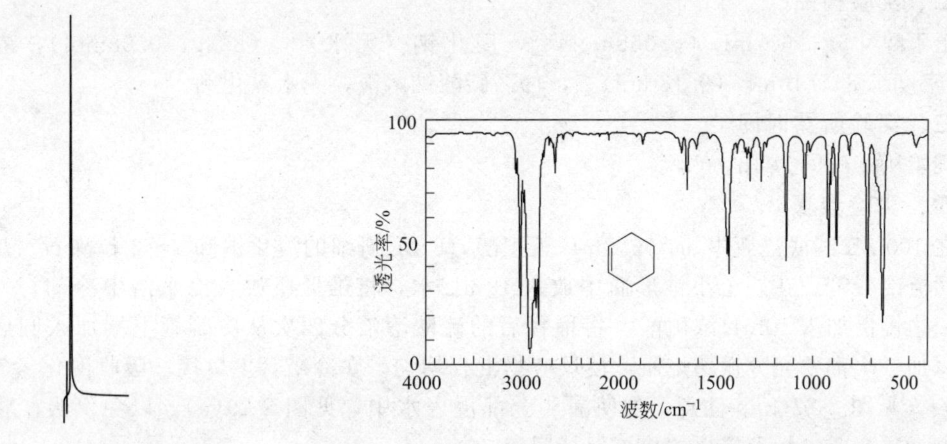

图 4-1　环己烯的气相色谱

图 4-2　环己烯的红外光谱

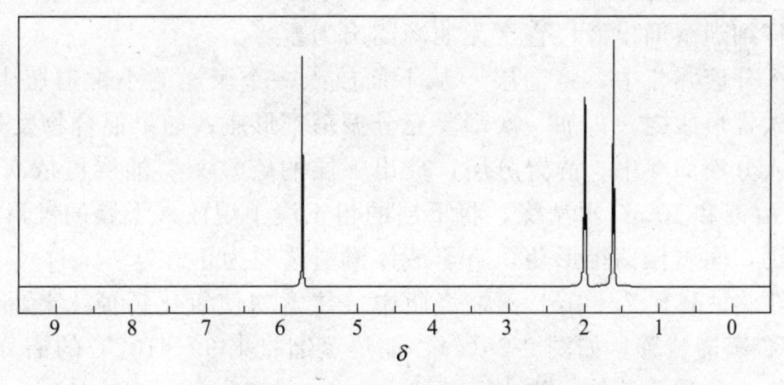

图 4-3　环己烯的核磁共振谱

实验四十　正溴丁烷的制备

一、实验原理

在实验室中，制备卤代烷通常是以醇为原料，使其羟基被卤原子取代而制得的。

$$R—OH+HX \rightleftharpoons R—X+H_2O$$

本实验是用溴化钠-硫酸法来制备正溴丁烷（*n*-butyl bromide）的。

反应式：

主反应

$$NaBr + H_2SO_4 \longrightarrow HBr + NaHSO_4$$

$$n\text{-}C_4H_9OH + HBr \longrightarrow n\text{-}C_4H_9Br + H_2O$$

副反应

$$CH_3CH_2CH_2CH_2OH \xrightarrow[\triangle]{H_2SO_4} CH_3CH_2CH{=}CH_2 + H_2O$$

$$2n\text{-}C_4H_9OH \xrightarrow[\triangle]{H_2SO_4} (n\text{-}C_4H_9)_2O + H_2O$$

$$CH_3CH_2CH_2CH_2OH \longrightarrow CH_3CH_2CH_2CHO$$

$$CH_3CH_2CH_2CHO \longrightarrow CH_3CH_2CH_2COOH$$

$$2Br^- \longrightarrow Br_2 \text{（红棕色）}$$

二、实验药品

正丁醇［5g，6.2mL（0.068mol）］，溴化钠（无水）[1]（8.3g，0.08mol），浓硫酸［相对密度 1.84，10mL（0.18mol）］，10％碳酸钠溶液，无水氯化钙。

三、实验所需时间

实验所需时间为 4h。

四、实验步骤

在 100mL 圆底烧瓶中加入 6.2mL 正丁醇，8.3g 研细的溴化钠和 1～2 粒沸石。烧瓶上装一回流冷凝管。在一个小锥形瓶中放入 10mL 水，将锥形瓶放入冷水浴中冷却，一边摇荡，一边慢慢加入 10mL 浓硫酸。将稀释后的硫酸溶液分四次从冷凝管上端加入圆底烧瓶中，每加一次都要充分振荡烧瓶，使反应物混合均匀。在冷凝管上口接一吸收溴化氢气体的装置[2]，见图 2-27(c)。注意：勿使漏斗全部浸入水中，见图 2-29(a)，以免倒吸。将烧瓶放在电加热套或电炉上慢慢加热，保持回流 30min[3]。

反应完成后，将反应物冷却 5min，卸下回流冷凝管，用 75°弯管连接冷凝管，如图 2-26(d) 进行蒸馏。仔细观察馏出液，直至无油滴馏出为止[4]。

将馏出液倒入分液漏斗中，将油层[5]从下面放入一个干燥的小锥形瓶中，然后用 3mL 浓硫酸分两次加入锥形瓶内，每加一次都要充分振荡锥形瓶；如果混合物发热可用冷水浴冷却。将混合物倒入分液漏斗中，静置分层；放出下层的硫酸[6]。油层再依次用 10mL 水[7]、5mL 10％碳酸钠溶液和 10mL 水洗涤，将下层的粗正溴丁烷放入干燥的锥形瓶中，加 1～2g 块状的无水氯化钙，间歇振荡锥形瓶，直至液体澄清透明为止。

通过长颈漏斗将液体倒入 30mL 蒸馏烧瓶中（注意勿使氯化钙掉入蒸馏烧瓶中）。加入 1～2 粒沸石，安装蒸馏装置，如图 2-26(a)，加热蒸馏收集 99～102℃的馏分。

纯正溴丁烷为无色透明液体，沸点 101.6℃，d_4^{20} 1.277[8]，n_D^{20} 1.4398。

五、产品的定性鉴定方法

取 1mL5％硝酸银醇溶液盛于试管中，加 2～3 滴正溴丁烷，振荡后静置 5min，若无沉淀可煮沸片刻，生成淡黄色沉淀，加入 1 滴 5％硝酸，沉淀不溶者视为正反应；煮沸后只稍微出现浑浊而无沉淀（加 5％硝酸又会发生溶解），则视为负反应。

六、思考题

1. 本实验可能有哪些副反应？如何减少副反应？

2. 硫酸的浓度太高或太低对反应会有哪些影响？分别说明之。

3. 试说明粗产品精制过程中各步洗涤的作用（分别说明）。

4. 在最终蒸馏前，为什么必须用无水氯化钙干燥粗正溴丁烷？

【注释】

[1] 如用含结晶水的溴化钠（$NaBr \cdot 2H_2O$），可按物质的量换算，并相应地减少加入的水量。

[2] 本实验中由于采用1∶1的硫酸（即64%硫酸），回流时如果保持缓和的沸腾状态，很少有溴化氢气体从冷凝管上端逸出，这样，若在通风橱中操作，气体吸收装置可以省略。

[3] 回流时间太短，则反应物中残留的未反应的正丁醇量相对多，产率低；回流30min后，此时再将回流时间继续延长，产率也不会提高多少。

[4] 用盛清水的玻璃容器（如试管、锥形瓶、烧杯等）收集馏出液，看有无油滴。

[5] 馏出液分为两层，通常下层为粗正溴丁烷（油层），上层为水。若未反应的正丁醇较多，或因蒸馏过久而蒸出一些氢溴酸恒沸液，则液层的密度发生变化，油层可能悬浮或变为上层。如遇此现象，可加清水稀释，使油层下沉。

[6] 粗正溴丁烷中所含的少量未反应的正丁醇也可用3mL浓盐酸洗去。使用浓盐酸时，正溴丁烷在下层。

[7] 油层如呈红棕色，系含有游离的溴。此时可用少量亚硫酸氢钠水溶液洗涤以除去溴。其反应方程式为：

$$Br_2 + NaHSO_3 + H_2O \longrightarrow 2HBr + NaHSO_4$$

[8] 本实验制备的正溴丁烷经气相色谱分析，均含有1%～2%的2-溴丁烷。制备时若回流时间较长，则2-溴丁烷含量会较高，但回流到一定时间后，2-溴丁烷的量就不再增加。原料正丁醇经气相色谱分析不含仲丁醇。气相色谱的固定液可用磷酸三甲酚酯或邻苯二甲酸二壬酯。

实验四十一　乙酸正丁酯的制备

一、实验原理

有机酸酯通常用羧酸和醇在少量酸性催化剂（如浓硫酸、固体超强酸、分子筛等）的催化作用下，进行酯化反应而制得。反应可用通式表示如下：

$$R-\overset{\overset{\displaystyle O}{\|}}{C}-\boxed{OH + H}-O-R' \xrightarrow{\text{催化剂}} R-\overset{\overset{\displaystyle O}{\|}}{C}-O-R' + H_2O$$

酯化反应是一个典型的、酸催化的可逆反应。为了提高酯化反应的产率，通常采用增加某一反应物用量（至于是增加酸还是醇的用量视原料来源及操作方便与否而定）或移去生成物酯或水的方法（一般都是借助形成低沸点共沸物来实现），使反应向生成酯的方向进行。本实验就是利用移去生成物中的水来提高酯的产率的。

反应式：

主反应

$$CH_3COOH + CH_3CH_2CH_2CH_2OH \underset{\triangle}{\overset{H_2SO_4}{\rightleftharpoons}} CH_3COOCH_2CH_2CH_2CH_3 + H_2O$$

副反应

$$CH_3CH_2CH_2CH_2OH \xrightarrow[\triangle]{H_2SO_4} CH_3CH_2CH=CH_2 + H_2O$$

$$2n\text{-}C_4H_9OH \xrightarrow[\triangle]{H_2SO_4} (n\text{-}C_4H_9)_2O + H_2O$$

$$CH_3CH_2CH_2CH_2OH \longrightarrow CH_3CH_2CH_2CHO$$
$$CH_3CH_2CH_2CHO \longrightarrow CH_3CH_2CH_2COOH$$

二、实验药品

正丁醇［9.3g，11.5mL（0.125mol）］，冰醋酸［7.5g，7.2mL（0.125mol）］，浓硫酸，10%碳酸钠溶液，无水硫酸镁。

三、实验所需时间

实验所需时间为 4h。

四、实验步骤

在干燥的 50mL 圆底烧瓶中，装入 11.5mL 正丁醇和 7.2mL 冰醋酸，再加入 3～4 滴浓硫酸[1]混合均匀，投入沸石，然后安装分水器及回流冷凝管，如图 2-28(b) 所示，并在分水器中预先加水至略低于支管口。在热源（如电热套、电炉等）上加热回流，反应一段时间后把水逐渐分去[2]，保持分水器中水层液面在原来的高度。约 40min 后不再有水生成，表示反应完毕。停止加热，记录分出的水量[3]。冷却后卸下回流冷凝管，把分水器中分出的酯层和圆底烧瓶中的反应液一起倒入分液漏斗中，分别用 10mL 水、10mL10%碳酸钠溶液和 10mL 水依次洗涤，每一次洗涤都要分去水层，最后将酯层倒入小锥形瓶中，加少量无水硫酸镁干燥。

将干燥后的粗乙酸正丁酯（*n*-butyl acetate）倒入干燥的 30mL 蒸馏烧瓶中（注意不要将硫酸镁倒进去!），加入沸石，安装普通蒸馏装置，在电热套上加热蒸馏。收集 124～126℃的馏分。前后馏分倒入指定的回收瓶中。

纯乙酸正丁酯为无色透明液体，沸点 126.3℃，d_4^{20} 0.8824，n_D^{20} 1.3947。

五、产品的定性鉴定方法

1. 碱性异羟肟酸铁(Ⅲ) 试验法[4]

将两滴乙酸正丁酯样品溶于 20 滴 0.5mol·L^{-1} 盐酸羟氨乙醇溶液中，加入 4 滴 20% NaOH。在水浴上加热反应混合物，沸腾 2～3min，冷却溶液，加入 2mL1mol·L^{-1} HCl。如果出现浑浊，加入 2mL 95%乙醇。逐滴加入 5% $FeCl_3$ 溶液，观察颜色，出现红-紫色，表明鉴定的化合物是乙酸正丁酯。

2. 气相色谱法

用邻苯二甲酸二壬酯作固定液。柱温和检测温度 100℃，气化温度 150℃。氢为载气，流速 45mL/min。采用热导检测器。

在此条件下，先作一标准样谱图，再将合成的乙酸正丁酯样品进行色谱分析，将得到谱图中的主馏分峰与标准样比较即可得出结论。

另外 IR 和 NMR 两谱图共同分析，可鉴定化合物的结构。

六、思考题

1. 本实验是根据什么原理来提高乙酸正丁酯的产率的？
2. 计算理论生成水量，实际收集水量可能比理论量还多，试解释之。
3. 反应完毕的粗制品中，除产物乙酸正丁酯外还含有什么物质（杂质)？如何除去？
4. 如果在最后蒸馏时前馏分较多，其原因是什么？对产率有何影响？

【注释】

[1] 浓硫酸在反应中起催化作用，故只需少量加入，如浓硫酸过多容易发生氧化反应。

[2] 本实验利用恒沸混合物除去酯化反应中生成的水。正丁醇、乙酸正丁酯和水形成的几种恒沸混合物，如表 4-1 所示。

表 4-1 乙酸正丁酯、正丁醇和水形成恒沸混合物

恒沸混合物	组分	沸点/℃	组成(质量分数)/%		
			乙酸正丁酯	正丁醇	水
二元	乙酸正丁酯-水	90.7	72.9		27.1
	正丁醇-水	93.0		55.5	44.5
	乙酸正丁酯-正丁醇	117.7	32.8	67.2	
三元	乙酸正丁酯-正丁醇-水	90.7	63.0	8.0	29.0

[3] 根据分出的总水量（注意扣除预先加到分水器中的水量），可以粗略地估计酯化反应完成的程度。

[4] 该鉴定方法的基本原理是：在碱存在下，酯与盐酸羟氨反应生成异羟肟酸，后者与铁(Ⅲ）配位，生成紫色的配合物。因为铁离子在酚和醛或酮的烯醇式存在下也产生紫色，所以必须首先用 $FeCl_3$ 试验待测化合物，以排除这两种结构的存在。

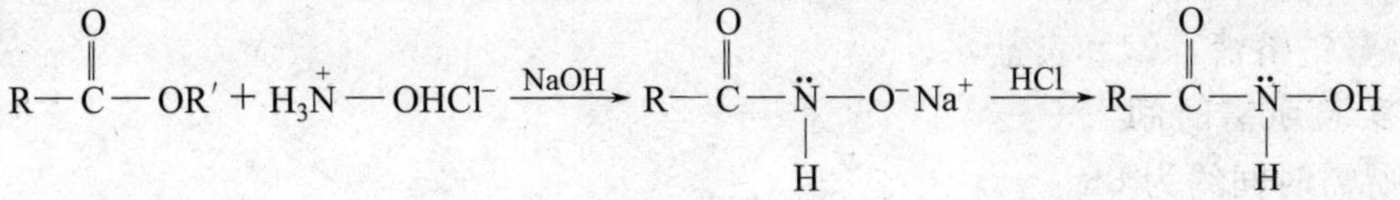

$$R-\overset{O}{\overset{\|}{C}}-OR' + H_3\overset{+}{N}-OHCl^- \xrightarrow{NaOH} R-\overset{O}{\overset{\|}{C}}-\underset{H}{\underset{|}{\ddot{N}}}-O^-Na^+ \xrightarrow{HCl} R-\overset{O}{\overset{\|}{C}}-\underset{H}{\underset{|}{\ddot{N}}}-OH$$

异羟肟酸

$$3R-\overset{O}{\overset{\|}{C}}-\underset{H}{\underset{|}{\ddot{N}}}-OH + Fe^{3+} \longrightarrow [Fe(R-CO-NH-O)_3]$$

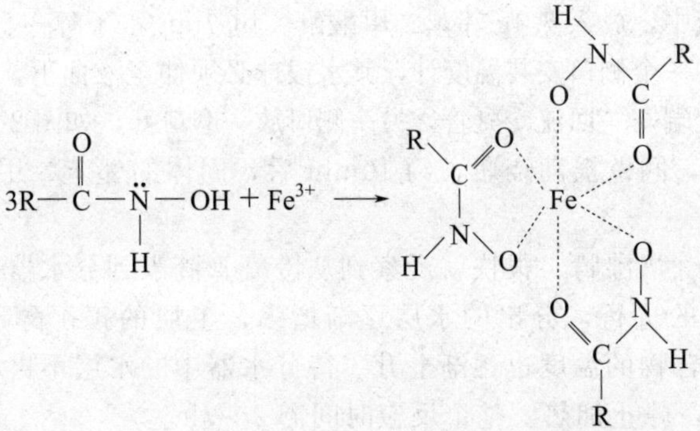

紫色络合物

实验四十二 邻苯二甲酸二丁酯的制备

一、实验原理

邻苯二甲酸二丁酯（*n*-dibutyl phthalate）是由邻苯二甲酸酐和正丁醇酯化反应制得的，其原理与实验四十一相似。

反应式：

主反应[1]

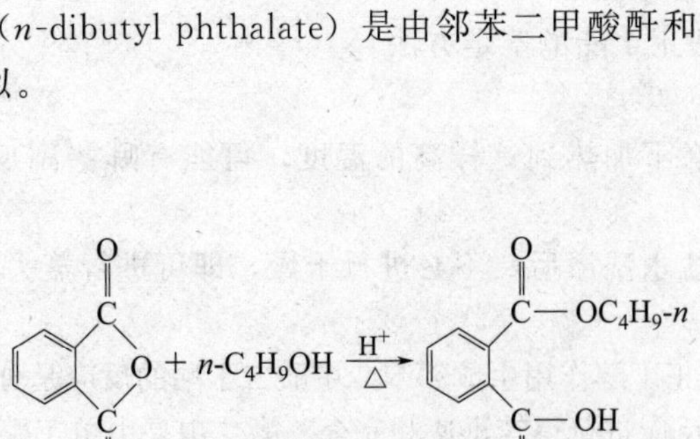

$$C_6H_4(CO)_2O + n\text{-}C_4H_9OH \xrightarrow[\triangle]{H^+} C_6H_4(COOC_4H_9\text{-}n)(COOH)$$

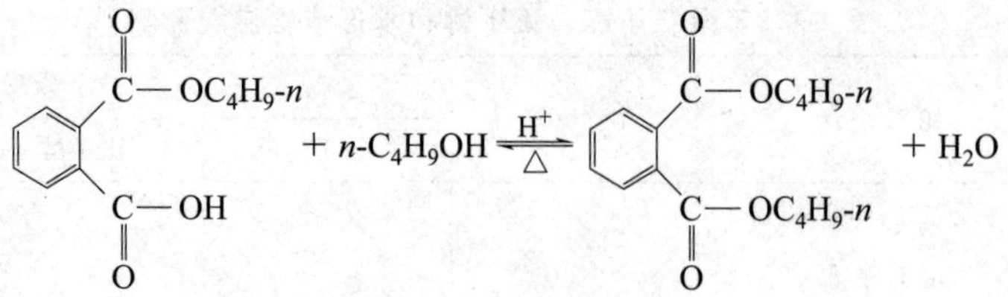

$$\text{C}_6\text{H}_4(\text{COOC}_4\text{H}_9\text{-}n)(\text{COOH}) + n\text{-C}_4\text{H}_9\text{OH} \xrightleftharpoons[\triangle]{H^+} \text{C}_6\text{H}_4(\text{COOC}_4\text{H}_9\text{-}n)_2 + \text{H}_2\text{O}$$

副反应

$$\text{C}_6\text{H}_4(\text{COOC}_4\text{H}_9\text{-}n)_2 \xrightarrow[>180℃]{H^+} \text{C}_6\text{H}_4(\text{CO})_2\text{O} + 2\text{C}_4\text{H}_8\uparrow + \text{H}_2\text{O}$$

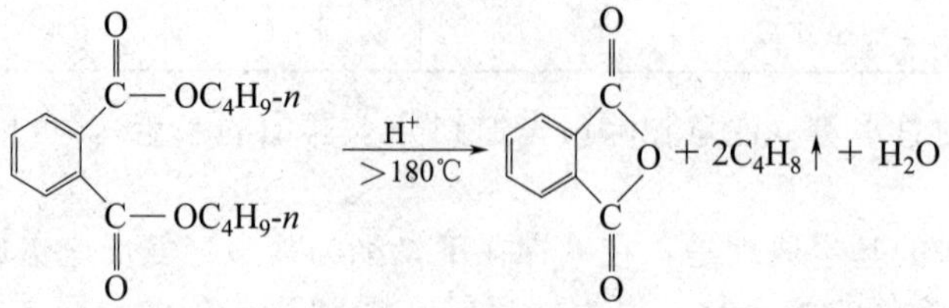

二、实验药品

邻苯二甲酸酐（7.4g，0.05mol），正丁醇［11.1g，13.7mL（0.15mol）］，浓硫酸 3 滴，5%碳酸钠溶液，饱和食盐水。

三、实验所需时间

实验所需时间约为 6h。

四、实验步骤

在干燥的 50mL 三口烧瓶中，放入 7.4g 邻苯二甲酸酐、13.7mL 正丁醇[2]、3 滴浓硫酸及几粒沸石，摇动使充分混合。在一个侧口安装温度计，其水银球必须伸至液面下，中间瓶口安装分水器，内盛适量水，分水器上端安一回流冷凝管，另一侧口放一磨口塞，如图 2-28(a) 所示。

在电热套上用小火加热，间歇摇动烧瓶，约 10min 后，固体的邻苯二甲酸酐全部消失，形成邻苯二甲酸单丁酯。

稍加大电压，使反应混合物沸腾。很快就观察到从冷凝管滴入到分水器的冷凝液中有小水珠下沉[3]。随着酯化反应的进行，分出的水层逐渐增多，上层的正丁醇不断流回到反应瓶中参与反应，同时反应混合物的温度也逐渐上升。待分水器中的水层不再增加，反应混合物的温度上升到 160℃时[4]，停止加热。整个反应时间需 2～3h。

当反应物冷却到 70℃以下时，将反应物倒入分液漏斗中，用等量饱和食盐水洗涤两次，再用少量 5%碳酸钠溶液中和，然后用饱和食盐水洗涤有机层到中性。将分离出来的油状粗产物进行常压蒸馏，除去正丁醇，再用油泵进行减压蒸馏，收集 180～190℃/1.33kPa (10mmHg) 的馏分[5]。

纯邻苯二甲酸二丁酯为无色透明黏稠液体，沸点 340℃，d_4^{20} 1.045，n_D^{20} 1.4911。

五、产品的定性鉴定方法

参见实验四十一乙酸正丁酯的鉴定方法。

六、思考题

1. 正丁醇在硫酸存在下加热到这样高的温度，可能有哪些副反应？硫酸用量过多会有什么不良影响？

2. 为什么用饱和食盐水洗涤后，不必进行干燥，即可进行蒸去正丁醇的操作？

【注释】

［1］邻苯二甲酸酐和正丁醇作用生成邻苯二甲酸二丁酯的反应是分两步进行的。第一步生成邻苯二甲酸单丁酯，这步反应进行得较迅速和完全。第二步是由单丁酯和正丁醇在无机酸催化作用下生成邻苯二甲酸二丁酯和水，大体积的酸与醇反应慢，需要较高的温度和较长的时间。

[2] 酯化反应是一个平衡反应，使平衡向生成酯的方向移动，本实验采用过量的正丁醇。也可用如下的方法来进行本实验，即用 0.05mol 邻苯二甲酸酐和 0.1mol 正丁醇，另加 10mL 苯。这样可以利用苯和水形成二元恒沸物（沸点 69.4℃，含苯 91.1%）的方法将生成的水不断除去。

[3] 正丁醇和水形成二元恒沸混合物（沸点 93℃，含正丁醇 55.5%）。恒沸混合物冷凝时分成两个液相，上层为含 20.1%水的醇层，下层为含 7.7%醇的水层。为了使水有效地分离出来，可在分水器上部绕几圈橡皮管并通水冷却。

[4] 邻苯二甲酸二丁酯在无机酸存在下，温度高于 180℃易发生分解反应。

[5] 邻苯二甲酸二丁酯可在不同压力下蒸馏，其沸点-压力的关系如表 4-2 所示。

表 4-2　邻苯二甲酸二丁酯沸点与压力之间的关系

压力/kPa	2.666	1.333	0.667	0.267
压力/mmHg	20	10	5	2
沸程/℃	200～210	180～190	175～180	165～170

实验四十三　乙酰苯胺的制备

一、实验原理

芳香族伯胺可用几种方法乙酰化，其乙酰化试剂可以是乙酰氯、乙酸酐和冰醋酸。其中以冰醋酸作乙酰化试剂反应最慢，但其价格便宜，操作方便，对环境不会造成污染。本实验是以冰醋酸作乙酰化试剂，利用增加反应物冰醋酸的量和移去生成物水的方法来提高乙酰苯胺（acetanilide）的产率的。

反应式

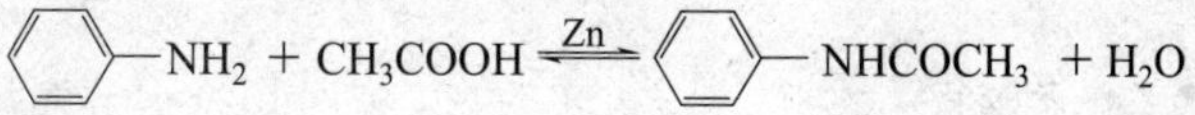

$$C_6H_5NH_2 + CH_3COOH \xrightleftharpoons{Zn} C_6H_5NHCOCH_3 + H_2O$$

二、实验药品

苯胺［5.1g，5mL（0.055mol）］，冰醋酸［7.8g，7.4mL（0.13mol）］，锌粉，活性炭。

三、实验所需时间

实验所需时间为 4h。

四、实验步骤

方法一：常量法

在 50mL 圆底烧瓶上装一支分馏柱，柱顶插一支 150℃温度计，用小量筒收集稀醋酸溶液，如图 4-4 所示。

在圆底烧瓶中放入 5mL 新蒸馏过的苯胺[1]、7.4mL 冰醋酸和 0.1g 锌粉[2]，用小火加热至沸腾。控制火焰，保持温度计读数在 105℃左右。约经过 40～60min，反应所生成的水（含少量醋酸）可完全蒸出。当温度计的读数发生上下波动时（有时反应器中出现白雾），反应即达终点，停止加热。

在不断搅拌下把反应混合物趁热以细流慢慢倒入盛 100mL 水的烧杯中。继续剧烈搅拌，并冷却烧杯，使粗乙酰苯胺成细粒状完全析出。用布氏漏斗抽滤析出的固体。用玻璃瓶塞或玻璃棒把固体压碎，再用 5～10mL 冷水洗涤以除去残留的酸液。把粗乙酰苯胺放入 150mL 热水中，加热至沸腾。如果仍有未溶解的油珠[3]，需补加热水，直到油珠完全溶解为止[4]。稍冷后加入约 0.5g 粉末状活性炭[5]，用玻璃棒搅拌并煮沸 2～5min。趁热用预先加热好的布氏漏斗和吸滤瓶减压过滤[6]。在烧杯中冷却滤液，乙酰苯胺呈白色片状晶体析出。减压过滤，尽量挤压以除去晶体中的水分。产品放在表面皿上用红外灯干燥。

纯乙酰苯胺是白色有光泽鱼鳞片状晶体，熔点 114～116℃。

方法二：微量法

在 5mL 的锥形瓶中加入 0.13mL（1.4mmol）新蒸馏的苯胺、0.19mL（3.3mmol）冰醋酸和 3mg 锌粉，装上微型分馏头、温度计和回流冷凝管。在沙浴上小心地加热至沸腾，使反应生成的水完全蒸出[7]，当温度计读数开始下降（此时反应瓶中出现白雾）时，停止加热。

在搅拌下，把反应混合物趁热细流慢慢倒入盛 3mL 水的小烧杯中，搅拌下冷却使乙酰苯胺成细粒状析出。采用如图 4-5 所示的抽滤装置，用 0.05mL 冷水洗涤固体。粗乙酰苯胺放入盛 4mL 热水的烧杯中，加热至沸腾，如果有油珠，补加热水至全部溶解[8]。冷却，乙酰苯胺晶体析出，抽滤，产物放到表面皿上干燥后测熔点。

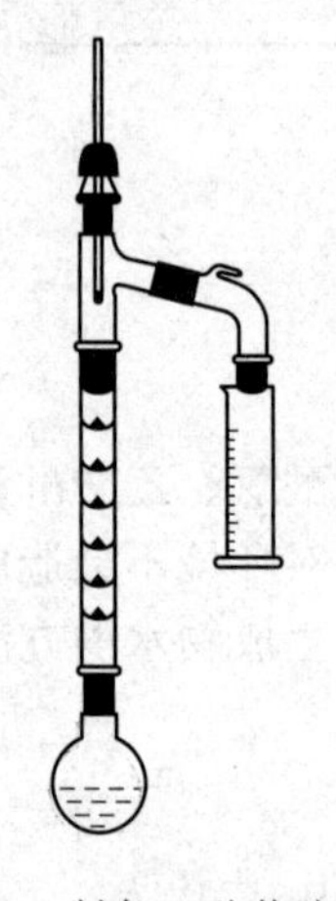

图 4-4　制备乙酰苯胺装置

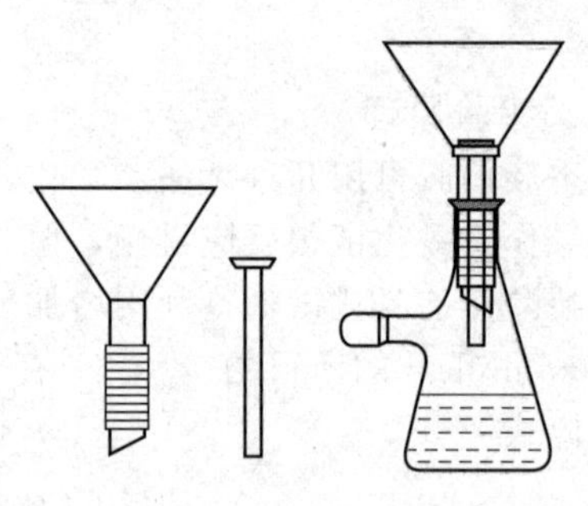

图 4-5　微量法抽滤装置

微量法产量约 50mg。

五、产品的定性鉴定方法

1. 熔点法

将制得的乙酰苯胺充分干燥后，用齐列熔点测定法或微量熔点测定仪测其熔点，将测得值与文献值比较即可得出结论。

2. 红外光谱法

将合成的乙酰苯胺的红外光谱图与标准样的红外光谱图（如图 4-6）对照，如果两者一致，则可确定合成的产物为乙酰苯胺。

六、思考题

1. 为什么要保持蒸气温度在 105℃左右？

2. 本实验利用什么原理来提高乙酰苯胺的产率？

3. 在重结晶过程中，必须注意哪些事项才能得出产率高、品质好的产品？

【注释】

[1] 久置的苯胺色深，会影响生成的乙酰苯胺的质量，需要蒸馏提纯。

[2] 锌粉的作用是防止苯胺在反应过程中氧化。但必须注意，不能加得过多，否则在后处理中会出现难溶于水的氢氧化锌。

[3] 此油珠是熔融状态的含水的（如苯胺清澈透明可不加锌粉）乙酰苯胺（83℃时含水

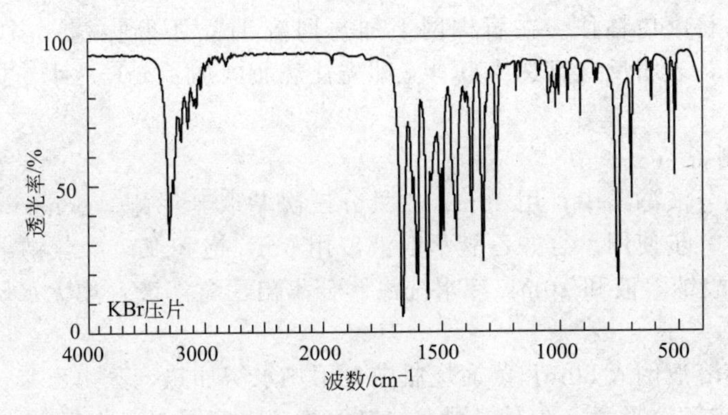

图 4-6 乙酰苯胺红外光谱图

13%)。如果溶液温度在83℃以下，溶液中未溶解的乙酰苯胺以固态存在。

[4] 乙酰苯胺在不同温度下100mL水中的溶解度为：25℃ 0.563g；80℃ 3.5g；100℃ 5.2g。在以后各步加热煮沸时，会蒸发掉一部分水，需随时补加热水。本实验重结晶时水的用量，最好使溶液在80℃左右接近饱和状态。

[5] 不要在沸腾的溶液中加入活性炭，否则会引起突然暴沸，致使溶液冲出容器。

[6] 事先将布氏漏斗和吸滤瓶放在水浴锅中预热，而且预热到足够的温度。这一步若没做好，乙酰苯胺晶体将在布氏漏斗内析出，引起操作上的麻烦和造成损失。

[7] 微量制备生成的水很少，温度计读数很难达到100℃，一般为70～80℃。

[8] 产物很少，不需要加活性炭脱色。

实验四十四 苯甲醇和苯甲酸的制备

一、实验原理

此反应为没有活泼氢的醛发生的自身氧化还原反应，反应条件为浓的强碱。

反应式

主反应：

$$2\,C_6H_5\text{—}CHO + NaOH \longrightarrow C_6H_5\text{—}COONa + C_6H_5\text{—}CH_2OH$$

$$C_6H_5\text{—}COONa + HCl \longrightarrow C_6H_5\text{—}COOH$$

副反应

$$C_6H_5\text{—}CHO + O_2 \longrightarrow C_6H_5\text{—}COOH$$

二、实验药品

苯甲醛［13.2g，12.6mL（0.125mol）］，氢氧化钠（11g，0.275mol），浓盐酸，乙醚，饱和亚硫酸氢钠溶液，10%碳酸钠溶液，无水硫酸镁。

三、实验所需时间

实验所需时间为5h。

四、实验步骤

在100mL圆底烧瓶中，放入11g氢氧化钠和36mL水[1]，振荡使之溶解，冷却至室温后，加入12.6mL新蒸馏过的苯甲醛，投入沸石，装上回流冷凝管。注意，磨口处必须涂上凡士林，否则容易将磨口粘住。在石棉网上加热回流 1h，不断振荡。当苯甲醛油层消失，反应物变成透明时，表明反应已达终点。立即先往烧瓶内加 40mL 冷水，摇均匀后再用水冷却[2]至室温。

1. 苯甲醇的制备

将反应液倒入分液漏斗中，用 30mL 乙醚分三次萃取苯甲醇（benzyl alcohol)。保存萃取过的水溶液供下一步使用。合并乙醚萃取液，用 5mL 饱和亚硫酸氢钠溶液洗涤，然后依次用 10mL10%碳酸钠溶液和 10mL 冷水洗涤。分离出乙醚溶液，用无水硫酸镁或无水碳酸钾干燥。

将干燥的乙醚溶液倒入 50mL 蒸馏烧瓶中，用热水浴加热，蒸出乙醚（倒入指定的回收瓶内)，然后改用空气冷凝管，在石棉网上加热，蒸馏出苯甲醇，收集 198～206℃的馏分。

纯苯甲醇为无色液体，沸点 205.4℃，d_4^{20}1.0450。

2. 苯甲酸的制备

在不断搅拌下，将步骤 1 中保存的水溶液以细流慢慢地倒入 40mL 浓盐酸。减压抽滤析出的苯甲酸（benzoic acid)，用少量冷水洗涤，挤压去水分。取出产品放在表面皿上，用红外灯烘干。粗苯甲酸可用水进行重结晶。纯苯甲酸为白色针状晶体，熔点 122.4℃。

五、产品的定性鉴定方法

1. 苯甲醇的鉴定方法

(1) 卢卡斯试验　将 40g 无水或熔融过的 $ZnCl_2$ 溶于 25mL 浓 HCl 中，在冰水浴中冷却，此溶液即为卢卡斯试剂。将 4～5 滴苯甲醇样品加到盛有 2～3mL 卢卡斯试剂的试管中，很快会观察到浑浊现象和分层现象，证明苯甲醇的存在。

(2) 琼斯氧化法试验（铬酸氧化）　将 10g CrO_3 溶于 10mL 浓 H_2SO_4 中。小心地把硫酸-三氧化铬溶液加到 30mL 水中，即得到铬酸溶液。将 2 滴苯甲醇样品溶于 20 滴试剂级丙酮中，在摇动下，每次 1 滴地加 5～6 滴铬酸溶液到丙酮溶液中。2～5s 可观察到绿色沉淀 $Cr_2(SO_4)_3$。

2. 苯甲酸的鉴定方法

pH 试纸试验：将 10mg 苯甲酸样品溶于 95%乙醇中，然后，在摇动下逐滴加水，直至溶液正好变浑。立即在摇动下逐滴加入 95%乙醇，直至溶液变清。用 pH 试纸检验，若 pH 试纸变成酸型色即为正性结果。

另外，苯甲酸易溶于 Na_2CO_3 水溶液，并放出 CO_2 气体，此法也可用于鉴定苯甲酸。也可用波谱分析的方法。苯甲醇和苯甲酸的红外光谱图如图 4-7、图 4-8 所示。

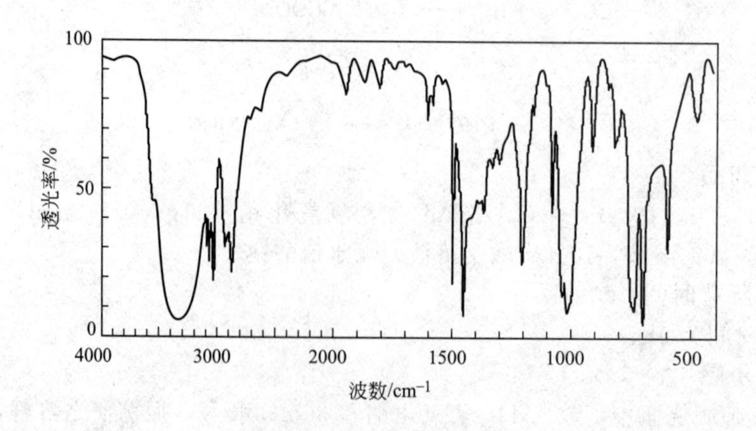

图 4-7　苯甲醇红外谱图

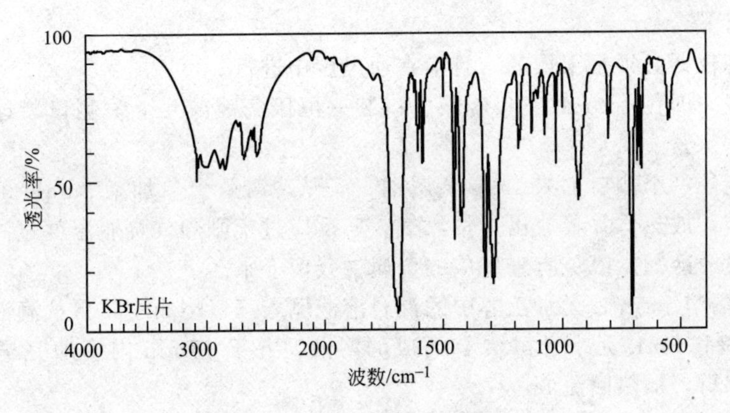

图 4-8 苯甲酸红外谱图

六、思考题

1. 为什么要用新蒸馏过的苯甲醛？长期放置的苯甲醛含什么杂质？若不除去，对本实验有何影响？

2. 乙醚萃取液为什么要用饱和亚硫酸氢钠溶液洗涤？萃取过的水溶液是否也需要用饱和亚硫酸氢钠溶液处理？为什么？

【注释】

[1] 也可以改用 11.5g 氢氧化钾和 40mL 水。

[2] 本实验也可采用放置过夜的方法。即在 150mL 锥形瓶中，加入 11g 氢氧化钠和 11mL 水，配成溶液，冷却至室温。在振荡下分四次加入 12.6mL 新蒸馏过的苯甲醛，每加一次均应塞紧瓶塞用力振荡（若温度过高，可用冷水浴冷却），使反应物混合均匀，最后反应物呈白色糊状物。塞紧瓶塞，放置过夜。

4.2 有机化学提高实验

实验四十五 正丁基苯基醚的制备

A. 威廉森（Williamson）法

一、实验原理

卤代烃与醇钠反应是合成醚的重要方法之一，这一传统方法特别适用于不对称醚的合成。

反应式：

$$2CH_3CH_2OH + 2Na \longrightarrow 2CH_3CH_2ONa + H_2\uparrow$$

$$CH_3CH_2ONa + C_6H_5OH \longrightarrow C_6H_5ONa + CH_3CH_2OH$$

$$C_6H_5ONa + CH_3CH_2CH_2CH_2Br \longrightarrow C_6H_5OCH_2CH_2CH_2CH_3 + NaBr$$

二、实验药品

苯酚（4.7g，0.05mol），金属钠（1.2g，0.052mol），正溴丁烷［9.8g，7.7mL（0.072mol）］，无水乙醇，10%氢氧化钠溶液，无水硫酸镁，3%硫酸。

三、实验所需时间

实验所需时间为 6h。

四、实验步骤

本实验所用仪器必须是干燥的，且应在通风橱中进行。

安装好装置，即在 100mL 三口烧瓶中口装一恒压滴液漏斗，一侧口装球形冷凝管，另一侧口用磨口塞塞紧。

从三口烧瓶的一个侧口加入 1.2g 金属钠[1]，从冷凝管上口加入 25mL 无水乙醇[2]，钠与乙醇立即反应，放热，并释放出大量氢气。若反应过于剧烈，烧瓶温度过高，可用冷水浴冷却，但不宜过分冷却，以免有未反应的金属钠残留下来。

将 4.7g 苯酚溶于 5mL 无水乙醇中的混合溶液倒入三口烧瓶中，再从滴液漏斗中滴加由 7.7mL 正溴丁烷和 5mL 无水乙醇混合而成的溶液，并于 15min 内滴加完毕，间歇振荡烧瓶，加入几粒沸石，加热回流 3h。

将回流装置改为蒸馏装置，在沸水浴上尽可能将乙醇蒸出（蒸出的乙醇倒入指定的回收瓶中）。往烧瓶中的残留物里加入适量的水。用分液漏斗分出油层。油层用 10% 氢氧化钠溶液洗涤两次，每次用 3mL；再依次用水、3% 硫酸溶液和水洗涤，然后用无水硫酸镁干燥。

用 30mL 圆底烧瓶组装的空气冷凝管蒸馏装置蒸馏。收集 207～211℃馏分[3]。

纯正丁基苯基醚（*n*-butyl phenyl ether）为无色透明液体，沸点 210℃，d_4^{20} 0.94，n_D^{20} 1.4969。

B. 相转移催化方法

一、实验原理

相转移催化（phase-transfer catalysis，简称 PTC）技术是 20 世纪 60 年代末出现的一种新兴而有效的合成技术。它的出现使有机合成方法在某些情况下摆脱了经典的技巧，而代之以新的方法。相转移催化具有反应条件温和、操作简便、反应时间短、选择性高、副反应少等优点而广泛用于有机合成中。

相转移催化反应的基本原理是：在两个不相溶的相间（液-液两相或固-液两相），借助于催化剂把一种实际参加反应的实体（如负离子）从一相（如水相）转移到另一相（如有机相）中，以使它与该相中的另一种物质发生反应，合成所需的产物。其反应过程可用下面图式表示（以正丁基苯基醚的制备为例）：

$$C_6H_5OH + NaOH \rightleftharpoons C_6H_5ONa + H_2O$$

$$C_6H_5ONa + Q^+Br^- \rightleftharpoons Q^+C_6H_5O^- + NaBr \qquad \text{水相}$$

$$\Updownarrow \qquad\qquad \Updownarrow \qquad \text{相界}$$

$$n\text{-}C_4H_9OC_6H_5 + Q^+Br^- \rightleftharpoons Q^+C_6H_5O^- + n\text{-}C_4H_9Br \qquad \text{有机相}$$

反应式

$$C_6H_5OH + n\text{-}C_4H_9Br \xrightleftharpoons[PTC]{NaOH} n\text{-}C_4H_9OC_6H_5$$

二、实验药品

苯酚（6.3g，0.067mol），正溴丁烷［32g，25mL（0.23mol）］，氢氧化钠（5.2g，0.13mol），溴化四丁基铵（0.3g，0.001mol），10% 氢氧化钠溶液，无水硫酸镁，饱和食盐水。

三、实验所需时间

实验所需时间为 4h。

四、实验步骤

实验装置采用电动搅拌回流装置。

在 100mL 三口烧瓶中加入 6.3g 苯酚、25mL 水、5.2g 氢氧化钠、25mL 正溴丁烷和 0.3g 相转移催化剂溴化四丁基铵。安装好电动搅拌装置后，打开电动搅拌、加热回流反应 2h。

反应结束后冷却分出水层。油层用 10%氢氧化钠溶液洗涤两次，每次 10mL；再用饱和食盐水洗涤三次[4]，每次 10mL，洗至中性。洗涤好的产品用无水硫酸镁干燥。用普通蒸馏装置蒸出正溴丁烷后，改用空气冷凝管蒸馏正丁基苯基醚，收集 200～210℃馏分。

纯正丁基苯基醚为无色透明液体，沸点 210℃，d_4^{20}0.94，n_D^{20}1.4969。

五、产品的定性鉴定方法

醚从结构上看性质很稳定，故没有简便的化学鉴定方法。脂肪族醚用物理性质或借助红外光谱与核磁共振谱来鉴定，有芳环的醚则可先制得其溴或硝基衍生物，再进行鉴定。

正丁基苯基醚的红外谱图见图 4-9。

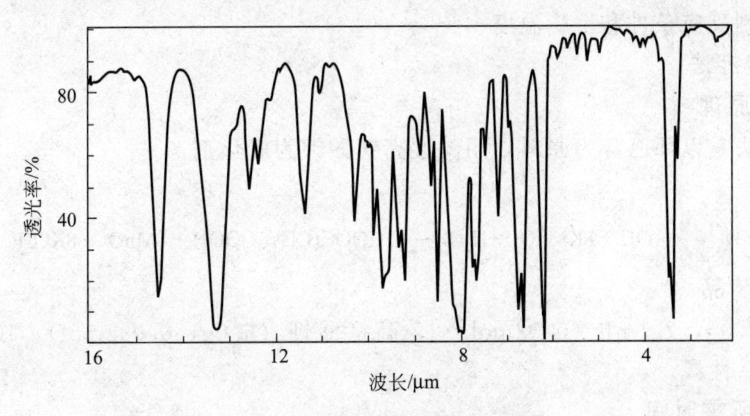

图 4-9 正丁基苯基醚红外谱图

六、思考题

1. 是否可用溴苯与正丁醇钠作用来制备正丁基苯基醚？为什么？
2. 本实验为什么不直接制备酚钠而是先制备乙醇钠溶液，再由后者来制备酚钠？
3. 本实验是否会有大量苯乙醚副产物生成？为什么？

【注释】

[1] 金属钠须用压钠机制成钠丝，或在盛有环己烷等惰性烃的研钵中切成小片。

[2] 无水乙醇用市售商品，也可自制。无水乙醇的自制方法是：在 500mL 圆底烧瓶中加入 200mL95%乙醇和 50g 块状坚硬的生石灰，塞紧瓶口，放置过夜（若不放置，可适当延长回流时间）。

取下瓶塞，安装成防潮回流装置，在沸水浴上加热回流 2～3h，稍冷后卸下冷凝管，改装成防潮蒸馏装置，在沸水浴上加热蒸馏（一般用干燥剂干燥有机溶剂时，在蒸馏前应先过滤除去。但氧化钙与乙醇中的水反应生成的氢氧化钙在加热时不分解，故可留在瓶中一起蒸馏），前 5～10mL 馏分另行收集。经此处理可得 99.5%乙醇。

[3] 最后纯化产物可用常压蒸馏，也可以用减压蒸馏。若用减压蒸馏在压力为 2.26kPa (17mmHg) 时，可收集 93～97℃馏分。

[4] 在分水、洗涤分层操作中，由于有相转移催化剂存在，因此，分液漏斗不宜过分剧烈振荡，以免乳化不易分层。一旦乳化，可加少量食盐即可分层。静置分层时，静置时间应稍长些，以使彻底分层后再分出水层，否则会降低产率。

实验四十六　己二酸的制备

己二酸（adipic acid）主要用于生产尼龙 66 和聚氨酯，也可同醇类反应生产己二酸酯，后者用于增塑剂、合成润滑剂等。

制备羧酸的常用方法是氧化法，即以烯烃、醇或醛为原料，用硝酸、重铬酸钾-硫酸、高锰酸钾、双氧水等氧化剂，使其氧化成羧酸。

在上述这些氧化剂中，硝酸与有机化合物发生强烈的反应，同时产生废气，重铬酸钾和高锰酸钾作为氧化剂价格低廉且产率颇高，但反应生成大量的废液和废渣，如不进行处理，则将造成严重的污染问题。因此，这些氧化剂都不能满足绿色化学的需求。双氧水作为一种清洁绿色化的氧化剂正越来越多地应用于有机合成中。

制备己二酸的原料为环己烯、环己醇或环己酮。本实验介绍两种制备己二酸的方法。

在环己烯或环己醇氧化时，将产生一些降解的二元羧酸。氧化反应一般是放热反应，所以必须严格控制反应条件和反应温度。

A. 高锰酸钾法

一、实验原理

第一种方法是以环己醇为原料，用碱性高锰酸钾为氧化剂。

反应式

$$3\,C_6H_{11}\text{—}OH + 8KMnO_4 + H_2O \longrightarrow 3HOOC(CH_2)_4COOH + 8MnO_2 + 8KOH$$

二、实验药品

环己醇［2.0g，2.1mL（0.02mol）］，高锰酸钾（6.0g，0.038mol），10% NaOH 溶液，浓盐酸，活性炭。

三、实验所需时间

实验所需时间为 4h。

四、实验步骤

在 250mL 烧杯中加入 5mL 10% NaOH 溶液和 50mL 水，搅拌下[1]加入 6g $KMnO_4$ 至溶解。将反应物预热至 40℃后撤去热源，搅拌下缓慢加入 2.1mL 环己醇[2]。滴加完毕后继续搅拌至温度下降时，继续在沸水浴中加热，使反应完全[3]。

检验反应已经完成后，趁热抽滤。滤渣用少量热水洗涤。合并滤液和洗涤液，用约 4mL 的浓 HCl 酸化至呈酸性。溶液中加少量活性炭煮沸脱色。趁热抽滤，冷却后抽滤得己二酸晶体[4]。烘干后称重，并计算产率。

纯己二酸是无色单斜晶体，熔点 153℃，d_4^{20} 1.3600，易溶于乙醇，微溶于乙醚。

B. 双氧水法

一、实验原理

第二种方法是以环己烯为原料，用过氧化氢为氧化剂，钨酸钠为催化剂。其方法来自于 1998 年 *Science* 上发表的原始文献。

反应式：

$$C_6H_{10} \xrightarrow[H_2O_2]{Na_2WO_4} HOOC(CH_2)_4COOH$$

二、实验药品

环己烯（4.0g，4.9mL，0.049mol），H_2O_2（30%，24.0g，0.21mol），$Na_2WO_4 \cdot 2H_2O$

1.0g，三正辛胺硫酸盐（0.6g），$KHSO_4$（0.8g）。

三、实验所需时间

实验所需时间为4h。

四、实验步骤

在100mL三口烧瓶中依次加入1g Na_2WO_4、0.6g三正辛胺硫酸盐[5]、24.0g H_2O_2（30%）[6]、0.8g $KHSO_4$[7]和4.9mL环己烯。安装好电动搅拌装置。室温下搅拌20min以后，搅拌下缓慢加热至回流。并在回流状态下搅拌反应4h[8]。

将反应混合物用冰水冷却至晶体全部析出[9]，抽滤并用少量冷水洗涤。粗产品用热水重结晶。粗产品烘干以后称重并计算产率。

五、产品的定性鉴定方法

1. 测产物的熔点。

2. 测产物的红外光谱。己二酸的标准红外光谱见图4-10。

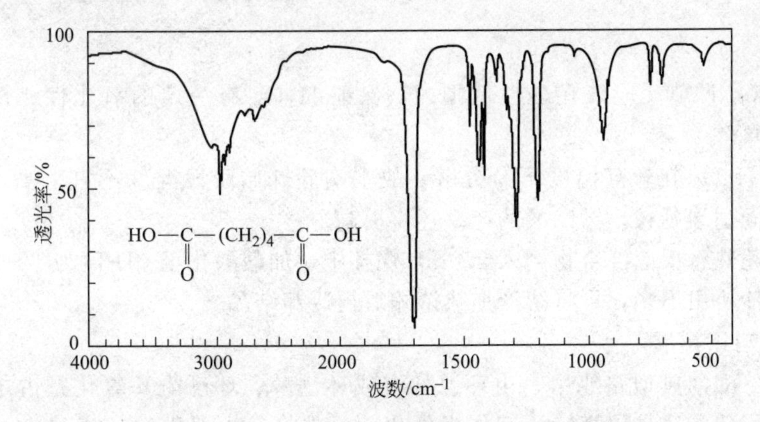

图4-10　己二酸的标准红外光谱

六、思考题

1. 在用高锰酸钾氧化法实验中，某同学未将反应先预热便缓慢滴加环己醇，结果发生冲料现象，你认为这是由于什么原因造成的？

2. 为什么有些实验在加入最后一个反应物前应预先加热？为什么一些反应剧烈的实验，开始时的加料速度比较缓慢，待反应开始后反而可以适当加快加料速度，原因何在？

3. 试由两种方法制备得到的己二酸产率、熔点和红外光谱，并结合实际的操作过程，分析总结这两种制备方法的优缺点。

【注释】

[1] 本实验是非均相反应，整个合成过程应注意搅拌。可用人工或磁力搅拌。但用人工搅拌可能会使反应产率有所降低。

[2] 氧化反应是强放热反应。环己醇的滴加速度不宜过快，滴加时应保持反应温度在40～45℃之间。滴加环己醇时须撤去热源，必要时要用冷水浴冷却。

[3] 反应放出的热量足以使温度维持在40～45℃之间。只有待环己醇几乎反应完后，温度才会下降。而在沸水浴中继续搅拌加热，主要是促使MnO_2颗粒长大便于抽滤。反应是否完全可以用以下方法来检验：在一张滤纸上点一小滴反应混合物，如有$KMnO_4$存在，MnO_2棕色斑点周围将出现紫色的环。少量的$KMnO_4$对后面的分离提纯不利。可在反应混合物中加少量$NaHSO_3$固体至检验无紫色环出现。

[4] 不同温度下己二酸在水中的溶解度见表4-3。

表 4-3　不同温度下己二酸在水中的溶解度

温度/℃	15	34	50	70	87	100
溶解度/$g\cdot(100mL)^{-1}$	1.44	3.08	8.46	34.1	94.8	100

[5] 三正辛胺硫酸盐起相转移催化作用。有关相转移催化作用的原理见实验四十五正丁基苯基醚的制备。

[6] 据文献，30% H_2O_2 与环己烯氧化合成己二酸的可能途径是：

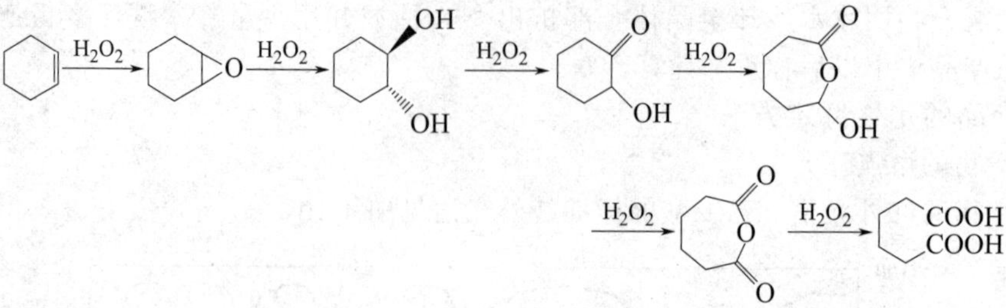

H_2O_2 H_2O_2 OH H_2O_2 O H_2O_2 O O OH OH OH O

H_2O_2 O H_2O_2 COOH COOH O

[7] $KHSO_4$ 调节反应液在酸性范围内，保证 H_2O_2 有一定的氧化性，也可使用水杨酸、磷酸或者草酸。

[8] 由于 H_2O_2 在较高温度下易分解。故本实验开始阶段温度不宜太高，升温速度应缓慢。回流时间适当延长，己二酸的产率还将提高。

[9] 也可趁热将反应混合物倒入 250mL 烧杯中，加酸酸化至 pH 值为 1～2 后再冷却析出晶体。如固体析出不多，可将溶液加热浓缩后再冷却结晶。

七、相关知识拓展

在合成己二酸的典型路线中，由环己烯（或环己醇、环己酮）氧化是占主导的路线之一。但无论是用硝酸还是用高锰酸钾作为氧化剂，都将产生严重的环境污染。1998 年，自 Sato 在美国 *Science* 杂志上发表环己烯清洁氧化合成己二酸工艺以来，己二酸的绿色合成受到世界各国研究者的高度重视。为此，有必要介绍 21 世纪化学研究的热点之一——绿色化学。

绿色化学又称环境无害化学、环境友好化学、清洁化学。它强调用化学的技术和方法去减少或杜绝那些对人类健康、社区安全、生态环境有害的原料、催化剂、溶剂和试剂、产物、副产物等的使用和产生。所研究的中心问题是使化学反应、化工工艺及其产物具有如下所示的特点：

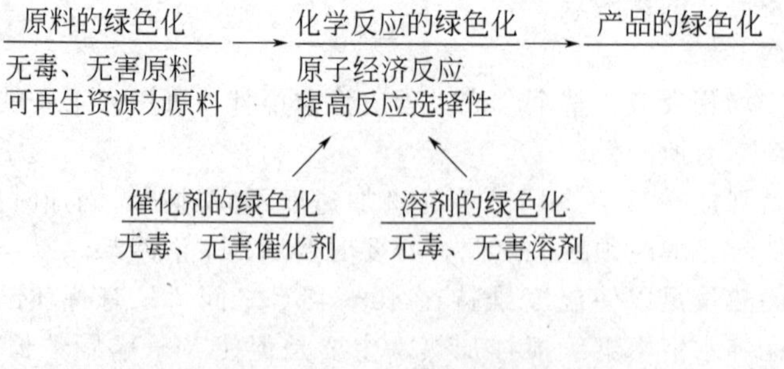

原料的绿色化 → 化学反应的绿色化 → 产品的绿色化
无毒、无害原料
可再生资源为原料
原子经济反应
提高反应选择性
催化剂的绿色化
无毒、无害催化剂
溶剂的绿色化
无毒、无害溶剂

实验四十七　环戊酮的制备

一、实验原理

反应式

$$\begin{matrix}CH_2CH_2COOH \\ | \\ CH_2CH_2COOH\end{matrix} \xrightarrow[290℃]{Ba(OH)_2} \text{环戊酮} + CO_2 + H_2O$$

二、实验药品

己二酸（20g，0.14mol），氢氧化钡（1g，0.104mol），碳酸钾。

三、实验所需时间

实验所需时间为4h。

四、实验步骤

将20g己二酸与1g氢氧化钡在研钵中充分混合后，置于50mL三口烧瓶中，装好蒸馏装置（注意：接收瓶置于冰水浴中）。

开始应小火加热，必要时摇动蒸馏烧瓶，使氢氧化钡固体与熔融的己二酸混合。当固体完全熔化后，再较快地加热，直到温度达到285℃。

保持285～295℃[1]之间进行脱羧反应，带有水和少量己二酸的环戊酮慢慢蒸出，直到烧瓶内仅有少量干燥的残渣为止，约需1～1.5h。

将上述馏出液移入干燥的锥形瓶中，加入固体碳酸钾[2]使水层饱和。然后，用分液漏斗分去水层，有机层用无水碳酸钾干燥后，蒸馏收集128～131℃的馏分。

纯环戊酮（cyclopentanone）为无色液体，沸点130.6℃，折射率n_D^{20}1.4366。

五、产品的定性鉴定方法

将制得的环戊酮用齐列式沸点测定法测定沸点，将测得值与文献值比较即可得出结论。

六、思考题

1. 实验中，氢氧化钡起什么作用？
2. 除本实验的方法外，还有什么方法可用来制备环戊酮？写出相关的方程式。
3. 把己二酸钠盐和碱石灰的混合物熔融，得到的主要产物是什么？

【注释】

[1] 若温度高于300℃时，未作用的己二酸也被蒸出，故温度应尽可能控制于295℃以下。

[2] 加入碳酸钾既可以中和馏出液中的少量己二酸，还可起到盐析的作用，减少环戊酮在水中的溶解。

实验四十八 肉桂酸的制备

一、实验原理

芳香醛与含有α-氢原子的脂肪酸酐在相应的脂肪酸钠盐或钾盐（有时也可用碳酸钾代替）的作用下共热，可发生缩合反应，生成α,β-不饱和芳酸，称为Perkin（珀金）反应。

反应式

$$C_6H_5CHO + (CH_3CO)_2O \xrightarrow[\triangle]{\text{无水}K_2CO_3} C_6H_5CH{=}CHCOOH + CH_3COOH$$

二、实验药品

苯甲醛（7.6mL，0.075mol），无水K_2CO_3（10.5g，0.075mol），乙酸酐（13.8mL，0.15mol），固体Na_2CO_3，浓盐酸，活性炭。

三、实验所需时间

实验所需时间为4h。

四、实验步骤

在干燥的100mL三口烧瓶中加入10.5g研细的无水碳酸钾粉末[1]、7.6mL新蒸过的苯甲醛[2]和13.8mL乙酸酐，振荡使三者混合均匀。三口烧瓶上分别装配空气冷凝管和插到反应混合物中的温度计，然后，在电热套或电炉上加热回流1h，维持反应温度在150～170℃。反应完毕后，向三口烧瓶中加60mL热水。一边充分振荡烧瓶，一边慢慢加入固体碳酸钠粉末[3]，直至反应混合物呈弱碱性，然后进行水蒸气蒸馏，直到馏出液无油珠为止。

在剩余液中加入少许活性炭，加热煮沸10min，趁热过滤。将滤液小心地用浓盐酸酸化，使呈明显的酸性，再用冷水浴冷却[4]。待肉桂酸完全析出时，减压过滤。晶体用少量水洗涤，干燥，称重。

肉桂酸（cinnamic acid）有顺、反异构体，通常以反式形式存在，为无色晶体，熔点133℃。肉桂酸的红外谱图见图4-11。

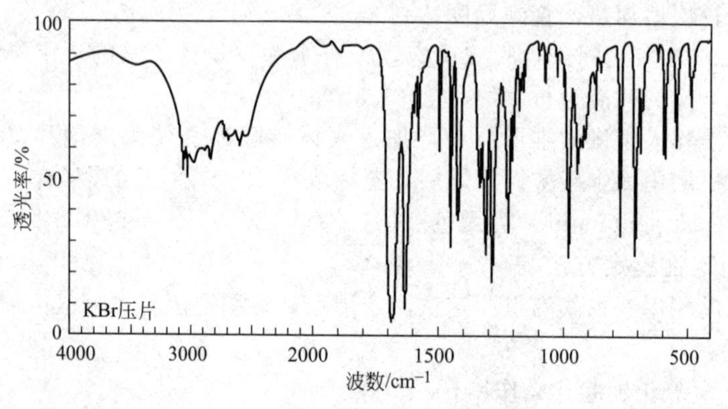

图4-11　肉桂酸的标准红外光谱

五、产品的定性鉴定方法

1. 在试管中加入少许肉桂酸晶体、1mL水和8～10滴高锰酸钾溶液，用力振荡。在室温下，溶液颜色发生变化；稍加热，颜色又迅速发生变化，并可闻到特殊的芳香气味。

2. 用溴水代替高锰酸钾，重复上述操作，但不必加热，即可发现溴的红棕色褪去。

六、思考题

1. 具有何种结构的醛能进行Perkin反应？

2. 苯甲醛与丙酸酐在无水碳酸钾存在下相互作用后得到什么产物？

3. 本实验中，在进行水蒸气蒸馏前能否用NaOH代替Na_2CO_3中和水溶液？为什么？

【注释】

[1] 可用等物质的量的无水醋酸钾（或钠）代替。

[2] 久置的苯甲醛含有苯甲酸，故需通过蒸馏除去。

[3] 此处不能用氢氧化钠代替。

[4] 此处如剩余液过多，处理完后应先加热浓缩至30mL左右，再加浓盐酸酸化，不要先酸化再加热浓缩。

实验四十九　肉桂酸乙酯的制备

一、实验原理

以肉桂酸和无水乙醇为原料，在酸催化下可以制备肉桂酸乙酯（ethyl cinnamate）。

反应式：

$$C_6H_5-CH=CHCOOH + C_2H_5OH \xrightleftharpoons{H_2SO_4} C_6H_5-CH=CHCOOC_2H_5 + H_2O$$

二、实验药品

肉桂酸（5g，0.03mol），无水乙醇（20mL，0.3mol），浓盐酸，乙酸乙酯，10%碳酸钠，无水硫酸镁。

三、实验所需时间

实验所需时间为4h。

四、实验步骤

在干燥的100mL圆底烧瓶中依次加入5g肉桂酸、20mL无水乙醇，慢慢滴加浓硫酸并振荡烧瓶使混合均匀。放入沸石，安装球形冷凝管，加热回流1.5h，此时溶液微浑浊，有少量白色固体。稍冷后，将反应装置改为常压蒸馏装置，并补加沸石，蒸出13mL乙醇。

冷却后在残液中加入30mL水[1]，振荡后将混合液移至分液漏斗中，静置，分出油层。将水层用20mL乙酸乙酯分两次萃取。合并所有的有机层，依次用等体积的水、10%碳酸钠、水洗涤[2]。油层用无水硫酸镁干燥，用常压蒸馏蒸去乙酸乙酯后停止加热，将蒸馏装置改为减压蒸馏。加热、油泵减压蒸馏，收集156～158℃馏分。产物为无色油状液体。

肉桂酸乙酯的标准红外谱图见图4-12。

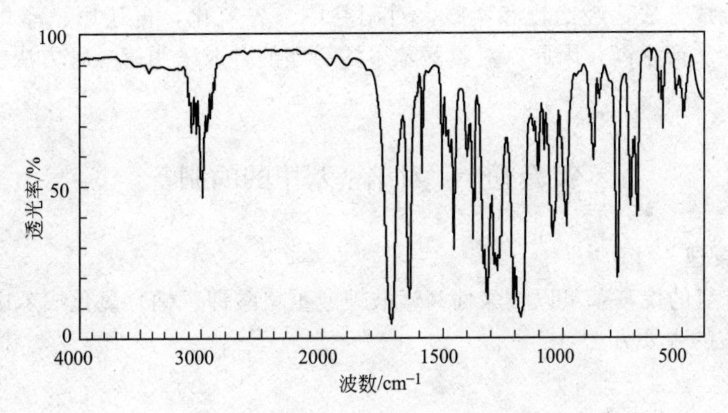

图4-12 肉桂酸乙酯的标准红外光谱

五、产品的定性鉴定方法

将合成产物的红外光谱图与标准谱图对照，如果一致，产物为肉桂酸乙酯。

六、思考题

1. 肉桂酸乙酯制备过程中可不可以用分水器分出所生成的水？

2. 反应时间过长有没有必要？

【注释】

[1] 此操作要求环境温度超过25℃，否则如果环境温度低会导致肉桂酸乙酯冷却凝结成固体，无法进行分液操作。

[2] 环境温度低可采用保温漏斗进行分液和洗涤操作。如果没有上述实验条件，可较低温度下不进行分液与萃取，而直接采用冷却的方式，可看到固体析出。固体可通过抽滤进行分离，分离后进行减压蒸馏即可。

4.3　有机化学系列实验

有机化学系列实验——对氨基苯甲酸乙酯的制备

对氨基苯甲酸乙酯用于医学上局部麻醉，其合成上以对硝基甲苯为原料，可通过三种不同方法制得：

CH_3 / NO_2 　氧化　COOH / NO_2 　还原　COOH / NH_2 　酯化

酯化　$COOC_2H_5$ / NO_2 　还原　$COOC_2H_5$ / NH_2

还原　CH_3 / NH_2 　乙酰化　CH_3 / $NHCOCH_3$ 　氧化　COOH / $NHCOCH_3$ 　酯化、水解

以上三种合成方法，经比较和实践，对硝基甲苯先氧化，再还原、酯化的方法操作简便、实验步骤少、产率高，因此，对氨基苯甲酸乙酯的合成采用第一种方法。

实验五十　对硝基苯甲酸的制备

一、实验原理

α-碳上含有氢的烷基苯可以被酸性高锰酸钾或重铬酸钾（钠）氧化成苯甲酸，这也是实验室制备苯甲酸的主要方法。

反应式：

$$H_3C-C_6H_4-NO_2 + K_2Cr_2O_7 + 4H_2SO_4 \longrightarrow$$

$$HOOC-C_6H_4-NO_2 + Cr_2(SO_4)_3 + K_2SO_4 + 5H_2O$$

二、实验药品

对硝基甲苯（6g，0.044mol），重铬酸钾（18g，0.06mol），浓硫酸（55.2g，30mL，0.54mol），5%氢氧化钠溶液，15%硫酸，50%乙醇。

三、实验所需时间

实验所需时间为 4h。

四、实验步骤

在 100mL 三口烧瓶中依次加入 6g 研碎的对硝基甲苯、18g 重铬酸钾和 22mL 水，滴液漏斗中加入 55.2g 浓硫酸，按图 2-30（b）安装仪器[1]。开启电动搅拌器，慢慢加入浓硫酸[2]。随着浓硫酸的加入，反应温度迅速上升，物料颜色变深。控制滴加速度，使反应在低于沸腾的温度下进行（滴加时间 40～60min）。浓硫酸滴加完后，关闭滴液漏斗旋塞，稍

冷后再将烧瓶放置在电热套上缓慢加热[3]，保持反应混合物微沸 30min，停止加热。冷却后，加入 75mL 冷水，搅拌均匀后，关闭电动搅拌器。将混合物冷却、抽滤，压碎粗产物，用 40mL 水分两次洗涤滤饼。滤饼呈深黄色，为对硝基苯甲酸的粗产物[4]。

由于产物中夹杂铬盐，需对粗产物进行精制。将 76mL 5%氢氧化钠溶液与粗产物放入 250mL 烧杯中，搅拌使粗产物溶解[5]，如有不溶物可温热溶之（不超过 60℃）。冷却后抽滤。在玻璃棒搅拌下将滤液倒入盛有 60mL 15%硫酸的烧杯中，有淡黄色沉淀析出，用试纸检查溶液是否呈明显酸性。呈酸性后冷却、抽滤，滤饼用少量水洗至中性。将滤饼放入 250mL 圆底烧瓶中，加入 100mL 50%的乙醇水溶液[6]。连接好球形冷凝管，加热回流，如有不溶物则继续添加 50%的乙醇水溶液至固体物质刚好溶解[7]。冷却，有淡黄色针状晶体析出。减压抽滤、干燥，得到对硝基苯甲酸。

五、产品的定性鉴定方法

1. 取少量产品与 KI 和 KIO_3 共同研细，若有碘的棕色出现，表明有羧基存在。如观察效果不明显，加入 5 滴水和 2～4 滴淀粉溶液，呈现黄色即表明产物中含有羧基。

2. 将合成的对硝基苯甲酸的红外光谱图与标准谱图（图 4-13）对照，如果一致，产物为对硝基苯甲酸。

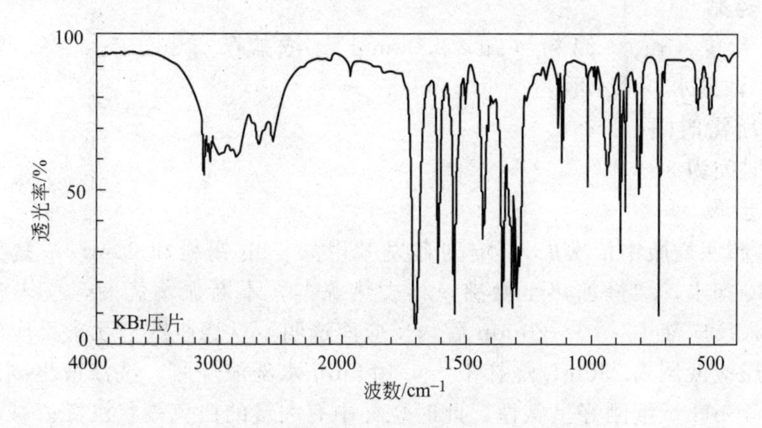

图 4-13　对硝基苯甲酸的标准红外光谱

六、思考题

1. 本实验为何采用机械搅拌和滴加硫酸的方法？

2. 投料时加入 22mL 水的目的是什么？多加是否可以？为什么？

3. 粗产品的提纯方法是什么？说明原理。

【注释】

[1] 此反应激烈，且大量放热。采用机械搅拌方法可使反应混合物温度均匀，避免局部过热。

[2] 滴加硫酸的速度要均匀且不宜过快，否则烧瓶中有大量白雾甚至出现火花。如出现上述现象应立即停止滴加硫酸，并用冷水浴冷却烧瓶。

[3] 加热速度与加热温度不宜过快过高，否则会发生冲料现象，并冷凝在管壁上，使产率降低。

[4] 由于产物中含有硫酸铬，使粗产物带有绿色。

[5] 对硝基苯甲酸可溶于氢氧化钠水溶液中，粗产品中硫酸铬发生如下反应。

$$Cr_2(SO_4)_3 + 6NaOH \longrightarrow 3Na_2SO_4 + 2Cr(OH)_3 \downarrow$$

[6] 乙醇为重结晶溶剂，也可用升华的方法精制。

[7] 50%乙醇的水溶液补加要少量、多次，使烧瓶中的溶液尽可能饱和，以免影响产率。

实验五十一　对氨基苯甲酸的制备

一、实验原理

硝基易被还原，在酸性介质中被还原为氨基，还原剂通常为金属（Sn、Zn、Fe）和盐酸。

反应式：

$$p\text{-}O_2N\text{-}C_6H_4\text{-}COOH \xrightarrow[HCl]{Sn} p\text{-}HCl\cdot H_2N\text{-}C_6H_4\text{-}COOH \xrightarrow{NH_3\cdot H_2O} p\text{-}H_2N\text{-}C_6H_4\text{-}COONH_4 \xrightarrow{CH_3COOH} p\text{-}H_2N\text{-}C_6H_4\text{-}COOH$$

二、实验药品

对硝基苯甲酸（4g），锡粉（9g，0.08mol），浓盐酸［36%～38%，23.8g，20mL（0.25mol）］，浓氨水，冰乙酸。

三、实验所需时间

实验所需时间为 3h。

四、实验步骤

在 100mL 圆底烧瓶中依次加入 4g 对硝基苯甲酸、9g 锡粉和 20mL 浓盐酸，装上球形冷凝管并通入冷却水，缓慢加热至微沸，移去热源[1]，不断振荡烧瓶，使未参与反应的对硝基苯甲酸浸入反应液中。10～20min 后，反应液透明，且烧瓶壁上无未反应的对硝基苯甲酸，稍冷后将反应液倒入 250mL 烧杯中[2]，用 5mL 水洗涤烧瓶，洗涤液也倒入烧杯中。滴加浓氨水[3]，至 pH 试纸刚好呈碱性，此时烧杯中有大量的白色糊状沉淀。减压抽滤，用少量水分两次洗涤滤饼，合并滤液[4]。向滤液中缓慢滴加冰乙酸，至石蕊试纸恰好呈酸性[5]，此时有白色晶体析出，冷却、减压抽滤，将滤饼烘干（或晾干），称重。

对氨基苯甲酸（4-aminobenzoate）为白色针状晶体，186℃熔融并分解。

五、产品的定性鉴定方法

取 0.1g 戊二醇钠和 0.1g 产物放入微型坩埚中，用 $2mol\cdot L^{-1}$ 氢氧化钾溶液碱化，并立即用 3 滴 $2mol\cdot L^{-1}$ 盐酸酸化，若溶液出现红至紫色，表明有芳香族伯胺存在。

六、思考题

1. 碱化和酸化的作用是什么？

2. 控制溶液的 pH 值有何意义？可否用氢氧化钠和盐酸代替氨水和冰乙酸？

【注释】

[1] 还原反应放热并很快发生，液体微沸后即移去热源，否则温度过高使氯化氢气体从冷凝管上口逸出。

[2] 本反应的锡粉不可以倒入烧杯中。

[3] 加入氨水起碱化作用，可除去滤液中的锡离子，而对氨基苯甲酸的盐酸盐生成铵盐溶于水。反应式如下：

$$SnCl_4 + 4NH_3\cdot H_2O \longrightarrow Sn(OH)_4\downarrow + 4NH_4Cl$$

$$\text{p-HOOC-C}_6\text{H}_4\text{-NH}_2\cdot\text{HCl} + 2\text{NH}_3\cdot\text{H}_2\text{O} \longrightarrow \text{p-H}_4\text{NOOC-C}_6\text{H}_4\text{-NH}_2 + \text{NH}_4\text{Cl} + 2\text{H}_2\text{O}$$

［4］滤液若超过 55mL，在电加热套上浓缩至 45～55mL，在浓缩过程中若有固体析出，应滤去。

［5］对氨基苯甲酸为两性物质，碱化或酸化时需小心控制酸碱用量，否则使产率降低。

实验五十二　对氨基苯甲酸乙酯的制备

一、实验原理

反应式：

$$\text{p-HOOC-C}_6\text{H}_4\text{-NH}_2 + \text{CH}_3\text{CH}_2\text{OH} \xrightarrow{\text{H}_2\text{SO}_4} \text{p-C}_2\text{H}_5\text{OOC-C}_6\text{H}_4\text{-NH}_2\cdot\text{H}_2\text{SO}_4$$

$$\text{p-C}_2\text{H}_5\text{OOC-C}_6\text{H}_4\text{-NH}_2\cdot\text{H}_2\text{SO}_4 + \text{Na}_2\text{CO}_3 \xrightarrow{\text{H}_2\text{SO}_4} \text{p-C}_2\text{H}_5\text{OOC-C}_6\text{H}_4\text{-NH}_2$$

二、实验药品

对氨基苯甲酸（2g，0.015mol），无水乙醇（15.6g，20mL，0.34mol），浓硫酸（4.6g，2.5mL，0.045mol），碳酸钠，10%碳酸钠溶液。

三、实验所需时间

实验所需时间为 4h。

四、实验步骤

在干燥的 100mL 圆底烧瓶中依次加入 2g 对氨基苯甲酸、20mL 无水乙醇和 2.5mL 浓硫酸[1]，混合均匀后投入沸石并安装球形冷凝管，加热回流 1h。将反应液趁热倒入装有 50mL 冷水的烧杯中，搅拌使其混合均匀，此时为透明溶液。在不断搅拌下加入碳酸钠粉末，当液面下有少许白色沉淀时[2]滴加 10%碳酸钠溶液，使溶液呈中性，此时有大量白色沉淀析出。冷却、过滤，用 10mL 水分两次洗涤滤饼，将滤饼烘干（或晾干），得到白色粒状对氨基苯甲酸乙酯。

如需要，可将粗产品用 50%乙醇的水溶液重结晶，纯净的对氨基苯甲酸乙酯（ethyl 4-aminobenzoate）为白色针状晶体。

五、产品的定性鉴定方法

将合成产物的红外谱图与标准谱图（图 4-14）对照，如果一致，产物为对氨基苯甲酸乙酯。

六、思考题

1. 反应投料比例改变对实验结果有何影响？
2. 碱化时为何用碳酸钠而不用氢氧化钠？

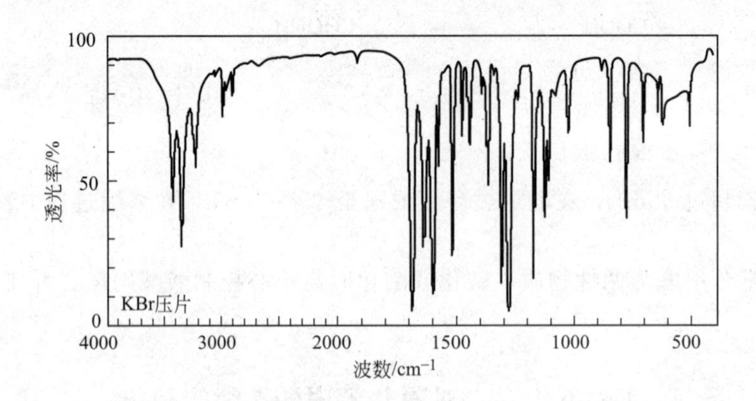

图 4-14　对氨基苯甲酸乙酯的标准红外光谱

【注释】

[1] 硫酸的加入要慢，并不断振荡烧瓶，使其混合均匀，防止加热后碳化变色，影响产品质量和收率。

[2] 碳酸钠粉末加入要少量、多次，以防大量的二氧化碳气体放出并使液体溢出烧杯。

实验五十三　溴乙烷的制备

一、实验原理

反应式：

主反应

$$NaBr + H_2SO_4 \longrightarrow HBr + NaHSO_4$$

$$C_2H_5OH + HBr \longrightarrow C_2H_5Br + H_2O$$

副反应

$$2C_2H_5OH \xrightarrow{\text{浓 } H_2SO_4} C_2H_5OC_2H_5 + H_2O$$

$$C_2H_5OH \xrightarrow{\text{浓 } H_2SO_4} H_2C{=}CH_2 + H_2O$$

二、实验药品

乙醇（20mL，0.33mol），溴化钠（26g，0.25mol），浓硫酸（38mL，0.68mol），饱和亚硫酸氢钠溶液。

三、实验所需时间

实验所需时间为 4h。

四、实验步骤

在 100mL 圆底烧瓶中放入 18mL 水，在冷却和不断振荡下，慢慢加入 38mL 浓硫酸，冷却到室温后，再加入 20mL 95% 乙醇，然后在搅拌下加入 26g 研细的溴化钠[1]，再加入 2～3 粒沸石。将烧瓶用 75°弯管与直形冷凝管相连，冷凝管下端连接尾接管。溴乙烷的沸点很低，极易挥发。为避免挥发损失，在接收器中加 10mL 冷水及 10mL 饱和亚硫酸氢钠溶液[2]，放在冷水浴中冷却，并使尾接管的末端刚好浸在接收器的水溶液中[3]。

在石棉网上用小火加热烧瓶，瓶中物质开始发泡，控制加热温度，使油状物质逐渐蒸馏出去。约 30min 后，慢慢加大火焰，直至无油滴蒸出[4]。馏出液为乳白色油状物，沉于瓶底。

将接收器中的液体倒入分液漏斗中，静置分层后，下层的粗溴乙烷放入干燥的锥形瓶中[5]。将锥形瓶浸入冰水浴中冷却，逐滴往瓶中加入浓硫酸，同时振荡，直到溴乙烷变得澄清透明，且瓶底有液层分出（约需浓硫酸 8mL）。用干燥的分液漏斗仔细地分出下层的硫酸，上层的溴乙烷从分液漏斗上口倒入 50mL 蒸馏烧瓶。水浴加热蒸馏，收集 37～40℃（注：接收器用冰水浴冷却）。

溴乙烷（ethyl bromide）为无色液体，沸点 38.4℃，d_4^{20}1.431。

五、产品的定性鉴定方法

参看正溴丁烷的鉴定方法。

六、思考题

1. 本实验中哪一种原料是过量的？为什么反应物的摩尔比不是 1∶1？
2. 在制备溴乙烷时，反应混合物如果不加水会有什么结果？
3. 粗产品中可能会含有什么杂质？是如何除去的？
4. 为减少溴乙烷的挥发，本实验中采取了哪些措施？

【注释】

[1] 溴化钠要研细，搅拌下加入，以防结块而影响反应进行。也可用含结晶水的二水合溴化钠，其用量按摩尔换算，并相应减少加入的水量。

[2] 加热不均或过烈时，会有少量溴分解出来，使蒸馏的油层带棕黄色，亚硫酸氢钠可除去黄色。

[3] 在反应过程中应密切注意防止接收器中的液体发生倒吸而进入冷凝管。一旦发生此现象，应暂时把接收器放低，使尾接管下端露出液面，然后稍加大火焰，待馏出液出来时再恢复原状。反应结束后，先移开接收器，再停止加热。

[4] 整个反应过程需 0.5～1h。反应结束时，烧瓶中残液由浑浊变为澄清透明，应趁热将残液倒出，以免硫酸氢钠冷却后结块不易倒出。

[5] 要避免把水带入分出的溴乙烷中，否则加硫酸处理时将产生较多的热量而使产品挥发。

实验五十四　溴化四乙基铵的制备

一、实验原理

季铵盐是离子化合物，具有无机盐的性质，易溶于水而不溶于非极性有机溶剂。由叔胺和卤代烃作用而得。

反应式：

$$(C_2H_5)_3N + C_2H_5Br \longrightarrow (C_2H_5)_4\overset{+}{N}Br^-$$

二、实验药品

三乙胺（13.8mL，0.1mol），溴乙烷（8.3mL，0.12mol）。

三、实验所需时间

实验所需时间为 8h。

四、实验步骤

在 50mL 圆底烧瓶中加入 13.8mL 三乙胺和 8.3mL 溴乙烷[1]，投入几根上端封闭的毛细管，其上端斜靠在瓶颈内壁上，装配回流冷凝管、无水氯化钙干燥管。用小火加热回流 6h[2]，回流速度控制在 1～2 滴/s，并间歇振荡烧瓶。

停止加热，冷却反应物。待固体产物尽可能析出后抽滤，将得到白色的季铵盐产物，装入用塞子塞紧的广口瓶中，置于放有变色硅胶的干燥器内保存。

五、产品的定性鉴定方法

将制备好的湿氧化银沉淀分装在两个试管中[3]，各加入 2mL 水及 1～2 滴酚酞指示剂。在一个试管中加入少量的溴化四乙基铵（tetraethylammonium bromide），振荡。观察两个试管中的液体和固体的颜色有何不同？在 pH 试纸上各滴一滴，有何不同？再用百里酚酞试纸检验，有何不同？

六、思考题

1. 还可用什么方法制备季铵盐？

2. 试解释季铵盐产品定性鉴定中的现象。

【注释】

[1] 除三乙胺和溴乙烷外，也可加入乙醇作为反应介质。

[2] 也可将三乙胺和溴乙烷充分混合后，塞紧瓶塞，放置一个星期，季铵盐沉淀析出。

[3] 湿的氧化银要现制现用。其制法为：在试管中加入 2mL 2%的硝酸银溶液，滴加 5%氢氧化钠溶液，至不再生成沉淀为止。过滤，用蒸馏水反复洗涤湿的氧化银沉淀，直到洗涤液不呈碱性（用酚酞试纸检验）。

实验五十五　7,7-二氯双环［4.1.0］庚烷的制备

碳烯是一种二价碳的活性中间体，其通式为 R_2C:。最简单的碳烯是 CH_2:。碳烯存在的时间很短，一般是反应过程中产生，然后立即进行下一步反应。碳烯是缺电子的，可以与不饱和键发生亲电加成反应。

二氯碳烯 Cl_2C: 是一种卤代碳烯。用氯仿和叔丁醇钾作用，发生消除反应即得二氯碳烯：

$$CHCl_3 + (CH_3)_3CO^-K^+ \longrightarrow :\overset{-}{C}Cl_3 + (CH_3)_3COH + K^+$$

$$:\overset{-}{C}Cl_3 \longrightarrow :CCl_2 + Cl^-$$

氯仿在叔丁醇钾存在下与环己烯反应，生成 7,7-二氯双环[4.1.0]庚烷（7,7-dichlorobicyclo[4.1.0]heptane）。

$$\text{环己烯} \xrightarrow[(CH_3)_3CO^-K^+]{CHCl_3} \text{7,7-二氯双环[4.1.0]庚烷}$$

上述反应需要在强碱而且无水的条件下进行。

近年来，相转移催化反应得到迅速发展，可应用于上述反应。在相转移催化剂，如 $(C_2H_5)_3N^+CH_2C_6H_5Cl^-$（氯化三乙基苄基铵）存在下，氯仿与浓氢氧化钠水溶液起反应，产生的 $:CCl_2$ 立即与环己烯作用，生成 7,7-二氯双环[4.1.0]庚烷。通常认为反应按下列机理进行：

$$(C_2H_5)_3\overset{+}{N}CH_2C_6H_5Cl^- \xrightarrow[\text{水相}]{NaOH} (C_2H_5)_3\overset{+}{N}CH_2C_6H_5OH^-$$

$$CHCl_3 + (C_2H_5)_3\overset{+}{N}CH_2C_6H_5OH^- \xrightarrow{\text{相界面}} (C_2H_5)_3\overset{+}{N}CH_2C_6H_5\overset{-}{C}Cl_3 + H_2O$$

$$(C_2H_5)_3\overset{+}{N}CH_2C_6H_5\overset{-}{C}Cl_3 \xrightarrow{\text{有机相}} :CCl_2 + (C_2H_5)_3\overset{+}{N}CH_2C_6H_5Cl^-$$

$$:CCl_2 + \text{环己烯} \longrightarrow \text{7,7-二氯双环[4.1.0]庚烷}$$

以上反应是在相转移催化剂存在下，在有机相中原位产生二氯碳烯 Cl_2C:，产生后与环己烯完成反应。7,7-二氯双环[4.1.0]庚烷的产率可达 60%。如果没有相转移催化剂，则 Cl_2C: 将与水发生反应：

$$:CCl_2 \xrightarrow{H_2O} CO + 2H^+ + 2Cl^-$$

$$:CCl_2 \xrightarrow{2H_2O} HOOC^- + 3H^+ + 2Cl^-$$

因为碳烯与水发生反应会导致反应物被大量的消耗而不能与环己烯反应，预期产物的产率就非常低。

为使相转移反应顺利进行，反应必须在强烈搅拌下进行。本实验是用四乙基溴化铵为相转移催化剂制备 7,7-二氯双环[4.1.0]庚烷。

环己烯的制备（见实验三十九，制备环己烯的药品用量增加 1.5 倍）

一、实验原理

反应式：

$$CHCl_3 + \text{环己烯} \xrightarrow[(C_2H_5)_4\overset{+}{N}Br^-]{NaOH} \text{7,7-二氯双环[4.1.0]庚烷}$$

二、实验药品

环己烯 [6g，7.5mL（0.074mol）]，氯仿 [30g，20mL（0.25mol）]，四乙基溴化铵（0.4g），氢氧化钠，无水硫酸镁，$2mol \cdot L^{-1}$ 盐酸。

三、实验所需时间

实验所需时间为 4～6h。

四、实验步骤

在 100mL 三口烧瓶上，装配机械搅拌器（用甘油液封）、回流冷凝管及温度计。将 6g 新蒸馏过的环己烯、30g 氯仿[1]、0.4g 四乙基溴化铵[2]加入烧瓶中。

开动搅拌器，在强烈搅拌下约于 10min 内从冷凝管上口分四次加入氢氧化钠溶液（12g 氢氧化钠溶于 12mL 水中）。10min 内反应混合物形成乳浊液，并于 25min 内其温度缓慢地自行上升到 55～60℃[3]，保持此温度回流 1h。反应物颜色由灰白变为棕黄色。

停止加热，反应物冷却至室温，然后加入 40mL 冷水，并使固体尽可能全溶。把反应混合物倒入分液漏斗中，静置分层。分离，收集下面的氯仿油层。碱性水层用 20mL 氯仿分两次萃取。合并氯仿萃取液和氯仿油层，用 15mL $2mol \cdot L^{-1}$ 盐酸洗涤，再用水洗涤两次，每次用 20mL 水（注意上、下层的舍取）。油层用无水硫酸镁干燥。

将干燥后的氯仿溶液进行常压蒸馏，蒸出氯仿。然后改装为减压蒸馏装置，用水浴加热，收集 80～82℃/16mmHg（2.13kPa）或 95～97℃/35mmHg（4.67kPa）、102～104℃/50mmHg（6.67kPa）的馏分。

7,7-二氯双环[4.1.0]庚烷为无色液体，沸点 197～198℃。

五、产品的定性鉴定方法

在三个试管中分别取少量产品，往其中一个试管中滴加溴的四氯化碳溶液，如果红棕色消失，往第二个试管中滴加高锰酸钾水溶液，如果紫色不消失，再往第三个试管中滴加硝酸银的醇溶液，如果溶液变浑浊即有白色沉淀生成，说明产品为 7,7-二氯双环［4.1.0］庚烷。

六、思考题

1. 相转移催化的原理是什么？
2. 为什么要用无乙醇的氯仿？
3. 写出醇钠催化的反应原理。
4. 碳烯的反应有哪些？

【注释】

［1］应当使用无乙醇的氯仿。普通氯仿为防止分解而产生有毒的光气，一般加入少量乙醇作为稳定剂，在使用时必须除去。除去乙醇的方法是用等体积的水洗涤氯仿 2～3 次，用无水氯化钙干燥数小时后进行蒸馏。也可用 4A 分子筛浸泡过夜。

［2］也可用其他相转移催化剂，如氯化四乙基铵、溴化三甲基苄基铵等。

［3］若反应温度不能自行上升到 55～60℃，可在水浴或电热套上加热反应物，维持反应物温度在 55～60℃ 1h。

4.4　天然有机化合物的提取

实验五十六　从菠菜中提取叶绿素

众所周知，绿色植物的光合作用能够有效地把光能转化成化学能，为地球上的生物界提供能源，而光合作用的中心就是人们所熟知的叶绿素和细菌叶绿素。叶绿素存在于绿色植物中，因此，有必要简单了解一下从绿色植物中提取叶绿素的方法和叶绿素的结构及性质。

在绿色植物如菠菜叶中，存在着叶绿素 a、叶绿素 b、α-胡萝卜素、β-胡萝卜素、叶黄素等多种天然色素。菠菜中几种色素的结构如下：

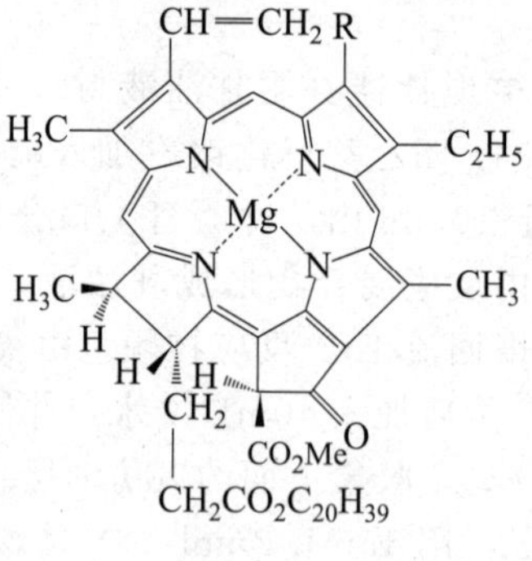

R=Me, 为叶绿素a
R=CHO, 为叶绿素b

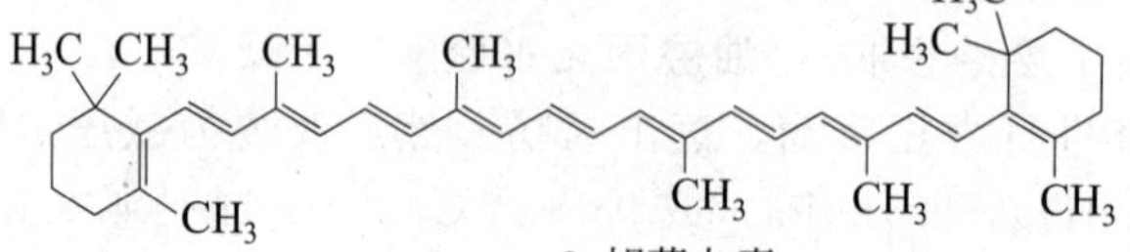

β-胡萝卜素

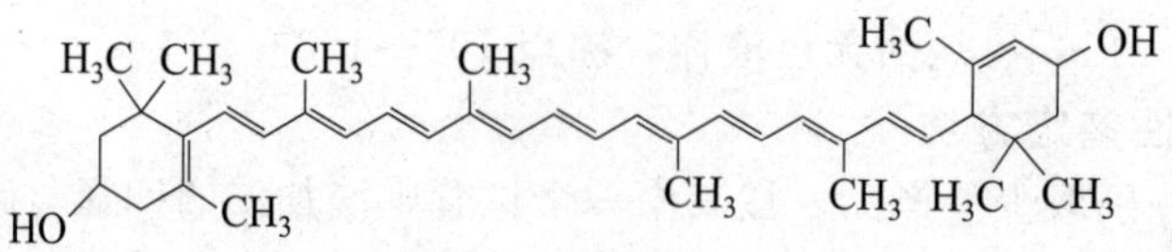

叶黄素

叶绿素 a 和叶绿素 b 的结构如上所示，二者的共同点是均为吡咯衍生物——卟啉与金属镁的配合物，不同点是叶绿素 a 中 R 为甲基，而叶绿素 b 中 R 为甲酰基。通常在植物中叶绿素 a 的含量是叶绿素 b 的三倍。尽管在分子式中，叶绿素分子含有一些极性的基团，但是叶绿素却不溶于水，而是易溶于有机溶剂中，这就决定了叶绿素的直接提取需要使用乙醇、丙酮等有机溶剂。另外，叶绿素是由叶绿酸与甲醇和叶绿醇形成的酯，因此可以用碱与其发生皂化反应而形成叶绿酸的盐，使之溶于水而达到分离的目的。

胡萝卜素是含有 40 个碳的长链共轭多烯，有 α-胡萝卜素，β-胡萝卜素和 γ-胡萝卜素三种异构体，其中 β-异构体含量最多。在生物体内，β-胡萝卜素受酶催化氧化即可形成有生理活性的维生素 A。目前 β-胡萝卜素已进行工业生产，作为维生素 A 使用，也可作为食品工业中的食用色素。由于胡萝卜素是只含有碳氢元素的化合物，极性相对较低，因此在提取分离的过程中扩散最快。

叶黄素又名“植物黄体素”，是一种广泛存在于蔬菜、水果等植物中的天然物质，是一种重要的抗氧化剂。实验证明，在食品中加入一定量的叶黄素可以起到预防细胞衰老和机体器官衰老的作用。其分子中也有一条含 40 个碳原子的长链，与胡萝卜素不同的是还含有氧原子，并以羟基的形式存在，因此，叶黄素的极性略大于胡萝卜素。

一、实验原理

菠菜中叶绿素的主要提取方法是有机溶剂浸泡提取和超声波辅助提取，分离常采用薄层色谱和柱色谱等方法。实验室中通常选用适当的溶剂（丙酮、石油醚等）进行提取，然后用柱色谱进行分离，收集不同色带的溶液。

二、实验药品

菠菜叶（2g），丙酮（40mL），石油醚（40mL），饱和食盐水（100mL），蒸馏水（20mL），无水硫酸钠（1g），粗汽油（3mL，60～90℃馏分），氧化铝（50g），丙酮-粗汽油。

三、实验所需时间

实验所需时间为 8h。

四、实验步骤

1. 提取

称取 2g 菠菜叶[1]，切成碎末后置于研钵中，向研钵中加入碳酸钙粉末[2]，然后加入 20mL 丙酮，对碎菜叶进行研磨提取。将得到的绿色液体倒入烧杯中，剩余的菜叶重复上述提取过程两次，每次用 20mL 丙酮，合并三次的提取液，倒入分液漏斗中[3]。向其中加 40mL 石油醚[4]和 100mL 饱和食盐水[5]，振荡，分去水层，将绿色的油层用 200mL 蒸馏水洗涤两次，每次 100mL，最后分出油层，并用无水硫酸钠进行干燥[6]。

将提取液在旋转蒸发仪上蒸去有机相，然后加入 3mL 粗汽油溶解所得绿色固体。

2. 分离

方法一：纸色谱

准备一张预先干燥过的定性滤纸，剪成长约 10cm、宽约 1cm 的长方形。在距离滤纸一端 1cm 处用铅笔轻轻画一直线。用毛细管吸取提取液，在铅笔痕迹处画线，待液体干后重复划线 5 次。烧杯中加入适量展开剂（展开剂可用水、醋酸、乙醇、乙酸乙酯、石油醚等按照不同比例配制，配制的方法见第二章薄层色谱和柱色谱），展开剂不能高于 1cm。

将滤纸挂在盛有展开剂的烧杯壁上，滤纸下端浸入展开剂中，注意滤纸下端不要贴在烧杯壁上。在烧杯上面盖上培养皿。待展开剂上升至规定高度时，取出滤纸条，观察上面色带的分离情况。

方法二：薄层色谱

用硅胶 G 和 0.5%羧甲基纤维素调制后制薄层板，晾干，在 110℃活化 1h。取活化后的薄层板，点样后，小心放入预先加入选定展开剂的广口瓶内，盖好瓶盖。待展开剂上升至规定高度时，取出薄层板，在空气中晾干，用铅笔做出标记，并进行测量，分别计算出 R_f 值。

方法三：柱色谱

氧化铝装填柱子，以粗汽油作溶剂，将上述 3mL 产物装入柱子中，在产物到达与砂子层顶部成水平时，开始加粗汽油，当观察到黄色谱带[7]沿柱子下移约 1/3 时，改用丙酮-粗汽油体积比 1∶9 作洗脱剂，它能促使混合物中极性比较大的化合物下移，在 45～90min 内洗涤全部物质较为合适，通过柱子观察色带下移次序，从菠菜中得到的色素下移次序如下：

β-胡萝卜素（叶红素）$C_{40}H_{56}$，黄色；叶黄素，黄色；叶绿素 a$C_{55}H_{72}MgN_4O_5$，绿色；叶绿素 b$C_{55}H_{70}MgN_4O_6$，黄-绿色。

用试管或小锥形瓶收集洗出液。

五、产品的定性鉴定方法

荧光现象：在试管中加入 5mL 叶绿素提取液，在直射光下（对着光源）观察溶液的透射光是什么颜色？再背着光源观察溶液的反射光是什么颜色？试解释原因。

H^+ 和 Cu^{2+} 对叶绿素分子中 Mg^{2+} 的取代：在小试管中加入 3mL 叶绿素提取液，向其中加入几滴 5% HCl，振荡，观察溶液的颜色。再向其中加入少量醋酸铜粉末并加热，溶液颜色又发生了什么变化？解释原因。

叶绿素的红外谱图如图 4-15。

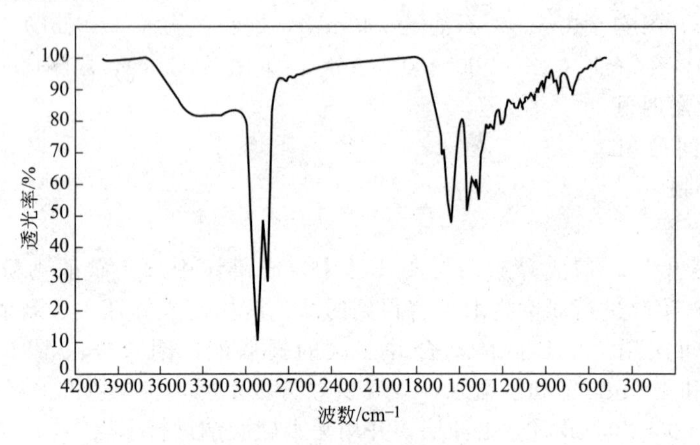

图 4-15　叶绿素的红外谱图

六、思考题

1. 为什么要首先将菠菜中的色素先萃取、干燥并且用溶剂溶解成为样品？直接用菠菜的汁液可不可以作为样品，为什么？

2. 薄层色谱的结果能与柱色谱完全对应吗？

3. 在菠菜提取叶绿素过程中，洗脱剂的极性过小会有什么现象出现？

【注释】

[1] 菠菜需要洗净，用滤纸吸干上面的水分。实验室中可以使用新鲜菠菜或冻菠菜；若用冻菠菜，则应把菠菜放在两层纸之间压挤，以除去霜和水。

[2] 加入碳酸钙的作用是保护菠菜中的色素不受破坏。

[3] 若有必要，在液体倒入分液漏斗之前，可用玻璃棉过滤，以除去固体杂质。

［4］石油醚属于易燃液体，使用要小心。

［5］水的作用是除去丙酮及水溶性杂质；盐的作用是防止乳浊液的形成。

［6］叶绿素等色素对光很敏感，尤其处于干燥状态下，因此，必须避免暴露在阳光及任何强光下。

［7］黄色谱带容易消失，须注意及时观察。

实验五十七　从茶叶中提取咖啡因

茶叶中含有多种生物碱，其中以咖啡碱又称咖啡因为主，占 1%～5%。另外，还含有 11%～12%的单宁酸（又名鞣酸）、0.6%的色素、纤维素、蛋白质等。咖啡因是弱碱性化合物，易溶于氯仿（12.5%）、水（2%）及乙醇（2%）等。在苯中的溶解度为 1%（热苯为 5%）。单宁酸易溶于水和乙醇，但不溶于苯。

咖啡因是杂环化合物嘌呤的衍生物，它的化学名称是 1,3,7-三甲基-2,6-二氧嘌呤。其结构式如下：

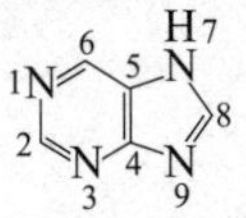

嘌呤 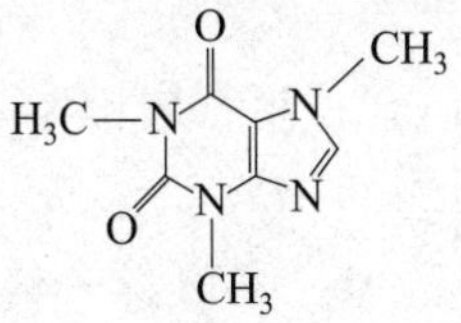　　1,3,7-三甲基-2,6-二氧嘌呤

含结晶水的咖啡因系无色针状结晶，味苦，能溶于水、乙醇、氯仿等。在 100℃时即失去结晶水，并开始升华，120℃时升华相当显著，至 178℃时升华很快。无水咖啡因的熔点为 234.5℃。

一、实验原理

为了提取茶叶中的咖啡因，往往利用适当的溶剂（氯仿、乙醇、苯等）在索氏提取器中连续抽提，然后蒸去溶剂，即得粗咖啡因。

粗咖啡因还含有其他一些生物碱和杂质，利用升华的方法，可以进一步提纯。

工业上，咖啡因主要通过人工合成制得。它具有兴奋中枢神经系统、兴奋心脏、松弛平滑肌和利尿等作用，还可用作治疗脑血管性的头痛；尤其是偏头痛，但过度使用咖啡因会增加耐药性和产生轻度上瘾。它还是复方阿司匹林等药物的组分之一。

从茶叶中提取咖啡因，通常有两种方法：

(1) 使用乙醇或氯仿等溶剂在索氏提取器中对茶叶进行充分的抽提，然后将抽提液浓缩，得到粗品咖啡因，利用升华的方法进一步纯化。

(2) 将茶叶浸泡在热的碱溶液中，使咖啡因溶解于水，然后加入醋酸铅溶液除去一些酸性的杂质（与醋酸铅形成沉淀），再用有机溶剂（如氯仿、二氯甲烷）将咖啡因萃取出来，最后浓缩，用丙酮重结晶可达到纯化的目的。

方法一：利用索氏提取器抽提

二、实验药品

茶叶末（10g），95%乙醇（80mL），生石灰粉（3～4g）。

三、实验所需时间

实验所需时间为 5h。

四、实验步骤

按 100mL 圆底烧瓶上安装好提取装置见图 2-45。称取茶叶末 10g，放入索氏提取器的滤纸套筒中[1]，在圆底烧瓶内加入 80mL 95％乙醇，再加入 1～2 粒沸石。用水浴加热，连续提取 2～3h[2]，当提取器中液体颜色变得很浅，并完成了最后一次虹吸时，立即停止加热。取下索氏提取器和回流冷凝管，改装成蒸馏装置，回收提取液中的大部分乙醇，当烧瓶中剩余的液体体积约为 10mL 时停止蒸馏[3]，把残液倒入蒸发皿中，拌入 3～4g 生石灰粉[4]，在蒸汽浴上蒸干，最后将蒸发皿移至酒精灯上焙炒片刻，除去水分，同时将固体碾为细小粉末。冷却后，擦去沾在边上的粉末，以免在升华时污染产物。取一只合适的玻璃漏斗（漏斗颈口塞少许棉花以防咖啡因蒸气外逸），罩在隔着刺有许多小孔的滤纸的蒸发皿上如图 2-47(a) 所示，用沙浴小心加热升华[5]。当纸上出现白色毛状结晶时，暂停加热，冷至 100℃左右，揭开漏斗和滤纸，仔细地把附在纸上及器皿周围的咖啡因用小刀刮下，残渣经拌和后用较大的火再加热片刻，使升华完全。合并两次收集的咖啡因，测定熔点。若产品不纯时，可用少量热水重结晶提纯（或放入微量升华管中再次升华）。

方法二：乙醇加热提取

二、实验药品

茶叶末 10g；95％乙醇 50mL；生石灰粉 3～4g。

三、实验所需时间

实验所需时间为 4h。

四、实验步骤

在圆底烧瓶中加入 10g 茶叶和乙醇 50mL，加热回流 1.5h。将提取液浓缩，回收大部分乙醇，残液转移至蒸发皿中，拌入 3g 生石灰，在蒸汽浴上蒸干，最后将蒸发皿移至酒精灯上焙炒片刻，使固体化合物烘干。按照方法一中所介绍的升华方法进行纯化。

方法三：碱性水溶液提取

二、实验药品

茶叶末（10g），二氯甲烷（50mL），碳酸钠（10g），石油醚（60～90℃）。

三、实验所需时间

实验所需时间 4h。

四、实验步骤

将 10g 碳酸钠置于 250mL 烧杯中，加入 120mL 水和 10g 茶叶末（最好为袋装茶叶，便于分离），将此混合物小火加热煮沸 20min。冷却至室温，将茶叶袋中的少量液体挤出使之流回烧杯中。将烧杯中的液体用 60mL 二氯甲烷分两次萃取，合并萃取液，用无水硫酸镁进行干燥。安装蒸馏装置，将萃取液中的二氯甲烷蒸出并回收，烧瓶中剩余的固体加入丙酮，在回流的温度下使之刚好完全溶解，然后向其中滴加石油醚至出现沉淀，冷却，抽滤，干燥，称重，测定熔点。

咖啡因的红外谱图如图 4-16 所示。

五、思考题

1. 比较三种方法各有什么优缺点？

2. 方法一中回收乙醇时是否需要再加入沸石，为什么？

【注释】

[1] 滤纸套大小既要紧贴器壁，又能方便取放，其高度不得超过虹吸管；滤纸包茶叶

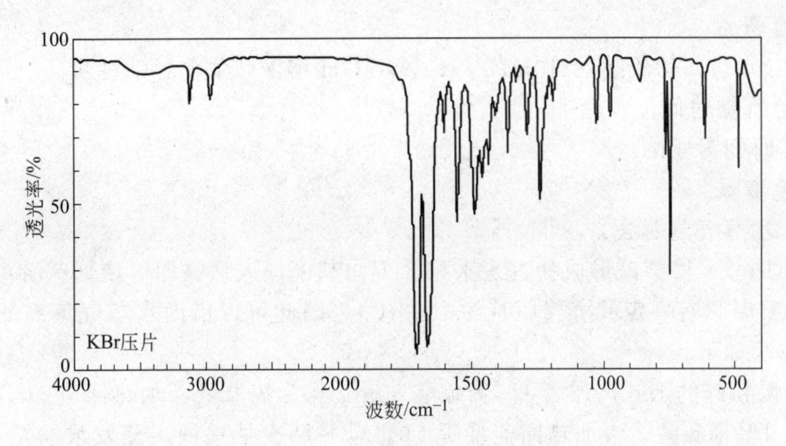

图 4-16 咖啡因的红外谱图

末时要严谨，防止漏出堵塞虹吸管。纸套上面折成凹型，以保证回流液均匀浸润被萃取物。

［2］若提取液颜色很淡时，即可停止提取。

［3］乙醇不能蒸得太干，否则在转移时损失较多。

［4］生石灰起吸水和中和作用，以除去部分酸性杂质。

［5］在萃取回流充分的情况下，升华操作的好坏是本实验成败的关键。在升华过程中，始终都须用小火间接加热。温度太高会使滤纸炭化变黑，并把一些有色物烘出来，使产品不纯。第二次升华时，火焰亦不能太大，否则会使被烘物大量冒烟，导致产物损失。

实验五十八 从烟叶中提取烟碱

烟叶的主要成分是纤维素、烟碱、果胶、蛋白质、有机酸等，其中烟碱［1-甲基-2-(3-吡啶基)吡咯烷］又名尼古丁，是存在于烟草中的主要生物碱。它是具有吡啶和吡咯两种杂环的含氮碱：

一、实验原理

烟碱的分子式为 $C_{10}H_{14}N_2$，相对分子质量 162，沸点为 246.1℃，相对密度为 1.0097。无色，有挥发性，当暴露于空气中时会变成棕色，并有烟草气味，纯品为无色或淡黄色油状液体。在 60℃以下或 200℃以上和水混溶。在烟叶中烟碱以和苹果酸、柠檬酸等有机酸结合的形式存在，易溶于酒精、氯仿、石油醚、煤油等有机熔剂。

尼古丁的毒性很大，而且作用迅速。一支香烟所含的尼古丁即可毒死一只小白鼠，20 支香烟中的尼古丁可毒死一头牛。对人的致死量是 50～70mg，相当于 20～25 支香烟中所含尼古丁的量。如果将三支香烟所含的尼古丁注入人的静脉内 3～5min 即可死亡。它不仅对高等动物有害，对低等动物也有毒害作用，在农业上烟碱可用作杀虫剂，以及兽医药剂中的寄生虫驱除剂。

从烟叶中提取烟碱的方法通常有四种：水蒸气蒸馏法、离子交换法、溶剂萃取法和超临界萃取法。

二、实验药品

烟叶（10g），1%稀硫酸（110mL），40%NaOH溶液，氯仿，活性炭。

三、实验所需时间

实验所需时间为4h。

四、实验步骤

方法一：水蒸气蒸馏法

在烟叶中加酸，使烟碱形成盐进入水相，再向其中加入强碱即可使烟碱游离出来。游离的烟碱在100℃时具有一定的蒸气压（约1333Pa），因此可以借助水蒸气蒸馏的方法来进行分离。具体方法如下。

10g经干燥粉碎的烟叶，加入1%稀硫酸60mL作为提取液，加热回流1h，抽滤。将滤渣加入50mL 1%稀硫酸，再加热回流抽提1h。合并两次抽提液，蒸发浓缩至20mL左右，将浓缩液倒入蒸馏烧瓶中，用40%的氢氧化钠中和至pH=12，用水蒸气蒸馏至馏出液pH=7（大约收集与原来体积相等的馏出液）。蒸出液用5mL氯仿萃取两次，合并萃取液，蒸馏出氯仿，则得到黄色油状物。

上面得到的黄色油状物加入5%的活性炭脱色，然后减压蒸馏，收集121～123℃馏分，得无色油状物，量体积，计算收率。

方法二：溶剂萃取法

即将烟碱用强碱游离出来之后用醚、氯仿等有机溶剂进行萃取，再将得到的萃取液加酸转化为烟碱的盐进行纯化。具体方法如下。

在50mL烧杯中加入10g经干燥粉碎的烟叶和强碱溶液（5% NaOH）20mL，搅拌10min，使烟碱游离，然后减压过滤，尽量挤出烟丝中的提取液。再用10mL水洗烟叶，抽滤并挤压，将两次的滤液合并。将滤液用90mL乙醚分三次萃取[1]，合并萃取液（萃取时应注意不要剧烈振荡分液漏斗以免形成乳浊液给分离带来困难）。安装蒸馏装置，水浴加热蒸去乙醚[2]。向残留物中加入5mL甲醇，一边振荡，一边加入10mL饱和苦味酸的甲醇溶液，会立即出现浅黄色的烟碱盐沉淀[3]，减压过滤，干燥，测定熔点（应在217～220℃之间），计算收率。

五、产品的定性鉴定方法

1. 碱性：在一支小试管中加入0.5mL烟碱提取液，滴入1滴酚酞指示剂，振荡，观察有什么现象？

2. 被氧化：在一支小试管中加入1mL烟碱提取液，滴入1滴$KMnO_4$溶液和3滴Na_2CO_3溶液，微微加热，观察有什么现象？

3. 在一支小试管中加入1mL烟碱提取液，向其中逐滴滴加饱和苦味酸，观察有什么现象？在另一支试管中加入1mL烟碱提取液和HAc溶液，再加入碘化汞钾试剂，观察现象，对上面的性质实验中所发生的现象进行解释。

尼古丁的红外谱图如图4-17。

【注释】

[1] 乙醚萃取的过程中应注意经常放气，有关萃取过程中放气操作参照2.33介绍。

[2] 乙醚沸点低，易挥发，易燃，在蒸馏乙醚时应用水浴加热，不能有明火。蒸馏乙醚要注意安全，避免外泄的乙醚蒸气着火！

[3] 由于烟碱的毒性很强，其蒸气或溶液吸入或渗入人体可使人中毒，操作时务必小心。若不慎手上沾上烟碱提取液，应及时用水冲洗后用肥皂擦洗。

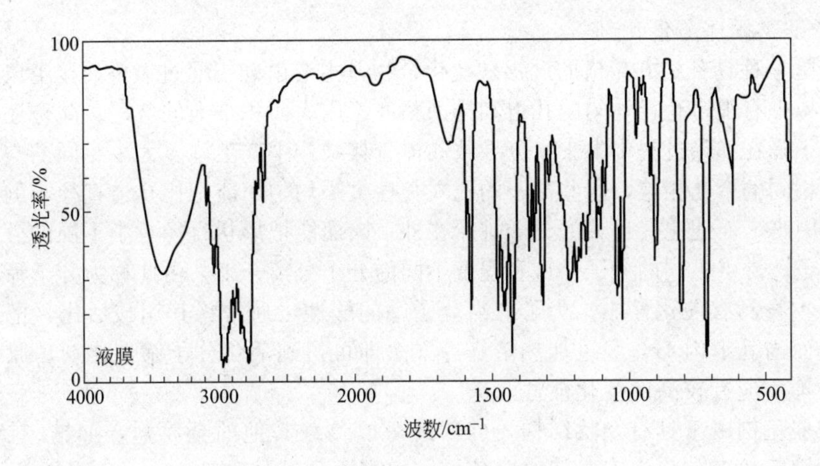

图 4-17 尼古丁的红外谱图

4.5 设计性实验

设计性实验是指学生应用所学理论知识，自己查阅文献，自己设计有机化合物的合成路线，并在教师指导下独立完成实验全过程的综合性实验。

开设设计性实验的目的是培养学生的综合分析问题、解决问题和独立工作能力，为今后的毕业论文和科研实践打下良好的基础。

设计性实验按下列程序开展工作：

(1) 文献资料的准备。包括：①查出有关原料、主副产物的物理常数；②提出可能的合成路线及分离提纯方法；③准备采用的合成路线及分离提纯方法；④列出全部参考文献。

(2) 按拟采用的合成路线提出实验方案。包括：①实验步骤；②反应条件；③所需仪器、设备、药品的规格与用量。

(3) 对设计的合成路线进行可行性论证与答辩。其重点是：①实验的成败关键；②可能出现的问题及其防范措施和处理方法；③总体设计的合理性与可行性。

(4) 在教师指导下，对实验方案进行确定并且按照实验方案进行实验探索。

(5) 实验过程中对实验的结果进行及时分析，并且确定可行的路线完成实验。

(6) 以论文的形式写出实验报告，通过综述、实验过程描述、实验结果与讨论和结论的形式对实验进行全面的分析与总结。

实验五十九 固体酸催化合成有机酸酯

一、固体酸催化剂概述

按照 Brønsted 和 Lewis 的酸碱含义，具有给出质子和接受电子对的固体化合物，都可称为固体酸。常见的固体酸有：天然黏土、阳离子交换树脂、金属氧化物与硫化物、金属盐、氧化物混合物、杂多酸、固体超强酸等。

对于固体酸的酸性与催化效果，研究较多和效果较好的固体酸催化剂主要有分子筛类固体酸催化剂、强酸性离子交换树脂催化剂、杂多酸催化剂和其他固体酸催化剂。

1. 分子筛类固体酸催化剂

分子筛是一种具有立方晶格的硅铝酸盐化合物，主要由硅铝通过氧桥连接组成空旷的骨架结构。在结构中有很多孔径均匀的孔道和排列整齐、内表面积很大的空穴。此外还含有金属离子和水。分子筛在加热过程中失去水分导致晶体骨架结构中产生许多大小相同的空腔，空腔又有许多直径相同的微孔相连，这些微小的孔穴直径大小均匀，能把比孔道直径小的分子吸附到孔穴的内部中来，而把比孔道大的分子排斥在外，因而能把形状直径大小不同的分子，极性程度不同的分子，沸点不同的分子，饱和程度不同的分子分离开来，由此称为分子筛。

分子筛本身具有催化性能，为了提高分子筛的酸性，通常将其用酸活化，把硫酸分散于分子筛的表面与孔道内部，经过加热焙烧等方法即可得到活化分子筛催化剂。此类催化剂对酯化、重排等反应有较高的催化活性。

分子筛催化剂由于具有笼状结构，内部还可以负载其他的金属盐，如锆、钛、钨、镧、铁、铟等，用于改变其化学键之间的电负性，提高分子筛的酸性。

分子筛催化剂具有较高的选择性，催化剂和反应物、产物易于分离，且催化剂能够重复使用。

2. 强酸性离子交换树脂催化剂

离子交换树脂可用有机合成方法和无机方法制成。常用的原料为苯乙烯或丙烯酸（酯），通过聚合反应生成具有三维空间立体网络结构的骨架，再在骨架上导入不同类型的化学活性基团（通常为酸性或碱性基团）而制成。离子交换树脂不溶于水和一般溶剂。大多数制成颗粒状，通常有较高的机械强度（坚牢性），化学性质稳定。

由于在高分子链上引入磺酸基，磺酸基具有与硫酸相似的酸性，因此起到硫酸的催化效果，同时也避免了硫酸的腐蚀性和分离难度，常用的强酸性离子交换树脂就是磺化树脂，如磺化聚苯乙烯。但是催化效果弱于硫酸，反应慢。

将苯膦酸锆的苯环上引入磺酸基，由于苯膦酸锆具有层状晶体结构，所以可看成是键联在无机链上的苯磺酸，具有与强酸性离子交换树脂相似的结构与性能，此类催化剂对酸与醇之间的酯化反应催化活性强。同样具有固体酸的无腐蚀、无污染、无三废排放的优点，具有良好的发展前景。

3. 杂多酸催化剂

杂多酸是由杂原子（如 Si、P、Fe、Co、Ge 等）和多原子（主要是 Mo、W、V 等）通过氧原子桥联配位的一类含氧杂多酸。杂多酸分子中含有很多的水合质子，是一种很强的质子酸，并在强度上优于通常的无机酸，可以代替硫酸作为酯化反应的催化剂。

4. 固体超强酸催化剂

固体超强酸催化剂是固体酸中研究最多的化合物，其超强酸是指酸性超过 100%的硫酸，即把 Hammett 酸性函数 $H_0<11.93$ 的酸称为超强酸，有些超强酸的酸性是硫酸的一亿倍。超强酸可以分为固体超强酸和液体超强酸两类。超强酸的强酸性使其在化学和化学工业上极有应用价值，它既是无机及有机的质子化试剂，又是活性极高的催化剂。能完成很多在普通环境下极难实现或根本无法实现的化学反应。

固体超强酸催化剂的制备方法通常是以金属盐或者金属氧化物，使其溶于水相，用氨水调节适当的 pH 值，形成氢氧化物沉淀。再经过陈化、抽滤、洗涤、干燥后用适量浓度的稀硫酸过硫酸铵浸泡，经抽滤、烘干、高温焙烧等步骤得到。

由于固体超强酸的酸性强，其在催化酯化、烷烃异构化等反应中应用广泛。固体超强酸的金属原子通常采用锆、钛、锡、铁等，也有用稀土对其表面浸渍以增强表面积提高催化活性。此外，多种金属复合超强酸有好的催化活性，可通过离子的电负性、离子半径、化学键的稳定性等进行选择复合金属。

除以上几类典型的固体酸催化剂外，人们还研究了一些其他的固体酸催化剂，有代表性的就是有机金属化合物，有机金属化合物由于其独特的性质在有机催化反应中起着重要的作用，往往具有反应条件温和、选择性强、立体选择性强等特点。

二、固体酸催化剂结构与酸性

1. 分子筛类固体酸催化剂

沸石分子筛类催化剂为含水的硅铝酸盐，其一级结构是硅、铝分别与氧原子形成四面体状结构，二级结构单元为硅氧四面体或者铝氧四面体通过氧桥键形成四元、五元、六元、八元、十元、十二元环状。二级单元还可形成笼状结构。

沸石分子筛的酸性中心来源于骨架结构中的羟基，包括存在于硅铝氧桥上的羟基和非骨架铝上的羟基。其表现为质子酸和路易斯酸，并具有不同的酸强度。与其他固体酸催化剂相比，沸石催化剂具有较宽的可调变的酸中心和酸强度；比表面积大，孔分布均匀，孔径可调变，对反应原料和产物有良好的形状选择性。

2. 固体超强酸催化剂

固体超强酸为金属氧化物表面经过硫酸或者过硫酸铵处理后再通过焙烧而制成。X 射线光电子能谱研究表明，氧化物表面上硫为高氧化态的六价硫导致形成超强酸中心。当硫处于低氧化态时，例如当硫为四价时几乎没有酸催化活性。红外光谱分析表明，在 SO_4^{2-}/M_xO_y 型固体超强酸中，硫酸根以双配位形式与金属氧化物表面的金属离子作用。这种作用有两种模式，即螯合式双配位态（a）和桥式双配位态（b）：

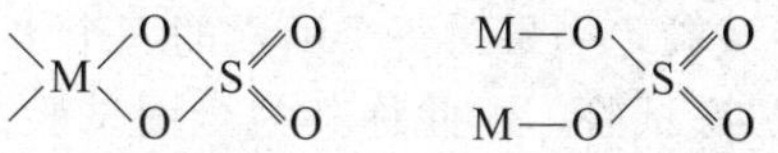

(a)　　(b)

固体超强酸的酸中心的形成因为 SO_4^{2-} 在金属表面配位吸附，由于 S═O 具有吸电子诱导效应，使金属离子电负性增加，产生 L 酸中心，同时更易使水发生解离吸附产生质子酸中心。

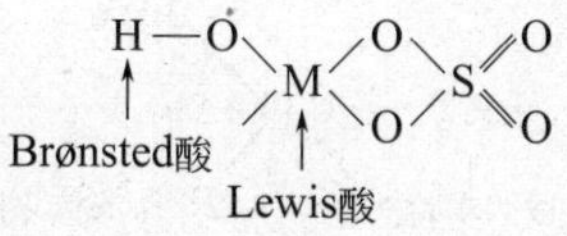

Brønsted酸　Lewis酸

三、固体酸催化剂酸性表征

固体超强酸的结构表征方法较多，常用的有 X 射线衍射光谱（XRD）、X 射线光电子能谱（XPS）、傅立叶变换红外光谱（FT-IR）、热重-差热分析（TG-DTA）、氨气吸附微量热法（NH_3-TPD）、物理吸附法测比表面积（BET）、激光拉曼光谱（Ramnn）、扫描电镜（SEM）、透射电镜（TEM）等。

X 射线衍射光谱可探测固体超强酸的结晶形态考察其晶型结构，X 射线光电子能谱检测固体超强酸表面硫的配位状态，傅里叶变换红外光谱用来测量 Brønsted acid（布朗斯泰德酸）和 Lewis acid（路易斯酸）数量，热重-差热分析测量焙烧过程中表面硫损失状况，氨气吸附微量热法测量表面酸量，Hammett 指示剂法测量固体超强酸表面酸强度。

四、正交实验方法简介

在有机合成实验中要考虑的因素较多，如原料的配比、催化剂的筛选、催化剂的用量、反应温度、反应时间等。正交试验设计是一种科学的实验方法，即通过正交实验表来安排最少的实验次数，从诸多因素中找出哪些因素是主要的，哪些因素是次要的，以及它们对实验的影响规律，从而确定一个最佳工艺条件。

1. 多因素实验

例如：为提高某个酯化反应的收率，要考虑的因素有以下三个方面：原料的配比（0.5∶1、1∶1、1.5∶1）、反应温度（80℃、90℃、100℃）、催化剂（甲、乙、丙三种），试制定试验方案，找出最佳工艺条件。衡量实验好坏的指标是实验的收率。

将影响试验结果，并准备在试验中考察的有关条件，称为因素，本例的因素为：A（原料的配比）、B（反应温度）、C（催化剂）三种。

每个因素在实验范围内所选取的试验点，叫作该因素的水平，因素 A 的水平是 0.5∶1、1∶1、1.5∶1；因素 B 的水平是 80℃、90℃、100℃；因素 C 的水平是甲、乙、丙。

此试验叫作三因素三水平试验。可将其列表，如表 4-4。

表 4-4 酯化反应三因素三水平实验

因素 / 水平	A 原料配比	B 反应温度/℃	C 催化剂种类
1	0.5∶1	80	甲
2	1∶1	90	乙
3	1.5∶1	100	丙

通过试验和对试验结果的分析，试图要解决以下几个问题：①哪些是影响收率的主要因素？哪些是次要因素？②在这几个因素中，各取什么水平能达到较好的收率？③各因素取不同水平时，收率具有什么样的变化规律？

由于本例是三因素三水平试验，如果对每个因素的三个水平中任何一个水平的所有可能的搭配都要做试验，则要做 27 次试验，由此称其为全面试验。由于全面实验次数多，资源浪费严重，同时也耽误实验完成时间。而正交实验可快速完成实验过程。

2. 正交实验举例

正交表是正交试验设计中安排试验和分析试验结果的工具。上一实验范例中可采用正交实验进行，见表 4-5。

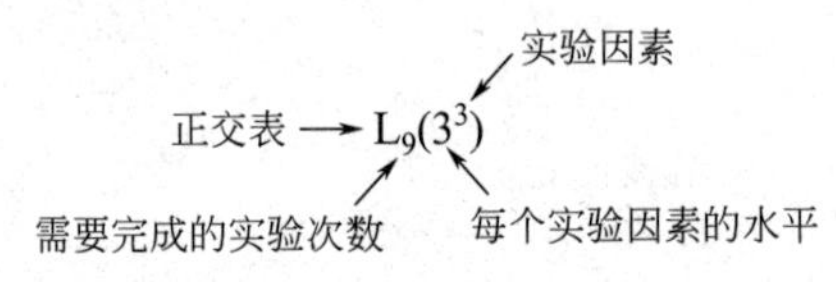

表 4-5 三因素三水平正交实验

列号 / 实验号	1	2	3	列号 / 实验号	1	2	3
1	1	1	1	6	2	3	2
2	1	2	2	7	3	1	2
3	1	3	3	8	3	2	3
4	2	1	3	9	3	3	1
5	2	2	1				

该表具有以下两个特点。

（1）每一列中，不同的数字出现的次数相同，即 1、2、3 在每一列中都是各出现三次。

（2）任意两列组成的同行数对出现的次数相同。即：数对（1，1）、（1，2）、（1，3）、（2，1）、（2，2）、（2，3）、（3，1）、（3，2）、（3，3）都是各出现一次。正是因为该表具有上述两个特点，表明用正交表安排的试验方案是有代表性的，它能够比较全面地反映各因素、各水平对酯化反应收率的影响。

将以上酯化反应中的因素与水平填入上述表格中得到表 4-6 所示的实验正交表。

表 4-6 酯化反应三因素三水平正交实验详细数据

实验号＼因素	A 原料配比	B 反应温度/℃	C 催化剂种类	收率/%
1	1(0.5∶1)	1(80)	1(甲)	51
2	1(0.5∶1)	2(90)	2(乙)	82
3	1(0.5∶1)	3(100)	3(丙)	77
4	2(1∶1)	1(80)	3(丙)	71
5	2(1∶1)	2(90)	1(甲)	69
6	2(1∶1)	3(100)	2(乙)	85
7	3(1.5∶1)	1(80)	2(乙)	58
8	3(1.5∶1)	2(90)	3(丙)	59
9	3(1.5∶1)	3(100)	1(甲)	84

3. 实验结果分析

首先分析因素 A：

将 A 取 1 水平的三次试验（试验号 1，2，3）的收率相加，其和记作 K_1，即：

$$K_1=51+82+77=210$$

将 A 取 2 水平的三次试验（试验号 4，5，6）的收率相加，其和记作 K_2，即：

$$K_2=71+69+85=225$$

将 A 取 3 水平的三次试验（试验号 7，8，9）的收率相加，其和记作 K_3，即：

$$K_3=58+59+84=201$$

由于正交试验的特点，K_1 反映了 A 取 1 水平三次及 B、C 取 1，2，3 水平各一次。K_2 反映了 A 取 2 水平三次及 B、C 取 1，2，3 水平各一次。K_3 反映了 A 取 3 水平三次及 B、C 取 1，2，3 水平各一次。

比较 K_1、K_2、K_3 数据可知，可以认为 B 与 C 两个因素对 K_1、K_2、K_3 的影响不大（或者说大致相同），K_1、K_2、K_3 之间的差异可认为是因 A 取三个不同的水平所致。

K_1、K_2、K_3 是三次试验的收率之和，它们的平均值分别记作 $k_1=70$、$k_2=75$、$k_3=67$。此平均值之间最大数值与最小数值之间差距为 8，称为极差（R）。

同理，对因素 B 与因素 C 进行相似处理得出数据如表 4-7。

表 4-7 酯化反应实验因素与极差

K 值＼因素	A	B	C	K 值＼因素	A	B	C
K_1	210	180	195	k_2	75	70	79
K_2	225	210	237	k_3	67	82	68
K_3	201	246	204	R	8	22	14
k_1	70	60	65				

为了直观起见，将表 4-7 以因素的水平为横坐标，平均收率为纵坐标制成因素和试验指标（即收率）的关系，如图 4-18。

结果表明：

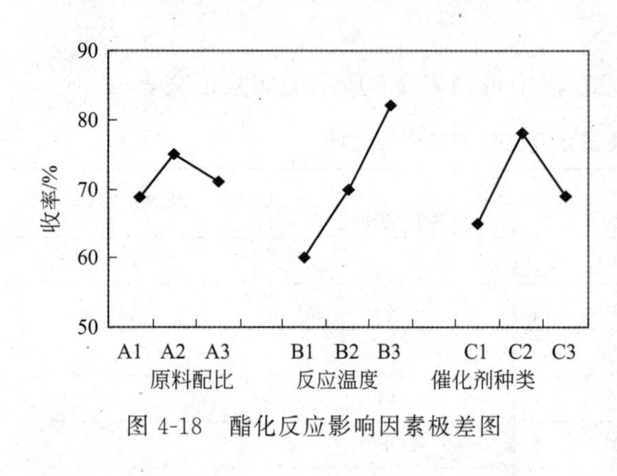

图 4-18　酯化反应影响因素极差图

比较三个因素的极差 R，极差最大的是 B，极差最小的是 A。这一点从图 4-18 也可以看出：图形 B 的波动最大，图形 A 的波动最小。极差越大，说明该因素的水平变动时，试验指标（即产品的收率）变动越大。也就是说，该因素对试验指标的影响越大。从而可根据极差的大小来决定因素对试验指标影响的主次顺序。

B 是主要影响因素，C 的影响居中，而 A 是次要因素，那么都取收率最高的水平，就组成了一个优化的工艺条件，即 A2B3C2。该条件通常要比九次实验中收率最高的第 6 号试验（A2B3C1）好。

从图 4-18 还可以看出：随着温度的升高，反应收率还有进一步增加的趋势，可提高温度继续进行实验。

正交实验的因素与水平确定需要在基本实验或者文献基础上进行，不可随意进行确定因素与水平。对于影响因素大的应该继续进行条件实验加以确定。

五、设计性实验

用正交实验的方法，选择不同的催化剂种类、数量、反应温度、反应时间、反应原料的不同比例等因素设计催化酯化实验，找出最佳的反应条件。可选择的实验如下：

1. 以无水硫酸铜为催化剂合成乙酸正丁酯、乙酸异戊酯。
2. 氧化锌催化乙酸正丁酯、乙酸异戊酯。
3. 硫酸盐催化合成乙酸丁酯催化活性比较。
4. 硫酸盐催化合成邻苯二甲酸二丁酯催化活性比较。
5. 硫酸盐催化合成柠檬酸三甲酯催化活性比较。
6. 硝酸铋催化合成乙酸丁酯、乙酸苯酚酯。
7. 硝酸盐催化合成邻苯二甲酸二丁酯催化活性比较。
8. 硝酸盐催化合成柠檬酸三甲酯催化活性比较。
9. 磷酸铜催化合成乙酸丁酯、苯甲酸正丁酯。
10. 磷酸盐催化合成邻苯二甲酸二丁酯催化活性比较。
11. 磷酸盐催化合成柠檬酸三甲酯催化活性比较。
12. 金属氧化物催化合成乙酸丁酯。
13. 金属硫化物催化合成乙酸丁酯。
14. 金属氧化物催化合成邻苯二甲酸二丁酯。
15. 金属硫化物催化合成邻苯二甲酸二丁酯。
16. 锌类化合物催化合成乙酸丁酯。
17. 锌类化合物催化合成柠檬酸三丁酯。
18. 铝类化合物催化合成乙酸丁酯。
19. 铝类化合物催化合成柠檬酸三丁酯。
20. HZSM-5 分子筛催化合成乙酸丁酯。
21. 纳米 HZSM-5 分子筛催化合成松香乙酯。
22. 分子筛催化合成乙酸乙酯。
23. 分子筛制备与结构表征。

24. 杂多酸制备与合成乙酸丁酯。
25. 苯磷酸锆磺化与合成乙酸丁酯。
26. 苯磷酸锆磺化与合成邻苯二甲酸二丁酯。
27. 锆系超强酸制备与催化合成乙酸丁酯。
28. 锆系超强酸制备与催化合成乙酸乙酯、乙酸异戊酯。
29. 锆系超强酸制备与催化合成邻苯二甲酸二异戊酯。
30. 钛系超强酸制备与催化合成乙酸丁酯。
31. 钛系超强酸制备与催化合成乙酸乙酯、乙酸异戊酯。
32. 钛系超强酸制备与催化合成邻苯二甲酸二丁酯。
33. 锆-钛复合超强酸制备与催化合成乙酸乙酯、乙酸丁酯、邻苯二甲酸二丁酯。
34. 锆-钛复合超强酸制备与催化合成乙酸乙酯、乙酸丁酯、邻苯二甲酸二丁酯。

第 5 章　物理化学实验

5.1　物理化学基本实验

实验六十　燃烧热的测定

一、实验目的

1. 了解氧弹式热量计的原理、构造和使用方法。

2. 用氧弹式量热计测定萘的恒容燃烧热。

二、实验原理

燃烧热是指 1mol 物质完全燃烧时的热效应，是热化学中重要的基本数据。一般化学反应热效应，往往因为反应太慢或反应不完全，不是不能直接测定，就是测不准。但是，通过盖斯定律可以用燃烧热数据间接求算。因此燃烧热广泛用在各种热化学计算中，许多物质的燃烧热和反应热已经测定。测定燃烧热的氧弹式热量计是重要的热化学仪器，在热化学、生物化学以及某些工业部门中用得很多。

由热力学第一定律可知，燃烧时体系状态发生变化，体系内能改变。若燃烧在恒容下进行，体系不对外做功，恒容燃烧热等于体系内能的改变，即 $\Delta U=Q_V$。

将某定量的物质放在充氧的氧弹中，使其完全燃烧，放出的热量使体系的温度升高（ΔT），再根据体系的热容（c_V），可计算燃烧反应的热效应 $Q_V=-c_V\Delta T$。

一般燃烧热是指恒压燃烧热 Q_p，Q_p 值可由 Q_V 算得：

$$Q_p=\Delta_c H=\Delta_c U+p\Delta V=Q_V$$

如果把气体看成理想气体，且忽略压力对燃烧热的影响，则可得

$$\Delta_c H_m^{\ominus}=\Delta_c U_m^{\ominus}+\Delta nRT \tag{5-1}$$

对萘的燃烧反应：

$$C_{10}H_8(s)+12O_2(g)\longrightarrow 10CO_2(g)+4H_2O(l),\quad \Delta n=10-12=-2$$

除样品在氧弹中燃烧后放出的热量外，其他因素——燃烧丝的燃烧，棉线的燃烧，氧弹中微量的氮气氧化生成硝酸的恒容生成热等都会引起系统温度的变化。在量热计与环境没有热交换的情况下，可定出如下的热量平衡式：

$$-mQ_V-\sum q-5.98V=(c_{量热计}+c_{水}D)\Delta T \tag{5-2}$$

式中　Q_V——被测物质的恒容热，$J\cdot g^{-1}$；

m——被测物质的质量，g；

$\sum q$——引火丝及棉线的热值，J；

-5.98——1mL $0.1mol\cdot L^{-1}$ NaOH 滴定液相当于 $-5.98J$；

V——滴定生成硝酸时，耗用 $0.1mol\cdot L^{-1}$ NaOH 的体积，mL；

$c_{量热计}$——氧弹式量热计的热容，$J\cdot K^{-1}$；

$c_{水}$——水的比热容，$J\cdot g^{-1}\cdot K^{-1}$；

D——内桶中水的质量，g；

ΔT——与环境无热交换时的真实温差，K。

一般教学实验中多忽略式(5-2) 左边的后两项进行近似测量，将内桶中的水和量热计的热容合并，可得到下式：

$$-mQ_V=K\Delta T \tag{5-3}$$

式中，K 为系统的热容量，$K=(c_{量热计}+c_{水}\ D)\ J\cdot K^{-1}$。

每台氧弹式量热计的热容 $c_{量热计}$ 不一样，因此系统的热容量 K 需要用已知燃烧热的标准物质完全燃烧来测定，通常采用苯甲酸进行测定。

三、仪器与试剂

HR-15 型氧弹热量计（图 5-1）［包括氧弹（图 5-2）、压片机、精密多功能控制箱（图 5-3)］，小台秤 1 个，电子天平 1 台，1L、2L 容量瓶各 1 个，10mL 移液管，50mL 碱式滴定管 1 支，150mL 锥形瓶 1 个，棉线，引火丝，$0.1mol\cdot L^{-1}$ NaOH 标准溶液，酚酞指示剂，氧气钢瓶，万用电表，萘（分析纯），苯甲酸（分析纯或燃烧专用）。

全套氧弹式量热计如图 5-1 所示，内桶以内的部分为仪器的主体，即本实验所研究的实际体系，体系与外界隔以空气层绝热。为了减少热辐射，控制环境温度恒定，体系外围包有温度与体系相近的水套是为了使体系温度很快达到均匀，还装有搅拌器。

图 5-2 是氧弹的构造，氧弹是用不锈钢制成的，主要部分有厚壁圆筒、弹盖和螺帽紧密相连；在弹盖上装有用来灌入氧气的进气孔、排气孔和电极，电极直通弹体内部，同时作为燃烧皿的支架；为了将火焰反射向下而使弹体温度均匀，在另一电极的上方还装有火焰遮板。

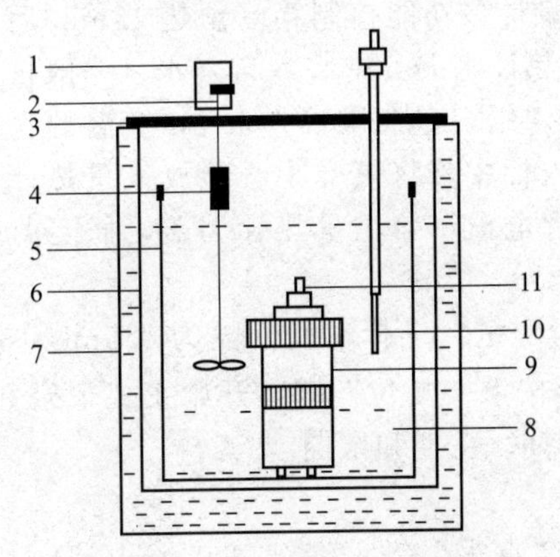

图 5-1 HR-15 型氧弹量热计结构示意图

1—电动机；2—搅拌器轴；3—外套盖；4—绝热轴；5—量热内桶；6—外套内壁；7—量热计外套；8—蒸馏水；9—氧弹；10—数字式温度计；11—氧弹放气阀

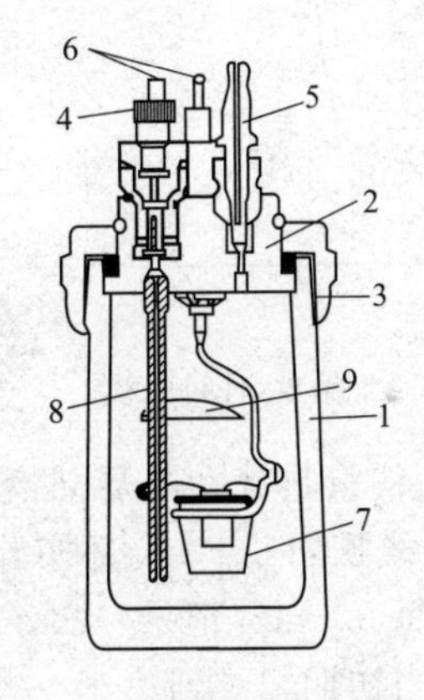

图 5-2 氧弹结构示意图

1—厚壁圆筒；2—弹盖；3—螺帽；4—进气孔；5—排气孔；6—电极直通弹体；7—燃烧皿支架；8—电极；9—火焰挡板

四、实验步骤

（一）系统热容量的测定

1. 用台秤约 1g 的苯甲酸，压制成片。然后在干净的玻璃板上敲击 2～3 次，再在电子天平上准确称其质量。

2. 用手拧开氧弹上盖，将上盖放在专用架上，装好专用石英杯或不锈钢杯。用移液管取 10mL 蒸馏水放入弹筒中。

3. 苯甲酸片用棉线沿圆周拴紧，取 10cm 长的引火丝在电子天平上称量后，将引火丝穿过药片上拴着的棉线，然后将两端在引火电极上装好，使药片悬在坩埚上方（如图 5-4 所示）。

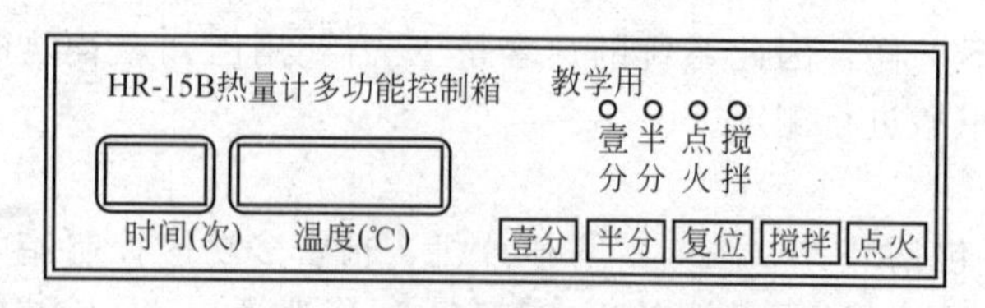

图 5-3　热量计多功能控制箱

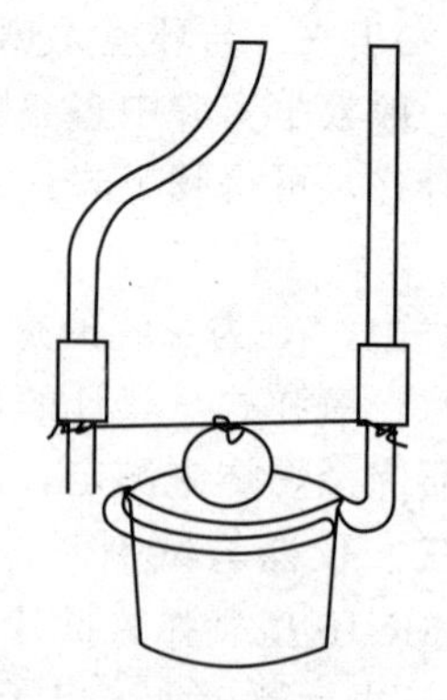

图 5-4　燃烧丝安装示意图

用万用表检查两电极是否通路。盖好并用手拧紧氧弹上盖。为了使被测物质能迅速而完全地燃烧，实验时要注意在高压氧气下进行，一般达到 1.5MPa（15atm）以上才能顺利点火。打开氧气钢瓶上的阀门及减压阀，将减压阀设置在 1.5～3MPa 值，将氧弹置于加氧机之下，缓缓压下手柄至加氧器的压力表所示压力值与减压阀相同时松开手柄。然后再用万用表检查电极两端是否通路。若不通，应立即打开氧弹进行检查。

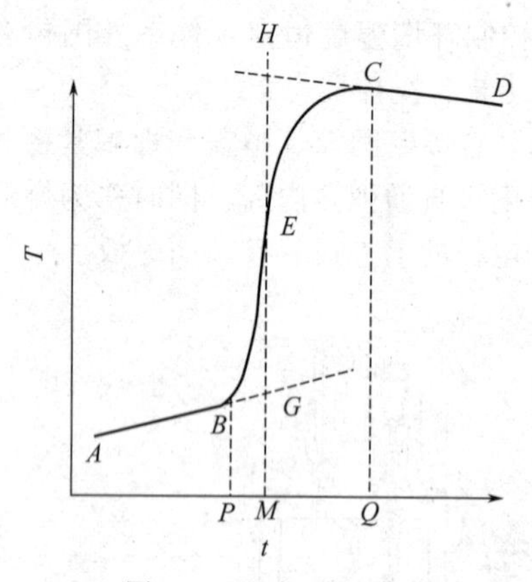

图 5-5　温度-时间曲线

4. 打开热量计多功能控制箱（预热 15min 后才能测温度），于量热计水夹套中装入自来水（一般仪器中事先都装好了）。用容量瓶准确量取 3L 室温的自来水装入量热计的内桶中，将氧弹小心地放入量热计内桶水中，插上点火电极，盖上量热计上盖，插上温度计探头。

按下“半分”键，选择时间间隔为 0.5min，按下“搅拌”键，待量热计和外界热交换建立平衡后，再按下“复位”键，开始正式记录数据，温度-时间曲线见图 5-5。全部实验共分三个时段：初期、主期和末期。

初期：每 0.5min 记录一次，共记录 11 个数。

主期：当初期记录到第十一个数的同时，按下“点火”键。继续每 0.5min 记一次温度，直到最高点。

末期：主期之后，再记录 10 个温度就可以停止测温了。

5. 停止实验后，关闭多功能控制箱的电源，先取下温度计的探头，再打开量热计上盖，取出氧弹并将其拭干，用放气阀缓缓放出氧弹内的气体。放完气后，拧开弹盖，检查燃烧是否完全，若弹筒内有炭黑或未燃烧的试样时，则应认为实验失败。若燃烧完全，则将燃烧后剩下的引火丝在电子天平上称量，并用少量蒸馏水洗涤氧弹内壁，将洗涤液收集在 150mL 锥形瓶中，煮沸片刻，用酚酞作指示剂，以 0.1mol·L^{-1} NaOH 滴定。最后倒去量热计内桶中的水，用毛巾擦干全部设备。

6. 采用奔特公式 $\Delta T_{校}=\frac{1}{2}n(V_1+V_2)+rV_2$ 得到系统内部由于燃烧反应放出热量使系统温度升高的数值，计算系统的热容量 K。式中，V_1 为初期温度变化率，V_2 为末期温度变化率，n 为主期中每半分钟温度升高不小于 0.3℃ 的间隔数，r 为主期中每半分钟升温小于 0.3℃ 的间隔数。

（二）萘的燃烧热的测定

1. 以同样方法进行压片、组装氧弹、充氧、连接电路。

2. 双击电脑桌面上的WHR-15B微电脑热量计软件，在设置下拉菜单中依次选择发热量、奔特公式之后，存盘退出。之后依次填入试样质量、试样编号、热容量。点击开始实验。

3. 待实验结束后，打印发热量测试报告单，即可得到1g萘在恒容条件下的发热量Q_V ($J \cdot g^{-1}$)。

五、数据处理

1. 列出温度读数记录表格（表5-1）。

量热计系数________　样品质量________　实验当日室温________

表5-1　测定燃烧热数据表

	次数	温度/℃		次数	温度/℃
初期	1		主期	23	
	2			24	
	3			25	
	4			26	
	5			27	
	6			28	
	7			29	
	8			30	
	9			⋮	
	10			⋮	
主期	11			⋮	
	12			⋮	
	13		末期	36	
	14			37	
	15			38	
	16			39	
	17			40	
	18			41	
	19			42	
	20			43	
	21			44	
	22			45	

2. 计算萘的摩尔恒容热$Q_{V,m}$。

3. 计算萘的标准摩尔燃烧热$\Delta_c H_m^{\ominus}$，并与文献值比较，求出相对误差。萘的标准燃烧热在25℃时的理论值$\Delta_c H_m^{\ominus}(298.15K) = -5153.8kJ \cdot mol^{-1}$。

六、思考题

1. 在使用氧气钢瓶及氧气减压阀时，应注意哪些规则？

2. 写出萘燃烧过程的反应方程式，如何根据实验测得的 Q_V 求出 $\Delta_c H_m^{\ominus}$？

3. 为什么量热计内筒中水温要比环境（即室温）低 0.5～1.0℃？

4. 在测定量热计系数和测定萘燃烧热时，量热计内筒的水量是否可以不一致？为什么？

实验六十一　液体饱和蒸气压的测定

一、实验目的

1. 明确液体饱和蒸气压的定义及气液两相平衡的概念。了解纯液体饱和蒸气压与温度的关系——克劳修斯-克拉佩龙方程式。

2. 掌握静态法测定液体饱和蒸气压的方法，即如何使用等压计测量纯液体在不同温度下的饱和蒸气压。

3. 了解测定液体沸点的意义，并用沸点与外压的关系，求其平均摩尔汽化热和正常沸点。

二、实验原理

在一定温度下，纯液体与其气相达成平衡时的饱和蒸气的压力，称为该温度下该液体的饱和蒸气压，饱和蒸气压与温度的关系可用克劳修斯-克拉佩龙方程式来表示。

$$\frac{\mathrm{d}\ln p}{\mathrm{d}T}=\frac{\Delta_{\mathrm{vap}}H_{\mathrm{m}}}{RT^2} \tag{5-4}$$

式中　p——温度 T 时的饱和蒸气压，kPa；

$\Delta_{\mathrm{vap}}H_{\mathrm{m}}$——温度 T 时纯液体的摩尔汽化热，$\mathrm{J\cdot mol^{-1}}$。

当温度变化不大时，$\Delta_{\mathrm{vap}}H_{\mathrm{m}}$ 可视为常数。将式(5-4) 积分得：

$$\ln p=-\frac{\Delta_{\mathrm{vap}}H_{\mathrm{m}}}{RT}+C \tag{5-5}$$

式中　C——积分常数。

由式(5-5) 可知，$\ln p$ 与$\frac{1}{T}$之间是直线关系，直线的斜率 $K=-\frac{\Delta_{\mathrm{vap}}H_{\mathrm{m}}}{R}$，因此可求出 $\Delta_{\mathrm{vap}}H_{\mathrm{m}}$。

本实验用静态法测定乙醇在不同温度下的饱和蒸气压。所用的仪器是纯液体蒸气压测定装置，见图 5-6(a)，其中心是等压计，是静态法测纯液体蒸气压装置中的核心部分，由 A 球和 U 形管 BC 组成，其放大图如图 5-6(b) 所示。等压计上接一冷凝管，冷凝管上端分别与压差计和减压系统相连接。A 球和 U 形管 BC 内装待测液体。在一定温度下，当 A 球的液面上纯粹是待测液体的蒸气，且气液两相平衡时，其蒸气压即为该温度下该待测液体的饱和蒸气压。通过调节外压（即 C 管液面上的压力）使得 B 管与 C 管的液面处于同一水平时，则表示 B 管液面上的蒸气压（即 A 球液面上的蒸气压，亦即饱和蒸气压）与加在 C 管液面上的外压相等。这样只要知道 B 管与 C 管的液面处于同一水平时的外压，就相当于间接测定了饱和蒸气压。而 C 管上方是通过冷凝管与压力计相连通的，因此用当时的大气压减去数字式压力计所显示的真空度，即为 C 管液面上的外压，亦即为该温度下该待测液体的饱和蒸气压。系统气液两相平衡时的温度称为液体在此外压下的沸点。当外压是 1atm (101.325kPa)时液体的沸点称为该液体的正常沸点。

三、仪器与试剂

纯液体蒸气压测定装置 1 套（包括数字式压力计、冷凝管、等压计、恒温水浴、缓冲罐、真空泵等）；大气压力计（公用），无水乙醇（AR）。

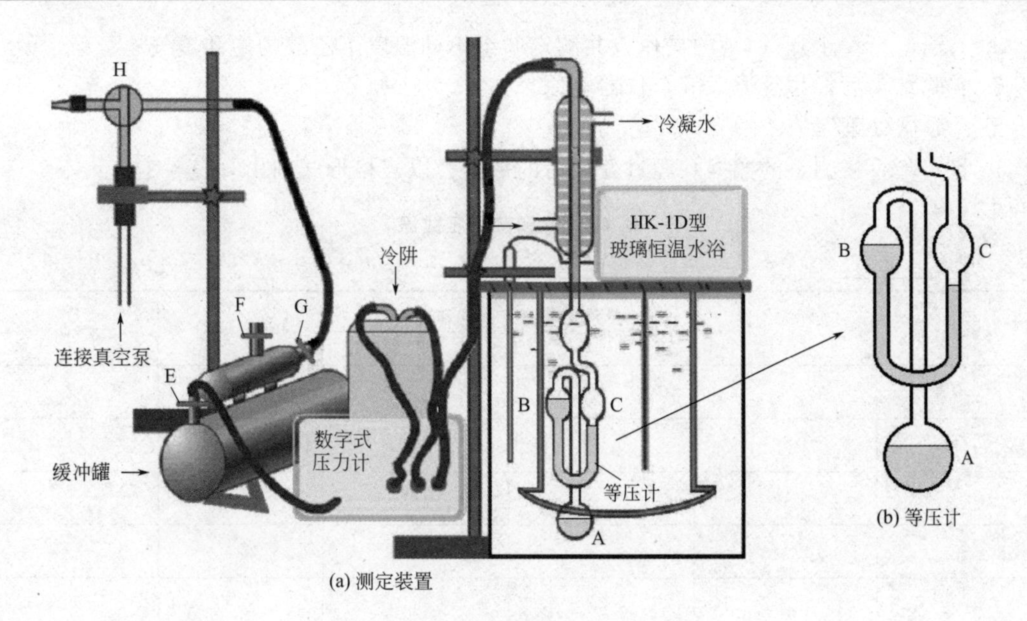

(a) 测定装置

图 5-6　纯液体饱和蒸气压测定装置

四、实验步骤

1. 读取当日室温与大气压。

2. 接通冷却水。

3. 将恒温水浴升温至25℃，在系统处于放气时（即打开阀门E、F和G，并调节三通阀门H至与大气通），将蒸气压测定仪置零。

将压力的单位调节为“kPa”，关闭进气阀门F，调节三通H至与大气断开，使抽气泵与系统连通，打开真空泵，使系统减压。此时，等压计C管液面上升，B管液面下降，同时有气泡自C管逸出。同时数字式压力计的读数随系统减压程度的加大而越来越小。

当数码显示器读数为－93kPa左右时，先关闭阀门G，后调节三通阀H至与大气相通，在真空泵对大气直接工作的情况下，关闭真空泵。如果在2min内，数字式压力计读数没有变化，则表明系统不漏气；若有变化，则说明漏气，应仔细检查各接口处直至不漏气为止。

在保证系统不漏气的情况下，微微打开进气阀门F（切不可太快，以免空气倒灌入A球。如果发生空气倒灌，则需要重新排气）。当C管与B管中两液面正好水平时，将进气阀门F关闭，同时记下数字式压力计的读数。该读数与大气压的代数和即为25℃下乙醇的饱和蒸气压。

注意事项：测量前，在A球液面上的压力包括两部分，一部分是乙醇的蒸气压，另一部分是空气的压力。在测定时，必须将A球内空气排除后，才能保证A球液面上的压力为纯乙醇的蒸气压，否则所测得的将是空气与乙醇蒸气的混合压力。操作中请注意：在温度为25℃抽气的过程中，气泡逸出的速度以一个一个地逸出为宜，不能成串成串地逸出，为此可用进气阀门F来加以调节。当气泡逸出速度太快时可微微打开进气阀门F。此时，A、B之间的空气将不断随乙醇蒸气经C管逸出，直至减压至－93kPa左右（数字式压力计读数）时，可认为残留的空气分压已降至实验误差以下，不再影响测试结果。

4. 将恒温水浴升温3℃，由于待测系统温度升高，乙醇的饱和蒸气压随之增大，使得等压计C管液面上升，B管液面下降。然后再次微微打开进气阀门F，对系统充气以增加C管液面上的压力，C管液面随之下降。当C管液面降至与B管液面再次水平时，记下数字式压力计的读数。该读数与大气压的代数和即为该水浴温度下乙醇的饱和蒸气压。

5. 升温，重复步骤（4）的操作，共测定 6 组不同温度下乙醇的饱和蒸气压。

6. 实验结束后，系统通大气，仪器复原。

五、数据处理

1. 将实验直接测量的数据和经过处理后的数据，以表格形式列出（表 5-2）。

表 5-2　饱和蒸气压数据

室温＿＿＿＿℃；　大气压计读数＿＿＿＿kPa；　修正后大气压＿＿＿＿kPa

温度/℃	实际大气压/kPa	压力计测定值/kPa	饱和蒸气压 p/kPa	$\ln(p/\text{kPa})$	$\frac{1}{T}/\text{K}^{-1}$

2. 根据实验数据作出 $\ln p$-$\frac{1}{T}$图。

3. 计算乙醇在实验温度范围内的平均 $\Delta_{\text{vap}}H_{\text{m}}$。

4. 计算乙醇的正常沸点。

六、思考题

1. 克劳修斯-克拉佩龙方程式在什么条件下才适用？

2. 在开启旋塞放空气入体系内时，放得过多应如何办？实验过程中为什么要防止空气倒灌？

3. 在系统中安置缓冲罐和应用毛细孔放气的目的是什么？

4. 汽化热与温度有无关系？

实验六十二　二元液系相图

一、实验目的

测定乙醇-环己烷系统的沸点-组成图（t-$x_{\text{环己烷}}$图）。

二、实验原理

二元液系相图分三大类：完全互溶系统，部分互溶系统，完全不互溶系统。本实验中的乙醇-环己烷系统属于完全互溶系统。二元液系的完全互溶系统的沸点-组成图也分三大类：①理想的双液系，其混合溶液的沸点介于两纯物质沸点之间（图 5-7）；②各组分对拉乌尔定律发生正偏差，其溶液有最低沸点（图 5-8）；③各组分对拉乌尔定律发生负偏差，其溶液有最高沸点（图 5-9）。第②、③两类溶液在最高或最低沸点时的气相组成相同，加热蒸发的结果只使气相总量增加，气液相组成及溶液沸点保持不变，这时的温度叫恒沸点，相应的组成叫恒沸组成。理论上，第①类混合物可用一般精馏法分离出两种纯物质，第②、③两类混合物只能分离出一种纯物质和一种恒沸混合物。

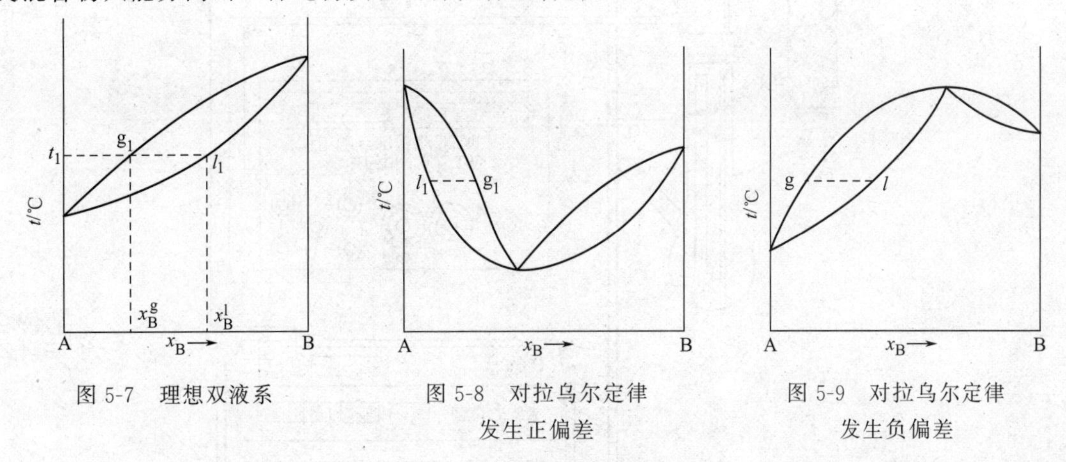

图 5-7　理想双液系　　图 5-8　对拉乌尔定律发生正偏差　　图 5-9　对拉乌尔定律发生负偏差

为了测定二元液系的 $t\text{-}x_{\text{环己烷}}$ 图，需在汽液相达到平衡后，同时测定气相组成、液相组成和溶液的沸点。例如在图 5-7 中与沸点 t_1 对应的气相组成是气相线上 g_1 点对应的 x_B^g，液相组成是液相线上 l_1 点对应的 x_B^l。

实验测定整个浓度范围内不同组成溶液的气液相平衡组成和沸点后，就可绘出 $t\text{-}x_{\text{环己烷}}$ 图。

本实验采用沸点仪（见图 5-10），电阻丝放在玻璃管内以保持溶液清洁。沸点仪上的冷凝管使平衡蒸气聚集在小玻槽中，然后从中取样分析气相组成。从沸点仪底部取样分析液相组成。同时，读取温度计上的平衡温度。为此先用折光仪测定已知组成的混合物的折射率，作出折射率-组成工作曲线。当测得未知样品的折射率后即可从工作曲线上查出对应的组成。

三、仪器与试剂

沸点仪（如图 5-10），数字温度计，阿贝折光仪（含加热附件），YP-2B 恒流源，50cm^3 玻璃注射器，超级恒温槽，吸管 2 支，气压计。

七种或七种以上不同浓度的乙醇-环己烷混合溶液。

四、实验步骤

1. 从气压计上读取实验当日的大气压，换算成毫米汞柱(mmHg)。由式(5-6) 算出当天大气压下的纯乙醇的沸点，由式(5-7) 算出当天大气压下纯环己烷的沸点。

$$\lg\left(\frac{p}{\text{mmHg}}\right)=8.04494-\frac{1554.3}{222.65+t_{\text{乙醇}}} \tag{5-6}$$

$$\lg\left(\frac{p}{\text{mmHg}}\right)=6.84498-\frac{1203.526}{222.86+t_{\text{环己烷}}} \tag{5-7}$$

2. 将阿贝折光仪连接的超级恒温槽的温度调节至 25℃±0.1℃。用注射器从样品瓶中抽取溶液样品，加入沸点仪中，加至与温度计的探头底沿相切。缓慢调节 YP-2B 恒流电源(不能超过 2A) 加热。

3. 待溶液沸腾后，并开始回馏 3min 时，记下此时的汽液平衡温度，将调压器回零。用吸管从沸点仪冷凝液收集小槽中取样，在阿贝折光仪上测其折射率，由折射率-环己烷组成($x_{\text{环己烷}}$) 工作曲线上查出气相组成。然后，从沸点仪釜底抽取液相样品，在阿贝折光仪上

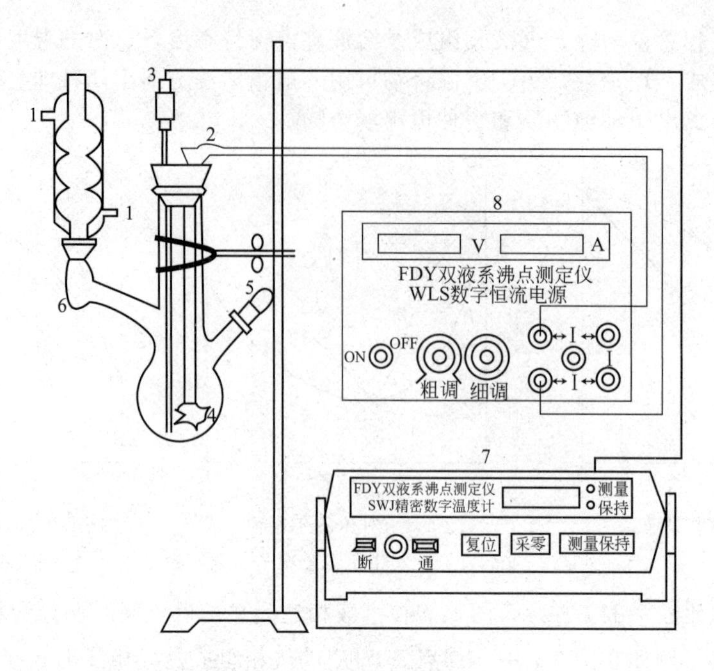

图5-10　沸点测定装置图

1—接冷凝循环水；2—接恒流电源；3—传感器；4—电热丝；5—取液侧管；
6—取液（气）槽；7—SWJ数字温度计；8—WJS数字恒流电源

测其折射率，由折射率-环己烷组成（$x_{环己烷}$）工作曲线上查出液相组成。

4. 把沸点仪中的溶液用注射器全部抽出，加回原样品瓶中，不必弄干。再换下一个样品瓶取样，重复上述过程2～4进行测试。直至全部样品都测完为止。

注意：

（1）换样时调压器必须是回零状态，否则空沸点仪在下一次加样时因受热不均会炸裂；

（2）取样吸管每次用完一定要甩净，以免吸管中残存的样品影响下一次取样的可靠性；

（3）每次测完样品，必须将沸点仪中样品吸出，加回原样品瓶中。

五、数据处理

1. 将所测定的实验数据填于表5-3中。

表5-3　二元液系相图数据记录

混合液编号	平衡温度/℃	气相冷凝液分析		液相分析	
		折射率	$x_{环己烷}$	折射率	$x_{环己烷}$
1					
2					
3					
4					
5					
6					
7					
8					

2. 作乙醇-环己烷的沸点-组成（t-$x_{环己烷}$）图，并由图找出其恒沸点及恒沸组成。

六、思考题

1. 作乙醇-环己烷标准溶液的折射率-组成曲线目的是什么？

2. 如何判定气-液相已达平衡状态？

3. 收集气相冷凝液的小槽的大小对实验结果有无影响？

4. 实验测算的纯组分沸点与标准大气压的沸点是否一致？

5. 测定纯环己烷和乙醇的沸点时为什么沸点仪必须是干净的，而测混合溶液沸点和组成时则可不必将原先附在瓶壁的混合液绝对弄干？

实验六十三　二元合金相图

一、实验目的

1. 用热分析法测绘 Pb-Sn 二元金属相图。

2. 了解热分析法的测量技术与方法。

二、实验原理

相图是多相（二相或二相以上）体系处于相平衡状态时，体系的某物理性质（如温度）对体系的某一自变量（如组成）作图所得的图形，图中能反映出相平衡情况（相的数目及性质等），故称为相图。通过相图研究多相体系的性质以及相平衡情况的演变，在冶金、炼铁、石油工业等许多领域有着广泛的应用。

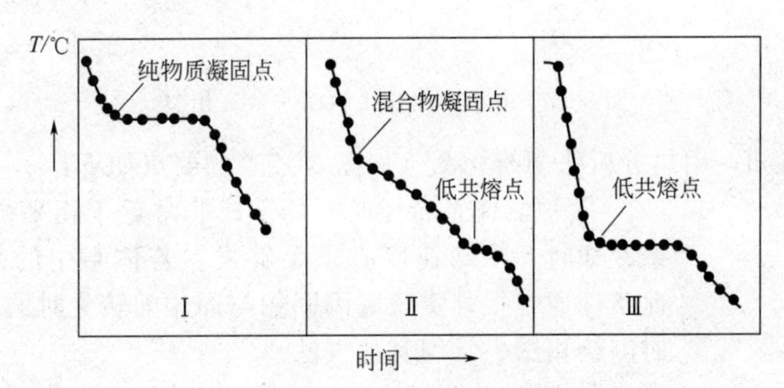

图 5-11　二元合金的步冷曲线

固-液平衡相图可用热分析方法测定，即利用步冷曲线的形状来决定相图的相界。图 5-11即是相应于不同成分的步冷曲线的形状。

曲线Ⅰ为纯组分的步冷曲线，它由两段曲线（准直线）及一水平线段组成，冷却速度决定于体系的热容、散热情况、体系和环境的温差、相变等因素。

冷却时体系的热容、散热情况等基本相同，体系温度下降的速度可表示为：

$$-\frac{dT}{dt}=K(T_{体}-T_{环})$$

式中，T 表示温度；t 表示时间；$T_{体}$ 和 $T_{环}$ 分别表示体系和环境的温度；K 为一个与热容、散热情况等有关的常数。当体系逐渐冷却，（$T_{体}-T_{环}$）变小，温度下降逐渐变慢，成为一凹形曲线；而至凝固点时，固、液二相平衡，自由度为 0，温度不变，出现水平线段；待体系全部凝结变为固体后，又和液体冷却情况一样，成凹形曲线。

曲线Ⅲ系低共熔体的步冷曲线，它的形状与曲线Ⅰ相似，水平线段的出现是因为当到低共熔点时析出固体，这时三相共存，体系自由度为0，温度不变。

曲线Ⅱ与曲线Ⅲ不同之处在于，当温度冷却时先有纯物质析出，此时液体成分沿液相线改变，同时放出凝固热，使体系冷却速度变慢，曲线陡度变小，随着温度进一步下降，晶体析出量慢慢减小，所以该曲线下半段较陡，成凸状，当温度降至低共熔点时，出现三相共存，曲线出现平台，当液相完全消失后，温度又开始下降，曲线又成凹形。

由于液态、固态和液固混合物冷却的速度不同，所以在物质冷却的过程中，发生相变时冷却曲线的斜率就会发生变化，由于不同相的物质冷却曲线的斜率不同，使曲线出现拐点和平台。

所以从曲线的拐点和平台可以知道系统的相变化，据此就可以绘出相图。图5-12(a)是二元金属Pb-Sn体系的步冷曲线，图5-12(b)是使用热分析法测绘出来的二元金属Pb-Sn体系的液固相图。

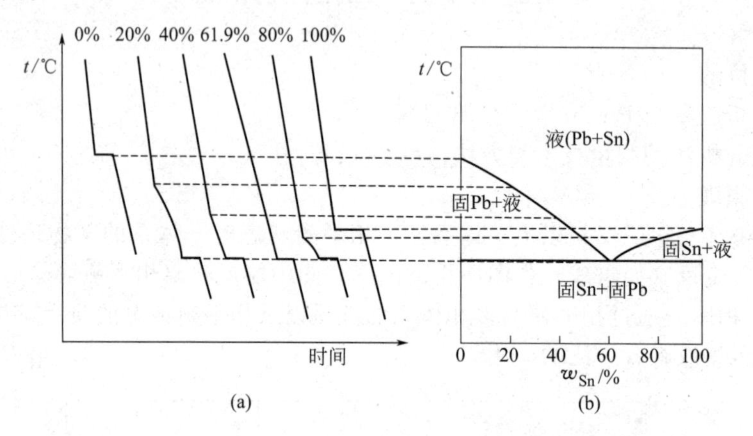

图5-12 由步冷曲线绘制二元合金相图

从相图定义可知，用热分析法测绘相图（如图5-12）的要点如下：

① 被测体系希望时时处于或非常近于相平衡状态，因此，体系冷却时，冷却速度必须足够慢。若体系中的几个相都是固相，此条件通常很难实现（因固相与固相间转化时的相变热较小），此时测绘相图，常用其他方法。

② 测定时被测体系的组成值必须与原来配制样品时的组成值一致。如果测定过程中样品各处不均匀，或样品发生氧化变质，这一要求就不能实现。

③ 测得的温度值必须能真正反映体系在所测时间的温度值。因此，测温仪器的热容必须足够小，它与被测体系的热传导必须足够良好，测温探头必须深入到被测体系的足够深度处（见图5-13）。本实验测定铅、锡二元金属体系的相图，用热电偶作测温仪。

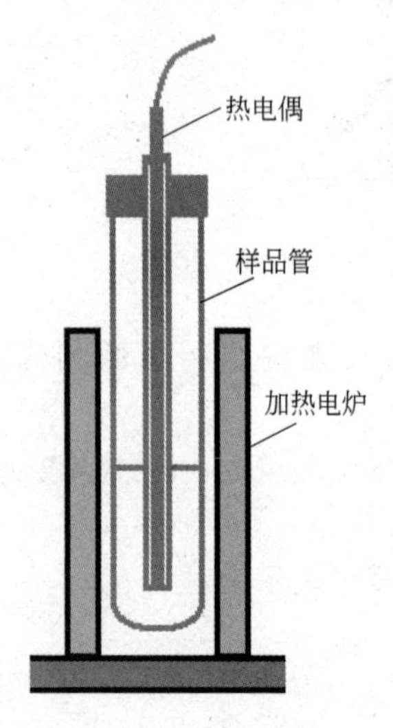

图5-13 样品管加热图

三、仪器和试剂

铅（化学纯）500g，锡（化学纯）500g，不锈钢样品管6个，计算机一台，JX-3D8型金属相图测量装置一套，打印机一台。

四、实验步骤

1. 样品

实验室已备好可以循环使用的六个不锈钢样品管，样品管中分别装有含锡的质量分数

w_{Sn}分别为0%、20%、40%、61.9%、80%和100%的样品，并将样品管依次编码为10、20、30、40、50及60号管。

2. 分别测出0%、20%、40%、61.9%、80%和100%等六个样品的步冷曲线

JX-3D8型金属相图测量装置（见图5-14）的加热炉共有十个加热孔，将样品管10～60依次放入加热电炉1～6号加热孔中。检查一下热电偶的探头确保其一定插入了样品管的底部，对应下热电偶温度计是不是按编号对应样品管。

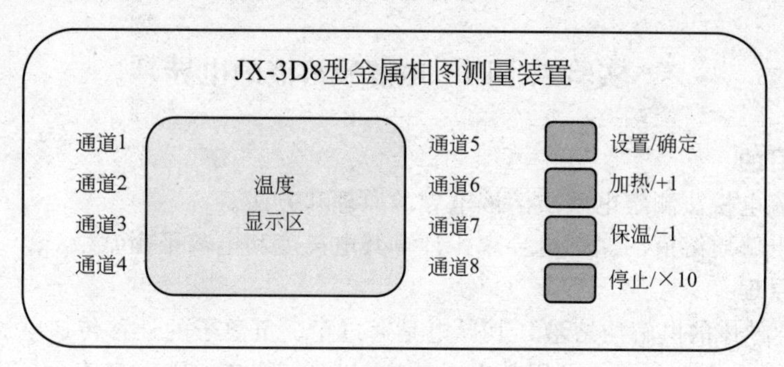

图5-14　仪器面板示意图

做好上述准备后，按下1,2通道、3,4通道、5,6通道三个按键，仪器面板上的通道1～6会显示出实时的温度。按下仪器面板右上角的“设置”按键，屏幕会出现一个温度数值，多次按“×10键”可以使温度变为0℃，接下来使用+1键、−1键、×10键这三个按键把屏幕上温度数值调成400℃，参数设定完成并返回测量状态后，按“加热”键仪器即开始加热（若1,2通道、3,4通道、5,6通道三个按键的指示灯亮了，说明六个加热口已开始加热）。加热后，屏幕上的通道1～6的温度数值迅速升高，达到设定的目标温度后自动停止(加热器会在加热到400℃左右时自动停止各个通道的加热任务，加热指示灯会先后熄灭)。

3. 开始加热后，打开计算机上桌面的“金属相图”软件，打开串口让样品温度变化与计算机相关联。点击开始实验，由电脑软件自动绘制出样品完整的步冷曲线，然后学生通过点击鼠标，指认并记录步冷曲线的拐点和平台对应的温度数据。

五、数据处理

1. 作出六个样品在冷却中随时间的步冷曲线。

2. 以纯锡的熔点（231.89℃）作为标准温度，标出记录纸上各步冷曲线的各拐点和平台所对应的温度。

3. 标明各样品的组成以及它们在步冷曲线上所有转折点的温度，填入表5-4，并以此作出Pb-Sn相图。

表5-4　实验数据

样品	拐点温度/℃	平台温度/℃	校正后拐点温度/℃	校正后平台温度/℃
含铅100%				
含锡20%				
含锡40%				
含锡61.9%				
含锡80%				
含锡100%				

六、思考题

1. 通常认为，体系发生相变时的热效应很小，则热分析法很难获得准确的相图，为什么？

2. 在含锡20%、80%的二样品的步冷曲线中第一个转折点哪个明显？为什么？

3. 为什么会有过冷现象？如何消除过冷现象？

实验六十四　电解质溶液的电导

一、实验目的

1. 掌握交流电桥法测定电解质溶液电导的原理和方法。

2. 测定弱电解质溶液的摩尔电导率，计算其电离度和电离平衡常数。

二、实验原理

作为第二类导体的电解质溶液，其导电是通过正、负离子的迁移传递电流。其导电能力可用其电导、电导率、摩尔电导率来表示。对于弱电解质，可根据不同浓度溶液的摩尔电导率，计算出弱电解质的电离平衡常数。

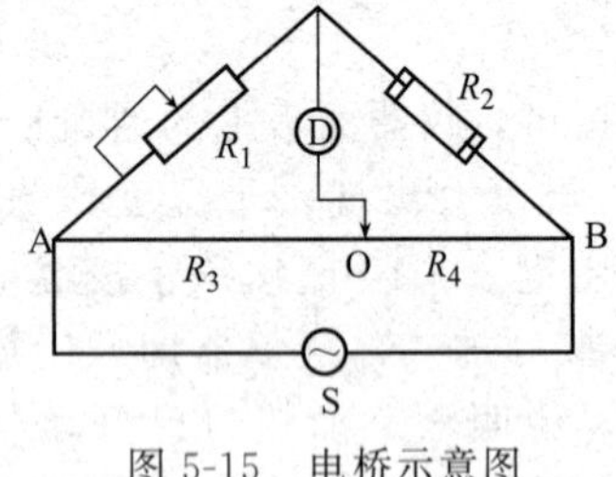

图5-15　电桥示意图

1. 电解质溶液电导、电导率、摩尔电导率的测量

(1) 电导 (G)的测量　溶液的电导是通过交流电桥法测得的电阻 (R)求得。如图5-15所示，R_1 为平衡电阻，一般为可调电阻箱，R_2 为电导池中的待测溶液的未知电阻，AB为100cm长的滑线电阻丝。D为示波器，用来确定电桥的平衡点。S为外线路接交流电源。当电桥平衡时有如下关系：

$$\frac{R_1(\text{平衡电阻})}{R_2(\text{未知待测电阻})}=\frac{R_3}{R_4} \tag{5-8}$$

如果用示波器指示电桥平衡点，当接触点O在滑线电阻丝上滑动，示波器波形为一平直的直线时，即达到电桥平衡。记下平衡点的刻度，可得AO和OB段的长度比，即可得其相应段的电阻 R_3 和 R_4 之比。因 R_1 为已知的预设电阻，则通过式(5-8) 可算出未知电阻 R_2，其电阻 R_2 的倒数即为电解质溶液的电导 G。

(2) 电导率 (κ)的测量　在电解质溶液中放入电导电极，电导电极的两平行电极之间的距离为 l(m)，两电极面积均为 A(m^2)，根据欧姆定律，溶液的电阻可表示为：

$$R=\rho\frac{l}{A}=\frac{1}{\kappa}\times\frac{l}{A}$$

式中　ρ——溶液的电阻率，$\Omega\cdot m$；

κ——溶液的电导率，$S\cdot m^{-1}$。整理上式得

$$\kappa=\frac{l}{A}\times\frac{1}{R}=K_{\text{cell}}G \tag{5-9}$$

式中　K_{cell}——电导池常数，m^{-1}。

测量电导池常数 K_{cell} 的方法如下：将已知电导率 κ 的标准电解质溶液放入电导池中，测定其电导 G（电阻 R 的倒数），代入式(5-9) 即可求得电导池常数 K_{cell}。本实验选用 $0.01mol\cdot dm^{-3}$ KCl溶液作为标准电解质溶液（见附录三十五）。

获得电导池常数 K_{cell} 后，再应用同一个电导池，测量其它电解质溶液的电阻，根据式

(5-9)，便可求出其它电解质溶液的电导率。

(3) 摩尔电导率(Λ_m) 研究溶液电导时常用到摩尔电导率这个量，它与电导率的关系为：

$$\Lambda_m = \frac{\kappa}{c} \tag{5-10}$$

式中 Λ_m——摩尔电导率，$S \cdot m^2 \cdot mol^{-1}$；

c——溶液摩尔浓度，$mol \cdot m^{-3}$。

2. HAc溶液的电离平衡常数（$K^{\ominus}$）与 Λ_m 的关系

弱电解质溶液的电离度比较小，摩尔电导率很低。但在无限稀释的情况下，可以认为弱电解质全部电离而且离子间无相互作用。这样溶液在浓度为 c 时的摩尔电导率 Λ_m 和溶液在无限稀释时的摩尔电导率 Λ_m^{∞} 之间的差别，可近似地看成是由弱电解质部分电离和全部电离所产生的离子数目不同所致，所以弱电解质的电离度 α 可表示为

$$\alpha = \frac{\Lambda_m}{\Lambda_m^{\infty}} \tag{5-11}$$

对于AB型电解质，在溶液中电离达到平衡时，电离平衡常数 $K^{\ominus}$ 与浓度 c 和电离度 α 有以下的关系：

$$K^{\ominus} = \frac{\alpha^2}{1-\alpha} \times \frac{c}{c^{\ominus}} \tag{5-12}$$

将式(5-11) 代入式(5-12)，即得：

$$K^{\ominus} = \frac{\Lambda_m^2}{\Lambda_m^{\infty}(\Lambda_m^{\infty} - \Lambda_m)} \times \frac{c}{c^{\ominus}}$$

整理上式得：

$$\Lambda_m \frac{c}{c^{\ominus}} = (\Lambda_m^{\infty})^2 K^{\ominus} \frac{1}{\Lambda_m} - \Lambda_m^{\infty} K^{\ominus} \tag{5-13}$$

以 $\Lambda_m \frac{c}{c^{\ominus}}$ 对 $\frac{1}{\Lambda_m}$ 作图应为一直线，该直线的斜率为 $(\Lambda_m^{\infty})^2 K^{\ominus}$，已知本实验中HAc的 Λ_m^{∞} 为 $3.90 \times 10^{-2} m^2 \cdot s \cdot mol^{-1}$，由此可求得 $K^{\ominus}$。

三、仪器与试剂

简易电桥，低频信号发生器，示波器，可调电阻箱，电导电极，25mL移液管2支，50mL移液管2支，125mL锥形瓶2个，250mL锥形瓶1个，恒温槽一套。

$0.01 mol \cdot L^{-1}$ KCl标准溶液，$0.1 mol \cdot L^{-1}$ HAc溶液。

四、实验步骤

1. 溶液的恒温

调整恒温槽的温度在25℃±0.1℃。用蒸馏水反复冲洗电导电极，然后用滤纸轻轻拭干。取两个洗净、烘干的125mL锥形瓶，一个用50mL移液管加入50mL $0.01 mol \cdot L^{-1}$ KCl标准溶液，将洗净擦干的电导电极插入其中，然后置于恒温水浴中（其液面应低于水浴液面）；另一个用50mL移液管加入50mL $0.1 mol \cdot L^{-1}$ HAc溶液；再取250mL锥形瓶并加入约150mL蒸馏水，并将后两个锥形瓶也置于恒温水浴中。三者均在恒温水浴中恒温15min。

2. 电导池常数 K_{cell} 的测定

按表5-5中电阻箱电阻的预设值，分别测定 $0.01 mol \cdot L^{-1}$ KCl标准溶液的电阻，将结果填入表5-5。

表 5-5　0.01mol·L^{-1} KCl 标准溶液电阻测定数据

测量次数	电阻箱电阻 R_1/Ω	电桥平衡点		溶液电阻 R_2/Ω	电导池常数 K_{cell}/m^{-1}
		AO/cm	OB/cm		
1	400				
2	400				
3	450				
4	450				
电导池常数平均值					

3. 不同浓度 HAc 溶液电导率的测定

从 0.01mol·L^{-1} KCl 标准溶液中取出电导电极，用蒸馏水反复冲洗电导电极，然后用滤纸轻轻拭干，并放入装有 50mL 0.1mol·L^{-1} HAc 溶液的锥形瓶中，测量其电阻。然后，用 25mL 移液管精确从锥形瓶中移出 25mL 的 HAc 溶液放掉，再用移液管从 250mL 锥形瓶中准确移出 25mL 的蒸馏水，并加到 HAc 溶液中，使 HAc 溶液被稀释一倍。测量其电阻。然后再稀释，再测量电阻。如此一共稀释四次，可以测量出 5 个不同浓度的 HAc 溶液的电阻。将结果填入表 5-6。

表 5-6　不同浓度 HAc 溶液电阻的测定数据

溶液浓度 /mol·L^{-1}	电阻箱电阻 R_1/Ω	电桥平衡点		溶液电阻 R_2/Ω	电导率 κ/S·m^{-1}	电导率的平均值 $\bar{\kappa}$/S·m^{-1}
		AO/cm	OB/cm			
0.1	950					
	1250					
0.05	1450					
	1850					
0.025	2250					
	2450					
0.0125	2950					
	3500					
0.00625	4550					
	5500					

4. 将电导电极浸泡于装有蒸馏水的锥形瓶中，洗净，置于气流烘干机上烘干。关闭电源。

五、数据处理

1. 用所测不同浓度的 HAc 溶液的电导率的平均值，由式(5-10) 计算出对应的摩尔电导率 Λ_m，并计算出 $\Lambda_m \frac{c}{c^{\ominus}}$、$\frac{1}{\Lambda_m}$，并填入表 5-7。

2. 根据式(5-13) 将 $\Lambda_m \frac{c}{c^{\ominus}}$对$\frac{1}{\Lambda_m}$作图，由所得直线的斜率，求出 25℃时的 HAc 溶液的电离平衡常数 $K^{\ominus}$，并计算其相对误差。$K^{\ominus}$的理论值为 1.77×10^{-5}。

表 5-7 电导率数据处理

溶液浓度 c/mol·L^{-1}	0.1	0.05	0.025	0.0125	0.00625	溶液浓度 c/mol·L^{-1}	0.1	0.05	0.025	0.0125	0.00625
电导率 κ/S·m^{-1}						$\frac{1}{\Lambda_m}$/mol·S^{-1}·m^{-2}					
摩尔电导率 Λ_m/S·m^2·mol^{-1}						$\Lambda_m \frac{c}{c^{\ominus}}$ /S·m^2·mol^{-1}					

六、思考题

1. 什么叫溶液的电导、摩尔电导率和电导率？
2. 为什么要测定电导池常数？如何测量？
3. 交流电桥的平衡条件是什么？
4. 分析本实验误差的主要来源。

实验六十五　电池电动势的测定及其应用

一、实验目的

1. 掌握对消法测定可逆电池电动势的原理及电位差计的使用方法。
2. 学会一些电极的制作及电池的组装。

二、实验原理

电池是将化学能转变为电能的装置，是由两个半电池即正、负电极放到相应的电解质溶液组成的。

电池电动势等于组成电池的两个半电池的电极电势之差。

$$E=E_{+}-E_{-} \tag{5-14}$$

式中，E_{+}、E_{-}分别为正、负极的电极电势。它们与参加电极反应各物的活度之间服从能斯特（Nernst）方程。

对任意一个给定电极，其电极反应通式为：

$$\text{氧化态}+ne^{-}\longrightarrow\text{还原态}$$

n 为进行上述电极反应所得电子数，则电极电势 $E_{\text{氧化态/还原态}}$ 的通式为：

$$E_{\text{氧化态/还原态}}=E^{\ominus}_{\text{氧化态/还原态}}-\frac{RT}{nF}\ln\frac{a_{\text{还原态}}}{a_{\text{氧化态}}} \tag{5-15}$$

式中，$E^{\ominus}_{\text{氧化态/还原态}}$ 为该给定电极的标准电极电势。

测量电池的电动势，要在尽可能接近热力学可逆条件下进行，不能用伏特计直接测量。因为在测量过程中有电流通过电池内部和伏特计，电池内部会发生电化学变化而出现浓度的变化和电极极化，使电动势值发生变化，电池处于非平衡状态；另一方面，由于电池本身存在内电阻，所以伏特计所量出的只是两极的电势差，只是电池的电动势的一部分，达不到测量电动势的目的。只有在没有电流通过时，电池才处于平衡状态。

采用对消法可达到测量电动势的目的，电位差计是按照对消法测量原理而设计的一种平衡式电学测量装置，能直接给出待测电池的电动势值（以伏特表示）。即能在电池无电流（或极小电流）通过时测得其两极的电势差，这时的电势差就是电池的电动势。其原理是用

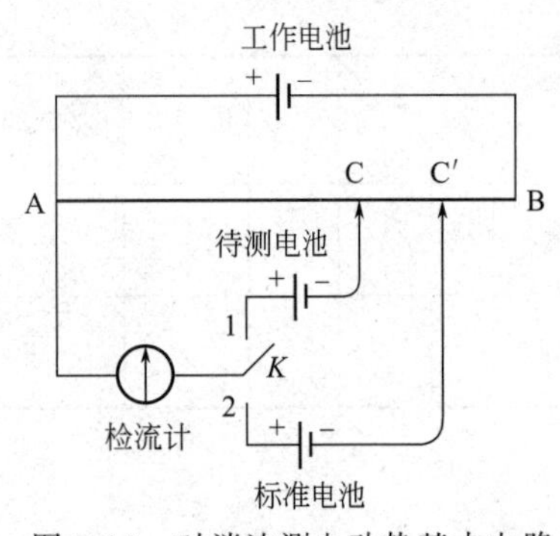

图 5-16　对消法测电动势基本电路

一个相反但数值相等的电动势，对抗待测电池的电动势，使电路中无电流通过。线路如图 5-16所示。

当转换开关 K 合至 1，调节滑动接触点的位置，找到 C 点，使检流计 G 中无电流通过，此时待测电池的电动势 E_x 和恰为 AC 段的电势差所抵消。

为求 AC 段的电势差，可将转换开关 K 合至 2，调节滑动接触点的位置，找到 C′点，再次使检流计 G 指示为零，此时 AC 段的电势差就等于标准电池电动势 E_N（已知）。因电势差与电阻线长度成正比，故待测电池的电动势为：

$$E_x = E_N \frac{AC}{AC'}$$

本实验测定 3 种可逆电池的电动势，现分述如下。

1. 银电极与饱和甘汞电极构成的可逆电池

电池表达式为：

$$\mathrm{Hg, Hg_2Cl_2(s)|饱和\ KCl\ 溶液 \| AgNO_3(}a\mathrm{)|Ag}$$

其电池电动势为：

$$E = E_{\mathrm{Ag^+/Ag}} - E_{饱和甘汞} = E^{\ominus}_{\mathrm{Ag^+,Ag}} + \frac{RT}{F}\ln a_{\mathrm{Ag^+}} - E_{饱和甘汞} \tag{5-16}$$

式中　$a_{\mathrm{Ag^+}}$——$AgNO_3$ 溶液中 Ag^+ 的活度，$a_{\mathrm{Ag^+}} = b_{\mathrm{Ag^+}}\gamma_{\pm}$；

$b_{\mathrm{Ag^+}}$——Ag^+ 的质量摩尔浓度，因本实验中所用溶液均为稀溶液，则 $b_{\mathrm{Ag^+}}$ 可用物质的量浓度 $c_{\mathrm{Ag^+}}$ 代替；

$\gamma_{\pm}$——$AgNO_3$ 溶液的离子平均活度系数；

$E_{饱和甘汞}$——以饱和 KCl 溶液为电解质溶液的甘汞电极的电极电势。

利用式(5-16)，当测得电池电动势 E，已知 $b_{\mathrm{Ag^+}}$ 及 $\gamma_{\pm}$ 时，可以求得 $E^{\ominus}_{\mathrm{Ag^+/Ag}}$。

2. Ag 电极构成的浓差可逆电池

电池表达式为：

$$\mathrm{Ag(s)|AgNO_3(}a_1\mathrm{)\|AgNO_3(}a_2\mathrm{)|Ag(s)}$$

其电池电动势为：$E = E_+ - E_-$

因两电极的标准电极电势 $E^{\ominus}_{\mathrm{Ag^+/Ag}}$ 相等，则电动势为：

$$E = \frac{RT}{F}\ln\frac{a_2}{a_1} \tag{5-17}$$

式中　a_2——正极的 $AgNO_3$ 溶液中 Ag^+ 的活度；

a_1——负极的 $AgNO_3$ 溶液中 Ag^+ 的活度。

3. 醌氢醌电极与饱和甘汞电极构成的可逆电池

醌氢醌电极是一种氢离子电极，广泛用于酸性溶液 pH 值的测定。醌氢醌是一种醌（$C_6H_4O_2$，用 Q 表示）和氢醌（[$C_6H_4(OH)_2$]，即对苯二酚，用 H_2Q 表示）的等分子比的复合物。醌氢醌为深褐色固体粉末，微溶于水，被溶解部分能完全分解为等物质的量的醌和氢醌。

醌氢醌电极的制作：将少量的醌氢醌粉末加入待测溶液中，形成醌-氢醌的饱和溶液，在其中插入一个铂电极，即构成醌氢醌电极。其电极反应为：

$$\text{Q} + 2H^+ + 2e^- \rightleftharpoons \text{H}_2\text{Q}$$

电极电动势表达式为：

$$E_{Q/H_2Q} = E^{\ominus}_{Q/H_2Q} - \frac{RT}{2F} \ln \frac{a_{H_2Q}}{a_Q a^2_{H^+}}$$

由于醌、氢醌在溶液浓度相等且很低，故可视为 $a_Q = a_{H_2Q}$，则

$$E_{Q/H_2Q} = E^{\ominus}_{Q/H_2Q} - \frac{RT}{F} \ln \frac{1}{a_{H^+}} = E^{\ominus}_{Q/H_2Q} - \frac{2.303RT}{F} \cdot \text{pH} \tag{5-18}$$

将醌氢醌电极与甘汞电极组成可逆电池，其电池电动势为：

$$E = E^{\ominus}_{Q/H_2Q} - \frac{2.303RT}{F} \cdot \text{pH} - E_{Hg_2Cl_2} \tag{5-19}$$

应当注意，醌氢醌电极不能用于碱性溶液中。当 pH＞8.5 时，由于氢醌大量电离，影响其浓度，使 $a_Q = a_{H_2Q}$ 不能成立，从而影响测定结果。

三、仪器与试剂

EM-3C 型数字电位差计，标准电池，饱和甘汞电极（1 支），铂电极（1 支），银电极（2 支），移液管，广口瓶。

饱和 KNO_3 盐桥，$AgNO_3$（0.001mol·L^{-1}，0.01mol·L^{-1}），HAc（0.2mol·L^{-1}），NaAc（0.2mol·L^{-1}）等溶液，未知缓冲溶液，醌氢醌粉末。

四、实验步骤

本实验测定以下 4 组电池的电动势：

(1)（－）Hg(l)，Hg_2Cl_2(s)|KCl(饱和)‖$AgNO_3$(0.01mol·L^{-1})|Ag(s)(＋)

(2)（－）Ag(s)|$AgNO_3$(0.001mol·L^{-1})‖$AgNO_3$(0.01mol·L^{-1})|Ag(s)(＋)

(3)（－）Hg(l)，Hg_2Cl_2(s)|KCl(饱和)‖H^+（0.1mol·L^{-1} HAc＋0.1mol·L^{-1} NaAc)，Q·H_2Q|Pt(＋)

(4)（－）Hg(l)，Hg_2Cl_2(s)|KCl(饱和)‖H^+(未知缓冲溶液)，Q·H_2Q|Pt(＋)

1. 电极的制作

(1) 0.01mol·L^{-1} $AgNO_3$ 溶液的银电极　将 $AgNO_3$（0.01mol·L^{-1}）溶液倒入洗好的小烧杯中，并控制在 1/3～1/2，并将洁净的银电极插入溶液。盐桥要用蒸馏水冲洗，然后用滤纸擦净。盐桥要浸入溶液，组成通路。

(2) 0.001mol·L^{-1} $AgNO_3$ 溶液的银电极　方法同上。

(3) 醌氢醌电极

电池（3)：用移液管分别量取 15mL 0.2mol·L^{-1} HAc 溶液和 15mL 0.2mol·L^{-1} NaAc 溶液放入小烧杯中，然后加入少许醌氢醌粉末，用玻璃棒充分搅拌，将洁净的铂电极插入溶液中。

电池（4)：将正极的溶液换成了待测 pH 值的未知溶液，其它同上。

(4) 饱和甘汞电极　浸泡在饱和 KCl 溶液中备用。

2. 电池的组装

以 KNO_3 饱和溶液为盐桥，按图 5-17 组装上述四组电池，待溶液稳定 10min 后，测量电池的电动势 E，5min 后再次测量，则该电池的电动势取两次测量的平均值。

3. 采用 EM-3C 数字式电位差计（见示意图 5-18）测量电池的电动势

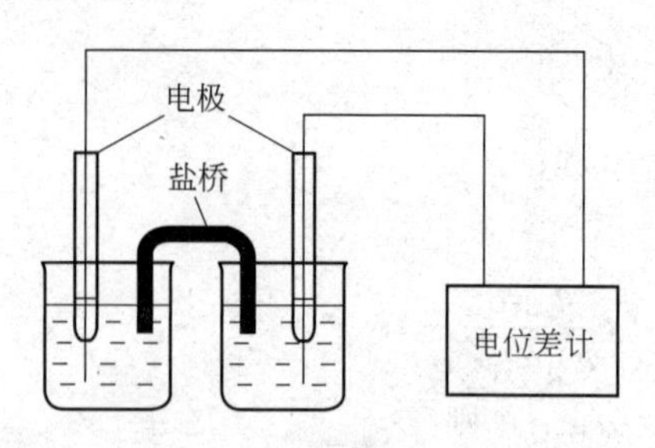

图 5-17　电池的组装示意图

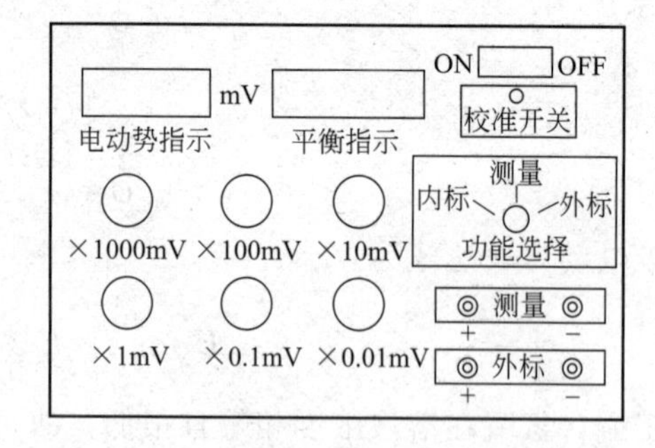

图 5-18　EM-3C 数字式电位差计面板示意图

(1) 仪器预热　插上电位差计的电源插座，打开开关，将仪器预热 15min。

(2) 用标准电池校正仪器

① 实验室常用的标准电池是惠斯通饱和标准电池。测量室温，按如下公式计算在室温下的标准电池电动势值：

$$E_t(\mathrm{V})=1.0183-4.06\times10^{-5}(t-20) \tag{5-20}$$

式中　t——室温，℃。

② 将数字电位差计"功能选择"开关打到"外标"挡，并将标准电池两极连接到数字电位差计的外标线路相对应的"+"极与"−"极。

③ 按从大到小的顺序，依次调节面板上"×1000mV，×100mV，×10mV，×1mV，×0.1mV，×0.01mV"上方的旋钮，使电动势指示的值与 E_t 完全相等，且平衡指示显示"0.0000"，若不为零，则按校准开关。

(3) 电池电动势的测定

① 将数字电位差计"功能选择"开关打到"测量"挡，并将组装好的电池两极连接到数字电位差计的测量线路相对应的"+"极与"−"极。

② 按从大到小的顺序，依次调节面板上"×1000mV，×100mV，×10mV，×1mV，×0.1mV，×0.01mV"上方的旋钮，使平衡指示显示"0.0000"为止，读出此时电动势指示值，即为电池的电动势。

(4) 实验完毕，仪器复原。

五、数据处理

1. 记录上述四组电池电动势的测量值于表 5-8 中，并写出相应电池的电极和电池反应式。

表 5-8　电池电动势的测量值数据

编号	电池电动势 E/V	电池电动势平均值 E/V	电极反应式和电池反应式
1			
2			
3			
4			

2. 已知饱和甘汞电极、银电极及醌氢醌电极的标准电极电势值与温度 t 的关系如表5-9，计算室温下各数值，填入表中。

表 5-9 室温下电极电势值

室温：________℃

$E_{饱和甘汞}/V=0.2410-7.6\times10^{-4}(t/℃-25)$	
$E^{\ominus}_{Ag^+/Ag}/V=0.6994-7.4\times10^{-4}(t/℃-25)$	
$E^{\ominus}_{Q/H_2Q}/V=0.7990-9.7\times10^{-4}(t/℃-25)$	

3. 由电池（1）测定的电动势计算 $E^{\ominus}_{Ag^+/Ag}$ 值，并将实验测得的 $E^{\ominus}_{Ag^+/Ag}$ 值与其理论计算的室温值进行比较，求其相对误差（已知 $0.01mol\cdot L^{-1}$ 的 $AgNO_3$ 的平均活度系数为 $\gamma_{\pm}=0.9$）。

4. 计算电池（2）的理论电动势的数值，并与实验测定的电池电动势比较，求其相对误差（已知 $0.001mol\cdot L^{-1}$ 的 $AgNO_3$ 溶液的平均活度系数 $\gamma_{\pm}$ 约为 1）。

5. 由电池（3）的实验电动势，求醌氢醌电极的电极电势和缓冲溶液的 pH 值，并与缓冲溶液理论的 pH 值比较，求其相对误差（已知醋酸的电离常数 $K_a=1.75\times10^{-5}$，已知 $0.1mol\cdot L^{-1}$ NaAc 溶液的平均活度系数为 $\gamma_{\pm}=0.791$）。

6. 由电池（4）的电动势测量值，计算未知缓冲溶液的 pH 值。

六、思考题

1. 测定电池电动势时，为什么要用电位差计，而不能用伏特计测量？
2. 指出本实验中采用的参比电极，并说明参比电极应具备什么条件？它有什么功用？
3. 盐桥有什么作用？应选择什么样的电解质作盐桥？
4. 说明本实验的误差的主要来源。

七、注意事项

1. 标准电池切勿摇晃或颠倒，正、负极不能接错。
2. 盛放溶液的烧杯需洁净干燥或用该溶液润洗。所用电极也应用该溶液淋洗或洗净后用滤纸轻轻吸干，以免改变溶液浓度。
3. 使用盐桥时，要注意不要污染，用后要及时清洗，并在饱和硝酸钾溶液中保存。
4. 饱和甘汞电极内应充满 KCl 溶液，并注意在电极内应有固体的 KCl 存在，以保证在所测温度下为饱和 KCl 溶液。
5. 硝酸银溶液用后要回收到指定的容器中。
6. 测定电池电动势时，不要长时间通电，待数字稳定后马上读数，然后断开开关。

实验六十六 乙酸乙酯皂化反应速率常数的测定

一、实验目的

1. 测定乙酸乙酯皂化反应的速率常数。
2. 了解二级反应的特征，学会用图解法求出二级反应的速率常数。
3. 了解温度对化学反应的影响，能通过阿伦尼乌斯公式计算化学反应的活化能。

二、实验原理

乙酸乙酯皂化反应：

$$\begin{array}{lcccc} & NaOH + CH_3COOC_2H_5 & \longrightarrow & CH_3COONa + C_2H_5OH & \\ t=0\text{ 时} & a & b & 0 & 0 \\ t=t\text{ 时} & (a-x) & (b-x) & x & x \end{array}$$

它的反应速率可用单位时间内 CH_3COONa 浓度的变化来表示：

$$\frac{dx}{dt}=k(a-x)(b-x) \tag{5-21}$$

式中 a，b——反应物氢氧化钠和乙酸乙酯的初始浓度；

x——经过时间 t 后 CH_3COONa 的浓度；

k——k_{CH_3COONa}，表示相应的反应速率常数。

因为反应速率与两个反应物浓度都是一次方的正比关系，所以称为二级反应。为了使反应的速率方程的形式简化，令两种反应物的初始浓度相等：$a=b$，则式(5-21) 可变为：

$$\frac{dx}{dt}=k(a-x)^2 \tag{5-22}$$

当 $t=0$ 时，$x=0$；当 $t=t$ 时，$x=x$；积分上式得：

$$kt=\frac{x}{a(a-x)} \tag{5-23}$$

从式(5-23) 中可以看出，原始浓度 a 是已知的，只要测出 t 时的 x 值，就可算出反应速率常数 k 值。在本实验中采用测量溶液电导率的办法来求算 x 值的变化。参与导电的离子有 Na^+、OH^-、CH_3COO^-，而 Na^+ 在反应前后浓度不变，OH^- 的迁移率比 CH_3COO^- 的迁移率大得多。随着时间的增加，OH^- 不断减少。所以，系统的电导率值不断下降。

在电解质的稀溶液中，电导率 κ 与浓度 c 有如下的正比关系：

$$\kappa=Kc \tag{5-24}$$

式中，比例常数 K 与电解质的自身性质及温度有关，而且溶液的总电导率就等于组成溶液的电解质的电导率之和。

当 $t=0$ 时，电导率 κ_0 对应于反应物 NaOH 的浓度 a，因此：

$$\kappa_0=K_{NaOH}a \tag{5-25}$$

当 $t=t$ 时，电导率 κ_t 应该是浓度为 $a-x$ 的 NaOH 及浓度为 x 的 CH_3COONa 的电导率之和：

$$\kappa_t=K_{NaOH}(a-x)+K_{NaAc}x \tag{5-26}$$

当 $t=\infty$时，OH^- 完全被 CH_3COO^- 代替，因此电导率

$$\kappa_\infty=K_{NaAc}a \tag{5-27}$$

式(5-25)、式(5-26) 两式相减得：

$$\kappa_0-\kappa_t=(K_{NaOH}-K_{NaAc})x \tag{5-28}$$

式(5-26)、式(5-27) 两式相减得：

$$\kappa_t-\kappa_\infty=(K_{NaOH}-K_{NaAc})(a-x) \tag{5-29}$$

式(5-28)、式(5-29) 两式相除，得：

$$\frac{x}{a-x}=\frac{\kappa_0-\kappa_t}{\kappa_t-\kappa_\infty} \tag{5-30}$$

将式(5-30) 代入式(5-23)，移项整理可得：

$$\kappa_t=\frac{1}{ka}\cdot\frac{\kappa_0-\kappa_t}{t}+\kappa_\infty \tag{5-31}$$

由式(5-31) 可以看出，以 κ_t 对$\frac{\kappa_0-\kappa_t}{t}$作图可得一直线，其斜率为$\frac{1}{ka}$。由此可求得反应的速率常数 k。

在获得 κ_0 的方法中，以曲线外推法最为简单直观。一般在反应刚开始时，在短时间间隔内测量系统的几个电导率值，将电导率 κ_t 对时间 t 作图，取直线并外推至时间为零，求得 κ_0。

反应的活化能可通过阿伦尼乌斯公式计算出来。用上述方法测量两个不同温度的反应速率常数 k 值，代入定积分形式的阿伦尼乌斯公式(5-32) 中就可求得反应的活化能 E_a：

$$\ln\frac{k_2}{k_1}=\frac{E_a}{R}\left(\frac{1}{T_1}-\frac{1}{T_2}\right) \tag{5-32}$$

如果实验时间允许，可以多测量几个温度下的反应速率常数 k 值，采用阿伦尼乌斯方程的不定积分形式来求反应的活化能 E_a：

$$\ln k=-\frac{E_a}{RT}+C \tag{5-33}$$

$\ln k$ 对$\frac{1}{T}$作图可得一条直线，由直线的斜率可求反应的活化能 E_a。

三、仪器与试剂

超级恒温水浴，DDS-11A 电导率仪 1 部，电导电极 1 个，双管电导池（皂化槽）（如图 5-19）2 个，秒表 1 只，洗耳球 1 个，20mL 移液管 2 支。

NaOH（$0.1\text{mol}\cdot\text{L}^{-1}$），$CH_3COOC_2H_5$（$0.1\text{mol}\cdot\text{L}^{-1}$）。

四、实验步骤

1. 恒温槽的温度调节为 25℃±0.1℃；同时，打开电导率仪。

2. 用两支移液管精确量取 $0.1\text{mol}\cdot\text{L}^{-1}$ $CH_3COOC_2H_5$ 和 $0.1\text{mol}\cdot\text{L}^{-1}$ NaOH 各 20mL，分别置于双管电导池（图 5-20）的 a 管和 b 管。将电导电极用蒸馏水洗净，用滤纸小心吸干电极上黏附着的水分，把电导电极放入电导池的 b 管中。在 a 管上塞入打好孔的橡皮塞，以免 $CH_3COOC_2H_5$ 挥发。将双管电导池置于恒温管中，在 25℃±0.1℃时放置 10min。

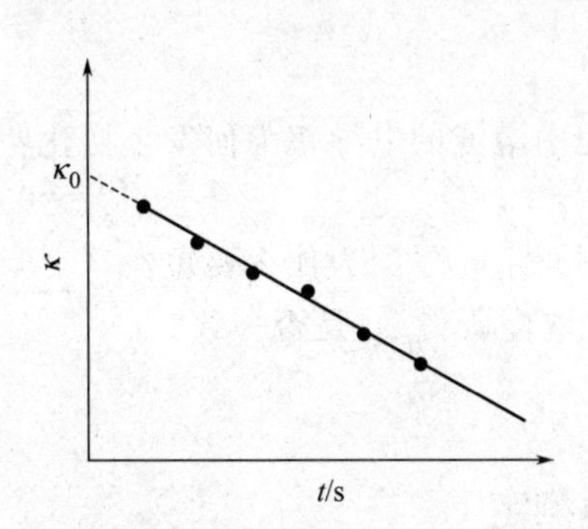

图 5-19　外推法求 κ_0 示意图

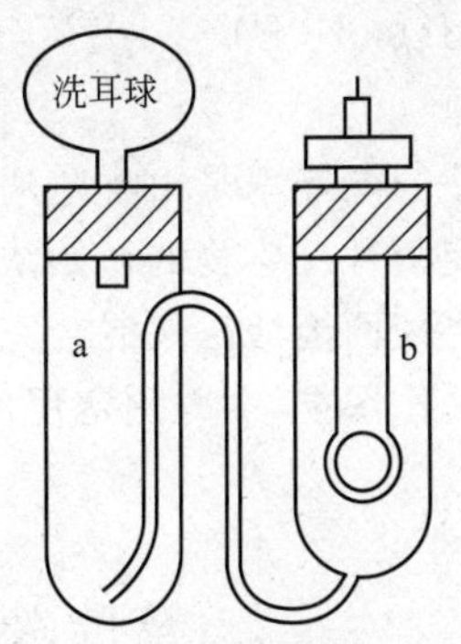

图 5-20　双管电导池

a—内装 $CH_3COOC_2H_5$ 溶液；b—内装 NaOH 溶液

3. 恒温后进行混合，即用洗耳球自 a 管的橡皮塞孔中鼓入空气，将 $CH_3COOC_2H_5$ 压向 b 管，使其与 b 管内的 NaOH 瞬间混合。要连续混合三次，在第二次混合时，启动秒表计时。注意第三次要将 a 管中的所有溶液都挤入 b 管。在反应刚开始时（从第二次混合时记），每隔 20s 用电导率仪测量一次系统的电导率值，至 120s。120s 后，每隔 1min 测量一次电导率值，测至反应进行 8min 即可停止。

4. 将双管电导池取出，洗净放入烘箱。再将恒温槽的温度调节至 35℃±0.1℃。重复步骤 2、3 进行测试。

五、数据处理

1. 将反应温度为 25℃时，反应刚开始时至第 120s 时，间隔为 20s 测得到的电导率数据 κ_t 对时间 t(s) 作图，将图中的 6 个点（记录于表 5-10）取成直线，外推至 $t=0$，求得 κ_0，同法可求 κ_0(308K)。

表 5-10　实验测定电导率数据

时间/s	20	40	60	80	100	120
κ_t(298K)						
κ_t(308K)						

2. κ_t 对应之$\frac{\kappa_0-\kappa_t}{t}$数据作数据表（表 5-11），作 κ_t-$\frac{\kappa_0-\kappa_t}{t}$图，其斜率为$\frac{1}{ka}$，由此可求得反应速率常数 k(298K)、k(308K)。

表 5-11　数据处理

时间/min	1	2	3	4	5	6	7	8
κ_t(298K)								
$\left(\frac{\kappa_0-\kappa_t}{t}\right)_{298K}$								
κ_t(308K)								
$\left(\frac{\kappa_0-\kappa_t}{t}\right)_{308K}$								

注意：在作 κ_t-$\frac{\kappa_0-\kappa_t}{t}$图时，时间间隔为 1min，取反应从开始至 8min 内的 8 个点。

3. 应用定积分形式的阿伦尼乌斯公式，计算出皂化反应的活化能 E_a。（活化能 E_a 的理论近似值为 40kJ·mol^{-1}。）

六、思考题

1. 被测溶液的电导率是由哪些离子贡献的？反应进程中溶液的电导率为何发生变化？

2. 什么要使两种反应物的初始浓度相等？

3. 为什么要使两溶液尽快混合完毕？开始一段时间的测定间隔期为什么要短？

4. 用外推法作图求 κ_0 与测定反应开始时相同 NaOH 浓度所得 κ_0 是否一致？

实验六十七　液体黏度的测定

一、实验目的

1. 学习 HK-1D 型恒温水槽的使用；HK-1D 型恒温水槽的灵敏度与温度的关系。

2. 测定乙醇溶液不同温度下的黏度，了解温度对液体黏度的影响。

二、实验原理

液体黏度的大小，一般用黏度系数（η）表示。当用毛细管法测液体黏度时，则可通过泊肃叶（Poiseuille）公式计算黏度系数（简称黏度）：

$$\eta=\frac{\pi p r^4 t}{8VL} \tag{5-34}$$

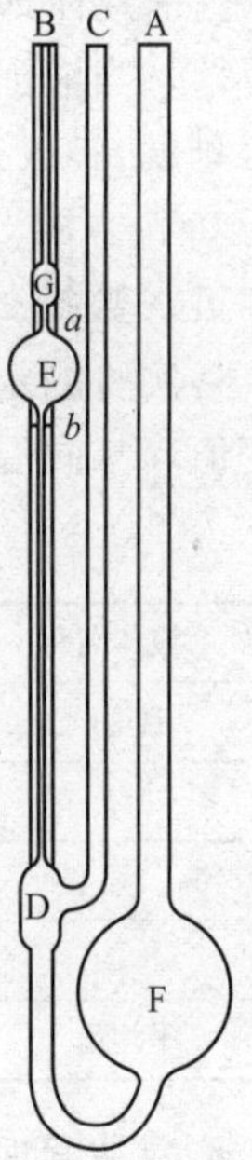

式中 V——在时间 t 内流过毛细管的液体体积；

p——管两端的压力差；

r——管半径；

L——管长。

在 C. G. S. 制中黏度的单位为泊（P，$1P=1dyn\cdot s\cdot cm^{-2}$）。在国际单位制（SI）中，黏度单位为 Pa•s。1P＝0.1Pa•s。

按式(5-34）由实验来测定液体的绝对黏度是件困难的工作，但测定液体对标准液体（如水）的相对黏度则是简单实用的。在已知标准液体的绝对黏度时，即可算出被测液体的绝对黏度。

设两种液体在本身重力作用下分别流经同一毛细管，且流出的体积相等，则

$$\eta_1=\frac{\pi r^4 p_1 t_1}{8VL} \qquad \eta_2=\frac{\pi r^4 p_2 t_2}{8VL}$$

从而

$$\frac{\eta_1}{\eta_2}=\frac{p_1 t_1}{p_2 t_2} \tag{5-35}$$

$$p=hg\rho$$

式中 h——推动液体流动的液位差；

ρ——液体密度；

g——重力加速度。

图 5-21 乌氏黏度计

如果每次取用试样的体积一定，则可保持液面上的压力在试验中的情况相同。因此，$\frac{\eta_1}{\eta_2}=\frac{p_1 t_1}{p_2 t_2}$。已知标准液体的黏度和它们的密度，则被测液体的黏度可按上式算得。

三、仪器与试剂

HK-1D 型恒温水槽，JDW-3F 精密电子温差测量仪，乌氏黏度计（图 5-21），20mL 量筒。

乙醇（分析纯）。

四、实验步骤

1. 测定恒温水浴的灵敏度

（1）将 JDW-3F 精密电子温差测量仪温度探头插入恒温水槽中，打开电源预热 20min。

（2）将恒温水浴电源接通，控温温度计设定一较低温度，当继电器绿灯亮时，按下数字式温差温度计“开始”键。记录温度上升的最高值。该温度就是恒温水浴的灵敏度值。

2. 测定液体的黏度

（1）打开恒温水槽电源，将电动搅拌速度调整至匀速（以不致打出水花旋涡即可）。

（2）将“设置”、“测量”开关调至“设置”位置，调整温度为所要恒定温度，再将开关调至“测量”位置，恒温水槽将自动恒定至指定温度。

（3）在实验前顺次用洗液及蒸馏水洗净黏度计，然后烘干。

（4）本实验用乌氏黏度计（图 5-21），它是气承悬柱式可稀释的黏度计。将黏度计垂直浸入恒温槽中，用量筒吸 20mL 蒸馏水，从 A 管注入黏度计，待内外温度一致后（一般要 15min 以上），在 C 管套上橡皮管，并用夹子夹牢，使不通气。在 B 管口也套上橡皮，接上洗耳球，将水从 F 球经 D 球、毛细管、E 球抽至 G 球。解去夹子，让 C 管接通大气，此时

D 球内的液体即回入 F 球，使毛细管以上的液体悬空。然后拔去针筒，则毛细管以上的液体下落，当液面流经 a 刻度时，立即按停表开始记时间，当液面降至 b 刻度时，再按停表，测得刻度 a、b 之间的液体流经毛细管所需的时间。同样重复操作至少三次，它们间相差不大于 0.2s。取 3 次的平均值为 t_0，即为水的流出时间。

五、数据处理

将实验测定结果填入表 5-12 中，并根据原理所述方法计算乙醇在 25℃、30℃条件下的黏度值，与同温度下的理论值相比较，计算相对误差值。

表 5-12　液体黏度的测定数据

液体名称	水		乙醇	
温度/℃	25	30	25	30
1				
2				
3				
平均值/s				

乙醇黏度理论值：

$$\eta(25℃)=1.103\text{mPa·s}$$

$$\eta(30℃)=1.003\text{mPa·s}$$

$$\eta(35℃)=0.914\text{mPa·s}$$

六、思考题

1. 如何调节 HK-1D 型恒温水槽到指定温度？
2. 组成 HK-1D 型恒温水槽的主要部件有哪些？它们的作用各如何？
3. 哪些因素影响 HK-1D 型恒温水槽的工作质量？
4. 为什么使用乌氏黏度计时，加入标准物及被测物的体积应相等？
5. 为什么测定黏度时要保持温度恒定？
6. 使用乌氏黏度计测定液体的黏度时，操作应注意哪些事项？

5.2　物理化学提高实验

实验六十八　凝固点降低法测定摩尔质量

一、实验目的

1. 用凝固点降低法测定萘的摩尔质量。
2. 加深对稀溶液理论的理解。

二、实验原理

当溶质与溶剂不生成固溶体，而且溶液浓度很低时，溶液的凝固点降低与溶质的质量摩尔浓度成正比：

$$\Delta T_f=K_f m_B \tag{5-36}$$

式中　ΔT_f——凝固点降低；

m_B——溶质的质量摩尔浓度，mol·kg^{-1}；

K_f——凝固点降低常数，K_f（环己烷）=20.2。

m_B 可表示为

$$m_B=\frac{1000W_B}{M_BW_A} \tag{5-37}$$

代入式(5-36) 可得

$$M_B=\frac{1000W_BK_f}{\Delta T_fW_A} \tag{5-38}$$

式中 M_B——溶质的摩尔质量，$g\cdot mol^{-1}$；

W_A，W_B——溶剂和溶质的质量，g。

因此，利用式(5-38) 可求出溶质的摩尔质量。

若将纯溶剂逐步冷却，理论上其步冷曲线的平台温度就是纯溶剂的凝固点。但实际上在冷却过程中往往会发生过冷现象，即在冷却过程中，当温度到达纯溶剂的凝固点时，溶剂未凝固，而是当温度继续降低至低于凝固点一定温度时，才开始析出固体。随着固体析出、凝固热释放，又使体系的温度回升直至平衡温度。如图 5-22a 线所示。因此凝固点温度应以平衡为准。如图 5-22 中的 T_0 所示。

溶液凝固点的精确测量难度更大。因为在溶液冷却时，有部分溶剂凝固析出后，使剩余溶液的浓度增大，这样使得剩余溶液的浓度更大，溶液中的溶剂凝固点更低。这样，发生过冷现象后，因凝固热释放而产生的温度回升至最高点，即认为是溶液中溶剂的凝固点，如在最高点之后能出现平台，应以平台温度为溶液中溶剂的凝固点。如图 5-22 中 b 线所示 T_f。

三、仪器与试剂

凝固点测定装置（图 5-23），热敏电阻温度计及恒灵敏度测温电桥，自动记录仪。

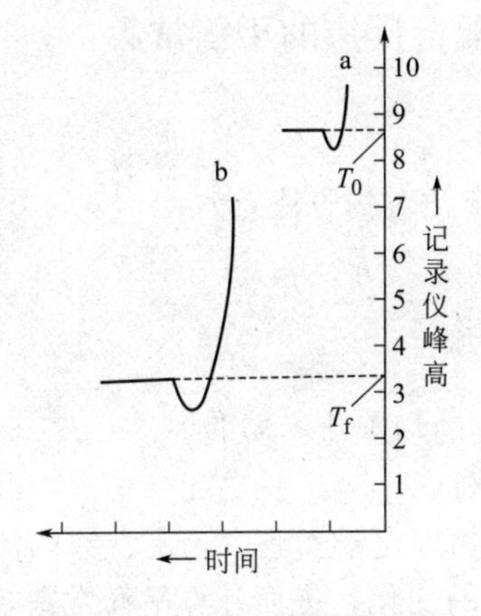

图 5-22 自动记录冷却曲线

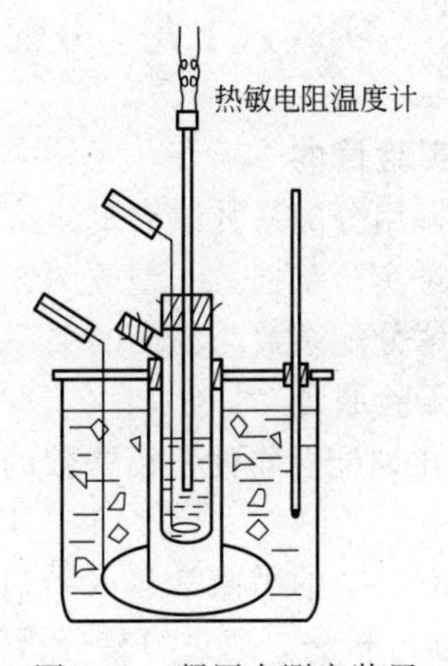

图 5-23 凝固点测定装置

萘丸（分析纯），环己烷（分析纯）。

四、实验步骤

1. 将冰敲碎成 2～4cm 的碎块，冬天可于冰浴槽中装 1/3 的冰，2/3 的水，夏天宜冰水各半，保持冰水浴 3℃左右，可随时加减冰和水调节。

2. 将电桥、热敏电阻、记录仪等连接好，把测温电桥与电位器指针调到 7℃（较环己烷凝固点略高）。

3. 用移液管取 30mL 环己烷加入干净的冷管中，安装好热敏电阻温度计和玻璃搅拌器，温度计居中，下端距管底约 1cm。用木塞塞好管口。

4. 将记录仪量程调到 5mV，打开记录仪电源，先把冷冻管直接放入冰浴中，匀速上下抽动搅拌器至记录笔开始向左移动，速将冷冻管取出，用毛巾擦干表面水滴后立即放入空气夹套中。

不断搅拌并调整电位器A，使记录笔始终保持在4mV附近，再开记录走纸开关，将纸速调到$8mm \cdot mm^{-1}$，放下记录笔，直到走成直线，即可作为纯溶剂凝固点的参考温度。必须注意电位器A一经调定，在以后的实验中即不能再动这一旋钮。

抬起记录笔，停止走纸，取出冷冻管用手心温热至环己烷晶体全部熔化，重复上述操作测定凝固点二次，取其平均值。如液体过冷超过0.2℃仍不结晶，则可用玻璃棒蘸一小滴环己烷晶种（由冰水浴中另一小试管制得）加到提起的搅拌器上，继续搅拌，促使溶液结晶。

5. 用分析天平称取0.15～0.20g纯萘丸从支管投入冷冻管中，立即塞好管口，搅拌使萘完全溶解，如上述方法测定溶液凝固点二次，取其平均值。如出现过冷现象，以过冷温度结晶后，温度回升的最高点为溶液的凝固点。

五、数据处理

从记录纸上确定环己烷凝固点T_0和溶液的凝固点T_f，由二者间的距离算出相差电位(mV)。根据事先校正好的电桥灵敏度（$mV \cdot ℃^{-1}$）算出凝固点下降值。再算得萘的摩尔质量，并与理论值比较。

六、思考题

1. 什么叫凝固点？凝固点降低公式在什么条件下才适用？它能否用于电解质溶液？
2. 为什么会产生过冷现象？
3. 为什么要使用空气夹套？过冷太甚有何弊病？
4. 测定环己烷和萘丸的质量时，精密度要求是否相同？为什么？

实验六十九　分配法测定碘-碘化钾配合反应的平衡常数

一、实验目的

1. 掌握用分配系数法测定碘-碘化钾配合反应的平衡常数的方法。
2. 通过实验掌握721型或722型分光光度计的使用。
3. 了解分配系数与温度的关系。

二、实验原理

碘-碘化钾配合物的平衡常数的测定是一个比较经典的物理化学实验：

$$KI(l)+I_2(l) \longrightarrow KI_3(l)$$

反应在25℃的平衡常数$K=716$。但是，在普遍的物理化学实验中，此常数的测定方法多是用化学分析法，通过容量分析滴定以计算平衡浓度的变化，进而计算平衡常数，该过程计算步骤比较麻烦，本实验采用物理方法测试。

通常，在KI溶液中不可能用化学分析法直接测定方程式各平衡物质的浓度，而必须用间接的实验计算方法。本实验采用配有一定量碘的四氯化碳稀溶液，和不同浓度的KI水溶液（其浓度为0.02～0.08$mol \cdot L^{-1}$）混合振荡，在一定温度和压力下达到复相平衡后，用分光光度计测定并计算平衡时各物质的浓度。

碘分子在四氯化碳和水相中的分配系数如下：

$$D_0(25℃)=\frac{c_{I_2}(CCl_4)}{c_{I_2}(H_2O)}=85.0 \tag{5-39}$$

此常数仅是温度的函数，不随溶液中碘分子的浓度而变化，用硝酸钾来维持离子强度，保持活度系数近似不变。同时，在稀溶液中整个碘分子浓度亦不应太高，水溶液中加入了不同量的碘化钾，则因方程式的配合反应，改变了水溶液中碘的浓度，但是，式(5-39）仍然成立，可以通过式(5-39）测定在不同 KI 浓度时碘分子在水中的平衡浓度，即：

$$c_{I_2}(H_2O)=\frac{c_{I_2}(CCl_4)}{85.0} \tag{5-40}$$

式中 $c_{I_2}(CCl_4)$——碘分子在四氯化碳中的平衡浓度，可以用分光光度法由工作曲线直接测得。

所以，由式(5-40）碘分子在水中的平衡浓度 $c_{I_2}(H_2O)$ 能通过计算得到。

KI_3 的平衡浓度 c_{ML}，原则上可由原始水相中碘分子的总浓度减去碘分子的平衡浓度得到（即反应所消耗的碘分子浓度)。则有：

$$c_{ML}=c_{I_2}(总)-c_{I_2}(H_2O)=c_{I_2}(总)-\frac{c_{I_2}(CCl_4)}{85.0} \tag{5-41}$$

实验所用的方法为反萃取法，原始水相中碘分子的总浓度可以认为都是原始四氯化碳中的碘分子，其浓度为 α（实验配制)，部分转移到水相而得到。即：

$$c_{I_2}(总)=[\alpha-c_{I_2}(CCl_4)]\frac{V_{CCl_4}}{V_{H_2O}} \tag{5-42}$$

式(5-42）中，$\frac{V_{CCl_4}}{V_{H_2O}}$为分配实验中 CCl_4 和 H_2O 溶液的体积比。把式(5-42）代入式(5-41)，就有：

$$c_{ML}=[\alpha-c_{I_2}(CCl_4)]\frac{V_{CCl_4}}{V_{H_2O}}-\frac{c_{I_2}(CCl_4)}{85.0} \tag{5-43}$$

碘化钾的平衡浓度［KI］应该等于原始碘化钾的总浓度 c_L 减去 KI_3 的平衡浓度 c_{ML}。即：

$$[KI]=c_L-c_{ML} \tag{5-44}$$

于是，方程式的平衡常数可以表示为：

$$K=\frac{[KI_3]}{[I_2]\cdot[KI]}=\frac{c_{ML}}{c_{I_2}(H_2O)\cdot(c_L-c_{ML})}$$

$$=\frac{[\alpha-c_{I_2}(CCl_4)]\frac{1}{5}-\frac{c_{I_2}(CCl_4)}{85.0}}{\frac{c_{I_2}(CCl_4)}{85.0}\left[c_L-[\alpha-c_{I_2}(CCl_4)]\frac{1}{5}+\frac{c_{I_2}(CCl_4)}{85.0}\right]} \tag{5-45}$$

每一组数据，只需测出一个 $c_{I_2}(CCl_4)$ 值即可求算出平衡常数 K。$c_{I_2}(CCl_4)$ 值可以通过 721 型分光光度计测量其吸光度，再从吸光度 E 与 $c_{I_2}(CCl_4)$ 浓度的工作曲线图上查出对应所测吸光度的 $c_{I_2}(CCl_4)$ 浓度值，将其代入式(5-45）中，就可以求算出平衡常数 K 值。例：$c_L=0.04\text{mol}\cdot\text{dm}^{-3}$，测得其吸光度值 $E=0.239$，从工作曲线查得 $c_{I_2}(CCl_4)=5.3\times10^{-5}\text{mol}\cdot\text{dm}^{-3}$代入式(5-45）得：

$$K=\frac{(1.45\times10^{-4}-5.3\times10^{-5})\frac{1}{5}-\frac{5.3\times10^{-5}}{85.0}}{\frac{5.3\times10^{-5}}{85.0}\left[0.0400-(1.45\times10^{-4}-5.3\times10^{-5})\frac{1}{5}+\frac{5.3\times10^{-5}}{85.0}\right]}=713.6$$

三、仪器与试剂

722 型分光光度计一台，5cm 比色皿一套，HK-2A 型超级恒温水浴一台，50mL 或 100mL 滴定管 4 支，20mL 移液管 4 支，250mL 碘量瓶 4 个，带磨口夹套式恒温分液漏斗 1 个。

KI（0.100mol·L^{-1}）、KNO_3（0.100mol·L^{-1}）、1.45×10^{-4} mol·L^{-1}碘的四氯化碳溶液、四氯化碳（AR）。

四、实验步骤

1. 取烘干的250mL碘量瓶一支，标上号码按表5-13任选一个编号配制溶液，用2支50mL酸式滴定管，按所选编号剂量向碘量瓶中加入配制好的KI和KNO_3溶液。

表 5-13　碘-碘化钾络合反应液样品配制

编号	原始碘化钾浓度 c_L/mol·L^{-1}	0.100mol·L^{-1}KI 体积/mL	0.100mol·L^{-1} KNO_3 体积/mL	1.45×10^{-4}mol·L^{-1} $c_{I_2}(CCl_4)$ 体积/mL
1	0.0200	20	80	20
2	0.0300	30	70	20
3	0.0400	40	60	20
4	0.0500	50	50	20
5	0.0600	60	40	20
6	0.0700	70	30	20
7	0.0800	80	20	20

然后把1.45×10^{-4} mol·L^{-1}碘的四氯化碳溶液用20mL移液管加入碘量瓶，盖好玻璃塞。

2. 将配制好的溶液振荡2min，然后置于恒温槽中。控制恒温槽温度为25.0℃±0.1℃，恒温1h。恒温期间每隔10min取出来振荡2min。最后一次振荡之后，迅速全部转移到带磨口夹套式恒温分液漏斗中。恒温静置10min，准备分离。

3. 取2个5cm比色皿。一个比色皿装入分析纯的四氯化碳至比色皿的三分之二高度以上，做空白零点校正。其余分别装入分离出的有机相样品，准备测试。

4. 打开722型分光光度计，预热20min，然后在波长$\lambda=510$nm处测定各溶液的吸光度E值，并记录下来。由吸光度E值可以从工作曲线上查得平衡时系统的$c_{I_2}(CCl_4)$，从而代入式(5-45)中就可以计算出该反应的平衡常数。

5. 实验完毕后回收碘的四氯化碳溶液加入回收瓶内，碘量瓶洗净送入烘箱内干燥。

五、数据处理

用吸光度E值从工作曲线上查得平衡时系统的$c_{I_2}(CCl_4)$，代入式(5-45)中，计算反应的平衡常数。

六、思考题

1. 测定平衡常数为什么要求恒温？
2. 在恒温过程中为什么要隔10min振荡一次？
3. 在配制溶液时为什么要准确量取体积？
4. 使用分光光度计时应该注意哪些问题？

实验七十　蔗糖水解

一、实验目的

1. 测定蔗糖在酸存在下的水解速率常数。

2. 了解该反应的反应物浓度与旋光度之间的关系。

3. 了解旋光仪的基本原理，掌握旋光仪的正确操作技术。

二、实验原理

1. 准一级反应实验方法

蔗糖水溶液在有氢离子存在时将发生水解反应，可转化为葡萄糖和果糖：

$$\underset{蔗糖}{C_{12}H_{22}O_{11}} + H_2O \xrightarrow{[H^+]} \underset{葡萄糖}{C_6H_{12}O_6} + \underset{果糖}{C_6H_{12}O_6}$$

其反应速率：
$$-\frac{dc_{蔗}}{dt}=k'c_{蔗}^{\alpha}c_{H^+}^{\beta}c_{H_2O}^{\gamma} \tag{5-46}$$

尽管蔗糖水解反应实际上是一个二级反应，由于在整个反应过程中，水始终是大量存在的，虽然有部分水分子参加了反应，也可近似认为整个反应过程的水浓度是恒定的，作为催化剂的 H^+ 的浓度也保持不变。所以，当氢离子浓度一定，蔗糖溶液较稀时，蔗糖水解可看作准一级反应，令 $k=k'c_{H_2O}^{\gamma}c_{H^+}^{\beta}$，$k$ 为表观速率常数。其速率方程式可写成：

$$-\frac{dc_{蔗}}{dt}=kc_{蔗} \tag{5-47}$$

令反应开始时，即 $t=0$ 时，蔗糖的浓度为 $c_{蔗,0}$；时间为 t 时，蔗糖浓度为 $c_{蔗}$，对上式积分得

$$\ln c_{蔗}=\ln c_{蔗,0}-kt \tag{5-48}$$

2. 物理量代浓度

蔗糖及其水解产物都含有不对称的碳原子，它们都具有旋光性。本实验就是利用反应系统在水解过程中旋光性质的变化来度量反应进度的。

蔗糖、葡萄糖、果糖都是旋光性物质，它们的比旋光度为：

$$[\alpha_{蔗糖}]_D^{20}=66.56° \qquad [\alpha_{葡萄糖}]_D^{20}=52.5° \qquad [\alpha_{果糖}]_D^{20}=-91.9°$$

上述比旋光度符号右下标的字母 D 表示偏振光波长为钠黄光，$\lambda=598\text{nm}$。α 表示在 20℃钠黄光作光源测得的旋光度。正值表示右旋，负值表示左旋。由于蔗糖的水解是能进行到底的，并且果糖的左旋性远大于葡萄糖的右旋性，因此在反应进程中，将逐渐从右旋转向左旋，所以可以用溶液旋光度的变化来表示蔗糖浓度的变化，进而体现反应的进程。在一定温度下，对于一定波长的光源和一定长度的旋光管，旋光性物质溶液的旋光度变化 α 与溶液的浓度成正比：

$$\alpha=Kc \tag{5-49}$$

对于由两种或几种旋光性物质组成的混合溶液，其旋光度则是各物质旋光度之和：

$$\alpha=K_1c_1+K_2c_2+\cdots+K_nc_n \tag{5-50}$$

在蔗糖转化反应中，显然当反应开始时（$t=0$），反应液的旋光度 α_0 与反应物蔗糖的初浓度 $c_{蔗,0}$ 成正比：

$$\alpha_0=K_{蔗}c_{蔗,0} \qquad (t=0,\text{蔗糖尚未转化}) \tag{5-51}$$

当时间为 t 时，蔗糖浓度为 $c_{蔗}$，此时葡萄糖和果糖的浓度均为 $c_{蔗,0}-c_{蔗}$。根据式(5-50)，此时反应液的旋光度 α_t 为：

$$\alpha_t=K_{蔗}c_{蔗}+K_{葡}(c_{蔗,0}-c_{蔗})+K_{果}(c_{蔗,0}-c_{蔗}) \tag{5-52}$$

$t=\infty$时，蔗糖转化完毕，此时反应液的旋光度 $t=\infty$应与浓度为 $c_{蔗,0}$ 的葡萄糖和果糖的混合溶液相对应，即

$$\alpha_{\infty}=K_{葡}c_{蔗,0}+K_{果}c_{蔗,0} \tag{5-53}$$

由式(5-51)～式(5-53) 联立可以解得：

$$c_{蔗,0}=\frac{1}{K_{蔗}-K_{葡}-K_{果}}(\alpha_0-\alpha_\infty) \tag{5-54}$$

$$c_{蔗}=\frac{1}{K_{蔗}-K_{葡}-K_{果}}(\alpha_t-\alpha_\infty) \tag{5-55}$$

将式(5-54)、式(5-55) 两式代入式(5-48)，即得：

$$\ln(\alpha_t-\alpha_\infty)=\ln(\alpha_0-\alpha_\infty)-kt \tag{5-56}$$

由式(5-56) 可以看出，若以 $\ln(\alpha_t-\alpha_\infty)$ 对 t 作图为一条直线，从直线的斜率可求得反应速率常数 k。

溶液的旋光度可用旋光仪来测量。当旋光仪的零点（可由旋光管中装蒸馏水测出）β_0 不在刻度盘 0°位置时，测量得刻度盘上的读数并不是真正的旋光度。刻度盘读数 α' 与溶液旋光度 α 间的关系为：

$$\alpha=\alpha'-\beta_0 \tag{5-57}$$

对于同一台旋光仪，零点 β_0 不变。将式(5-57) 代入式(5-56)，整理后可得：

$$\ln(\alpha'_t-\alpha'_\infty)=\ln(\alpha'_0-\alpha'_\infty)-kt$$

故使用同一台旋光仪测得刻度盘读数 α'_0，α'_t，α'_∞ 时，可直接用 $\ln(\alpha'-\alpha'_\infty)$ 对时间 t 作图，所以本实验不需要对旋光仪的零点进行校正。

通常有两种方法测定 α_∞，一种是将反应液放置 48h 以上，让其反应完全后测 α_∞；另一种方法则是将反应液在 50～60℃水浴中加热 0.5h 以上再冷却到实验温度测 α_∞。前一种方法时间太长，而后一种方法容易产生副反应，使溶液颜色变黄。本实验采用后一种方法。但应严格控制温度，不使其超过 60℃。

三、仪器与试剂

旋光仪一台，25mL 移液管两支，100mL 锥形瓶 4 个，恒温箱一套，秒表 1 块。

HCl（$3mol\cdot L^{-1}$），新配制的 20%蔗糖溶液。

四、实验步骤

1. 接通旋光仪电源，将旋光管装满蒸馏水，盖好玻璃片，旋好压紧螺帽（不要过分用力，以不漏为准）。检查旋光管两端不漏后，用滤纸擦干旋光管两端。若两端玻璃片不干净，要用擦镜纸擦干净。旋光管中若有小气泡，应将其赶至旋光管的最粗位置。将旋光管放入旋光仪，测定仪器零点。反复测量几次，直到能熟练找到等暗面，学会正确读数。倒出旋光管中的蒸馏水。注意：打开旋光管时，应将旋光管靠近实验台的里面以免旋光管的玻璃镜片掉落到地上。

2. 取 1 个干净 100mL 锥形瓶，分别用两支移液管精确量取 $3mol\cdot L^{-1}$ HCl 和 20%蔗糖溶液各 25mL。先加入 20%蔗糖溶液，后加入 $3mol\cdot L^{-1}$ HCl。在加入 HCl 试剂的一半时开始记录反应时间。

3. 将加好试剂的 100mL 锥形瓶摇匀后，用反应液迅速润洗旋光管 2 次，然后将反应液加入到旋光管中，尽量加满，盖好玻璃片，旋好压紧螺帽，检查无泄漏之后，擦干净旋光管，将气泡调整至旋光管的最粗的位置。

4. 将锥形瓶中余下的反应液置于恒温箱中，温度控制在 50～60℃之间，恒温 60min。

5. 室温条件下，将旋光管置于旋光仪内，反应开始后的 5min 测试第一个旋光度，每隔 5min 测量一次旋光度，一共测量 10 次 α'_t，注意：每次测出读数的同时，记录相对应的时间。

6. 待恒温箱中的锥形瓶在 50～60℃之间达 60min 之后，取出锥形瓶冷却至室温，用锥形瓶中的溶液润洗旋光管 2 次，然后将旋光管加满。测量旋光度 α'_∞。

7. 实验结束之后，将旋光管、玻璃片、压紧螺帽的内外洗净，擦干。由于蔗糖水解混合液有较大的酸性，很容易腐蚀仪器，因此，在使用时要注意防止反应液沾污仪器，使用完毕时必须擦净。

五、数据处理

1. 将实验测得的 α'_t 和 α'_∞ 制作成数据 $\ln(\alpha'_t-\alpha'_\infty)$ 和时间 t 的数据表（表 5-14），并作出室温时的 $\ln(\alpha'_t-\alpha'_\infty)$-$t$ 图。

表 5-14　实验数据

实验当日室温：＿＿＿＿＿＿　室压：＿＿＿＿＿＿

时间/min	5	10	15	20	25	30	35	40	45	50	∞
α'_t											
$\alpha'_t-\alpha'_\infty$											
$\ln(\alpha'_t-\alpha'_\infty)$											

2. 由直线斜率求出室温下的反应速率常数 k，并计算反应的半衰期 $t_{1/2}$。

六、思考题

1. 蔗糖转化过程中所测的旋光度 α'_t 是否需要零点校正？为什么？

2. 在将蔗糖溶液和 HCl 溶液进行反应时，是把 HCl 溶液加到蔗糖溶液里去，可否把蔗糖加到 HCl 溶液中去？为什么？

3. 如果实验所用蔗糖不纯，对实验有什么影响？

实验七十一　过氧化氢分解反应的速率常数测定

一、实验目的

测定过氧化氢催化分解反应的速率常数，了解一级反应的特点。

二、实验原理

H_2O_2 在没有催化剂存在时，分解反应进行得很慢。若用 KI 溶液作为催化剂，则能加速其分解。

$$H_2O_2 \xrightarrow{KI} H_2O+\frac{1}{2}O_2$$

该反应的机理是：

第一步　　$KI+H_2O_2 \longrightarrow KIO+H_2O$（慢）

第二步　　$KIO \longrightarrow KI+\frac{1}{2}O_2\uparrow$（快）

由于第一步的反应速率比第二步慢得多，所以整个分解反应的速率常数取决于第一步。如果用单位时间内 H_2O_2 浓度的减少来表示，则它与 KI 和 H_2O_2 的浓度成正比：

$$-\frac{dc_{H_2O_2}}{dt}=k_{H_2O_2}c_{KI}c_{H_2O_2} \tag{5-58}$$

式中　c——各物质的浓度，$mol\cdot L^{-1}$；

t——反应时间，min；

$k_{H_2O_2}$——反应的速率常数，它的大小仅决定于温度。

令 t 时刻，过氧化氢的浓度为 $c_{H_2O_2,t}$，以下简写 c_t，因为在反应过程中作为催化剂的碘化钾浓度不变，因此根据化学动力学原理，速率方程可表达为：

$$-\frac{\mathrm{d}c_t}{\mathrm{d}t}=kc_t \tag{5-59}$$

式中　k——表观速率常数，min^{-1}，$k=k_{H_2O_2}c_{KI}$。此式表明，反应速率与 H_2O_2 浓度的一次方成正比，故称一级反应。积分得

$$\ln\frac{c_t}{c_0}=-kt \tag{5-60}$$

在一定的温度与催化剂浓度下，k 为定值，所以对一级反应而言，$\frac{c_t}{c_0}$的值仅与 t 有关，而与反应物初始浓度无关。

在 H_2O_2 催化分解过程中，t 时刻 H_2O_2 的浓度 c_t 可通过测量在相应的时间内反应放出的 O_2 的体积求得。因为分解反应中，放出 O_2 的体积与已分解的 H_2O_2 浓度成正比，其比例系数为定值，用 f 表示。令 V_∞ 表示 H_2O_2 全部分解放出氧气的体积；V_t 表示 H_2O_2 经时间 t 后分解放出氧气的体积，则

$$V_\infty=fc_0 \tag{5-61}$$

$$V_\infty-V_t=fc_t \tag{5-62}$$

由式(5-61)、式(5-62) 两式可得，

$$\frac{V_\infty-V_t}{V_\infty}=\frac{c_t}{c_0} \tag{5-63}$$

将式(5-63) 代入式(5-60)，即得　$\ln\frac{V_\infty-V_t}{V_\infty}=-kt$

或

$$\ln(V_\infty-V_t)=-kt+\ln V_\infty \tag{5-64}$$

以 $\ln(V_\infty-V_t)$ 对 t 作图，从所得直线的斜率可求得表观反应速率常数 k。

三、仪器与试剂

过氧化氢分解实验装置（图 5-24，用超级恒温水浴连接带夹层反应器，上面加上橡皮塞，橡皮塞上打孔由胶皮管与碱式滴定管相连接），电磁搅拌器一台，250mL 锥形瓶 1 个，滴定瓶一套，半个乒乓球，电子秒表。

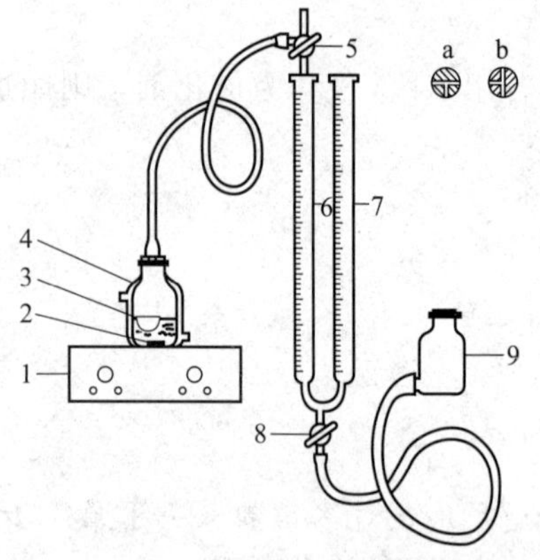

图 5-24　过氧化氢分解实验装置
1—电磁搅拌器；2—搅拌子；3—内装催化剂的半个乒乓球；4—恒温反应瓶；5—三通旋塞；6,7—50mL 量气管；8—旋塞；9—水位瓶

2% H_2O_2 溶液，已标定的 $KMnO_4$ 标准溶液，H_2SO_4（$3\mathrm{mol\cdot L^{-1}}$），KI（$0.1\mathrm{mol\cdot L^{-1}}$）。

四、实验步骤

1. 打开超级恒温水浴，温度控制设定于 25℃，恒温 10min。

2. 于恒温反应器中加入蒸馏水 20mL，$0.1\mathrm{mol\cdot L^{-1}}$ KI 10mL，在 KI 溶液中放置一个剪开的半个乒乓球，向其中小心地加入 2% H_2O_2 溶液 10mL 于半个乒乓球中，塞好瓶塞，检查是否漏气。

3. 打开旋塞 8，旋转旋塞 5 至右图中 b 位置。调节水位瓶 9 的高度，使量气管 6 液面恰在零刻度，关闭旋塞 8。将旋塞 5 置于右图中 a 位置，水位瓶 9 放置在实验台上。打开电磁搅拌器，摇动反应瓶使半个乒乓球内的液体全部淌出，启动秒表计时，同时打开旋塞 8，使管 7 液面下降 8～10mL 后，立即关闭旋塞 8。当量气管 6 的液面与管 7 液面齐平时，立即读取量气管 6 读数，以 $V_{t,测量}$ 表示，同时按一下电子秒表按钮使计数

停止（但计时并不能停止），记下时间后再按一下按钮继续累加计时。然后打开旋塞 8，使管 7 液面再下降 8～10mL，再关旋塞 8，重复操作，直到量气管液面降至约 50mL 为止。

严格地讲，用含水量气管测量气体体积时，都包含着水蒸气的分体积。若在某温度 t 时，水蒸气已经达到饱和，则 H_2O_2 经时间 t 后分解放出氧气的体积 V_t 应该按下式来计算：

$$V_t = V_{t,测量}\left(1 - \frac{p^*_{H_2O}}{p_{大气}}\right) \tag{5-65}$$

式中 $p^*_{H_2O}$——量气管温度下水的饱和蒸气压。

4. 测定 H_2O_2 初浓度（以 c_0 表示）以确定 V_∞。

H_2O_2 在室温条件下也会发生分解反应，因此要对 H_2O_2 的初始浓度进行标定。在酸性溶液中 H_2O_2 与 $KMnO_4$ 按下式反应：

$$5H_2O_2 + 2KMnO_4 + 3H_2SO_4 = 2MnSO_4 + K_2SO_4 + 8H_2O + 5O_2\uparrow$$

在 250mL 锥形瓶中，放入 $3mol \cdot L^{-1}$ H_2SO_4 和 2% H_2O_2 各 5mL，用 $KMnO_4$ 标准溶液滴定，即可求得 H_2O_2 初浓度 c_0：

$$c_0 = \frac{5c_{KMnO_4}V_{KMnO_4}}{2V_{H_2O_2}} \tag{5-66}$$

若将氧气看做是理想气体，就可求得在当天室温和大气压下，10mL 2% H_2O_2 溶液全部分解应放出的 O_2 的体积 V_∞。

$$V_\infty = \frac{c_0 V_{H_2O_2} RT}{2p} \tag{5-67}$$

五、数据处理

1. 按表 5-15 列出实验数据表格。
2. 计算过氧化氢初浓度 c_0 及 V_∞。
3. 以 $\ln(V_\infty - V_t)$ 为纵坐标，t 为横坐标作图。从所得直线的斜率求速率常数 k。

六、思考题

1. 本实验的反应速率常数与催化剂用量有无关系？

室温：______℃；室压：______kPa；V_∞：______

表 5-15 过氧化氢分解实验数据

反应时间 t/min	$V_{t,测量}$/cm^3	V_t/cm^3	$(V_\infty - V_t)$/cm^3	$\ln(V_\infty - V_t)$

2. 如何检查系统漏气？
3. 你对本实验所用测定气体体积的方法有什么意见？
4. 除了本实验所采用的方法之外，还有什么其它方法求 V_∞？

实验七十二　液体表面吸附量的测定

一、实验目的

1. 测定不同浓度正丁醇水溶液的表面张力，计算表面吸附量和正丁醇的横截面积。
2. 了解表面张力的性质，表面自由能的含义以及表面张力和吸附的关系。
3. 掌握用最大泡压法测定液体表面张力的原理和技术。

二、实验原理

处于液体表面的分子由于受到液体内部分子与表面层外介质分子的不平衡力的作用，具有表面张力。定义单位长度上沿着表面的切线方向垂直作用于表面的收缩力为表面张力 γ，单位 $N \cdot m^{-1}$。

最大泡压法是测定液体表面张力的方法之一。它的基本原理如下：当玻璃毛细管一端与液体接触，并向毛细管中加压时，可以在液面的毛细管口处形成气泡。设气泡在形成过程中始终保持球形，则气泡内外的压力差 Δp（即施加于气泡的附加压力）与气泡的半径 r、液体表面张力 γ 之间的关系可以由拉普拉斯方程来表示，即

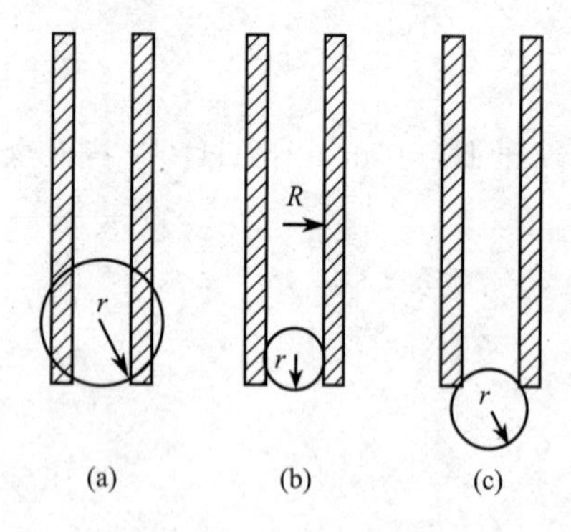

图 5-25　气泡形成过程其半径变化情况示意图

$$\Delta p=\frac{2\gamma}{r} \tag{5-68}$$

式中　Δp——附加压力；

γ——表面张力；

r——气泡曲率半径。

显然，在气泡形成过程中，气泡半径由大变小，再由小变大［如图 5-25 中（a）～(c) 所示］，当气泡半径 r 等于毛细半径 R 时，压力差达到最大值 Δp_{max}。因此

$$\Delta p_{max}=\frac{2\gamma}{R} \tag{5-69}$$

由此可见，通过测定毛细管的半径 R 和 Δp_{max} 即可求得液体的表面张力。

由于毛细管的半径较小，直接测定 R 误差较大，通常用一已知表面张力为 γ_0 的液体（如水、甘油等）作为参考液体，在相同的实验条件下，测得相应的最大压差为 $\Delta p_{0,max}$：

$$\Delta p_{0,max}=\frac{2\gamma_0}{R} \tag{5-70}$$

由式(5-69) 和式(5-70)，可求得被测液体的表面张力：

$$\gamma=\frac{\Delta p_{max}}{\Delta p_{0,max}}\gamma_0 \tag{5-71}$$

本实验用 DMPY-2C 表面张力测定仪来测量压力差 Δp。

纯液体的表面张力在恒温恒压下为定值。当加入溶质时溶剂的表面张力可能升高，也可能降低。若升高，则溶质在表面的浓度比内部浓度小。若降低，则溶质在表面的浓度比内部大。这种溶质在表面浓度与在内部浓度不同的现象，就是溶液的表面吸附。

实验表明，在同一温度下，若测定不同浓度 c 的溶液表面张力，按照吉布斯吸附等温式可计算吸附量 Γ，即溶质在单位界面上的过剩量：

$$\Gamma=-\frac{c}{RT}\left(\frac{d\gamma}{dc}\right)_T \tag{5-72}$$

式中　Γ——吸附量，$mol \cdot m^{-2}$；

　　γ——表面张力，$N \cdot m^{-1}$；

　　c——溶液浓度，$mol \cdot m^{-3}$；

　　R——摩尔气体常数。

若$\frac{d\gamma}{dc}<0$，则$\Gamma>0$，即随着溶液浓度的增加，溶液表面张力是降低的，如图 5-27 中 ab 曲线，这时吸附量为正。若$\frac{d\gamma}{dc}<0$，$\Gamma<0$，即随着溶液浓度的增加，这时吸附量为负，称为负吸附。本实验研究正丁醇在水溶液表面上的吸附属于正吸附的情况。

溶于溶剂中使表面张力降低的物质，称为表面活性物质。反之，则称为非表面活性物质。在水溶液中，表面活性物质有显著的不对称结构，它是由极性部分（亲水）和非极性部分（憎水）构成的。一般在水溶液表面上，极性部分指向溶液内部，而非极性部分指向空气。对于有机化合物来说，表面活性物质的极性部分一般为：—OH、—COOH、—SO_3H、—COOR、—$CONH_2$ 等，而非极性部分一般为碳氢链。表面活性物质分子在溶液表面的排列情况，随它在溶液中浓度不同而异。图 5-26 表示表面活性物质分子在界面上的排列，在浓度极小时活性物质的分子平躺在溶液的表面上，如图 5-26(a) 所示。浓度逐渐增大时，分子的排列如图 5-26(b) 所示。当浓度增加至一定浓度时，被吸附分子占据所有的表面，形成饱和吸附层，如图 5-26(c) 所示。

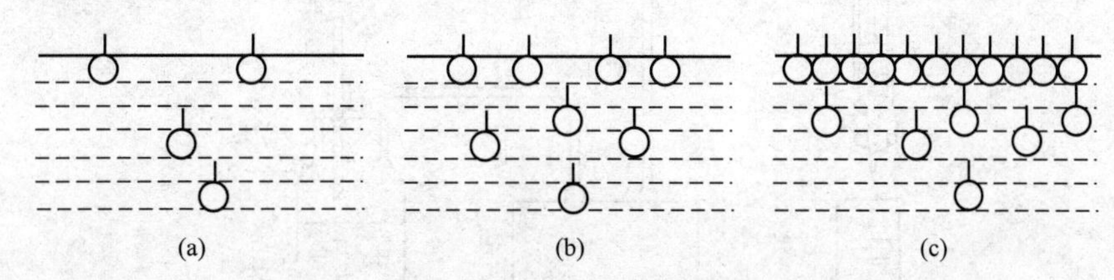

图 5-26　表面活性物质分子在溶液表面的排列

以表面张力对浓度作图，可得到 γ-c 曲线，如图 5-27 中所示曲线 ab，曲线上某点的斜率可通过镜像法或者是非线性方程拟合方法求得$\left(\frac{d\gamma}{dc}\right)_T$。再由式(5-72) 可求得不同浓度下的 Γ 值。

以镜像法为例，在曲线上任取一点 A，用一块平面镜垂直地通过 A 点，此时在镜中可以看到该曲线的映像（如 Aa'），调节平面镜与 A 点的垂直位置，使镜内曲线映像与原曲线能连成一条光滑曲线，看不到转折（如 Aa）。此时，沿镜面所做的直线 EF 就是曲线上 A 点的法线，做 EF 的垂线，其斜率为曲线上 A 点切线的斜率。

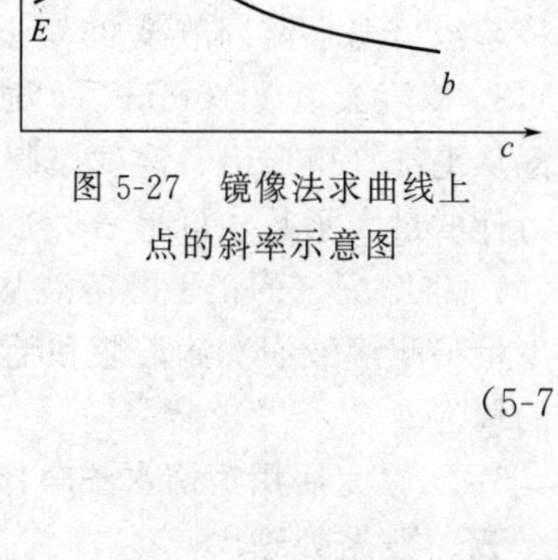

图 5-27　镜像法求曲线上点的斜率示意图

等温下，吸附量 Γ 与浓度之间的关系可用朗格缪尔吸附等温式来表示：

$$\Gamma=\Gamma_{\infty}\frac{Kc}{1+Kc} \tag{5-73}$$

式中　Γ_{∞}——饱和吸附量；

　　K——常数。

将上式取倒数可得：

$$\frac{c}{\Gamma}=\frac{c}{\Gamma_{\infty}}+\frac{1}{K\Gamma_{\infty}} \tag{5-74}$$

做$\frac{c}{\Gamma}-c$图，直线斜率的倒数即为Γ_{∞}。

如果以N代表单位表面积上溶质的分子数，则有$N=\Gamma_{\infty}L$。式中，L为阿伏伽德罗常数，由此可得每个溶质分子在表面上占据的横截面积：

$$a_{\mathrm{m}}=\frac{1}{\Gamma_{\infty}L} \tag{5-75}$$

因此，如果测得不同浓度的溶液的表面张力，从γ-c图求出不同浓度的吸附量Γ，再从$\frac{c}{\Gamma}-c$直线上求出Γ_{∞}，便可计算出溶质分子的横截面积a_{m}。

三、仪器与试剂

超级恒温水浴一套，DMPY-2C 型最大气泡法磨口表面张力测定仪 1 套（图 5-28），100mL 烧杯一个，10mL 移液管 1 支，5mL 移液管 1 支，1mL 移液管 1 支，200mL 容量瓶 8 个。

铬酸混合液，正丁醇（AR）。

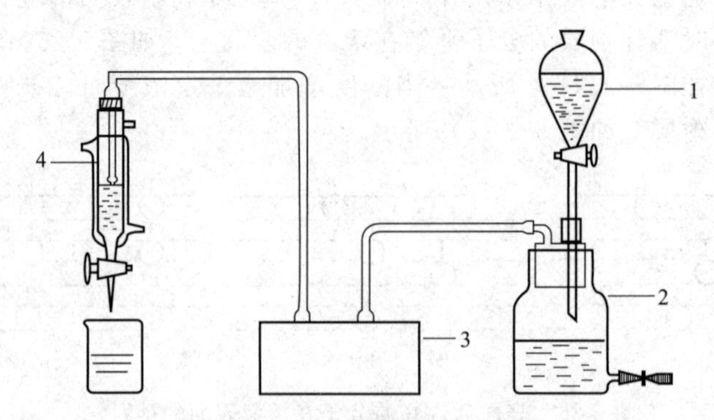

图 5-28　最大泡压法测定液体表面张力装置图

1—滴液漏斗；2—增压瓶；3—表面张力测定仪；4—夹套式滴液瓶（连恒温水浴）

四、实验步骤

1. 按表 5-16 中所列的体积，用移液管分别量取所需正丁醇溶液，分别放置于 8 个不同的 200mL 容量瓶中，加水至刻度并混合均匀。由正丁醇的摩尔质量和测量温度下正丁醇的密度计算不同溶液的浓度（要求溶液浓度的单位为 $\mathrm{mol\cdot m^{-3}}$）。

2. 实验前将毛细管和容器用铬酸混合液洗净。在测定管中装入一定的参考液体（去离子水）接好管路，可通过调节滴液瓶中液体的高度，使毛细管管口刚好接触溶液表面位置，并将超级恒温水浴调节至 25℃±0.1℃。

3. 待溶液恒温 10min 后，通过调节滴液漏斗的旋塞来调节水滴滴入增压瓶的速度，使气泡从毛细管口逸出，速度控制在每分钟 5～15 个。待数字式压力计显示数值稳定后，读取压力计的最大示数，可得$\Delta p_{0,\max}$。要求至少测定三次，然后取平均值。

4. 将已配好的正丁醇溶液从稀到浓按上法依次测定$\Delta p_{\max}$。注意：每次更换溶液时要用少量待测溶液润洗滴液瓶和毛细管。毛细管口应保持干净，一旦污染，则得不到均匀而间歇的气泡。

5. 实验完后用蒸馏水洗净仪器，试管中装好蒸馏水，并将毛细管浸入水中保存。

五、数据处理

1. 按表 5-16 列出实验数据

室温：＿＿＿℃ 室压：＿＿＿kPa

表 5-16 液体表面张力实验数据

被测液体		纯水	正丁醇溶液							
$V_{正丁醇}$/mL		—	0.2	0.6	1.4	2.0	4.0	6.0	9.0	10.0
溶液浓度/mol·m^{-3}		—								
Δp_{max}/kPa	1									
	2									
	3									
	平均									
γ/N·m^{-1}		γ_0=								
dγ/dc		—								
Γ/mol·m^{-2}		—								
c/Γ		—								

注：$\rho=0.8098[1+0.950\times10^{-3}(t-20)+2.8634\times10^{-6}(t-20)^2-0.12415\times10^{-8}(t-20)^3]^{-1}$g·cm^{-3}，式中 t 为室温。

$M_{正丁醇}$=74.13g·mol^{-1}。

2. 计算不同浓度的正丁醇水溶液的表面张力。

3. 作 γ-c 曲线图，在 γ-c 曲线上求出各浓度值的相应斜率，即 $\frac{d\gamma}{dc}$。

4. 由式(5-73) 计算各溶液浓度所对应的单位表面吸附量 Γ，并计算 $\frac{c}{\Gamma}$，作 $\frac{c}{\Gamma}$-c 图。

5. 通过 $\frac{c}{\Gamma}$-c 图，由式(5-74) 求 Γ_∞，并计算正丁醇分子的横截面积 a_m。

六、思考题

1. 为什么保持仪器和药品的清洁是本实验的关键？

2. 为什么毛细管尖端应平整光滑，安装时要垂直并刚好接触液面？如插入一定深度将对实验有什么影响？

3. 为什么要求毛细管中逸出的气泡必须均匀而间断？如何控制出泡速度？

实验七十三 固体在溶液中的吸附

一、实验目的

1. 了解固体吸附剂在溶液中吸附的特点，作出在水溶液中用活性炭吸附醋酸的吸附等温线。

2. 用弗罗因德利希（Freuhdlich）公式归纳实验结果，求出方程式中的常数。

二、实验原理

吸附是一种表面现象，它可以在固体或者液体表面发生，而被吸附的分子可以是一层或者是多层，这一点是与涉及的表面或者吸附力的类型有关的。吸附的程度不仅和表面的类型有关，而且还与表面本身的表面积有关。因此，对于任何给定的物质，表面积越大，吸附作用也越大。因为液体具有光滑的表面，所以它们的吸附容量相对固体来说，是有限的，而固体可以分得很细，并有空隙，这些都有利于吸附。好的吸附剂通常分散度较高，具有很大的比表面。常见的固体吸附剂有硅胶和活性炭等。本实验将研究醋酸溶液在活性炭上的吸附作用。

通常以每克吸附剂吸附溶质的物质的量（mol）$\frac{x}{m}$来表示吸附量。在恒定温度下，在中等浓度的溶液中，吸附量与溶液中吸附质的平衡浓度有关，弗罗因德利希从吸附量和平衡浓度的关系曲线得出经验方程：

$$\frac{x}{m}=kc^{\frac{1}{n}} \tag{5-76}$$

式中　x——吸附溶质的物质的量，mol；

m——吸附剂的质量，g；

c——平衡浓度，$mol \cdot L^{-1}$；

k，n——常数，决定于温度、溶剂、吸附剂的性质，具体含义尚不清楚。

将式(5-76）取对数，得：

$$\ln\left(\frac{x}{m}\right)=\frac{1}{n}\ln c+\ln k \tag{5-77}$$

如果通过实验，测得 x，c 值，以 $\ln\left(\frac{x}{m}\right)$对 $\ln c$ 作图，可得一直线，说明此条件下弗罗因德利希公式可以适用。从直线的斜率和截距，即可求得 n 和 k。

三、仪器与试剂

125mL 锥形瓶（带磨口玻璃塞）6 个，250mL 不带盖锥形瓶 6 个，50mL 酸式滴定管，50mL 碱式滴管，5mL、10mL、25mL 移液管各一支，电子天平一台，振荡机一台。

HAc（$0.2mol \cdot L^{-1}$），NaOH（$0.1mol \cdot L^{-1}$），活性炭（20～40 筛目，比表面积 300～400$m^2 \cdot g^{-1}$，色层分析用），酚酞指示剂。

四、实验步骤

1. 准备 6 个全编好号的 125mL 锥形瓶（带磨口玻璃塞），按表 5-17 所规定的浓度配制 50mL 醋酸溶液，注意随时盖好瓶塞，以防醋酸挥发。

2. 向上述各锥形瓶中放入 120℃下烘干的活性炭约 1g，塞好玻璃塞，在振荡机上振荡 30min。

3. 振荡 30min 后，认为各溶液已达吸附平衡。如果是粉状活性炭，则应过滤，弃去最初的 10mL 滤液。如果使用颗粒活性炭时，可直接从锥形瓶取样分析。按表 5-17 规定的体积取样，加入一滴酚酞指示剂，然后用 $0.1mol \cdot L^{-1}$氢氧化钠标准溶液滴定，求出达到吸附平衡时 HAc 溶液的浓度 c。

4. 活性炭吸附醋酸是可逆吸附。使用过的活性炭可用蒸馏水浸泡数次，烘干后回收利用。

五、数据处理

1. 按表 5-17 列出实验数据

2. 由平衡浓度 c 及初浓度 c_0 按式(5-78）计算吸附量：

$$\frac{x}{m}=\frac{(c_0-c)V}{m} \tag{5-78}$$

式中　V——被吸附溶液总体积，mL；

m——活性炭质量，g。

3. 以$\frac{x}{m}$对 c 作出吸附等温线。

实验温度：__________ 气压：__________

表 5-17 数据记录

编 号	1	2	3	4	5	6
0.2mol·L^{-1}醋酸标准溶液体积/mL	50	25	15	7.5	4	2
水体积/mL	0	25	35	42.5	46	48
活性炭质量/g						
醋酸初浓度 c_0/mol·L^{-1}						
消耗 0.1mol·L^{-1}氢氧化钠标准溶液体积 $V(OH^-)$/mL						
取样量 V(HAc)/mL	3	5	5	25	25	25
醋酸平衡浓度 c/mol·L^{-1}						
$\frac{(c_0-c)V}{m}\Big/$mol·g^{-1}或$\frac{x}{m}\Big/$mol·g^{-1}						
$\ln\left(\frac{x}{m}\right)$						
$\ln c$						

4. 根据式(5-77)，以 $\ln\left(\frac{x}{m}\right)$对 $\ln c$ 作图，从所得直线的斜率和截距求式(5-77) 中的常数 k 和 n。

六、思考题

1. 用于测定吸附量的活性炭为什么要烘干？
2. 本实验中应选择何种浓度范围的醋酸溶液？
3. 在本实验的移液或过滤操作中，应如何保证实验测量值 c_0 及 c 的准确可靠？
4. 在本实验中，你认为应如何判断各溶液是否达到吸附平衡？操作中应注意哪些因素以防止吸附平衡的移动？

实验七十四 黏度法测定高分子化合物的摩尔质量

一、实验目的

1. 了解黏度法测定高聚物摩尔质量的原理。
2. 学会用乌贝路德黏度计测定黏度的方法。

二、实验原理

高聚物摩尔质量对于它的性能影响很大，如橡胶的硫化程度、聚苯乙烯和醋酸纤维等薄膜的抗张强度、纺丝黏液的流动性等，均与其摩尔质量有密切关系。通过摩尔质量测定，可进一步了解高聚物的性能，指导和控制聚合时的条件，以获得具有性能优良的产品。

在高聚物中，摩尔质量大多是不均一的，所以高聚物摩尔质量是指统计的平均摩尔质量。

对线型高聚物摩尔质量的测定方法有下列几种，其适用的摩尔质量（M）的范围如下：

端基分析 $\overline{M}<3\times10^4\,g\cdot mol^{-1}$

沸点升高，凝固点降低，等温蒸馏 $\overline{M}<3\times10^4\,g\cdot mol^{-1}$

渗透压　　$\overline{M}=10^4\sim10^6\,g\cdot mol^{-1}$

光散射　　$\overline{M}=10^4\sim10^7\,g\cdot mol^{-1}$

超离心沉降及扩散　　$\overline{M}=10^4\sim10^7\,g\cdot mol^{-1}$

上述方法都需要较复杂的仪器设备和操作技术。而黏度法设备简单，测定技术容易掌握，实验结果的准确度也相当高，因此，用溶液黏度法测高聚物摩尔质量是目前应用得较广泛的方法。可测的摩尔质量为 $10^4\sim10^7$。

高聚物溶液的黏度η，一般都比纯溶剂的黏度η_0大得多，黏度增加的分数叫作增比黏度。即

$$\eta_{sp}=\frac{\eta-\eta_0}{\eta_0}=\frac{\eta}{\eta_0}-1=\eta_r-1 \tag{5-79}$$

式中　η_r——相对黏度。

增比黏度随溶液中高聚物浓度的增加而增大，常采用单位浓度时溶液的增比黏度作为高聚物摩尔质量的量度，叫比浓黏度，其值为$\frac{\eta_{sp}}{c}$。

比浓黏度随着溶液的浓度 c 而改变（图 5-29），当 c 趋近 0 时，比浓黏度趋近一固定的极限值 [η]，[η] 叫作特性黏度，即

$$\lim_{c\to 0}\frac{\eta_{sp}}{c}=[\eta] \tag{5-80}$$

[η] 值可利用$\frac{\eta_{sp}}{c}$-c 由外推法求得。因为根据实验，$\frac{\eta_{sp}}{c}$和 [η] 的关系可以用经验公式表示如下：

$$\frac{\eta_{sp}}{c}=[\eta]+K'[\eta]+K'[\eta]^2c \tag{5-81}$$

故作$\frac{\eta_{sp}}{c}$-c 图，在$\frac{\eta_{sp}}{c}$轴上的截距，即为 [η]。

当 c 趋近于 0 时，$\frac{\ln\eta_r}{c}$的极限值也是 [η]，这是因为：

$$\frac{\ln\eta_r}{c}=\frac{\ln(1+\eta_{sp})}{c}=\frac{\eta_{sp}}{c}\left(1-\frac{1}{2}\eta_{sp}+\frac{1}{3}\eta_{sp}^2\cdots\right)$$

当浓度不大时，忽略掉高次项，则得

$$\lim_{c\to 0}\frac{\ln\eta}{c}=\lim_{c\to 0}\frac{\eta_{sp}}{c}=[\eta] \tag{5-82}$$

故可以将经验公式表示如下：

$$\frac{\ln\eta_r}{c}=[\eta]+\beta[\eta]^2c \tag{5-83}$$

这样以$\frac{\eta_{sp}}{c}$及$\frac{\ln\eta_r}{c}$对 c 作图（如图 5-29）得两条直线，这两条直线在纵坐标轴上相交于同一点，可求出 [η] 数值。[η] 的单位是浓度单位的倒数，均随溶液浓度的表示法不同而异，文献中常用 100mL 溶液内所含高聚物的质量（g）作浓度的单位。[η] 和高聚物的摩尔质量的关系，

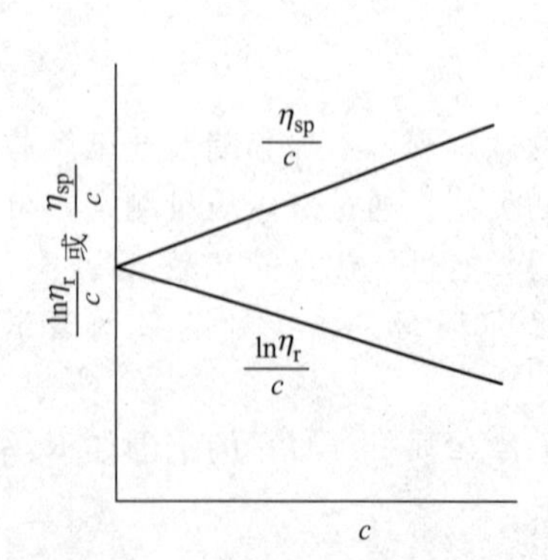

图 5-29　增比黏度和浓度关系

可以用下面的经验方程表示：

$$[\eta]=KM^{\alpha} \tag{5-84}$$

式中，摩尔质量是个平均摩尔质量，用黏度法求得的摩尔质量简称黏均摩尔质量。而 K 和 α 是经验方程的两个参数，对于一定的高聚物分子在一定的溶剂和温度下，K 和 α 是个常数，其中指数 α 是溶液中高分子形态的函数。若分子在良溶剂中，舒展松懈，α 较大；若在不良溶剂中分子团聚紧密则 α 较小，一般在 0.5～1.7 之间。所以根据高分子在不同溶剂中［η］的数值，也可以相互比较分子的形态。K 和 α 的数值都要由其他实验方法（如渗透压法）给出。

本实验在 25℃时，$K=2.0\times10^{-4}$，$\alpha=0.76$。

测定黏度的方法主要有：毛细管法、转筒法和落球法，在测定高分子溶液的特性黏度［η］时，以毛细管法最方便。液体的黏度系数 η 可以用 t 秒内液体流过毛细管的体积 V 来衡量，设毛细管的半径为 r，长度为 l，毛细管两端的压力差为 p，则黏度系数 η 可表示为：

$$\eta=\frac{\pi r^4 p}{8lV}t \tag{5-85}$$

黏度系数 η 可作为液体黏度的量度，通常又称为黏度。其绝对值不易测定，一般都用已知黏度的液体测毛细管常数，未知液体的黏度就可以根据在相同条件下，流过等体积所需的时间求出来。因为用同一支毛细管，r、l、V 等一定，设液体在毛细管中的流动单纯受重力的影响，$p=hg\rho$，则对未知黏度的液体可得下式：

$$\eta=\frac{\rho t}{\rho_0 t_0}\eta_0 \tag{5-86}$$

式中　η_0，ρ_0，t_0——已知黏度的液体（如纯水，纯苯等）的黏度、密度和流经毛细管的时间；

η，ρ，t——待测液体的黏度、密度和流经毛细管的时间。

三、仪器与试剂

恒温水槽 1 套，移液管（5mL）1 支，乌氏黏度计 1 支，移液管（10mL）2 支，玻璃砂漏斗 2 个，水抽气泵 1 台，注射器（50mL）1 支，秒表 1 支，容量瓶（100mL）1 只，烧杯（100mL）1 只。

蒸馏水，聚乙烯醇，正丁醇。

四、实验步骤

1. 洗涤黏度计

若是新的黏度计，先用洗液洗，再用自来水洗 3 次，蒸馏水洗 3 次，烘干。如果是已用过的黏度计，则先用纯苯灌入黏度计中，浸洗去除留在黏度计的高分子，尤其是黏度计的毛细管部分，要反复用苯流洗，洗毕，倾去苯液（倒入回收瓶）。烘干后，顺次用洗液、自来水、蒸馏水洗涤，最后烘干。烘干可用煤气灯烤黏度计的大球，一面在黏度计的支管上以水泵抽气，形成热气流把水汽抽走。其他容量瓶、移液管等都要仔细洗净，晾干（要做到无尘）待用。

2. 配制高聚物溶液

称 0.5g 聚乙烯醇（摩尔质量大的少称些，小的多称些，使测定时最浓溶液和最稀溶液的相对黏度在 2～1.1 之间）放入 100mL 烧杯中，注入约 60mL 的蒸馏水，稍加热使溶解。冷至室温，加入 2 滴正丁醇（去泡剂），并移入 100mL 容量瓶中，加水至 100mL。为了除去溶液中的固体杂质，溶液应经过玻璃砂芯漏斗过滤，过滤时不能用滤纸，以免纤维混合。一般高聚物不易溶解，往往要几小时至一二天时间（本实验溶液在实验前已配制好）。

3. 测定溶剂流过毛细管的时间 t_0

本实验用乌氏黏度计（图 5-21），是悬柱式可稀释的黏度计。用移液管吸取 10mL 蒸馏水，从 A 管注入黏度计。于 25℃恒温槽中恒温 5min，进行测定。在 C 管套上橡皮管，并用夹子夹牢，使不通气。在 B 管口也套上橡皮，接上针筒，将水从 F 球经 D 球、毛细管、E 球抽至 G 球。解去夹子，让 C 管接通大气，此时 D 球内的液体即回入 F 球，使毛细管以上的液体悬空。然后拔去针筒，则毛细管以上的液体下落，当液面流经 a 刻度时，立即按停表开始记时间，当液面降至 b 刻度时，再按停表，测得刻度 a、b 之间的液体流经毛细管所需的时间。同样重复操作至少三次，它们间相差不大于 0.2s。取 3 次的平均值为 t_0，即为水的流出时间。

4. 溶液流出时间的测定

（1）测定 t_0 后烘干黏度计，用干净的移液管吸取已恒温好的被测溶液 10mL，移入黏度计内，恒温 10min。仍按上面的操作步骤，测定溶液（浓度 $c_1=0.005\text{g}\cdot\text{mL}^{-1}$）的流出时间 t_1。

（2）用移液管吸取 5mL 蒸馏水，经 A 管加入到已测定的黏度计中以稀释溶液。恒温 2min，并将此稀释液抽至黏度计的 E 球 2 次，使黏度计内溶液各处的浓度相等。按前面所述方法测定流出时间 t_2。如果依次再加入 5mL、10mL、10mL 蒸馏水，使溶液浓度为开始浓度的 1/2、1/3、1/4。分别测出它们的流出时间 t_3、t_4、t_5。填入已画好的表格中（表 5-18）。

五、实验记录和数据处理

1. 为了作图方便，假定起始浓度 1，依次加入 5mL、5mL、10mL、10mL 溶剂稀释后的浓度分别为 2/3、1/2、1/3、1/4，计算各浓度的 η_r、η_{sp}、η_{sp}/c 及 $\ln\eta_r/c$，并填入表 5-18。

表 5-18　实验数据

溶剂＿＿＿＿＿＿　试样＿＿＿＿＿＿　恒温温度＿＿＿＿＿＿℃

项目		流出时间/s				η_r	η_{sp}	η_{sp}/c	$\ln\eta_r/c$
		1	2	3	平均值				
溶剂	H_2O								
溶液	$c_1=1$								
	⋮								

2. η_{sp}/c-c 图和 $\ln\eta_r/c$-c 图，并外推至 $c=0$，求出 $[\eta]$ 值。

3. 由 $[\eta]=KM^\alpha$ 式及在所用溶剂和温度条件下的 K 和 α 值，求出聚乙烯醇的摩尔质量 M。

六、思考题

1. 乌氏黏度计有何优点，本实验能否改用双管黏度计（减去 C 管）？
2. 毛细管太粗太细对测定有何影响？
3. 影响黏度准确测定的因素有哪些？
4. 为什么 $\lim\limits_{c\to0}\dfrac{\eta_{sp}}{c}=\lim\limits_{c\to0}\ln\dfrac{\eta}{c}$

七、注意事项

1. 黏度计必须洗净、烘干，实验时要保持黏度计垂直，不要振动。

2. 实验前，先检查恒温槽温度是否恒定。

3. 注射器抽吸混合时，应注意抽吸速度，胶管不能折叠。

4. 黏度计很易折断，应以正确姿势捏握。

实验七十五 溶胶的制备及电泳

一、实验目的

1. 掌握 $Fe(OH)_3$ 溶胶的制备及纯化方法。

2. 掌握电泳法测定 $Fe(OH)_3$ 溶胶的 ξ 电势的原理和方法。

二、实验原理

1. $Fe(OH)_3$ 溶胶的制备与纯化

溶胶的制备方法可分为分散法和凝聚法，而凝聚法又分为化学凝聚法和物理凝聚法，其中化学凝聚法为通过化学反应使生成的难溶物呈过饱和状态，然后难溶物互相结合成胶体粒子而得到溶胶。

本实验中的 $Fe(OH)_3$ 溶胶就是采用化学凝聚法中的水解法制备的，其水解反应方程式为：

$$FeCl_3(\text{稀溶液})+3H_2O\xrightarrow{\text{煮沸}}Fe(OH)_3(\text{溶胶})+3HCl$$

在制成的胶体体系中，存在过量的 H^+、Cl^- 等离子会促使溶胶聚沉而影响其稳定性，因此必须纯化。本实验采用常用的半透膜渗析法。

2. 溶胶的 ζ 电势和电泳

在溶胶分散体系中，由于固体微粒本身的电离或选择性吸附某种离子，使胶粒表面带有一定的电荷，而胶粒周围的介质分布着与胶粒电荷符号相反、数量相等的反离子。在外加电场作用下，溶胶中胶粒在分散介质中向异性电极定向移动，这种现象称为电泳。而发生相对移动的界面成为滑移面。滑移面与液体本体之间的电势差称为 ζ 电势。ζ 电势的大小是衡量胶体稳定性的重要参数。ζ 电势的绝对值越大，表明胶粒荷电越多，胶粒之间排斥力越大，胶体越稳定。

ζ 电势的大小直接影响胶粒在电场中的移动速度。本实验采用电泳现象中的宏观法来测定 ζ 电势，即通过测量溶胶与另一种不含胶粒的导电液体的界面在电场中移动速度来测定 ζ 电势。

ζ 电势与胶粒的性质、介质成分及胶体的浓度有关。

设在电泳仪两极间接通电位差 U(V)，在时间 t(s) 内溶胶界面移动的距离为 d(cm)，则溶胶的电泳速度 u($cm\cdot s^{-1}$) 为：

$$u=\frac{d}{t} \tag{5-87}$$

而相距为 L(cm) 的两极间的平均电位梯度 E($V\cdot cm^{-1}$) 为：

$$E=\frac{U}{L} \tag{5-88}$$

ζ(V) 电势的求算

$$\zeta=\frac{K\pi\eta}{\varepsilon E}\times u \tag{5-89}$$

式中 K——与胶粒形状有关的常数，(棒状胶粒，$K=3.6\times10^{10}\ V^2\cdot s^2\cdot kg^{-1}$，球状胶粒，

$K=5.4\times10^{10}V^2\cdot s^2\cdot kg^{-1}$，在实验中按棒形胶粒看待）；

η——介质的黏度，Pa•s；

ε——介质水的介电常数。

三、仪器与试剂

电导率仪，直流稳压电源，2 个铂电极，电炉，直流电压表，秒表，超级恒温槽，100mL 容量瓶 1 个，250mL 锥形瓶 1 个，1000mL、250mL 烧杯各 1 个，滴管 1 支。

火棉胶（6%）溶液，$FeCl_3$（10%）溶液，稀 KCl 溶液，KCNS（1%）溶液，$AgNO_3$（1%）溶液。

四、实验步骤

1. $Fe(OH)_3$ 溶胶的制备与纯化

（1）半透膜制备　在一个洗净、干燥的 250mL 锥形瓶中，加入大约 30mL 6%的火棉胶液，小心地转动锥形瓶，使胶液黏附在锥形瓶内壁形成均匀薄层，倾出多余的胶液于回收瓶中。待剩余胶棉液流尽，风干，待用手指轻触胶棉不觉粘手时，再往锥形瓶中注满蒸馏水，浸泡 10min。倒去锥形瓶中的水，然后用力在瓶口上割开薄膜，小心用手指剥离，使薄膜与瓶口脱离，再慢慢地将水注入夹层中，使膜完全脱离瓶壁，轻轻取出。在膜袋中注入水，观察是否有漏洞。制好的半透膜不用时，要浸泡在蒸馏水中。

（2）水解法制备 $Fe(OH)_3$ 溶胶　在 250mL 烧杯中，加入 95mL 蒸馏水，加热至沸，慢慢地滴入 5mL 10%的 $FeCl_3$ 溶液，并不断搅拌，加完后继续保持沸腾 5min，即得到红棕色的 $Fe(OH)_3$ 溶胶，其结构式可表示为$\{m[Fe(OH)_3]nFeO^+(n-x)Cl^-\}^{x+}xCl^-$。

（3）热渗析法纯化 $Fe(OH)_3$ 溶胶　将制得的 $Fe(OH)_3$ 溶胶，注入半透膜袋内并用线拴住袋口，置于 1000mL 的洁净的烧杯内，在烧杯内加蒸馏水约 300mL，保持温度在 60～70℃ 进行热渗析，每 20min 换一次蒸馏水，经四次换水后，取出 1mL 渗析水，分别用1% $AgNO_3$ 及 1% KCNS 溶液检查其中是否存在 Cl^- 及 Fe^{3+}，如果仍存在，应继续换水渗析，直至不能检出 Cl^- 和 Fe^{3+} 为止。将纯化后的 $Fe(OH)_3$ 溶胶置于 250mL 清洁干燥的烧杯中待用。

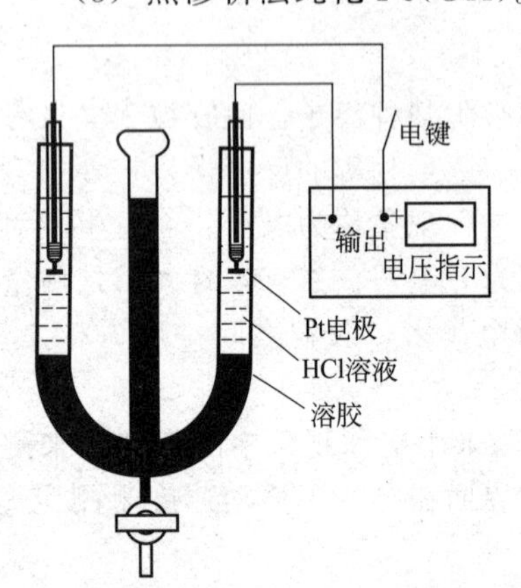

图 5-30　电泳装置示意图

2. 仪器的安装

电泳装置示意图如图 5-30 所示。电泳管应事先洗涤干净并烘干，并在活塞上涂一薄层凡士林，塞好活塞。

将渗析好的 $Fe(OH)_3$ 溶胶通过小漏斗注入电泳管底部至适当位置，再用滴管将电导率与 $Fe(OH)_3$ 溶胶相同的 HCl 溶液，慢慢沿左右两侧管壁分别滴入约 10cm 的高度，注意保持溶液与溶胶界面清晰。轻轻将 Pt 电极插入 HCl 溶液中，注意切勿搅动液面，Pt 电极应保持垂直，并使两电极浸入液面下的深度相等，记录界面的位置。按电泳装置示意图连接好线路。

3. $Fe(OH)_3$ 溶胶电泳速度 u 的测定

接通电键后，迅速调节电压为 100V，并同时计时，记录界面移动 0.5cm，1cm，1.5cm，2cm 的时间和溶胶面上升的距离 d。

4. 实验结束后，拆除线路，回收溶胶溶液，洗净电泳管和电极（用自来水洗涤电泳管多次，最后用蒸馏水洗一次）。

五、数据处理

1. 数据记录于表 5-19

表 5-19 实验数据

室温：________℃ 大气压：__________kPa

黏度η=__________Pa·s，介电常数ε=__________，电压U=__________V，两电极间距离L=__________cm，电位梯度平均值$E(=U/L)$=________V/cm。

界面移动距离 d/cm	时间 t/s	电泳速率 $u/\mathrm{cm\cdot s^{-1}}$	平均值 $\bar{u}/\mathrm{cm\cdot s^{-1}}$
0.5			
1.0			
1.5			
2.0			

2. 将数据代入式(5-89) 中计算ζ电势，并指出胶粒所带电荷的符号。

六、思考题

1. 本实验所用的稀 HCl 辅助溶液的电导率为什么必须和所测溶胶的电导率尽量接近？

2. 溶胶粒子电泳速率的快慢与哪些因素有关？

3. 分析本实验产生误差的主要原因。

七、注意事项

1. 利用公式(5-89) 求算ζ时，有关水的黏度η的数值从附录 26 中查得。对于水的介电常数ε，应考虑温度校正，由以下公式求得：

$$\ln\varepsilon = 4.474226 - 4.54426\times10^{-3}t \tag{5-90}$$

式中 t——为温度,℃。

2. 制备 $Fe(OH)_3$ 溶胶时，$FeCl_3$ 一定要逐滴加入，并不断搅拌。

3. 量取两电极的距离时，要沿电泳管的中心线量取。

实验七十六 胶体溶液的制备和性质

一、实验目的

胶体现象在工业、农业生产中是常见的问题。为了了解胶体现象，进而掌握其变化规律，而进行胶体溶液的制备及其性质实验。

二、实验原理

胶体是分散相和分散介质组成的多相体系。分散相的大小（指分散相质点的直径）一般在 1～100nm 之间。胶体溶液的制备方法，大致分为两种类型，即分散法和集聚法。前者是把较大的物质颗粒分散为胶体大小的质点，后者是把物质的分子或离子聚集成较大的胶体大小的质点。胶体溶液的性质，表现在电学性质、光学性质、动力性质、稳定性、可逆性（指溶液胶体）等方面。现分叙如下。

1. 电学性质

胶体带电是胶体能够稳定存在相当长时间的一个重要原因。由于胶体体系具有很大的表面能，为了降低表面能而使体系趋于稳定存在的一种途径是在胶体表面产生吸附现象，结果使所有胶体体系的颗粒都带有电荷，这种电荷是由于粒子从分散介质中有选择地吸附一定符号的离子或表面分子电荷而形成的。另一个带电的原因是胶体颗粒表面上的某些分子、原子在溶液中发生电离。一般用电泳的方法测胶体所带的电荷。毛细管分析方法也可用来测胶体所带的电荷。

2. 光学性质

胶体体系中分散相颗粒小于或接近于可见光的半波波长，因此当光线照射到胶体分散体系时，就被分散相颗粒所散射。故当一束光线通过胶体时，在光线的垂直方向观察，可以见到溶胶中有一明亮的光柱，这种现象称为丁达尔现象，这个光柱称为丁达尔光柱，它的明亮程度标志着散射光的强弱程度。散射光的强度（I）决定于分散相颗粒的大小、溶液的浓度、入射光的波长（λ）以及分散相和分散介质的折射率（n_1 和 n_2）。对于球形非金属胶体溶液，雷利导出下列公式：

$$I=\frac{24\pi^2\nu V^2 I_0}{\lambda^4}\left(\frac{n_1^2-n_2^2}{n_1^2+2n_2^2}\right)^2 \tag{5-91}$$

式中　ν——单位体积中的粒子数；

V——单个粒子的体积；

I_0——入射光强度。

3. 动力性质

在胶体体系中分散介质的分子处于不停的热运动状态中，它们在各个方向不断撞击胶体颗粒，由于各个方向上的撞击力不均匀，因而使胶体颗粒作无秩序的不规则运动，这种现象叫布朗运动。由此使胶体体系具有一系列动力性质，如扩散、沉降、渗透压力等。布朗运动可用一般的显微镜观察到。胶体的动力性和电学性是促使胶体稳定的重要因素。

三、仪器与试剂

电泳装置（见图 5-30），50mL 烧杯 6 个，100mL 烧杯 1 个，400mL 烧杯 1 个，100mL 锥形瓶 1 个，10mL 量筒 1 个，50mL 试管 4 支，10mL 移液管 4 支，酸性滴定管 4 支，滤纸。

硫黄乙醇饱和液，$K_3Fe(CN)_6$ 溶液（$0.001mol \cdot L^{-1}$），KI 溶液（$0.2mol \cdot L^{-1}$），$AgNO_3$溶液（$0.2mol \cdot L^{-1}$），0.2% $FeCl_3$ 溶液，0.1%亚甲基蓝，H_2SO_4 溶液（$0.1mol \cdot L^{-1}$），$Na_2S_2O_3$ 溶液（$0.1mol \cdot L^{-1}$），火棉胶，KCNS 溶液（$0.1mol \cdot L^{-1}$），0.1%刚果红，0.1%荧光黄，NaCl 溶液（$0.1mol \cdot L^{-1}$），Na_2SO_4 溶液（$0.01mol \cdot L^{-1}$），白明胶液，酒精，苯，苏丹Ⅲ，2%肥皂液，0.1%棉红，$CaCl_2$（固）。

四、实验步骤

1. 胶体溶液的制备

（1）改变分散介质法制硫溶胶。取 1mL 饱和硫黄乙醇溶液，在 50mL 烧杯中加入 30mL 蒸馏水搅拌，观察结果。

（2）复分解反应制 AgI 溶胶。用两个 50mL 烧杯，分别加入 10mL $0.2mol \cdot L^{-1}$ KI 溶液，在充分搅拌下，往其中一杯中加入 8mL $0.2mol \cdot L^{-1}$ $AgNO_3$ 溶液，另一杯中加入 13mL $0.2mol \cdot L^{-1}$ $AgNO_3$ 溶液。加不同数量 $AgNO_3$ 时，将得到不同的溶胶（指胶粒所带电荷不同）。

（3）水解法制备 $Fe(OH)_3$ 溶胶。

① 制备。在 100mL 烧杯中加入 70mL 水，加热至沸，逐滴滴入 2mL 0.2%$FeCl_3$ 溶液，继续煮沸，至形成溶胶。

② 制半透膜。为了纯化已制备好的 $Fe(OH)_3$ 溶胶，需要制备半透膜，选择一个 100mL 锥形瓶，内壁必须光滑，充分洗涤烘干，在瓶中倒入约 10mL 火棉胶溶液，小心转动烧瓶，使火棉胶均匀地在瓶内形成一薄层，将多余的火棉胶倒回原瓶，倒置烧瓶于铁圈上，让多余的火棉胶溶液流尽，并让乙醚蒸发，直至用手指轻轻接触火棉胶膜面不黏着为

止。然后加水入瓶内至满，注意加水不宜太早，若因乙醚未蒸发完，则加水后膜呈白色而不适用，但也不宜太迟，致膜变干硬而不易取出。浸膜于水中约10min，剩余于其中的乙醚即被溶出，倒去瓶内的水，再在瓶口剥开一部分膜，在此膜与玻璃瓶壁间灌水至满，膜即脱离瓶壁，轻轻地取出所成之袋，检查袋是否有漏。如有小漏洞时，只需拭干有洞的部分，用玻璃棒蘸少许火棉胶轻轻接触洞口，使之粘满，即可补好。

③ 纯化。把①中水解法制得的 $Fe(OH)_3$ 溶胶，置于半透膜袋内，用线拴住袋口，置于400mL烧杯中，用蒸馏水渗析10～15min后，取出少许蒸馏水，检验其中 Cl^-、Fe^{3+}，一直洗到没有 Cl^-、Fe^{3+} 为止［保存纯化好的 $Fe(OH)_3$ 溶胶，待下面电泳和聚沉值实验用］。

2. 胶体溶液的性质

(1) 电学性质

① 各取已配好的0.1%的亚甲基蓝和荧光黄溶液10mL分别加入两个50mL烧杯内，将同样长度的滤纸条浸入上述溶液中，滤纸的另一端固定在木条上，经过0.5h后，观察两种溶液沿着滤纸上升的情况。

② 取5mL刚果红溶液，倒入50mL烧杯中，另取5mL荧光黄溶液，倒入已装有刚果红溶液的烧杯中，观察所发生的现象。综合两个实验现象，将得出什么结论？(关于胶粒所带电荷的问题)。

③ 电泳。用量筒取30mL $Fe(OH)_3$ 溶胶，放在50mL烧杯中，加入少许琼脂，加热使之熔化，趁热倒入电泳仪的U形管中，然后把U形管放在盛有冷水的烧杯中，待管内溶胶凝结后取出。再在管的两侧慢慢加入蒸馏水至同一平面（加水后要有清澈的界面），并往两侧各加一滴 $0.1mol \cdot L^{-1}$ HCl。然后插入Pt电极，通50V直流电，1h后观察U形管两边界面移动情况，确定 $Fe(OH)_3$ 胶粒所带电荷符号。

④ 用移液管取10mL经过纯化的 $Fe(OH)_3$ 溶胶分别置于3个50mL锥形瓶中，然后分别用滴定管一滴一滴地加入 $2mol \cdot L^{-1}$ NaCl，$0.01mol \cdot L^{-1}$ Na_2SO_4，$0.001mol \cdot L^{-1}$ $K_3Fe(CN)_6$ 至浑浊为止。分别记下所用溶液的体积（mL），并计算所耗用的物质的量（mmol）。从此现象中得出什么结论？(关于电解质所带电荷对聚沉值的影响)

⑤ 取10滴棉红溶液放入试管中，然后用滴管滴入 $2mol \cdot L^{-1}$ NaCl溶液，直到溶液浑浊为止，观察胶体溶液的聚沉现象。

(2) 光学性质

① 用50mL烧杯盛蒸馏水20mL，在暗箱中观察是否形成光路。另取50mL烧杯，内盛 $0.1mol \cdot L^{-1}$ H_2SO_4 10mL，在暗箱中观察是否形成光路，然后取 $0.1mol \cdot L^{-1}$ $Na_2S_2O_3$ 10mL，倒入盛硫酸的烧杯中，使 H_2SO_4 与 $Na_2S_2O_3$ 反应，5min后，观察硫溶胶形成。放在暗箱中看是否形成光路。

② 用50mL烧杯盛蒸馏水30mL，然后用量筒加入5mL 0.1%棉红，再放入暗箱中看是否形成光路。

(3) 亲液溶胶的可逆性　取明胶溶液1mL，置于50mL烧杯中，逐滴加入酒精直至明胶聚沉在烧杯底部。在小烧杯内加蒸馏水，加热后又重新溶解。这是亲液溶胶的特征，即可逆性。

3. 制备乳状液并确定其类型

乳状液是两种互不相溶的液体所组成的分散体系，而两种液体中的一种以液滴形式分布于另一种液体中，液滴的大小通常在100～5000nm之间，因此可以在简单的显微镜下观察到。通常乳状液的一相是水，极性很大。另一相是有机体，极性很小，习惯上就称为“油”。因此乳状液可以分为两种类型：一为油（分散相）分散在水（分散介质）中，称为水包油型，表示为 O/W。一为水（分散相）分散在油（分散介质）中，称为油包水型，表示为 W/O。

乳状液的制备一般采用分散法，但要制备稳定的乳状液，必须加乳化剂。例如，苯在水中的乳状液可加入肥皂使其稳定。借用不同的乳化剂，在适当的条件下，则可形成不同类型的乳状液。鉴别乳状液类型的方法有数种，采用染色法。染色法是选择一些能溶于“油”而不溶于水的颜料（如苏丹Ⅲ）加入乳状液中，如分散介质是油，则整个乳状液为红色，而中间分布着无色的小水滴。如分散相是油，则在无色的连续相中分布着红色小油滴。染色的情况，可以用显微镜很方便地看出。如果在含有乳化剂的稳定乳状液中加入 Ca^{2+} 或 Ba^{2+} 等，则这些离子将会和钠肥皂作用生成不溶于水的钙肥皂或钡肥皂而析出，因而乳化剂失去作用，乳状液也随之被破坏。

用量筒取 5mL 水和 20 滴苯，放入大试管中振荡数分钟，静置后观察是否仍分成两层。然后加入 5 滴 0.1%苏丹Ⅲ颜料溶液和 10 滴 2%肥皂液，再剧烈振荡数分钟，观察有何现象。用滴管吸取下面的溶液，放一滴于载片上，置显微镜下观察，研究其类型。在乳状液中加一小块固体氯化钙。用力振荡后静置 5min，观察其结果。

五、数据处理

1. 分别写出 AgI 溶液在 $AgNO_3$ 过量和 KI 过量时的胶团结构式。
2. 分别叙述胶体实验的电学现象和光学现象及结论。
3. 简述判断乳状液类型的方法。

六、思考题

1. 胶体、乳状液、微乳状液三者有何区别？
2. 胶体有哪些性质？
3. 胶体和乳状液为何会稳定存在？
4. 何谓聚沉值？电解质为何能使溶胶聚沉？
5. 胶体为何会产生丁达尔光柱？
6. 何谓乳状液？怎样使乳状液的类型发生转化？
7. 如何改变溶胶粒子的电泳速度？
8. 使用电泳仪和显微镜时，有哪些注意事项？

七、讨论

1. 胶体分散体系的粒度在 1～100nm 之间，大于 100nm 的为粗分散体系，乳状液属于该体系。胶体的稳定性是分散体系的重要性质。从理论上讲，胶体是热力学不稳定体系，胶粒有相互聚集成大颗粒而沉降析出的趋势。然而，实际上经过纯化的胶体，往往可以保存数日甚至更长时间也不会沉降析出。其原因主要有以下两点：第一，同一体系胶粒带有同种电荷，相互排斥，阻止了胶粒的靠近、聚集。第二，胶粒中的吸附离子和反离子都是水化的（即离子外围包裹着水分子），所以胶粒是带水化膜的粒子。水化膜犹如一层弹性隔膜，起到了防止运动中的胶粒在碰撞时相互聚集变大的作用。胶体粒子表面带电并具有 ζ 电位是胶体粒子稳定的重要原因，可以利用电泳和电渗来测定 ζ 电位值。

胶体的稳定性是相对的，有条件的。只要减弱或消除使胶体稳定的因素，就能使胶体胶粒聚集成较大的颗粒而沉降，这种使胶粒聚集成较大颗粒而沉降的现象称为聚沉。

2. 乳状液十分有用，在工农业生产研究中都能看到乳状液的应用。关于乳状液的稳定理论有许多，除了表面带电形成双电层和界面膜这两点与胶体稳定理论有相同点外，其他理论不完全相同。关于乳状液的破坏这一问题比较复杂，在理论上尽管可以运用乳状液的稳定原理，找出破坏它们的办法，但实际上，乳状液的稳定原理仅是目前较普遍的一种说法，还未彻底搞清楚。因而对破坏乳状液，均是根据具体情况再寻找适当办法。

3. 微乳状液是由表面活性剂、水和与水不相溶的有机液体（一般统称为油），按一定比例形成的稳定、透明或半透明的液液分散体系，分散相直径大约在 10～100nm 间。在特殊条件下，由极性有机物、水和油也可以形成微乳，这种无表面活性剂的微乳反应结束后，产物分离更为简单。

微乳状液是能够自发形成的，具有热力学稳定性。乳状液有两种类型，即水包油型和油包水型，前者是油为分散相，水为分散介质，后者则反过来。微乳状液不仅有这两种，还有第三种状态——双连续相，又叫作微乳中相。

微乳状液的类型主要取决于体系中油水界面的曲率。具有自动弯曲向油相的界面体系趋于形成水包油型微乳，具有自动弯向水相的界面体系趋于形成油包水型微乳，当界面曲率很小时则倾向于形成双连续相，即微乳中相。

微乳状液在日用品、加工工业以及一些科学和技术的领域中有广泛而重要的应用，其应用正引起越来越多的关注。

微乳状液既提供了某些优质的产品，又是一些先进技术的基础。

实验七十七　电　　渗

一、实验目的

1. 用电渗法测定 SiO_2 对水的ζ电位。

2. 观察电渗现象，了解电渗法实验技术概要。

二、实验原理

1. 概述

早在 1809 年，就观察到在电场作用下，水能通过多孔沙土或黏土隔膜的现象。现在知道，这种现象是胶体常见的电动现象中的一种。分散相在与分散介质接触的界面处因吸附离子或本身电离而带电荷，分散介质则带相反电荷。在外加电场的作用下，若分散介质对分散相发生相对移动，称为电渗，若分散相对分散介质发生相对移动，则称为电泳。上述水在电场作用下通过多孔固体的例子，就是电渗现象。

由于液体介质对多孔固体的相对运动，不是发生在固体的表面上，而是发生在多孔固体表面的吸附层上。这种固体表面吸附层和与之相对运动的液体介质间的电位差，称为ζ电位或电动电位。因此，通过电渗实验可以测求ζ电位，从而进一步了解多孔固体表面吸附层的性质。

2. 电渗公式的推导

在外加电场的作用下，液体通过多孔固体隔膜，可看作液体贯穿隔膜的许多毛细管。所以，可以根据液体在外加电场下通过毛细管的例子来推导出电渗公式。

如图 5-31 所示，设在电渗发生在一半径为 r 的毛细管中，又设固体与液体接触界面处的吸附层厚度为 δ（δ 比 r 小得多），若表面电荷密度为 σ，电位梯度 $H=E/l$（E 为所加电位，l 为二电极间距离），则界面上单位面积所受电力$F=\sigma H$，而液体在毛细管中流

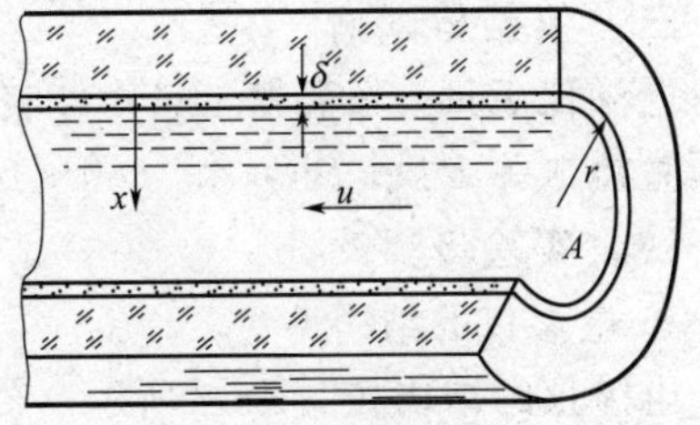

图 5-31　毛细管电渗模型

动时（层流），单位面积所受阻力

$$f=\frac{\mathrm{d}u}{\mathrm{d}x}=\eta\frac{u}{\delta}$$

式中　u——电渗速度；

η——液体的黏度。

故

$$u=\frac{H\sigma\delta}{\eta} \tag{5-92}$$

设界面处的电荷分布情况可看作为类似于一个平板电容器上的电荷分布情况，则平板电容器的电容

$$C=\frac{\sigma}{\zeta}=\frac{\varepsilon}{4\pi\delta}$$

则

$$\zeta=\frac{4\pi\sigma\delta}{\varepsilon} \tag{5-93}$$

式中　ε——液体介质的介电常数。

合并式(5-92)、式（5-93），得：

$$u=\frac{\zeta\varepsilon H}{4\pi\eta} \tag{5-94}$$

若毛细管截面积为 A，液体流过毛细管的流量为 V

$$V=Au=\frac{A\ \zeta\varepsilon H}{4\pi\eta}=\frac{A\ \zeta\varepsilon E}{4\pi\eta l} \tag{5-95}$$

而

$$E=IR=I\frac{l}{A\kappa}$$

式中　I——通过二电极间电流；

R——二电极间电阻；

κ——液体介质的电导率。

于是得：

$$V=\frac{\zeta I\varepsilon}{4\pi\eta\kappa}$$

或

$$\zeta=\frac{4\pi\eta\kappa V}{\varepsilon I} \tag{5-96}$$

所以，若已知液体介质的黏度，电导率 κ 和介电常数 ε，只要测定在电场作用下，通过液体介质的电流强度 I 和液体由于受这电场作用流过毛细管的流量 V，就可以从式(5-96）算出 ζ 电位。事实上，毛细管壁的表面电导通常不能忽略，所以应将式(5-96）中的 κ 换成$\left(\kappa+\frac{\kappa_s S}{A}\right)$，其中 S 为毛细管壁的圆周长度，κ_s 为毛细管壁单位圆周长度的表面电导。但将式(5-96）推广应用到粉末固体隔膜时，表面电导校正项很难计算。通常液体介质电导大于浓度为 $0.001\mathrm{mol\cdot L^{-1}}$ 的 KCl 溶液的电导，并且粉末固体粒度在 $50\mu\mathrm{m}$ 以上时，表面电导可以忽略不计。

三、仪器与试剂

电渗仪 1 只，恒温槽 1 只，停表（0.1s）1 只，电导仪 1 只，毫安表 1 只，200～1000V 高压直流电源 1 只，SiO_2 粉（80～100 目）。

四、实验步骤

1. 电渗仪的结构

电渗仪的结构如图 5-32 所示，刻度毛细管 D 通过连通管 C 分别与铂丝电极 E、F 相连，K 为多孔薄瓷板，A 管内装粉末样品，在毛细管的一端接有另一根尖嘴形的毛细管 G，通

过它，可以将一个测量流速用的气泡压入毛细管 D。

2. 装样

洗净电渗仪。揭去磨口瓶塞 B，将 80～100 目的氧化硅粉与蒸馏水拌和的糊状物注入 A 管中，盖上瓶塞 B。拔去铂丝电极 E、F，从电极管口注入蒸馏水，使充满 D、C 至能浸没电极为止，插好铂丝电极。用洗耳球从 G 管口压入一小气泡至 D 的一端。将整个电渗仪浸入恒温槽（20℃或 25℃、30℃）中，恒温 10min 以待测定。

3. 测电渗时流量 V 和电流强度 I

在电渗仪的二铂丝电极间接上 200～1000V 的直流电源，中间串一毫安表、耐高压的电源开关 K 和换向开关，如图 5-33 所示。调节电源电压，使电渗时，电渗仪毛细管 D 中气泡从一端刻度至另一端刻度行程时间约 20s。然后正确测定此时间，利用换向开关，可使 E、F 二电极的极性倒向，而使电渗方向倒向。由于电源电压较高，操作时应先切断电源开关，然后改换换向开关，再接上耐高压的电源开关，反复测量正、反向电渗时流量 V 值各五次，同时读下电流强度值。

改变电源电压，使 D 管中气泡行程时间改为 15s、25s。测下相应的 V、I 值。

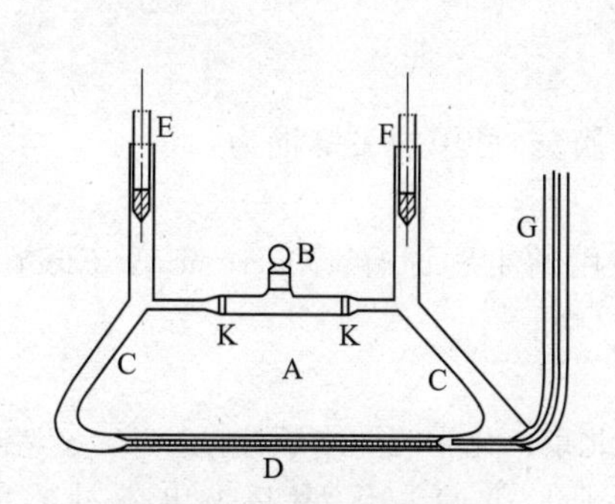

图 5-32 电渗仪结构图

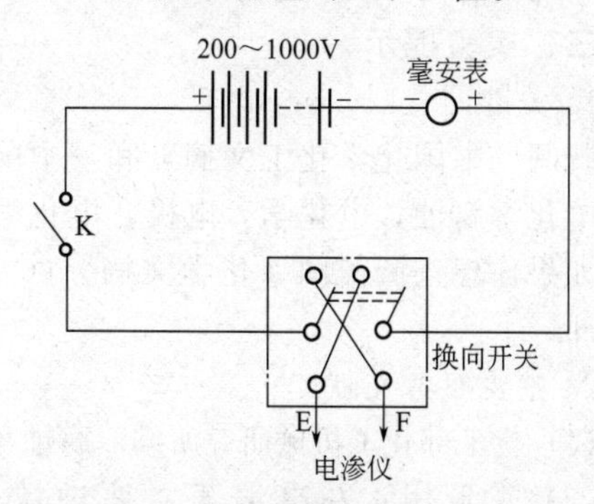

图 5-33 电渗仪的换向电源

4. 拆去电渗仪电源，用电导仪测定电渗仪中蒸馏水的电导率。

五、数据处理

1. 计算历次电渗测定的$\frac{V}{I}$值，并取平均值。

2. 计算电渗仪中蒸馏水的电导率 κ 值。

3. 用式(5-96)，计算 SiO_2 对水的ζ电位。

六、思考题

1. $\zeta=\frac{4\pi\eta\kappa V}{\varepsilon I}$式中，各物理量单位，应取何值？

2. 固体粉末样品颗粒太大，电渗测定结果重复性差，可能是什么原因？

5.3 综合设计性实验

实验七十八 阳极极化曲线的测定（微型绿色实验）

一、实验目的

通过实验的设计和准备，锻炼学生的综合实验能力和开拓性思维。提高学生的实验和科研水平。

二、实验背景

钢铁，尤其是特种钢及有色金属的年产量是衡量一个国家工业和国防发展水平的重要标志之一。故世界各国都对本国的钢铁生产给予极大的重视并尽可能扩大钢铁的产量。然而，由于各种原因，钢铁因腐蚀造成的损失也是惊人的。据不完全统计，全世界各国每年仅因腐蚀而损耗的钢铁可达到当年钢铁生产总量的 1/10 以上。与此同时，有色金属的腐蚀和防护也是腐蚀研究的重要内容。因此，金属腐蚀与防护理论及相关防腐技术的研究是与材料、环保、能源乃至其他部门密切相关的，它既有理论意义又有应用价值，既有经济效益又有社会效益。研究金属腐蚀的方法因腐蚀机理的不同而不同。在电化学领域，阳极极化曲线是研究金属电化学腐蚀及电化学防腐的基本工具之一，通过对阳极极化曲线的测量和分析，可以获得金属在所给介质中溶解腐蚀和钝化情况的资料，从而为金属的防护提供理论依据。本实验将利用 CHI 电化学分析仪，通过对镍的阳极极化曲线的测定，研究镍在不同电解质中的腐蚀及钝化行为，考察不同添加剂对镍腐蚀行为的影响，最后要求按照规范化的科研论文的格式将研究内容写成论文。

三、实验提示

1. 关键词（key worlds）

查阅《中国化学化工文摘》和《中国学术期刊文摘》，可用的关键词为：

电化学腐蚀，电化学，电极，电化学测量，镍

如果你想查阅美国《化学文摘》（C A），可以使用的主题词有：Corrosion，Electrode，Nickel。

2. 主要参考文献

(1) 化工部化工机械研究所编．腐蚀与防护手册，北京：化学工业出版社，1990：575-582.

(2) 左景伊，左禹编著．腐蚀数据与选材手册，北京：化学工业出版社，1995：638-661.

(3)《中国化学化工文摘》、《中国学术期刊文摘》、美国《化学文摘》（C A）

(4) [英] U. R. 艾万思著．金属的腐蚀与氧化．华保定译．北京：机械工业出版社，1976：179-205.

(5) 魏宝明主编．金属腐蚀理论及应用．北京：化学工业出版社，1984：114-137.

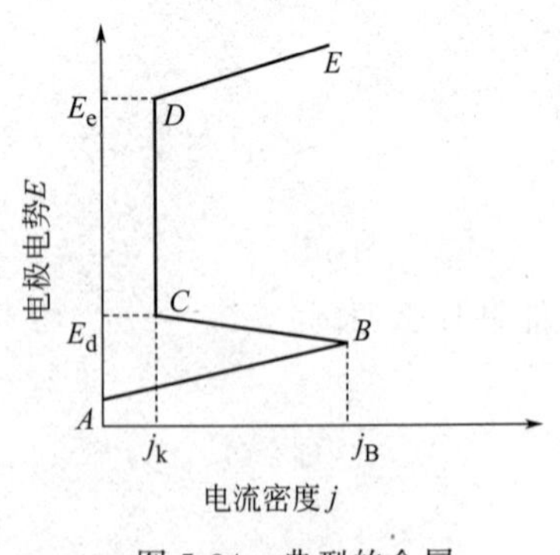

图 5-34　典型的金属阳极极化曲线

3. 相关原理

典型的金属阳极极化曲线如图 5-34。图中，A 点电势为初始扫描电势，它可以是电极的开路电势，也可以由实验者自己设定。图中的阳极极化曲线可分为四个部分。

(1) AB 段为阳极的活性溶解区　随着电极电势的升高，阳极电流逐渐增大，表示金属的活性腐蚀增强，此时金属晶格上的金属原子溶解进入溶液中形成水合离子(或配离子)，B 点对应的电流 j_B 称为最大腐蚀电流。

(2) BC 段为过渡钝化区　随着电极电势的逐渐升高，电流逐渐减小。这是因为此时电极表面逐渐形成某种吸附膜或氧化膜，致使电阻增大，电极过程受阻所致。

(3) CD 段为稳定钝化区　电极电势急剧升高，而电流基本保持不变。这是因为电极表面已经形成一层致密的电阻膜。该电阻膜极大地阻止了电极过程的进一步进行，因而电流基

本保持不变。C 点对应的电流 j_C 称为稳定钝化电流或维钝电流，亦即最小腐蚀电流。如果要对金属进行阳极保护，则必须把金属构件的电势控制在 CD 段。

(4) DE 段为过钝化区 随着电极电势的进一步升高，电流复又增加。这是由于电极表面发生了其他阳极过程，例如氧气的析出或由于电阻膜破裂而造成金属的二次腐蚀。

阳极极化曲线的测量是采用恒电势仪控制电势法完成的。控制电势法又可以分为静态法和动态法两种。静态法是由低到高每隔一定值施加一个电势使阳极发生极化，然后测量电极在该电势下的稳定电流值。该方法比较费时。但所需仪器设备较简单，比较容易实现。动态法是利用自动扫描仪以适当的设定速度连续改变阳极的电极电势，并同步测量各相应电势下的瞬态电流，再由 X-Y 记录仪或计算机自动记录并绘制 E-j 曲线，即阳极极化曲线。自动扫描仪的扫描速率取决于所研究的电极系统。一般而言，电极表面建立稳态的速率愈慢，相应的扫描速率也应较慢。动态法所需仪器设备较复杂，但较省时间而且可以将测量资料存储并随时按需要进行加工处理，故在条件允许时大多采用动态法尤其是采用计算机自动控制线形扫描伏安法。

四、实验条件

实验室可以提供的仪器：CHI 电化学分析仪（微型研究用），计算机，打印机（8 组共用），微型铂电极，饱和甘汞电极，微型研究电极（如微型镍电极）。

实验室可以提供的药品：电解质溶液（如硫酸水溶液），添加剂（如氯化钠、亚硝酸钠、碳酸钠、钼酸钠和三乙醇胺等）。实验者如若需要特殊药品，应该提前向有关实验室的指导老师提出计划。

五、实验要求

1. 可以利用手工检索，也可以利用微机联网自动检索，查阅本实验提供的或自选的文献，作出较为详细的摘录。

2. 参考查到的文献资料，通过自己的综合思考，制定详细的研究方案，并实施你的实验方案，详细记录实验结果及实验中观察到的现象，主要考查酸碱介质、添加剂和温度等条件对金属腐蚀的影响。

3. 对实验结果的归纳总结和讨论，包括对研究数据按一定的规律性的总结（可以用表格，也可以用图形、曲线等），对实验结果及研究规律进行认真的、实事求是的讨论。在讨论时请参考以下提示：

(1) 镍在稀硫酸中活化溶解和钝化反应的方程式及腐蚀产物的形态。

(2) 何类物质能够加速镍在稀硫酸中的腐蚀，何类物质可以减缓镍在稀硫酸中的腐蚀？为什么？除本实验所用的物质之外你认为还有那些物质可以更有效地减缓镍的腐蚀？

(3) 根据你的研究指出镍在所研究的介质中的安全工作条件，此条件下的腐蚀速率为多少？以 $mm \cdot a^{-1}$ 或 $mg \cdot m^{-2} \cdot h^{-1}$ 表示。

(4) 基于本研究事实可以给出哪些有意义的结论。

4. 在前三项基础上独立写出实验研究论文。

实验七十九 微型反应器对催化剂的反应活性和选择性的测定

一、实验目的

制备甲烷氧化反应的催化剂，并测定其氧化活性和选择性。

二、实验背景

近年来，甲烷氧化偶联反应一直是国内外研究的重要课题，它是将资源丰富的天然气转变为可利用的石油化工原料的第一步。但是由于甲烷是正四面体碳氢键结构，性质十分稳定，在温和的条件很难将其氧化，因此本实验拟用甲醇代替甲烷对催化剂进行初步筛选和评定。

三、实验提示

微型反应器通常与气相色谱联合使用，反应中产生的产物通过气相色谱及时分析，因而操作简单、快速，适用于大量催化剂的筛选和评价。

微型反应器有两种操作方式，即流动反应和脉冲反应。在流动反应中，反应物通过四通阀连续流经反应器（通常是填有催化剂的小管），气相色谱的载气通过四通阀的另两通，通过四通阀的切换和四通阀内孔容量自然定量，让反应尾气经由色谱载气导入色谱仪进行色谱分析。脉冲式反应器的进样方法与流动式反应器的尾气取样方法相同，它是反应物由四通切换到进样阀后，由色谱载气将反应物送入填有催化剂的反应器中，也可以直接用注射器注入反应物气体混合物。它的催化剂用量少，适用于大量筛选催化剂。

微型反应器采用内径 6mm 的不锈钢管制成，两端有螺帽压紧的硅橡皮垫，可用注射器在此注入反应气体，也便于由此装卸催化剂。反应管和进气预热管均载于铝锭中，以利于温度的恒定。

资料查阅：可通过关键词（key words）微型反应器，查阅《中国化学化工文摘》和《中国学术期刊文摘》及有关反应器的书籍。

四、实验条件及实验记录

本实验采用微型反应器装置、色谱、催化剂、钢瓶气体等。

表 5-20、表 5-21 作为本实验记录时参考，也可自行设计。

室温：________℃；室压：________ kPa

表 5-20　实验记录（一）

色谱吸附剂	柱长/cm	柱径/cm	柱温/℃	载气及流量/$mL \cdot s^{-1}$	电桥电流/A	检测温度/℃

表 5-21　实验记录（二）

温度/℃	催化剂及用量/g	反应物及反应时间/min	二氧化碳质量/g	转化率/%

五、实验要求

1. 可以利用手工检索或微机联网检索，查阅本实验所需的文献，并做出仔细的摘录。

2. 参考查到的文献资料，通过自己的综合分析，制定出详细的研究方案，并实施自己制定的实验方案，详细记录实验结果及实验中观察到的现象。

3. 对催化剂评价的实验结果进行归纳总结和讨论，包括对数据规律性的总结（可以用表格，图形或曲线等形式表达），对实验结果及其可靠性进行认真、实事求是的分析讨论。

六、思考题

1. 微型反应器与色谱联用的优缺点。
2. 本实验是否可用氮气作为载气？
3. 本实验是否可用氢气作为载气？可否用氢火焰作鉴定器？
4. 本实验用色谱峰高定量是否准确？如何验证？

第6章　综合化学实验

《综合化学实验》是一门高层次的化学实验课，是为化学、化工、材料类等高年级本科生开设的一门综合性（从物质的制备、分离提纯和结构表征）的实验课程，它除培养学生掌握高水平的实验技能外，还具有实验内容新颖、实用、多科性、前沿性等特点。把《综合化学实验》课程开设成“开放式、设计性”，这一教学模式，旨在以学生为主体，充分发挥学生主动性，很好地构架从实验到科研的桥梁。学生通过对《综合化学实验》的训练，进一步巩固和加深在低年级中开设的《无机及分析化学实验》、《有机化学实验》和《物理化学实验》所学的基本知识和技能，加强基本操作的严格训练和规范化，拓宽学生的知识面，同时培养学生综合运用基础化学和中级化学实验技能以及所学基础知识解决实际化学问题的能力、查阅文献资料的能力、设计实验的能力、熟练操作和使用近代分析仪器及解析图谱的能力。基础化学实验室是开放式、设计性《综合化学实验》的实施场所，是培养学生的实验素质、动手能力和科学研究能力的公共场所，而化学实验室也是易燃、易爆、有毒、有腐蚀化学物质存在的场所，为确保开放式、设计性《综合化学实验》的顺利进行，每位学生必须注意安全、认真实验、多思考，同时也订立本操作规程，望大家认真遵守。

1. 实验按基础性、设计性和探索性三个层次，分阶段开出；每个层次的实验在规定的时间段内完成（具体分段时间见教学日历）。

2. 每个层次的实验内容学生可以自由选择；学生在实验前按所选实验写出预习报告。

3. 预习报告要求

① 基础性的综合实验。写出实验目的原理、实验路线、实验方法和步骤，以及画出必要的实验装置图。

② 设计性和探索性的综合实验。先查阅文献，设计实验路线，写出读书报告，做好演示文稿（用 PowerPoint），然后分组进行科研小组活动的交流。

4. 进入基础化学实验室完成实验，学生具体实验时间需要预约登记。

5. 实验期间，常规时间有3～5位教师指导，其他时间1～2位教师值班。

6. 学生进入实验室要签到，要遵守实验室规章制度，注意安全。

7. 对所选实验注重掌握实验过程，记录要完整，实验允许有失败，直至成功。

8. 学生自带项目实验和不在实验室准备范围内的实验，只要实验室设备和条件允许，也按以上几条操作。

9. 实验总结报告按国内杂志的论文格式撰写。

实验八十　气相色谱定性和定量分析

一、实验目的

1. 了解气相色谱各种定性定量方法的优缺点。

2. 掌握纯标样对照、保留值定性的方法。

3. 掌握面积和峰高归一化定量方法。

二、实验原理

气相色谱是一种强有力的分离技术，但其定性鉴定能力则相对较弱。一般检测器只能检测到有物质从色谱中流出，而不能直接识别其为何物。若与强有力的鉴定技术如质谱及傅里叶变换红外光谱等联用，则能大大提高气相色谱的定性能力。在实际工作中，有时遇到的样品，其成分是大体已知的，或者是可以根据样品来源等信息进行推测的。这时利用简单的气相色谱定性方法往往能更快地解决问题。气相色谱定性方法主要有以下几种。

(1) 标准样品对照定性；

(2) 相对保留值定性；

(3) 利用调整保留时间与同系物碳数的线性关系定性；

(4) 利用调整保留时间与同系物沸点的线性关系定性；

(5) 利用 Kovats 保留指数定性；

(6) 双柱定性或多柱定性；

(7) 仪器联用定性，如用质谱、红外光谱及原子发射光谱等检测器联用定性。

本实验采用标准样品对照定性和相对保留值定性方法。

气相色谱在定量分析方面是一种强有力的手段。常用的定量方法有峰面积百分比法、内部归一化法、内标法和外标法等。峰面积百分比法适合于分析响应因子十分接近的组分的含量，它要求样品中所有组分都出峰。内部归一化法定量准确，但它不仅要求样品中所有组分都出峰，而且要求具备所有组分的标准品，以便测定校正因子。内标法是精度最高的色谱定量方法，但要选择一个或几个合适的内标物并不是易事，而且在分析样品之前必须将内标物加入样品中。外标法简便易行，但定量精度相对较低，且对操作条件的重现性要求较严。本实验采用内部归一化法，其计算公式如下：

$$w_i=\frac{A_i f_{mi}}{\sum A_i f_{mi}}\times 100\% \tag{6-1}$$

式中　A_i——组分 i 的峰面积；

f_{mi}——组分 i 的相对校正因子，它可由计算相对响应值 S' 的方法求得，即

$$f_{mi}=\frac{1}{S'}=\frac{S_s}{S_i}=\frac{A_s x}{y A_i} \tag{6-2}$$

式中　S_s，S_i——标准物（常为苯）和被测物的响应因子；

A_s，y，A_i，x——标准物和被测物的色谱峰面积及进样量。有些工具书或参考书记录了文献发表的一些 f_{mi} 或 S' 值。

据以上公式，只要用标准物求得有关被测物的 f_{mi} 或 S' 值，再由待测样品测得峰面积，便可得到定量结果。A 的求法可用近似计算法，也可用手动积分仪。还可用剪纸称重法，但误差较大。目前最好的方法是用计算机色谱数据处理软件。

若用峰高 h 代替上述归一化公式中的峰面积 A，即所谓峰高归一化法，则也可用 h 来求 f_{mi} 或 S' 值。峰高归一化法可简化计算手续，但因基于 h 的 f_{mi} 或 S' 值会随实验参数的波动而变化，故其定量精度往往比峰面积法稍差一些。

三、仪器与试剂

GC-9790 型气相色谱仪，氢火焰检测器，毛细管色谱柱（SGE OV-17，30m×0.32mm×0.25μm）。

环己烷（AR），苯（AR），甲苯（AR），环己烷、苯和甲苯的混合物(1∶1∶1)。

四、实验步骤

1. 打开三气发生器的空气开关，待空气压力达到0.4MPa后，再打开氢气、氮气开关。待三者表压稳定后，打开氮气阀门及气体净化器开关，使色谱柱内的氮气压力稳定到0.12MPa。

2. 启动色谱仪，设置实验条件如下：柱温度70℃，气化室温度150℃，检测器温度130℃。氮气为载气，流速自定，衰减自选。

3. 死时间t_0的测定：待仪器稳定后，注入1μL甲烷，记录其保留时间，即t_0。

4. 保留时间t_R的测定：分别吸取0.2μL的环己烷、甲苯和苯的标准样品进样，记录各自完整的色谱图。

5. f_{mi}的测定：分别移取0.5mL环己烷、甲苯和苯于具塞试管中混合均匀，吸取0.5μL的标准混合液进样，记录完整的色谱图。重复两次。

6. 吸取0.5μL的未知试样进样，记录完整的色谱图。重复两次。

五、数据处理

1. 记录下各实验条件和进样量。

2. 求出三种标准物质的t_R值，并计算相邻两峰的相对保留值α，以便对未知试样中各物质进行定性分析。

3. 以苯为基准物，计算各物质的f_{mi}。

4. 计算未知试样中各组分A_i的质量分数。

六、思考题

1. 从实验结果看，用t_R、分离度α值定性时，哪种方法误差最小，为什么?

2. 为什么归一化法对进样量要求不太严格?

3. 影响色谱分离效果的因素有哪些?

七、注意事项

1. 点燃氢火焰时，应先将氢气流量开大，以保证顺利点燃。确认氢火焰已点燃后，再将氢气流量缓慢地降至规定值。氢气降得过快，会熄火。

2. 为保证实验结果的准确性，本实验每次操作都应重复进样三次，取平均值计算。

3. 由于混合样品中各组分的沸点不同，所以挥发度亦不同。为此，在实验过程中一定要避免样品的挥发。不要将样品放在温度高的地方，少开瓶盖，进样快速。

实验八十一 微型固定床反应器与色谱联用技术评价催化剂活性

一、实验目的

1. 掌握利用微型固定床反应器与色谱联用技术评价催化剂活性的方法。

2. 学会实验数据的处理方法，掌握评价催化剂活性的主要参数。

3. 熟悉利用气相色谱检测分析气相和液相产物的方法，掌握其测定原理。

二、实验原理

1982年Hassan提出了乙醇在固体酸碱催化剂上反应的催化机理，认为乙醇首先吸附在催化剂表面的酸碱中心上并形成吸附态化合物，然后吸附态中间产物脱水生成最终产物并恢复酸碱中心。乙醇脱水反应在不同温度下的主要产物是乙烯和乙醚。一般认为，乙醇脱水生成乙烯、乙醚的过程是平行反应过程，也有的认为是平行连续反应过程，即存在乙醇脱水先生成乙醚，乙醚进一步脱水生成乙烯的过程。

$$H-\underset{\underset{\textstyle B}{\underset{|}{H}}}{\overset{CH_3}{\overset{|}{C}}}-\underset{A}{\underset{|}{O}}-H \longrightarrow CH_2=CH_2+\underset{B}{\underset{|}{H}}\ \ \underset{A}{\underset{|}{OH}}$$

$$H-\underset{\underset{A}{\vdots}}{\overset{\overset{\overset{CH_3}{|}}{\overset{CH_2}{|}}}{O}}\ +\ \underset{\underset{B}{}}{\overset{\overset{\overset{C_2H_5}{|}}{\overset{O}{|}}}{H}} \longrightarrow C_2H_5-O-C_2H_5+\underset{B}{\underset{|}{H}}\ \ \underset{A}{\underset{|}{OH}}$$

乙醇脱水反应机理

A—酸中心; B—碱中心

三、实验装置和原料

1. 固定床反应装置和流程

本装置由进料系统、反应系统、加热装置和产品收集计量系统等组成。

反应管内催化剂的装填方式如图 6-1 所示。方法如下：首先催化剂底部装入预煅烧处理后的瓷环，其主要起支撑作用；在瓷环层顶部铺上一层石英棉后，将催化剂装入反应管内，并轻轻振荡，以使催化剂均匀分布；然后，在催化剂层顶部加一层石英棉；最后，加入粉碎后的瓷环，目的是使反应原料进入反应管内汽化后，均匀地通过催化剂层。

实验装置示意图如图 6-2 所示。

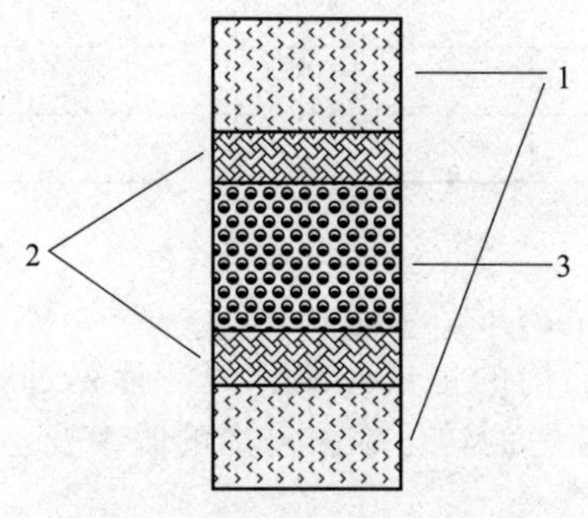

图 6-1　催化剂装填示意图

1—瓷环；2—石英棉；3—催化剂

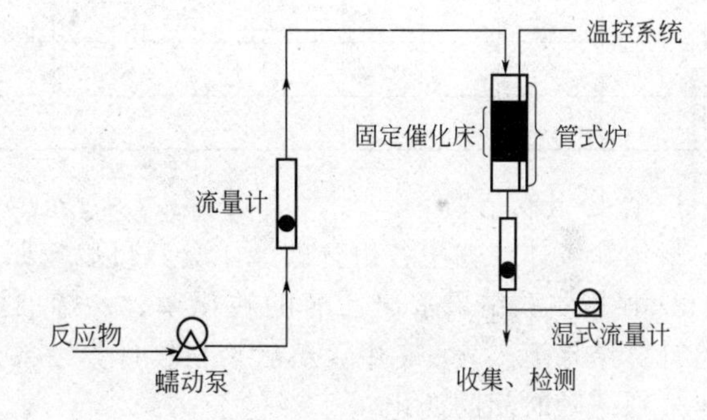

图 6-2　实验装置示意图

2. 产品分析设备

实验中产品气体的流速 v 由皂泡流量计测量，气体样品组成由气相色谱分析得到；液体产品组成使用气相色谱进行分析。

3. 实验材料

无水乙醇（AR），催化剂（ZSM-5 分子筛）。

四、实验前准备工作

1. 反应系统气密检查

用肥皂水涂在反应系统管路的连接处，然后由 N_2 气瓶向反应系统打气，如无气泡，即可认为已密封。

2. 催化剂称量

用精密天平称量 $m=2.50g$ 催化剂，然后将催化剂放入反应管内，并振荡使其均匀分布。

五、实验步骤

1. 将装好催化剂的反应管放入加热炉内，与管路连接在一起。用电炉加热反应管，待温度达到 300℃后，打开液体进样泵，按照 $2mL \cdot min^{-1}$ 的液体进样速率将乙醇泵入反应系统，开始进行实验。

2. 在实验过程中，乙醇在催化剂的作用下发生脱水反应，生成乙烯、乙醚和水等产品。产物经出口管进入冷却器中，乙醚、水和未反应掉的乙醇等在此冷却下来，乙烯则进入排气管排空或皂泡流量计。

3. 在初始进样阶段，由于乙醇脱水是吸热反应，会引起催化剂床层温度的波动。经过约 30min，待温度稳定后，开始用皂泡流量计计量产品气体的流速 v。每 10min 测量一次产气流速，并用集气袋收集气体，用气相色谱离线分析组成。每 10min 收集液体样品分析其组成（记录 5 个实验点）。

六、数据处理

在实验过程中，应及时而且准确地记录实验数据。记录的表格参见表 6-1。

表 6-1　实验数据处理结果

采样号	气体产物组成（摩尔分数）/%		液体产物组成（摩尔分数）/%			乙醇瞬时转化率 X/%	乙烯瞬时收率 Y/%	乙烯的生成速率 $/mol \cdot g^{-1} \cdot min^{-1}$	催化剂的选择性 s
	乙烯	氢	乙醚	水	乙醇				
1									
2									
3									
4									
5									

1. 产物组成结果

气体和液体产物中各组分的摩尔分数可以按照气相色谱测定结果得到。

2. 根据实验结果求出乙醇的转化率、乙烯的收率及乙烯的生成速率。写清计算过程，并将计算结果填入表 6-1 中。然后，根据计算结果，画出乙醇的转化率、乙烯的收率及乙烯的生成速率随时间的变化。

3. 计算说明：

$$\text{乙醇瞬时转化率 } X=\frac{\text{反应掉的乙醇的量}(mol \cdot min^{-1})}{\text{乙醇进料量}(mol \cdot min^{-1})}\times 100\%$$

$$\text{乙烯瞬时收率 } Y=\frac{\text{生成乙烯的量}(mol \cdot min^{-1})}{\text{乙醇进料量}(mol \cdot min^{-1})}\times 100\%$$

$$\text{乙醇的进料速率}(mol \cdot min^{-1})=\frac{\text{乙醇的体积流量}(mL \cdot min^{-1})\times 0.7893(\text{乙醇的密度}, g \cdot mL^{-1})}{46.07(\text{乙醇的摩尔质量}, g \cdot mol^{-1})}$$

$$\text{乙烯的生成速率}(mol \cdot g^{-1} \cdot min^{-1})=\frac{\text{乙醇进料速率}(mol \cdot min^{-1})\times \text{乙烯的收率}}{\text{催化剂用量}(g)}$$

催化剂的瞬时选择性 $s(mol \cdot g^{-1} \cdot min^{-1})=$

$$\frac{\text{生成乙烯所消耗的乙醇的量}(mol \cdot min^{-1})\times \text{乙烯的收率}}{\text{催化剂用量}(g)}$$

背景材料

在催化剂作用下，乙醇在加热条件下脱水生成气态产物乙烯。该技术在工业装置上获取乙烯，是在 20 世纪 20 年代之后，所使用的催化剂主要为活性氧化铝，这是一个非均相的表面催化过程。研究发现，分子筛催化剂在乙醇脱水反应中比氧化铝催化剂具有更低的反应温度，更高的操作空速和更高的单程反应转化率和乙烯收率。特别是 ZSM-5 分子筛催化剂因其具有亲油疏水性，在催化脱水性能方面更具有优势。

近年来，国内外专家对生物发酵技术的研究取得了重大进展，为乙醇脱水制乙烯技术提供了廉价原料和技术支撑。因此，分子筛催化剂上乙醇脱水制乙烯是利用可再生资源的重要课题。

实验八十二　吡啶类、咪唑类离子液体的制备及表征

一、实验目的

1. 初步学会进行科学研究的基本步骤：科研工作的入手——工具书及资料等信息的查询、综合及分析（开题报告）；科研工作的开始——设计实验方案及实验方案的实施（实验过程）；科研工作的结束——实验结果的讨论与分析（结题报告）。

2. 查阅相关资料，提交一篇关于离子液体发展及应用的综述材料。

3. 综合应用所学化学基础知识设计实验方案。

4. 综合应用所掌握的实验技能完成实验方案。

5. 掌握离子液体合成的基本原理、方法。

6. 掌握无水无氧反应的技术。

7. 对离子液体进行性能测定及表征。

8. 了解有机化合物红外谱图解析方法。

9. 学习从合成到分析、表征的各个环节的设计和统筹安排。

二、实验原理

离子液体合成大体上有两种基本方法：直接合成法和两步合成法，而两步合成法中又分为复分解反应法和酸碱中和法。

1. 直接合成法

通过酸碱中和反应或季铵化反应一步合成离子液体，操作经济简便，没有副产物，产品易纯化。例如，硝基乙胺离子液体就是由乙胺的水溶液与硝酸中和反应制备。具体制备过程是：中和反应后真空除去多余的水，为了确保离子液体的纯净，再将其溶解在乙腈或四氢呋喃等有机溶剂中，用活性炭处理，最后真空除去有机溶剂得到产物离子液体。

2. 两步合成法

如果直接法难以得到目标离子液体，就必须使用两步合成法。首先，通过铵化反应制备出含目标阳离子的卤盐（［阳离子］X 型离子液体）；然后用目标阴离子 Y^- 置换出 X^- 离子或加入 Lewis 酸 MX_y 来得到目标离子液体，过程如下：

$$R_3N \xrightarrow{RX} [RR_3N]^+X^- \xrightarrow{M^+Y^-,\,H^+Y^-} [RR_3N]^+Y^-$$

$$R_3N \xrightarrow{RX} [RR_3N]^+X^- \xrightarrow{\text{Lewis 酸}(MX_y)} [RR_3N]^+[M_nX_{ny+1}]^-$$

用目标阴离子 Y^- 置换出 X^- 离子的方法就是复分解反应法，将制备的咪唑鎓盐与所需阴离子的无机盐，在适当溶剂及气氛中发生复分解反应，可得到所需的室温离子液体。

三、仪器与试剂

1000mL 四口烧瓶，圆底烧瓶，克氏蒸馏头，空气冷凝管，接料瓶，水浴锅，冷凝管，温度计，温度计套管，搅拌器，氮气瓶，恒压滴液漏斗，搅拌棒，铁架台，分液漏斗，真空

泵，旋转蒸发器。

溴乙烷（工业品），*N*-甲基咪唑（工业品），1,1,1-三氯乙烷，吡啶（工业品）。

四、实验内容

1. 原料的提纯

分别将溴乙烷、*N*-甲基咪唑提纯，要求浓度达到 98%以上。

2. 反应装置的组装、通气试漏

3. 溴化物离子液体的制备

4. 产物的分离提纯

（1）旋转蒸发

（2）抽滤法

5. 氟硼酸盐离子液体的制备

6. 氟硼酸盐离子液体的提纯

7. 已经制备的离子液体的表征

五、评价指标

1. 查阅相关资料，提交一篇关于离子液体近期发展及应用情况的综述材料；设计由溴代烷、咪唑合成溴化物离子液体、溴化物离子液体制备氟硼酸盐离子液体的合理方案；相关离子液体的分离提纯方案；实验中产率和纯度作为评价指标。产物的红外谱图作为评价指标。

2. 解释试样的红外谱图。

3. 完成实验，写出实验报告，对实验中出现的现象与结果给出合理的解释。实验报告以小论文的方式提交（格式参照一般科技论文格式）。

六、实验进程及时间安排

实验进程及时间安排见表 6-2。

表 6-2　实验进程及时间安排

时　　间	实验内容或进度
第一阶段	实验讲解，布置任务，查阅资料，清点药品仪器，准备综述材料，拟订实验方案
第二阶段	反应原料的提纯，溴化物离子液体的制备及分离
第三阶段	氟硼酸盐离子液体的制备及提纯
第四阶段	溴化物离子液体、氟硼酸盐离子液体的表征
第五阶段	实验讨论总结，完成实验报告

七、思考题

1. 实验中制备的离子液体颜色较深，控制什么条件可使产品颜色较浅？

2. 分析各个实验条件对产品的影响。

实验八十三　离子液体 [bmim]PF_6 在萃取含酚废水中的应用

一、实验目的

1. 初步学会进行科学研究的基本步骤：科研工作的入手——工具书及资料等信息的查询、综合及分析（开题报告）；科研工作的开始——设计实验方案及实验方案的实施（实验过程）；科研工作的结束——实验结果的讨论与分析（结题报告）。

2. 查阅相关资料，提交一篇关于离子液体在萃取方面应用的综述材料。

3. 综合应用所学化学基础知识设计实验方案。

4. 综合应用所掌握的实验技能完成实验方案。

5. 掌握离子液体合成的基本原理、方法。

6. 掌握萃取的基本原理和实验方法。

7. 掌握 GC7890F 气相色谱仪的使用方法。

8. 学习从合成到应用的各个环节的设计和统筹安排。

传统的化学反应和分离过程由于使用大量的易挥发的有机溶剂，对环境造成严重的污染。而室温离子液体是一种新型的绿色溶剂，它无色，几乎无蒸气压，所以离子液体很难挥发，且无污染，可以实现多次循环使用。离子液体作为高效的溶剂从源头上阻止了污染的发生。近年来，离子液体已经引起了人们高度的重视。

本实验着重讨论离子液体在萃取废水中的酚方面的应用及反萃取离子液体中的酚，考察不同温度、不同配比对萃取效果的影响。

二、仪器与试剂

1000mL 四口烧瓶，圆底烧瓶，克氏蒸馏头，空气冷凝管，接料瓶，水浴锅，冷凝管，温度计，温度计套管，搅拌器，氮气瓶，恒压滴液漏斗，搅拌棒，铁架台，分液漏斗，真空泵，旋转蒸发器，移液管，吸量管，THZ-82 恒温振荡器，Nicolet avatar 型傅立叶变换红外光谱仪，GC7890F 气相色谱仪，50mL 带塞锥形瓶。

溴丁烷，*N*-甲基咪唑，六氟磷酸钾，苯酚（AR），正丁醚（AR）。

三、实验内容

1. 溴化物离子液体的制备（参考实验八十二）。

2. 1-丁基-3-甲基六氟磷酸咪唑盐的制备及提纯（参考实验八十四）。

3. 绘制水溶液中酚的标准曲线。

4. 绘制丁醚溶液中酚的标准曲线。

5. 萃取系列实验。

6. 反萃取系列实验。

四、评价指标

1. 查阅相关资料，提交一篇关于离子液体在萃取方面应用情况的综述材料；设计由溴丁烷、咪唑合成溴化物离子液体、溴化物离子液体制备氟硼酸盐离子液体的合理方案；设计采用气相色谱定量方法，测定废水中酚含量的合理方案；设计采用气相色谱定量方法，测定丁醚中酚含量的合理方案；以萃取率和反萃取率作为评价指标。

2. 完成实验，写出实验报告，对实验中出现的现象与结果给出合理的解释。实验报告以小论文的方式提交（格式参照一般科技论文格式）。

五、实验进程及时间安排

实验进程及时间安排见表 6-3。

表 6-3　实验进程及时间安排

时　间	实验内容或进度
第一阶段	实验讲解,布置任务,查阅资料,清点药品仪器,准备综述材料,拟订实验方案
第二阶段	反应原料的提纯,溴化物离子液体的制备及分离,氟硼酸盐离子液体的制备及提纯
第三阶段	绘制水溶液中酚的标准曲线、绘制丁醚溶液中酚的标准曲线
第四阶段	萃取及反萃取系列实验
第五阶段	实验讨论总结,完成实验报告

六、思考题

分析各个实验条件对产品的影响？特别是温度对萃取及反萃取效率的影响。

七、实验中关键步骤的操作方法

1. 绘制水溶液中酚的标准曲线

测定废水中酚含量时，可采用气相色谱定量方法——外标法，具体操作如下：用苯酚的纯物质加稀释剂（水），配成不同质量分数的标准溶液，取固定量标准溶液进样分析，从所得色谱图上测出响应信号（峰面积或峰高等），然后绘制响应信号（纵坐标）对质量分数（横坐标）的标准曲线。分析试样时，取和制作标准曲线时同样量的试样（固定量进样），测得该试样的响应信号，由标准曲线即可查出其质量分数。此法的优点是操作简单，计算方便，但结果的准确度主要取决于进样量的重现性和操作条件的稳定性。配制含酚 2%、4%、6%、7%的水溶液，绘制标准曲线，横坐标是水溶液中酚的质量分数，纵坐标是酚的峰面积。

2. 绘制丁醚溶液中酚的标准曲线

测定丁醚中酚含量时，仍然采用外标法。配制含酚 10%、15%、20%、25%、30%的溶液，每次保持固定量 0.2μL 进样，绘制标准曲线，横坐标是丁醚溶液中酚的质量分数，纵坐标是酚的峰面积。

3. 萃取实验

按照一定的体积比，将自制的离子液体与含酚废水依次倒入 50mL 带磨口玻璃塞的锥形瓶中，在恒定温度、恒定振荡频率条件下振荡 10min，使丁醚与含酚的离子液体充分反应，振荡结束后，将反应后的物质静置分层 30s，然后将上层的水相与下层的油相分开。采用气相色谱法分析水相中酚的含量。

4. 反萃取实验

按照一定的体积比，将萃取过含酚废水的离子液体与丁醚依次倒入 50mL 带磨口玻璃塞的锥形瓶中，在恒定温度、恒定振荡频率条件下振荡 10min，使丁醚与含酚的离子液体充分反应，振荡结束后，将反应后的物质静置分层 30s，然后将上层的丁醚相与下层的油相分开。对所收集的样品采用气相色谱法分析其含量。

实验八十四 咪唑类离子液体在裂解反应中的应用

一、实验目的

1. 掌握无水无氧反应的技术。
2. 掌握离子液体中缩酮裂解反应的技术。
3. 了解环境友好的离子液体的性质及应用。
4. 掌握用气相色谱监控反应过程的方法。

二、仪器与试剂

真空干燥箱，加热套，变压器，温度计，恒压滴液漏斗，冷凝管，三口烧瓶，精馏柱，锥形瓶，分液漏斗，电子天平，磁力搅拌器，超级冷冻恒温槽，气相色谱仪。

五氧化二磷（分析纯），二甲氧基丙烷（巨邦，99%，工业品），冰水，氮气，$AlCl_3$（AR），*N*-甲基咪唑（工业品），氯代正丁烷（AR），硫酸（AR）等。

三、实验步骤

1. 离子液体的制备

制备方法参见本书实验八十二。

2. 离子液体中2-甲氧基丙烯的制备

在带温度计、冷凝管、磁力搅拌的三口烧瓶中，先用氮气置换系统，然后加入一定量的离子液体和少量共催化剂，升温至某温度（130°C左右），以 $0.5mL \cdot min^{-1}$ 的速度缓慢滴加二甲氧基丙烷进行催化裂解合成2-甲氧基丙烯。蒸出产物，冷却收集裂解液粗产品。粗产品每隔20min取样分析，在气相色谱仪上分析裂解液组成。计算反应的转化率和选择性。

3. 研究离子液体用量、反应温度和反应物滴加速度对反应转化率和选择性的影响，优化工艺条件。

4. 2-甲氧基丙烯的提纯

裂解液粗产品用约1m的精馏柱，精馏分离裂解反应得到的裂解液，收集35℃馏分，即为2-甲氧基丙烯。然后用等体积的冰水洗涤2次，上层即为99%以上的产品。计算精馏的得率。

四、注意事项

1. 二甲氧基丙烷的加入速度不能太快，否则反应温度太低，影响裂解反应的转化率。
2. 必须控制好反应温度，温度太低则裂解转化率太低，温度太高则离子液体不稳定。
3. 由于离子液体易与水和空气反应，所以反应应在无水无氧条件下进行。
4. 提纯时收集的馏分温度不能过高，否则含量不能达到要求。
5. 洗涤时水量不能过多，否则分相不佳。
6. 产品沸点较低，注意在低温下操作、保存。

五、思考题

1. 现在常用的离子液体有哪些？各有什么特性？
2. 离子液体进行裂解反应的原理是什么？
3. 离子液体中裂解反应的主要因素是什么？
4. 裂解反应中共催化剂有哪些？

背景材料

离子液体是由有机阳离子和无机或有机阴离子构成的、在室温或室温附近温度下呈液体状态的盐类，以下简称离子液体。它是从传统的高温熔盐演变而来的，但与一般的离子化合物有着非常不同的性质和行为，最大的区别在于一般离子化合物只有在高温状态下才能变成液态，而离子液体在室温附近很大的温度范围内均为液态。与传统的有机溶剂相比，离子液体具有如下特点：①液体状态温度范围宽，从室温到300℃，且具有良好的物理和化学稳定性；②蒸气压低，不易挥发，对环境的污染少；③对大量的无机物质和有机物质都表现出良好的溶解能力，且具有溶剂和催化剂的双重功能，可作为许多化学反应的溶剂或催化活性载体；④具有较大的极性可调控性，黏度低，密度大，可以形成二相或多相体系，适合作分离溶剂或构成反应-分离耦合新体系。由于离子液体的这些特殊性质，它与超临界 CO_2 和双水相一起构成了三大绿色溶剂，具有广阔的应用前景。

早在1914年，Walden就由乙胺和浓缩的硝酸反应合成出乙基硝酸铵（熔点为12°C），但在当时这一发现并没有引起普遍的关注。20世纪40年代，Hurley等在寻找一种温和条件电解 Al_2O_3 时把 *N*-甲基吡啶加入 $AlCl_3$ 中，两固体的混合物在加热后变成了无色透明的液体，这一偶然发现构成了今天所说的离子液体的原型。随后又先后合成了一些高温或低温的氯化物有机离子盐，但它们的共同缺点就是对水和空气敏感。所以人们一直在试图探寻一种稳定的离子液体。直到1992年，Wilkes领导的研究小组合成了一系列咪唑阳离子与[BF_4^-]、[PF_6^-]阴离子构成的对水和空气都很稳定的离子液体。由于在离子液体中进行的反应，其热力学和动力学与在传统分子溶剂中进行的反应不同，因而其过程与目前所知是有区别的。20 世纪 90 年代中期以来，在世界范围内掀起了研究室温离子液体的热潮。可以预言，离子液体的基础与应用研究将会不断地出现新的突破，特别是如果能够在离子液体的大规模制备成本和循环利用问题上有重大突破，离子液体的大规模工业应用将会迅速展开而形成新的绿色产业。

经过 20 多年的研究，室温离子液体体系不断扩展。目前制备出的室温离子液体的阳离子基本上都是有机含氮杂环阳离子，阴离子一般为体积较大的无机阴离子，如 $AlCl_4^-$、$AlBr_4^-$、AlI_4^-、BF_4^-、NO_3^- 等。常用的室温离子液体有 [Emim]BF_4、[Bmim]$AlCl_4$ 等。国内外有关离子液体化学的研究目前主要集中在离子液体的制备、物理和化学性质的表征、催化合成反应、萃取分离及电化学等方面。离子液体作为溶剂或催化剂已成为绿色化学研究的重要组成部分。

2-甲氧基丙烯是合成克拉霉素、维生素 E、维生素 A、假紫罗兰酮等产品的关键中间体，在工业生产中有着广泛的用途。本实验以二甲氧基丙烷为原料，用离子液体作为裂解催化剂和溶剂，催化裂解合成 2-甲氧基丙烯，其合成路线如下

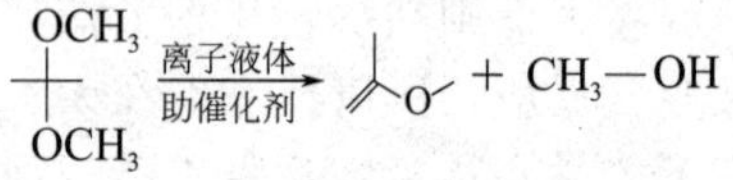

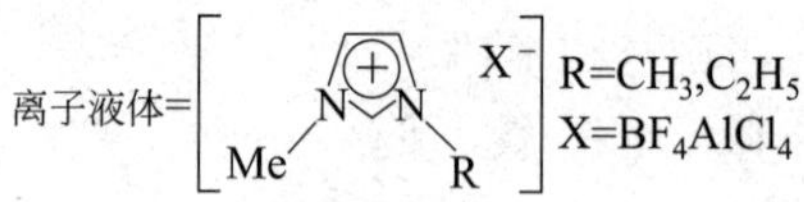

$$(CH_3)_2C(OCH_3)_2 \xrightarrow[\text{助催化剂}]{\text{离子液体}} CH_2{=}C(CH_3)OCH_3 + CH_3{-}OH$$

离子液体= [Me—N(咪唑鎓+)N—R] X^-　R=CH_3,C_2H_5　X=$BF_4$$AlCl_4$

实验八十五　沸石分子筛的水热合成及其比表面积的测定

一、实验目的

1. 了解分子筛合成的基本原理。
2. 掌握水热合成法制备 ZSM-5 沸石分子筛及 X 射线衍射(XRD)表征。

二、实验原理

本实验以硅溶胶（SiO_2 质量分数为 30%）、硫酸铝、氢氧化钠、四丙基溴化铵、去离子水为原料合成 ZSM-5 沸石分子筛。

上述原料混合时发生如下化学反应。

1. $Al_2(SO_4)_3$ 在水溶液中水解而形成 $Al(OH)_3$

$$Al^{3+} + 3H_2O \longrightarrow Al(OH)_3 + 3H^+$$

$Al(OH)_3$ 与碱作用生成

$$Al(OH)_3 + OH^- \longrightarrow [Al(OH)_4]^-$$

（即 $[HO{-}Al(OH)_2{-}OH]^-$）

此物质在过量碱存在下是稳定的。

2. 硅溶胶中 SiO_2 成水合状态

$$SiO_2 + 2H_2O \longrightarrow [Si(OH)_4]$$

（即 $[HO{-}Si(OH)_2{-}OH]$）

这些水合状态的物质互相接触时发生缩聚反应，生成各种硅铝酸盐阴离子，即硅铝凝胶。例如：

$$[HO-\underset{OH}{\overset{OH}{Si}}-OH]+[HO-\underset{OH}{\overset{OH}{Al}}-OH]^- \longrightarrow [HO-\underset{OH}{\overset{OH}{Si}}-O-\underset{OH}{\overset{OH}{Al}}-OH]^- + H_2O$$

上述反应过程称为成胶过程。含有这些硅铝酸盐的反应介质是一种胶体物质，它是由固相凝胶（称为胶团）和液相两部分所组成。胶团是非晶态物质，它含有硅氧四面体，五元环和六元环等多元环及无序的硅（铝）氧骨架。在一定条件下（加热及其产生的自压力），胶团受到介质中的 OH^- 的催化发生解聚，形成某种沸石所需要的结构单元（多元环），进而生成晶核。晶核不断生长，形成沸石晶体，这就构成了晶化期，由于自动催化作用使此过程加速进行。

综上所述在沸石分子筛合成中，原料组成、成胶情况和晶化温度、搅拌等直接影响了分子筛的合成。

如果为了加速晶化可向所制备的水凝胶中加入定向剂，所谓定向剂又称为晶种，即已制备好的 ZSM-5 分子筛。

制得的 ZSM-5 沸石分子筛可用许多方法进行表征，常用的方法有 X 射线衍射(XRD)、扫描电镜(SEM)、傅里叶变换-红外光谱(FT-IR)。

三、实验设备与试剂

1. 实验设备

托盘天平，分析天平，250mL 烧杯，量筒，磁力搅拌器，晶化釜，烘箱，NOVA2200e 全自动比表面与空隙度吸附分析仪，ChemBet 3000TPR/TPD 化学吸附分析仪。

2. 试剂

硅溶胶（SiO_2 含量为 30%的水溶液），硫酸铝，氢氧化钠，四丙基溴化铵等。

四、实验步骤

1. 合成沸石分子筛

(1) 根据合成沸石分子筛原料比计算出所需各种反应物料量。合成沸石分子筛原料摩尔比为：$NaOH : TPABr : SiO_2 : Al_2O_3 : H_2O = 13.9 : 1.67 : 40 : 1.0 : 1600$。

(2) 根据上述摩尔比计算出大约 80mL 凝胶中所含各组分的质量或体积。

往装有称好的硅溶胶烧杯中加入定量的去离子水，磁力搅拌 10min；然后在搅拌状态下依次加入定量的 NaOH、$Al_2(SO_4)_3$、四丙基溴化铵，继续搅拌 20min，得到搅拌均匀的凝胶，并测定其 pH 值。

(3) 将合成好的凝胶装入晶化釜中，盖好釜盖上紧，放入烘箱中，于 170℃下晶化 48h。

(4) 晶化完毕将晶化釜取出，用冷水冷却到室温，打开晶化釜盖，测定上部清液 pH 值，将上部清液倒掉，用去离子水反复洗涤过滤结晶物直至水洗液 pH 值等于 9。

(5) 将洗涤好的结晶物放入烘箱中，在 110℃下干燥 4h，然后在马弗炉中程序升温至 540℃焙烧 2h，将焙烧好的沸石分子筛收集起来称重。

(6) 取少量焙烧好的沸石分子筛在显微镜下观察其晶体结构或进行 X 射线衍射测其特征衍射峰（XRD 谱图上 $2\theta=7.8°$，$8.8°$，$23.2°$，$23.8°$，$24.3°$的五个衍射峰为 ZSM-5 沸石分子筛具有 MFI 拓扑结构的特征峰）。

2. 比表面积的测定

(1) 将沸石分子筛样品压制成片状或粒状，样品要在加热炉中加热脱附一定时间，处理后样品质量要大于 0.1g。

（2）称取一定量的干燥后的样品，将其装入样品管中，安装到仪器上；打开氮气阀，调节针形阀，使气体流速为适当值；依次打开仪器电源和加热炉，调节到适当的温度并通氨气，直到基线平稳。并在适当的温度下通氮气一定时间，氮气吹扫直至基线再次平稳后，开始记录数据，调节加热炉，在适当的程序升温速率下加热样品，记录数据，结束实验后，关闭仪器电源，关闭气阀。

五、注意事项

1. 计算原料比要准确，配料时要仔细，不得带入其它杂质。成胶时缓慢加入原料，要搅拌均匀。

2. 晶化釜一定要盖紧盖子，以免漏气。

3. 真空脱气时要让样品管内的绝对压力降到 10kPa 以下后才能开始加热，防止粉末飞扬被抽走造成真空管路堵塞；脱气时间与样品量有关，一般不少于 5min，但也没必要太长而浪费时间；脱气完成后要等样品管自然冷却至室温才能移至分析站分析。

4. 往杜瓦瓶中加液氮时要特别小心，注意防护，以免冻伤。

背景材料

沸石分子筛作为一种化工新材料近年来发展很快，应用也日益广泛。它是一种水合结晶型硅铝酸盐，具有均匀的微孔，其孔径与一般分子大小相当，由于孔径可用来筛分大小不同的分子，故称为沸石分子筛。

分子筛用作催化剂是在 20 世纪 60 年代后，由于对分子筛结构、物理化学性质进行了大量研究，人工合成沸石分子筛方面取得很大进展，使得分子筛作为催化裂化、加氢裂解、催化重整、芳烃及烷烃异构化、烷基化、歧化等过程的工业催化剂得以实现。

1972 年，美国 Mobil 公司开发出 ZSM 系列沸石分子筛(Zeolite Socony Mobil)，其中重要的一类是 ZSM-5。1978 年 Kokotailo 等确定了 ZSM-5 的拓扑结构（见图 6-3），由硅氧四面体和铝氧四面体等初级结构单元通过氧桥连接，构成了五元环的次级结构单元，八个五元环进而构成 ZSM-5 的基本结构单元。基本结构单元通过公用棱边连接成链，链与链之间通过氧桥对称面关系连接构成片，片与片之间通过二次螺旋轴连接成三维骨架结构，三维骨架中包含二种相互交叉孔道，一种是平行于 Z 轴的直孔道，孔口是由椭圆形的十元环组成，长轴为 0.58nm，短轴为 0.52nm；另一种是平行于 *XY* 面的正弦形孔道，孔口为圆形，由十元环组成，直径为 0.54nm。正是由于 ZSM-5 具有这种独特的三维孔道结构及其择形催化性能，使其在石油加工、基本化工原料合成及精细有机化学品合成等领域中得到了广泛的应用。

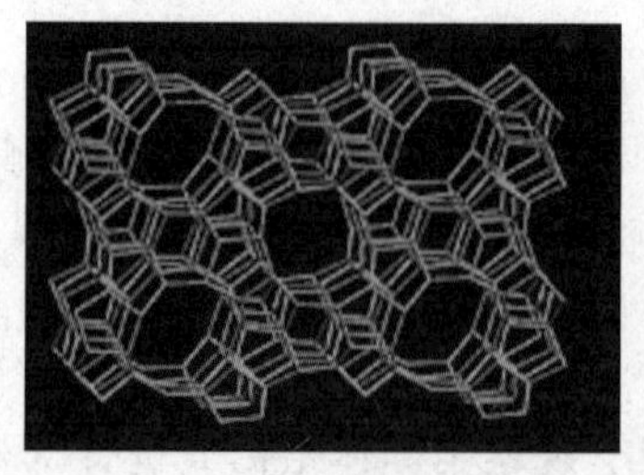

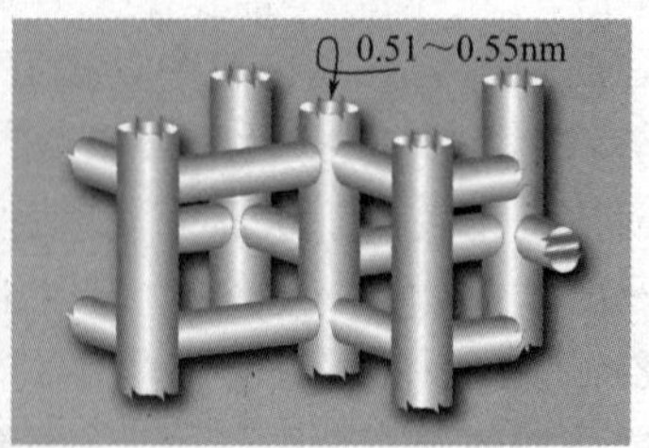

图 6-3　沸石分子筛的结构

比表面积：比表面积是指单位质量的所有样品粒子表面积的总和，单位为 $m^2 \cdot g^{-1}$。样品比表面积是反映其性能的重要指标。

氮吸附测定比表面积（BET 法）：氮吸附属界面化学的范畴，本质上是固-气界面的物理吸附作用。在范德华力的作用下，样品表面对气体分子有强烈的吸附和束缚作用。其吸附热与吸附气体的液化热相近，通常在较低的温度（吸附质气体的沸点附近）下可显著进行。氮吸附法就是将定量的脱气试样置于液氮温度下的氮气流中，待其吸附的氮气达到平衡后，测定其吸附量，计算出试样的比表面积。氮吸附属于气体的等温吸附过程，即在液氮温度下，氮吸附量与平衡压力之间形成关系曲线即等温线。BET多分子层吸附模型是一种经典的解释等温吸附过程的理论，氮吸附法就是基于BET理论和导出的二常数方程来测定样品比表面积。由于氮分子的尺寸相对较小（截面积为$16.2\times10^{-20}m^2$），可以进到样品表面的微孔空间中去。因此，BET法的氮吸附表面积，实际上是指样品的总表面积。

实验八十六　沸石分子筛（HZSM-5）催化合成乙酸丁酯、乙酸乙酯

有机酸酯通常可用羧酸和醇在少量酸性催化剂（如浓硫酸等）的存在下，进行酯化反应而制得。反应如下：

$$RCOOH + HOR \xrightleftharpoons{H_2SO_4} RCOOR + H_2O$$

硫酸催化酯化反应速率快，但是存在氧化反应原料、产品后处理中废水过多、后处理产品损失、腐蚀反应仪器等特点，采用固体超强酸催化酯化则避免以上缺点，而且固体酸还可重复使用。

本实验采用的沸石分子筛(HZSM-5)，并且通过活化之后进行催化酯化反应。HZSM-5生产厂家很多，可直接购买获得。HZSM-5也可根据实验要求与特点自己制备。

Ⅰ. 沸石分子筛（HZSM-5）催化合成乙酸丁酯

一、实验原理

酯化反应为酸催化的可逆反应，通常反应达到平衡后酯化反应结束。为了提高酯的产率，通常采用增加某一反应物用量或移去生成物酯或水的方法（一般都是借助形成低沸点共沸混合物来进行）使反应向生成酯的方向进行。由于丁醇在水中的溶解度较小，一般采用分去所产生的水的方法推动平衡移动。本实验采用分水器分去反应中所产生的水。

$$CH_3COOH + C_4H_9OH \xrightleftharpoons{HZSM\text{-}5} CH_3COOC_4H_9 + H_2O$$

二、实验药品

正丁醇［18.6g，23mL(0.25mol)］，冰醋酸［7.5g，7.2mL(0.125mol)］，沸石分子筛0.5g，无水硫酸镁。

三、实验所需时间

实验所需时间为4h。

四、实验步骤

在干燥的50mL圆底烧瓶中，装入23mL正丁醇和7.2mL冰醋酸，再加入沸石分子筛[1]混合均匀，安装分水器及回流冷凝管，并在分水器中预先加水至略低于支管口。加热回流，逐渐分去所生成的水层[2]，保持分水器中水层液面在原来的高度。约60min后不再有水生成，表示反应完毕，停止加热，记录分出的水量[3]。

由于催化剂的种类、活化的时间、活化温度不同，导致其催化效果在反应过程中现象不相同，衡量反应的终点是以分出反应中生成的水来判断。

产物冷却后卸下回流冷凝管。把分水器中分出的酯层和圆底烧瓶中的反应液一起倒入漏斗中过滤，滤去沸石。用10mL水洗涤，将酯层倒入小锥形瓶中，加少量无水硫酸镁干燥。

将干燥后的乙酸正丁酯倒入干燥的 30mL 蒸馏烧瓶中加入沸石，安装好蒸馏装置，在石棉网上加热蒸馏。收集 124～126℃的馏分。前后馏分倒入指定的回收瓶中。

五、思考题

1. 沸石分子筛的结构是什么?
2. 沸石分子筛催化与质子酸催化活性如何比较?
3. 反应中有哪些副产物?
4. 催化剂的活化温度对活化有什么影响?如果温度过高会导致催化剂出现什么现象?

【注释】

[1] 分子筛催化剂需要干燥保存。

[2] 本实验利用恒沸混合物除去酯化反应中生成的水。正丁醇、乙酸正丁酯和水形成几种恒沸混合物。

[3] 根据分出的总水量（注意扣除预先加到分水器中的水量）可以粗略地估计酯化反应完成的程度。

Ⅱ. 沸石分子筛（HZSM-5）催化合成乙酸乙酯

一、实验原理

乙酸与乙醇反应合成乙酸乙酯也是可逆反应，由于反应中生成的水能与冰醋酸和乙醇互溶，由此与乙酸丁酯制备不同的是不可用分水器分出反应中所生成的水，如果需要分水也只能通过分馏柱将生成的水、乙酸乙酯蒸出。

$$CH_3COOH + C_2H_5OH \xrightleftharpoons{\text{HZSM-5}} CH_3COOC_2H_5 + H_2O$$

二、实验药品

冰醋酸（15g，14.4mL，0.25mol），95%乙醇（11.75g，15.1mL，0.25mol），沸石分子筛 0.5g，饱和碳酸钠溶液，饱和食盐水，饱和氯化钙溶液，无水硫酸钠。

三、实验所需时间

实验所需时间为 4h。

四、实验步骤

在 100mL 三口烧瓶中的一侧口装配恒压滴液漏斗，另一侧口固定一个温度计，中口装配刺形分馏柱、蒸馏头、温度计及直形冷凝管。冷凝管的末端连接接引管及锥形瓶。在三口烧瓶中加入 0.5g 沸石分子筛催化剂、5mL 乙醇与 5mL 冰醋酸。然后需要配制 10.1mL 乙醇和 9.4mL 冰醋酸的混合溶液倒入恒压滴液漏斗中。加热烧瓶，小火回流 10min[1] 后可升温使三口烧瓶中液体通过刺形分馏柱中蒸出，此时可将恒压滴液漏斗中的混合溶液慢慢滴加到三口烧瓶中。调节加料的速度，使加料速度与酯蒸出的速度大致相等[2]。滴加完毕后，继续加热约 10min，直到不再有液体流出为止[3]。

向粗产物中用 10mL 饱和碳酸钠溶液、10mL 饱和食盐水洗涤[4]，用 20mL 饱和氯化钙洗涤两次[5]，每次 10mL。酯层用无水硫酸钠干燥。

将干燥后的乙酸乙酯滤入 50mL 蒸馏瓶中，蒸馏，收集 73～78℃馏分，称重，计算产率。

纯乙酸乙酯的沸点为 77.06℃，具有果香味。

五、思考题

1. 实验中冰醋酸能否被蒸出?
2. 反应中温度过高会有什么副产物生成?
3. 能否不用食盐水洗涤?

【注释】

[1] 可使初步酯化反应完成。

[2] 加热温度不可过高，否则有副产物生成。

[3] 不可蒸干烧瓶。

[4] 在此用饱和溶液的目的是降低乙酸乙酯在水中的溶解度。

[5] 如果有沉淀生成表明有未洗去的乙醇存在。

实验八十七　锆钛复合超强酸制备与催化酯化乙酸丁酯、邻苯二甲酸二丁酯

锆钛复合超强酸是固体酸的一种，由于锆与钛离子具有较大电负性，而且表面上含有高氧化态的硫原子，其具有极强的酸性。超强酸的强酸性可用于催化酯化、催化重整、异构化等反应。

锆钛复合超强酸的制备

一、实验原理

$$TiCl_4 + H_2O \longrightarrow TiO_2 + HCl$$

$$ZrOCl_2 + H_2O \longrightarrow ZrO_2 + HCl$$

二、实验药品

$ZrOCl_2 \cdot 8H_2O$，$TiCl_4$，浓盐酸，氨水，浓硫酸。

三、实验所需时间

实验所需时间为 40h。

四、实验步骤

在 250mL 三口烧瓶中加入四氯化钛，在三口烧瓶一端安装回流冷凝管，冷凝管上口处用温度计套管连接水管进行尾气吸收，吸收剂为水[1]。三口烧瓶另外一端用塞子密封，在中间磨口处安装 100mL 恒压滴液漏斗。滴液漏斗中加入浓盐酸[2]。缓慢滴加浓盐酸至三口烧瓶中，使四氯化钛水解[3]。

称量一定量的氧氯化锆溶于水中，按照锆、钛设定的摩尔比将两种溶液混合。室温下滴加氨水至碱性，放置 12h 使其陈化。减压过滤，用去离子水洗去氯离子[4]，110℃下干燥 12h[5]。

取出研磨成粉末，过筛[6]，用 $1.0mol \cdot L^{-1}$ 的硫酸溶液浸渍 3h，过滤，除去过量的硫酸溶液，在 105℃干燥 24h，在 400～600℃温度下焙烧 2～4h，即为锆钛复合超强酸催化剂，放置于干燥器中储存。

锆钛复合超强酸的制备过程中，影响酸强度的因素有：锆和钛的比例、沉化时间、粉末的平均粒径、酸化中硫酸的浓度、焙烧时间、焙烧温度。实验中可用正交实验的方法进行筛选，得到较好的催化效果。

【注释】

[1] 四氯化钛水解生成氯化氢，有大量的白烟，必须用其良性溶剂吸收，否则容易引起中毒。

[2] 如果滴加水，则反应非常迅速，生成大量固体并且容易从管口溢出。

[3] 四氯化钛与水反应生成二氧化钛，溶于盐酸。

[4] 用去离子水洗去氯离子，否则制备超强酸酸性减弱。可用硝酸银溶液鉴别洗涤液中

是否含有氯离子。

［5］干燥温度不能过高，过高则产品出现灰色或者黑色。

［6］可根据要求选择筛子的孔径。

锆钛复合超强酸催化合成乙酸丁酯

实验过程参照实验八十六。

锆钛复合超强酸催化合成邻苯二甲酸二丁酯

一、实验原理

邻苯二甲酸二丁酯是高分子加工中常见的助剂，其制备的方法是用邻苯二甲酸酐与丁醇反应制备而成。

反应式[1]：

$$C_6H_4(CO)_2O + C_4H_9OH \xrightarrow{催化剂} C_6H_4(COOC_4H_9)(COOH)$$

$$C_6H_4(COOC_4H_9)(COOH) + C_4H_9OH \xrightarrow{催化剂} C_6H_4(COOC_4H_9)_2$$

二、实验药品

邻苯二甲酸酐(15g，0.1mol)，正丁醇(22.2g，27.4mL，0.3mol)，锆钛复合催化剂0.5g，饱和食盐水。

三、实验所需时间

实验所需时间为 4h。

四、实验步骤

在 100mL 三口烧瓶中，放入 15g 邻苯二甲酸酐，27.4mL 正丁醇，0.5g 锆钛复合催化剂，安装分水器，内盛适量水，分水器上端接球形冷凝管。

用小火加热，约 10min 后，固体的邻苯二甲酸酐全部消失，形成邻苯二甲酸单丁酯[2]。

稍加大火焰，使反应混合物沸腾。分出所生成的水。待分水器中的水层不再增加，反应混合物的温度上升到 160℃时，停止加热。

当反应物冷却到 70℃以下时，将反应物倒入分液漏斗中，用等量饱和食盐水洗涤两次，将分离出来的油状粗产物进行常压蒸馏，除去正丁醇，再用油泵进行减压蒸馏，收集 180～190℃/1.33kPa(10mmHg)的馏分。

纯邻苯二甲酸二正丁酯是无色透明黏稠的液体，沸点 340℃。

五、思考题

1. 增加正丁醇的量对反应有什么影响？
2. 减压蒸馏过程中白色的固体在空气冷凝管中，此为何物质？

【注释】

［1］也可用邻苯二甲酸来制备，不过由于酸的酯化反应活性低于酸酐，反应通常进行不彻底。

［2］此反应为酸酐反应，进行较快，邻苯二甲酸单丁酯为白色固体，减压蒸馏中即可看出。

实验八十八　锆系（锆、锆钛、锆锡钕）超强酸制备与催化合成柠檬酸三丁酯性能测试

锆系超强酸可由锆、锆钛、锆硅、锆锡、锆铁、锆镧等金属单独或者相互搭配合成，按照其金属原子的配比、离子电负性、配合物等因素制备不同酸强度、比表面积和催化活性的超强酸催化剂。

聚氯乙烯是聚合物中用量最大的三种聚合物之一，其常用的增塑剂有邻苯二甲酸酯类（其中以 DOP、DBP 为主）、氯化石蜡、对苯二甲酸酯等。以上都存在着环保与安全隐患，柠檬酸酯为无公害催化剂，用于食品、医药方面具有良好的安全性。

Ⅰ. 锆系超强酸催化剂的合成

锆、锆钛复合超强酸催化剂的合成方法见实验八十七。

一、实验原理

采用分别沉淀方法制备氧化锆和氧化锡，然后将其混合均匀共同在稀土元素中浸渍的方法来制备三元共混化合物。

二、实验药品

$Zr(SO_4)_2 \cdot 4H_2O$，$SnCl_4 \cdot 5H_2O$，Nd_2O_3，氨水，硫酸。

三、实验所需时间

实验所需时间为 40h。

四、实验步骤

称取硫酸锆并且将其配成质量分数为 10%的水溶液，用氨水沉淀至 pH 值为 8～9。按照锆、锡原子比为(1∶3)～(1∶9)，称取相应质量的 $SnCl_4 \cdot 5H_2O$ 配成质量分数为 5%的水溶液，搅拌均匀。按照稀土氧化物占总体氧化物质量分数的 2%～8%称取一定质量的细粉状 Nd_2O_3。

将上述 3 种沉淀共陈化 12h。抽滤，用蒸馏水洗涤至中性。将滤饼于 110℃下干燥 12h，研磨并过筛。用 $1.0mol \cdot L^{-1}$ 的硫酸溶液浸渍 3h，减压过滤，110℃下干燥 12h。

取出研磨成粉末，过筛，在 400～600℃温度下焙烧 2～4h，即为锆锡钕复合超强酸催化剂，放置于干燥器中储存。

Ⅱ. 锆系超强酸催化剂催化合成柠檬酸三丁酯

一、实验原理

$$
\begin{array}{c} COOH \\ | \\ HOCCOOH \\ | \\ COOH \end{array} + C_4H_9OH \xrightarrow{催化剂} \begin{array}{c} COOC_4H_9 \\ | \\ HOCCOOC_4H_9 \\ | \\ COOC_4H_9 \end{array}
$$

二、实验药品

柠檬酸（63g，0.3mol），正丁醇（63g，27.4mL，0.3mol），锆系催化剂（0.5g），饱和食盐水。

三、实验所需时间

实验所需时间为 4h。

四、实验步骤

在 100mL 三口烧瓶中，放入 63g 柠檬酸、27.4mL 正丁醇、0.5g 锆系催化剂，安装分水器，内盛适量水，分水器上端安球形冷凝管。安装搅拌装置，加热回流，分出所生成的

水。在反应 1h 后，每间隔 15min 同时停止搅拌，抽取 1mL 样品进行酸量滴定[1]。反应至分水器中水不生成为止，时间大约 3h[2]。

试样中酸含量的测量：有机酸中弱酸含量可以用酸碱滴定方法进行测定，测定方法是配制标准碱溶液，然后用酚酞指示剂进行滴定。具体方法如下：用分析天平精确称量邻苯二甲酸氢钾标定配制标准碱，标准碱浓度为 $0.5 \sim 1 mol \cdot L^{-1}$[3]。将取好的样品放入锥形瓶中，加入 5mL 水、2 滴酚酞指示剂，用标准碱滴定至样品呈现中性[4]。由所滴定的数据计算出所取样品中酸的含量，并且绘制溶液中所含酸量与反应时间变化曲线。

五、思考题

1. 还有哪些金属可以与锆制作固体超强酸？
2. 可不可以用硫代硫酸钠制备固体超强酸？
3. 制备复合超强酸除了共沉淀方法，还可以用什么方法制备？
4. 还有哪些因素影响固体超强酸的酸性？
5. 焙烧温度过高对固体超强酸的酸性有何影响？

【注释】

[1] 固体酸催化剂有酸性，因此在取样的过程中要停止搅拌，略微静置，然后取上层清液。

[2] 由于柠檬酸含有三个羧基，在反应过程中三个羧基都反应成为酯化产物需要时间，而且由于催化剂的催化能力不同，在整个酯化反应中的反应时间也不尽相同。

[3] 先估计浓度，称量一定量的氢氧化钠，然后再用标准酸标定。

[4] 标准碱也可以配制其他浓度的，不过要求在使用过程中注意误差与操作的方便性，例如 1mL 标准碱就能使酸变色说明误差较大，所使用的标准碱量过大也使操作不方便。

实验八十九　La、Eu 磷酸盐发光材料的制备与表征

一、实验目的

1. 初步学会进行科学研究的基本步骤：科研工作的入手——工具书及资料等信息的查询、综合及分析（开题报告）；科研工作的开始——设计实验方案及实验方案的实施（实验过程）；科研工作的结束——实验结果的讨论与分析（结题报告）。
2. 查阅相关资料，提交一篇关于稀土发光材料进展情况的综述材料。
3. 综合应用所学化学基础知识设计实验方案。
4. 综合应用所掌握的实验技能完成实验方案。
5. 掌握利用共沉淀法制备纳米级发光粉体。
6. 了解通过 X 射线衍射仪(XRD)、透射电镜(TEM)、激光粒度测试仪等测试手段来表征物质的结构与形貌。
7. 学会使用荧光/磷光光度计，并对谱图进行分析。

二、实验原理

向含多种阳离子的溶液中加入沉淀剂后，所有离子完全沉淀的方法称共沉淀法。沉淀产物为混合物时，称为混合共沉淀。$LaPO_4$：Eu 的共沉淀制备就是一个很普通的例子。用 La_2O_3 和 Eu_2O_3 为原料来制备 $LaPO_4$：Eu 的纳米粒子的过程如下：La_2O_3 和 Eu_2O_3 用稀硝酸溶解得到 $La(NO_3)_3$ 和 $Eu(NO_3)_3$ 溶液，将二者按一定比例配制成一定浓度的混合溶液，滴加$(NH_4)_2HPO_4$ 溶液，便有 $LaPO_4$ 和 $EuPO_4$ 的沉淀粒子缓慢形成。反应式如下：

$$La(NO_3)_3 + (NH_4)_2HPO_4 = LaPO_4 \downarrow + 2NH_4NO_3 + HNO_3$$

$$Eu(NO_3)_3 + (NH_4)_2HPO_4 = EuPO_4 \downarrow + 2NH_4NO_3 + HNO_3$$

得到的磷酸盐共沉淀物经洗涤、烘干、煅烧就可得到发光性能很好的 $LaPO_4$：Eu 纳米发光粉体。

在沉淀法中，沉淀剂的选择、沉淀温度、溶液浓度、沉淀时溶液的 pH 值、加料顺序及搅拌速率等对所得纳米粒子的晶型、发光性能等均有很大的影响。

三、仪器与试剂

磁力搅拌器，马弗炉，X 射线衍射仪(XRD)，荧光/磷光光度计，透射电镜(TEM)，激光粒度测试仪。

氧化镧[La_2O_3，荧光纯(99.9%)]，氧化铕[Eu_2O_3，荧光纯(99.9%)]，磷酸氢二铵[$(NH_4)_2HPO_4$，AR]。

四、实验步骤

1. $La(NO_3)_3$ 和 $Eu(NO_3)_3$ 溶液的配制。
2. $LaPO_4$ 和 $EuPO_4$ 的沉淀的制备。
3. 磷酸盐共沉淀物经洗涤、烘干。
4. 在不同的条件下将磷酸盐共沉淀物煅烧。
5. 对产品进行 X 射线衍射分析。
6. 讨论焙烧温度对 $LaPO_4$：Eu 形貌的影响。
7. 讨论焙烧温度对 $LaPO_4$：Eu 发光性能的影响。

五、评价指标

1. 查阅相关资料，提交一份关于镧、铕发光材料进展情况的综述材料。设计 $LaPO_4$：Eu 合理的制备方案；写出合成的具体实验步骤。实验中试样的尺度、纯度、发光性能将作为评价指标。
2. 比较不同焙烧温度对 $LaPO_4$：Eu 形貌的影响情况，并对上述影响作出合理的解释。
3. 比较焙烧温度对 $LaPO_4$：Eu 发光性能的影响情况，并对上述影响作出合理的解释。

六、实验进程及时间安排

实验进程及时间安排见表 6-4。

表 6-4　实验进程及时间安排

时　间	实验内容或进度
第一阶段	实验讲解，布置任务，查阅资料，清点药品仪器，准备综述材料，拟订实验方案
第二阶段	$La(NO_3)_3$ 和 $Eu(NO_3)_3$ 溶液的配制，$LaPO_4$ 和 $EuPO_4$ 的沉淀的制备
第三阶段	磷酸盐共沉淀物经洗涤、烘干，并在不同的条件下将磷酸盐共沉淀物煅烧
第四阶段	$LaPO_4$:Eu 形貌、发光性能的表征
第五阶段	实验讨论总结，完成实验报告

七、思考题

1. 若将 $(NH_4)_2HPO_4$ 水溶液滴加到 La、Eu 混合液中，样品的粒度会有何种变化?
2. 焙烧温度如何影响发光强度？样品粒度如何影响发光强度?
3. 如何尽可能减小纳米粒子的团聚?

背景材料

1998 年 Mr. Zhang 发现 Eu^{3+} 掺杂的纳米 Y_2SiO_6 中猝灭浓度和发光亮度均高于体材料，

预示着高发光概率、高发光效率和高掺杂浓度有可能同时存在，稀土或过渡金属离子激活的绝缘体为基质的纳米发光材料开始受到关注。这种纳米材料的荧光特性的优异特性可以弥补体材料之不足，考虑到它可能的优异性能及应用前景，此类化合物的荧光性能有待深入地研究。在理论上，稀土或过渡金属离子激活的绝缘体为基质的纳米发光材料的能级结构及荧光特性是一个全新的领域。因此，它的能级结构、光谱特性以及如何提高材料的猝灭浓度进而提高发光亮度等，是值得研究的。

目前，磷酸盐基质的纳米光致发光材料的基础理论研究工作正处于初始阶段，文献报道不多，还需深入研究。磷酸盐基质主要集中于卤磷酸盐与稀土磷酸盐。如 A. Doat 用沉淀法制备了 Eu^{3+} 掺杂的 $Ca_{10}(PO_4)_6(OH)_2$ 纳米颗粒并研究了结构对发光的影响；K. Riwotzki 在高沸点配体溶剂中液相合成了 $LaPO_4$：Eu 和 $CePO_4$：Tb 纳米晶；M. Hasse 用水热法制备了 $LaPO_4$：Eu 纳米颗粒和纳米纤维。

稀土磷酸盐是一类优良的发光材料，适用于高密度激发和高能量量子激发的环境。由于稀土磷酸盐自身的化学物理特性，磷酸镧($LaPO_4$)常被用作掺杂其它稀土离子的基质。$LaPO_4$：Eu 是具有高发光效率的发光材料之一，并且其热稳定性和真空紫外辐照维持率优于其他发光材料。随着高密度激发和高能量量子激发发光材料研究的发展，关于稀土磷酸盐发光材料的研究愈发引起人们的关注。

附：谱图分析

1. $LaPO_4$：Eu 的晶形结构确定

用 XRD 方法，采用 CuKα($\lambda=0.15405$nm)作为 X 射线入射线，对以 600℃、700℃、800℃、900℃、1000℃焙烧而得的样品做 X 射线衍射分析，将所得衍射谱的 d 值和强度分布与 JCPDS 粉末衍射卡片的标准谱图 32-0493 对照，确认体系中除 $LaPO_4$ 相存在外，是否有其它杂质相存在。

通过下列的 Scherre 公式可以计算出纳米晶颗粒粒径的大小：

$$D=\frac{0.89\lambda}{B\cos\theta} \tag{6-3}$$

式中　D——纳米粉体粒子的直径；

B——单纯因晶粒度细化引起的宽化度，单位为弧度，$B=B_M^2-B_S^2$，B_M 是纳米材料的半峰宽，Bs 是标准物的半峰宽；

λ——X 射线的波长；

θ——X 射线的衍射角。

2. 焙烧温度对 $LaPO_4$：Eu 形貌的影响

利用透射电镜(TEM)对不同温度样品进行测试，可明显观测到不同焙烧温度对样品尺度、样品团聚现象的影响。

3. $LaPO_4$：Eu 的发光性能研究

通过 $LaPO_4$：Eu 的发射光谱，指认 Eu^{3+} 的 5 个特征发射带($^5D_0 \to {}^7F_J$)。

4. 焙烧温度对 $LaPO_4$：Eu 发光性能的影响

对 5 个样品的发射光谱中的最强峰(594nm)面积进行比较，做出变化曲线。

附录

附录一 国际单位制的基本单位

量的名称	单位名称	单位符号	量的名称	单位名称	单位符号
长度	米	m	热力学温度	开[尔文]	K
质量	千克(公斤)	kg	物质的量	摩[尔]	mol
时间	秒	s	发光强度	坎[德拉]	cd
电流	安[培]	A			

附录二 国际单位制的辅助单位

物理量	名称	国际符号
平面角	弧度	rad
立体角	球面度	sr

附录三 国际单位制的一些导出单位

物理量	名称	国际符号	用SI基本单位表示
力	牛顿	N	$m \cdot kg \cdot s^{-2}$
压力	帕斯卡	Pa	$m^{-1} \cdot kg \cdot s^{-2}$
能、功、热量	焦耳	J	$m^2 \cdot kg \cdot s^{-2}$
功率	瓦特	W	$m^2 \cdot kg \cdot s^{-3}$
电量、电荷	库仑	C	$s \cdot A$
电位、电压、电动势	伏特	V	$m^2 \cdot kg \cdot s^{-3} \cdot A^{-1}$
电阻	欧姆	Ω	$m^2 \cdot kg \cdot s^{-3} \cdot A^{-2}$
电导	西门子	S	$m^{-2} \cdot kg^{-1} \cdot s^3 \cdot A^2$
电容	法拉	F	$m^{-2} \cdot kg^{-1} \cdot s^4 \cdot A^2$
磁通	韦伯	Wb	$m^2 \cdot kg \cdot s^{-2} \cdot A^{-1}$
电感	亨利	H	$m^2 \cdot kg \cdot s^{-2} \cdot A^{-2}$
磁感应强度	特斯拉	T	$kg \cdot s^{-2} \cdot A^{-1}$
光通量	流明	lm	$cd \cdot sr$
光照度	勒克斯	lx	$m^{-2} \cdot cd \cdot sr$
频率	赫兹	Hz	s^{-1}
活度(放射性强度)	贝可勒尔	Bq	s^{-1}
吸收剂量	戈	Gy	$m^2 \cdot s^{-2}$
面积	平方米	m^2	
体积	立方米	m^3	
密度	千克每立方米	$kg \cdot m^{-3}$	
速度	米每秒	$m \cdot s^{-1}$	
加速度	米每平方秒	$m \cdot s^{-2}$	
浓度	摩尔每立方米	$mol \cdot m^{-3}$	
黏度	帕斯卡秒	$Pa \cdot s$	$m^{-1} \cdot kg \cdot s^{-2}$
表面张力	牛顿每秒	$N \cdot m^{-1}$	$kg \cdot s^{-2}$
热容	焦耳每开尔文	$J \cdot K^{-1}$	$m^2 \cdot kg \cdot s^{-2} \cdot K^{-1}$
摩尔能量	焦耳每摩尔	$J \cdot mol^{-1}$	$m^2 \cdot kg \cdot s^{-2} \cdot mol^{-1}$

附录四　国际单位制词冠

因数	词　冠	符号	因数	词　冠	符号
10^{18}	艾(exa)	E	10^{-1}	分(déci)	d
10^{15}	拍(peta)	P	10^{-2}	厘(centi)	c
10^{12}	太(tera)	T	10^{-3}	毫(milli)	m
10^{9}	吉(giga)	G	10^{-6}	微(micro)	μ
10^{6}	兆(mega)	M	10^{-9}	纳诺(nano)	n
10^{3}	千(kilo)	K	10^{-12}	皮可(拉 co)	p
10^{2}	百(hecto)	h	10^{-15}	飞姆托(femto)	f
10^{1}	十(déca)	da	10^{-18}	阿托(atto)	a

附录五　一些基础化学常数

常　数	符　号	数值(　)中数字是标准误差
真空中的光速	c	$2.99792468(1)\times10^{8}\,m\cdot s^{-1}$
真空的电容率	ε_0	$8.85418782(5)\times10^{-12}\,C^{2}\cdot N^{-1}\cdot m^{-2}$
电子电荷	e	$1.6021892(46)\times10^{-19}\,C$
普朗克常数	h	$6.626176(36)\times10^{-34}\,m^{2}\cdot kg\cdot s^{-1}$
阿伏伽德罗常数	N_A	$6.022046(31)\times10^{23}\,mol^{-1}$
电子的静止质量	m_e	$9.109534(47)\times10^{-31}\,kg$
质子的静止质量	m_p	$1.6726485(86)\times10^{-27}\,kg$
中子的静止质量	m_n	$1.6749543(86)\times10^{-27}\,kg$
法拉第常数	$F=N_A e$	$9.648456(27)\times10^{4}\,C\cdot mol^{-1}$
里德伯常数	R_∞	$1.097378177(88)\times10^{7}\,m^{-1}$
玻尔半径	d_0	$5.2917706(44)\times10^{-11}\,m$
气体常数	R	$8.31441(26)\,J\cdot K^{-1}\cdot mol^{-1}$
玻耳兹曼常数	$k=R/N_A$	$1.3880662(44)\times10^{-23}\,J\cdot K^{-1}$

附录六　国际原子量表

元素		原子量	元素		原子量	元素		原子量	元素		原子量
符号	名称		符号	名称		符号	名称		符号	名称	
Ac	锕	227.028	Bi	铋	208.98037	Cr	铬	51.9961	Ga	镓	69.723
Ag	银	107.8682	Bk	锫	[247]	Cs	铯	132.90543	Gd	钆	157.25
Al	铝	26.981539	Br	溴	79.904	Cu	铜	63.546	Ge	锗	72.61
Am	镅	[243]	C	碳	12.011	Dy	镝	162.50	H	氢	1.0079
Ar	氩	39.948	Ca	钙	40.078	Er	铒	167.26	He	氦	4.0020602
As	砷	74.92159	Cd	镉	112.411	Es	锿	[252]	Hf	铪	178.49
At	砹	[210]	Ce	铈	140.15	Eu	铕	151.965	Hg	汞	200.59
Au	金	196.96654	Cf	锎	[251]	F	氟	18.9984032	Ho	钬	164.93032
B	硼	10.811	Cl	氯	35.4527	Fe	铁	55.847	I	碘	126.90447
Ba	钡	137.327	Cm	锔	[247]	Fm	镄	[257]	In	铟	114.82
Be	铍	9.012182	Co	钴	58.93320	Fr	钫	[223]	Ir	铱	192.22

续表

元素		原子量	元素		原子量	元素		原子量	元素		原子量
符号	名称		符号	名称		符号	名称		符号	名称	
K	钾	39.0983	Ni	镍	58.6934	Rb	铷	85.4678	Tc	锝	[98]
Kr	氪	83.80	No	锘	[259]	Re	铼	186.207	Te	碲	127.60
La	镧	138.9055	Np	镎	237.048	Rh	铑	102.90550	Th	钍	232.0381
Li	锂	6.941	O	氧	15.9994	Rn	氡	[222]	Ti	钛	47.88
Lr	铹	[260]	Os	锇	190.2	Ru	钌	101.07	Tl	铊	204.3833
Lu	镥	174.967	P	磷	30.97362	S	硫	32.066	Tm	铥	168.93421
Md	钔	[258]	Pa	镤	231.03588	Sb	锑	121.757	U	铀	238.0289
Mg	镁	24.3050	Pb	铅	207.2	Sc	钪	44.955910	V	钒	50.9415
Mn	锰	54.93085	Pd	钯	106.42	Se	硒	78.96	W	钨	183.85
Mo	钼	95.94	Pm	钷	[145]	Si	硅	28.0855	Xe	氙	131.29
N	氮	14.00674	Po	钋	[209]	Sm	钐	150.36	Y	钇	88.90585
Na	钠	22.989768	Pr	镨	140.90765	Sn	锡	118.710	Yb	镱	173.04
Nb	铌	92.90638	Pt	铂	195.08	Sr	锶	87.62	Zn	锌	65.39
Nd	钕	144.24	Pu	钚	[244]	Ta	钽	180.9479	Zr	锆	91.224
Ne	氖	20.1797	Ra	镭	226.025	Tb	铽	158.92534			

注：以$^{12}C=12$为基准，[　]中为稳定同位素。

附录七　常见化合物的分子量表

化合物	分子量	化合物	分子量	化合物	分子量
$AgBr$	187.772	CaC_2O_4	128.098	$Co(NO_3)_2$	182.942
$AgCl$	143.321	$CaCl_2$	110.983	CoS	91.00
$AgCN$	133.886	CaF_2	78.075	$CoSO_4$	154.997
$AgSCN$	165.952	$Ca(NO_3)_2$	164.087	$Co(NH_2)_2$	60.06
Ag_2CrO_4	331.730	$Ca(OH)_2$	74.093	$CrCl_3$	158.354
AgI	234.772	$Ca_3(PO_4)_2$	310.177	$Cr(NO_3)_3$	238.011
$AgNO_3$	169.873	$CaSO_4$	136.142	Cr_2O_3	151.990
$AlCl_3$	133.340	$CdCO_3$	172.420	$CuCl$	98.999
Al_2O_3	101.961	$CdCl_2$	183.316	$CuCl_2$	134.451
$Al(OH)_3$	78.004	CdS	144.477	$CuSCN$	121.630
$Al_2(SO_4)_3$	342.154	$Ce(SO_4)_2$	332.24	CuI	190.450
As_2O_3	197.841	CH_3COOH	60.05	$Cu(NO_3)_2$	187.555
As_2O_5	229.840	CH_3OH	32.04	CuO	79.545
As_2S_3	246.041	CH_3COCH_3	58.08	Cu_2O	143.091
$BaCO_3$	197.336	C_6H_5COOH	122.12	CuS	95.612
BaC_2O_4	225.347	C_6H_5COONa	144.11	$CuSO_4$	159.610
$BaCl_2$	208.232	$C_6H_4COOHCOOK$	204.22	$FeCl_2$	126.750
$BaCrO_4$	253.321	CH_3COONH_4	77.08	$FeCl_3$	162.203
BaO	153.326	CH_3COONa	82.03	$Fe(NO_3)_3$	241.862
$Ba(OH)_2$	171.342	C_6H_5OH	94.11	FeO	71.844
$BaSO_4$	233.391	$(C_9H_7N)_3H_3PO_4\cdot 12MoO_3$(磷钼酸喹啉)	2212.74	Fe_2O_3	159.688
$BiCl_3$	315.338			Fe_3O_4	231.533
$BiOCl$	260.432	$COOHCH_2COOH$	104.06	$Fe(OH)_3$	106.867
CO_2	44.010	$COOHCH_2COONa$	126.04	FeS	87.911
CaO	56.077	CCl_4	153.82	Fe_2S_3	207.87
$CaCO_3$	100.087	$CoCl_2$	129.838	$FeSO_4$	151.909

续表

化合物	分子量	化合物	分子量	化合物	分子量
$Fe_2(SO_4)_3$	399.881	$KHC_2O_4 \cdot H_2C_2O_4 \cdot 2H_2O$	254.20	Na_2HPO_4	141.959
H_3AsO_3	125.944	$KHC_4H_4O_6$	188.178	NaH_2PO_4	119.997
H_3AsO_4	141.944	$KHSO_4$	136.170	$Na_2H_2Y \cdot 2H_2O$	372.240
H_3BO_3	61.833	KI	166.003	$NaNO_2$	68.996
HBr	80.912	KIO_3	214.001	$NaNO_3$	84.995
HCN	27.026	$KIO_3 \cdot HIO_3$	389.91	Na_2O	61.979
$HCOOH$	46.03	$KMnO_4$	158.034	Na_2O_2	77.979
H_2CO_3	62.0251	$KNaC_4H_4O_6 \cdot 4H_2O$	282.221	$NaOH$	39.997
$H_2C_2O_4$	90.04	KNO_3	101.103	Na_3PO_4	163.94
$H_2C_2O_4 \cdot 2H_2O$	126.0665	KNO_2	85.104	Na_2S	78.046
$H_2C_4H_4O_6$(酒石酸)	150.09	K_2O	94.196	Na_2SiF_6	188.056
HCl	36.461	KOH	56.105	Na_2SO_3	126.044
$HClO_4$	100.459	K_2SO_4	174.261	$Na_2S_2O_3$	158.11
HF	20.006	$MgCO_3$	84.314	Na_2SO_4	142.044
HI	127.912	$MgCl_2$	95.210	NH_3	17.031
HIO_3	175.910	$MgC_2O_4 \cdot 2H_2O$	148.355	$NH_3 \cdot H_2O$	35.046
HNO_3	63.013	$Mg(NO_3)_2 \cdot 6H_2O$	256.406	NH_4Cl	53.492
HNO_2	47.014	$MgNH_4PO_4$	137.82	$(NH_4)_2CO_3$	96.086
H_2O	18.015	MgO	40.304	$(NH_4)_2C_2O_4$	124.10
H_2O_2	34.015	$Mg(OH)_2$	58.320	$NH_4Fe(SO_4)_2 \cdot 12H_2O$	482.194
H_3PO_4	97.995	$Mg_2P_2O_7 \cdot 3H_2O$	276.600	$(NH_4)_3PO_4 \cdot 12MoO_3$	1876.35
H_2S	34.082	$MgSO_4 \cdot 7H_2O$	246.475	NH_4SCN	76.122
H_2SO_3	82.080	$MnCO_3$	114.947	$NiC_8H_{14}O_4N_4$(丁二酮肟合镍)	288.92
H_2SO_4	98.080	$MnCl_2 \cdot 4H_2O$	197.905	$NiCl_2 \cdot 6H_2O$	237.689
$Hg(CN)_2$	252.63	$Mn(NO_3)_2 \cdot 6H_2O$	287.040	NiO	74.692
$HgCl_2$	271.50	MnO	70.937	$Ni(NO_3)_2 \cdot 6H_2O$	290.794
Hg_2Cl_2	472.09	MnO_2	86.937	NiS	90.759
HgI_2	454.40	MnS	87.004	$NiSO_4 \cdot 7H_2O$	280.863
$Hg_2(NO_3)_2$	525.19	$MnSO_4$	151.002	NO	30.006
$Hg(NO_3)_2$	324.60	$(NH_4)HCO_3$	79.056	NO_2	46.006
HgO	216.59	$(NH_4)_2MoO_4$	196.04	P_2O_5	141.945
HgS	232.66	NH_4NO_3	80.043	$PbCO_3$	267.2
$HgSO_4$	296.65	$(NH_4)_2HPO_4$	132.055	PbC_2O_4	295.2
Hg_2SO_4	497.24	$(NH_4)_2S$	68.143	$PbCl_2$	278.1
$KAl(SO_4)_2 \cdot 12H_2O$	474.391	$(NH_4)_2SO_4$	132.141	$PbCrO_4$	323.2
$KB(C_6H_5)_4$	358.332	Na_3AsO_3	191.89	$Pb(CH_3COO)_2$	325.3
KBr	119.002	$Na_2B_4O_7$	201.220	$Pb(CH_3COO)_2 \cdot 3H_2O$	427.3
$KBrO_3$	167.000	$Na_2B_4O_7 \cdot 10H_2O$	381.373	PbI_2	461.0
KCl	74.551	$NaBiO_3$	279.968	$Pb(NO_3)_2$	331.2
$KClO_3$	122.549	$NaBr$	102.894	PbO	223.2
$KClO_4$	138.549	$NaCN$	49.008	PbO_2	239.2
KCN	65.116	$NaSCN$	81.074	Pb_3O_4	685.6
$KSCN$	97.182	$Na_2CO_3 \cdot 10H_2O$	286.142	$Pb_3(PO_4)_2$	811.5
K_2CO_3	138.206	$Na_2C_2O_4$	134.000	PbS	239.3
K_2CrO_4	194.191	$NaCl$	58.443	$PbSO_4$	303.3
$K_2Cr_2O_7$	294.185	$NaClO$	74.442	SO_3	80.064
$K_3Fe(CN)_6$	329.246	NaI	149.894	SO_2	64.065
$K_4Fe(CN)_6$	368.347	NaF	41.988	$SbCl_3$	228.118
$KHC_2O_4 \cdot H_2O$	146.141	$NaHCO_3$	84.007	$SbCl_5$	299.024

续表

化合物	分子量	化合物	分子量	化合物	分子量
Sb_2O_3	291.518	SrC_2O_4	175.64	$ZnCl_2$	136.29
Sb_2S_3	339.718	$SrCrO_4$	203.61	$Zn(CH_3COO)_2$	183.48
SiO_2	60.085	$Sr(NO_3)_2$	211.63	$Zn(NO_3)_2$	189.40
$SnCO_3$	178.82	$SrSO_4$	183.68	$Zn_2P_2O_7$	304.72
$SnCl_2$	189.615	TiO_2	79.866	ZnO	81.39
$SnCl_4$	260.521	$UO_2(CH_3COO)_2 \cdot 2H_2O$	422.13	ZnS	97.46
SnO_2	150.709	WO_3	231.84	$ZnSO_4$	161.45
SnS	150.776	$ZnCO_3$	125.40		
$SrCO_3$	147.63	$ZnC_2O_4 \cdot 2H_2O$	189.44		

附录八　常用基准试剂

国家标准编号	名称	主要用途	使用前的干燥方法
GB 1253—89	氯化钠	标定 $AgNO_3$ 溶液	500～600℃灼烧至恒重
GB 1254—90	草酸钠	标定 $KMnO_4$ 溶液	105℃±2℃干燥至恒重
GB 1255—90	无水碳酸钠	标定 HCl、H_2SO_4 溶液	270～300℃灼烧至恒重
GB 1256—90	三氧化二砷	标定 I_2 溶液	H_2SO_4 干燥器中干燥至恒重
GB 1257—89	邻苯二甲酸氢钾	标定 NaOH、$HClO_4$ 溶液	105～110℃干燥至恒重
GB 1258—90	碘酸钾	标定 $Na_2S_2O_3$ 溶液	180℃±2℃干燥至恒重
GB 1259—89	重铬酸钾	标定 $Na_2S_2O_3$、$FeSO_4$ 溶液	120℃±2℃干燥至恒重
GB 1260—90	氧化锌	标定 EDTA 溶液	800℃灼烧至恒重
GB 12593—90	乙二胺四乙酸二钠	标定金属离子溶液	硝酸镁饱和溶液恒湿器中放置 7 天
GB 12594—90	溴酸钾	标定 $Na_2S_2O_3$ 溶液、配制标准溶液	180℃±2℃干燥至恒重
GB 12595—90	硝酸银	标定卤化物及硫氰酸盐溶液	H_2SO_4 干燥器中干燥至恒重
GB 12596—90	碳酸钙	标定 EDTA 溶液	110℃±2℃干燥至恒重

附录九　水的饱和蒸气压

温度/℃	蒸气压		温度/℃	蒸气压		温度/℃	蒸气压	
	mmHg	kPa		mmHg	kPa		mmHg	kPa
0	4.579	0.6105	14	11.99	1.5985	28	28.35	3.7797
1	4.926	0.6567	15	12.79	1.7052	29	30.04	4.0050
2	5.294	0.7058	16	13.63	1.8172	30	31.82	4.2423
3	5.685	0.7579	17	14.53	1.9372	31	33.70	4.4930
4	6.101	0.8134	18	15.48	2.0638	32	35.66	4.7543
5	6.543	0.8723	19	16.48	2.1972	33	37.73	5.0303
6	7.013	0.9350	20	17.54	2.3385	34	39.90	5.3196
7	7.513	1.0017	21	18.65	2.4865	35	42.18	5.6235
8	8.045	1.0726	22	19.83	2.6438	36	44.56	5.9408
9	8.609	1.1586	23	21.07	2.8091	37	47.07	6.2755
10	9.209	1.2278	24	22.38	2.9838	38	49.69	6.6248
11	9.884	1.3124	25	23.76	3.1677	39	52.44	6.9914
12	10.52	1.4026	26	25.21	3.3611	40	55.32	7.3754
13	11.23	1.4972	27	26.74	3.5650	41	58.34	7.7780

续表

温度/℃	蒸气压		温度/℃	蒸气压		温度/℃	蒸气压	
	mmHg	kPa		mmHg	kPa		mmHg	kPa
42	61.50	8.1993	62	163.8	21.8382	82	384.9	51.3158
43	64.80	8.6393	63	171.4	22.8515	83	400.6	53.4089
44	68.26	9.1006	64	179.3	23.9047	84	416.8	55.5688
45	71.88	8.5832	65	187.5	24.9980	85	433.6	57.8086
46	75.65	10.0858	66	196.1	26.1445	86	450.9	60.1151
47	79.60	10.6125	67	205.0	27.3311	87	468.7	62.4882
48	83.71	11.1604	68	214.2	28.5576	88	487.1	64.9413
49	88.02	1.7350	69	233.7	29.8242	89	506.1	67.4744
50	92.51	12.3337	70	233.7	31.1574	90	525.76	70.0956
51	97.20	12.9589	71	243.9	32.5173	91	546.05	72.8007
52	102.1	13.6122	72	254.6	33.9439	92	566.99	75.5924
53	107.2	14.2922	73	265.7	35.4238	93	588.60	78.4735
54	112.5	14.9721	74	277.2	36.9570	94	610.90	81.4466
55	118.0	15.7320	75	289.1	38.5435	95	633.90	84.5130
56	123.8	16.5053	76	301.4	40.1834	96	657.62	87.6755
57	129.8	17.3052	77	314.1	41.8766	97	682.07	90.9352
58	136.1	18.1452	78	327.3	43.6364	98	707.27	94.2949
59	142.6	19.0012	79	341.0	45.4629	99	733.24	97.7573
60	149.4	19.9184	80	355.1	47.3428	100	760.00	101.3250
61	156.4	20.8516	81	369.7	49.2893			

注：该数据系根据 760mmHg=101325Pa 换算而得。

附录十　弱酸的解离常数（298.15K）

化学式	$K_a^\ominus$	$pK_a^\ominus$	化学式	$K_a^\ominus$	$pK_a^\ominus$
H_3AsO_4	$K_{a1}^\ominus 5.50\times10^{-3}$	2.26	H_3PO_4	$K_{a3}^\ominus 4.80\times10^{-13}$	12.32
	$K_{a2}^\ominus 1.74\times10^{-7}$	6.76	$H_4P_2O_7$	$K_{a1}^\ominus 1.23\times10^{-1}$	0.91
	$K_{a3}^\ominus 5.13\times10^{-12}$	11.29		$K_{a2}^\ominus 7.94\times10^{-3}$	2.10
H_3AsO_3	5.13×10^{-10}	9.29		$K_{a3}^\ominus 2.00\times10^{-7}$	6.70
H_3BO_3	5.81×10^{-10}	9.236		$K_{a4}^\ominus 4.79\times10^{-10}$	9.32
$H_2B_4O_7$	$K_{a1}^\ominus 1.00\times10^{-4}$	4.00	H_2SiO_3	$K_{a1}^\ominus 1.70\times10^{-10}$	9.77
	$K_{a2}^\ominus 1.00\times10^{-9}$	9.00		$K_{a2}^\ominus 1.58\times10^{-12}$	11.80
HCN	6.17×10^{-10}	9.21	H_2SO_4	$K_{a1}^\ominus 1.00\times10^{3}$	−3.00
HF	6.31×10^{-4}	3.20		$K_{a2}^\ominus 1.02\times10^{-2}$	1.99
H_2O_2	2.4×10^{-12}	11.62	H_2SO_3	$K_{a1}^\ominus 1.40\times10^{-2}$	1.85
H_2S	$K_{a1}^\ominus 8.90\times10^{-8}$	7.05		$K_{a2}^\ominus 6.31\times10^{-2}$	7.20
	$K_{a2}^\ominus 1.26\times10^{-14}$	13.9	H_2CO_3	$K_{a1}^\ominus 4.47\times10^{-7}$	6.35
HBrO	2.82×10^{-9}	8.55		$K_{a2}^\ominus 4.68\times10^{-11}$	10.33
HIO	3.16×10^{-11}	10.5	$HClO_2$	1.15×10^{-2}	1.94
HIO_3	1.66×10^{-1}	0.78	HClO	3.98×10^{-8}	7.40
H_5IO_6	$K_{a1}^\ominus 2.82\times10^{-2}$	1.55	H_2CrO_4	$K_{a1}^\ominus 1.80\times10^{-1}$	0.74
	$K_{a2}^\ominus 5.40\times10^{-9}$	8.27		$K_{a2}^\ominus 3.20\times10^{-7}$	6.49
H_2MnO_4	7.1×10^{-11}	10.15	HSCN	1.41×10^{-1}	0.85
HNO_2	5.62×10^{-4}	3.25	$H_2S_2O_3$	$K_{a1}^\ominus 2.50\times10^{-1}$	0.60
H_3PO_4	$K_{a1}^\ominus 6.92\times10^{-3}$	2.16		$K_{a2}^\ominus 1.82\times10^{-2}$	1.74
	$K_{a2}^\ominus 6.23\times10^{-8}$	7.21	CH_3COOH	1.74×10^{-5}	4.76

续表

化学式	$K_a^\ominus$	$pK_a^\ominus$	化学式	$K_a^\ominus$	$pK_a^\ominus$
C_6H_5COOH	6.45×10^{-5}	4.19	C_6H_5OH	1.02×10^{-10}	9.99
HCOOH	1.772×10^{-4}	3.75	$Al(OH)_3$	6.31×10^{-12}	11.2
$HOOC(CHOH)_2COOH$	$K_{a1}^\ominus 1.04\times10^{-3}$	2.98	SbO(OH)	1.00×10^{-11}	11.00
(酒石酸)	$K_{a2}^\ominus 4.57\times10^{-6}$	4.34	$Cr(OH)_3$	9.00×10^{-17}	16.05
$HOC(CH_2COOH)_2COOH$	$K_{a1}^\ominus 7.24\times10^{-4}$	3.14	$Cu(OH)_2$	$K_{a1}^\ominus 1.00\times10^{-19}$	19.00
(柠檬酸)	$K_{a2}^\ominus 1.70\times10^{-5}$	4.77		$K_{a2}^\ominus 7.00\times10^{-14}$	13.15
	$K_{a3}^\ominus 4.07\times10^{-7}$	6.39	$Pb(OH)_2$	4.60×10^{-16}	15.34
$C_6H_4(COOH)_2$	$K_{a1}^\ominus 1.30\times10^{-3}$	2.89	$Sn(OH)_4$	1.00×10^{-32}	32.00
	$K_{a2}^\ominus 3.09\times10^{-6}$	5.51	$Sn(OH)_2$	3.80×10^{-15}	14.42
$H_2C_2O_4$	$K_{a1}^\ominus 5.9\times10^{-2}$	1.23	$Zn(OH)_2$	1.00×10^{-29}	29.00
	$K_{a2}^\ominus 6.46\times10^{-5}$	4.19			

附录十一　弱碱的解离常数（298.15K）

化学式	$K_b^\ominus$	$pK_b^\ominus$	化学式	$K_b^\ominus$	$pK_b^\ominus$
NH_3	1.79×10^{-5}	4.75	$(C_2H_5)_2NH$	6.31×10^{-4}	3.2
$Be(OH)_2$	5.00×10^{-11}	10.30	$(CH_3)_2NH$	5.90×10^{-4}	3.23
$Ca(OH)_2$	$K_{b1}^\ominus 3.70\times10^{-3}$	2.43	$C_2H_5NH_2$	4.30×10^{-4}	3.37
	$K_{b2}^\ominus 4.00\times10^{-2}$	1.40	CH_3NH_2	4.20×10^{-4}	3.38
$Pb(OH)_2$	9.50×10^{-4}	3.02	$H_2NCH_2CH_2NH_2$	$K_{b1}^\ominus 8.32\times10^{-5}$	4.08
AgOH	1.10×10^{-4}	3.96		$K_{b2}^\ominus 7.10\times10^{-8}$	7.15
$Zn(OH)_2$	9.50×10^{-4}	3.02	$(CH_2)_6N_4$	1.35×10^{-9}	8.87
$C_6H_5NH_2$	3.98×10^{-10}	9.40	(六亚甲基四胺)		

附录十二　常用酸、碱的浓度

酸或碱	化学式	密度/$g\cdot mL^{-1}$	质量分数/%	浓度/$mol\cdot L^{-1}$
冰醋酸	CH_3COOH	1.05	99～99.8	17.4
稀醋酸		1.04	34	6
浓盐酸	HCl	1.18～1.19	36.0～38	11.6～12.4
稀盐酸		1.10	20	6
浓硝酸	HNO_3	1.39～1.40	65.0～68.0	14.4～15.2
稀硝酸		1.19	32	6
浓硫酸	H_2SO_4	1.83～1.84	95～98	17.8～18.4
稀硫酸		1.18	25	3
磷酸	H_3PO_4	1.69	85	15.6
高氯酸	$HClO_4$	1.68	70.0～72.0	11.7～12.0
氢氟酸	HF	1.13	40	22.5
氢溴酸	HBr	1.49	47.0	8.6
浓氨水	$NH_3\cdot H_2O$	0.88～0.90	25～28	13.3～14.8
稀氨水		0.96	10	6
稀氢氧化钠	NaOH	1.22	20	6

附录十三　常用酸、碱的质量分数和相对密度（d_{20}^{20}）

质量分数/%	相对密度						
	HCl	HNO_3	H_2SO_4	CH_3COOH	NaOH	KOH	NH_3
4	1.0197	1.0220	1.0269	1.0056	1.0446	1.0348	0.9828
8	1.0395	1.0446	1.0541	1.0111	1.0888	1.0709	0.9668
12	1.0594	1.0679	1.0821	1.0165	1.1329	1.1079	0.9519
16	1.0796	1.0921	1.1114	1.0218	1.1771	1.1456	0.9378
20	1.1000	1.1170	1.1418	1.0269	1.2214	1.1839	0.9245
24	1.1205	1.1426	1.1735	1.0318	1.2653	1.2231	0.9118
28	1.1411	1.1688	1.2052	1.0365	1.3087	1.2632	0.8996
32	1.1614	1.1955	1.2375	1.0410	1.3512	1.3043	
36	1.1812	1.2224	1.2707	1.0452	1.3926	1.3468	
40	1.1999	1.2489	1.3051	1.0492	1.4324	1.3906	
44			1.3410	1.0529		1.4356	
48			1.3783	1.0564		1.4817	
52			1.4174	1.0596			
56			1.4584	1.0624			
60			1.5013	1.0648			
64			1.5448	1.0668			
68			1.5902	1.0687			
72			1.6367	1.0695			
76			1.6840	1.0699			
80			1.7303	1.0699			
84			1.7724	1.0692			
88			1.8054	1.0677			
92			1.8272	1.0648			
96			1.8388	1.0597			
100			1.8337	1.0496			

附录十四　常用指示剂

1. 酸碱指示剂

名　称	变色(pH 值)范围	颜色变化	配　制　方　法
0.1%百里酚蓝	1.2～2.8	红～黄	0.1g 百里酚蓝溶于 20mL 乙醇中，加水至 100mL
0.1%甲基橙	3.1～4.4	红～黄	0.1g 甲基橙溶于 100mL 热水中
0.1%溴酚蓝	3.0～1.6	黄～紫蓝	0.1g 溴酚蓝溶于 20mL 乙醇中，加水至 100mL
0.1%溴甲酚绿	4.0～5.4	黄～蓝	0.1g 溴甲酚绿溶于 20mL 乙醇中，加水至 100mL
0.1%甲基红	4.8～6.2	红～黄	0.1g 甲基红溶于 60mL 乙醇中，加水至 100mL
0.1%溴百里酚蓝	6.0～7.6	黄～蓝	0.1g 溴百里酚蓝溶于 20mL 乙醇中，加水至 100mL
0.1%中性红	6.8～8.0	红～黄橙	0.1g 中性红溶于 60mL 乙醇中，加水至 100mL
0.2%酚酞	8.0～9.6	无～红	0.2g 酚酞溶于 90mL 乙醇中，加水至 100mL
0.1%百里酚蓝	8.0～9.6	黄～蓝	0.1g 百里酚蓝溶于 20mL 乙醇中，加水至 100mL
0.1%百里酚酞	9.4～10.6	无～蓝	0.1g 百里酚酞溶于 90mL 乙醇中，加水至 100mL
0.1%茜素黄	10.1～12.1	黄～紫	0.1g 茜素黄溶于 100mL 水中

2. 金属指示剂

名　称	颜色		配制方法
	游离态	化合物	
铬黑 T(EBT)	蓝	酒红	1. 将 0.5g 铬黑 T 溶于 100mL 水中 2. 将 1g 铬黑 T 与 100gNaCl 研细、混匀
钙指示剂	蓝	红	将 0.5g 钙指示剂与 100g NaCl 研细、混匀
二甲酚橙(XO)	黄	红	将 0.1g 二甲酚橙溶于 100mL 水中
磺基水杨酸	无色	红	将 1g 磺基水杨酸溶于 100mL 水中
吡啶偶氮萘酚(PAN)	黄	红	将 0.1g 吡啶偶氮萘酚溶于 100mL 乙醇中
钙镁试剂(Calmagite)	红	蓝	将 0.5 钙镁试剂溶于 100mL 水中

3. 氧化还原指示剂

名　称	变色电势 E/V	颜色		配　制　方　法
		氧化态	还原态	
二苯胺	0.76	紫	无色	将 1g 二苯胺在搅拌下溶于 100mL 浓硫酸和 100mL 浓磷酸，贮于棕色瓶中
二苯胺磺酸钠	0.85	紫	无色	将 0.5g 二苯胺磺酸钠溶于 100mL 水中，必要时过滤
邻苯氨基苯甲酸	0.89	紫红	无色	将 0.2g 邻苯氨基苯甲酸加热溶解在 100mL 2g·L^{-1} Na_2CO_3 溶液中，必要时过滤
邻二氮菲硫酸亚铁	1.06	浅蓝	红	将 0.5g $FeSO_4 \cdot 7H_2O$ 溶于 100mL 水中，加 2 滴 H_2SO_4，加 0.5g 邻二氮杂菲

附录十五　常用缓冲溶液的配制

pH 值	配　制　方　法
0	1mol·L^{-1} HCl 溶液(不能有 Cl^- 存在时用 HNO_3)
1	0.1mol·L^{-1} HCl 溶液
2	0.01mol·L^{-1} HCl 溶液
3.6	$NaAc \cdot 3H_2O$ 8g，溶于适量水中，加 6mol·L^{-1} HAc 溶液 134mL，稀释至 500mL
4.0	将 60mL 冰醋酸和 16g 无水醋酸钠溶于 100mL 水中，稀释至 500mL
4.5	将 30mL 冰醋酸和 30g 无水醋酸钠溶于 100mL 水中，稀释至 500mL
5.0	将 30mL 冰醋酸和 60g 无水醋酸钠溶于 100mL 水中，稀释至 500mL
5.4	将 40g 六亚甲基四胺溶于 90mL 水中，加入 20mL6mol·L^{-1} HCl 溶液
5.7	100g $NaAc \cdot 3H_2O$ 溶于适量水中，加 6mol·L^{-1} HAc 溶液 13mL，稀释至 500mL
7.0	77g NH_4Ac 溶于适量水中，稀释至 500mL
7.5	NH_4Cl 60g 溶于适量水中，加浓氨水 1.4mL，稀释至 500mL
8.0	NH_4Cl 50g 溶于适量水中，加浓氨水 3.5mL，稀释至 500mL
8.5	NH_4Cl 40g 溶于适量水中，加浓氨水 8.8mL，稀释至 500mL
9.0	NH_4Cl 35g 溶于适量水中，加浓氨水 24mL，稀释至 500mL
9.5	NH_4Cl 30g 溶于适量水中，加浓氨水 65mL，稀释至 500mL
10	NH_4Cl 27g 溶于适量水中，加浓氨水 175mL，稀释至 500mL
11	NH_4Cl 3g 溶于适量水中，加浓氨水 207mL，稀释至 500mL
12	0.01mol·L^{-1} NaOH 溶液(或 KOH)
13	1mol·L^{-1} NaOH 溶液

注：1. 缓冲液配制后可用 pH 试纸检查，如 pH 值不对，可通过计算并用共轭酸或碱调节，欲精确调节 pH 值时，可用 pH 计调节。

2. 若需增加或减少缓冲液的缓冲容量时，可相应增加或减少共轭酸碱对物质的量，再调节之。

附录十六　pH 标准缓冲溶液

物　　质	10℃	15℃	20℃	25℃	30℃	35℃
0.05mol·kg^{-1}草酸钾	1.67	1.67	1.68	1.68	1.68	1.69
酒石酸氢钾饱和溶液	—	—	—	3.56	3.55	3.55
0.05mol·kg^{-1}邻苯二甲酸氢钾	4.00	4.00	4.00	4.00	4.01	4.02
0.025mol·kg^{-1}磷酸氢二钠 0.025mol·kg^{-1}磷酸氢二钾	6.92	6.90	6.88	6.86	6.85	6.84
0.01mol·kg^{-1}四硼酸钠	9.33	9.28	9.23	9.18	9.14	9.11
氢氧化钙饱和溶液	13.01	12.82	12.64	12.46	12.29	12.13

附录十七　特殊试剂的配制

试剂	配 制 方 法
10%$SnCl_2$ 溶液	称取 10g $SnCl_2·2H_2O$ 溶于 10mL 热浓盐酸中，煮沸使溶液澄清后，加水到 100mL，加少许锡粒，保存在棕色瓶中
1.5%$TiCl_3$ 溶液	取 10mL 原瓶装 $TiCl_3$，用 1∶4 盐酸稀释至 100mL
0.5%淀粉溶液	称取 0.5g 可溶性淀粉，用少量水搅成糊状后，倾入 100mL 沸水中，摇匀，加热片刻后冷却。加少量硼酸为防腐剂
溴甲酚绿溶液(0.0220 g·L^{-1})	取 0.220g 溴甲酚绿，加 100mL 乙醇溶解后。用水稀释至 10L
1%丁二酮肟乙醇溶液	溶解 1g 于 100mL95%乙醇中(镍试剂)
0.2%铝试剂	溶 0.2g 铝试剂于 100mL 水中
5%硫代乙酰胺	溶解 5g 硫代乙酰胺于 100mL 水中，如浑浊需过滤
奈斯勒试剂	含有 0.25mol·L^{-1} K_2HgI_4 及 3mol·L^{-1} NaOH：溶解 11.5g HgI_2 及 8gKI 于足量水中，使其体积为 50mL，再加 50mL 6mol·L^{-1}NaOH，静置后取其清液贮于棕色瓶中
六硝基合钴酸钠试剂	有 0.1mol·L^{-1} $Na_3Co(NO_2)_6$、8mol·L^{-1}$NaNO_2$ 及 1mol · L^{-1}HAc：溶解 23g $NaNO_2$ 于 50mL 水中，加 16.5mL 6mol·L^{-1} HAc 及 $Co(NO_3)_2·6H_2O$3g，静置一夜，过滤或滗取其溶液，稀释至 100mL。每隔四星期需重新配制。或直接加六硝基合钴酸钠至溶液为深红色
亚硝酰铁氰化钠	溶解 1g 于 100mL 水中，每隔数日，即需重新制备
镁铵试剂	溶解 100g $MgCl_2·6H_2O$ 和 100g NH_4Cl 于水中，再加 50mL 浓氨水，并用水稀释至 1L
钼酸铵试剂	溶解 150g 钼酸铵于 1L 蒸馏水中，再把所得溶液倾入 1L 6mol·L^{-1} HNO_3 中。不得相反！此时析出钼酸白色沉淀后又溶解。把溶液放置 48h。取其清液或过滤后使用
对硝基苯-偶氮间苯二酚(俗称镁试剂Ⅰ)	溶解 0.001g 镁试剂(Ⅰ)于 100mL 1mol·L^{-1}NaOH 溶液
碘化钾-亚硫酸钠溶液	将 50g KI 和 200g $Na_2SO_3·7H_2O$ 溶于 1000mL 水中
硫化铵$(NH_4)_2S$溶液	在 200mL 浓氨水溶液中通入 H_2S，直至不再吸收，然后加入 200mL 浓氨水溶液，稀释至 1L
溴水	溴的饱和水溶液：3.5g 溴(约 1mL)溶于 100mL 水
醋酸联苯胺	50mL 联苯胺溶于 10mL 冰醋酸，100mL 水中
硫氰酸汞铵(0.3mol·L^{-1})	溶 8g $HgCl_2$ 和 9g NH_4SCN 于 100mL 水中
四苯硼酸钠(0.1mol·L^{-1})	3.4g $Na[B(C_6H_5)_4]$溶于 100mL 水中，用时新配

附录十八　常见难溶电解质的溶度积（298.15K，离子强度 $I=0$）

化学式	$K_{sp}^{\ominus}$	$pK_{sp}^{\ominus}$	化学式	$K_{sp}^{\ominus}$	$pK_{sp}^{\ominus}$
$AgOH$	2.0×10^{-8}	7.71	CuS	6.3×10^{-36}	35.20
Ag_2CrO_4	1.12×10^{-12}	11.95	Cu_2S	2.5×10^{-48}	47.60
$Ag_2Cr_2O_7$	2.0×10^{-7}	6.70	$Cu(OH)_2$	2.2×10^{-20}	19.66
Ag_2CO_3	8.46×10^{-12}	11.07	$Fe(OH)_2$	4.87×10^{-17}	16.31
Ag_3PO_4	8.89×10^{-17}	16.05	$Fe(OH)_3$	2.79×10^{-39}	38.55
Ag_2S	6.3×10^{-50}	49.20	FeS	6.3×10^{-18}	17.20
Ag_2SO_4	1.20×10^{-5}	4.92	$FeC_2O_4\cdot2H_2O$	3.2×10^{-7}	6.50
$AgCl$	1.77×10^{-10}	9.75	Hg_2I_2	5.2×10^{-29}	28.72
$AgBr$	5.35×10^{-13}	12.27	Hg_2Cl_2	1.43×10^{-18}	17.84
AgI	8.52×10^{-17}	16.07	HgS(黑)	1.6×10^{-52}	51.80
$Al(OH)_3$(无定形)	1.3×10^{-33}	32.89	$MgCO_3$	6.82×10^{-6}	5.17
$BaCrO_4$	1.17×10^{-10}	9.93	$Mg(OH)_2$	5.61×10^{-12}	11.25
$BaCO_3$	2.58×10^{-9}	8.59	$Mg_3(PO_4)_2$	1.04×10^{-24}	23.98
$BaSO_4$	1.08×10^{-10}	9.97	$Mn(OH)_2$	1.9×10^{-13}	12.72
BaC_2O_4	1.6×10^{-7}	6.79	MnS	2.5×10^{-13}	12.60
Bi_2S_3	1×10^{-97}	97	$Ni(OH)_2$	5.48×10^{-16}	15.26
$Ca(OH)_2$	5.02×10^{-6}	5.30	$PbBr_2$	1.51×10^{-7}	6.82
$CaCO_3$	3.36×10^{-9}	8.47	$PbCO_3$	7.40×10^{-14}	13.13
$CaC_2O_4\cdot H_2O$	2.32×10^{-9}	8.63	PbC_2O_4	4.8×10^{-10}	9.32
CaF_2	3.45×10^{-11}	10.46	$PbCl_2$	1.70×10^{-5}	4.77
$Ca_3(PO_4)_2$	2.07×10^{-33}	32.68	$PbCrO_4$	2.8×10^{-13}	12.55
$CaSO_3$	6.8×10^{-8}	7.17	PbF_2	3.3×10^{-8}	7.48
$CaSO_4$	4.93×10^{-5}	4.31	PbI_2	9.8×10^{-9}	8.01
$Cd(OH)_2$(新制备)	7.2×10^{-15}	14.14	$Pb(OH)_2$	1.43×10^{-20}	19.84
CdS	8.0×10^{-27}	26.10	PbS	8.0×10^{-28}	27.10
$Co(OH)_2$	5.92×10^{-15}	14.23	$PbSO_4$	2.53×10^{-8}	7.60
$Co(OH)_3$	1.6×10^{-44}	43.80	$SrCO_3$	5.60×10^{-10}	9.25
$CoS(\alpha)$	4.0×10^{-21}	20.40	$SrCrO_4$	2.2×10^{-5}	4.65
$CoS(\beta)$	2.0×10^{-25}	24.70	$SrSO_4$	3.44×10^{-7}	6.46
$Cr(OH)_3$	6.3×10^{-31}	30.20	$Sn(OH)_2$	5.45×10^{-27}	26.26
$CuBr$	6.27×10^{-9}	8.20	SnS	1.0×10^{-25}	25.00
$CuCO_3$	1.4×10^{-10}	9.86	$Sn(OH)_4$	1.0×10^{-56}	56.00
$CuCl$	1.72×10^{-7}	6.76	$Zn(OH)_2$(无定形)	3×10^{-17}	16.5
$CuCN$	3.47×10^{-20}	19.46	$ZnS(\alpha)$	1.6×10^{-24}	23.80
CuI	1.27×10^{-12}	11.90	$ZnS(\beta)$	2.5×10^{-22}	21.60

附录十九　常见配离子的稳定常数

配位体	金属离子	n	$\lg\beta_n$
NH_3	Ag^+	1,2	3.24,7.05
	Cd^{2+}	1,…,6	2.65,4.75,6.19,7.12,6.80,5.14
	Co^{2+}	1,…,6	2.11,3.74,4.79,5.55,5.73,5.11
	Co^{3+}	1,…,6	6.7,14.0,20.1,25.7,30.8,35.2
	Cu^+	1,2	5.93,10.86
	Cu^{2+}	1,…,4	4.31,7.98,11.02,13.32
	Ni^{2+}	1,…,6	2.80,5.04,6.77,7.96,8.71,8.74
	Zn^{2+}	1,…,4	2.37,4.81,7.31,9.46

续表

配位体	金属离子	n	$\lg\beta_n$
F^-	Al^{3+}	1,…,6	6.10,11.15,15.00,17.75,19.37,19.84
	Fe^{3+}	1,2,3	5.28,9.30,12.06
Cl^-	Cd^{2+}	1,…,4	1.95,2.50,2.60,2.80
Cl^-	Hg^{2+}	1,…,4	6.74,13.22,14.07,15.07
I^-	Cd^{2+}	1,…,4	2.10,3.43,4.49,5.41
	Hg^{2+}	1,…,4	12.87,23.82,27.60,29.83
CN^-	Ag^+	2,3,4	21.1,21.7,20.6
	Au^+	2	38.3
	Co^{3+}	6	64.00
	Cu^+	2,3,4	24.0,28.59,30.30
	Cu^{2+}	4	27.30
	Fe^{2+}	6	35
	Fe^{3+}	6	42
	Hg^{2+}	4	41.4
	Ni^{2+}	4	31.3
	Zn^{2+}	4	16.7
SCN^-	Ag^+	2,3,4	7.57,9.08,10.08
	Cd^{2+}	1,…,4	1.39,1.98,2.58,3.6
	Co^{2+}	4	3.00
$S_2O_3^{2-}$	Ag^+	1,2	8.82,13.46
	Hg^{2+}	2,3,4	29.44,31.90,33.24
OH^-	Ag^+	1,2	2.0,3.99
	Al^{3+}	1,4	9.27,33.03
	Bi^{3+}	1,2,4	12.7,15.8,35.2
	Cd^{2+}	1,…,4	4.17,8.33,9.02,8.62
	Cu^{2+}	1,…,4	7.0,13.68,17.00,18.5
	Fe^{2+}	1,…,4	5.56,9.77,9.67,8.58
	Fe^{3+}	1,2,3	11.87,21.17,29.67
	Hg^{2+}	1,2,3	10.6,21.8,20.9
	Mg^{2+}	1	2.58
	Ni^{2+}	1,2,3	4.97,8.55,11.33
	Pb^{2+}	1,2,3,6	7.82,10.85,14.58,61.0
	Sn^{2+}	1,2,3	10.60,20.93,25.38
	Zn^{2+}	1,…,4	4.40,11.30,14.14,17.66
en	Ag^+	1,2	4.70,7.70
	Cu^{2+}	1,2,3	10.67,20.00,21.0
EDTA	Ag^+	1	7.32
	Al^{3+}	1	16.11
	Ba^{2+}	1	7.78
	Bi^{3+}	1	22.8
	Ca^{2+}	1	11.0
	Cd^{2+}	1	16.4
	Co^{2+}	1	16.31
	Co^{3+}	1	36.00
	Cr^{3+}	1	23
	Cu^{2+}	1	18.70
	Fe^{2+}	1	14.33
	Fe^{3+}	1	24.23
	Hg^{2+}	1	21.80
	Mg^{2+}	1	8.64
	Mn^{2+}	1	13.8
	Na^+	1	1.66
	Ni^{2+}	1	18.56
	Pb^{2+}	1	18.3
	Sn^{2+}	1	22.1
	Zn^{2+}	1	16.4

注：表中数据为20～25℃、$I=0$的条件下获得。

附录二十　常见氧化还原电对的标准电极电势 $E^{\ominus}$

电极反应	$E^{\ominus}$/V
$Li^+ + e^- \rightleftharpoons Li$	−3.0401
$Cs^+ + e^- \rightleftharpoons Cs$	−3.026
$Ca(OH)_2 + 2e^- \rightleftharpoons Ca + 2OH^-$	−3.02
$K^+ + e^- \rightleftharpoons K$	−2.931
$Ba^{2+} + 2e^- \rightleftharpoons Ba$	−2.912
$Ca^{2+} + 2e^- \rightleftharpoons Ca$	−2.868
$Na^+ + e^- \rightleftharpoons Na$	−2.71
$Mg^{2+} + 2e^- \rightleftharpoons Mg$	−2.372
$1/2H_2 + e^- \rightleftharpoons H^-$	−2.23
$Al^{3+} + 3e^- \rightleftharpoons Al$	−1.662
$Mn(OH)_2 + 2e^- \rightleftharpoons Mn + 2OH^-$	−1.56
$ZnO_2^{2-} + 2H_2O + 2e^- \rightleftharpoons Zn + 4OH^-$	−1.215
$Mn^{2+} + 2e^- \rightleftharpoons Mn$	−1.185
$Sn(OH)_6^{2-} + 2e^- \rightleftharpoons HSnO_2^- + 3OH^- + H_2O$	−0.93
$2H_2O + 2e^- \rightleftharpoons H_2 + 2OH^-$	−0.8277
$Cd(OH)_2 + 2e^- \rightleftharpoons Cd + 2OH^-$	−0.809
$Zn^{2+} + 2e^- \rightleftharpoons Zn$	−0.7618
$Cr^{3+} + 3e^- \rightleftharpoons Cr$	−0.744
$Ni(OH)_2 + 2e^- \rightleftharpoons Ni + 2OH^-$	−0.72
$Fe(OH)_3 + e^- \rightleftharpoons Fe(OH)_2 + OH^-$	−0.56
$2CO_2 + 2H^+ + 2e^- \rightleftharpoons H_2C_2O_4$	−0.481
$NO_2^- + H_2O + e^- \rightleftharpoons NO + 2OH^-$	−0.46
$Fe^{2+} + 2e^- \rightleftharpoons Fe$	−0.447
$Cr^{3+} + e^- \rightleftharpoons Cr^{2+}$	−0.407
$Cd^{2+} + 2e^- \rightleftharpoons Cd$	−0.4030
$Ni^{2+} + 2e^- \rightleftharpoons Ni$	−0.257
$2SO_4^{2-} + 4H^+ + 2e^- \rightleftharpoons S_2O_6^{2-} + 2H_2O$	−0.22
$AgI + e^- \rightleftharpoons Ag + I^-$	−0.152
$Sn^{2+} + 2e^- \rightleftharpoons Sn$	−0.1375
$Pb^{2+} + 2e^- \rightleftharpoons Pb$	−0.1262
$MnO_2 + 2H_2O + 2e^- \rightleftharpoons Mn(OH)_2 + 2OH^-$	−0.05
$Fe^{3+} + 3e^- \rightleftharpoons Fe$	−0.037
$AgCN + e^- \rightleftharpoons Ag + CN^-$	−0.017
$2H^+ + 2e^- \rightleftharpoons H_2$	0.0000
$AgBr + e^- \rightleftharpoons Ag + Br^-$	0.07133
$[Co(NH_3)_6]^{3+} + e^- \rightleftharpoons [Co(NH_3)_6]^{2+}$	0.108
$S + 2H^+ + 2e^- \rightleftharpoons H_2S(aq)$	0.142
$IO_3^- + 2H_2O + 4e^- \rightleftharpoons IO^- + 4OH^-$	0.15
$Sn^{4+} + 2e^- \rightleftharpoons Sn^{2+}$	0.151
$Cu^{2+} + e^- \rightleftharpoons Cu^+$	0.153
$SO_4^{2-} + 4H^+ + 2e^- \rightleftharpoons H_2SO_3 + H_2O$	0.172
$AgCl + e^- \rightleftharpoons Ag + Cl^-$	0.22233
$ClO_3^- + H_2O + 2e^- \rightleftharpoons ClO_2^- + 2OH^-$	0.33
$Cu^{2+} + 2e^- \rightleftharpoons Cu$	0.3419
$Ag_2O + H_2O + 2e^- \rightleftharpoons 2Ag + 2OH^-$	0.342
$[Fe(CN)_6]^{3-} + e^- \rightleftharpoons [Fe(CN)_6]^{4-}$	0.358
$ClO_4^- + H_2O + 2e^- \rightleftharpoons ClO_3^- + 2OH^-$	0.36
$O_2 + 2H_2O + 4e^- \rightleftharpoons 4OH^-$	0.401
$H_2SO_3 + 4H^+ + 4e^- \rightleftharpoons S + 3H_2O$	0.449

续表

电 极 反 应	$E^{\ominus}$/V
$Cu^{+}+e^{-} \rightleftharpoons Cu$	0.521
$I_2+2e^{-} \rightleftharpoons 2I^{-}$	0.5355
$AsO_4^{3-}+2H^{+}+2e^{-} \rightleftharpoons AsO_3^{3-}+H_2O$	0.557
$MnO_4^{-}+e^{-} \rightleftharpoons MnO_4^{2-}$	0.558
$MnO_4^{-}+2H_2O+3e^{-} \rightleftharpoons MnO_2+4OH^{-}$	0.595
$O_2+2H^{+}+2e^{-} \rightleftharpoons H_2O_2$	0.695
$Fe^{3+}+e^{-} \rightleftharpoons Fe^{2+}$	0.771
$Hg_2^{2+}+2e^{-} \rightleftharpoons 2Hg$	0.7973
$Ag^{+}+e^{-} \rightleftharpoons Ag$	0.7996
$2NO_3^{-}+4H^{+}+2e^{-} \rightleftharpoons N_2O_4+2H_2O$	0.803
$ClO^{-}+H_2O+2e^{-} \rightleftharpoons Cl^{-}+2OH^{-}$	0.81
$1/2O_2+2H^{+}(10^{-7}mol \cdot L^{-1})+2e^{-} \rightleftharpoons H_2O$	0.815
$Hg^{2+}+2e^{-} \rightleftharpoons Hg$	0.851
$Cu^{2+}+I^{-}+e^{-} \rightleftharpoons CuI$	0.86
$2Hg^{2+}+2e^{-} \rightleftharpoons Hg_2^{2+}$	0.920
$NO_3^{-}+3H^{+}+2e^{-} \rightleftharpoons HNO_2+H_2O$	0.934
$NO_3^{-}+4H^{+}+3e^{-} \rightleftharpoons NO+2H_2O$	0.957
$Br_2(l)+2e^{-} \rightleftharpoons 2Br^{-}$	1.066
$2IO_3^{-}+12H^{+}+10e^{-} \rightleftharpoons I_2+6H_2O$	1.195
$MnO_2+4H^{+}+2e^{-} \rightleftharpoons Mn^{2+}+2H_2O$	1.224
$O_2+4H^{+}+4e^{-} \rightleftharpoons 2H_2O$	1.229
$Cr_2O_7^{2-}+14H^{+}+6e^{-} \rightleftharpoons 2Cr^{3+}+7H_2O$	1.232
$Cl_2(g)+2e^{-} \rightleftharpoons 2Cl^{-}$	1.35827
$ClO_4^{-}+8H^{+}+8e^{-} \rightleftharpoons Cl^{-}+4H_2O$	1.389
$ClO_3^{-}+6H^{+}+6e^{-} \rightleftharpoons Cl^{-}+3H_2O$	1.451
$ClO_3^{-}+6H^{+}+5e^{-} \rightleftharpoons 1/2Cl_2+3H_2O$	1.47
$2BrO_3^{-}+12H^{+}+10e^{-} \rightleftharpoons Br_2+6H_2O$	1.482
$MnO_4^{-}+8H^{+}+5e^{-} \rightleftharpoons Mn^{2+}+4H_2O$	1.507
$Mn^{3+}+e^{-} \rightleftharpoons Mn^{2+}$	1.5415
$MnO_4^{-}+4H^{+}+3e^{-} \rightleftharpoons MnO_2+2H_2O$	1.679
$PbO_2+SO_4^{2-}+4H^{+}+2e^{-} \rightleftharpoons PbSO_4+2H_2O$	1.685
$Au^{+}+e^{-} \rightleftharpoons Au$	1.692
$H_2O_2+2H^{+}+2e^{-} \rightleftharpoons 2H_2O$	1.776
$Ni^{3+}+e^{-} \rightleftharpoons Ni^{2+}$	1.840
$Co^{3+}+e^{-} \rightleftharpoons Co^{2+}$	1.92
$S_2O_8^{2-}+2e^{-} \rightleftharpoons 2SO_4^{2-}$	2.010
$F_2+2e^{-} \rightleftharpoons 2F^{-}$	2.866

附录二十一　常用有机溶剂沸点、密度

名　称	沸点/℃	d_4^{20}	名　称	沸点/℃	d_4^{20}
甲醇	64.9	0.7914	苯	80.1	0.8787
乙醇	78.5	0.7893	甲苯	110.6	0.8669
乙醚	34.5	0.7137	二甲苯(*o*-,*m*-,*p*-)	约 140.0	
丙酮	56.2	0.7899	氯仿	61.7	1.4832
乙酸	117.9	1.0492	四氯化碳	76.5	1.5940
乙酐	139.5	1.0820	二硫化碳	46.2	1.2632
乙酸乙酯	77.0	0.9003	硝基苯	210.8	1.2037
二氧六环	101.7	1.0337	正丁醇	117.2	0.8098

附录二十二 缩 略 语

a.	acid 酸；酸(性)的
A.	air 空气
aa.	acetic acid 醋酸
abs.	absolute 绝对(无水)
Ac.	acetyl 乙酰基
act.	acetone 丙酮
al.	alcohol 95%酒精
alk.	alkali 碱(NaOH 或 KOH 水溶液)
amor.	amorphous 无定形的
anh.	anhydrous 无水的
atm.	atmosphere 大气压
aq.	aqueous 水，水溶液
aq	aqua regia(拉)王水
b.	blue 蓝色
bk.	black 黑色
bm.	brown 棕色；褐色
bz.	benzene 苯
c.	cold 冷的
carb.	carbonate 碳酸盐
cb.	cubic 立方晶
cc.	cubic centimeter 立方厘米
chl.	chloroform 氯仿
col.	colorless 无色或白色的
conc.	concentrated 浓(缩)的
cr.	crystalline 晶体，结晶
d.	dextro 右旋的
dec.	decompose 分解
delq.	deliquescent 能潮解的
dil.	dilute 稀(释)的
diss.	dissociation 解离
dk.	dark 暗色，深色
dl	外消旋
eff.	efflorescent 风化
et.	ethyl ether 乙醚
Et	ethyl 乙基(C_2H_5)
expl.	explode 爆炸
fl.	flakes 小薄片
rhb.	rhombic 斜方晶
s.	soluble 可溶的
satd.	saturated 饱和的
sc.	scalelikes 鳞状物
sl.	slightly 略，略溶
soln.	solution 溶液
sec.	second 仲
silv.	silver 银白色
subl.	sublime 升华
sulf.	sulfide 硫化物
sym.	symmetrical 对称的
syr.	syrupy 浆状物
tert.	tertiary 叔
tet.	tetragonal 四方晶
tri.	triclinic 三斜晶
fz.	freezing point 凝固点
gel.	gelatinous 凝胶状
gly.	glycerin 甘油
gn.	green 绿色
gr.	gray 灰色
h.	heat 热的
hex.	hexagon 六方晶
hyg.	hygroscopical 吸湿性的
i.	insoluble 不溶
ign.	ignites 着火
K_2CO_3	碳酸钾水溶液
l.	leavo(拉)左旋
if.	leaf 小叶
lg.	liquid 轻汽油
lq.	liquid 液体
lt.	light 浅色
m-	meta 间位
mal	methyl alcohol 甲醇
Me	methyl 甲基(CH_3)
met.	metallic 金属的
mn.	monocle 单斜晶
n-	normal 正
NaOAc	醋酸钠水溶液
nd	needle 针状物
NH_3	液氨
o-	ortho 邻位
oct.	octahedral 八面晶
og.	orange 橙色
p-	para 对位
pa.	pale 淡色
pd.	powder 粉末
pet.	peh-oleumether 石油醚
Ph	phenyl 苯基(C_6H_5)
pl.	platelike 片状物
pr.	prismoid 棱柱体
pyr.	pyridme 吡啶
r.	red 红色
trig.	trigonal 三角晶
uns.	unsynunetrical 不对称
v.	very 很
vac. vacuum	真空中
visc	viscous 黏稠的
vl.	violet 紫色
volt.	volatilize 挥发性的
vs.	verysoluble 易溶
wh.	white 白色
yel.	yellow 黄色
∞	(任意比例互溶)
$>$	大于，高于
$<$	小于，低于
$\pm$	左右(在所示数字附近)

注：本表的缩略字适用于附录二十三、附录二十四。

附录二十三 常用无机化合物物理常数

化合物名称	分子式	分子量	性 状	折射率	相对密度	熔点/℃	沸点/℃	在100份(质量)溶剂中的溶解度		
								冷水	热水	其他溶剂
一氧化氮	NO	30.01	无色气体		1.2488^{20} g/L	−163.64	−151.76	7^{0} cc	0.0^{100}	al;26.6cc H_2SO_4;3.5cc $FeSO_4$ aq;s.
一氧化碳	CO	28.01	无色无味的有毒气体		gas1.250g/L lq.0793g/L	−205.05	−191.49	3.5^{0} cc	2.32^{20} cc	al.,bz,HOAc Cu_2Cl_2;s.
二氧化硫	SO_2	64.07	无色气体		2.716^{20} g/L	−75.47	−10.01	22.8^{0}	4.5^{50}	H_2SO_4;s. Chl.,CS_2;s.
二氧化氮	NO_2	46.01	红棕色气体,黄色液体		1.447^{20}	−9.3	21.10d.	s.d.		HCl;s. HNO_3.,act;i.
二氧化锰	MnO_2	86.94	黑色斜方晶体		5.026	d530		i.	i.	31^{15} cc.al.
二氧化碳	CO_2	44.01	无色气体		gas1.975g/L solid1.56^{-79}	$-56.2^{5.2atm}$	−78.44subl	171.3^{0} cc	90.1^{20} cc	H_2SO_4;s.
三氧化硫	SO_3	80.07	无色棱柱状固体		lq.1.923	16.86	43.4	d		HCl;s.
三氧化二铁	Fe_2O_3	159.69	红色或黑色三角晶体	3.042	5.24	1565d		i.		a.;sl.s.
三氧化二铬	Cr_2O_3	151.99	绿色六方晶体		5.21	2266±25	4000	i.		Et.;chl.;CS_2;bz:s.
三氯化磷	PCl_3	137.35	无色发烟液体	1.5032^{25}	1.575^{20}	−91	75	d.		CS_2、et.、Chl:s;al.:d.
三溴化磷	PBr_3	270.73	无色发烟液体	1.6903	2.85^{15}	−40.5	173.2	d.		CS_2;s.
五氯化磷	PCl_5	208.27	易潮解的四方晶体		2.119^{20}	subl100	166d	d.		H_2SO_4;s.
五氧化二磷	P_2O_5	141.94	白色易潮解的无定形粉末		2.3	340	360d	生成H_3PO_4	v.s.	NH_3.act.;i.
四氧化三铁	Fe_3O_4	231.54	黑色立方晶体	2.42	5.1	1597		i.	i.	al.;i.a.s;
亚磷酸	H_3PO_3	82.00	无色晶体		$1.654^{21.2}$	73.6	200d	307.3^{0}	730^{40}	
亚硝酸钠	$NaNO_2$	69.00	淡黄色斜方晶体		2.168^{0}	271	320d	81^{20}	163.2^{100}	et.;0.3^{20}、abs.al. 0.3、m.al.;4.4^{20}
亚硫酸钠	Na_2SO_3	126.05	六方棱柱状晶体	1.565	2.633^{15}	d.		26^{20}	28.3^{84}	al.;NH_3;i.
亚硫酸氢钠	$NaHSO_3$	104.06	白色单斜晶体	1.526	1.48	d.		29		al.;1.4
过氧化氢	H_2O_2	34.02	无色液体	1.414^{22}	1.4649^{0}	−0.40	151.2	∞		a.,et.;s. pet.;i.
次氯酸钠	NaClO	74.44	只存在于溶液中、呈淡黄色			d.		53^{20}		
氢	H_2	2.016	无色气体		0.0899g/L	−259.19	−252.76	2.14^{0} cc	0.85^{80} cc	
氢氟酸	HF	20.01	无色气体或液体	1.1574^{20}	0.987	−83.57	19.52	∞^{0}	v.s.	
氢氰酸	HCN	27.03	有毒气体或无色气体	1.2675^{10}	0.699^{22} lq	−13.24	25.70	∞	—	al.,et.;s.
氢氯酸	HCl	36.46	无色气体	1.256(lq)	1.526^{20} g/L	−114.18	−85.00	71.9^{20}		al.,et.;s.
氢碘酸	HI	127.93	无色气体		5.37^{20} g/L	−50.79	−35.35	70^{0}	v.s.	al.;s.

续表

化合物名称	分子式	分子量	性状	折射率	相对密度	熔点/℃	沸点/℃	在100份(质量)溶剂中的溶解度		
								冷水	热水	其他溶剂
氢溴酸	HBr	80.92	无色气体	1.325(lq)	5.388^{20} g/L	−86.81	−66.714	221^{0}	130^{100}	sl.;s.
氢氧化钙	$Ca(OH)_2$	74.09	白色六方晶体	1.574	2.24	522,失水		0.185^{0}	0.077^{100}	NH_4Cl,a;s. al,i.
氢氧化钠	NaOH	40.01	易潮解的白色晶体		2.130^{25}	322	1557	42^{0}	347^{100}	al.,gly.,v.s. et.,act.;i.
氢氧化钾	KOH	56.11	易潮解的白色斜方晶体		2.044	406	1320	112^{20}	178^{100}	al.;v.s. et.,NH_3;i.
氢氧化铁	$Fe(OH)_3$	106.87	红棕色		3.4～4.9	500−$11H_2O$		i.	i.	a;s. al.;et.;i.
氢氧化铝	$Al(OH)_3$	78.00	白色单斜晶体		2.42	300−$2H_2O$		i.	i.	a.,alk.;s. al.;i.
氢氧化铜	$Cu(OH)_2$	97.55	蓝色凝胶状物质		3.368	d.		i.	d.	a.,al.,NH_4OH KCN;s.
氢氧化铵	NH_4OH	35.05	只存在于溶液中			−77		s.		
氢氧化锌	$Zn(OH)_2$	99.38	白色斜方晶体		3.053	125d.		sl.		a.,alk.,s.
氢氧化镁	$Mg(OH)_2$	58.33	白色三角晶体	1.599	2.36	268		0.0009^{18}		铵盐,稀酸;s.
重铬酸钾	$K_2Cr_2O_7$	294.19	红色三斜晶体		2.676^{25}	398	500d.	1.9^{0}	80^{100}	al.;i.
盐酸羟胺	$NH_2OH\cdot HCl$	69.49	白色单斜晶体		1.67^{12} 1.14^{185}	150.5	d.	83.3^{17}	v.s.	al.;4.43^{20} et.;i.
氧	O_2	32.00	无色气体或立方晶体		1.331^{20} g/L	−218.75	−182.96	4.89^{0} cc	2.6^{50} cc 1.7^{100} cc	al.;sl. 熔化的Ag;s.
氧化钙	CaO	56.08	白色立方晶体	1.838	3.25～3.38	2927	3500	生成 $Ca(OH)_2$		a.;s. al;i.
氧化铝	Al_2O_3	101.96	白色六方晶体	1.678	3.965	2054	(2980)	i.	i.	a..alk.;sl. al.;i.
氧化铜	CuO	79.54	黑色三斜晶体	2.63	6.4	1122d.		i.	i.	a.,KCN,NH_4Cl;s.
氧化锌	ZnO	81.37	白色六方晶体	2.004	5.67	1970		0.00042^{18}	i.	a;alk;s.
氧化镁	MgO	40.32	白色立方晶体	1.736	3.58	2825	3260	0.00062		a.,铵盐;s. al.;i.
氨	NH_3	17.03	无色气体	1.325(lq)	0.817^{-79} g/L 0.7188^{20} g/L	−77.75	−33.42	89.9^{0}	7.1^{96}	al.;13.2^{20} et.;s.
高氯酸	$HClO_4$	100.46	不稳定的无色液体		1.764^{22}	−112	19^{8mm}	s.		
高碘酸	HIO_4	191.91	白色晶体			110subl.	138d.	440^{25}		
高锰酸钾	$KMnO_4$	158.03	紫色斜方晶体		2.703	240d.		6.34^{20}	32.35^{75}	H_2SO_4;s. al.;d.
铬酸钾	K_2CrO_4	194.20	黄色斜方晶体	1.7261	2.732^{18}	975		58.0^{0}	75.6^{100}	al.;i.
羟胺	NH_2OH	33.03	易潮解的斜方晶体		1.204	33.1	58^{22mm}	s.	d.	a.,al;s.
硝酸	HNO_3	63.03	无色液体	1.3970	1.5027	−41.59	83	∞		expl. with al;et. s.

续表

化合物名称	分子式	分子量	性状	折射率	相对密度	熔点/℃	沸点/℃	在100份(质量)溶剂中的溶解度		
								冷水	热水	其他溶剂
硝酸钠	$NaNO_3$	85.01	白色三角晶体	1.5874	2.257	308	380d.	73^{0}	180^{100}	NH_3;s. gly.,al.,sl.
硫酸	H_2SO_4	98.08	无色油状液体		1.838^{20}	10.38	335.5d.	∞	∞	al.;d
硫化钠	Na_2S	78.05	桃红色或白色无定形晶体		1.856^{14}	950		15.4^{10}	57.3^{90}	al.;sl. et.;i.
硫化氢	H_2S	34.08	无色气体		1.539g/L	−82.52	−60.33	437^{0}cc	186^{40}cc	al.;9.54^{20}cc CS_2;s.
硫化铵	$(NH_4)_2S$	68.14	黄色晶体			d.		v. s.	d.	NH_3;120^{25} al,s.
硫酸钙	$CaSO_4$	136.14	白色斜方晶体 白色单斜晶体	1.576 1.50	2.960	1400		0.209^{30}	0.1619^{100}	a.,铵盐;a.
硫酸钠	Na_2SO_4	142.06	白色六方晶体		2.664	884	—	19.4^{20}	45.3^{60}	
硫酸钾	K_2SO_4	174.27	白色斜方晶体	1.494	2.662	1067	1670	11^{20}	24.1^{100}	al.,act.,CS;i.
硫酸铜	$CuSO_4$	159.61	绿色斜方晶体	1.733	3.603	>600d.	650,生成CuO	14.3^{0}	75.4^{100}	al.;i.
硫酸铵	$(NH_4)_2SO_4$	132.14	无色斜方晶体	1.523	1.769^{20}	235d.		70.6^{0}	103.8^{100}	al.,act.,NH_3;i.
硫酸锌	$ZnSO_4$	161.44	白色斜方晶体	1.669	3.54	600d.		42^{0}	61^{100}	a.;sl. gly;s.
硫酸锰	$MnSO_4$	151.00	淡红色晶体		3.25	700	850d.	62.9^{20}		al.;s. et.;i.
硫酸镁	$MgSO_4$	120.37	白色粉末		2.66	1124d.	—	26^{0}	78.3^{100}	al.;s.
硫酸氢钠	$NaHSO_4$	120.07	无色三斜晶体		2.435	>315	d.	28.5^{25}	100^{100}	NH_3;i. al;i.
硫酸氢铵	NH_4HSO_4	115.11	无色斜方晶体	1.473	1.78	146.9	350d.	100	—	al.,sl. act.;i.
氰化钠	NaCN	49.02	白色立方晶体	1.452	—	262	1530	48^{10}	82^{85}	NH_3;s. al.;sl.
氰化钾	KCN	65.12	白色立方晶体,易潮解	1.4101	1.52^{16}	622	1625	s.	$122.2^{103.3}$	al.;$0.9^{19.5}$ gly.;s.
氮	N_2	28.01	无色气体,六方或立方晶体		1.25g/L	−210.00	−195.81	2.35^{0}cc	1.55^{20}cc	al.;sl.
氯	Cl_2	70.91	黄绿色气体		1.57^{-34}lq 2.98^{20}gas	100.99	−34.03	310^{10}cc 1.46^{0}g	177^{30}cc 0.57^{30}g	alk;s.
氯化钙	$CaCl_2$	110.99	白色易潮解的立方晶体	1.52	2.15^{25}	772	1940	42^{20}		al.;s.
氯化钠	NaCl	58.45	无色立方晶体	1.5443	2.164^{20}	801	1465	35.7^{0}	39.12^{100}	al.;sl. conc HCl;i.
氯化钾	KCl	74.56	无色立方晶体	1.4904	1.998	771	1437	34.2^{20}	56.7^{100}	al.;0.4gly;s.
氯化铁	$FeCl_3$	162.21	暗棕色六方晶体		2.898	304	332	74.4^{0}	535.8^{100}	al.;et.;vs.
氯化铝	$AlCl_3$	133.34	白色易潮解六方晶体		2.44	$194^{5.2atm}$	181subl	70	s. d.	100^{125}abs al;et. s. bz.;i.

续表

化合物名称	分子式	分子量	性　状	折射率	相对密度	熔点/℃	沸点/℃	在100份(质量)溶剂中的溶解度		
								冷水	热水	其他溶剂
氯化铜	$CuCl_2$	134.44	棕黄色粉末		3.386	620	993生成 Cu_2Cl_2	70.6^{0}	107.9^{100}	m. al.;68^{15}; 53^{15}al.
氯化铵	NH_4Cl	53.49	白色立方晶体	1.642	1.527	520	339subl.	29.7^{0}	75.8^{100}	NH_3;s. al.,sl. et.;i.
氯化银	AgCl	143.34	白色立方晶体	2.071	5.56	455	1564	0.00019	0.00217^{100}	NH_4ON,KCN; $Na_2S_2O_3$,s.
氯化锌	$ZnCl_2$	136.39	白色易潮解晶体	1.681	2.91^{25}	318	732	395^{20}	615^{100}	77al.;et.;vs. NH_3;i.
氯化镁	$MgCl_2$	95.23	白色六方晶体	1.675	2.41	714	1437	54.6^{0}	73^{100}	al.;s.
碘	I_2	253.82	紫黑色斜方晶体		4.660^{20}	113.6	184.24	0.29^{20}		al.、KI、et.;s.
碘化钾	KI	166.02	白色立方晶体	1.6670	3.12	681	1345	127.5^{0}	208^{100}	et.;sl. 4.5al.; 1.2act.;NH_3s.
碘化银	AgI	234.80	黄色六方晶体	2.21	5.683^{30}	558	1505	i.	i.	KCN;s.
锰酸钾	K_2MnO_4	197.12	绿色斜方晶体		—	190d.		d.		KOH;s.
溴	Br_2	159.81	斜方晶体或红色液体		3.199^{20} 5.87(A)	−7.3	58.78	4.17^{0}	3.58^{20}	al.,et.,chl.,CS_2;s.
溴化钠	NaBr	102.90 138.93	无色立方晶体 无色单斜晶体		3.203 3.176	747 51—$2H_2O$	1390	v. s. 79.5^{0}(无水)	118.3^{80} (无水)	al.,m. al.;sl. al.;sl.
溴化钾	KBr	119.01	无色立方晶体		2.75	734	1398	53.5^{0}	104^{100}	04al.;et.;sl.
溴化铜	$CuBr_2$	223.31	黑色易潮解单斜晶体		4.71^{20}	498	900	vs.	—	NH_3,al.,act.,s. bz.;i.
溴化银	AgBr	187.80	淡黄色立方晶体	2.253	6.473^{25}	430	>1300d.	0.00002^{25}	0.00037^{100}	NH_4OH;0.51^{80} KCH,$Na_2S_2O_3$;s.
碳化钙	CaC_2	64.10	灰色斜方晶体	1.75	2.22	2300		生成乙炔		
碳酸钙	$CaCO_3$	100.9	白色斜方晶体	1.685	2.930	900d.		0.0013^{20}	0.002^{100}	a.,NH_4Cl;s.
碳酸钠	Na_2CO_3	106.00	白色粉末	1.535	2.533	85	d.	7.1^{0}	45.5^{100}	al.,sl.;et.;i.
碳酸钾	K_2CO_3	138.20	白色易潮解粉末	1.531	2.29	901	d.	111^{20}	156^{100}	al.,act;i.
碳酸氢钠	$NaHCO_3$	84.01	白色单斜晶体	1.500	2.20	270—CO_2		6.9^{0}	16.4^{60}	al.;i.
碳酸氢铵	NH_4HCO_3	79.06	单斜或斜方晶体	1.536	1.58	35～60d.		11.9^{0}	27^{30}	al.;i.
磷酸	H_3PO_4	98.00	无色斜方晶体		1.88	42.35	213 (−1/$2H_2O$)	2340^{26}	vs.	al.;s.

附录二十四　常用有机化合物物理常数

分子式	化合物名称	结构简式	分子量	性　状	相对密度	熔点/℃	沸点/℃	折射率	在100份(质量)溶剂中的溶解度 水中	乙醇中	乙醚中
									(其他溶液中)		
1Ⅰ											
CH_4	甲烷	CH_4	16.04	无色无味可燃性气体	0.554(A)	−182.48	−164	1.0004^{0}	0.35^{20}cc	47.1^{20}cc	104^{20}cc
CS_2	二硫化碳	CS_2	76.14	无色、易燃气体、有毒	$1.2632^{20/4}$	−108.6	46.25	1.6279^{20}	0.2^{0} 0.014^{50}	∞	∞;chl.s.
CCl_4	四氯化碳	CCl_4	153.82	无色、有愉快气味液体	$1.595^{20/4}$	−22.8	76.8	1.4603^{20}	0.097^{0} 0.08^{20}	∞	∞;bz.∞
1Ⅱ											
$CHCl_3$	三氯甲烷	$CHCl_3$	119.38	无色、透明稍有甜味、易挥发液体	1.4984^{2}	−63.5	61.2	1.4455^{20}	0.82^{20}	∞	∞
$CHBr_3$	三溴甲烷	$CHBr_3$	252.77	无色液体	$2.890^{20/4}$	8～9	150.5	1.598	0.1冷	∞、∞bz.	∞;chl.
CHI_3	三碘甲烷	CHI_3	393.78	黄色、有特殊气味晶体	$4.008^{20/4}$	119～121	沸点时subl.	1.800	0.01^{25}	1.5^{17} 11热	13.6^{25} act;vs.
CH_2O	甲醛	HCHO	30.03	无色、有特别刺激气味气体	气1.067 液0.815^{-20}	−92	19.5	1.2	vs.	vs.	vs.
CH_2O_2	甲酸	HCOOH	46.03	无色、有刺激气味液体	1.220	8.6	100.8	1.3714	∞	∞	∞
	甲酸钠	HCOONa	68.02	无色晶体	1.919	124	d.		70	难溶	i.
CH_3Cl	一氯甲烷(甲基氯)	CH_3Cl	50.49	无色有香甜味气体	气2.31g/L 液0.920	−97.6	−23.76		400cc	3500^{20}cc	s. chl.ac.;s.
CH_3Br	一溴甲烷(甲基溴)	CH_3Br	94.95	无色易液化的有乙醚气味和甜味的气体	1.730^{0}	−9	3.59		难溶	s. CS_2;s.	s.chl.,s.
CH_3I	一碘甲烷(甲基碘)	CH_3I	141.95	无色液体	2.279	−66.1	42.5	1.5293^{21}	1.3^{15}	∞	∞
CH_4O	甲醇	CH_3OH	32.04	无色、易挥发易燃液体、有毒	0.7915	−97.8	64.65	1.2388	∞	∞	∞
CH_5N	甲胺	CH_3NH_2	31.06	无色有氨味气体	0.699^{-11}	−93.5	−6.3	$1.432^{17.5}$	959^{25}cc	s.	∞
	盐酸甲胺	$CH_3NH_2·HCl$	68.10	无色晶体		227～ 228subl.	225～ 230^{15mm}		vs.	s.	i.
1Ⅲ											
CH_3ON	甲酰胺	$HCONH_2$	45.04	无色油状液体	1.1333	2.55	210d.	1.4475	∞	∞	sl.
CH_4ON_2	尿素	H_2NCONH_2	60.06	无色晶体	1.335	132.7 173d.	d.		100^{17} ∞热 vs.	20^{20} i.(abs.)	sl. sl.
CH_5ON_3	氨基脲	$H_2NNHCONH_2$	111.54	无色晶体					s.	m. al.;sl.	i.
CH_3O_4SNa	(一水合)甲醛亚硫酸氢钠	$CH_2(OH)SO_3Na·H_2O$	152.11	白色晶体					alk.;d.	alk;d.	
2Ⅰ											
C_2H_2	乙炔	CH≡CH	26.04	无色易燃气体	气1.173g/L 液$0.6181^{-8.2}$ 固$0.730^{-8.5}$	−81.8	−83.6subl	1.00051^{0}	100	600^{18}cc	2500^{15}(act.) bz. chl.;s.

续表

分子式	化合物名称	结构简式	分子量	性　状	相对密度	熔点/℃	沸点/℃	折射率	在100份(质量)溶剂中的溶解度		
									水中	乙醇中	乙醚中
									(其他溶液中)		
2 Ⅰ											
C_2H_4	乙烯	$CH_2=CH_2$	28.05	无色、有甜味的易燃气体	气 1.2804g/L 液 $0.5699^{101.9}$	−169.4	−103.9	1.363	25.60cc	360cc	s.
C_2H_6	乙烷	CH_3CH_3	30.07	无色、无臭易燃气体	气 1.357g/L 液 0.4460	−172	−88.3	1.00075^{0}	4.7^{20}cc 1.8^{80}cc	150cc (abs.)	
2 Ⅱ											
C_2H_2O	乙烯酮	$CH_2=C=O$	42.04	无色气体、有毒		−151	−56		d.	d.	et.;s. act.;s.
$C_2H_2O_2$	乙二醛	OHC—CHO	58.04	黄色晶体或淡黄色液体	1.14	15	50.4	1.3828	s.	s.	s.
$C_2H_2O_4$	乙二酸 草酸钠	HOOC—COOH NaOOC—COONa	90.04 134.01	无色透明晶体 无色晶体	1.653^{10} 1.90(abs)	101~102 (abs),1895d.	157subl		10^{20} 120^{100}	24^{15}(abs.)	1.3^{15}(abs.)
$C_2H_2Cl_2$	1,1-二氯乙烯	$CH_2=CCl_2$	96.92	无色易挥发液体	2.34	灼烧 d.			3.7^{22} 6.3^{100}	i.	i.
	1,2-二氯乙烯	CHCl=CHCl	96.92	无色有氯仿味液体	1.2129	−122.1	32		sl.	s.	s.
C_2H_3N	乙腈	CH_3CN	41.05	无色有芳香味液体	顺 1.2837 反 1.2563	−80.5 −50	60.3 47.5	1.4519^{15}	sl.	s.	s.
C_2H_3Cl	氯乙烯	$CH_2=CHCl$	62.5	无色易液化气体	0.7822	−45	81.5	1.3441	∞	∞	∞
C_2H_4O	乙醛	CH_3CHO	44.05	无色刺激性液体	液 $908^{25/25}$	−160	−12		sl. ∞	s. ∞	s. ∞
	乙醛化亚硫酸氢钠	$CH_3CH(OH)SO_3Na\cdot\frac{1}{2}H_2O$	175.13	白色晶体	0.783^{18}	−123.5	20.2	1.3392	a.,d. s.	i.	i.
	环氧乙烷	$H_2C—CH_2$(—O—环)	44.05	无色有乙醚味气体有毒	0.887^{7}	−111	13~14	1.3599^{8}	∞	∞	∞
$C_2H_4O_2$	乙酸	CH_3COOH	60.05	无色刺激性液体	1.049	16.7	118	$1.3715^{21.9}$	∞	∞	∞
	乙酸铵	CH_3COONH_4	77.08	白色易潮解的三角晶体	1.17	114			i.	s.	
	乙酸钠	CH_3COONa	82.06	无色透明晶体	1.529	320		1.461(β)	123.5^{20} 170^{100}	2.3^{10}	
$C_2H_4O_3$	羟基乙酸	$HOCH_2COOH$	76.32	无色易潮解晶体	1.49^{25}	79~80	100d.		vs.	90^{25}	v.s.
	过乙酸	CH_3COOOH	76.32	无色刺激性液体	1.15	0.1	>100expl.		s.	s.	s. H_2SO_4;s.
$C_2H_4Cl_2$	1,2-二氯乙烷	CH_2ClCH_2Cl	98.97	无色或淡黄色透明液体。有毒	1.2531	−35.3	83.5	1.4448	0.9^{0}	∞ chl.;∞	∞
$C_2H_4Br_2$	1,2-二溴乙烷	CH_2BrCH_2Br	187.88	无色挥发性有愉快气味液体。有毒	2.17~2.18	9.10	131	1.539	i.	v.s.	vs.
C_2H_5Cl	氯乙烷	CH_3CH_2Cl	64.52	无色易液化的气体	0.9028^{15}	−138.7	13.1		0.57^{20}	48.3^{20}	∞
C_2H_5Br	溴乙烷	CH_3CH_2Br	108.98	无色或微黄色透明液体	1.431	−117~118	38.4	1.4293	1.06^{0} 0.9^{30}	∞	∞
C_2H_5I	碘乙烷	CH_3CH_2I	155.98	无色略带黄色液体	1.933	−105	72.4	$1.3610^{20.5}$	0.4^{20}	∞	∞
C_2H_6O	乙醇	CH_3CH_2OH	46.07	无色透明液体	0.7893	−117.3	78.3	1.3616	∞	∞;chl.	∞
	甲醚	CH_3OCH_3	46.07	无色透明液体	气 1.617 液 0.661^{2}	−138.5	−24.5		3700^{18}cc	s.	s.

续表

分子式	化合物名称	结构简式	分子量	性状	相对密度	熔点/℃	沸点/℃	折射率	在100份(质量)溶剂中的溶解度 水中	乙醇中	乙醚中
									(其他溶液中)		
2Ⅱ											
$C_2H_6O_2$	乙二醇	$HOCH_2CH_2OH$	62.06	有甜味无色黏稠液体	1.1132	−12.6	197.2	1.4318	∞	∞	sl. act;∞
C_2H_7N	二甲胺	$(CH_3)_2NH$	45.08	具有氨味的气体	0.680^{0}	−96	7.4	1.350^{19}	vs.	s.	s.
	二甲胺盐酸盐	$(CH_3)_2NH\cdot HCl$	81.55	白色晶体		170~171			369^{25}	vs.	i.
	乙胺	$C_2H_5NH_2$	45.08	极易挥发的有氨味的无色液体	$0.6892^{15/25}$	−80.6	16.6		∞	∞	∞
	乙胺盐酸盐	$C_2H_5NH_2\cdot HCl$	81.55	无色易潮解的片状晶体	1.216	108~109			240^{17}	vs.	i.
$C_2H_8N_2$	乙二胺	$NH_2CH_2CH_2NH_2$	60.10	无色黏稠有氨味液体	0.8994	8.5	117.1	$1.4540^{26.1}$	∞	∞ bz;i.	0.3
2Ⅲ											
C_2HOCl_3	三氯乙醛	Cl_3CCHO	147.40	无色有刺激性液体	1.5121	−57	97.7	1.4557	vs.	∞	∞
$C_2HO_2Cl_3$	三氯乙酸	Cl_3CCOOH	163.40	无色有刺激性晶体	1.62^{25}	58	197.5		vs.	vs.	vs.
C_2H_3OCl	氯乙醛	CH_2ClCHO	78.5	无色催泪性液体			85(742mm)		s.	vs.	vs.
	乙酰氯	CH_3COCl	78.5	在空气中发烟并有窒息性,无色液体	1.1051	−112	51~52	1.3898	d.	bz.;∞ d.	chl.;∞ ∞
C_2H_3OBr	乙酰溴	CH_3COBr	123	无色液体	1.663^{16}	−96.5	76(750mm)	$1.4537^{15.8}$	d.	bz.;∞ d.	∞ chl.;∞
$C_2H_3O_2F$	氟乙酸	FCH_2COOH	78.04	无色易熔化晶体		33	165		s.	s.	s.
$C_2H_3O_2Cl$	氯乙酸	$ClCH_2COOH$	94.50	无色晶体	$1.58^{20/20}$	61~63	189	1.4297^{65}	v. s.	s.	s.
$C_2H_3O_2Br$	溴乙酸	$BrCH_2COOH$	138.96	无色晶体	$1.93^{50/50}$	49~50	208		∞^{25}	∞^{25}	∞^{25}
C_2H_5OCl	氯乙醇	$ClCH_2CH_2OH$	80.51	无色略有醚味液体	1.213	−68	128	1.4419	∞	∞	act.;∞
C_2H_5ON	乙醛肟	$CH_3CH=NOH$	59.07		0.965	47 凝固 13	114~115	$1.4257^{20.4}$	s.	∞	∞
	乙酰胺	CH_3CONH_2	59.07	无色无臭晶体	1.159	82	223	1.54(ω)	s.	s.	sl.
$C_2H_5O_2N$	氨基乙酸	NH_2CH_2COOH	75.05	白色有甜味晶体	1.1607	232~236d.			23c.	0.1c.	i.
	硝基乙烷	$CH_3CH_2NO_2$	75.05	无色液体,有毒	1.0448^{25}	−90	114.8^{761mm}	$1.3901^{24.3}$	4.5^{20} a. alk.;s.	∞ chl.;∞	∞
C_2H_6OS	二甲基亚砜	$(CH_3)_2SO$	78.13	无色无臭微带苦味液体	1.0954	18.5	189	1.4783	vs.	vs.	vs.
$C_2H_6O_4S$	硫酸二甲酯	$(CH_3O)_2SO_2$	126.13	无色有强烈刺激作用液体,极毒	1.352^{0}	−26.8	188.3~188.6	1.3874	sl.;缓慢 d.	∞	∞
	硫酸氢乙酯	$C_2H_5OSO_2OH$	126.13	无色液体	1.316^{27}		d.		∞;h;d.	∞;h;d.	∞
C_2H_7ON	乙醇胺	$NH_2CH_2CH_2OH$	61.08	无色黏稠有氨味液体	1.0179	10.5	170.5		∞	∞	i.
3Ⅰ											
C_3H_4	丙炔	$CH_3C\equiv CH$	40.06	无色易燃气体	液 0.6785^{27} 气 1.787g/L	−102.7	−23.22	1.3746(沸)	sl.	vs.	2142^{16}cc
C_3H_6	丙烯	$CH_3CH=CH_2$	42.08	无色有甜味气体	液 0.5139 气 1.46	−185.2	−47.7	1.3623(沸)	44.6cc	1250cc	524.5cc aa.
	环丙烷	△	42.08	无色有石油醚味易燃气体	液 0.72 气 1.937^{0}	−126.6	-34^{749mm}	1.3726(沸)	i.	s.	s.

续表

分子式	化合物名称	结构简式	分子量	性　状	相对密度	熔点/℃	沸点/℃	折射率	在100份(质量)溶剂中的溶解度		
									水中	乙醇中	乙醚中
									(其他溶液中)		
3Ⅰ											
C_3H_8	丙烷	$CH_3CH_2CH_3$	44.09	无色气体	液 0.531^{0} 气 1.56	−189.9	−42.17	1.339(沸)	6.5^{18} cc	790^{17} cc	926^{17} cc
3Ⅱ											
C_3H_3N	丙烯腈	$CH_2=CHCN$	53.06	无色易流动液体	0.8060	−84～−83	77.3～7.4		s.		
C_3H_4O	丙烯醛	$CH_2=CHCHO$	56.06	无色辛辣气味气体	0.84	−87.7	52.5	1.3998	40	s.	s.
$C_3H_4O_2$	丙烯酸	$CH_2=CHCOOH$	72.06	无色有刺激性液体	1.0511	12.1	140.9	1.4224	∞	∞	
$C_3H_4O_3$	丙酮酸	$CH_3COCOOH$	88.06	无色液体	1.267	13.6	165 微 d.	$1.4303^{15.3}$	∞	∞	∞
$C_3H_4O_4$	丙二酸	$CH_2(COOH)_2$	104.06	白色晶体	1.63	135.6	d.(b.p)		138^{16}	42^{25}	8^{15} abs.
C_3H_5Cl	烯丙基氯	$CH_2=CHCH_2Cl$	76.53	无色有不愉快气味液体	0.9382	−134.5	45.0	1.4159	sl.	s.	s.; zct.,pet.;s.
C_3H_5Br	烯丙基溴	$CH_2=CHCH_2Br$	120.99	无色液体	1.398	−119.4	$70～71^{753mm}$	1.4655	i.	∞	∞
C_3H_6O	丙醛	CH_3CH_2CHO	58.08	无色有刺激性易燃液体	0.807	−81	47～49	1.3635	20^{20}	∞	∞
	丙酮	CH_3COCH_3	58.08	无色易挥发，易燃有微香味液体	0.7890	−94.6	56.5	1.3586	∞ pyr.;∞	∞ mal.;∞	∞ chl.;∞
$C_3H_6O_2$	丙酸	CH_3CH_2COOH	74.08	无色有刺激性液体	0.992	−20.8	140.7	$1.3874^{19.9}$	∞	∞	∞ chl.;∞
	甲酸乙酯	$HCOOC_2H_5$	74.08	无色有愉快气味液体	0.9236	−79.5	56.3	1.3598	11^{18}	∞	∞
	乙酸甲酯	CH_3COOCH_3	74.08	无色有芳香味液体	0.924	−98.7	57.1	1.3594	33^{22}	∞	∞
$C_3H_6O_3$	甘油醛	$CH_2OHCHOHCHO$	90.08		$1.445^{18/18}$	142	145～ $150^{0.8mm}$		3^{18}	sl.	sl.
	三聚甲醛	$(CH_2O)_3$	90.08	白色有甲醛味结晶粉末	1.17^{65}	62～64 46subl.	115		sl. h.;∞	s. dil. a.;s.	s. pet.;sl.
	外消旋乳酸	$CH_3CHOHCOOH$	90.08	无色或淡黄色黏稠液体	1.249^{15}	16.8	122	1.44	∞	∞	∞
C_3H_7Cl	正丙基氯	$CH_3CH_2CH_2Cl$	78.54	无色有愉快气味液体	0.890	−122.8	46.4	1.3884	0.27^{20}	∞	∞
	异丙基氯	$CH_3CHClCH_3$	78.54	无色有愉快气味液体	0.8590	−117.6	34.8		0.31^{20}	∞	∞
C_3H_7Br	正丙基溴	$CH_3CH_2CH_2Br$	123.00	无色或淡黄色液体	1.353	−109.9	70.8	1.4341	0.25^{20}	∞	∞
	异丙基溴	$CH_3CHBrCH_3$	123.00	无色或淡黄色液体	1.310	−89	60	1.4251	0.32^{20}	∞	∞
C_3H_8O	正丙醇	$CH_3CH_2CH_2OH$	60.09	无色透明有乙醇味液体	0.8036	−127	97.19	1.3854	∞	∞	∞
	异丙醇	$CH_3CHOHCH_3$	60.09	无色透明有乙醇味液体	0.7854	−88	82.5	1.3772	s.	s.	s.
	甲乙醚	$CH_3OC_2H_5$	60.09	无色有醚味气体	$0.725^{0/0}$		6.4^{724mm}		s.	∞	∞
$C_3H_8O_2$	1,2-丙二醇	$CH_3CH_2OHCH_2OH$	76.09	无色黏稠微有辣味的吸湿性液体	$1.038^{20/20}$		188.2	1.4293^{27}	∞	∞	∞
	1,3-丙二醇	$HOCH_2CH_2CH_2OH$	76.09	无色液体	1.060		214	1.4398	∞	∞ chl.;i.	s.
$C_3H_8O_3$	丙三醇	$CH_2OHCHOHCH_2OH$	92.09	无色无臭黏稠性有甜味液体	1.2613	17.9	290	1.4729	∞ bz.;i.	∞ pet.;i.	i. chl;i.
C_3H_9N	甲乙胺	$CH_3NHC_2H_5$	59.11	有氨味液体			34～35				
	丙胺	$CH_3CH_2CH_2NH_2$	59.11	无色有氨味液体	$0.718^{20/20}$	−83	$49～50^{(761mm)}$	$1.3901^{16.6}$			

续表

分子式	化合物名称	结构简式	分子量	性　状	相对密度	熔点/℃	沸点/℃	折射率	在100份(质量)溶剂中的溶解度		
									水中	乙醇中	乙醚中
									(其他溶液中)		
3Ⅱ											
C_3H_9N	异丙胺	$(CH_3)_2CHNH_2$	59.11	无色有氨味液体	0.694^{15}	−101	33～4	$1.3770^{15.4}$			
	三甲胺	$(CH_3)_3N$	59.11	无色有鱼腥味气体	0.6709^{0}	−117	3.2～3.8		41^{19}	s.	s.
	三甲胺盐酸盐	$(CH_3)_3N\cdot HCl$	95.58	无色晶体		271～278d.			s.	s.	i.
3Ⅲ											
C_3H_5OCl	丙酰氯	CH_3CH_2COCl	92.53	无色刺激性液体	1.065	−94	80	1.4051	d.	d.	s.
	氯丙酮	$ClCH_2COCH_3$	92.53	无色刺激性液体	1.162	−14.5	119		s.	s.	s. chl.;s.
C_3H_5OBr	丙酰溴	CH_3CH_2COBr	136.99	无色刺激性液体	$1.521^{16.4}$		103～104	$1.4578^{16.4}$	d.	d.	s.
	溴丙酮	$BrCH_2COCH_3$	136.99	无色透明有催泪性液体	1.634^{23}	−54	136.5^{725mm}		sl.	vs.	vs.
C_3H_7ON	*N*,*N*-二甲基甲酰胺	$HCON(CH_3)_2$	73.09	无色有氨味液体	0.9487		153	1.4304	∞	∞	∞
4Ⅰ											
C_4H_2	丁二炔	$CH\equiv C-C\equiv CH$	50.06	无色气体	0.763^{0}	36	9～10		466^{25} cc		
C_4H_4	乙烯基乙炔	$CH_2=CH-C\equiv CH$	52.06	有麻醉性气体	$0.7095^{0/0}$		5				
C_4H_6	1,3-丁二烯	$CH_2=CH-CH=CH_2$	54.09	无色有特殊气味的麻醉性气体	0.6211	−108.9	−4.45		i.	∞	∞
	1-丁炔	$CH_3CH_2C\equiv CH$	54.09	无色易燃气体	0.668^{0}	−130	18.5^{750mm}	1.3962	i.	s.	s.
	2-丁炔	$CH_3-C\equiv CCH_3$	54.09	无色易燃气体	$0.715^{0/0}$	−32.8	28	1.3930		s.	
C_4H_8	1-丁烯	$CH_3CH_2CH=CH_2$	56.10	无色气体	0.5946	−185.4	−6.3	1.3777^{-25}	i.	vs.	
	顺-2-丁烯	H_3C　CH_3 C=C H　H			0.6213	−139	3.5	1.3932^{-25}	i.	s.	
	反-2-丁烯	H_3C　H C=C H　CH_3	56.10	无色气体	0.6042	−105.5	0.9	1.3842^{-25}	i.	vs.	
	异丁烯	$(CH_3)_2C=CH_2$	56.10	无色气体	0.5879^{25}	−139	−6	1.3796^{-25}	H_2SO_4;s.		
	甲基环丙烷	△—CH_3	56.10	无色易燃气体	$0.691^{20/0}$		4～5		i.		s.
	环丁烷	□	56.10	无色气体	$0.703^{0/4}$	−50	$11～12^{726mm}$	1.3752^{0}	i.	vs.	acl.;vs.
C_4H_{10}	丁烷	$CH_3CH_2CH_2CH_3$	58.12	无色气体	0.5730^{25}	−135	−0.5	1.3562^{-15}	sl.	s.	s.
	异丁烷	$(CH_3)_2CHCH_3$	58.12	无色气体	0.5510^{25}	−145	−11.73	1.3233	sl.	s.	s.
4Ⅱ											
$C_4H_2O_3$	顺丁烯二酸酐	(结构式)	98.06	无色结晶有强烈刺激味固体	1.48	52.8	202 subl		16.3^{30}	s.; ccl_4;v. sl.	s.
C_4H_4O	呋喃	(结构式)	68.07	无色有特殊气味液体	0.937		32^{758mm}	1.4261	i.	s.	s.

续表

分子式	化合物名称	结构简式	分子量	性　状	相对密度	熔点/℃	沸点/℃	折射率	在100份(质量)溶剂中的溶解度 水中	乙醇中	乙醚中
									(其他溶液中)		
4Ⅱ											
C_4HO_3	丁二酸酐	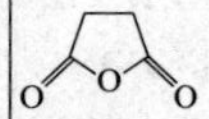 O O O (环)	100.07	白色晶体	1.234	119.6	261		v. sl.	v. sl.	v. sl.
$C_4H_4O_4$	顺丁烯二酸	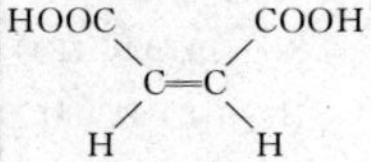 HOOC　COOH C=C H　H	116.07	无色晶体	1.590	130.5	135d.		79^{20} 393^{98}	70^{30}	8^{25}
	反丁烯二酸	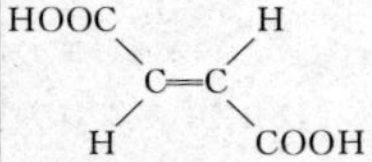 HOOC　H C=C H　COOH	116.07	白色结晶粉末	1.635	286～287	200subl		h.;s.	s.	sl.
$C_4H_4N_2$	丁二腈	$NCCH_2CH_2CN$	80.09	无色蜡状固体	1.022^{25}	54.5	265～267	$1.4165^{63.1}$	vs.	vs.	s.
C_4H_4S	噻吩	S (环)	84.13	无色有特殊气味液体	1.0644	−38.3	84.12	1.5286	i. bz.;s.	s.	s. H_2SO_4;s.
C_4H_5N	烯丙基腈	$CH_2=CHCH_2CN$	67.09	无色液体	0.837^{16}	−86.8	118～119	1.4079^{16}		s.	
	吡咯	 N H (环)	67.09	无色有刺激性液体	0.968	−24	130～131	1.5035	i. dil.,akl.;i.	s. bz.;s.	s. 无机酸;s.
C_4H_6O	反式巴豆醛	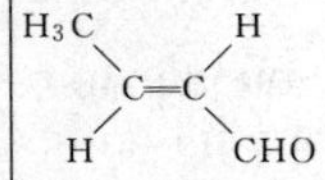 H_3C　H C=C H　CHO	70.09	无色可燃性有催泪性的液体	0.858^{16}	−74	104		sl.	s.	s.
$C_4H_6O_2$	顺式巴豆酸	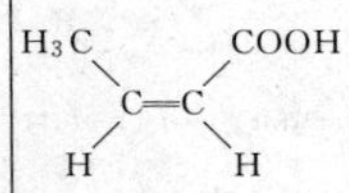 H_3C　COOH C=C H　H	86.09	无色晶体	1.031^{15}	15.5	170～171d.	$1.446^{19.6}$	∞	s.	
	反式巴豆酸	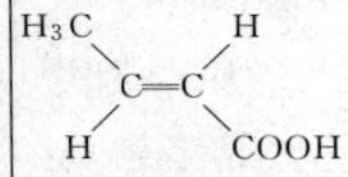 H_3C　H C=C H　COOH	86.09	无色晶体	1.018^{15}	72	185	1.4300^{72}	8.3^{15}	s. 甲苯;s.	act.;s.
	α-甲基丙烯酸	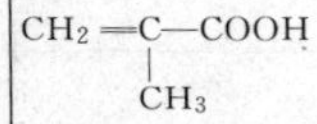 $CH_2=C-COOH$ CH_3	86.09	无色液体	1.0153	15～16	161～163	1.4314	h.;s.	∞	∞
	丙烯酸甲酯	$CH_2=CHCOOCH_3$	86.09	无色液体	0.9535^{26}	−76.5	80.5	1.4600		s.	s.
	乙酸乙烯酯	$CH_3COOCH=CH_2$	86.09	无色有强烈气味液体	0.9312	−100.2	72～73		2^{20}	∞	∞
$C_4H_6O_3$	乙酸酐	$(CH_3CO)_2O$	102.09	无色有极强醋酸味液体	1.0820	−73	139	1.3901	d.	s.;d.	s. ba.;chl.;s.

续表

分子式	化合物名称	结构简式	分子量	性　状	相对密度	熔点/℃	沸点/℃	折射率	在100份(质量)溶剂中的溶解度		
									水中	乙醇中	乙醚中
									(其他溶液中)		
4 Ⅱ											
$C_4H_6O_4$	丁二酸	$HOOCCH_2CH_2COOH$	118.09	无色晶体	1.572^{25}	185	235		6.8^{20} 121^{100}	9.915	1.2^{15}
$C_4H_6O_6$	*meso*-酒石酸	HOOC—CH(OH)—CH(OH)—COOH	150.09	无色晶体	1.666	205 (无水物)			125^{10}	s	sl.
	四水合酒石酸钾钠	HO—CH—COOK HO—CH—COONa ·$4H_2O$	282.23	无色透明晶体	1.79	70～80	215 ($-4H_2O$)	1.413(β)	38.2^{6}	i.	
C_4H_8O	丁醛	$CH_3CH_2CH_2CHO$	72.10	无色透明有窒息性液体	0.8170	−99	75.7	1.3843	4	∞	∞
	异丁醛	$(CH_3)_2CHCHO$	72.10	无色有刺激性液体	0.795	−65.9	64.5	1.3730	11^{20}	s.; chl.;∞	∞ bz.;∞
	丁酮	$CH_3COCH_2CH_3$	72.10	无色易燃有丙酮味液体	0.8049	−85.9	79.6	1.3788	37	∞	∞ bz.;∞
$C_4H_8O_2$	β-羟基丁醛	$CH_3CHOHCH_2CHO$	88.10	无色有刺激性液体	1.103		83^{20mm}		∞	∞	s.
	正丁酸	$CH_3CH_2CH_2COOH$	88.10	无色油状液体	0.9587	−6.5	163.5^{757mm}	1.3979	∞	∞	∞
	乙酸乙酯	$CH_3COOCH_2CH_3$	88.10	无色有果香味可燃性液体	0.9006	−83.6	77.1	1.3723	8.5^{15}	∞	∞
C_4H_9Cl	正丁基氯	$CH_3CH_2CH_2CH_2Cl$	92.57	无色易燃液体	0.8865	−123	78.6	1.4015	$0.07^{12.5}$	∞	∞
	仲丁基氯	$CH_3CH_2CHClCH_3$	92.57	无色透明液体	0.871		67.8^{767mm}	$1.3953^{25.2}$	i	∞	∞
	异丁基氯	$(CH_3)_2CHCH_2Cl$	92.57	无色透明液体	0.884	−131.2	68～9	$1.3970^{17.8}$	i	∞	∞
	叔丁基氯	$(CH_3)_3CCl$	92.57	无色易挥发液体	0.847	−26.5	51～2	$1.3869^{17.8}$	i	∞	∞
C_4H_9Br	正丁基溴	$CH_3CH_2CH_2CH_2Br$	137.03	无色液体	1.277	−112.4	101.6	1.4398	0.06^{15}	∞	∞
	仲丁基溴	$CH_3CH_2CHBrCH_3$	137.03	无色液体	1.251^{25}	−112	91.3	$1.4344^{25.3}$	i	∞	∞
	异丁基溴	$(CH_3)_2CHCH_2Br$	137.03	无色液体	1.264	−117.4	91.4	1.436	0.06^{15}	∞	∞
	叔丁基溴	$(CH_3)_3CBr$	137.03	无色易挥发液体	1.211	−16.2	73.3	$1.428^{20.5}$	0.06^{18}	∞	∞
C_4H_9I	正丁基碘	$CH_3CH_2CH_2CH_2I$	184.03	无色液体	1.617	−103.5	129.9	1.4998	i	∞	∞
$C_4H_{10}O$	正丁醇	$CH_3CH_2CH_2CH_2OH$	74.12	无色有酒味液体	0.8098	−79.9	117.7	1.3991	9^{15}	∞	∞
	仲丁醇	$CH_3CH_2CHOHCH_3$	74.12	无色油状有难闻气味液体	0.808	−114.7	99.5	1.3924^{22}	12.5^{20}	∞	∞
	异丁醇	$(CH_3)_2CHCH_2OH$	74.12	无色透明有特殊气味液体	0.806	−108	107～8	$1.3968^{17.5}$	10^{16}	∞	∞
	叔丁醇	$(CH_3)_3COH$	74.12	无色油状有难闻气味液体	0.779^{25}	25～25.5	82.9	1.3878	∞	∞	∞
	乙醚	$C_2H_5OC_2H_5$	74.12	无色透明有爽快气味的易流动液体	0.7193	α-116.1 β-123.3	34.6	1.3527	7.8^{20}	∞	chl.;∞

续表

分子式	化合物名称	结构简式	分子量	性　状	相对密度	熔点/℃	沸点/℃	折射率	在100份(质量)溶剂中的溶解度 水中	乙醇中	乙醚中
									(其他溶液中)		
4Ⅱ											
$C_4H_{11}N$	1-丁胺	$CH_3CH_2CH_2CH_2NH_2$	73.14	无色有氨味液体	0.739^{25}	−50	77.8	1.401	∞	∞ gly.;∞	∞
	二乙胺	$(C_2H_5)_2NH$	73.14	无色易挥发有氨味液体	$0.712^{15/15}$	−49.8	55.5	1.3871^{19}	vs.	∞	∞
4Ⅲ											
$C_4H_5O_2N$	丁二酰亚胺		99.09	无色晶体	1.412	125～126	287～288		vs.	s. chl.;i.	sl.
C_4H_7ON	2-甲基-2-羟基丙腈	$(H_3C)_2C(OH)CN$	85.10	无色液体	0.932	−20	82^{28mm}		s.	s.	s.
C_4H_9ON	丁酰胺	$CH_3CH_2CH_2CONH_2$	87.12	无色晶体	1.032	115.6	216		vs.	s.	sl.
	丁酮肟	$(CH_3CH_2)(CH_3)C{=}NOH$	87.12	无色液体	0.923	−29.5	152.3	1.4428	10	∞	∞
$C_4H_{10}O_4S$	硫酸二乙酯	$(C_2H_5)_2SO_4$	154.13	无色油状液体,有毒	1.180	−25	210 微分解		i.;d	s.	∞
$C_4H_{11}O_2N$	二乙醇胺	$(HOCH_2CH_2)_2NH$	105.19	无色黏稠液体	1.097	28	268.8	1.4776	s.	s.	sl.
$C_4H_{12}NCl$	氯化四甲铵	$(CH_3)_4NCl$	109.60	白色结晶	1.169	>230d.	>300subl		s.	h.;s.	i. chl.;i;
$C_4H_{12}NI$	碘化四甲铵	$(CH_3)_4NI$	201.05	白色棱柱状晶体	1.829	>230d.			c.;sl.	h.;0.1	i.;CS_2.s.
$C_4H_{13}ON$	三水合氢氧化四甲胺	$(CH_3)_4NOH\cdot 3H_2O$	145.20	无色晶体		59～60			s.	s.	i.
5Ⅰ											
C_5H_6	1,3-环戊二烯		66.10	无色液体	0.8021	−85	41～2		i	∞	∞
C_5H_8	异戊二烯	$CH_2{=}C(CH_3){-}CH{=}CH_2$	68.11	无色刺激性液体	0.681	−120	33.5～34	1.4216	i	∞	∞
	1,3-戊二烯	$CH_3CH{=}CHCH{=}CH_2$	68.11	无色易挥发液体	0.679^{25}		42^{748mm}	1.4299	i	s.	∞
	1-戊炔	$CH_3CH_2CH_2C{\equiv}CH$	68.11	无色易挥发易燃液体	0.722^{0}	−95	48～9	1.3860	i	abs.;s.	s.
	2-戊炔	$CH_3CH_2C{\equiv}CCH_3$	68.11	无色易挥发易燃液体	$0.713^{17.2}$	−101	55.5	$1.4045^{17.2}$	i	abs.;s.	s.
	环戊烯		68.11	无色易挥发液体	0.776		43.6	1.4287^{10}		abs.;s.	s.

续表

分子式	化合物名称	结构简式	分子量	性　状	相对密度	熔点/℃	沸点/℃	折射率	在100份(质量)溶剂中的溶解度		
									水中	乙醇中	乙醚中
									(其他溶液中)		
5 Ⅰ											
C_5H_{10}	1-戊烯	$CH_3CH_2CH_2CH=CH_2$	70.13	无色易挥发易燃液体	0.6411	−138	30	1.3715	i	s.	∞
	2-戊烯	$CH_3CH_2CH=CHCH_3$	70.13	无色易挥发液体	0.650	−139	36.4	顺 1.3822 顺 1.3793	sl.	∞	∞
	环戊烷		70.13	无色易燃液体	0.745	−93.3	49～50	1.4065	i	s.	s.
C_5H_{12}	正戊烷	$CH_3(CH_2)_3CH_3$	72.15	无色易燃液体	0.6262	−129.7	36.1	1.3577	i	∞	∞
	异戊烷	$(CH_3)_2CHCH_2CH_3$	72.15	无色易燃液体	0.6179	−159.6	27.9	1.3549	i	∞	∞
	新戊烷	$(CH_3)_4C$	72.15	无色易挥发易燃液体	液 0.613	−20	9.5	1.3513^{0}	i	∞	∞
5 Ⅱ											
$C_5H_4O_2$	α-呋喃甲醛	O CHO	96.08	无色有特殊香味液体	1.159	−38.7	161.7	1.5261	9.1^{13}	∞	∞
	β-呋喃甲醛	CHO O	96.08	无色液体	$1.111^{20/20}$		144^{732mm}				
$C_5H_4O_3$	α-呋喃甲酸	O COOH	112.08	无色晶体		133～4 >100subl	230～2 >250d.		3.615 h.;25	s.	s.
C_5H_5N	吡啶	N	79.01	无色或微黄色有特殊气味的液体	0.9381	−42	115.6	1.5101	s.	s. bz.;pet.;s.	s.
$C_5H_6O_2$	α-呋喃甲醇	O CH_2OH	97.08	无色易流动液体	1.1296		171	1.486	s.	s.	s.
C_5H_8O	环戊酮	=O	84.11	无色液体	0.948		129～130	1.4366	sl.		s.
$C_5H_8O_2$	甲基丙烯酸甲酯	$CH_2=C(CH_3)-COOCH_3$	100.11	无色易流动液体	0.936	−75	100～101		sl.	∞	∞
$C_5H_{10}O$	正戊醛	$CH_3(CH_2)_3CHO$	86.13	无色液体	0.8095	−91	102～103	1.3944	sl.	s.	s.
	异戊醛	$(CH_3)_2CHCH_2CHO$	86.13	无色有难闻气味液体	0.803^{17}	−51	92.5	1.3902	sl.	s.	s.
	2-戊酮	$CH_3COCH_2CH_2CH_3$	86.13	无色具有爽快气味液体	$0.812^{15/15}$	−77.8	102	$1.3895^{20.5}$	sl.	∞	∞

续表

分子式	化合物名称	结构简式	分子量	性　状	相对密度	熔点/℃	沸点/℃	折射率	在100份(质量)溶剂中的溶解度		
									水中	乙醇中	乙醚中
									(其他溶液中)		
5Ⅱ											
$C_5H_{10}O$	3-戊酮	$CH_3CH_2COCH_2CH_3$	86.13	无色具有爽快气味液体	$0.816^{19/0}$	−42	101.7	1.3905^{25}	4	∞	∞
$C_5H_{10}O_2$	正戊酸	$CH_3(CH_2)_3COOH$	102.13	无色刺激性液体	0.939	−34.5	185.4	$1.409^{19.1}$	3.3^{16}	∞	∞
	异戊酸	$(CH_3)_2CHCH_2COOH$	102.13	无色不愉快气味液体	0.931	−37	176	1.4043	sl.	s.	s.
	乙酸异丙酯	$CH_3COOCH(CH_3)_2$	102.13	无色有花香味液体	$0.874^{20/20}$	−73.4	88.4	1.3770	3^{20}	∞	∞
	乙酸正丙酯	$CH_3COOCH_2CH_2CH_3$	102.13	无色有花香味液体	0.886	−92.5	101.3	1.3844	1.6^{16}	∞	∞
$C_5H_{10}O$	正戊醇	$CH_3(CH_2)_3CH_2OH$	88.15	无色透明有特殊气味液体	0.811^{25}	−79	137.8	1.4101	2.7^{22}	∞	∞
	异戊醇	$(CH_3)_2CH(CH_2)_2OH$	88.15	无色有不愉快有刺激味液体	0.813^{15}	−117	132		sl.	∞	∞
$C_5H_{12}O_4$	季戊四醇	$C(CH_2OH)_4$	136.15	无色有不愉快有刺激味液体	1.35	262	275^{80mm}		5.6^{15}	sl.	i.
6Ⅰ											
C_6H_6	苯		78.11	无色易挥发有芳香味液体	0.8790	5.4～5.5	80.1	1.5011	0.07^{22}	abs.;∞	∞
C_6H_{10}	环己烯		82.14	无色透明易挥发液体	0.810	−103.7	83.3	1.4450	sl.	vs.	vs.
C_6H_{12}	环己烷		84.16	无色易挥发液体	0.7785	6.5	80.7	1.4262	i. act.;∞	∞ bz.;∞	m. al.;57^{25}
6Ⅱ											
C_6H_5Cl	氯苯	C_6H_5Cl	112.56	无色透明液体	1.1064	−45.2	132.1	1.525	i. bz.;∞	∞	∞
C_6H_5Br	溴苯	C_6H_5Br	157.02	无色有芳香味液体	1.4950	−30.6	158.6	1.560	i.	s. chl.;∞	∞ chl.;∞
C_6H_5I	碘苯	C_6H_5I	204.02	无色有芳香味液体	1.824^{25}	−28.6	188.6	1.620	i. chi.;∞	s.	∞
C_6H_6O	苯酚	C_6H_5OH	94.11	无色或白色有特殊味晶体	1.071^{25}	42～3	181.4	1.540^{54}	8.2^{51} ∞^{62}	∞	∞
C_6H_7N	苯胺	$C_6H_5NH_2$	93.12	无色油状有强烈气味液体	1.0216	−6.2	184.4	1.5863	3.6^{18}	∞	∞
	盐酸苯胺	$C_6H_5NH_2 \cdot HCl$	129.59	无色有光泽晶体	1.2215^{4}	198	245		107^{25} 18^{15}	s.	i.
$C_6H_8N_2$	苯肼	$C_6H_5NHNH_2$	108.14	淡黄色晶体或油状液体	1.099	19.5	243.5d.	1.6081	sl. dil.;a.;s.	∞ bz.;∞	∞ chl.;∞
	己二腈	$NC(CH_2)_4CN$	108.14	无色液体	0.962	1	295	1.4597	sl.	s.; mal. s.	s.;chl.;s.

续表

分子式	化合物名称	结构简式	分子量	性　状	相对密度	熔点/℃	沸点/℃	折射率	在100份(质量)溶剂中的溶解度 水中	乙醇中	乙醚中
									(其他溶液中)		
6Ⅱ											
$C_6H_{10}O$	环己酮	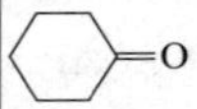 =O	98.14	无色油状液体	0.9478	−16.4	155.7	1.4503^{19}	sl.	vs.	vs.
$C_6H_{10}O_3$	乙酰乙酸乙酯	$CH_3COCH_2COOC_2H_5$	130.14	无色或淡黄色有果香味液体	1.025	−45～−43	180	1.4198	13^{17}	∞ chl.;∞	∞
$C_6H_{10}O_4$	己二酸	$HOOC(CH_2)_4COOH$	146.14	白色结晶粉末	1.366	152	330.5 d. subl		sl.	s.	sl.
$C_6H_{12}O$	环己醇	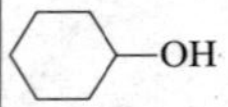 —OH	100.16	无色樟脑杂醇油味晶体或液体	0.9624	25.2	161	1.461^{37}	sl.	s. bz.;s	s. CS_2;s.
$C_6H_{12}O_2$	乙酸正丁酯	$CH_3COOC_4H_9$	116.16	澄清,微香的可燃性液体	0.8824^{18}	−77	126.3	1.3947	sl.	s.	s. bz.;s.
	乙酸异丁酯	$CH_3COOCH_2CH(CH_3)_2$	116.16	无色可燃性液体	0.870	−98.7	118	$1.3407^{18.8}$	i.	∞	∞
	正己酸	$CH_3(CH_2)_4COOH$	116.16	无色油状液体	0.939	−50	187	$1.4145^{19.6}$	s.	s.	s.
$C_6H_{12}O_3$	三聚乙醛	$(C_2H_4O)_3$	132.16	无色有特殊气味液体	0.9923	12.5	128	1.4049	s.	∞ chl.;∞	∞
$C_6H_{15}N$	三乙胺	$(C_2H_5)_3N$	101.9	无色易挥发有氨味液体	$0.729^{20/20}$	−115.3	89.7	1.4003	<19;∞	∞	∞
6Ⅲ											
$C_6H_3OCl_3$	2,4,6-三氯苯酚	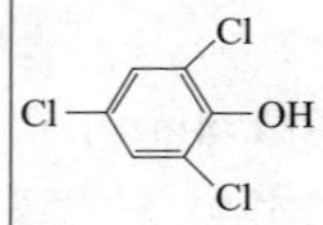 Cl, Cl, Cl, OH	197.46	黄色有酚味晶体	1.675^{25}	69	248～9		i.	act.;bz.; mal.;s.	s.
$C_6H_3OBr_3$	2,4,6-三溴苯酚	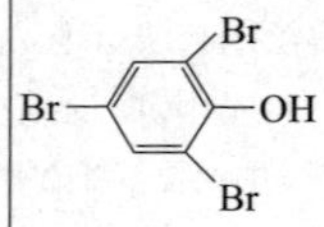 Br, Br, Br, OH	330.83	白色有酚味固体	$2.55^{20/20}$	96	subl.		0.01^{15}	vs. act.;bz.;s.	s. CCl_4;12^{20}
$C_6H_5O_2N$	硝基苯	$C_6H_5NO_2$	123.11	无色油状液体	1.205^{18}	5.6～5.7	210.9	1.5499	0.2	vs.	∞;∞bz.
$C_6H_5O_3N$	邻硝基苯酚	o-$NO_2C_6H_4OH$	139.11	淡黄色晶体	1.495	44～45	214.5		h.;s.	vs.	vs. dz.;s.
	间硝基苯酚	m-$NO_2C_6H_4OH$	139.11	淡黄色固体	1.485	96～97	194^{70mm}		1.35^{20}	vs.	s.
	对硝基苯酚	p-$NO_2C_6H_4OH$	139.11	淡黄或几乎无色晶体	1.481	113.4	279d.		sl.	vs.	vs.
$C_6H_5N_2Cl$	氯化重氮苯	$C_6H_5N=N^+Cl^-$	140.57	白色极不稳定晶体		expl.			vs.	abs.;s.	i. act.;s.

续表

分子式	化合物名称	结构简式	分子量	性　状	相对密度	熔点/℃	沸点/℃	折射率	在100份(质量)溶剂中的溶解度 水中	乙醇中	乙醚中
									(其他溶液中)		
6Ⅲ											
$C_6H_6O_2N_2$	邻硝基苯胺	o-$NO_2C_6H_4NH_2$	138.12	橙黄色晶体	1.442	71.5	284		h.;s	s.	a.;s. chl.;s.
	间硝基苯胺	m-$NO_2C_6H_4NH_2$	138.12	黄色晶体	1.430	112～114	306d.			7.1^{20}	7.9^{20}
	对硝基苯胺	p-$NO_2C_6H_4NH_2$	138.12	亮黄色晶体	1.424	147.5			$0.08^{18.5}$ h.;2.2	5.8^{20}	6.1^{20}
$C_6H_6O_3S$	苯磺酸	$C_6H_5SO_3H$	158.17	无色针状或片状晶体		含水,43～44 无水,65～66	>66d.		vs.	vs. bz.;sl.	i. CS_2;i.
	苯磺酸钠	$C_6H_5SO_3Na \cdot H_2O$	198.17	无色针状晶体		450d.			60^{30}	h.;sl.	
$C_6H_6O_4N_4$	2,4-二硝基苯肼	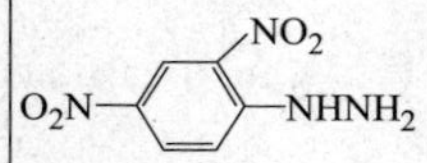 [benzene ring: O_2N-, NO_2, -$NHNH_2$]	198.14	无色或褐色晶体		197～8			i.	dil.;a.;s.	i.
C_6H_7ON	邻氨基苯酚	o-$NH_2C_6H_4OH$	109.12	白色针状晶体		170～174	>174subl.		s.	s.	s. bz.;sl.
	间氨基苯酚	m-$NH_2C_6H_4OH$	109.12	白色针状晶体,有时易变黑		122～123			h.;vs.	s. lg.;sl.	s. bz.;sl.
	对氨基苯胺	p-$NH_2C_6H_4OH$	109.12	白色片状晶体,空气中变褐色		184.6d.	subl. 微分解		1.1^{0}	abs.;4.6^{0}	bz.;i.
$C_6H_{11}ON$	ε-己内酰胺	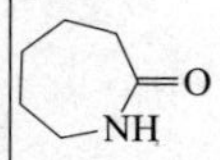 [seven-membered ring: =O, NH]	113.16	白色晶体或结晶性粉末	1.059 (含水70%)	68～70	140～ 142^{15mm}		vs.	vs.	vs.
	环己酮肟	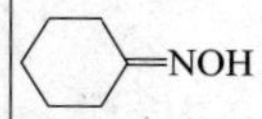 [cyclohexane ring: =NOH]	113.16	无色晶体		89～90	204微分解		s.	vs.	vs.
$C_6H_{15}O_3N$	三乙醇胺	$(HOCH_2CH_2)_3N$	149.19	无色黏稠液体	1.1242	20～21	360	1.4852	s.	s. chl.;s.	sl.
6Ⅳ											
$C_6H_5O_2SCl$	苯磺酰氯	$C_6H_5SO_2Cl$	176.62	无色油状液体	$1.384^{15/15}$	14.5	251.5		co;i. h.;d.	vs. h.d.	s.
7Ⅰ											
C_7H_8	甲苯	$C_6H_5CH_3$	92.12	无色有芳香味易挥发液体	0.8669	−95	110.6	1.4969	i.	s. act.;s.	∞

续表

分子式	化合物名称	结构简式	分子量	性　状	相对密度	熔点/℃	沸点/℃	折射率	在100份(质量)溶剂中的溶解度 水中	乙醇中	乙醚中
									(其他溶液中)		
7Ⅱ											
C_7H_5N	苯甲腈	C_6H_5CN	103.12	无色有杏仁味透明液体	$1.0102^{15/15}$	−13	190.3	1.5289	c.;sl. h.;vs.	s.	s.
C_7H_6O	苯甲醛	C_6H_5CHO	106.12	无色液体	1.046	−26	179	$1.5446^{19.5}$	0.3	∞ bz.;∞	∞ chl.;∞
$C_7H_6O_2$	苯甲酸	C_6H_5COOH	122.12	白色结晶	1.2659^{15}	122	249 >100subl	$1.5041^{31.9}$	$0.21^{17.5}$ 2.25^{75}	s. chl.;s.	s. CS_2;s.
	邻羟基苯甲醛	o-HOC_6H_4CHO	122.12	无色或深红色有苦杏仁味油状液体	1.1669	−7	196.5	$1.5736^{19.7}$	sl.	s.	bz.,s. s.
$C_7H_6O_3$	邻羟基苯甲酸	o-HOC_6H_4COOH	138.12	白色针状晶体或毛状结晶粉末	1.443	159	211^{20mm} 76subl		0.16^{40} 2.6^{75}	abs.; 14.6^{15}	50.5^{15}
C_7H_7Cl	苄基氯	$C_6H_5CH_2Cl$	126.58	具有刺激性气味的强折光性液体	1.100^{25}	−43	179.4	1.535	i.	s. chl.;s.	s.
C_7H_7Br	苄基溴	$C_6H_5CH_2Br$	171.01	无色有刺激味液体	1.443	−4	198～9		i. 微分解	∞	∞
C_7H_8O	苯甲醚	$C_6H_5OCH_3$	108.13	无色有芳香味液体	0.9954	−37.4	155	1.5179	i.	s.	s.
	邻甲苯酚	o-$CH_3C_6H_4OH$	108.13	无色晶体	1.0465	30	191	1.0465	sl.	s. alk.;s.	s.
	间甲苯酚	m-$CH_3C_6H_4OH$	108.13	无色或淡黄色液体	1.034	10.9	202.8	1.5425^{18}	sl.	s. alk.;s.	s.
	对甲苯酚	p-$CH_3C_6H_4OH$	108.13	无色晶体	1.035	35～36	202	1.500^{30}	sl.	s. alk.;s.	s.
	苯甲醇	$C_6H_5CH_2OH$	108.13	无色稍有香味液体	1.0419	−15.3	205.3	1.5392	4^{17}	∞ chl.;∞	∞
C_7H_9N	苄胺	$C_6H_5CH_2NH_2$	107.15	无色液体	0.982		184.5		∞	∞	∞
	N-甲基苯胺	$C_6H_5NHCH_3$	107.15	无色液体,空气中易变为棕色	0.9891	−57	195.5	$1.5702^{21.2}$	0.01^{25}	s.	∞
$C_7H_{12}O_4$	丙二酸二乙酯	$CH_2(COOC_2H_5)_2$	160.17	无色有愉快气味液体	1.055^{22}	−50	199	1.4134	i.	s. bz.;s.	s. chl.;s.
$C_7H_{14}O_2$	乙酸异戊酯	$CH_3COO(CH_2)_2CH(CH_3)_2$	130.18	无色有香蕉和梨味液体	0.876^{15}	−78.5	142	1.4014	sl.	s.	s.
7Ⅲ											
C_7H_5OCl	苯甲酰氯	C_6H_5COCl	140.57	无色略发烟液体	1.212	−1	197.2	1.5537	d. bz.;s.	h.;d.	s. CS_2;s.

续表

分子式	化合物名称	结构简式	分子量	性 状	相对密度	熔点/℃	沸点/℃	折射率	在100份(质量)溶剂中的溶解度 水中	乙醇中	乙醚中
									(其他溶液中)		
7Ⅲ											
C_7H_7ON	苯甲酰胺	$C_6H_5CONH_2$	121.3	无色晶体	1.341	130	290		1.35^{25}	abs.;17^{25}	sl.
$C_7H_7O_2N$	邻硝基甲苯	o-$CH_3C_6H_4NO_2$	137.13	黄色油状液体	1.1629	−9.5	222	1.5474	sl. pet.;s.	∞ bz.;∞	∞
	间硝基甲苯	m-$CH_3C_6H_4NO_2$	137.13	无色或淡黄色液体	$1.160^{18/14}$	15.56	230.1	1.5470	sl.	8.6^{15}	∞
	对硝基甲苯	p-$CH_3C_6H_4NO_2$	137.13	淡黄色晶体	1.286	51.4	237.7	1.5346	i.	s. chl.;s.	s. bz.;s.
$C_7H_8O_3S$	邻甲基苯磺酸	o-$CH_3C_6H_4SO_3H$	172.20	无色晶体		67.5	128.8^{25mm} 148～150 转为对位		s.	s.	s.
	间甲基苯磺酸	m-$CH_3C_6H_4SO_3H$	172.20	无色针状晶体					s.	s.	s.
	对甲苯磺酸钠	p-$CH_3C_6H_4SO_3Na \cdot 2H_2O$	230.20	无色小叶片状晶体	106～107	140^{20}			s.	s.	s.
7Ⅳ											
$C_7H_7O_2SCl$	对甲苯磺酰氯	p-$CH_3C_6H_4SO_2Cl$	190.64	无色晶体	69	145～146			i.	s.	s.
8Ⅰ											
C_8H_8	苯乙烯	$C_6H_5CH=CH_2$	104.14	无色有芳香味易燃液体	0.9090	−33	146	1.5468	i.	vs.	∞
C_8H_{10}	乙苯	$C_6H_5CH_2CH_3$	106.16	无色有芳香味液体	0.8672	−94	136	1.4959	0.01^{15}	∞	∞ SO_2;s.
	邻二甲苯	o-$C_6H_4(CH_3)_2$	106.16	无色有芳香味液体	0.8969	−25	144	1.5055	i.	abs.;∞	∞
	间二甲苯	m-$C_6H_4(CH_3)_2$	106.16	无色有芳香味液体	0.867^{17}	−47.4	139.3	1.4972	i.	abs.;∞	∞
	对二甲苯	p-$C_6H_4(CH_3)_2$	106.16	无色有芳香味液体	0.861	13.2	138.5	1.4958	i.	s.	s.
8Ⅱ											
$C_8H_4O_3$	邻苯二甲酸酐	$C_6H_4(CO)_2O$	148.11	白色针状晶体	1.527^{4}	130.8	284.5subl.	1.5767	c.;sl. h.;d.	s. bz.;Pyr;s.	sl.
$C_8H_6O_4$	邻苯二甲酸	o-$C_6H_4(COOH)_2$	166.13	白色晶体	1.593	191(封闭)			0.54^{14} 18^{99}	abs.;11.7^{18}	0.68^{15}
	间苯二甲酸	m-$C_6H_4(COOH)_2$	166.13	白色晶体		247～248	subl.		0.01^{25}	s.	bz.;i.
	对苯二甲酸	p-$C_6H_4(COOH)_2$	166.13	白色晶体	1.510	300subl.			c.;0.001	h.;sl.	i. alk.;s.
C_8H_8O	苯乙酮	$C_6H_5COCH_3$	120.14	无色晶体或淡黄色液体	1.0281	19.7	202～203	1.5388	sl.	s.	s.
$C_8H_8O_2$	苯甲酸甲酯	$C_6H_5COOCH_3$	136.14	无色油状有花香味液体	1.0937^{15}	−12.3	199	1.5144	sl.	s.	s.
$C_8H_{11}N$	N,N-二甲基苯胺	$C_6H_5N(CH_3)_2$	121.18	淡紫色油状液体	0.9563	2.5	193	1.5587	i.	s.	s. bz.;chl. a.;s.

续表

分子式	化合物名称	结构简式	分子量	性　状	相对密度	熔点/℃	沸点/℃	折射率	在100份(质量)溶剂中的溶解度 水中	乙醇中	乙醚中
									(其他溶液中)		
8Ⅱ											
$C_8H_{14}O$	异辛烯醛	$CH_3(CH_2)_2CH{=}C(CH_2CH_3)CHO$	126.19	无色液体	0.848		174.5^{748mm}	1.4535	0.07^{20}	s.	∞ bz.;∞
$C_8H_{18}O$	正丁醚	$(n\text{-}C_4H_9)_2O$	130.23	无色液体	0.773^{15}	−97.9	142.4	1.3992	<0.05	∞	∞
	正辛醇	$CH_3(CH_2)_7OH$	130.23	无色液体	0.8270	−16	194～195	$1.4304^{20.1}$	0.054	∞	∞
8Ⅲ											
C_8H_9ON	乙酰苯胺	$C_6H_5NHCOCH_3$	135.16	白色有光泽鳞片状晶体	1.2105	114～116	305		h.;s.	chl.;s. act.;s.	s. bz.;∞
$C_8H_{20}NBr$	溴化四乙铵	$(C_2H_5)_4NBr$	210.17		1.3970				vs.	vs.	chl.;vs.
$C_8H_{21}ON$	氢氧化四乙铵	$(C_2H_5)_4NOH$	147.26			四水;49～50 六水;55	d.		s.		
9Ⅰ											
C_9H_{12}	异丙苯	$C_6H_5CH(CH_3)_2$	120.19	无色液体	0.864	−96	152～153	1.4915	i.	s. bz.;CCl_4;s.	s.
	正丙苯	$C_6H_5CH_2CH_2CH_3$	120.19	无色芳香味液体	0.862	−99.2	159.5	1.4920	i.	s.	s.
9Ⅱ											
C_9H_8O	肉桂醛	$C_6H_5CH{=}CHCHO$	132.15	淡黄色液体	1.0497	−8	248	1.618～ 1.632	sl.	s.	
$C_9H_8O_2$	肉桂酸	$C_6H_5CH{=}CHCOOH$	148.15	无色针状晶体	1.245	133	300		c.;i. h.;s.	s. act.;s.	s. aa.;s
$C_9H_8O_4$	乙酰水杨酸	$CH_3COOC_6H_4COOH$	180.15	无色针状晶体	1.35	135～138			1.37	s. alk. s.	s. chl.;s.
$C_9H_{10}O$	氢化肉桂醛	$C_6H_5CH_2CH_2CHO$	134.17	无色液体	1.010 1.020	47	221～ 224^{744mm}	1.520～ 1.552	i.	s.	s.
	肉桂醇	$C_6H_5CH{=}CHCH_2OH$	134.17	无色或微黄色晶体	1.0440	33	257.5	1.5819	sl.	s.	s.
$C_9H_{10}O_2$	苯甲酸乙酯	$C_6H_5COOC_2H_5$	150.17	无色有芳香味液体	1.0458^{25}	−32.7	213	1.5205^{15}	h.;sl.	s.	s.
	乙酸苄酯	$CH_3COOCH_2C_6H_5$	150.17	无色有茉莉香味液体	1.0563^{18}		215	1.5032	i.	s.	s.
10Ⅰ											
$C_{10}H_8$	萘		128.16	光亮片状有特殊气味晶体	1.162	80.2 volt.	217.9 subl.	$1.5823^{98.4}$	i.	s. CS_2;s.	∞ bz.;∞
10Ⅱ											
$C_{10}H_7Cl$	α-氯萘	Cl	162.61	无色液体	1.1938	−2.3	259～260	1.633	i.	∞ CS_2.;∞	∞ bz.;∞

续表

分子式	化合物名称	结构简式	分子量	性　状	相对密度	熔点/℃	沸点/℃	折射率	在100份(质量)溶剂中的溶解度		
									水中	乙醇中	乙醚中
									(其他溶液中)		
10Ⅱ											
$C_{10}H_7Cl$	β-氯萘	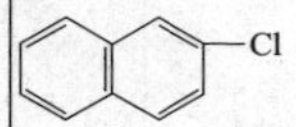 Cl	162.61	小叶片状晶体	1.1377^{71}	61	256 121～122^{12mm}	$1.6079^{70.7}$	i.	vs.	vs.
$C_{10}H_8O$	α-萘酚	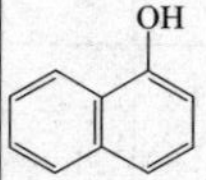 OH	144.16	白色略带苯酚味晶体	1.224^{4}	96	278～ 280subl.	$1.6206^{95.7}$	sl.	vs. bz.;chl.;s.	s. alk.;s.
	β-萘酚	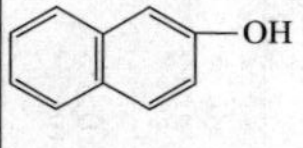 OH	144.16	白色稍带黄色小片晶体	1.217^{4}	122～123	285～ 286subl.	1.6011^{143}	sl.	s. alk.;s.	s. chl.;s.
$C_{10}H_9N$	α-萘胺	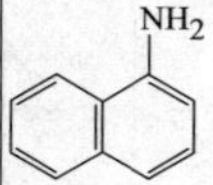 NH_2	143.18	无色针状晶体	$1.123^{25/25}$	50subl.	301	1.6703^{51}	sl.	vs.	vs.
	β-萘胺	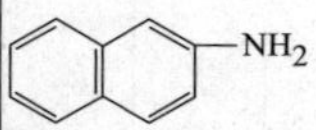 NH_2	143.18	白色至淡红色片状晶体	1.0614^{90}	111～113	306	$1.6493^{98.4}$	c.;i. h.;s.	s.	s. bz.;s.
10Ⅲ											
$C_{10}H_8O_3S$	α-萘磺酸	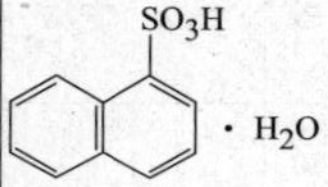 SO_3H · H_2O	226.24	白色晶体		90			s.	s.	s.
	β-萘磺酸	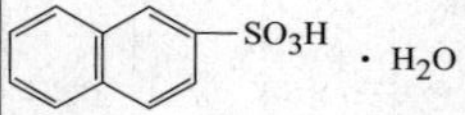 SO_3H · H_2O	226.24	白色片状晶体		124～125			s.	s.	s.
	β-萘磺酸钠	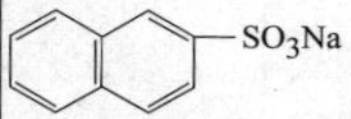 SO_3Na	230.22	白色晶体			d.		$6^{23.9}$		

附录二十五　恒沸混合物

二元恒沸混合物按第二组分分成水、醇、羧酸、其他等大类。第二组分相同时，第一组分化合物名称排列顺序为：无机化合物、烃、杂环母体、卤烃、醇、酚、醚、醛、酮、羧酸、酯、腈、胺、含硫化合物。

三元恒沸混合物先按第二和第三组分分成大类，然后再按上述顺序排列第一组分名称。

二元恒沸混合物

组分名称	沸点/℃		组成/%			20℃时两层相对体积	相对密度
	组分	恒沸物	恒沸物	上层	下层		
氟化氢 水	19.4 100.0	111.4	35.6 64.4				
氯化氢 水	−83.7 100.0	108.6	20.2 79.8				1.102
溴化氢 水	−67.0 100.0	126.0	47.5 52.5				1.481
碘化氢 水	−35.5 100.0	127.0	57.0 43.0				
壬烷 水	150.8 100.0	95.0	60.2 39.8	100.0	100.0	上 68.0 下 32.0	上 0.719 下 1.000
环己烷 水	81.4 100.0	69.8	91.5 8.5	99.99 0.01	0.01 99.99	上 93.2 下 6.8	上 0.780 下 1.000
环己烯 水	83.4 100.0	70.8	90.0 10.0				
苯 水	80.1 100.0	69.4	91.1 8.9	99.94 0.06	0.07 99.93	上 92.0 下 8.0	上 0.880 下 0.999
甲苯 水	110.0 100.0	85.0	79.8 20.2	99.95 0.05	0.06 99.94	上 82.0 下 18.0	上 0.868 下 1.000
乙苯 水	136.2 100.0	92.0	67.0 33.0	99.95 0.05	0.02 99.98	上 70.0 下 30.0	上 0.870 下 1.000
吡啶 水	115.5 100.0	92.6	57.0 43.0				1.010
1,2-二氯乙烷 水	83.5 100.0	72.0	80.5 19.5				
氯仿 水	61.2 100.0	56.3	97.0 3.0	0.8 99.2	99.8 0.2	上 4.4 下 95.6	上 1.004 下 1.491
四氯化碳 水	76.8 100.0	66.8	97.0 3.0	0.03 99.97	99.97 0.03	上 6.4 下 93.6	上 1.000 下 1.597
氯苯 水	132.0 100.0	90.2	71.6 28.4				
乙醇 水	78.5 100.0	78.2	95.6 4.4				0.804
正丙醇 水	97.2 100.0	88.1	71.8 28.2				0.866
异丙醇 水	82.3 100.0	80.4	87.8 12.2				0.818
正丁醇 水	117.7 100.0	93.0	55.5 44.5	79.9 20.1	7.7 92.3	上 71.5 下 28.5	上 0.849 下 0.990

续表

组分名称	沸点/℃		组成/%			20℃时两层相对体积	相对密度
	组分	恒沸物	恒沸物	上层	下层		
异丁醇 水	108.4 100.0	89.7	70.0 30.0	85.0 15.0	8.7 91.3	上82.3 下17.7	上0.839 下0.998
仲丁醇 水	99.5 100.0	88.5	68.0 32.0				0.863
叔丁醇 水	82.8 100.0	79.9	88.2 11.8				
正戊醇 水	138.0 100.0	95.4	45.0 55.0				
异戊醇 水	130.5 100.0	95.2	50.4 49.6				
叔戊醇 水	102.3 100.0	87.4	72.5 27.5				
2-乙基己醇 水	185.0 100.0	99.1	20.2 80.0	97.4 2.6	0.10 99.90	上23.0 下77.0	上0.838 下1.000
环己醇 水	161.5 100.0	−97.8	−20.0 −80.0				
苯甲醇 水	205.2 100.0	99.9	9.0 91.0				
烯丙醇 水	97.1 100.0	88.2	72.9 27.1				0.905
氯乙醇 水	128.7 100.0	97.8	42.3 57.7				1.093
苯酚 水	182.0 100.0	99.5	9.21 90.79				
乙醚 水	34.6 100.0	34.2	98.8 1.2				0.720
异丙醚 水	67.5 100.0	62.2	95.4 4.6	99.43 0.57	0.09 99.10	上97.0 下3.0	上0.727 下0.998
正丁醚 水	142.0 100.0	94.1	66.6 33.4	99.97 0.03	0.19 99.81	上72.0 下0.998	上0.769 下0.998
苯甲醚 水	153.9 100.0	95.5	59.5 40.5				
苯乙醚 水	170.4 100.0	97.3	41.0 59.0				
二苯醚 水	259.0 100.0	99.8	4.3 95.7	0.22 99.98	99.97 0.03	上96.0 下4.0	上0.997 下1.067
1,4-二氧六环 水	101.3 100.0	87.8	81.6 18.4				1.04
正丁醛 水	75.7 100.0	68.0	90.3 9.7	96.8 3.2	7.1 92.9	上94.0 下6.0	上0.815
异戊醛 水	92.5 100.0	77.0	88.0 12.0				
三聚乙醛 水	124.5 100.0	90.8	74.8 25.2	98.9 1.1	10.5 89.5	上73.0 下27.0	上0.998 下1.01
糠醛 水	161.5 100.0	97.0	35.0 65.0				
丙烯醛 水	52.5 100.0	52.4	97.4 2.6				

续表

组分名称	沸点/℃		组成/%			20℃时两层相对体积	相对密度
	组分	恒沸物	恒沸物	上层	下层		
乙醛缩二乙醇 水	102.1 100.0	82.6	85.7 14.3	98.8 1.2	5.5 94.5	上 88.0 下 12.0	上 0.826 下 0.99
丁酮 水	79.6 100.0	73.4	88.0 12.0				0.834
4-甲基-3-戊烯-2-酮 水	128.7 100.0	91.8	65.3 34.7	96.6 3.4	2.8 97.2	上 69.8 下 30.2	上 0.860 下 0.995
双丙酮醇 水	169.2 100.0	99.6	13.0 87.0				1.002
环己酮 水	155.4 100.0	95.0	38.4 61.6	92.0 8.0	2.3 97.7	上 41.5 下 58.5	上 0.953 下 1.000
2,4-戊二酮 水	140.6 100.0	94.4	59.0 41.0	95.5 4.5	16.6 83.4	上 55.0 下 45.0	上 0.981 下 1.011
甲酸 水	100.7 100.0	107.1	77.5 22.5				
丙酸 水	141.6 100.0	99.9	17.7 82.3				1.016
正丁酸 水	163.5 100.0	99.4	18.4 81.6				1.007
2-乙基己酸 水	228.0 100.0	99.9	3.6 96.4	98.77 1.23	0.25 99.75	上 3.7 下 96.3	上 0.906 下 1.000
乙酸甲酯 水	57.0 100.0	56.1	95.0 5.0				0.940
乙酸乙酯 水	77.2 100.0	70.4	91.9 8.1	96.7 3.3	8.7 91.3	上 95.0 下 5.0	上 0.907 下 0.999
乙酸丁酯 水	126.5 100.0	90.7	72.9 27.1	98.8 1.2	0.68 99.32	上 75.8 下 24.2	上 0.882 下 0.998
乙酸异丁酯 水	117.2 100.0	87.5	80.5 19.5				
乙酸异戊酯 水	142.1 100.0	93.8	63.8 36.2				
丁酸丁酯 水	166.4 100.0	97.9	47.0 53.0	99.52 0.48	0.06 99.94	上 50.6 下 49.4	上 0.871 下 0.998
丁二酸二乙酯 水	217.7 100.0	99.9	9.0 91.0	2.05 97.95	98.2 1.8	上 93.0 下 7.0	上 1.005 下 1.04
苯甲酸乙酯 水	212.4 100.0	99.4	16.0 84.0				
乙腈 水	82.0 100.0	76.5	83.7 16.3				0.818
三乙胺 水	89.5 100.0	75.8	90.0 10.0				0.769
三丁胺 水	213.9 100.0	99.8	18.0 82.0	99.7 0.3	0.01 99.99	上 22.0 下 78.0	上 0.781 下 1.000
二硫化碳 水	46.3 100.0	43.6	98.0 2.0	0.29 99.71	99.99 0.01	上 2.3 下 97.7	上 1.001 下 1.265
氯仿 甲醇	61.2 64.7	53.5	87.0 13.0				1.342
四氯化碳 甲醇	76.8 64.7	55.7	79.4 20.6				1.322

续表

组分名称	沸点/℃		组成/%			20℃时两层相对体积	相对密度
	组分	恒沸物	恒沸物	上层	下层		
环己烷 甲醇	81.4 64.7	45.2	63.0 37.0	97.0 3.0	39.0 61.0	上 43.0 下 57.0	
苯 甲醇	80.1 64.7	58.3	60.5 39.5				0.844
甲苯 甲醇	110.6 64.7	63.7	27.6 72.4				0.813
碘甲烷 甲醇	42.5 64.7	37.8	95.5 4.5				
丙酮 甲醇	56.2 64.7	55.7	88.0 12.0				0.795
乙酸甲酯 甲醇	57.0 64.7	54.0	81.3 18.7				0.908
丙烯酸甲酯 甲醇	80.5 64.7	62.5	46.0 54.0				
氯仿 乙醇	61.2 78.5	59.4	93.0 7.0				1.403
四氯化碳 乙醇	76.8 78.5	65.0	84.2 15.8				1.377
1,2-二氯乙烷 乙醇	83.5 78.5	70.5	63.0 37.0				
苯 乙醇	80.1 78.5	67.8	67.6 32.4				0.848
甲苯 乙醇	110.6 78.5	76.7	32.0 68.0				0.815
环己烷 乙醇	81.4 78.5	64.9	69.5 30.5				
溴乙烷 乙醇	38.0 78.5	37.0	97.0 3.0				
碘乙烷 乙醇	72.2 78.5	63.0	86.0 14.0				
1-溴丁烷 乙醇	101.6 78.5	75.0	57.0 43.0				
正丁醛 乙醇	75.7 78.5	70.7	39.4 60.6				0.835
乙酸乙酯 乙醇	77.1 78.5	71.8	69.0 31.0				0.863
乙腈 乙醇	82.0 78.5	72.9	43.0 57.0				0.788
苯 异丙醇	80.1 82.3	71.5	66.7 33.3				0.838
甲苯 异丙醇	110.6 82.3	80.6	42.0 58.0				
2-溴丙烷 异丙醇	59.8 82.3	57.8	88.0 12.0				
2-碘丙烷 异丙醇	89.4 82.3	76.0	68.0 32.0				
异丙醚 异丙醇	82.3 82.3	66.2	85.9 14.1				

续表

组分名称	沸点/℃		组成/%			20℃时两层相对体积	相对密度
	组分	恒沸物	恒沸物	上层	下层		
乙酸异丙酯 异丙醇	89.0 82.3	80.1	47.4 52.6				0.822
甲苯 正丁醇	110.6 117.7	105.6	73.0 27.0				0.846
环己烷 正丁醇	81.4 117.7	79.8	90.0 10.0				
1-溴丁烷 正丁醇	101.6 117.7	98.6	87.0 13.0				
正丁醚 正丁醇	142.0 117.7	117.6	17.5 82.5				0.804
乙酸丁酯 正丁醇	126.5 117.7	117.6	32.8 67.2				0.832
甲苯 异丁醇	110.6 108.4	101.2	55.5 44.5				0.836
异丁基溴 异丁醇	91.0 108.4	88.8	88.0 12.0				
乙酸异丙酯 异丁醇	116.5 108.4	107.4	45.0 55.0				
苯 叔丁醇	80.1 82.8	74.0	63.4 36.6				
甲苯 异戊醇	110.6 130.5	110.0	86.0 14.0				
乙酸异戊酯 异戊醇	142.5 130.5	129.1	2.6 97.4				
苯 烯丙醇	80.1 97.1	76.8	82.6 17.4				0.874
甲苯 烯丙醇	110.6 97.1	91.5	50.0 50.0				
3-碘-1-丙烯 烯丙醇	102.0 97.1	89.4	72.0 28.0				
苯酚 环己醇	182.0 161.5	183.0	87.0 13.0				
1,2-二溴乙烷 乙二醇	131.6 197.2	130.9	96.5 3.5				
苯 甲酸	80.1 100.7	71.1	69.0 31.0				
甲苯 甲酸	110.6 100.7	85.8	50.0 50.0				
苯 乙酸	80.1 118.1	80.1	98.0 2.0				0.882
甲苯 乙酸	110.6 118.1	105.4	72.0 28.0				0.905
环己烷 乙酸	81.4 118.1	116.7	19.0 81.0				

续表

组分名称	沸点/℃		组成/%			20℃时两层相对体积	相对密度
	组分	恒沸物	恒沸物	上层	下层		
正丁醚 乙酸	142.0 118.1	116.7	19.0 81.0				0.983
1,4-二氧六环 乙酸	101.5 118.1	119.5	23.0 77.0				1.05
苯 环已烷	80.1 81.4	77.8	55.0 45.0				0.834
氯仿 丙酮	61.2 56.2	64.7	80.0 20.0				1.268
氯仿 甲醇 水	61.2 64.7 100.0	52.6	81.0 15.0 4.0	32.0 41.0 27.0	83.0 14.0 3.0	上 3.0 下 97.0	上 1.022 下 1.399
环已烷 乙醇 水	81.0 78.5 100.0	62.1	78.3 17.0 7.0				
环已烯 乙醇 水	82.9 78.5 100.0	64.1	73.0 20.0 7.0				
苯 乙醇 水	80.1 78.5 100.0	64.6	74.1 18.5 7.4	86.0 12.7 1.3	4.8 52.1 43.1	上 85.5 下 14.2	上 0.866 下 0.892
碘乙烷 乙醇 水	80.1 78.5 100.0	74.4	51.0 37.0 12.0	81.3 15.6 3.1	24.5 54.8 20.7	上 46.5 下 53.5	上 0.849 下 0.855
甲苯 乙醇 水	110.6 78.5 100.0	61.0	86.0 9.0 5.0				
1,2-二氯乙烷 乙醇 水	84.0 78.5 100.0	67.8	77.1 15.7 7.2	11.6 41.8 46.6	82.5 12.5 2.3	上 13.3 下 86.7	上 0.941 下 1.167
氯仿 乙醇 水	61.2 78.5 100.0	55.5	92.5 4.0 3.5	1.0 18.2 80.3	95.8 3.7 0.5	上 6.2 下 93.8	上 0.976 下 1.441
四氯化碳 乙醇 水	76.8 78.5 100.0	61.8	86.3 10.3 3.4	7.0 48.5 44.5	94.8 5.2 <0.1	上 15.2 下 84.4	上 0.935 下 1.519
正丁醛 乙醇 水	75.7 78.5 100.0	67.2	80.0 11.0 9.0	82.0 11.0 7.0		上 97.3 下 2.2	下 0.838
乙醛缩二乙醇 乙醇 水	103.6 78.5 100.0	77.8	61.0 27.6 11.4				
乙酸乙酯 乙醇 水	77.1 78.5 100.0	70.2	82.6 8.4 9.0				0.901

续表

组分名称	沸点/℃		组成/%			20℃时两层相对体积	相对密度
	组分	恒沸物	恒沸物	上层	下层		
氯乙酸乙酯 乙醇 水	143.5 78.5 100.0	81.4	20.8 61.7 17.5				
乙腈 乙醇 水	82.0 78.5 100.0	72.9	44.0 55.0 1.0				
异丙醚 异丙醇 水	67.5 82.3 100.0	61.8	91.0 4.0 5.0	94.7 4.0 1.3	1.0 5.0 94.0	上 97.2 下 2.8	上 0.732 下 0.990
乙酸异丙酯 异丙醇 水	89.0 82.3 100.0	75.5	76.0 13.0 11.0	81.4 13.0 5.6	2.9 11.5 85.6	上 94.0 下 6.0	上 0.870 下 0.981
丁醚 正丁醇 水	142.0 117.7 100.0	90.6	34.5 34.6 29.9	49.0 46.0 5.0	0.3 4.9 94.8	上 76.5 下 23.5	上 0.796 下 0.995
乙酸丁酯 正丁醇 水	126.5 117.7 100.0	90.7	63.0 80.0 29.0	86.0 11.0 3.0	1.0 2.0 97.0	上 75.5 下 24.5	上 0.874 下 0.997
乙酸仲丁酯 仲丁醇 水	112.2 99.5 100.0	85.5	52.4 27.4 20.2	62.2 31.7 6.0	0.6 4.6 94.8	上 86.0 下 14.0	上 0.858 下 0.994
乙酸异丁酯 异丁醇 水	116.5 108.4 100.0	86.8	46.5 23.1 30.4				
四氯化碳 叔丁醇 水	76.8 82.2 100.0	64.7	85.0 11.9 3.1				
乙酸异戊酯 异戊醇 水	142.5 130.5 100.0	93.6	24.0 31.2 44.8				
苯 烯丙醇 水	80.1 97.0 100.0	68.2	82.2 9.2 8.6	90.7 8.7 0.6	0.4 17.7 80.9	上 91.2 下 8.8	上 0.877 下 0.985
甲苯 烯丙醇 水	110.6 97.0 100.0	80.6	53.4 31.4 15.2	64.9 32.4 2.7	2.2 27.4 70.4	上 83.0 下 27.0	上 0.856 下 0.950
二硫化碳 丙酮 水	46.3 56.2 100.0	38.04	75.21 23.98 0.81				
氯仿 丙酮 水	61.2 56.2 100.0	60.4	57.4 38.4 4.0				
苯 乙腈 水	80.1 82.0 100.0	66.0	68.5 23.3 8.2				
环己烷 丙酮 甲醇	81.4 56.2 100.0	51.5	40.5 43.5 16.0				
氯仿 丙酮 甲醇	61.2 56.2 64.7	57.5	47.0 30.0 23.0				
乙酸甲酯 丙酮 甲醇	57.0 56.2 64.7	53.7	76.8 5.8 17.4				0.898

附录二十六　不同温度下水的黏度η和表面张力γ

t/℃	η/mPa·s	$\gamma/10^{-3}$N·m^{-1}	t/℃	η/mPa·s	$\gamma/10^{-3}$N·m^{-1}
0	1.787	75.64	25	0.8904	71.97
5	1.519	74.92	26	0.8705	71.82
10	1.307	74.23	27	0.8513	71.66
11	1.271	74.07	28	0.8327	71.50
12	1.235	73.93	29	0.8148	71.35
13	1.202	73.78	30	0.7975	71.20
14	1.169	73.64	35	0.7194	70.38
15	1.139	73.49	40	0.6529	69.60
16	1.109	73.34	45	0.5960	68.74
17	1.081	73.19	50	0.5468	67.94
18	1.053	73.05	55	0.5040	67.05
19	1.027	72.90	60	0.4665	66.24
20	1.002	72.75	70	0.4042	64.47
21	0.9779	72.59	80	0.3547	62.67
22	0.9548	72.44	90	0.3147	60.82
23	0.9325	72.28	100	0.2818	58.91
24	0.9111	72.13			

附录二十七　水的折射率（钠光）

温度/℃	折射率	温度/℃	折射率	温度/℃	折射率
0	1.33395	19	1.33308	26	1.33243
5	1.33388	20	1.33300	27	1.33231
10	1.33368	21	1.33292	28	1.33219
15	1.33337	22	1.33283	29	1.33206
16	1.33330	23	1.33274	30	1.33192
17	1.33323	24	1.33264		
18	1.33316	25	1.33254		

附录二十八 几种有机物的蒸气压

物质的蒸气压 p (Pa) 按下式计算：$\lg p = A - \frac{B}{C+t} + D$

式中，A，B，C 为常数；t 为温度，℃；D 为压力单位的换算因子，其值为 2.1249。

名　称	分子式	适用温度范围/℃	A	B	C
四氯化碳	CCl_4		6.87926	1212.021	226.41
氯仿	$CHCl_3$	－30～150	6.90328	1163.03	227.4
甲醇	CH_4O	－14～65	7.89750	1474.08	229.13
1,2-二氯乙烷	$C_2H_4Cl_2$	－31～99	7.0253	1271.3	222.9
醋酸	$C_2H_4O_2$	0～36	7.80307	1651.2	225
		36～170	7.18807	1416.7	211
乙醇	C_2H_6O	－2～100	8.32109	1718.10	237.52
丙醇	C_3H_8O	－30～150	7.02447	1161.0	224
异丙醇	C_3H_8O	0～101	8.11778	1580.92	219.61
乙酸乙酯	$C_4H_8O_2$	－20～150	7.09808	1238.71	217.0
正丁醇	$C_4H_{10}O$	15～131	7.47680	1362.39	178.77
苯	C_6H_6	－20～150	6.90661	1211.033	220.790
环己烷	C_6H_{12}	20～81	6.84130	1201.53	222.65
甲苯	C_7H_8	－20～150	6.95464	1344.80	219.482
乙苯	C_6H_{10}	－20～150	6.95719	1424.251	213.206

附录二十九 液体的折射率

名称	n_D^{25}	名称	n_D^{25}	名称	n_D^{25}
甲醇	1.326	乙酸乙酯	1.370	甲苯	1.494
水	1.33252	正己烷	1.372	苯	1.498
乙醚	1.352	1-丁醇	1.397	苯乙烯	1.545
丙酮	1.357	氯仿	1.444	溴苯	1.557
乙醇	1.359	四氯化碳	1.459	苯胺	1.583
醋酸	1.370	乙苯	1.493	溴仿	1.587

附录三十 不同温度的水的折射率 n_D^t

温度/℃	15.00	20.00	25.00	30.00	35.00
折射率 n_D	1.33334	1.33296	1.83252	1.38195	1.33131

附录三十一 无限稀释离子的摩尔电导率

单位：$10^{-4}\,m^2 \cdot S \cdot mol^{-1}$

离子 \ 温度/℃	0	18	25	50	离子 \ 温度/℃	0	18	25	50
H^+	240	814	350	466	OH^-	105	172	192	284
K^+	40.4	64.6	74.5	116	Cl^-	41.1	65.5	75.5	116
Na^+	26	43.5	50.9	82	NO_3^-	40.4	61.7	70.6	104
NH_4^+	40.2	64.5	74.5	115	$C_2H_2O_2^{2-}$	20.3	34.6	40.8	67
Ag^+	82.9	54.3	63.5	101	$\frac{1}{2}SO_4^{2-}$	41.1	68	79	125
$\frac{1}{2}Ba^{2+}$	33	55	65	104	$\frac{1}{2}C_2O_4^{2-}$	39	63	73	115
$\frac{1}{2}Ca^{2+}$	80	51	60	98	$\frac{1}{3}C_6H_5O_7^{3-}$	36	60	70	113
$\frac{1}{3}La^{3+}$	86	61	72	119	$\frac{1}{4}[Fe(CN)_6]^{4-}$	58	95	111	173

附录三十二 凝固点降低常数K_f

溶　剂	纯溶剂的凝固点/℃	K_f	溶　剂	纯溶剂的凝固点/℃	K_f
水	0	1.858	对二氯苯	52.7	7.11
醋酸	16.6	3.9	樟脑	4	37.7
苯	5.45	6.07	对二溴苯	86.0	12.5
萘	80.1	6.9			

附录三十三 饱和标准电池在0～40℃内的温度校正值ΔE_t

t/℃	$\Delta E_t/\mu V$	t/℃	$\Delta E_t/\mu V$	t/℃	$\Delta E_t/\mu V$
0	+345.60	15	+175.32	19.2	+31.35
1	+353.94	16	+144.30	19.3	+27.50
2	+359.13	17	+111.22	19.4	+23.63
3	+361.27	18.0	+76.09	19.5	+19.74
4	+360.43	18.1	+72.47	19.6	+15.83
5	+356.66	18.2	+68.83	19.7	+11.90
6	+350.08	18.3	+65.17	19.8	+7.95
7	+340.74	18.4	+61.49	19.9	+3.98
8	+328.71	18.5	+57.79	20.0	0
9	+314.07	18.6	+54.07	20.1	−4.00
10	+296.90	18.7	+50.33	20.2	−8.02
11	+277.26	18.8	+46.57	20.3	−12.06
12	+255.21	18.9	+42.80	20.4	−16.12
13	+230.83	19.0	+39.00	20.5	−20.20
14	+204.18	19.1	+35.19	20.6	−24.30

续表

t/℃	ΔE_t/μV	t/℃	ΔE_t/μV	t/℃	ΔE_t/μV
20.7	−28.41	21.8	−74.85	31	−540.65
20.8	−32.54	21.9	−79.18	32	−598.75
20.9	−36.69	22.0	−83.53	33	−658.16
21.0	−40.86	23	−127.94	34	−718.84
21.1	−45.05	24	−174.06	35	−780.78
21.2	−49.25	25	−221.84	36	−843.93
21.3	−53.47	26	−271.22	37	−908.25
21.4	−57.71	27	−322.15	38	−973.73
21.5	−61.97	28	−374.62	39	−1040.32
21.6	−66.24	29	−428.54	40	−1108.00
21.7	−70.54	30	−483.90		

附录三十四　镍铬-镍硅（镍铬-镍铝）热电偶的热电势

分度号 EU-2，自由端温度为 0℃

工作端温度/℃	0	1	2	3	4	5	6	7	8	9
	mV(绝对伏)									
+0	0.00	0.04	0.08	0.12	0.16	0.20	0.24	0.28	0.32	0.36
10	0.40	0.44	0.48	0.52	0.56	0.60	0.64	0.68	0.72	0.76
20	0.80	0.84	0.88	0.92	0.96	1.00	1.04	1.08	1.12	1.16
30	1.20	1.24	1.28	1.32	1.36	1.41	1.45	1.49	1.53	1.57
40	1.61	1.65	1.69	1.73	1.77	1.82	1.86	1.90	1.94	1.98
50	2.02	2.06	2.10	2.14	2.18	2.23	2.27	2.31	2.35	2.39
60	2.43	2.47	2.51	2.56	2.60	2.64	2.68	2.72	2.77	2.81
70	2.85	2.89	2.93	2.97	3.01	3.06	3.10	3.14	3.18	3.22
80	3.26	3.30	3.34	3.39	8.48	3.47	3.51	3.55	3.60	3.64
90	3.68	3.72	3.76	3.81	3.85	3.89	3.93	3.97	4.02	4.06
100	4.10	4.14	4.18	4.22	4.26	4.31	4.35	4.39	4.43	4.47
110	4.51	4.55	4.59	4.63	4.67	4.72	4.76	4.80	4.84	4.88
120	4.92	4.96	5.00	5.04	5.08	5.13	5.17	5.21	5.25	5.29
130	5.33	5.37	5.41	5.45	5.49	5.53	5.57	5.61	5.65	5.69
140	5.73	5.77	5.81	5.85	5.89	5.93	5.97	6.01	6.05	6.09
150	6.13	6.17	6.21	6.25	6.29	6.33	6.37	6.41	6.45	6.49
160	6.53	6.57	6.61	6.65	6.69	6.73	6.77	6.81	6.85	6.89
170	6.93	6.97	7.01	7.05	7.09	7.13	7.17	7.21	7.25	7.29
180	7.33	7.37	7.41	7.45	7.49	7.53	7.57	7.61	7.65	7.69
190	7.73	7.77	7.81	7.85	7.89	7.93	7.97	8.01	8.05	8.09
200	8.13	8.17	8.21	8.25	8.29	8.33	8.37	8.41	8.45	8.49
210	8.53	8.57	8.61	8.65	9.10	8.73	8.77	8.81	8.85	8.89
220	8.93	8.97	9.01	9.06	9.10	9.14	9.18	9.22	9.26	9.30
230	9.34	9.38	9.42	9.46	9.50	9.54	9.58	9.62	9.66	9.70
240	9.74	9.78	9.82	9.86	9.90	9.95	9.99	10.03	10.07	10.11
250	10.15	10.19	10.23	10.27	10.31	10.35	10.40	10.44	10.48	10.52
260	10.56	10.60	10.64	10.68	10.72	10.77	10.81	10.85	10.89	10.93
270	10.97	11.01	11.05	11.09	11.13	11.18	11.22	11.26	11.30	11.34
280	11.38	11.42	11.46	11.51	11.55	11.50	11.63	11.67	11.72	11.76
290	11.80	11.84	11.88	11.92	11.96	12.01	12.05	12.09	12.13	12.17

续表

工作端温度/℃	0	1	2	3	4	5	6	7	8	9
	mV(绝对伏)									
300	12.21	12.25	12.29	12.33	12.37	12.42	12.46	12.50	12.54	12.58
310	12.62	12.66	12.70	12.75	12.79	12.83	12.87	12.91	12.96	13.00
320	13.04	13.08	13.12	13.16	13.20	13.25	13.70	13,33	13.37	13.41
330	13.45	13.49	13.53	13.58	13.62	13.66	13.70	13.74	13.79	13.83
340	13.87	13.91	13.95	14.00	14.04	14.08	14.12	14.16	14.21	14.25
350	14.30	14.34	14.38	14.43	14.47	14.51	14.55	14.59	14.64	14.68
360	14.72	14.76	14.80	14.85	14.89	14.93	14.97	15.01	15.06	15.10
370	15.14	15.18	15.22	15.27	15.31	15.35	15.39	15.43	15.48	15.52
380	15.56	15.60	15.64	15.69	15.73	15.77	15.81	15.85	15.90	15.94
390	15.99	16.02	16.06	16.11	16.15	16.19	16.23	16.27	16.32	16.36
400	16.40	16.44	16.49	16.53	16.57	16.63	16.66	16.70	16.74	16.79
410	16.83	16.87	16.91	16.96	17.00	17.04	17.08	17.12	17.17	17.21
420	17.25	17.29	17.33	17.38	17.42	17.46	17.50	17.54	17.59	17.63
430	17.67	17.71	17.75	17.79	17.84	18.88	17.92	17.96	18.01	18.05
440	18.09	18.13	18.17	18.22	18.26	18.30	18.34	18.38	18.43	18.47
450	18.51	18.55	18.60	18.64	18.68	18.73	18.77	18.81	18.85	18.90
460	18.94	18.98	19.03	19.07	19.11	19.16	19.20	19.24	19.28	19.33
470	19.37	19.41	19.45	19.50	19.54	19.58	19.62	19.66	19.71	19.75
480	19.79	19.83	19.88	19.92	19.96	20.01	20.05	20.09	20.13	20.18
490	20.22	20.26	20.31	20.35	20.39	20.44	20.48	20.52	20.56	20.61
500	20.65	20.69	20.71	20.78	20.82	20.87	20.91	20.95	20.99	21.04
510	21.08	21.12	21.16	21.21	21.25	21.29	21.33	21.37	21.42	21.46
520	21.50	21.54	21.59	21.63	21.67	21.72	21.76	21.80	21.84	21.89
530	21.93	21.97	22.01	22.06	22.10	22.14	22.18	22.22	22.27	22.31
540	22.35	22.39	22.44	22.48	22.52	22.57	22.61	22.65	22.69	22.74
550	22.78	22.82	22.87	22.91	22.95	23.00	23.04	23.08	23.12	23.17
560	23.21	23.25	23.29	23.34	23.38	23.42	23.46	28.50	23.55	23.59
570	23.63	23.67	23.71	23.75	23.79	23.84	23.88	23.92	23.96	24.01
580	24.05	24.09	24.14	24.18	24.22	24.27	24.31	24.35	24.39	24.44
590	24.48	24.52	24.56	24.61	24.65	24.69	24.73	24.77	24.82	24.86
600	24.90	24.04	24.99	25.03	25.07	25.12	25.15	25.19	25.23	25.27
610	25.32	25.37	25.41	25.46	25.50	25.54	25.58	25.62	25.67	25.71
620	25.75	25.79	25.84	25.88	25.92	25.97	26.01	26.05	26.09	26.14
630	26.18	26.22	26.26	26.31	26.35	26.39	26.43	26.47	26.52	26.56
640	26.60	26.64	26.69	26.73	26.77	26.82	26.86	26.90	26.94	26.99
650	27.03	27.07	27.11	27.16	27.20	27.24	27.28	27.32	27.37	27.41
660	27.45	27.49	27.53	27.57	27.62	27.66	27.70	27.74	27.79	27.83
670	27.87	27.91	27.95	28.00	28.04	28.08	28.12	28.16	28.21	28.25
680	28.29	28.33	28.38	28.42	28.46	28.50	28.54	28.58	28.62	28.67
690	28.71	28.75	28.79	28.84	28.88	28.92	28.96	29.00	29.05	29.09
700	29.13	29.17	29.21	29.26	29.30	29.34	29.38	29.42	29.47	29.51
710	29.55	29.59	29.63	29.68	29.72	29.76	29.80	29.84	29.89	29.93
720	29.97	30.01	30.05	30.10	30.14	30.18	30.22	30.26	30.31	30.35
730	30.39	30.43	30.47	30.52	30.56	30.60	30.64	30.68	30.73	30.77
740	30.81	30.85	30.89	30.93	30.97	31.02	31.06	31.10	31.14	31.18
750	31.22	31.26	31.30	31.35	31.39	31.43	31.47	31.51	31.56	31.60
760	31.64	31.68	31.72	31.77	31.81	31.85	31.89	31.93	31.98	32.02
770	32.06	32.10	32.14	32.18	32.22	32.26	32.30	32.34	32.38	32.42
780	32.46	32.50	32.54	32.59	32.63	32.67	32.71	32.75	32.80	32.84
790	32.87	32.91	32.95	33.00	33.04	33.09	33.13	33.17	33.21	33.25

附录三十五 KCl溶液的电导率κ

单位：$S \cdot cm^{-1}$

t/℃	c/$mol \cdot dm^{-3}$				t/℃	c/$mol \cdot dm^{-3}$			
	1.000	0.1000	0.0200	0.0100		1.000	0.1000	0.0200	0.0100
0	0.06541	0.00715	0.001521	0.000776	23	0.10789	0.01229	0.002659	0.001359
5	0.07414	0.00822	0.001752	0.000896	24	0.10984	0.01264	0.002712	0.001386
10	0.08319	0.00933	0.001994	0.001020	25	0.11180	0.01288	0.002765	0.001413
15	0.09252	0.01048	0.002243	0.001147	26	0.11377	0.01313	0.002819	0.001441
16	0.09441	0.01072	0.002294	0.001173	27	0.11574	0.01337	0.002873	0.001468
17	0.09631	0.01095	0.002345	0.001199	28		0.01362	0.002927	0.001496
18	0.09822	0.01119	0.002397	0.001225	29		0.01387	0.002981	0.001524
19	0.10014	0.01143	0.002449	0.001251	30		0.01412	0.003036	0.001552
20	0.10207	0.01167	0.002501	0.001278	35		0.01539	0.003312	
21	0.10400	0.01191	0.002553	0.001305	36		0.01564	0.003368	
22	0.10594	0.01215	0.002606	0.001332					

参 考 文 献

[1] 王尊本主编. 综合化学实验. 北京：科学出版社，2006.

[2] 倪静安等主编. 无机及分析化学实验. 北京：高等教育出版社，2007.

[3] 杜志强主编. 综合化学实验. 北京：科学出版社，2005.

[4] 周科衍主编. 有机化学实验. 第3版. 北京：高等教育出版社，1996.

[5] 兰州大学编. 有机化学实验. 第4版. 北京：高等教育出版社，2017.

[6] 曾昭琼主编. 有机化学实验. 第3版. 北京：高等教育出版社，2000.

[7] 黄涛主编. 有机化学实验. 北京：高等教育出版社，1987.

[8] 曹显国主编. 近代有机化学实验导论. 上海：上海科学出版社，1981.

[9] 谷亨杰主编. 有机化学实验. 北京：高等教育出版社，1991.

[10] 李述文主编. 实用有机化学手册. 上海：上海科学技术出版社，1981.

[11] 姚允斌主编. 物理化学手册. 上海：上海科学技术出版社，1985.

[12] 吕俊民主编. 有机化学实验常用数据手册. 大连：大连理工大学出版社，1994.

[13] 北京大学化学学院物理化学教研组编. 物理化学实验. 第4版. 北京：北京大学出版社，2002.

[14] 罗澄源等编. 物理化学实验. 第4版. 北京：高等教育出版社，2004.

[15] 复旦大学等编. 物理化学实验. 北京：高等教育出版社，1993.

[16] 顾良证，武传昌编. 物理化学实验. 北京：高等教育出版社，1989.

[17] 杨百勤编. 物理化学实验. 北京：化学工业出版社，2001.

[18] 刘澄蕃等编. 物理化学实验. 北京：化学工业出版社，2002.

[19] Shoemaker D P. Experimental Physical Chemistry. New York：McGraw-Hill，1981.

[20] Raizen D A. J Chem Educ，1988，65 (10)：932.

元素周期表

IUPAC 2013

氧化态(单质的氧化态为0，未列入；常见的为红色)
以 $^{12}C=12$ 为基准的原子量(注✦的是半衰期最长同位素的原子量)

示例：95 Am 镅▲ $5f^77s^2$ 243.06138(2)✦ 氧化态 +2 +3 +4 +5 +6 — 原子序数；元素符号(红色的为放射性元素)；元素名称(注▲的为人造元素)；价层电子构型

s区元素 | p区元素 | d区元素 | ds区元素 | f区元素 | 稀有气体

族 / 周期	1 IA	2 IIA	3 IIIB	4 IVB	5 VB	6 VIB	7 VIIB	8 VIIIB(VIII)	9 VIIIB(VIII)	10 VIIIB(VIII)	11 IB	12 IIB	13 IIIA	14 IVA	15 VA	16 VIA	17 VIIA	18 VIIIA(0)	电子层
1	1 H 氢 $1s^1$ 1.008 −1 +1																	2 He 氦 $1s^2$ 4.002602(2)	K
2	3 Li 锂 $2s^1$ 6.94 +1	4 Be 铍 $2s^2$ 9.0121831(5) +2											5 B 硼 $2s^22p^1$ 10.81 +3	6 C 碳 $2s^22p^2$ 12.011 −4 +2 +4	7 N 氮 $2s^22p^3$ 14.007 −3 −2 −1 +1 +2 +3 +4 +5	8 O 氧 $2s^22p^4$ 15.999 −2 −1	9 F 氟 $2s^22p^5$ 18.998403163(6) −1	10 Ne 氖 $2s^22p^6$ 20.1797(6)	L K
3	11 Na 钠 $3s^1$ 22.98976928(2) −1 +1	12 Mg 镁 $3s^2$ 24.305 +2											13 Al 铝 $3s^23p^1$ 26.9815385(7) +3	14 Si 硅 $3s^23p^2$ 28.085 −4 +2 +4	15 P 磷 $3s^23p^3$ 30.973761998(5) −3 −2 +1 +3 +5	16 S 硫 $3s^23p^4$ 32.06 −2 +2 +4 +6	17 Cl 氯 $3s^23p^5$ 35.45 −1 +1 +3 +5 +7	18 Ar 氩 $3s^23p^6$ 39.948(1)	M L K
4	19 K 钾 $4s^1$ 39.0983(1) −1 +1	20 Ca 钙 $4s^2$ 40.078(4) +2	21 Sc 钪 $3d^14s^2$ 44.955908(5) +3	22 Ti 钛 $3d^24s^2$ 47.867(1) −1 0 +2 +3 +4	23 V 钒 $3d^34s^2$ 50.9415(1) 0 ±1 +2 +3 +4 +5	24 Cr 铬 $3d^54s^1$ 51.9961(6) −3 0 ±1 ±2 +3 +4 +5 +6	25 Mn 锰 $3d^54s^2$ 54.938044(3) −2 0 ±1 +2 +3 +4 +5 +6 +7	26 Fe 铁 $3d^64s^2$ 55.845(2) −2 0 ±1 +2 +3 +4 +5 +6	27 Co 钴 $3d^74s^2$ 58.933194(4) 0 ±1 +2 +3 +4 +5	28 Ni 镍 $3d^84s^2$ 58.6934(4) 0 ±1 +2 +3 +4	29 Cu 铜 $3d^{10}4s^1$ 63.546(3) +1 +2 +3 +4	30 Zn 锌 $3d^{10}4s^2$ 65.38(2) +1 +2	31 Ga 镓 $4s^24p^1$ 69.723(1) +1 +3	32 Ge 锗 $4s^24p^2$ 72.630(8) +2 +4	33 As 砷 $4s^24p^3$ 74.921595(6) −3 +3 +5	34 Se 硒 $4s^24p^4$ 78.971(8) −2 +2 +4 +6	35 Br 溴 $4s^24p^5$ 79.904 −1 +1 +3 +5 +7	36 Kr 氪 $4s^24p^6$ 83.798(2) +2 +4	N M L K
5	37 Rb 铷 $5s^1$ 85.4678(3) −1 +1	38 Sr 锶 $5s^2$ 87.62(1) +2	39 Y 钇 $4d^15s^2$ 88.90584(2) +3	40 Zr 锆 $4d^25s^2$ 91.224(2) +1 +2 +3 +4	41 Nb 铌 $4d^45s^1$ 92.90637(2) 0 ±1 +2 +3 +4 +5	42 Mo 钼 $4d^55s^1$ 95.95(1) 0 ±1 ±2 +3 +4 +5 +6	43 Tc 锝▲ $4d^55s^2$ 97.90721(3)✦ 0 ±1 +2 +3 +4 +5 +6 +7	44 Ru 钌 $4d^75s^1$ 101.07(2) 0 ±2 +3 +4 +5 +6 +7 +8	45 Rh 铑 $4d^85s^1$ 102.90550(2) 0 +1 +2 +3 +4 +5 +6	46 Pd 钯 $4d^{10}$ 106.42(1) 0 +1 +2 +3 +4	47 Ag 银 $4d^{10}5s^1$ 107.8682(2) +1 +2 +3	48 Cd 镉 $4d^{10}5s^2$ 112.414(4) +1 +2	49 In 铟 $5s^25p^1$ 114.818(1) +1 +3	50 Sn 锡 $5s^25p^2$ 118.710(7) +2 +4	51 Sb 锑 $5s^25p^3$ 121.760(1) −3 +3 +5	52 Te 碲 $5s^25p^4$ 127.60(3) −2 +2 +4 +6	53 I 碘 $5s^25p^5$ 126.90447(3) −1 +1 +3 +5 +7	54 Xe 氙 $5s^25p^6$ 131.293(6) +2 +4 +6 +8	O N M L K
6	55 Cs 铯 $6s^1$ 132.90545196(6) −1 +1	56 Ba 钡 $6s^2$ 137.327(7) +2	57~71 La~Lu 镧系	72 Hf 铪 $5d^26s^2$ 178.49(2) +1 +2 +3 +4	73 Ta 钽 $5d^36s^2$ 180.94788(2) 0 +1 +2 +3 +4 +5	74 W 钨 $5d^46s^2$ 183.84(1) 0 ±1 +2 +3 +4 +5 +6	75 Re 铼 $5d^56s^2$ 186.207(1) 0 ±1 +2 +3 +4 +5 +6 +7	76 Os 锇 $5d^66s^2$ 190.23(3) 0 +1 +2 +3 +4 +5 +6 +7 +8	77 Ir 铱 $5d^76s^2$ 192.217(3) 0 +1 +2 +3 +4 +5 +6	78 Pt 铂 $5d^96s^1$ 195.084(9) 0 +2 +3 +4 +5 +6	79 Au 金 $5d^{10}6s^1$ 196.966569(5) +1 +2 +3 +5	80 Hg 汞 $5d^{10}6s^2$ 200.592(3) +1 +2 +3	81 Tl 铊 $6s^26p^1$ 204.38 +1 +3	82 Pb 铅 $6s^26p^2$ 207.2(1) +2 +4	83 Bi 铋 $6s^26p^3$ 208.98040(1) −3 +3 +5	84 Po 钋 $6s^26p^4$ 208.98243(2)✦ −2 +2 +4 +6	85 At 砹 $6s^26p^5$ 209.98715(5)✦ ±1 +3 +5 +7	86 Rn 氡 $6s^26p^6$ 222.01758(2)✦ +2	P O N M L K
7	87 Fr 钫▲ $7s^1$ 223.01974(2)✦ +1	88 Ra 镭 $7s^2$ 226.02541(2)✦ +2	89~103 Ac~Lr 锕系	104 Rf 𬬻▲ $6d^27s^2$ 267.122(4)✦	105 Db 𬭊▲ $6d^37s^2$ 270.131(4)✦	106 Sg 𬭳▲ $6d^47s^2$ 269.129(3)✦	107 Bh 𬭛▲ $6d^57s^2$ 270.133(2)✦	108 Hs 𬭶▲ $6d^67s^2$ 270.134(2)✦	109 Mt 鿏▲ $6d^77s^2$ 278.156(5)✦	110 Ds 𫟼▲ 281.165(4)✦	111 Rg 𬬭▲ 281.166(6)✦	112 Cn 鿔▲ 285.177(4)✦	113 Nh 鿭▲ 286.182(5)✦	114 Fl 𫓧▲ 289.190(4)✦	115 Mc 镆▲ 289.194(6)✦	116 Lv 𫟷▲ 293.204(4)✦	117 Ts 鿬▲ 293.208(6)✦	118 Og 鿫▲ 294.214(5)✦	Q P O N M L K

★ 镧系	57 La★ 镧 $5d^16s^2$ 138.90547(7) +3	58 Ce 铈 $4f^15d^16s^2$ 140.116(1) +2 +3 +4	59 Pr 镨 $4f^36s^2$ 140.90766(2) +3 +4	60 Nd 钕 $4f^46s^2$ 144.242(3) +2 +3 +4	61 Pm 钷▲ $4f^56s^2$ 144.91276(2)✦ +3	62 Sm 钐 $4f^66s^2$ 150.36(2) +2 +3	63 Eu 铕 $4f^76s^2$ 151.964(1) +2 +3	64 Gd 钆 $4f^75d^16s^2$ 157.25(3) +3	65 Tb 铽 $4f^96s^2$ 158.92535(2) +3 +4	66 Dy 镝 $4f^{10}6s^2$ 162.500(1) +3 +4	67 Ho 钬 $4f^{11}6s^2$ 164.93033(2) +3	68 Er 铒 $4f^{12}6s^2$ 167.259(3) +3	69 Tm 铥 $4f^{13}6s^2$ 168.93422(2) +2 +3	70 Yb 镱 $4f^{14}6s^2$ 173.045(10) +2 +3	71 Lu 镥 $4f^{14}5d^16s^2$ 174.9668(1) +3
★ 锕系	89 Ac★ 锕 $6d^17s^2$ 227.02775(2)✦ +3	90 Th 钍 $6d^27s^2$ 232.0377(4) +3 +4	91 Pa 镤 $5f^26d^17s^2$ 231.03588(2) +3 +4 +5	92 U 铀 $5f^36d^17s^2$ 238.02891(3) +2 +3 +4 +5 +6	93 Np 镎 $5f^46d^17s^2$ 237.04817(2)✦ +3 +4 +5 +6 +7	94 Pu 钚 $5f^67s^2$ 244.06421(4)✦ +3 +4 +5 +6 +7	95 Am 镅▲ $5f^77s^2$ 243.06138(2)✦ +2 +3 +4 +5 +6	96 Cm 锔▲ $5f^76d^17s^2$ 247.07035(3)✦ +3 +4	97 Bk 锫▲ $5f^97s^2$ 247.07031(4)✦ +3 +4	98 Cf 锎▲ $5f^{10}7s^2$ 251.07959(3)✦ +2 +3 +4	99 Es 锿▲ $5f^{11}7s^2$ 252.0830(3)✦ +2 +3	100 Fm 镄▲ $5f^{12}7s^2$ 257.09511(5)✦ +2 +3	101 Md 钔▲ $5f^{13}7s^2$ 258.09843(3)✦ +2 +3	102 No 锘▲ $5f^{14}7s^2$ 259.1010(7)✦ +2 +3	103 Lr 铹▲ $5f^{14}6d^17s^2$ 262.110(2)✦ +3